高等院校草业科学专业"十二五"规划教材

草 坪 学

（草业科学　园林　园艺专业适用）

徐庆国　张巨明　主编

中国林业出版社

内容简介

　　本书为高等院校草业科学专业"十二五"规划教材，全书系统地介绍了草坪生物学基础、草坪生态学基础、草坪建植、草坪养护管理、草皮生产、草坪机械、专用草坪、草坪质量评价、草坪经营管理的基础理论、应用技术和实用方法等内容。本书广泛吸收了国内外草坪学的最新成果与先进经验，内容全面、系统、新颖，基础理论与应用技术有机相结合，具有较高的理论水平和实际应用价值。

　　本书可为全国高等农林院校与综合性大学草业科学、园林、园艺等专业及高尔夫等相关专业教科书，还可供草坪、运动场与高尔夫球场管理、园林、环境保护、植物资源利用与管理、城市规划与建设、旅游、物业管理、生态等科技工作者、生产管理与经营销售相关人员参考。

图书在版编目（CIP）数据

草坪学/徐庆国，张巨明主编. —北京：中国林业出版社，2014.8（2020.4 重印）
高等院校草业科学专业"十二五"规划教材
ISBN 978-7-5038-7604-2

Ⅰ.①草…　Ⅱ.①徐…　②张…　Ⅲ.①草坪—观赏园艺—高等学校—教材
Ⅳ.①S688.4

中国版本图书馆 CIP 数据核字（2014）第 172528 号

中国林业出版社·教材出版中心

策划编辑：肖基浒　　　　　　　责任编辑：高兴荣　　肖基浒
电话：(010) 83143555　　　　　传真：(010) 83143516

出版发行　中国林业出版社（100009　北京市西城区德内大街刘海胡同 7 号）
　　　　　　E-mail: jiaocaipublic@163.com　电话：(010) 83143500
　　　　　　http://www.forestry.gov.cn/lycb.html
经　　销　新华书店
印　　刷　三河市祥达印刷包装有限公司
版　　次　2014 年 8 月第 1 版
印　　次　2020 年 4 月第 2 次印刷
开　　本　850mm×1168mm　1/16
印　　张　28
字　　数　649 千字
定　　价　53.00 元

《草坪学》编写人员

主　编　徐庆国　张巨明

副主编　向佐湘　张永亮　席嘉宾

编　委(以姓氏笔画为序)

付玲玲（海南大学）

向佐湘（湖南农业大学）

刘卫东（中南林业科技大学）

刘红梅（湖南农业大学）

刘　伟（四川农业大学）

杨　勇（湖南涉外经济学院）

杨　烈（安徽农业大学）

余晓华（仲恺农业工程学院）

宋　敏（湖南农业大学）

张巨明（华南农业大学）

张永亮（内蒙古民族大学）

武小钢（山西农业大学）

金小马（湖南农业大学）

娄燕宏（中国科学院武汉植物园）

徐庆国（湖南农业大学）

高　凯（内蒙古民族大学）

席嘉宾（中山大学）

前　言

草坪概念源于草地，它一般指人工建植的、面积较小的草地。而草地和林缘是人类最早和生存的环境，人类依赖于草地而取得自身发展。在人类文明社会的漫长历史发展进程中，研究草坪草、草坪建植、草坪养护管理的理论与方法技术的草坪学也不断获得了长足的进展。近年，国内外草坪学研究内容获得极大丰富，我国"十一五"编写的《草坪学》系列教材亟待重新编写。特别是2011年3月，我国原从属畜牧学一级学科的草业科学二级学科的研究生教育提升为包括草坪学、牧草学、草原学（草地学）等3个二级学科的草学一级学科，草学及下属草坪学等学科的人才培养方案与模式需要重新修订，相应的本科专业培养方案与专业教材也亟待重新编写。

本书《草坪学》是在综合国内外草坪学最新研究成果基础编写而成，采用基础理论与应用技术有机相结合的编写方法，既从草坪学基础理论体系系统地介绍了草坪生物学基础、草坪生态学基础、草坪建植、草坪养护管理、草皮生产与利用、草坪建植管理机具、专用草坪及其养护管理、草坪质量评价、草坪经营管理的基础理论、应用技术和实用方法等内容；又按照高等院校教科书编写规律，采用条理清晰、章节分明，重点突出、图文并茂，概念明确，各章节配有相应思考练习题与参考文献，方便教学与自学等教材编写手法。同时，教材广泛吸收了国内外草坪学的最新成果与先进经验，内容全面、系统、新颖，具有较高的理论水平和实际应用价值。本书既可用作高等院校教科书，还可供草坪、运动场与高尔夫球场管理、园林、环境保护、植物资源利用与管理、城市规划与建设、旅游、物业管理、生态等科技工作者、生产管理与经营销售相关人员参考。

本书由11所高等本科院校草业科学专业和1所科研单位的17位老师集体编写完成。编写具体分工如下：徐庆国编写绪论的0.1与0.3部分内容及0.4节，第9章；张巨明编写绪论的0.1与0.3节部分内容及0.2节，第8章；向佐湘编写第3章；张永亮与高凯编写第7章；席嘉宾编写第6章；付玲玲与宋敏编写附录1～附录5；刘卫东编写第4章的4.1～4.3节；刘伟编写第5章；刘红梅参与第9章编写；武小钢编写第1章；杨勇与金小马编写第4章的4.4～4.5节；杨烈编写第4章的4.6～4.8节；余晓华与娄燕宏编写第2章。编写人员对本书各章内容进行了互换校阅与一审工作；而后由主编徐庆国与张巨明，副主编向佐湘、张永亮与席嘉宾对各章内容进行了二审工作。最后由徐庆国对全书进行统稿。

本书编写过程中，全体编写人员以科学求真的态度及奋发向上的团队协作精神，保质保量按期完成了中国林业出版社的编写任务。本书在编写过程中，参阅了大量国内外文献资料，对文献作者致以真诚的感谢，对付出辛勤劳动的编写人员以及出版社相关人员的支持和帮助表示衷心的感谢！

由于编者学识水平有限，编写时间较紧，本书的错误与不足之处在所难免，恳请读者批评指正。

编　者

2014.5

目　录

绪　论

　　草坪是由草坪草形成的人工植被，是现代人类生态系统景观环境的重要组成部分。草坪的绿色之美，给人以清新、凉爽之感，为人们提供愉快的工作和生活环境；草坪的自然、平坦、富有弹性的属性，为人们提供安全的运动场所。草坪还具有多种生态美学与社会文化功能。草坪的这些美好价值对人们的生产、生活和健康日益重要，已成为现代文明社会的重要标志。随着社会经济的发展和人类生态文明的进步，草坪还将发挥更加重要的作用。

　　学习草坪学，不仅要求掌握草坪的基础理论和草坪草种及品种选择、草坪建植与养护管理、草坪质量评价等基本方法技能，而且更要培养人们尊重、爱护和保护自然的社会责任感，进而能够自觉遵循自然与社会经济发展规律，自觉维护、创造自然与人类社会和谐相处的文明生态环境，不断为自然与社会经济可持续发展作出更大贡献。

0.1　草坪与草坪学及其相关概念

0.1.1　草坪的概念与含义及其发展

0.1.1.1　草坪的概念与含义

　　草坪是指为了绿化、环境保护和体育运动等由人工建植形成或天然形成并进行修剪等管理改造而成的低矮多年生草本植物为主体的相对均匀、平整的植被草地。它由草坪草形成的植物群落及其生境组成。该草坪概念包含了如下含义：①草坪具有特定的使用目的。草坪是一种具有特有功能和用途的草地。它是为了绿（美）化与保护环境；为人类娱乐和体育活动提供优美舒适场地。它与用作放牧地或人工割草地不同，后者是为动物提供饲料和营养的草原或草地。②草坪具有强烈的人工干预性。草坪由人工建植或由天然草地经人工改造而成，它还需要经常进行定期修剪等养护管理。因此，一般将草坪归于人工草地范畴，与面积广阔的天然草原不同。③草坪是具有独特自然景观特征的生态系统。草坪主体的草坪草低矮密集地覆盖于广阔的地表，草坪草与草坪土壤及其环境中生长发育的形形色色的生物共同构成了草坪生态系统。该生态系统以低矮多年生草本植物为主体，形成相对均匀地覆盖地面的独特自然景观与小环境，以此和其他植物自然景观生态系统相区别。

0.1.1.2　草坪概念的发展

　　草坪概念的演化大致经历了如下3个阶段：①首先起源于自然意义上的草坪。自然意义上的草坪是指草本植物自然生长的场所，如山川野地、道路两旁等日常生活中随处可见的低矮草原和植被，也就是草本植物群居生长的场所。②其次发展到古典意义上的草坪。古典意义上的草坪是指草地经家畜采食后所留下的低矮整齐、相对平坦的场地。这些场地被人们加以利用，为人们户外活动和从事竞技活动提供了场所。③最后演变为现代意义上的草坪。现代意义上的草坪是指需要养护管理的禾草所组成的绿地或由人工建植的绿色草地。从草坪概念演化的过程可以看出，草坪起源于天然草地。草坪发展的历史就是人们利用草地作为活动场所，进而发展到人类有意识地按照自己的需要建植人工草地——草坪，满足人们休闲、娱乐、运动等需要的一个不断进步的漫长过程，是人们认识草地、利用草地、改造草地和创造草地的一个历史过程。

"草坪"作为专业术语在中国出现较晚。直到 1979 年在北京召开的全国园林学术会议，才由专家们正式确定了"草坪"专业术语词目。在古代与近代乃至现代早期的中国出版物如《康熙字典》《辞源》等中都只有"草地"、"草坡"等词目，无"草坪"词目。中国现代意义上的草坪因为定义的角度及认识程度的不同，其概念也不尽相同。例如，"草坪"在 1979 年出版的《辞海》的解释："草坪是园林中用人工铺植草皮或播种草籽培养形成的整片绿色地面。"这一解释不够完善，仅把草坪当作园林景观的一个组成部分。

"草坪"在 1988 年出版的《中国大百科全书·建筑·园林·城市规划卷》诠释："用多年生矮小草本植株密植，并经人工修剪成平整的人工草地称为草坪，不经修剪的长草地域称为草地。用于城市和园林草坪的草本植物主要有结缕草、野牛草、狗牙根、地毯草、钝叶草、假俭草、黑麦草、早熟禾、翦股颖等。草坪一般设置在房屋前面，大型建筑物周围，广场或林间空地，供观赏、游憩或作为运动场之用。西方古代园林中已有规则式草地。18 世纪中叶，英国自然风景园出现后，园林中开始大面积使用自然式草坪。中国古代苑、囿有大片疏林草地，近代园林才有草坪。"在这一定义当中，草坪的运动功能开始被认识到。

"草坪"在 2002 年出版的《简明不列颠百科全书》中认定为："在园艺学中指稠密植被的土壤表层，这种植被通常是为装饰或供娱乐活动使用而专门培植的草。草坪草包括草地早熟禾、匍匐小糠草、细酥草或红酥油草和多年生黑麦草等大众喜爱的冷季型草，以及百慕大草、结缕草和圣奥古斯丁草等暖季型草。草皮草常种在草地和畜牧场上。将草皮切成楔形、大方形、小方形或条形块，移植到预定地方，草皮很快扎根生长形成一片'速成'草地。草皮草应定期割短，使其形成稠密均匀的绿色覆盖层，以美化环境并提供运动场所，如用于网球、高尔夫球、滚木球以及赛马运动的草地。"在 2001 年出版的《英汉植物群落名称词典》和2008 年出版的《草业大词典》中，"草坪"被解释为："由草坪草的枝条系统、根系和土壤最上层（约 10cm）构成的整体。当它处于自然或原材料状态时称为草皮；在具有一定设计、建造结构和庭院、园林、公园、公共场所的美化、环境保护、运动场等使用目的时统称草坪。"上述"草坪"的两个定义认为，草坪不仅只包括地上部分，地下部分的根系和土壤也成为草坪不可分割的组成部分。

孙吉雄（1995、2004）在总结国内外草坪概念的基础上，将草坪定义为"草坪即草坪植被，通常是指以禾本科草或其他质地纤细的植被覆盖，并以它们大量的根或匍匐茎充满土壤表层的地被，是由草坪草的地上部分以及根系和表土层构成的整体。"该定义对草坪的描述较为全面，概括了草坪的本质，强调草坪是由地上部分的植被和地下部分的根系及土壤构成的一个整体。

与草坪概念含义相近的还有"草地"和"草原"两个词目。草坪就是用多年生矮小草本植株密植，并经修剪的人工草地。因此，草坪与草地及草原有时也没有本质差异。但草地、草原均是指一种土地类型。草地、草原均是生长草本和灌木植物为主并适宜发展畜牧业生产的土地。并且，草地与草原的草本植物大多为高草类型，还有些灌木，一般具有较为广阔的立体结构。而草坪主要用作绿化、环境保护与运动场地的使用目的，为低矮草类覆盖地表，为相对整齐一致的广阔平面结构。草地一般面积较小，并且为人工建植；草原一般面积较大，大多为天然形成。

0.1.2　国外草坪相关概念的部分用语

中文虽然对草坪的定义内涵不尽相同，但用词相同，只有草坪一词，它是来源于草地又区别草地不同用途的一个称谓。但是，英文中描述草坪的词汇，依草坪的起源、地域、民族、用途等划分比较细致，用词较多。下面对英语的有关草坪用词作简单解析。

0.1.2.1　Turf

相当于草坪、草皮、草根土、草根块，甚至引申为赛马、赛马场、用草皮覆盖等词义。根据 Beard 的考证，"Turf"一词起源于梵语的"Darbha"，是指草坪草繁茂生长的地方。英国于公元 1150—1500 年开始在英语中使用。

Turf 指由草坪草的枝条系统、根系和土壤最上层（约 10 cm）构成的整体，其植被覆盖通常具大量垫状化的根，或以地下匍匐茎充满地表的上层，并具有耐低修剪和均一生长的特性。

又据 Huffine 和 Grau 的考证，他们认为 Turf 一词是与赛马一起发展起来的，因此使人往往联想到在 Turf 上的冒险（赌博）活动，其草坪植被的含义反而被忽略。美国过去是把高尔夫球场的草坪植被叫 Turf，泛指草坪则是近代的事情。Turf 现在多指能够提供运动功能的草坪，而与之相对的观赏草坪则用 Lawn。

从草坪是由禾本科草坪草或其他纤细草本植物覆盖，其大量的根充满土壤表层的基本定义而言，它与草地具有同样的含义。草地也可以说是充满草坪草的土地。与其相近的草原学用语有草地（Sward）和草皮（Sod）等，但 Turf 一词在草原学中不使用。

0.1.2.2　Sod

相当于草皮、草块、草堡、草泥。中文草皮指连泥带土铲下来的草，用来绿化铺草坪或沤作农家肥。Sod 一词原来也在草原学中使用，它是指牧草密生的土地，具体是指牧草及其根系等充满的土壤表层部分。草坪学的 Sod 表示的是草坪的形成方式，是指把 Turf 平铲为平板状或剥离成不同大小的正方形、长方形、柱状等形状，在其上附带有一定土壤的草坪业产品，称为草皮，与草坪草种子一样均属于一种草坪建植材料。

Sod 被用来以营养繁殖的方式建造 Turf。在日本 Sod 很明确是指切下的草皮。古代的日本和现代的美国，Sod 的生产是草坪产业化的一个标志。

0.1.2.3　Sward

相当于草地、草皮、草甸、人工草地、铺草（皮），是草本植物群体的地上与地下部分的总称。它特指具有相对较矮生长习性和相对连续的地面覆盖。按 Beard 的解释，Sward 是指由一种以上草坪草构成的 Turf 表面。Sward 原来是草原学用语，与 Turf 是同义词。

0.1.2.4　Lawn

相当于草坪、草地、天然草坪地、草场、林间空地。Lawn 源于日耳曼语的"Lawn"，是指被围起来的历来的荒弃地。具体是指森林间的开阔地；被草坪草覆盖，不能耕作的地面，特别是住宅附近及庭院、公园等处所的一部分，由纤细的草坪草覆盖，并低修剪管理的土地。

Lawn 是指覆盖有细致修剪过的植被（通常是禾本科草被）的地面，是草坪的一种类型。与其他类型草坪相比较，它要求保持中等的草层高度，整齐和绿色的表面，因而可增强庭院、公园景观的美。除了庭院和公园外，这种修饰性草坪也用于娱乐、休养场所以及排球场和棒球场等。因此 Lawn 广泛使用于草坪业中，泛指庭院草坪或装饰草坪。

此外，Lawn、Meadow、Pasture 等英文名词均含"草地"之意。其词义差异为：Lawn 多指公园、庭院中经常加以修剪的草坪。Meadow 指为牲畜提供食用草，可以贮备干草的牧草地；也指野外的低草地。Pasture 通常指放牧用的草地或牧草。

0.1.2.5　Green

基本词义为绿色的，草坪学中引申为公共草坪、公共绿地、草地。指人们可以进入进行日光浴、休憩、野餐等活动的场所，也指利用乔木、灌木和草本植物建植的供大众观赏、休息和娱乐的绿化场地。

综上所述，现代草坪专业文献中描述草坪的英文词汇以 Turf 使用较多，它泛指草坪，但多用于描述运动场草坪(Sports Turf)和高尔夫球场草坪(Turf for Golf Course)，Turf 也可用于绿地草坪的描述，但在其前面要加 Amenity，为 Amenity Turf。并且，Turf 还可用作意为草坪的前缀与其他英语词组合成复合词，如 Turfgrass(草坪草)。Lawn 一般指观赏草坪，相当于 Amenity Turf。而 Sod 基本词义为草皮，指专门用于快速建植草坪的材料，是一种商品。Sod 与 Turf 的区别如下：Turf 是一个具有特定利用目的和功能的草坪有机整体，它可以用 Sod 建植；也可以用种子直播、塞植或者以幼枝及匍匐茎建植。Sod 最大的特点是具有可移植性，一旦被定植于某一场所后，它就不再称为 Sod，而只能称为 Turf。Sward 在草坪学中使用较少，但有时出现用于描述草坪的植被组成。Green 除泛指公共绿地外，还用于描述那些低矮、光滑、致密的草坪，如指(高尔夫球场)果岭、保龄球场和草地网球场草坪等精细草坪。

此外，日文中把草坪草称为[芝]（しば），把草坪称为[芝地]（しばち）或[芝生]（しばふ）。其意与 Lawn 相近。

0.1.3　草坪草的概念与内容及特点

0.1.3.1　草坪学概念

草坪学是研究草坪草、草坪建植与养护管理的理论及方法技术的科学。草坪学与牧草学、草原学(草地学)同属草学一级学科的二级学科。草坪学的研究对象包括草坪草与坪床土壤两大部分，处于草业生产中的植物性生产阶段。因此，草坪学是草业科学的一个特殊分支学科。但是，草坪学与传统草原畜牧业不同，它的产品是植物性的绿色植被，而不是动物性的畜产品。即将草用于建植特种绿色生物地被，而不是用作饲草供家畜转化利用。

0.1.3.2　草坪学的内容与作用

《草坪学》的主要内容是研究草坪草的生物学及生态学基础理论；草坪建植、养护与经营管理的理论及技术。其主要章节包括草坪学概论、草坪生物学、草坪生态学、草坪建植、草坪养护管理、草皮生产与利用、草坪建植与管理机具、专用草坪建植与养护管理、草坪质量评价原理与技术、草坪经营管理等。根据草坪学的研究内容，可将草坪学划分为草坪草生物学、草坪生态学、草坪工程学、草坪养护管理学、草坪草育种学、草坪经营学、草坪建植与养护机械学、运动场与高尔夫球场草坪学、草坪灌溉与排水工程学、草坪营养与肥料学、草坪植物保护学等分支学科。

根据草坪学的研究内容，可确定草坪学的任务是传授有关草坪学的基础理论；草坪草种

（品种）选择、草坪建植与养护管理、草坪质量评价与草坪经营管理的基本方法和技能，使培养对象具有一定的草坪科研工作能力和建造、养护草坪的实际技能，为培养对象在草坪科研、教学、经营管理等领域就业奠定基础。

草坪学是草业科学专业最重要的专业主干课程之一，在实现专业培养目标中具有十分重要的地位。草坪草（品）种选育、草坪草种子生产、园林绿化工程、草业技术推广、草业产业化等都离不开草坪学。掌握草坪学理论与技术已成为草业科学专业合格毕业生的基本前提和必要条件。

0.1.3.3　草坪学的特点

草坪学具有系统性、综合性和应用性的特点。草地和林缘是人类最早生存的环境，人类依赖于草地而取得自身发展。在原始社会人类采集、狩猎以取得生活资料的基础上，进一步发展为种植牧草、饲养家畜以取得生活资料；在草地放牧草食动物的同时，也利用草地或草食动物啃食牧草的留茬草地作为休憩地，这就是原始的的草坪与绿地（任继周等，2000）。正是由于从人类远古社会开始就产生了草坪的利用，伴随着人类对草坪长期利用理论与方法技术的探究，现代草坪学已经发展成为一门理论与方法更为系统的学科体系。

草坪学是在融合植物学、生态学、土壤学、肥料学、作物栽培学、作物育种学、园林学、体育运动学、建筑学、环境科学等相关学科内容的基础上，通过对相关学科知识、技术、方法和最新各学科成果的凝练与综合而成的一门综合性学科。

草坪学是将有关基础学科内容集中运用于草坪这一生产综合体的实践性很强的应用性科学，其操作技能和动手能力对培养对象的能力培养至关重要。草坪学的草坪草种（品种）识别、草坪建植与养护工程等内容均是应用性极强的技术科学。

0.1.4　草坪与草坪学的相关概念

0.1.4.1　草坪草

人们通常把构成草坪的植物称为草坪草（Turfgrass）。2008 年出版的《草业大辞典》将草坪草定义为："草坪草是用于草坪建植的能忍受修剪、践踏、碾压的草本植物，主要是具扩展性根茎型或匍匐型禾本科植物，是建植草坪最重要的基础材料。"

需要注意的是，草坪草与草坪是既相互联系又有区别的两个不同的概念。草坪草是指用于建植草坪或着生于地面的草本植物本身，是草坪的基本组成和功能单位；而草坪则是指包括草坪草及其着生的土壤或其他基质共同构成的有机生态整体，它不仅包括草坪草，还包括草坪草生长的土壤或其他基质环境。

一般人认为，凡是适宜建植草坪的都可以称作草坪草，但现代草坪主要用禾本科草，因而把用于建植草坪的（禾本科）草坪草称为禾草；过去有时则将草坪草定义为能够经受一定修剪而形成草坪的禾本科植物。这也是由于禾本科草本植物所具有的如下特性所决定的：①株丛低矮、质地细腻，能形成平展、整齐一致而品质优美的草坪；②须根系发达，大多具有地下根茎和匍匐茎，能形成草根絮结、牢固、易铺植的草皮；③再生性好，能经受频繁的修剪和碾压；④茎叶致密，刚性和弹性好，极耐践踏。

0.1.4.2　草坪植物

随着草坪功能的日益扩大，除禾本科植物外，许多非禾本科的植物也被用于草坪建植。如莎草科的细叶苔草、豆科的白三叶、旋花科的马蹄金、百合科的沿阶草，还有大量地被植物也在草坪上大量应用。所以，草坪草的概念应不局限于禾本科植物，应涵盖范围更广的科属植物。孙吉雄（2004）认为，草坪草是指能够形成草皮或草坪，并能耐受定期修剪和人、物使用的一些草本植物品种或种。草坪草大多数为具有扩散生长特性的根茎型和匍匐型禾本科植物，也有一些如马蹄金、白三叶等非禾本科草类。

为了与严格意义上的草坪草概念有所区别，胡叔良（1996）认为，草坪植物是用以铺设草坪的植物总称。张自和（2008）认为草坪植物是以禾本科植物为主，包括其他科植物在内，耐修剪，较低矮、纤细，可以建植或形成草坪的各种草本植物。草坪植物一般具有植株低矮、质地纤细、生长点低位、多有根茎或匍匐茎、耐践踏、耐修剪、再生性强、具有良好的质感及坪用特性。

0.1.4.3 地被植物

地被植物是指某些有一定观赏价值，铺设于大面积裸露平地或坡地，或适于阴湿林下和林间隙地等各种环境覆盖地面的多年生草本和低矮丛生、枝叶密集或偃伏性或半蔓性的灌木以及藤本。即地被植物是指那些株丛密集、低矮，经简单管理就可代替草坪覆盖地表，防止水土流失；能吸附尘土、净化空气、减弱噪音、消除污染并具有一定观赏和经济价值的植物。地被植物不仅包括多年生低矮草本植物；还有一些适应性较强的低矮、匍匐型的灌木和藤本植物。地被植物定义中的"低矮"一词是一个模糊的概念。有的学者将地被植物的高度标准定为 1 m，并认为有些植物在自然生长条件下，植株高度超过 1 m，但是，它们具有耐修剪或苗期生长缓慢的特点，通过人为干预，可以将其高度控制在 1 m 以下，也视为地被植物。国外学者则将地被植物高度标定为从 2.5 cm 到 1.2 m。

地被植物种类繁多，可从不同角度加以分类。一般按其生物学与生态学特性，并结合应用价值分为如下 6 类：①灌木类地被植物，如杜鹃花、栀子花、枸杞等；②草本地被植物，如三叶草、马蹄金、麦冬等；③矮生竹类地被植物，如凤尾竹、鹅毛竹等；④藤本及攀缘地被植物，如常春藤、爬山虎、金银花等；⑤蕨类地被植物，如凤尾蕨、水龙骨等；⑥其他一些适应特殊环境的地被植物，如适宜在水边湿地种植的慈姑、菖蒲等和耐盐碱能力很强的蔓荆、珊瑚菜和牛蒡等。

地被植物与草坪草及草坪植物是相互联系又有区别的不同概念。草坪草或草坪植物是人们最为熟悉的一类地被植物。并且，地被植物和草坪植物一样，都可以覆盖地面，涵养水分。但是，地被植物具有如下草坪植物所不及的特点：①地被植物个体小、种类繁多、品种丰富。地被植物的枝、叶、花、果富有变化，色彩万紫千红，季相纷繁多样，可营造多种生态景观。②地被植物适应性强，生长速度快。可在阴、阳、干、湿多种不同环境条件下生长。既可弥补乔木生长缓慢、下层空隙大的不足，在短时间内可以收到较好的观赏效果；又可弥补某些草坪植物不耐阴、阳、干、湿多种不同环境的不足。③地被植物的木本植物有高低与层次的变化，而且易于造型修饰成模纹图案。④繁殖简单，一次种植，多年受益。地被植物建植后的养护管理比单一大面积草坪的病虫害少，不易滋生杂草，养护管理粗放，不需要经常修剪和精心养护，可减少人工养护费用。⑤地被植物适应性强。一是地被植物耐旱。地被植物经过长期的进化与选择，一般根系发达、叶面失水量小、耐旱性强。例如卫矛属、蔷薇属、大花金鸡菊等，即使周年不浇水也不致死亡，很适合干旱地区栽培。二是地被植物耐阴。俗语说"能在人下为人，不能在树下为树"，是说一般树种很难在树荫下生长。耐阴的地被植物可用于树林下部地面覆盖，形成立体栽植，提高景观生态效益。例如，络石、常春藤、扶芳藤、五味子属等极耐阴，都可在浓荫树冠下种植。三是地被植物耐管理粗放。地被植物适应性强，病虫害少，且易防治。一般不需修剪或少修剪，并且修剪易成型，耐粗放管理。覆盖地面能力强。与草坪草相比较，其管理费用大大降低。四是绿视率高、寿命长。地被植物叶面积是草坪草面积的 3~10 倍，绿视率高，可大大提高绿地的景观生态效益。同时地被植物生命力强、生长旺盛。小叶扶芳藤、小紫薇等地被植物寿命都在 10 年以上。五是可绿化硬质地面。藤本地被植物蔓延的枝条可绿化屋顶和硬质地面，起到绿化硬质地面与屋顶覆盖的作用，可大大提高城市绿化覆盖率。

0.1.4.4　草坪业

草坪业（Turfgrass industry）指经营和管理草坪的行业。它是第二次世界大战后在世界兴起的一门新兴产业，是以农学、园艺学、土壤学、植物学、林学、肥料学、农田灌溉学、农业工程学、生态学、环境学、草坪学及运动体育、娱乐休闲等多种科学技术为基础，以草坪草与地被植物为对象，以人类美学为前提的生产产业。因此，庭园美化、娱乐休假地建设，运动竞技场地，家庭居宅，墓地绿化，道路、坡面保护等都是草坪业的对象。草坪业是包括草坪绿地建造、生产、流通、经营、管理，草坪技术人员教育和研究的一门综合产业。草坪业的构成要素如下：

①草坪建植与施工部门　运动场、公园、工厂、居宅、机场、路面等的绿化建设；

②草坪及其相关产品制造与销售部门　草皮、种子、化肥、农药、土壤改良剂、砂、机具等的制作及出售；

③草坪养护与管理部门　草坪绿地的管理、草坪的直接经营、全面承包、部分承包；

④草坪教育科研部门　主要进行草坪专门人才的培养教育、进行有关草坪的研究与开发、还包括草坪草良种改良。

草坪业是一门社会产业，它以完备的草坪科学理论为基础；草坪业是一门应用产业，它以先进的草坪技术为生产手段；草坪业是一门经济产业，它必须遵循市场经济规律。因此，草坪业是一门涉及科学理论、生产技术和经济规律的综合性社会产业。

0.2　草坪的类型与功能

0.2.1　草坪的类型

草坪类型多种多样，可按不同角度进行分类。

0.2.1.1　按草坪用途或使用场所分类

（1）观赏草坪

观赏草坪指设于园林绿地中，专供景色欣赏的草坪，也称"装饰性草坪"或"造型草坪"。一般该类草坪不允许游人入内游憩或践踏，栽培管理极为精细，草坪品质较高。例如，雕塑喷泉、建筑纪念物等处用来装饰和陪衬的草坪。一般选用低矮、纤细，绿色期长，姿色美观的草坪草种类，可以不耐践踏，但欣赏价值要高。

（2）游憩草坪

游憩草坪也称休息娱乐草坪，指供游人散步、休息、游戏和户外活动用的草坪。该类草坪没有固定的绿地形状，面积大小不等，管理粗放，一般允许人们入内活动。该类草坪一般多铺设在公园、植物园、游乐园等大型绿地中。一般选用低矮、纤细，耐践踏，绿色期长和耐修剪的草坪草种类。

（3）运动场草坪

运动场草坪指供体育活动的草坪，如高尔夫球场草坪、足球场草坪等。由于各类体育活动特点不同，所选用的草坪草种类及其建植养护管理措施各不相同。但是，一般运动场草坪应具有耐践踏，耐频繁刈剪，根系发达，再生力强等特点。

（4）水土保持草坪

水土保持草坪也称（固土）护坡草坪，指用于道路、堤坝或水岸等处固土护坡，防止水土流失的草坪。该类草坪管理粗放，但建植的难度较大，通常采用高压喷播、铺设草坪或植生带等方法建植草坪。应选择适应性强，根系发达，覆盖能力强，抗性强的草坪草种。

（5）机场草坪

机场草坪指在飞机场铺设的草坪。用草坪覆盖机场，能减少尘土飞扬，提高能见度，保持环境清新优美，开阔视野，减轻太阳辐射对人们视力的影响，有利于飞机安全起飞和降落。同时还能减弱噪音；清洁的环境有利于保护飞机机件，延长飞机的寿命；直升飞机场等可全部用草坪建成。机场草坪一般选用抗逆性强，耐践踏，抗干旱，耐磨，耐瘠薄的草坪草种类。

（6）环保草坪

环保草坪指建植于有污染物质产生的地方，用以转化有害物质，降低粉尘，减弱噪音，调节空气温、湿度，保护环境，提高产品质量的草坪。包括垃圾填埋场草坪、重金属污染治理草坪、生活与生产污水、污染物及大气治理草坪等。常见草坪草对污染物的反应：黑麦草、草地早熟禾、紫羊茅、猫尾草、白颖苔草、狗牙根、野牛草、假俭草、结缕草抗二氧化硫污染；狗牙根还抗氟化氢污染；草地早熟禾、早熟禾抗氯气；各种三叶草抗硫化氢。而早熟禾对氟化氢、过氧乙酰硝酸酯（PAN）则表现敏感。

按草坪用途或使用场所分类还可分为公园草坪、庭院草坪、停车场草坪和屋顶草坪等。

0.2.1.2 按草坪植物组成分类

（1）单一草坪

单一草坪又称单纯（播）草坪，指由一个草坪草种或品种构成的草坪。具有高度的一致性和匀一性，是建植高级草坪和高尔夫果岭、发球台等特种用途草坪的一种特有草坪种植方式。

（2）混合草坪与混播草坪

混合草坪指由一个草坪草种的多个品种组成的草坪；混播草坪指由多个草坪草种组成的草坪。有时该两种草坪也没有明显区分，统称为混合草坪或混播草坪。混合（播）草坪比单一草坪具有更强的适应性，但整齐性和均匀性要差一些。

（3）缀花草坪

缀花草坪指由草坪草和花卉或地被植物结合而成的草坪。缀花草坪通常以草坪为背景，一般间以不超过草地1/3面积的多年生花卉、地被植物、林木树种，其分布有疏有密，自然错落，草、灌木、乔木立体结构，时花时草，别具情趣。

（4）林间草坪

林间草坪指由草坪草和林木树种结合而成的草坪。

0.2.1.3　按草坪与树木的组合情况分类

（1）空旷草坪

空旷草坪指不栽种任何乔灌木的草坪。该类草坪视觉空旷、开阔，具有单纯、壮阔的艺术效果气势，主要用作体育游戏、节日演出场地，但遮阴条件差。

（2）闭锁草坪

指空旷草地的四周为其他乔木、建筑、土山等高于视平线的景物包围，这种四周包围的景物不管是连续成带的或是断续的，只要占划地四周的周界达 3/5 以上，同时屏障景物的高度在视平线以上，其高度大于草地长轴的平均长度的 1/10 时（即视线仰角超过 5°～6°时），则称为闭锁草坪。

（3）开朗草坪

开朗草坪指草坪四周边界的 3/5 范围以内，没有被高于视平线的景物屏障的草坪。

（4）稀树草坪

稀树草坪指草坪上稀疏分布的一些单株乔灌木的株行距很大，且这些树木的覆盖面积（郁闭度）为草坪总面积的 20%～30% 的草坪。该类草坪具有一定的蔽荫条件，主要用于有大量人流活动的游憩草坪；也可用作观赏草坪。

（5）疏林草坪

疏林草坪指草坪上布置有高大乔木，其株距在 10cm 左右，其郁闭度为 30%～60% 的草坪。主要供游人在炎热的夏季活动。

（6）林下草坪

林下草坪指郁闭度大于 70% 的密林地，或树群内部林下，由于林下透光系数小，喜光禾本科植物很难生长，只能种植一些含水量较多的耐阴草本植物，以观赏和保持水土为主，游人不允许进入的草坪。

草坪还可按草坪建植用的草坪草种类进行分类，如可分为宽叶草坪与细叶草坪等；还可按绿期分为常绿草坪、夏绿草坪和冬绿草坪等；也可按园林规划形式的不同，分为自然式草坪（不论是经过修剪的草坪还是自然生长的草地，只要是充分利用自然地形或模拟自然地形起伏，创造原野草地风光的草坪）和规则式草坪（指草坪外形具有整齐的几何轮廓的草坪）等。

0.2.2　草坪的功能

草坪作为城市绿地生态系统的重要组成部分，对环境起支持、容纳、缓冲和净化、美化的作用，被称为"城市之肺"。堪称"文明生活的象征，游览休假的乐园，生态环境的卫士，运动健儿的摇篮。"对人类的生产、生活和健康极其重要，已经成为城乡物质文明、精神文明及生态文明建设的重要组成部分。草坪的主要价值功能如下。

0.2.2.1　草坪的生态功能

草坪是重要的绿化材料，它能够绿化环境，改善生态，具有多种多样的生态功效。

（1）维持大气圈碳氧平衡，提高空气质量

草坪通过释氧固碳减排，可维持地球大气圈碳氧平衡，应对全球气候变暖、提高人们健康水平发挥极其重要的作用。草坪生长良好的草坪植物通过其光合作用，大量吸收二氧化碳和释放氧气。据研究，每平方米草坪每小时可吸收 1.5g 二氧化碳，释放 1g 氧气。如果种植 50m² 草坪，则可全部吸收一个人一昼夜呼出的二氧化碳，同时释放 250g 氧气。如果二氧化碳含量达到 0.05% 时，人会感到呼吸不适；而其含量达到 0.3%～0.6% 时，就会出现头痛、呕吐、血压升高等生理反应。

（2）调节温度和湿度，改善小气候

草坪能显著地增加环境的湿度和减缓地表温度变换，调节小气候。与裸地相比较，草坪的草坪草能吸收太阳的辐射热能，消耗热量，提高空气湿度。夏季可以起到降低温度的作用；冬季能显著地增加环境的湿度和减缓地表温度的变幅。研究表明，夏天 1 hm² 草坪每天约蒸发水分 6300 kg，草坪空气的相对湿度比裸地高 10%～20%，地表温度比裸地低 3℃ 以上。如水泥地面温度达到 38℃ 时，草坪表面温度可保持在 24℃，草坪绿地的温度在夏季比裸地低 0.7～3.2℃（黄承标等，2002），太阳辐射到地面的热量约 50% 可被草坪吸收。冬季则相反，草坪温度较裸地高 0.8～4.0℃。据报道，以佛甲草构建的轻型屋顶绿化可以降低夏季室内温度 2℃。1 hm² 草坪绿地每天的调温效果相当于 500 台空调工作 20 h。所以草坪具有"冬暖夏凉"的作用，是城市最好的"空调机"。

（3）防止噪音，减少视觉污染

草坪的叶和直立茎具有良好的吸音效果，能在一定程度上吸收和减弱 125～8000 Hz 的噪音。乔木、灌木和草坪草结合，如果能形成宽 40 m 的多层绿地，能减低噪音 10～15 dB。根据测定，20 m 宽的草坪可减噪音 2 dB 左右；杭州植物园一块面积 250 m²，四周为 2～3 m 高的多层桂花树的草坪，测定结果与同面积的石板路面相比，噪音减小量为 10 dB。草坪草靠近根部的疏松土壤，还能吸收主要声流。在飞机场铺建草坪既可减少飞机场扬尘与噪声，又能延长发动机寿命。

绿色的草坪还能把太阳光折射转成漫射，减弱对阳光的反射，减轻和消除阳光对人们眼睛的损伤，尤其对保护青少年视力和恢复视神经疲劳有较高的功效。草坪的绿色是对人的视觉最舒适的颜色之一，能保护驾驶员的眼睛，使之不易产生视觉疲劳，从而减少交通事故的发生。草坪绿色宜人，对光线的吸收和反射都比较适中，不眩目，使人的眼睛感到柔和。同时，草坪空气清新，还可使人们心情愉悦，身心得到休息，消除疲劳。

（4）涵养与净化水源，保持水土

草坪的水分调节与净化功能主要是通过草坪草植被、枯枝落叶垫层和疏松的根层的阻截、减缓流速和渗透等作用，蓄积大量降水，补给地下水，不仅起到涵养水源的重要功能。而且，草坪像一层厚厚的过滤系统，在降低地表水流速的同时，把大量固体颗粒沉淀下来，起到净水作用。

草坪因具致密的地表覆盖和在表土中有絮结的草根层，与土壤纵横交错，紧密结合，对固定土壤、防止水土流失有很大的作用。草坪茎、叶、蘖枝茂密，相互交织在一起，根系发达，形成了一个多孔体系，起到生物过滤网的作用，可抑制地表水的流动，降低其径流速度，不但可以大大地减少沉淀污染物进入地表河流、湖泊的数量，而且有效地减少了土壤水蚀及风蚀的能力，因而具有良好的防止土壤侵蚀的作用。据试验结果，在 30° 坡地，200 mm/h 的人工降雨强度下，当草坪盖度分别为 100%、91%、60%、31% 时，其土壤的侵蚀度相应分别为 0、11%、49%、100%，土壤的侵蚀度依草坪密度的增加而锐减。据研究，不同土地的表层 20 cm 厚的土层，被雨水冲刷净所需要的时间，草地为 3.2 万年，而裸地仅为 18 年。此外，草坪能明显地减少地表的日温差，可有效地减轻土壤因"冻胀"而引起的土壤崩落作用，对梯田和道路及堤坝护坡具有良好保护功效。

（5）防风固沙，净化土壤

植被稀少的干旱和半干旱地区的风沙危害季节，地表沙尘，由于缺少植被保持，很容易随风贴地表移动或在空中漂移。而草坪致密的草层，可降低风速，阻挡风沙，防止起尘，发挥减沙、滞沙、固沙、保护环境的功能，可显著降低风沙等自然灾害的危害。

草坪植物根系能够吸收大量有害物质，增加促进土壤中有机物迅速无机化的好气性细菌数量。大面积的草坪也是净化土壤的主要植被类型，当裸露的土地建植草坪后，不仅可以改善地表的环境，而且也可改善地下的土壤的条件。

0.2.2.2　草坪的运动功能

（1）草坪运动场具有体育运动所必备的运动载体功能

许多体育运动，如高尔夫球、足球、草地网球、棒球、垒球、草地保龄球、橄榄球、马球及赛马等都必须或者高质量地在草坪场地开展。草坪运动场能够为这些体育项目提供致密、平坦、均一、富有弹性的良好地面覆盖，为体育训练和比赛提供良好的场地条件。草坪运动场的体育比赛，可充分发挥运动员的竞技水平，保证体育运动水平和质量。中国足球运动水平长期停滞不前的原因很多，但一个不可忽视的重要原因是缺少优质的草坪足球运动场，从而影响和限制了足球运动的发展和提高。

（2）良好的草坪运动场具有运动安全的重要保障功能

草坪具有良好的缓冲功能，从而可以保证体育运动一定的安全性和舒适性。首先，草坪运动场可减少体育运动员或爱好者因跌倒、跌落、碰撞、拼抢等而造成的伤害，有利提高体育运动员或爱好者的参与积极性，有利他们保持最佳竞技状态，临场发挥更出色，取得最佳优异成绩。特别对于减少和减轻如足球、橄榄球等一些高强度的体育运动项目的球员的受伤几率及受伤程度。

其次，草坪运动场对体育运动训练和比赛用具，如足球、橄榄球、网球、高尔夫球等可取到一定的保护作用，进而可以减少其磨擦损耗，延长其使用寿命。

最后，赛马场和斗牛场等草坪运动场对于训练和参赛的马匹和牛等动物也可取到保护作用。不像沙石等坚硬场地的运动场，其反作用力较大，容易使腾空跃起的动物受伤，甚至使其失去运动使用价值和经济价值。

（3）高质量的草坪运动场是提高体育运动观赏和比赛质量及效益的重要因素

高质量的草坪运动场不但为运动员提供高质量的运动表面，激发运动员竞技水平的最佳发挥，而且其呈现出的绿色对光线的吸收与反射都比较适中、不眩目，使人的眼睛感到舒适，十分宜人，为现场观众在欣赏激烈精彩比赛的同时带来视觉美的享受，从而激发观众的观赏热情。这种互动良好的比赛氛围将会进一步激发运动员比赛热情，从而提高比赛的观赏性和比赛质量。从电视转播的效果看，一块碧绿的运动场草坪会吸引更多的电视观众，从而大大增加收视率，提高比赛的收入和影响力。

0.2.2.3　草坪的美学功能

草坪不以生产任何产品为目的，只以为人类提供自然景观和园林景观的环境服务为其功效，这就是草坪的美学功能。

首先，草坪植物因其独特的开阔性、空间性及其铺设后快速形成的自然景观效果，不仅具有自然美，还体现了生活美和艺术美，是环境美化的重要组成部分。草坪还可通过巧妙地与乔、灌、花、藤，假山，雕塑以及灯饰等有机结合起来，形成层次分明、色彩斑斓、别致的园林景观，在绿意盎然中显示出各种不同风格的和谐美。

其次，草坪的美学功能还体现于草坪对人们的情感陶冶和美感享受。绿草茵茵的草坪，能给人们一个静谧的感觉，能开阔人的心胸，能奔放人的感情，能陶冶人的情趣。绿色毯状的草坪，映衬着五彩缤纷的鲜花，矗立其间的红墙、黄瓦、小白屋，可显现欣欣向荣的城市田园风貌，使人们忘却工作的疲劳，给人以走出尘嚣、回归自然的美感享受。总之，草坪对人们精神世界的薰陶益处和身心健康的美感享受的多种美学功能，是难以为其他自然景观或者园林景观所替代的。

0.2.2.4　草坪的社会文化与其他功能

草坪的主要社会文化与其他功能实质如下：

（1）美化生活环境与娱乐功能

草坪的美不仅是外形的美，而且，这种美能传导到人类的内心，使之心灵美。草坪由于具有绿色、开阔、平坦、耐践踏等特性，凉爽、松软、均匀一致的绿色草坪，不仅可给人们提供一个舒适的生活环境，而且，可为人们提供一个休憩、散步、玩耍、游戏、读书、文娱等休闲娱乐活动的场地，能引起人们游戏的兴趣，使人心旷神怡、精神焕发、疲劳消除，给人以美化生活环境与快乐娱乐的享受。特别是大面积都市草坪常常成为现代都市绿色休闲生活的一抹亮丽景色，现代国际社会已将草坪覆盖面积作为衡量现代化城市建设的重要标志之一。

（2）文化功能

首先，天蓝地绿、蓝广绿鲜，草坪可衬托蓝天产生良好的视觉美感。因此，草坪是供人们学习、休闲、写生、交友、畅谈的极好的文化场所。

其次，草坪还可给人们美的文学享受。历来深爱绿草的作家们写出了精湛的草坪文学，使读者千载传颂。"离离原上草，一岁一枯荣，野火烧不尽，春风吹又生"，小草顽强的生命力启迪人们在艰苦的环境中奋发。歌剧《芳草心》中主题曲描写的"小草"是多么可爱："没有花香，没有树高，我是一颗无人知道的小草……"。"小草"她谦虚、乐观、善友，对春风、阳光、山河、大地，表达了深深感恩之情。台湾电视剧作家琼瑶《青青河边草》插曲的歌词写得多么动情："我是一颗小小草，家在何处不知道，路儿弯弯到天边，爹娘何在不知道，幸有大哥心肠好，幸有大姐怜我小，最怕大哥走远方，最怕大姐嫁他乡，桃花开呀杏花落，小小草儿不敢倒，连夜风雨滴滴落，小草啊不敢倒。"喻意世间的人情冷暖和人们对和谐社会的追求。

（3）促进相关产业发展

城乡草坪不仅美化了人们的生产与生活环境，而且极大地提升城乡的经营理念与建设管理水平，促进城乡社会经济可持续发展。草坪运动场不仅可提高体育运动场的等级水平，吸引重大国际国内体育比赛活动的举办，从而满足和提高人们参与体育运动的兴趣与水平。而且，由于草坪的大量建植，不仅可直接带动草坪草种子业、草坪建植与养护机具业、草坪肥料与农药业等草坪产业链各行业的发展，还可间接带动城乡草坪产业相关行业如旅游业、体育休闲业、房产业及其他服务行业的发展。

此外，草坪生态功能不仅可直接创造巨大的生态、经济、社会效益，而且还可带来草坪场地周边房地产升值、吸引招商投资、促进大众消费、改善公民健康、降噪减污、减少交通事故、保护生物多样性等一系列巨大的社会经济效益。

（4）用作饲料

草坪要定期频繁地修剪才能保持其美丽的外观和良好的弹性，草坪草又大多为优良的禾本科牧草，因而修剪下的青草是家畜的良好饲料。发展草坪业可与都市畜牧业结合起来，这在国外有先例，在国内已有人开始进行这方面的尝试。

0.3 草坪与草坪学的发展简史

伴随草坪业的发展，草坪学的研究也不断深入向前发展。

0.3.1 草坪的发展简史

草坪作为一个相对独立的产业，或者作为一门科学，还是近代和现代的事件，并且，草坪的发展总是与社会经济发展及科技进步水平密切相联系，还因国家与地区及民族不同存在较大差异。

0.3.1.1 国外草坪发展的历史

国外草坪的发展可分为如下 3 个不同发展阶段。

（1）草坪萌芽阶段

草坪是自人类诞生就在身边存在的绿色草原。萨旺纳草原栖息着很多草食动物，由于视野开阔，那里成为人类狩猎的绝好场所，同时，这里也是人类生活、游戏的场所。有人认为，原始人类就是在萨旺纳（Savannah）草原上开始直立行走。可以说草原自从被人类作为游戏场地利用开始，就成为了原始意义上的草坪。

人类由狩猎时代发展到农耕牧畜时代后，由于生活的显著改善产生了余暇，人类开始出现趣味爱好和娱乐活动，因而对周围草原的利用更加频繁。娱乐运动的最初形式是狩猎。推、拉、踢、跑、投掷、射击等动作很快运动化，后来又增加了骑马等运动，于是产生了球类运动。古代希腊、罗马等国家也有类似中国"蹴鞠"即古代足球的球类运动，但"蹴鞠"是否在草地上开展有待考证。

人们把聚集地周围的草原除了用于运动外，还用于休憩、散步，以及赏花、采摘花草等各式各样的野游活动，这些就是后来公园草坪绿地广场各项功能的综合。

这一阶段是草坪形成的初级阶段，伴随着人类社会发展经历了相当漫长的过程，其特征是天然草原以原始的形态为人类的各种运动娱乐活动所利用，但同时又用于家畜放牧。这时的草坪本质上还是草地，只不过是地处人类栖居地周围，低矮、平坦、适合运动的草地，已开始具备草坪的基本特征，可以说这种类型的草地就是草坪的原始形态。

（2）草坪形成阶段

随着人类城镇化生活的开始，草坪从草原的原始形态开始进入庭园作为装点风景、观赏之用。据文献记载，公元前 500 年左右，在波斯（今伊朗）出现用鲜花和草地装饰的庭园。欧美诸国草坪的应用稍晚于中国。公元前 354 年，罗马开始在各国庭园中应用小块草坪。由于草坪图案装饰性好，管理方便容易，在欧洲很多庭园中广泛使用，但这一时期总体上规模较小。到中世纪（约 476—1453 年），欧洲的许多村庄建立起大面积草坪，称为绿地或公共场地，供村民集会和娱乐活动，草坪成了贵族、地主的私产。随着造园技术的发展，到 13 世纪草坪在庭院中已占有相当重要地位。到 14 世纪草坪跨出庭院，进入户外运动场和娱乐、休憩地的行列。

国外高尔夫球等体育运动的流行推动了国外草坪的广泛应用。正规的足球比赛是 14 世纪在英格兰进行的。除了足球，早期国外与草坪关系密切的球类运动还有高尔夫球，15 世纪初，高尔夫在英国流行，推动了草坪在体育和园林的应用发展。欧洲古代希腊的神殿和体育馆等公共场所的周围都设立了绿化场地，类似于现代公园。除足球和高尔夫球外，草地保龄球、板球等各种球类比赛活动成为正式的体育运动，需要人工建造竞技场地，于是产生了草坪的建植与管理行业。到中世纪，国外的教会和修道院的公园庭园里也都出现了草坪。

国外草坪业的发展时间也较早。现代都市公园历史始于 16 世纪英国伦敦海德公园及其他狩猎园的开放，这是公园草坪的原型。至 16 世纪，草坪在欧洲就已经成为一项产业。至 18 世纪中，英国自然风景园中出现了大面积草坪。后来，美国及欧洲各国设计建造的公园成为都市现代化的象征，开阔的大草坪成为其主要的景观特征。

草坪形成阶段是人类开始有目的地利用天然草原的一个时期，也标志着草坪从利用天然草原阶段进入到改造天然草原，开始人工建植管理草坪的新阶段。

（3）现代草坪阶段

国外现代草坪阶段发展速度迅速，水平高。到 19 世纪，随着蒸汽内燃机的产生，1830 年英国人发明了世界上第一台收割机，1832 年被应用于草坪修剪，草坪由以前靠镰刀割草或绵羊放牧"剪割"的时代，步入到机械化管理时代，剪草机的发明标志着现代草坪的兴起。由于技术进步、管理手段的改革和应用，以英国为代表的欧洲草坪业迅速发展，其管理水平和人均绿地面积都居世界的前列。

20 世纪 50 年代以来，国外现代草坪业的发展十分迅猛。第二次世界大战后，随着经济的发展，生产效率和生活水平的提高，人们有了更多的闲暇时间，对生活环境质量的要求更高，对草坪扬地的户外运动和其他各种活动产生了更多需求，国外草坪业得到了长足发展。美国由于战后经济的迅速发展和人口的剧增，产生了对住房建筑业和高尔夫球等草坪运动场体育活动的强劲需求，从而大大推动了草坪业发展。草坪的用途进一步扩大；草坪面积急剧上升；草坪养护水平愈来愈高。美国也因此成为二战后现代草坪业的发源地与引领者，涌现了大批诸如高尔夫球场、橄榄球场、足球场等养护管理精细、种类繁多、功能各异的现代草坪。同时，草坪建植、养护、管理等技术的长足进步也带动了草坪草品种研发、种子生产、绿地建植、草皮生产以及草坪农药、化肥、灌溉、机械等相关行业的发展，形成了现代草坪产业。到 2000 年，美国仅高尔夫球场就有 2 万多个，高尔夫人口超过 3000 万人，高尔夫相关产业产值达 620 亿美元，占美国国内生产总值的 0.6%，相当于美国农业产值的 40%。据统计资料，美国草坪业每年的产值达到 1000 亿美元左右，从业人员近百万人，到 2006 年，草坪面积达 $2000 \times 10^4 hm^2$。

除美国外，现代草坪业发达的还有欧洲、澳大利亚、加拿大、日本、新西兰等国家和地区。目前，美国、英国、法国、德国、意大利、加拿大、丹麦、比利时、新西兰、澳大利亚、日本、瑞士、瑞典等国家，城市裸地的绿化覆盖率，一般都在 80% 以上，高的超过 90%。

0.3.1.2　中国草坪发展的历史

中国草坪的应用历史早于国外。然而，作为社会发展标志的现代草坪阶段在中国的兴起则是 1978 年改革开放以后的事情。据此可将中国草坪发展历史划分为如下 3 个不同的发展阶段。

（1）草坪萌芽与缓慢发展阶段

中国 20 世纪 80 年代以前的草坪发展时期为草坪萌芽与缓慢发展阶段。本阶段又可细分为宫廷游园利用阶段；公园、运动场、游憩草坪等多途径利用阶段和观赏性或装饰性利用阶段等 3 个不同的草坪发展时期。其中，宫廷游园利用阶段大致相当于国外的草坪萌芽阶段与草坪形成阶段；公园、运动场、游憩草坪等多途径利用阶段和观赏性或装饰性利用阶段则相当于国外的现代草坪阶段的起步和早期缓慢发展时期。

①宫廷游园利用时期　中国从尧舜时期到周朝而后至清朝鸦片战争结束，即 1840 年以前的中国古代草坪业为中国草坪的宫廷游园利用阶段。

中国草坪的早期利用与花园的建造历史密不可分。中国尧舜时期，国家已开始设"虞"（音 yu）官来管理山林。有关中国园林与草坪的最早资料和各种文字记载，约可追溯到公元前建立的周朝。周朝君主陆续建造了大量华丽的园林，园中有各种花草树木，此时已将种草列入农业和园艺范畴。收录中国西周初年到春秋中期（公元前 1100—公元前 600 年）的中国最古老的一部诗歌总集《诗经》中，就有"绿草茵茵，芳草萋萋"描写草地的佳句。到中国战国时期就出现了"以足蹴踘以为乐"的活动，"蹴鞠"即古代足球。秦始皇在其 14 年的统治中，建设了面积达 1000 公顷以上的宏伟园林。

公元前 195 年，中国汉朝汉文帝建造了一座面积达 3000 公顷的宏大苑林，内有建筑和花草。汉朝司马相如《上林赋》中写道"布结缕，攒戾莎"，表明在汉朝汉武帝时期（公元前 141—公元前 87 年）的上林苑中，已开始铺设以结缕草为主的草坪。

到公元 5 世纪末年，据《南史东昏侯本纪》："帝为芳乐苑，划取细草，来植阶庭，烈日之中，便至焦燥"，已有明确人工建植草坪的记载。13 世纪中叶，元朝的忽必烈皇帝为了不忘其出生地蒙古的草地，因而在其宫殿内院种植草坪。

18 世纪，草坪在中国园林中的应用已具相当的水平和规模。举世闻名的河北承德避暑山庄始建于 1703 年，历经清康熙、雍正、乾隆三朝，历时 89 年建成。当时的万树园有 500 余亩的疏林草地，系由羊胡子草（卵穗苔草）形成的大片绿毯草坪。当时，山庄饲养了大群鹿，就以这片草地作为放牧场。平时皇帝在草坪上演骑、试马、规武、放焰火、观灯、野宴。乾隆曾因这片草地的美好而专立石碑加以赞美，其中有："绿毯试云何处最，最惟避暑此山庄，却非西旅织裘物，本是北人牧马场。"成书 1784 年的中国古代四部名著之一的《红楼梦》中有许多描写大观园奇花异草的诗句。

中国以"满铺草坯"的技术路线为主，移植天然草坪成为"人工草坪"，面积越来越大。至清乾隆二十九年（1764）和三十九年（1774），在北京北海北岸和东南海瀛台土石相间的山坡"奉旨……将新堆土山满铺草坯（约 2.8 万平方米）"，"满铺草坯"之法沿用至今。同期，王公贵族的私家花苑效法者众。如弘晓（乾隆弟，怡亲王）《明善堂诗集》收乾隆二十三年（1758），游古梁园，即《墨公·别墅》七律，内有"客醉妖桃花作锦，蝶迷芳草绿如茵"一联可证。

综上所述，早在秦汉时代，中国草坪利用已具雏形，已经完成了草坪萌芽阶段；中国南北朝至盛唐的草坪发展技术成熟完善，并开始传播至日本，已经进入了草坪发展的草坪形成阶段。

②公园、运动场、游憩草坪等多途径利用时期 中国自1840鸦片战争后至1949年新中国成立前为中国草坪的公园、运动场、游憩草坪等多途径利用阶段，也是中国现代草坪阶段的第一发展时期。

中国的现代草坪阶段起步于1840～1842年。1840年鸦片战争后，中国门户开放，世界列强纷纷涌入中国的同时，输入了英式等欧式草坪模式。上海、广州、青岛、南京、汉口、成都、北京、天津等城市发展了有限面积的草坪。

1845年，上海的一些外国官员和商人开始用草坪绿化领事馆和宅院，英国驻沪领事馆率先在上海铺建草坪。自此之后，逐步扩展到花园和公园等。抛球场（中国开埠之后西侨在上海建立的第一个跑马场）与跑马厅、公园、花园等相继铺建草坪，使上海成为当时中国人工草坪面积最大的城市。由于高质量的天然草坪有限和草坪需求的增长，推动了"中式人工草坪"的诞生。上海市郊农村以及江苏省常熟市杨园乡等，相继出现一批以铺草坪为副业的农户。选用了一些适宜于当地生长环境的草坪草种，结缕草、沟草结缕草、假俭草和狗牙根等草种。其中，需求量最大的是细叶结缕草（俗称天鹅绒草）。此外，广州、青岛、南京、汉口、成都、北京、天津等城市，也种植了一定面积的草坪。

从此，中国高尔夫等运动场草坪也逐渐发展起来。1896年，上海高尔夫俱乐部成立，标志高尔夫运动项目在1889年5月香港成立皇家香港高尔夫俱乐部7年后进入中国内地。此时在上海、北京、汉口、天津、大连等地都曾经建设过高尔夫球场，无锡的梅园也被用作高尔夫球场与网球场，主要为在华的西方侨民提供服务。

③观赏性或装饰性利用时期 1949新中国成立至20世纪70年代末期为中国草坪的观赏性或装饰性利用阶段，也是中国现代草坪阶段的第二发展时期。1949年新中国成立后不久，旧中国的高尔夫球场等欧式草坪运动场地土地收归国有，草坪全部被废弃或改为他用。而旧社会"遗留"下来的绿地草坪绝大多数被改造为供居民休憩、运动和儿童活动的场所。

20世纪50年代初，原主管体育的中国国务院副总理贺龙在西南行政区（重庆）工作时，多次指示绿化和体育部门："草坪要使用适应性强、耐践踏、养护费少的当地优势草种"，倡导运动场草坪国产化。他领导当地干部群众建造的重庆大田湾体育场，场地地下部分结构和狗牙根草坪质量优异。后来筹划建造北京工人体育场、南京五台山等体育场时，贺龙还指示国家体委、江苏体委派人到重庆学习，促进了全国足球场草坪的建设。

20世纪50年代，中国园林系统的园林研究所大多设立了草坪或地被组（室），大量开展了草坪草引种、建坪、养护管理的研究工作；江苏省常熟市扬园乡等地还保留了生产"天鹅绒"草坯为副业的农户。但是，1960—1962年三年自然灾害和相继而来的十年"文革"期间，观赏的花、草、鸟、鱼等统统被视为"四旧"而扫地出门，迫使草坪的科研、新建工作处于停顿状态，已有的草坪得不到养护。使中国本来就很薄弱的草坪业受到严重摧残，造成了中国的草坪业徘徊不前。至1972年，美国尼克松总统访华前夕，江苏省常熟市扬园乡具有草坪专业的人员重新被召去建植草坪，预示了中国草坪业的复苏。

中国草坪的观赏性或装饰性利用阶段，草坪主要作为文化休憩公园运用。该时期由于社会经济发展滞后，人们更多的关注于生存和生活，环境意识薄弱，草坪业发展一直十分缓慢且规模狭小。

（2）现代草坪崛起与快速发展阶段

中国从 20 世纪 70 年代末至 20 世纪末为现代草坪崛起与快速发展阶段，也是中国现代草坪阶段的第三发展时期。

1978 年改革开放为中国现代草坪阶段的发展注入了新的活力，经济实力的增强也为草坪业的发展提供了有力的物质保障，从此，中国草坪业迎来了迅速发展的春天。此段时期中国的草坪业迅速崛起、蓬勃发展，大大缩短了与发达国家的差距；也为中国草坪业走向规模化、产业化，步入健康稳定发展奠定了坚实的基础。

（3）现代草坪立业与稳定发展阶段

从 21 世纪开始以来为中国的现代草坪立业与稳定发展阶段，也是中国现代草坪阶段的第四发展时期。

进入 21 世纪以来，中国制定与颁布实施了草坪绿地建植与管理技术规范及质量标准，特别是国际化和全球经济一体化的进一步加强，使中国草坪业也逐步纳入国际化发展轨道，参与到国际草坪业竞争行列，从业行为进一步规范有序，进入了现代草坪立业与稳定发展时期。

0.3.2　草坪学的发展简史

由于草坪学研究对象草坪始于天然草地，草坪草源于天然牧草，人工草坪源于天然草地。因此，古代的草坪学属于草原学与牧草学研究内容，并未形成单独的草业科学分支学科。以至于过去草坪建植、养护管理技术手段也与草原学及牧草学具有不可分割的密切关系，如在内燃机未问世之前，高尔夫球场的修剪是采用绵羊放牧取食和人工刈割的方式完成。

0.3.2.1　国外草坪学的发展

国外最早的草坪同样起源于天然放牧草地，人们在天然草地上休息、娱乐。同时，最初的草坪也被用于庭院环境美化。草坪养护管理技术既是最古老的农业技术，也是特有的艺术之一，在古代它是以父传子、子传孙的家庭传承方式得以延续。这种继承的学科知识只能是局部和片面的，并且，还具有因时间长久而容易被遗忘的弊病，也会因当事人的死亡而消忘埋没、失传。即便能够得到很好保留，也只能是草坪实际管理的片断技术，不可能将研究草坪建植与养护管理技术的草坪学提升到理论的高度而形成一个完整的学科。

随着园林建造技术的发展，至 13 世纪草坪已在国外庭院建筑设施中占有相当重要地位，在英国产生了用禾本科草坪草单播建植草坪的技术，开始在园林中有限地应用草坪。但是，当时草坪的应用局限于上流社会的绅士、贵族自身居住地铺植草坪，他们把在居住地铺植草坪当作快事，尤其把铺设细弱翦股颖草坪，当作是一个家族有声望、有气派的标志。他们在草坪上跳舞、游戏和进行球类运动，他们甚至把修剪平整的草坪称为"绿色的羊毛"。

14 世纪，国外草坪跨出了庭院设施的围栏，进入户外体育运动场和娱乐、休养场地的行列，人们公认滚木球场为现代草坪的先驱，在欧洲已将草坪用作打滚木球和板球的场地。

15 世纪初，产生了用种子繁殖建植草坪的技术。15 世纪开始在英国流行和普及的高尔夫球最初也是在高地丘陵地带和海岸的草坪上兴起，当时的高尔夫球场草坪主要以翦股颖和羊茅草种构成，修剪主要依靠绵羊放牧采食。1588 年在公有草地上进行的滚木球比赛则是第一次被纳入草坪运动场地进行的体育运动比赛。

17~18世纪，在欧美有关庭园的专著中，出现了草坪建植、管理的内容。18世纪欧洲则出现了人工草地。

早在1712年，英国人纽科门成功地设计出世界第一台蒸气发动机，内燃机的发明把草坪业推到一个新的历史阶段，到19世纪30年代，开始了草坪机械修剪时代，使草坪生产技术得到了重大改进，人类生活水平得到了极大提高，从而导致了现代美国纤细草坪生产的诞生，也使第二次世界大战后在美国诞生了现代草坪。同时，对草坪进行科学研究的需求日趋强烈，以英、美等国家为先导的草坪科学研究逐渐形成和高涨，从而使草坪研究成为一门专门学科——草坪学。

最初的草坪科学研究是1885年在美国康涅狄格州的奥尔科特(J. B. Olcott)草坪公园开始，一直到1910年奥尔科特去世，该项研究仍在继续。其主要研究内容是选育优良草坪草品种，他们采用单株选择法从若干草坪草种质中筛选出约500个优良草坪草品系，并且，发现和选育了翦股颖属和羊茅属中的最优草坪草品种，至今该项研究仍在进行之中。

1890年，美国罗得岛大学开始了草坪的综合研究，到1905年获得了很多成果，成为美国草坪科学技术研究的良好开端。从此，在美国农业部牧草与饲料作物学者Piper和Oakley等的努力推动下，在许多大学和试验站开始了草坪草的研究。

1920年，美国高尔夫球协会在J. Monteith博士的倡导下设立了草坪部。根据高尔夫球场草坪的要求，在美国华盛顿的阿林顿进行研究，以后的研究在F. Grau的指导下，在马里兰州贝尔茨维尔的农业部试验站内广泛进行，并通过召开草坪会议，将研究成果普及推广，对草坪建植与管理水平的提高起到了重要作用。至今，美国的草坪草和草坪研究仍在贝尔茨维尔美国农业部农业试验站和加利福尼亚、佛罗里达、堪萨斯、德克萨斯等6个州的大学及农业试验站广泛而活跃地进行。

现代美国草坪草的主要研究内容为草坪管理和草坪草育种研究。其中，美国草坪草育种研究原来主要在美国大学进行。但自从20世纪70年代美国国会通过了植物品种保护法案(PVP)后，不少草坪草种公司开始了自己的草坪草育种项目，近年美国多个草坪草种公司也相继推出了许多草坪草新品种，几乎已成为美国草坪草育种的主力军。现代美国大学草坪草的研究主要由各州的草坪草基金会及一些全国性组织，如美国高尔夫协会(USGA)等资助。USGA每年用其高尔夫球赛电视转播营收的一部分资助与高尔夫球场有关的草坪草研究。一些美国公司也资助美国大学的草坪草研究。美国"作物科学"杂志设有草坪草栏目，草坪草研究的不少论文都在该杂志上发表。美国草坪重要的学术会议与活动则有美国农学会年会、美国高尔夫球场主管协会(GCSAA)年会等；另外，还有一些草坪草种子公司每年夏季举办的"田间日"(开放日)活动等。

英国的草坪科学研究原先是由皇家和古代高尔夫球俱乐部草坪委员会下达任务。1914年该委员会理事招集会议，通过了对草坪进行调查研究的决定。1928年根据该委员会的要求，成立了全英高尔夫球联盟咨询委员会和国际高尔夫球联盟，1929年在此基础上组建了国际草坪研究会。由于高尔夫球场草坪代表了草坪培育的最高水平，对高尔夫球场草坪改良技术的开发和实际问题的研究，不仅导致了全球性草坪研究机构的设立及研究工作的开展，而且，极大地推动了草坪科学和技术的发展。

俄罗斯从1715年彼得一世时代起，就开始了草坪应用，现在草坪已普及于城市和体育运动场之中。

日本开展草坪学研究较早，1928 年开始出版《花坛和草坪》著作，在此以前就进行了草坪建植和养护管理技术等草坪学研究工作。从 19 世纪至 20 世纪初，主要对结缕草从植物分类学角度进行了较深入地采集、调查和形态描写工作。1957 年成立了日本草坪养护协会，交流草坪养护管理经验，推动草坪学科学研究工作。1962 年成立了高尔夫球研究所。1972 年 5 月成立了日本草坪研究会，每年均要进行大型草坪学的学术活动。

国外其他国家，如法国、新西兰、德国、瑞士、丹麦、波兰、加拿大、肯尼亚和南非等，都先后开展了草坪学的研究和设立了草坪学科学研究机构。

总之，国外特别是美国等发达国家的草坪学发展伴随着国外现代草坪产业快速发展，获得了长足进展，美国的草坪学科研与教学处于世界领先地位。主要体现为：大批的优良草坪草新品种由美国科学家选育；多种类型的草坪机械、农药和专用肥料也从美国诞生，并畅销世界各地；与美国草坪园林相关的风景园林师的需求，近年来正以每年 20% 的速度增长，并将在未来 10 多年，继续保持这种增长的势头；草坪园林专业已成为美国高中生择校的第二大受欢迎专业，仅次于信息技术咨询业；目前，全美有 100 多所高校开设有草坪学课程或设置了草坪专业，其中有 40 多所高校具有硕士或博士学位授予权。

0.3.2.2　中国草坪学的发展

中国尽管草坪利用与人工建植历史悠久。但是，中国草坪学的发展起步迟，草坪学研究远远落后国外发达国家。不过 20 世纪 80 年代以来中国的草坪学研究发展迅速，并且具有极其广阔的发展潜力。

中国直到 20 世纪 50 年代，才开始了比较系统的草坪科学初步研究。1955 年，中国科学院植物所立项了国内第一个草坪研究课题。1956 年，北京植物园胡叔良先生从甘肃天水市搜集到野牛草草皮，发现其具有抗逆性强、质地细密、生长缓慢、耐践踏等优良特性，开始在北京地区作为草坪使用，后使之广布长城内外，使优良草坪草——野牛草几乎遍及大半个中国，并和园林单位开展了大量的草坪草引种试验及草坪建植养护技术研究，还展开了有关野牛草的研究，对草坪学发展起了推动作用。

1960 年，中国沈阳成立了园林科研所，国家与各地方的园林系统的园林研究所普遍设立了草坪或地被植物研究组（室），开展了大量草坪草引种、建坪、养护管理的研究工作。

20 世纪 70 年代末，在草原生态学家任继周院士的带领下，甘肃省草原生态研究所和甘肃农业大学在开设草坪学课程、培养专业人才的同时，进行了较大范围的草坪草引种选择、草坪建植技术、植生带研制和生产。并开始将草皮用于环境保护。

20 世纪 80 年代初，中国真正的现代草坪学研究兴起。1982 年 8 月，在北京农业大学贾慎修和农牧渔业部草原处李毓堂的共同倡议下，组织并召开了"全国城市绿化座谈会"，专门研讨了中国城市的草坪建植与养护工作。1983 年中国草原学会草坪学术委员会的成立，把中国的草坪研究工作推向新的高潮。1984 年起，甘肃省草原生态研究所开展了"草坪草引种直播"、"草坪建植新方法"和"草坪足球场铺设"等研究，利用直播寒地型草坪草，在兰州市七里河体育场成功地建成草坪足球场。同年，新中国大陆内地第一个高尔夫球场——广东中山温泉高尔夫球场建成并开业。

1984 年，由中国牧工商总公司的董佩华和山东省胶州市知青场的董令善，利用山东半岛的（中华）结缕草资源，合作完成了中国第一批结缕草种子的出口业务，从此揭开了中国结缕草种子生产和经营的序幕。1984 年，城乡建设环境保护部在大连召开了全国城市草坪及地被植物工作座谈会，并提出了加强城市草坪及地被植物工作的措施。

1985 年中国推出了 XX－42 型草坪修剪机。1985 年，由中国农业机械化科学研究院和浙江喷灌工程公司联合推出了首个草坪喷灌工程。

1986 年，中国首家专业草坪公司兰太草坪科技开发总公司（甘肃省草原生态研究所为其前身）在兰州成立。1986 年 6 月，在农牧渔业部畜牧局和北京市畜牧局等单位的大力支持下，中国草学会在北京召开"草业大会"，并展出暖季型草坪植生带。1988 年，在山东青岛召开草业第三次学术讨论会，并从草坪绿化研究、提高草坪质量、草坪种子质量鉴定、区域规划种子基地等方面展开讨论。

20 世纪 80 年代后期，上海市农业科学院作物研究所、中国农业科学院畜牧研究所、天津市园林绿化研究所等开展了草坪草品种的试验和推广试验。1988 年，北京农业大学李敏、胡兴宗、蔡朵珍等与美国种子贸易协会合作开展了冷季型草坪草引种评价。历时 4 年，对从美国引入的 76 个草坪草品种进行了生长性能评价。并在 1988 年开展了先农坛体育场足球场草坪的更新与建植工作。采用高羊茅、黑麦草、草地早熟禾冷季型草坪草补播措施，将使用了 4 年的野生结缕草草坪进行了更新，达到了足球比赛场地的要求。其后，甘肃省草原生态研究所应邀在沈阳、北京等地又建植了新的草坪球场。特别是 1990 年为北京第十一届亚运会建造了国家奥林匹克中心主体育场等草坪，表明中国的草坪建植与养护技术及相关的草坪学研究已达到了一定的水平。

1994 年，克劳沃（Clover，三叶草）草业公司在北京成立。1996 年，在上海完成了 8 万人体育场的草坪建造工程，将中国草坪业的发展推向了新的阶段。1998 年中国推出 SGC 手动草坪修剪机、旋刀式草坪修剪机和双向旋切手扶草坪修剪机；2003 年推出太阳能蓄电池草坪修剪机。2006 年还推出了自移式草坪喷灌机。

2008 年北京奥运会主体育场鸟巢的草坪工程，更是将中国草坪学研究与技术推向了另一个新的高度。

中国的草坪科学不仅是一门年轻科学，而且，草坪学高等教育的历史更为短暂。1929 年，郭厚庵教授在中央大学园艺系开设草坪学课程。20 世纪 70、80 年代，甘肃农业大学草原系开始了《草坪学》课程的准备，1978 年开设了草坪专题，1983 年由孙吉雄教授给草原学专业硕士研究生开设了《草坪学》讲座，同年，《草坪学》被列为草原专业本科生的选修课教学计划，从 1984 年起甘肃农业大学草原系第一次为本科生开设《草坪学》课程。1987 年由中国工程院院士任继周教授招收第一位草坪管理专业的硕士研究生。1988 年，经全国教材指导委员会审议，《草坪学》被确定纳入"高等学校农科本科'八五'教材建设规划"。1989 年孙吉雄教授主编的国内第一本《草坪学》由甘肃科学技术出版社作为甘肃地方高等学校教材出版，同年《草坪学》成为草原专业本科生必修课。1989～1990 年，北京农大先后开设本科生草坪学选修课。1990 年，由中美合作在北京农业大学举办草坪科学技术讲习班，由美国种子贸易协会派来的 4 位专家讲课。1993 年中国农业大学草地研究所招收第一批草坪管理专业的博士研究生。1995 年孙吉雄教授主编的《草坪学》（第一版）教材由中国农业出版社出版作为全国高等农业院校草原和观赏园艺专业教材，标志草坪学教育正式纳入了中国高等农业教育计划。

1995 年至今，中国取得了一系列的草坪科学研究成果，如草坪植物的引种选育，草坪生产、建植与养护管理新技术，草坪植生带、植生纱和地毯式草坪生产技术及液压喷播和交播技术，草坪壁面绿化、边坡绿化和屋顶绿化及各种无土草坪新技术等，同时还带动了草坪机械、草坪专用肥料与药剂、草坪灌溉和养护设备及草坪企业管理等相关行业的科学研究与开发应用。同时，中国还陆续出版了多部草坪学的相关教材和专著，如"草坪全景"丛书、《草坪学基础》《草坪科学与管理》《草坪学通论》《中国草业史》《草坪有害生物及其防治》《草坪灌溉与排水工程学》《草坪养护机械》《草坪工程学》《草坪营养与施肥》《草坪草育种学》《运动场草坪》《高尔夫球场草坪》《草坪管理学》《草坪科学实习试验指导》《园林草坪学》等。为中国草坪学高等教育和草坪学科技知识推广奠定了基础。

至 2013 年底，中国已有 31 所农林院校或综合性大学设置了草业科学本科专业，有 38 所大学或科研院所招收草业科学专业硕士研究生，有 20 所大学或科研院所招收草学专业博士研究生，有 12 所大学设置了草业科学博士后流动站。甘肃农业大学、内蒙古农业大学、中国农业大学和新疆农业大学的草业科学学科还是国家重点学科。这些大学或科研院所的草业科学专业人才培养方案大多设置了《草坪学》或《高级草坪学》及相关课程的专业主干课程。另外中国高校园林专业、园艺专业、社会体育与工商管理的高尔夫方向本科专业也大多开设了《草坪学》专业课程。

中国草坪学为草学一级学科的二级分支学科，草业科学专业大多设置了草坪学研究方向，草业科学（草坪学）的教学与美国的草原管理学（Range management）、英联邦和欧洲国家的草地科学（Grassland science）、俄罗斯（苏联）的草地经营学的教学相比，具有更丰富、更系统的科学内涵，也具更强的产业概括性，培养的人才能够适应牧区、农区、城市草业各方面的要求。但同时也存在由于原有产业与学科基础薄弱，在强调立草为业、学科自成体系的同时，专业设置又过于单一，草业科学专业一般都在农业院校，学科领域多限于农学，课程设置也多集中于草，综合知识不够，不利于学生知识面的扩展与学科交叉，也不适应学生更广泛的就业要求。而高等和中等职业技术学校的草业科学（草坪学）专业均不足 10 个，不少省区还是空白。

20 世纪 70 年代以来，中国与草坪学有关的学术刊物也有了很大发展，先后创办了一系列期刊，如《牧草与饲料》（1972）、《中国草地学报》（1979）、《内蒙古草业》（1979）、《草业与畜牧》（1980）、《草原与草坪》（1981）、《草业科学》（1984）、《草业学报》（1990）、《草地学报》（1991）、《青海草业》（1992）、《广东草业》（1996）、《云南草业》（1996）、《草坪·牧草》（2005）等。

综上所述，草坪学具有悠久而丰富的发展历史，然而它真正被人类所重视则是在资本主义兴起之后的近代社会，因而它在农业科学中也还是一门新兴的、历史较短的、但极有发展前途的科学。

0.3.3　中国草坪业的发展现状与展望

中国草坪业与草坪业发达国家相比较，其发展水平还存在一定差距。但是，中国草坪业经过长年特别是经 1978 年改革开放 30 多年的快速发展，已奠定了良好的产业基础，具备了进一步发展腾飞的美好前景。

0.3.3.1　中国草坪业的发展现状

中国草坪业目前已初步形成了现代草坪业的格局，其标志主要体现为如下 3 点。

（1）绿化草坪与草坪运动场建植迅速发展

近年中国城乡绿化草坪建设有了长足的发展。城市人均公共绿地面积从 1990 年的 3.9m²，增加到 2010 年的 10.66m²，20 年间增长了 2.7 倍，年均增长接近 15%，而作为城市绿化基色的草坪，其增长速度也是呈现加速度递增。

同时，中国草坪运动场建设近年也获得了迅速发展。以草坪足球场建设为例，1990 年亚运会前全国不足 20 个。而据 2005 年国家体育总局第五次全国体育场地普查办公室公布的数据，截至 2003 年底，全国室外游泳池、室外网球场和足球场等室外体育场地共 485 818 个。按照足球场大约占 20% 的比例推算，2003 年全国的足球场数量在 10 万个以上，其中草坪足球场保守估计超过 5000 个。到 2010 年，草坪足球场的数量估计有 1 万多个，30 年间增长了 500 倍，年均增长 300 多个。这一时期中国相继成功举办了 1990 年北京亚运会、2008 年北京奥运会、2010 年广州亚运会和 2011 年深圳世界大学生运动会等大型国际赛事，运动场草坪建植与管理技术得到了很大提高，逐步缩小了与世界先进水平的差距。

（2）高尔夫球场草坪建植规模不断扩大，建造水平不断提高

高尔夫球场草坪代表了草坪建植与养护的最高水平。进入 20 世纪 80 年代，随着高尔夫运动在中国的重新兴起，中国的高尔夫草坪建植与养护水平也获得了长足的进步。20 世纪 90 年代以前，中国高尔夫球场发展速度很慢，一共不到 10 座，从 1992 年开始，中国高尔夫球场增长速度非常显著，特别是 1995—2000 年，每年启用的高尔夫球场均在 20 座以上。2003 年达到了增长的高峰。自 2004 年开始，国务院陆续出台了叫停新高尔夫球场建设国家相关政策，全国高尔夫球场的建设增长速度趋缓，但是每年仍有许多高尔夫球场建成，随着国民经济的不断增长，人们物质和精神文化生活水平的不断提高，我国高尔夫球场的数量还将会不断增长。从 2004 年至 2013 年 12 月，全国高尔夫球场数量已从 170 座增至 584 座，另外，全国还有高尔夫练习场 879 个。截止到 2010 年，中国高尔夫人口超过 300 万人，年产值达到 600 亿元。据中国（海南）改革研究院院长迟福林在博鳌国际旅游论坛 2010 海口高尔夫与旅游主题论坛测算，到 2020 年我国中等收入群体人数将达到 2.8 亿左右，其潜在高尔夫人口将达到 2500 万 ~ 3000 万；如按全面实现小康目标，到 2020 年中国中等收入群体的比重将达到 37% 左右，潜在高尔夫人口将达到 5000 万人左右，未来 10 年将成为中国高尔夫人口快速增长的重要时期，其中青少年将是生力军。

同时，中国高尔夫球场建设逐步打破了由国外设计师、建造师和草坪总监把控的局面。1995 年，由甘肃草原生态研究所的科技人员，在福州登云完成了由中国人自己承建的第一块高尔夫球场草坪，表明中国的高尔夫草坪建植管理技术已达到了一个新的水平。2000 年以后，中国本土高尔夫球场设计师逐步成长起来，出现了一批设计能力可以与国外设计师分庭抗礼的设计师队伍。目前中国绝大多数的高尔夫球场总监都是中国本土培养出来的草坪技术人才。中国一些高尔夫公司已具备独立设计、独立建造高尔夫球场的能力。

（3）草坪企业迅速发展，草坪业产值持续增长

1988 年中国第一家草坪专业公司"兰太草坪科技开发公司"成立，对当时草坪业的发展起了重要的引领作用。之后，从事草坪或相关产业的企业如雨后春笋，到 2000 年大约达 5000 家以上，年经销额 500 万元以上的有 50 多家。草坪业年产值不少于 30 亿元，从业人员数十万人。至 2010 年中国草坪业年产值已超过 100 亿元。一些龙头企业形成了从科研、进口、贮运、营销到售后服务的较为完整的产业化体系，已具备上市条件。据北京林业大学草

坪专家的统计分析，中国目前的草坪业产值已达到 200 多亿元的规模，在未来还有广阔的上升空间。专家预测，中国草坪业的总产值今后每年将以 30% ~ 50% 的速度增长，成为一个新的经济增长点，对促进中国经济发展起着不可小觑的作用。

0.3.3.2　中国现代草坪业展望

现代草坪业是现代草业的一个重要组成部分，它已经不再是单一的绿化草坪建植生产体系，而是包括草坪草育种与草坪科学研究、草皮与基质生产、草坪草种子生产与经营、草坪机具与灌溉设备生产、草坪专用肥料与农药及生长调节剂生产、草坪建植工程与养护管理经营、各种专业运动场建植与经营等具有第一、二、三产业综合特性的产业体系。

美国是当今世界草坪业最发达的国家，目前美国的草坪业已经与电子信息、生物技术、航空航天等行业并列为全美 10 大支柱产业之一。与当今全球草坪业最发达国美国草坪业比较，中国草坪业起步较晚，如美国作物科学学会草坪委员会和中国草原学会草坪学术委员会分别成立于 1955 年、1983 年。但是，经过近 30 多年的迅速崛起和快速发展，已经大大缩短了与发达国家草坪业的差距，为进入 21 世纪的中国草坪业发展奠定了坚实的基础。展望未来，中国的草坪业也一定会取得后发赶超优势。为此，今后的中国草坪业发展应当主要做好如下工作。

（1）加强草坪草育种与良种繁育

草坪草育种与良种繁育工作是草坪产业发展基础，目前中国的草坪草育种与良种繁育工作还存在如下劣势与不足，亟待加强与改进。

一是中国草坪草品种审定与区试工作起步晚，通过审定品种少，对自育草坪品种缺乏有效保护。优良草坪草品种及其优质种子是草坪业可持续健康发展的重要物质基础，而草坪草新品种区试与审定工作又是优良草坪品种推广及良种繁育的保证与前提。中国直到 1987 年 7 月 23 日才成立"全国牧草品种审定委员会"（2006 已更名为全国草品种审定委员会），成为中国唯一的国家级草品种审定权威机构。中国直到 2008 年才建立了统一管理的国家草品种区域试验网，开始进行包括草坪草新品种在内的全国草品种国家区域试验工作。

1987—2013 年，全国草品种审定委员会共审定（登记）通过了 462 个草品种，只有草坪草审定品种 45 个，其中，育成品种 11 个，引进品种 16 个，地方与野生栽培品种 18 个，使中国草坪草和观赏草长期存在的品种杂乱现象得到改变。但是，不仅多数是从国外引进登记的草坪草品种，还有一些是从国内野生草坪植物种质资源中通过栽培驯化的草坪草品种，如青岛结缕草、南京狗牙根、华南地毯草等，真正意义上的中国自育草坪草品种极少。而且，通过全国审定的草坪草品种还不到全国审定品种总数的 10%，通过审定的草坪草品种总数较少。而根据 Harley J. Otto（1985）对美国 27 个州的统计，从 1970 年到 1983 年，新育成的草坪草品种，从 71 个增加到 109 个。

草坪草育种工作是一项周期长、难度大、风险大的工作。尽管过去国家投入经费不足，但到目前为止，经过中国草坪育种人员的努力，也育成了狗牙根、结缕草、野牛草、高羊茅、草地早熟禾、黑麦草等 20 余个草坪草新品种。但是，除了草地早熟禾列入国家植物新品种保护名单外，其他所育草坪草新品种均未能得到保护。加上中国从事草坪草品种培育的研究力量弱；有些草坪草品种的育种目标与生产需求存在一定差距，或有些审定登记的草坪草品种，其性状表现往往不突出，繁殖推广应用的价值不大；小粒的草坪草种子生产技术和加工工艺具有更高的要求；绝大多数草坪草品种具有无性繁殖特性，不利于通过亲本种子控制进行植物品种知识产权保护,科研人员多年的辛勤劳动成果可在不经意间被人偷窃,而且,中国目前还没有相关法律或政策进行草坪草新品种使用与生产销售权的自我保护,从而严重挫伤了国内草坪育种工作者从事草坪草育种工作的积极性。因此,通过全国审定登记的草坪草品种真正在生产上被大面积利用的屈指可数。

二是中国草坪草育种水平落后,绝大多数所需草坪种子依赖进口。中国草坪草育种技术水平严重滞后,加上缺乏各方面资金支持,草坪草种子繁育基地设施落后,种子单位面积产量与总产低下,种子生产工艺粗放,种子质量差、生产成本高昂,从而造成国产草坪草种子严重缺乏市场竞争力。长期以来中国建植草坪所用的草坪草种子除了自己能生产极少量的暖季型结缕草种子外,其他草坪草种子尤其是冷季型草坪草种子几乎全部依赖国外进口,并且,草坪草种子进口量逐年增加。如1990年中国进口50~60t,1997年进口2500t,1998年进口3000t,1999年进口突破5000t,2002年进口6633t,达到最高。中国草坪草种子市场基本已被国外草坪种子所垄断,造成国外草坪种子产品竞相逐鹿天下的局面。

20世纪80年代起,中国草坪业为了高起点快速赶超世界先进水平,从国外引进了大量优良草坪草种和草坪草种子,如杂交狗牙根、海滨雀稗等,这些草坪草的引入、应用,无疑对推动发展独具中国特色的现代草坪业起到了重要作用。但是,进口草坪种子不仅价格昂贵,而且,中国幅员辽阔,地理纬度跨度大,各地气候、土壤等生态环境复杂多样。进口草坪种子对中国各地的地理气候条件适应性也较差。过去的草坪业发展表现为急功近利,在草坪草育种与良种繁育的投入非常低,使得中国大部分地区草坪草种质资源的开发和育种研究明显滞后于草坪业的发展速度。从草坪产业的长远发展考虑,选育与推广中国具有自主知识产权的优良草坪草品种是中国草坪产业今后可持续发展的根本出路,否则,随着中国草种进口数量的日益增加,对进口草种的日益依赖,由于缺乏草坪草新品种核心生产技术与新品种的知识产权,中国在草坪种业界极可能彻底丧失话语权。同时,众多的引进草坪品种也可能成为入侵生物,对中国的生态环境造成潜在的威胁。"一粒种子可以改变一个世界",反过来讲,一粒种子也可以击垮一个产业,甚至危及一个国家的生态安全。若对中国草种严重依赖国外品种的这种现状放任自流,不能推陈出新,培育出具有自主知识产权的优良草坪新品种,并进行规模化制种,则中国草坪业在未来很可能出现受制于人,永远落后于人的被动局面。

三是中国草坪草种子生产关键技术水平不高。中国目前草坪种子生产仍停留在小农经济水平,缺乏大规模的草坪草种子生产基地,而且大多数草坪种子生产田为种子生产与利用兼用田,缺乏草坪种子生产专业基地。不论是草坪草种子生产规模、模式还是草坪草新品种推广宣传力度等都不如国外一些有实力的草坪种子专业公司。中国生产的草坪草种子普遍存在脏、乱、差的问题。据甘肃省牧草种子质量检验站报道,甘肃自产的苇状羊茅和多年生黑麦草种子质量差,合格率仅为40%。另外,目前中国草坪种子收获时间和对种子成熟度的把握不恰当,种子收获与储藏技术不当,加之缺乏种子清选与加工等机械设备,造成了国产草坪草种子质量不过关。

四是国家对草坪草育种与种子繁育科研经费投入严重不足。目前中国草坪草育种领域的在研科研项目极少,草坪草育种还从未在"863"、"973"等国家重大科研项目立项。国家草坪草育种与种子繁育科研投入资金不足,并且,更缺乏系统性、长久性的草坪草育种计划,尤其缺乏明确的草坪行业主管部门。造成草坪育种与良种繁育研发力度不够,所进行的相关研究也多为低水平的重复研究。据北京林业大学不完全统计，中国自 2000 年至 2012 年的草坪科研项目的资金总投入仅仅只有 3700 万，平均每年仅 308 万，分配给草坪草育种研究的项目经费仅仅为 1505 万，每年为 125 万元，这对于全国数十家草坪草育种科研单位而言，实在是杯水车薪。加上中国从事草坪业的公司多为规模较小的私营企业，他们更注重短期效益，缺乏对草坪草育种和种子生产技术的经费投入，从而造成中国草坪草育种和种子生产科技落后于草坪产业发展形势需要，草坪人才、科技与草坪业脱节。迄今为止，我们还没有自己的草坪产业拳头技术和优良品种，不能平等参与国际草坪业竞争，在国际草坪业种子市场也处于十分落后的被动地位，从长远看，势必导致中国草坪业的大滑坡。

综上所述，中国具有丰富的草坪草种质资源和高水平的草坪专家队伍及完善的农作物种子科研、生产体系，拥有世界上最庞大的草坪草种子市场，具备了得天独厚发展草坪草育种与良种繁育工作的最优条件。因此，中国各级政府及各级科研主管部门应加大对草坪草育种科研项目和经费的支持力度，建立草坪草育种与良种繁育技术科研专项科研重大项目，整合草坪草科研队伍，加强多学科协作和科研攻关；进一步加强草坪草育种基础理论研究，开展广泛有效的草坪草育种与良种繁育国际科学研究合作与交流，努力提高中国草坪草育种水平和技术；建立健全国家和地方草坪草种质源保存机构和良种繁育基地及良种繁育技术体系，积极开展草坪草种质资源收集、保存和评价工作；健全国家和省级草品种审定委员会，完善和组织草品种国家及省级区试，加强主要草坪草新品种保护力度；加快推广优良草坪草品种良种良法配套新技术，千方百计提高草坪质量和利用年限。

（2）重视和加强草坪养护管理技术研究与应用

尽管中国目前草坪业的草坪生产、建植技术等已达到或接近国际先进水平，草坪养护管理技术的研究也取得了较大进展，但是，中国草坪业发展的突出问题是重草坪建设轻草坪养护管理，草坪建植后因管理滞后或根本不加管理，使不少草坪质量不佳，很快杂草丛生或荒漠化，草坪衰退、甚至死亡，造成中国草坪利用寿命极短，有的草坪建植后 2~3 年就轮换。相比较国外草坪利用年限高达几十年的差距较明显，中国草坪养护管理技术的成果转化远没有跟上草坪业发展的步伐。

因此，中国草坪业今后的发展，不仅要注重草坪建植的数量，更应重视建坪后的养护管理。应研究和制定及推广应用适于不同地区和不同类型草坪养护管理的技术规范、质量标准，如草坪修剪频率和高度、草坪灌溉、施肥、草坪草生长调节手段、草坪病虫害及草坪杂草防治等标准。还应推进单一的草坪建植管理向多元、综合、适用的方向发展，组建专门的草坪生产、建植与养护管理于一体的综合草坪园林公司；加强草坪养护管理新技术科学研究；研制草坪专用肥料和农药；研究推广安全高效草坪杂草防除技术；研制草坪养护管理专门机具；创立高质量的草坪养护管理品牌。

（3）规范草坪业市场

目前国内草坪业市场还不十分规范，首先是国内草坪行业缺乏有品牌影响力的草坪公司或者企业。而国外草业公司如百绿集团是一个专业化从事草坪草和牧草育种生产、全球性营销的跨国公司，也是世界种业 20 强和世界最大的专业草种公司。1997 年"百绿"在中国成立了荷兰"百绿"有限公司北京代表处，1999 年"百绿"成立了中国草种业的第一家外商独资企业，2002 年成立了美国"百绿"有限公司北京代表处。目前"百绿"在中国各地建有遍布全国的营销网络，并和中国科学院南京植物研究所、青海大学草原研究所、北京市农林科学院、江苏农业科学院、内蒙古农业大学等多家研究机构开展了在中国的联合育种及新品种测试工作。由于国外草种公司已经进入中国草种市场多年，加上国内草坪草育种水平不高和国内草种公司代理国外草种在中国市场的营销业务，中国每年需从国外进口大量草坪草种子，特别是绝大部分冷季型草坪草种子需要从国外进口，造成中国草坪业建设资金大量外流。

其次，国内草业生产经营秩序还不太规范。如中国从国外进口的草坪草种子在国内进行销售前并没有进行过系统的引种试验、驯化和评价，由于国外草坪草种的选育首先是针对国外当地具体情况而定，不一定适应中国各地的生态环境条件。如近几年北方地区大量引进的冷季型草坪草种，耐旱性差，在北方春旱冬寒，风多雨少，许多原本就是严重缺水的城市，却还要耗费大量的水去浇灌草坪，加剧了城市的水资源短缺。又如中国的结缕草天然草地主要分布在辽宁省和山东省，是唯一可进行商品化种子生产的草坪草种。中国于1984年起步开发利用结缕草种子，由中国牧工商总公司的董佩华和山东省胶州市知青农场的董令善，利用山东半岛的结缕草资源，合作完成了中国第一批结缕草种子的出口业务，1986年成立第一家专门从事结缕草开发应用的公司青岛市草坪建设开发公司。1989年，青岛结缕草正式通过中国牧草品种审定委员会审定。1984—1990年，结缕草种子出口业务稳步上升，到1990年达到巅峰，当年收购数量达到1300～1700t。虽然结缕草种子出口利润率极高，但由于对市场需求了解不够，许多公司盲目高价收购，当年亏损严重。中国结缕草种子产业在遭受1990年重创后，种子生产和出口量连续5年几乎为零。直到近年，中国的结缕草种子产量才逐渐趋于稳定，但每年的商品种子产量还不是很高。

因此，中国政府或行业主管部门应制订相应的草坪业行业规范、行业标准以及市场约束机制，用以规范无序的草坪产业市场；加强草坪草种子与草坪质量检验与市场管理工作；加强草坪产品加工及草坪生产技术研究，使中国今后的草坪行业持续健康稳定发展。

0.4 草坪学与其他学科的关系及学习方法

0.4.1 草坪学与其他学科的关系

草坪学是一门综合性应用科学，该学科与其他许多学科存在密不可分的关系。

（1）草坪学与草业科学基础学科的关系

草坪学属于草业科学专业的主干课程，一般安排在草业科学专业第三、第四学年开设，在学习《草坪学》专业主干课程之前，一般还要开设无机与分析化学、有机化学、高等数学、物理学、外语、计算机应用等基础课程和植物学、生物化学与分子生物学、植物生理学、土壤肥料学、生态学、农业气象学等专业基础课程。由于草业科学专业的基础课和专业基础课等先修课程与《草坪学》等专业课后续课程构成了专业范围内的课程体系，课程之间存在着内在的知识脉络联系；在学习草坪学基础理论与方法技术过程中，还需应用和涉及上述基础学科与专业基础学科知识。因此，只有在学好这些基础学科与专业基础课程的基础上，才有可能学好《草坪学》。如果学好了这些基础学科与专业基础学科知识，通过一定的《草坪学》专业实践和训练，一般可以迅速熟练掌握《草坪学》专业知识与技能。通过草业科学基础课、专业基础课和《草坪学》等专业课程的学习，使草坪科学培养对象基本掌握专业的基本知识体系，以此来培养培养对象基本的专业素养和专业精神，为今后的工作和科学研究打下扎实的基础。

（2）草坪学与草业科学其他专业学科的关系

草坪学、牧草与草坪草育种学及种子学、牧草与饲料作物栽培学、草产品学（饲草学）等同为草业科学专业学科不可缺少的 4 个支柱专业主干学科或课程。因此，该 4 个学科之间是一种相对独立、相互包含、相互交叉、相互衔接、相互依赖的完整统一体。尽管草业科学各专业主干课程相对独立，具有自身的完整体系，但从草业科学专业范畴考虑，各门专业主干课程又是不完整的，与其他专业主干课程整合于一体，才能体现草业科学专业知识的系统性、完整性。只有培养对象掌握了专业范畴的各门主干专业课程，才能具备一定的专业思想和专业素养，因此，草业科学专业范畴内各专业主干课程间是相互联系、相互交融、相互依存，彼此不可缺少的关系。并且，草业科学专业范畴内各专业主干课程具有整体性、专业性、隐含性、生成性、可研究性及动态性的特点，只有将这些课程间的关系脉络梳理清楚，通过不断的学习与探究，才有可能揭示各专业主干课程的内在联系，从而达到掌握《草坪学》基本理论与方法技术的目的。

（3）草坪学与现代生物技术等新型学科的关系

由于现代草坪学已从传统组织器官研究水平进入到细胞及分子研究水平，草坪学研究还会涉及细胞生物学、分子生物学、显微技术、组织细胞培养技术、云计算等现代学科知识。因此，草坪学的学习过程也是一个不断发展、永无止境的过程。

0.4.2　《草坪学》的学习方法

学习方法主要是通过学习和实践，总结快速掌握知识的方法。正确的学习方法可以提高学习掌握知识的效率，达到事半功倍的效果。《草坪学》属于生物科学与农业科学大类，本身有其一定内在规律，因此，一些特殊定向的学习方法，对学习者有一定的启发效果和借鉴作用。

（1）理解记忆法

学习《草坪学》课程，首先要求理解记忆本课程的一些基本概念，应根据草坪的生态社会功能、草坪与生态环境的关系、草坪草植物学、草坪建植和养护管理理论及技术、草坪质量评价、草坪经营理论与技术、国内外草坪科技研究新进展等学科内容的系统性，合理安排学习时间，尽可能把握整体，明晰局部，综合运用。

《草坪学》学习，要求通过对以往学过的公共基础课程和专业基础课程的知识联想，以及专业实验课程和专业综合教学实践的实习，理解和掌握草坪学的生态文明理念、草坪学的基本理论与主要技术，从而能够活学活用，较好地服务草坪科研、教学与管理。

《草坪学》学习，如果采用上课听讲方式，应当在上新课前先预习，上课时认真做好笔记，上完课后及时进行巩固复习，通过对草坪学一些基本概念进行反复理解途径达到牢固记忆的目的。特别强调要课前搞好预习，上课才能有的放矢做好笔记，牢记"心记不如笔记"，"好记性不如烂笔头"。

（2）"举一反三"学习法

学习《草坪学》课程，要学会"举一反三"的学习方法。如草坪草种类繁多，不可能对每一种草坪草的特征特性都能熟记，倒背如流，因此，应根据草坪草的不同类型分类，熟记某一种或某一类型草坪草特征、特性，通过对该种或该类型草坪草特征、特性与应用规律的记忆，类推其他相同种类草坪草的特征、特性和应用特点。

（3）比较学习法

学习《草坪学》课程，应学会比较学习的方法。要求通过比较不同草坪学概念、原理、方法与技术的相同点与相异点或特点，做到真正理解掌握草坪学有关理论与知识及技术。

总之，草坪学既是一门科学，又是一门艺术。因此，学习草坪学，既要具有科学献身精神，又要具备人文和科技素养。学习草坪学的过程，既是科学研究方法的提高过程，可以将草坪学研究方法"举一反三"，应用于其他学科的科学研究。同时，学习草坪学过程，也是增强社会责任感、促进德智体美全面发展、提高社会和科学文化素质的有效途径。通过草坪学的学习，掌握草坪学基本理论与技术及实践技能，增强就业、实践和创新能力，树立可持续发展理念，为草坪业的健康可持续发展和社会经济的进步做出更大的贡献。

本章小结

本章阐明了草坪与草坪学及其相关概念、内涵；总结了草坪的各种类型和功能；回顾和总结了国内外草坪与草坪学的发展历史及其展望；还阐述了草坪学与其他学科的关系及学习方法。通过本章的学习，可了解草坪业与草坪学的基本概念及主要内容，明确草坪业与草坪学的作用，不仅为草坪学后续章节学习打下基础，而且可增强学习草坪学的生态文明理念和社会责任感。

思考题

1. 英文表达草坪概念的常用词汇及其内涵？
2. 草坪的功能有哪些？
3. 现代草坪的产生过程及其标志？
4. 草坪学的定义？草坪学的主要研究内容？
5. 简述中国草坪学的发展历史？
6. 试论述中国草坪业今后的发展前景？

本章参考文献

边秀举，张训忠. 2005. 草坪学基础[M]. 北京：中国建材工业出版社.

胡林，边秀举，阳新玲. 2001. 草坪科学与管理[M]. 北京：中国农业大学出版社.

孙吉雄. 2009. 草坪学[M]. 3版. 北京：中国农业出版社.

张自和，柴琦. 2009. 草坪学通论[M]. 北京：科学出版社.

洪绂曾. 2011. 中国草业史[M]. 北京：中国农业出版社.

徐敏云，边秀举，李运起，等. 2009. 草坪学课程教学改革初探[J]. 中国林业教育，27（1）：73 – 76.

徐庆国，刘红梅. 2011. 草业本科专业实践教学问题简论[J]. 湖南农业大学学报（社会科学版），12（2）：34 – 36.

吴朝峰，马雪梅. 2009. 21世纪中国草坪业的现状与发展[J]. 天津农业科学，15（3）：74 – 77.

徐庆国，黄丰，刘红梅. 2008. 关于草业科学专业本科教学改革的思考. 草原与草坪，（6）：109 – 113.

夏汉平. 2002. 美国草坪业的发展历史、现状及思考[J]. 草业科学，19（2）：60 – 64.

佟海荣，陆兆华，裴定宇，等. 2010. 草坪对城市生态环境的影响[J]. 环境与可持续发展，35（1）：4 – 7.

呼天明，刘崇林. 2003. 21世纪中国草业应用研究展望（上）[J]. 家畜生态，24（4）：1 – 5.

呼天明，刘崇林. 2004. 21世纪中国草业应用研究展望（下）[J]. 家畜生态，25（1）：7 – 10.

徐庆国，罗利华，王林辉，等. 2008. 草业科学专业《育种学》教学改革的实践与探索. 湖南农业大学学报(社会科学版)，9(6)：90－92.

　　李保军，姚中军.2001.美国的草坪种子生产[J].草原与草坪(1)：3－6，21.

　　华路，郑海金.2004.草坪栽培养护研究及问题分析[J].中国农业科学，37(3)：422－430.

　　彭燕，张新全，周寿荣.2005.我国主要草坪草种质资源研究进展[J].园艺学报，32(1)：359－364.

　　胡自治.2002.中国高等草业教育的历史、现状与发展[J].草原与草坪(4)：57－61.

　　张新全.2004.我国草坪草育种工作的回顾与展望[J].华南农业大学学报，25(增刊Ⅱ)：83－87.

　　任继周，张自和.2000.草地与人类文明[J].草原与草坪(1)：5－9.

　　张自和.1995.草坪与草坪运动场[J].草业科学，12(1)：66－69.

　　胡自治.2001.英汉植物群落名称词典[M].兰州：甘肃科学技术出版社.

　　饶开晴，李世丹，王晋峰.2004.西南民族大学学报·自然科学版[J].30(4)：467－469.

R. D. C. Evans. 1994. Winter Games Pitches[M]. England：STRI.

J. B. Beard. 1973. Turfgrass：Science and Culture[M]. New Jersey：Prentice－Hall，Inc.

第 1 章

草坪生物学基础

　　健康、有活力的草坪草培育是获得和维持高质量草坪的关键，也是草坪所具有的美学、生态及休闲娱乐等诸多生态服务功能和价值实现的基础。获得和维持高质量草坪的途径必须建立在人类对草坪草生物学特性的理解、利用和调控之上。为此，本章将介绍草坪草及其根、茎、叶、花及种子等各器官的形态特征和生长发育特点，详细阐述草坪草的分类，常用禾本科草坪草的种类、形态特征及生物学特性等，为后续章节中草坪建植、草坪养护管理等内容的理解和掌握搭建基础。

1.1　草坪草植物学基础

　　草坪草是草坪的基本组成和功能单位，是建造草坪最重要的基础材料，具有极其重要的植物学特性。

1.1.1　草坪草的坪用特性

　　一般认为，凡是适宜建植草坪的草本植物都可以称作草坪草。草坪草资源种类繁多，据统计可达万种以上，其中，现代草坪主要用禾本科草坪草。草坪草资源的多样性使得其物种呈现生态适应多样性，加之现代草坪草育种技术的突飞猛进，目前培育了大量具备优良特性的草坪草种和品种，从而可满足各种立地条件下草坪建植的草种选择与利用。草坪草一般应具有以下坪用特性：

　　①大多为多年生草本植物，少数为一年生或越年生草本植物，具有一定的柔软度。

　　②叶形一般为小型多数、细长，多密生，叶质柔软，触感良好；草坪草主要由叶构成，可形成以叶为主体的草坪面。

　　③生长旺盛，分布广泛，再生力强。植株株体低矮，且生长点位于直立茎基部，有坚韧的叶鞘保护，因而修剪、滚压、践踏对植株造成的伤害较小，分蘖力强，可形成密实的地表覆盖层，因而再生力较强。

　　④对环境的适应性强，抗逆性强，易于繁殖。草坪草既可用种子直播建坪，又可用草皮、葡匐茎、根茎、植株等进行营养繁殖，因此，易于建造大面积草坪。

　　⑤无刺及其他刺人的器官，无毒、无不良气味、无汁液，对人畜无害，也不会弄脏衣物。

1.1.2　草坪草的形态特征

　　掌握草坪草的形态结构与特征，有助于草坪草种和品种的识别。同其他类型的植物一样，草坪草由根、茎、叶、花、果实、种子等六大器官构成。草坪草因种类不同，形态特征各不相同，其中，禾本科草坪草植株基本形态组成如图 1-1 所示。

禾本科草坪草根系为须根系。茎有节与节间，节间中空，称为秆，圆筒形。节部居间分生组织生长分化，使节间伸长。单叶互生成 2 列，由叶鞘、叶片和叶舌构成，有时具叶耳；叶片狭长线形、或披针形，具平行叶脉，中脉显著，不具叶柄。小穗是构成花序的基本单位，花序顶生，常见的有圆锥状花序、穗状花序和总状花序。禾本科植物的"种子"，确切的科学名称称作颖果。

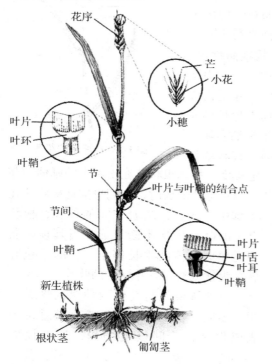

图 1-1　禾本科草坪草植株形态组成

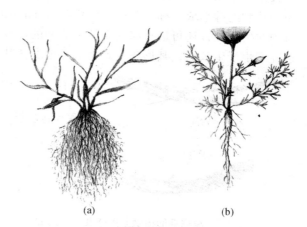

图 1-2　草坪草的两种根系类型
（a）须根系　（b）直根系

1.1.2.1　根

根是草坪草的地下部分，它将植株固定在土壤中，并吸收水分和无机营养。草坪草有两种类型的根系，禾本科草坪草的根为须根系（fibrous root），呈纤维状，多分支、细长；豆科等其他草坪草的根为主根系（图 1-2）。

草坪草的根分为初生根（primary root）和次生根（secondary root）2 种类型。草坪草种子萌发时，胚根（radicle）首先长出。胚根的伸长是有限度的，当其生长到一定限度时，就会由胚长出第一条真正的根，这些根统称为初生根。初生根将发芽的种子固定在土壤中，吸收无机盐和水分供胚生长。初生根的形成对于幼苗迅速扩大吸收面积从而满足生长需要具有重要意义。随后，初生根的生长逐渐减缓或停止，在直立茎基部长出次生根，又称不定根（adventitious root）。随着草坪草植株的不断生长，逐渐形成数量巨大的次生根。因此，虽然初生根可以存活大约一年的时间，但是草坪草对水分和无机营养的吸收主要是依赖于次生根。次生根的产生有两个来源，一是由直立茎基部根颈的节产生；二是由横生茎的茎节产生。

1.1.2.2　茎

草坪草的茎分为 3 种类型：花茎(flower stem)、横生茎(horizontal stem)和根颈(crown)。

花茎是草坪草的花(序)与根颈连接的组织，又称生殖枝。它与土壤表面垂直生长，由生长隆起的节与圆筒状的节间组成(图1-3)。起初以柔软的髓充满茎内，随着茎的伸长，多数变成中空。当草坪草进入生殖生长阶段后，花茎由根颈处形成并产生种穗。

横生茎可分为根状茎(rhizome)和匍匐茎(stolon)，均由根颈的腋芽生长发育而成。根状茎生长于地下，与地面平行生长；匍匐茎生长在地表以上，贴地面生长(图1-1)。根状茎简称根茎，外形与根相似，蔓生于土层下，但具有明显的节和节间，由交互排列的叶、生长点、节、节间和腋芽组成(图1-4)，叶退化成非绿色的鳞片叶，叶腋中的腋芽或根状茎的顶芽可向上生长形成地上枝条(茎)和叶，同时向下形成不定根。它的锥形尖端实际上是由鳞片状的叶形成，称为芽苞叶或鳞叶(cataphylls)。根状茎除进行顶端生长外，还可进行居间生长。节间的延长一定程度上推动根状茎在土壤中的延伸。芽苞叶产生于生长点，其形成方式类似于地上茎叶片。当芽苞叶形成时，它们也推动根状茎在

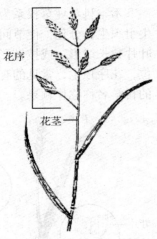

图1-3　草坪草的花茎

土壤中的延伸。随着节间的伸长，根状茎上的叶片依次不断形成。当其顶端获得光照时，节间生长停止，新的芽苞叶转变为常见的含有叶绿素的叶片。

草坪草根颈与其他两种茎的形态有很大不同。根颈位于植株直立茎基部地表或以下，节间极度缩短，长度仅有3 mm左右，以至节与节几乎重叠，其上部又完全被几个相邻叶鞘的基部包裹起

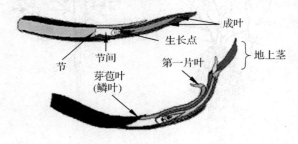

图1-4　草坪草的根状茎形态及生长模式

来，所以根颈的构造一般不易观察(图1-5)。根颈是生长叶、根、枝条及保证草坪草生长延伸的关键器官，同时，根颈还作为碳水化合物的贮藏器官，对草坪草的营养具有举足轻重的作用。并且，根颈极度短缩和生长于地表以下的特性使得草坪草具有极强的耐修剪和耐践踏性，这对于实现和维持草坪草功能具有重要意义。

1.1.2.3　叶

禾本科草坪草的叶一般可以分为叶片(blade)和叶鞘(sheath)两部分。叶片是指叶结构中叶鞘以上的部分。叶鞘是叶片基部或叶柄形成圆筒状而包围茎的部分，呈鞘状，由叶片的稍微增厚组织构成。它起保护幼芽、居间生长以及加强茎的支持作用。

营养期的草坪草叶片是其主要的构成部分，因此叶片也就成为草坪草识别的主要器官。我们通常主要借助叶片的叶形(shape)、长度(length)、宽度(width)、触感(touch)、叶尖形态(leaf blade tip)、叶脉(venation)、幼叶卷叠形态(vernation)等外部形态特征进行草坪草的识别。

叶形是指叶片的外形或基本轮廓，主要根据叶片的长度与宽度的比例以及最宽处的位置来确定。草坪草常见的叶形有条形(parallel sided)、针形(needle-like)、尖形(tapering)、基

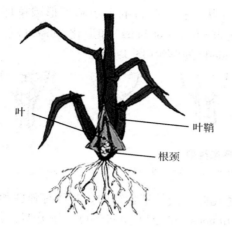
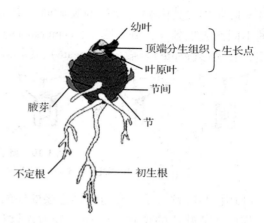

图 1-5　草坪草根颈形态及结构

部缩缢（constricted at base）和扭曲（twisted）等（图 1-6）。

　　叶尖形态一般可分为锐尖（acute）、尖（pointed）和船形（boat-shape）等 3 种类型（图 1-7）。叶脉是叶片中央纵向分布的维管束，禾本科草坪草叶脉为平行脉序，有的草坪草叶片表面平滑；有的则叶脉显著或具有突出的中脉等。

　　幼叶卷叠形态（vernation）是指未长出的幼叶在芽的内部所显示出的形态，通常是用芽的横切面模式图来表示（图 1-8）。草坪草的幼叶卷叠形态分为卷曲态（rolled）和折叠态（folded）两种。例如，结缕草属草坪草中，结缕草和细叶结缕草的幼叶是卷曲态（卷叶）；沟叶结缕草为折叠态（对折态）。

　　禾本科草坪草的叶鞘外部形态可分为分离（split）、闭合（closed）和交叠（split-overlaping）等 3 种类型（图 1-9）。

　　除了上述叶的外部形态特征外，叶舌（ligule）、叶环（collar）和叶耳（auricle）等叶片内在结构也是营养期鉴别不同种类草坪草的重要形态特征。叶舌是

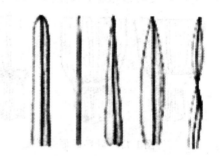

图 1-6　草坪草常见的叶形
（从左至右分别为条形、针形、尖形、基部缩缢、扭曲）

图 1-7　草坪草的叶尖形态
（从左至右分别为锐尖、尖和船形）

图 1-8　草坪草的幼叶卷叠形态
（左：卷曲态；右：折叠态）

图 1-9　禾本科草坪草的叶鞘形态类型
（从左至右分别为分离、闭合和交叠）

叶片与叶鞘连接处内侧（腹面）的膜质向上突出的片状结构。叶舌的大小和外形因草坪草种类的不同而表现各异，分为膜状（membranous）、毛状（fringe of hairs）和退化（absent）等 3 种类型，有尖形（acute）、截形（truncate）、圆形（rounded）等形状（图 1-10）。

图 1-10　叶舌的形态类型

1. 退化　2. 膜状　3. 毛状　4. 尖形　5. 截形　6. 圆形

叶环也叫叶颈，是叶片与叶鞘连接处外侧颜色比叶片浅的带状结构。叶环有弹性和延伸性，借以调节叶片的位置。叶环可分为连续（continuous）和分离（divided）2 种类型，其中，连续型叶环又可以根据其宽度分为宽（broad）和窄（narrow）2 种（图 1-11）。

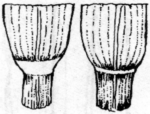 　　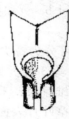

图 1-11　叶环的形态类型　　　　　　　　**图 1-12　叶耳的形态类型**

（从左至右分别为宽、窄、分离）　　　　（从左至右分别为爪状、短、无）

叶耳是叶鞘与叶片相接处两侧边缘的延伸物。叶耳大小和外形因草坪草种类的不同而不同（图 1-12），有爪状（claw - like、clasping）的，如高羊茅、一年生黑麦草等；也有短而钝（short、blunt）的，如多年生黑麦草；有的叶耳完全退化（absent），如草地早熟禾、野牛草、假俭草、结缕草、狗牙根等。但需要注意的是，草坪草并不是所有的茎秆或枝条都具有完全相同的叶部特征，如高羊茅既有长爪状的叶耳，也会有短而钝的叶耳株丛出现。因此，草坪草的识别应结合多个器官特征进行综合判定，仅依靠一两个细微特征，容易造成误判。

1.1.2.4　花

禾本科草坪草的花为风媒花，靠风力来传播花粉。因此，没有鲜艳的花被，其小花由稃（glume）、雌蕊（pistil）、雄蕊（stamen）等 3 部分组成（图 1-13）。

①雌蕊　雌蕊包括柱头和子房两部分。禾本科草坪草的柱头多呈羽毛状，以增加柱头接受花粉粒的表面积，多数草坪草的柱头常能分泌水分、糖类、脂类、激素和酶等物质，有助于花粉粒的附着和萌发。子房是柱头下面膨大的部分，是种子形成发育的场所。

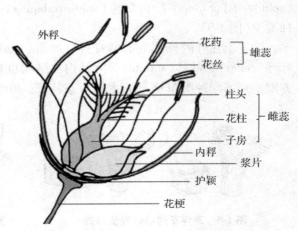

图 1-13　草坪草的小花形态组成

②雄蕊　禾本科草坪草的小花由 3 枚雄蕊组成，每个雄蕊由花丝和花药两部分构成。花药是花丝顶端膨大成囊状的部分，内部有花粉囊，可产生大量的花粉粒。花丝常细长，是花药的支持体。

③稃　稃是禾本科草坪草的花被，具有保护雌、雄蕊的功能。稃为 2 片，分别称内稃（palea）和外稃（lemma）。开花时内、外稃张开，使花药和柱头露出稃外，有利于风力传粉。

禾本科草坪草的每个小花通常具有：1 枚雌蕊，2 枚稃片（内稃、外稃）、3 枚雄蕊。小花不是单生，是由多朵小花构成小穗（spikelet），再由多个小穗构成花序（inflorescence），如图 1-14 所示。禾本科草坪草的花序为无限花序（indefinite inflorescence），最为常见的花序有总状花序（raceme）、穗状花序（spike）和圆锥花序（panicle）等，如图 1-15 所示。

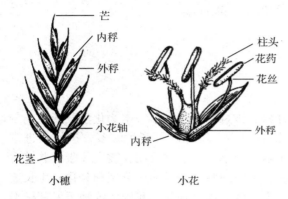

图 1-14　草坪草的小花和小穗形态

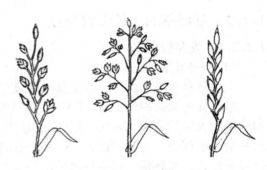

图 1-15　草坪草的花序类型
（从左至右分别为总状、圆锥和穗状）

总状花序的特点是花轴不分枝，较长，自下而上依次着生许多有柄小花，各小花花柄等长，开花顺序由下而上，如地毯草、钝叶草、美洲雀稗。穗状花序与总状花序相似，但花无梗或极短，如黑麦草、狗牙根。圆锥花序又称复总状花序，总花梗伸长而分生许多小枝，每小枝自成一总状花序，下部的分枝长，顶部的分枝短，整个花序略呈圆锥形，如早熟禾属、翦股颖属。

1. 1. 2. 5　种子

禾本科草坪草的种子，植物学上称为颖果（caryopsis），由于其种皮与果皮相愈合不易分离，而将果实称为种子。作为播种建植草坪材料的禾本科草坪草种子不但包括了植物学上的果实，而且还包括果实外的包被：颖片和稃片，实际上是成熟结籽的小花。

禾本科草坪草的种子一般是矩圆形或纺锤形（图 1-16），颖果长为 1 ~ 4 mm，常有稃片、颖片（glume）包被，稃有时具短芒（awe）。千粒重 0.06 ~ 2.5 g，颜色有淡黄色、黄色、淡棕色、棕色等。虽然草坪草种子的形态、大小和颜色等存在差异，但其基本结构一致。种子由种被（seed coat）、胚乳（endosperm）、胚（embryo）等 3 部分组成（见图 1-14）。

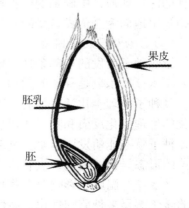

图 1-16　禾本科草坪草的种子形态

草坪草种子的最外层是果皮（pericarp），厚约 9 μm，呈黄色；内层为厚约 11 μm 茶褐色的种皮。种子的种皮与果皮合生起保护胚与胚乳的作用。糊粉层为长方形的单细胞,其中含糊粉粒,分布在种皮下方与种皮紧密相连,覆盖于胚乳的柔软组织之上。

胚乳是种子内贮藏营养物质的组织,贮藏性营养物质主要是:碳水化合物、脂肪和蛋白质。在种子萌发成苗后,幼苗尚不能通过光合作用合成养料前,胚乳是可为植株提供养分的组织。观察种子的纵切面,胚和胚乳的界限明显。种皮以内的大部分是胚乳,而胚较小,位于基部。

胚是种子构成的最重要部分,它由胚芽(plantule)、胚根(radicle)、胚轴(hypocotyl)和子叶(cotyledon)等4部分组成。胚一面与胚乳紧密相连,另一面由种皮或果皮覆盖。种子萌发后,胚根、胚轴和胚芽分别形成植株的根、茎、叶及其过渡区,因而胚是植物新个体的原始体。禾本科草坪草胚中的子叶是盾状,称为盾片(scutellum)。

1.1.3 草坪草的生长发育特点

1.1.3.1 发芽和出苗

(1)种子发芽

草坪草种子吸水膨胀,标志其发芽过程的开始。该过程需经过多个生物化学及形态的变化,最终促使幼苗的产生(图1-17)。种子吸水膨胀以后,盾片内可产生激素,进而促进糊粉层生成大量的淀粉水解酶,把胚乳内的淀粉水解为简单的碳水化合物,被盾片吸收并转运至胚的各个部分,为胚提供营养。种子萌动以后,种胚细胞开始或加速分裂和分化,生长速度显著加快,当胚根、胚芽伸出种皮并发育到一定长度,称为发芽。我国传统种子发芽标准把胚根长度达到与种子等长、胚芽长度达到种子一半时,作为种子已经发芽标准。国际种子检验协会的种子发芽标准是种子发育长成具备正常种苗结构时为种子发芽。

种子发芽时形态发育的第一步是通过细胞的延伸使胚根增大,接着从胚根鞘长出根毛。与此同时,包围着生长点由半透明组织构成的胚芽鞘长出地面。草坪草的胚芽鞘向上生长常与中胚轴的伸长有关。中胚轴节间位于盾片节和胚芽鞘之间,它的伸长取决于种子在土壤中的深度。光照可促进胚芽的生长,而胚轴在土壤中的生长受到光照不足的抑制,因此,不论播种的深度如何,中胚轴的生长均开始于胚,终止于地表附近。由于无中胚轴的草坪草的胚芽鞘长出地面完全依靠自身的生长,因此,该类草坪草的播种要求浅播。

(2)影响科学发芽因素

影响种子萌发的外部条件主要有水分、温度、氧气和光照。

①水分 水分是种子萌发的先决条件。成熟干燥的种子含水量很少,原生质体为凝胶状态,其种子生理生化活性很弱。当种子吸水后,原生质从凝胶状态转为溶胶状态,内部物质转化的生理生化反应和呼吸作用加强。如果水分不能满足种子萌发期生理生化代谢过程的需求,种子就不能萌发;但水分过多也会造成氧气供应不足,反而使发芽能力下降,还会造成种苗的形态异常。因此,只有适当的水分供应才有利种子的萌发。

②温度 温度是影响草坪草种子萌发的极为重要生态因素。种子萌发时的内部物质和能量的转化需要多种酶的催化,而酶的催化作用必须在一定的温度范围内进行。一般种子萌发温度范围为0~48℃,但种子发芽的最高、最低和最适温度因草坪草种不同而异。通常,冷季型草坪草种子发芽温度比暖季型草坪草的低,冷季型草坪草一般发芽的最低温度为0~5℃,最高温度为35℃,最适温度为15~25℃;暖季型草坪草一般发芽的最低温度为5~

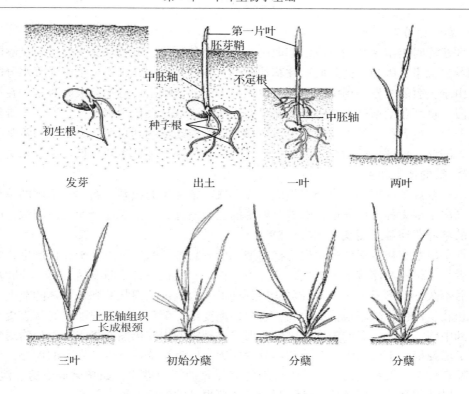

图 1-17　草坪草种子的萌发、出苗及生长过程

10℃，最高温度为 40℃，最适温度为 30～35℃。因自然条件下的昼夜温度是有变化的，所以大多数草坪草的种子萌发喜欢昼夜温度交替变化的变温条件。变温可促进气体交换，改变物质代谢的平衡状态，对促进发芽作用显著。一般冷季型草坪草发芽的变温条件是 15～25℃；暖季型草坪草发芽的变温条件是 20～35℃。

　　③氧气　种子萌发时的一切生理生化活动均需要一定的能量供应，能量的来源只能通过呼吸作用产生，所以，种子萌发时的呼吸作用显著增加，需要大量的氧气供应。特别是在种子萌发初期，种子的呼吸作用十分旺盛，需氧量更大，如果供氧不足会引起缺氧呼吸而产生乙醇等对种子萌发有害的物质，严重危害会使种胚窒息麻痹以致死亡。因此，草坪草种子播种时一定要注意控制好播种深度，为种子发芽的氧气供应创造有利的条件。

　　④光照　一般种子萌发和光照关系不大，无论在黑暗或光照条件下都能正常发芽。但是，光照能促进大多数喜光性草坪草种子的发芽，如草地早熟禾、结缕草、狗牙根等。当第一片叶由长出地面的胚芽鞘顶端小孔长出时，标志着草坪草植株光合作用的开始，此后幼苗就不再依靠胚乳供给养分而独立生活，此时草坪草幼苗进入自养阶段，而幼苗生长完全依靠胚乳供给养料的早期阶段则称异养阶段。如果草坪建植时播种过深，使草坪草异养阶段变长，幼苗在合成自身复杂的有机化合物的光合作用启动之前，将胚乳中储藏的养分消耗殆尽，进而导致死苗。幼苗生长点包裹在胚芽鞘内，随着第一片叶的长出，第二片叶随后也长出胚芽鞘，最后胚芽鞘枯萎，因此在草坪土壤地表只能观察到明显的叶与生长点。随后，新叶就不断从生长点产生，并在卷曲的老叶中向上生长。

（3）影响出苗因素

草坪建坪时出苗率和幼苗成活率取决于种子播种深度、有效水分、温度、足够的光照和胚乳的养分含量。因为，此阶段草坪草幼苗的根系发育不完全，从土壤中吸收水分的能力有限，又由于土表的蒸发作用引起水分过快地损失，因此刚出土的幼苗极易脱水。在严重遮阴草坪地段，草坪草幼苗还会因得不到充足的光照而降低光合作用水平，生产不出维持生长所必需的养分，或者种子胚乳内源养分供应不足以维持幼苗达到自养状态阶段，常常引起幼苗的死亡。因此，草坪草幼苗初期的死亡往往与播种过深、种子生活力低等因素相关。

1.1.3.2　根的产生和生长

禾本科草坪草的根主要由须根组成，并形成非常密集的根系。新建植草坪的草坪草存在初生根和次生根 2 种类型的根，随着草坪草的生长发育，初生根逐渐死亡而淘汰，因此，成熟草坪的草坪草通常只能观察到次生根。

草坪草根系有初生根和次生根 2 种类型。前者是种子萌发时由种子胚根产生，又称种子根；后者是从根颈及侧茎节上产生，又称不定根。次生根在种子萌发后，第一片叶从胚芽鞘内长出后不久开始形成。次生根既可从根颈处形成，也可从根状茎和匍匐茎的节上产生。新生幼根粗壮呈白色，随着根龄的增长，老根逐渐变细、颜色变深。根的腐烂从表皮开始，最后扩散到中柱。根上较老的表皮会脱落，但是，裸露的中柱仍然能将水和养分输送到株体上部。为了增强根从土壤中吸收水分和养分的能力，以满足草坪草生长发育的需要，培育并维持一个发育良好的根系至关重要。不合理的草坪养护管理措施，如频繁低修剪、浅层灌溉、氮素过多以及不利的环境条件，都不利于草坪草根系的健康生长。

不定根的寿命短于匍匐茎和根茎，不良的气候和土壤条件常是引起根死亡的原因。冷季型草坪草在仲夏的严酷炎热时期常常发生这种情况。冷季型草坪草根的发生和生长最好的季节是凉爽的春季和秋季，根的退化和死亡则多发生在炎热、干燥的夏季。适于根生长发育的温度，一般低于茎生长所需的温度。如果冬季温度高于 0℃，根也能生长。夏季暖季型草坪草的根生长最活跃，其生长的适宜温度通常比冷季型草坪草的高。草坪草根系寿命随草种及所处的环境不同而有很大变化，根系每年替换的程度也不相同。例如，草地早熟禾根系的大部分保持 1 年以上；但翦股颖、多年生黑麦草和普通早熟禾的根系则每年大部分被更替。

1.1.3.3　茎的发育和分枝类型

（1）茎的发育

草坪草 3 种类型的茎不仅外形如上所述差异很大，而且，其生长发育也有很大不同。花茎的生长发育属于植株生殖生长的重要内容，将在后面生殖生长章节进行叙述。根颈是草坪草地上直立茎生长发育的最初形式。它可来自萌发种子的胚、根状茎和匍匐茎的先端及腋芽，根颈上能够发育成分蘖枝的腋芽也是新根颈的来源。

草坪中有显著坪用价值的茎是水平生长的根状茎和匍匐茎两种横生茎，横生茎的扩展习性使草坪草在受到不利因素损害后，能很快地恢复生长，覆盖裸露地表并形成致密的草坪。由根状茎或匍匐茎扩展形成新植株时，侧枝需要先穿破密闭的叶鞘而长出并进一步横向延伸，这个过程称为鞘外分枝（图 1-18）。不具匍匐茎或根状茎的草坪草则依靠在旧茎的基生叶鞘内生长形成新茎叶，然后向上生长，这一过程成为鞘内分枝，通常又称为分蘖。实际中也可利用草坪草分蘖的生长特性，进行建坪或增加草坪密度，但扩展速度较慢。

根状茎生长在地表以下，包括有限根状茎（determinate rhizome）和无限根状茎（indetermi-

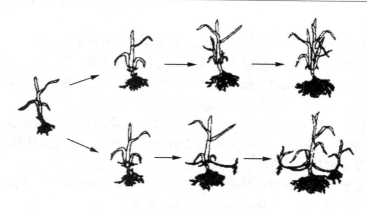

图 1-18　草坪草鞘内分枝和鞘外分枝

（上：鞘内分枝；下：鞘外分枝）

nate rhizome）2 种类型。有限根状茎通常短，可向上形成新的地上枝条。其生长过程分为 3 个阶段：①起初自母株向斜下方生长；②然后横向生长；③最后斜向上生长。向上生长的根状茎达到地表附近，因获得光照而导致节间生长停止，形成新的地上枝条。有限根状茎的长度随着环境条件的改变而改变。例如，草地早熟禾的根状茎，在夏季，由于强烈的水平生长，根状茎相对较长；而在春季和秋季，草地早熟禾的根状茎几乎是直接地折起向上生长。具有有限根状茎的草坪草有草地早熟禾、匍匐紫羊茅和小糠草等。无限根状茎长且节上具有分枝，该种地下茎的腋芽可生长出地上枝条。具有无限根状茎的草坪草有狗牙根。

匍匐茎型草坪草的匍匐茎不仅把各个单独的植株连在一起，组成一个整体，同时也把光合作用产物储藏在共同的匍匐茎内。当修剪使草坪草的光合面积急骤减少、养分供给不足时，养分就可直接从这里释放出来，用于形成和生长新茎、新叶。因此，进行垂直修剪切断匍匐茎的作业时，必须注意作业的频率和刀片的间隔距离，否则会因匍匐茎切得过短而阻碍储藏养分的输送，致使其失去活力而造成草坪衰退。具有匍匐茎的草坪草有匍匐翦股颖、粗茎早熟禾、结缕草等。此外，狗牙根除具有无限根状茎外，也具有匍匐茎。

草坪草抽出几片叶后，在叶腋处可形成腋芽，这些芽逐渐发育成地上枝条，称为分枝。而把禾本科草坪草从腋芽鞘内长出新的地上枝条的现象称为分蘖。草坪草的分枝分为鞘内分枝和鞘外分枝 2 种主要方式（图 1-18）。前者主要通过分蘖形成枝条；后者主要形成根状茎和匍匐茎。分蘖枝与根状茎、匍匐茎的发生及生长方式不同，前者向上生长（背地性）并由叶鞘内长出；后者则与之相反。通常，分蘖以春、秋季为最快，在此期间通过合理的修剪有利于促进草坪草的分蘖，提高丛生型草坪草枝条密度。而对于匍匐茎型草坪草，要增高草坪草密度，就必须解除匍匐茎各节上固定芽的休眠状态，将直立茎转化为匍匐茎，促进二次直立茎的形成。可通过适度的滚压、覆土、垂直修剪、施肥等草坪综合养护管护措施，达到建成优良密生草坪的目标。

草坪草单个枝条的寿命一般不超过一年。因此，草坪草可以维持多年并不是因为单个枝条的持续多年成活，而是新老枝条及根系不断地更替，使草坪群落维持一个动态平衡，也使草坪维持了一个合适的密度水平。因此，草坪作为一个植物群体，虽然表面上每一个成熟的枝条都具有完整的独立功能，但是枝条间由维管束系统相连接，其物质循环、能量代谢等必然存在密切联系，从而共同形成了一个复杂的生命有机体。

（2）分枝类型

草坪草根据枝条生长方式和习性的不同，可分为如下4种主要类型：

①根茎型　这类草坪草具有根状茎，从根状茎上长出分枝。根状茎在离母枝一定距离处斜向上生长，穿出地面后形成地上枝。这种地上枝又产生自己的根状茎并以同样的方式形成新枝。例如，无芒雀麦、狗牙根等都是根茎型草坪草。

②丛生型　这类草坪草主要通过分蘖进行分枝。分蘖的节位于地表或地表以下不深处（1～5cm），侧枝紧贴主枝或与主枝呈锐角方向伸出形成草丛。各代侧枝都形成自身的根系。属于该类的草坪草有多年生黑麦草、高羊茅等。

③根茎—丛生型　这类草坪草是由短根状茎把许多丛生型株丛紧密地联系在一起，形成稠密的网状。典型的根茎—丛生型草坪草为草地早熟禾。

④匍匐茎型　这类草坪草的茎匍匐地面，并不断向前延伸。在茎节上可以发生芽，长出枝叶；向下可产生不定根，枝条着生于土壤中。常见的匍匐茎型草坪草有狗牙根、结缕草、假俭草、匍匐翦股颖、野牛草等。

1.1.3.4　叶的生长

草坪草的生长点存在两类分生组织：一是顶端分生组织，在茎的顶部产生新细胞保证茎的持续生长发育；二是居间分生组织，它在顶端分生组织以下的位置产生叶。

草坪草的所有顶端分生组织均位于地表附近，它不断地形成叶原基，最后发育成完全伸展的叶（图1-19）。叶原基继续发育，它的居间分生组织分化为上部和下部两个不同的分生组织。上部居间分生组织产生的细胞使叶片生长；下部居间分生组织在叶的基部发育成叶鞘。当叶尖从相邻老叶密闭的叶鞘中长出时，上部居间分生组织的细胞分裂停止，叶片进一步的延伸是由叶片基部细胞的分裂和伸长而造成。叶片完全形成后，叶鞘基部分生组织还保持一段时间的活力，因此，叶最老的部分是叶尖，而最嫩的部分则是叶鞘基部。

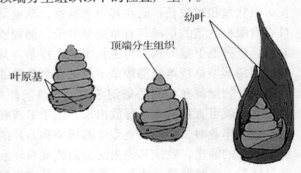

图1-19　草坪草叶片的形成过程

草坪草的叶片和叶鞘表现出不同的形态，叶片为不折叠（或不卷曲）的扁平状，而叶鞘保持卷曲或圆筒状的外形，并被较老叶鞘所包围。当新叶在根颈较高的位置产生时，相应产生的叶鞘比附近较老的叶鞘位置要高。最后，草坪草的老叶进入衰老期，衰变由叶尖开始向下延伸，最终使叶从枝条上脱落（图1-20）。在一定条件下，草坪草每一个枝条的叶片数一般保持稳定，即新产生的叶片数量大约等同于死亡的老叶数量。新叶形成的速度因草坪草种、品种不同而不同，气候条件、土壤条件以及管护措施等也是重要的影响因素。

对草坪草光合作用的研究表明，新叶的生长必须依靠其他叶片的光合产物作为补充才能满足其生长所需，成熟叶具有最高的光合作用效率，而较老叶的光合作用活性明显降低，只能把少量营养输送给其他器官。因此，过多以及过于频繁的修剪都会造成草坪草有效光合面积的剧烈下降和碳水化合物的大量损失，进而引起草坪草活力的严重下降。

草坪草叶片向上生长通常与另一相邻叶片相协调。当新叶叶尖开始向上伸长时，与它最接近的较老叶的叶鞘开始伸长。随后叶鞘的延伸速度大约和被其包裹的叶片的生长速度相等。所以，直到每个叶片的叶鞘闭合、伸长停止之前，对与其相邻叶的生长仅产生少量的或不产生干扰。在叶鞘停止生长前，关闭位的叶片生长速度和关闭叶鞘的生长速度大致相等。通过叶片和叶鞘的伸长，关闭位的叶片继续向上生长，随后这个过程被新形成的叶片所重复。

1.1.3.5　生殖生长

草坪草的生殖生长是指生殖器官（花、果实、种子）的生长发育，研究这一过程及其与环境条件的关系，对草坪草种子生产有重要意义。花序发育的时间与程度随草坪草种及其品种的不同而千差万别，由于这些因素决定了开花的季节和生活周期的长短，因而具有很大的实用价值。

所有禾本科草坪草花序发育总的顺序都大致相同。营养生长期间，生长点不断以规则的互生顺序长出叶原基，随后这些叶原基又延伸而扩展成叶。花序

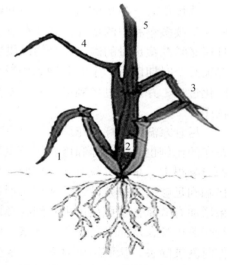

图 1-20　草坪草叶片的新老交替过程
1. 凋萎的老叶　2. 未长出叶鞘的新生叶
3. 成熟叶　4. 部分成熟的新叶　5. 刚刚从叶鞘中长出的新叶

形成的第一个形态迹象就是在生长点上出现"双苞"原基，它是通过叶原基的腋芽发育而成。很快，这些叶原基完全被抑制发生，其腋芽长出并形成小穗状花序或圆锥花序状分枝。小穗状花序的发育伴随着茎节间的延伸，随后出现花序，这些花序是在"双苞"首次出现后 30～40d 左右产生。同时，在花序发育过程中，小穗构件及小花也随之而发育，待小花的花器发育完全后，温度、光照和湿度适宜时，便进入开花和授粉阶段。当花序旺盛发育的时候，其基部分蘖节新的分蘖芽和根的发育受抑制。一个枝的花序形成以后，这个枝条即停止生长新叶和新的营养芽。

昼长或光周期是制约草坪草生殖发育的最重要环境因素之一，对昼长的要求随草坪草种和品种不同而各异。冷季型草坪草大多数是典型的长日照植物，昼长要求在 14h 以上；暖季型草坪草绝大多数是短日照植物，只有在光周期低于 14～16h 的时候才抽穗。某些暖季型草坪草是光周期钝感植物，若其他条件满足，它们在任何自然光照强度下均能抽穗开花。

草坪草对光周期的反应决定其一年之中的开花和结籽季节，属于遗传的生态特性。同时，草坪草开花的最佳季节以及对光周期的反应，都受到草坪养护管理措施的影响。在草坪群落中，生殖枝的性质受不开花枝条和新增长的鞘内枝、鞘外枝生长状况的影响。除专门生产种子外，草坪草中过多的花序发育是不受欢迎的，因为开花枝条的死亡会暂时减少枝条的密度和破坏草坪均一的外观，从而降低草坪的品质。因此，草坪养护管理中可以通过定期修剪从而维持大量叶片和营养分蘖产生。

尽管草坪草对于昼长的反应通常是决定春季或夏季开花时期的要素，但是许多寒温带地区的草坪草无法对光照周期作出反应，而且如不预先接触冬季条件，则无法形成花序。若在中、晚春播种，尽管昼长足够，但在同一生长期内几乎没有花序。这是因为这些地区的草坪草种对昼长的反应还同时要求有一个冬季低温的条件，即需要通过一定低温处理的春化阶段，或者它们对昼长的反应类型是短日照植物。

草坪草对于冬季低温或短日照的要求，可制约其抽穗时期及其生命周期的长短。寒温带地区延续多年利用的草坪，必须在夏末或早秋长出足够的营养分蘖或营养芽以渡过寒冬，而且还必须贮藏足量的碳水化合物以供翌春生长之用。抽穗前要求冬季低温条件的草坪草，在春天某个时期以后产生的分蘖无法当年形成花序，而且还要在夏秋两季继续进行积极的光合同化过程，并延续过冬到第 2 年。尽管如此，并不是全部的越冬分蘖都一定会在翌春产生花序。

尽管寒温带草坪草花序的发育季节和程度主要受制于光周期和低温。但是，所产生穗状花序的比例也会因营养和修剪而发生变化。例如，在已建成的草坪中，分蘖数受土壤含氮量的影响很大。早春有效氮含量较低，相对而言，新的分蘖就产生少。大多数尚存的分蘖将会接触到足够的冬季条件，并在春天形成穗状花序，而且能育分蘖与营养分蘖的比例也高。如果增加有效氮含量可促进中到晚春期间的新分蘖产生，而且大多数分蘖直到第 2 年都能进行营养生长，从而可增加草坪叶茎比例。同样，进行草坪低修剪，也会使幼小花序在开始延伸时就被除去，从而结束对靠近主要生长点下部腋芽的抑制，并增加新分蘖的产生。

不需要接触冬季条件的暖季型草坪草，其开花和结籽时期可能受其他因素制约。只有除去生长点的主要抑制因素以后，才能形成穗状花序。并且，花序只在较短的腋枝上形成。一些其他匍匐茎型或者根状茎型草坪草，如狗牙根等，通常仅产生少量穗状花序。

1.1.4　草坪草的再生

1.1.4.1　草坪草的再生能力

再生是草坪草具有的极为重要的特性之一。例如，高尔夫球场果岭的草坪草一年间的整个生长季大约要进行 100～130 次低留茬修剪，正是由于草坪草具有强再生能力，才能形成和保持令人满意的草坪功能。

草坪草修剪后的再生能力来源于 3 个部位：一是剪去上部叶片的老叶可继续生长；二是未被伤害的幼叶继续发育；三是由茎基部的分蘖节产生新的枝条。

草坪草再生过程中，必要的物质供给十分重要，草坪草根系、匍匐茎以及修剪后的留茬所储藏的营养物质在再生中起着重要的作用。不同种类的草坪草为再生提供养分的储藏器官不相同。如细叶结缕草、结缕草、狗牙根、草地早熟禾等草坪草主要是以修剪留茬和匍匐茎作为储藏器官；黑麦草或细弱翦股颖等草坪草的修剪留茬和根部则是其再生营养物质的储藏器官。

草坪草修剪后的光合产物在地上部分和地下部分之间的分配发生变化。首先是草坪草地上部分被保留的茎叶和再生叶干物质增加，而根中干物质减少。其后，在光照下，再生叶进行光合作用，新叶中的干物质持续增加，被合成的物质逐渐输送到留茬和根中储藏起来，使留茬和根中干物质由减少转向逐渐增加。再后，随再生叶增多，光合作用增强，留茬和根中干物质又表现出增加的趋势。

1.1.4.2　草坪草再生能力的影响因素

草坪草再生过程中，储藏的营养物质被输送到新生叶中直接利用，成为其结构成分和用做呼吸作用的基质，因此，草坪草的自身养分储藏直接影响再生能力。匍匐茎型草坪草的储藏物质大部分贮存在匍匐茎内。即使进行低修剪，匍匐茎仍可保留；储藏物质的损失量比直立茎型草坪草的要少，因此，匍匐茎型草坪草表现出比直立茎型草坪草耐低修剪的特性。

　　草坪利用强度、修剪次数也影响再生能力。在重度践踏或频繁修剪情况下，由于叶面积的大量损失可导致草坪草光合能力的急剧下降，无法合成足够的碳水化合物用于构成新组织，再生能力因此大大减弱，长此以往将造成草坪有效利用年限变短。

　　环境条件以及草坪草发育阶段同样影响草坪草的再生能力。如温度过高或者土壤紧实等可导致草坪草根系大量死亡，进而使得草坪草活力下降，再生力变弱。处于休眠期的草坪草其再生能力较差。总之，草坪草的再生也有一定限度，草坪养护管理实践中要根据草坪草种特性，结合环境条件、使用强度等因素，通过采用合理的管护措施，维持草坪草较高的再生能力，以获得令人满意的草坪密度和外观质量。

1.1.5　草坪草的生物学特征

　　草坪草要应用于各种草坪，必须具有叶丛低矮、叶片纤细、叶色美观、覆盖度大、再生力强、与杂草的竞争力强、绿色期长等生物学特征。

　　(1)叶丛高度

　　草坪草叶丛高度生长得越低矮，越会提高草坪的观赏性。草坪草通常草丛高度以 10～20 cm 为宜。

　　(2)叶片质地

　　草坪草叶片质地一般用叶片宽度衡量，叶片质地越好，草坪观赏价值越高。叶片质地好的草坪草，叶片极细，宽度只有 0.5～1.5mm，如紫羊茅、羊茅和细叶结缕草；叶片质地较好的草坪草，叶片较细，宽度为 1.0～1.5mm，如野牛草；叶片质地中等的草坪草，叶片宽度为 1.5～3.0mm，如草坪早熟禾草、匍匐翦股颖；叶片质地较差的草坪草，叶片较宽，宽度为 3.0mm 以上，如结缕草、假俭草等。

　　(3)叶片色泽

　　草坪草叶片色泽及其草坪色泽的整齐度与草坪的观赏价值高低、绿化效果等密切相关。草坪草叶片色泽通常有浅绿、黄绿、灰绿、深绿、浓绿等类型。一般以深绿和浓绿的观赏价值及绿化效果最好。

　　(4)覆盖度

　　草坪草覆盖度是指草坪草地上部分覆盖地面的百分率，简称草坪盖度。草坪草盖度越大，草坪的坪用功效越好。

　　(5)再生力

　　草坪草的再生力体现了草坪修剪或践踏、滚压以后的草坪草营养器官恢复生长能力的强弱。草坪草再生能力越强，对草坪修剪或高强度践踏后的分蘖及其恢复生长越有利。不同草坪草种的再生能力差异较大。如结缕草、狗牙根、野牛草等草坪草具有较强的再生力；草地早熟禾和钝叶草等草坪草的再生力良好；假俭草、雀稗等草坪草的再生力较差；多年生黑麦草、梯牧草(猫尾草)等草坪草的再生力极差。

　　(6)与杂草竞争能力

　　草坪草与杂草竞争能力的强弱是能否建成较好质量草坪的重要影响因素之一。一般种子萌发迅速、苗期生长快，抗逆能力与病虫抗性强，耐粗放养护管理的草坪草种及其品种，其对杂草的竞争能力较强。

(7)绿色期

草坪草的绿色期是指草坪草从返青至橘黄保持绿色的时间间隔,简称草坪草绿期。不同草坪草种及品种的绿色期差异较大。一般草坪草的绿色期越长,其坪用价值越高。

1.2 草坪草分类

草坪草类型繁多,形态千差万别,根据一定的标准将各种草坪草分门别类称为草坪草分类。草坪草分类的目的首先是为了帮助草坪建植养护部门与企业根据草坪建植目的和用途,正确合理地规划和选择草坪草种(品种);其次,草坪草分类对开展草坪教学与科学研究也具有重要的指导作用。由于草坪草是人们根据其形态特点及生产属性从植物中区分出来的一个特殊的经济类群,因此其分类没有严格的、标准化的体系。草坪草分类通常是在大经济类群的基础上,再借助草坪草植物分类学或对气候与地域的环境适应性或用途等规律进行分类;还可根据草坪草叶片的宽窄、草坪草植株的高低、株丛形态、分蘖(分枝)类型、草坪草繁殖方式等进行分类。

1.2.1 草坪草的植物学分类

根据植物分类系统,每一种植物都有各自的分类从属地位。为了科学研究的便利,草坪草分类也采用了植物学分类方法,该分类方法有利于理解草坪草本身的植物学特性与在植物分类系统中的地位及其相互之间的亲缘关系。

根据法国学者拉马(Lamarck,1744~1829)二歧分类原则,可把原来一群动植物相对的特征、特性分成对应的两个分支。再把每个分支中相对的性状又分成相对应的两个分支,依次分类直到编制到科、属或种检索表的终点为止。因此,二歧检索表是植物分类中识别和鉴定植物不可缺少的工具。为了方便使用,各分支按其出现先后顺序,前边加上一定的顺序数字,相对应的两个分支前的数字或符号应是相同的。

以我国植物分类学普遍采用的克朗奎斯特系统为例,草坪草种高羊茅(*Festuca arundinaces* Schreb.)的植物学分类从属地位表示如下:

植物界 Plantae

  种子植物门 Spermatphyta

    被子植物亚门 Angiospermae

      单子叶植物纲 Monocotyledoneae

        颖花亚纲 Glumiflorae

          禾本目 Poales

            禾本科 Gramineae

              早熟禾亚科 Pooideae

                狐茅族 Festuceae

                  羊茅属 *Festuca*

                    高羊茅 *Festuca arundinaces* Schreb.

　　由于地理隔离、语言差异及民族风俗等，往往会遇到植物种名称混乱的情形，如一种植物在不同的地区有不同的名称，甚至在同一地区就有几个不同的名称，或者不同的植物叫同一个名称。但是，按照植物分类系统，每一种植物的学名只有一个。因此，在科技日新月异的今天，作为草坪工作者必须熟悉植物系统分类体系，以便进行国际交流合作和查找各种文献资料。

　　此外，由于绝大多数草坪草均属于禾本科植物，因此，有时简单地将草坪草按植物自然分类系统分为禾本科草坪草和非禾本科草坪草两种类型。非禾本科草坪草如豆科的白三叶、红三叶、百脉根、小冠花；旋花科的马蹄金；莎草科的细叶苔草、白颖苔草；百合科的沿阶草等。

1.2.2　草坪草的气候分类

　　自然条件、人类和生物活动对草坪草的特性具有深刻的影响，其中影响最大的因素是自然条件，特别是气候条件，是影响草坪草分布的决定因素。气候条件中，对草坪草特性形成影响最大的因素是水分和热量。由于地球上不同地区的水热条件不相同，因此形成了明显的水平分布和垂直分布气候带，也在不同气候带内形成了与之相适应的不同类型的草坪草种类。

　　依据对气候条件的适应性，主要是对生长温度的要求和反应，可将草坪植物划分为暖季型草坪草和冷季型草坪草两大类。

1.2.2.1　暖季型草坪草

　　暖季型草坪草生长的最适温度为 26～32℃，受光照强度和光照长度的影响很大，主要分布于热带和亚热带地区，我国主要分布于长江流域及以南较低海拔地区。它的主要特点是冬季呈休眠状态，早春开始返青，夏季生长最为旺盛。进入晚秋，一经霜害，其茎叶枯萎褪绿。少数几种暖季型草坪草可在我国北方地区良好生长。

1.2.2.2　冷季型草坪草

　　冷季型草坪草生长的最适温度为 15～25℃，主要受季节性炎热的强度和持续期，以及干旱环境的制约，一般分布于温带和副极带气候，我国主要分布于华北、东北和西北等长江以北的地区。它的主要特征是耐寒性较强，春、秋两季生长旺盛，夏季不耐炎热，有休眠现象。其中也有一部分耐热性好的种及品种，可在我国中南及西南地区种植应用。

　　草坪草对温度的适应性是草坪建植时进行草坪草种选择必须首先考虑的因素。因此，草坪草的气候分类方法在草坪实际工作中应用最为广泛。常见的禾本科草坪草种的气候分类见表 1-1。

　　此外，有的学者认为：草坪草按对气候的适应性分为暖季型草坪草和冷季型草坪草 2 种类型不够科学。应按对地域适应性分为暖地型草坪草和冷季地型草坪草 2 类。即用暖地型草坪草和冷季地型草坪草取代暖季型草坪草和冷季型草坪草，但目前还未得到普遍认可。在国外，一般按对气候的适应性将草坪草分为暖季型和冷季型。而在国内，以往多按地域适应性将草坪草分为暖地型和冷地型；现在多用暖季型和冷季型，而对两种类型之间都能够适应的草坪草种类则称为"过渡型"。

表 1-1　主要的禾本科暖季型和冷季型草坪草

类别	属	种
暖季型草坪草	结缕草属	结缕草、沟叶结缕草、细叶结缕草、中华结缕草、大穗结缕草
	狗牙根属	布拉德雷氏狗牙根、非洲狗牙根、狗牙根、杂交狗牙根
	画眉草属	弯叶画眉草
	地毯草属	地毯草、近缘地毯草
	蜈蚣草属	假俭草
	钝叶草属	钝叶草
	洋狗尾草属	洋狗尾草
	野牛草属	野牛草
	雀稗属	巴哈雀稗、海滨雀稗、两耳草
	狼尾草属	狼尾草
冷季型草坪草	剪股颖属	匍匐剪股颖、细弱剪股颖、绒毛剪股颖、小糠草
	早熟禾属	草地早熟禾、加拿大早熟禾、粗茎早熟禾、一年生早熟禾、林地早熟禾
	羊茅属	高羊茅、匍匐紫羊茅、硬羊茅、羊茅、草地狐茅
	黑麦草属	多年生黑麦草、一年生黑麦草
	雀麦属	无芒雀麦
	狗尾草属	洋狗尾草
	梯牧草属	梯牧草(猫尾草)
	碱茅属	碱茅、纳托尔氏碱茅、蒙氏碱茅
	冰草属	冰草、蓝茎冰草、沙生冰草
	格兰马草属	格兰马草、垂穗草

1.2.3　草坪草的用途分类

依据草坪草的用途，可以把草坪草分为如下类型：

(1)观赏性草坪草

多用于观赏草坪。草种要求草坪草植株平整、低矮、绿色期长、茎叶密集，一般以细叶草类为宜。或具有特殊优美的叶丛、叶面或叶片上具有美丽的斑点、条纹和颜色等，如假俭草、细叶结缕草、弯叶画眉草、野牛草等。这类草坪一般不允许踩踏。

(2)公园绿地草坪草

适应性强，具有优良的坪用性状和强健长势，应用范围广，种植面积大，成为各地区的主体草种，如结缕草、地毯草、狗牙根、草地早熟禾、高羊茅、多年生黑麦草等。多用于休闲性质草坪，养护管理粗放，允许人们入内游憩活动。

(3)运动场草坪草

主要是适用于各类运动场地使用的草坪草，耐践踏和低修剪性能突出，再生力好，能够形成致密的草皮，如结缕草、杂交狗牙根、高羊茅、匍匐剪股颖等。

(4)水土保持草坪草

为一些根茎和匍匐茎十分发达、具有很强固土作用和适应性强的草坪草，如无芒雀麦、狗牙根、冰草、碱茅等。

除了以上分类方法外，还有人按照叶片宽窄，将草坪草分为宽叶型草坪草(叶宽 4 mm 以上)和细叶型草坪草(叶宽 1~4 mm)；或按照草坪草植株高低分为低型草坪草(株高一般在 20 cm 以下)和高型草坪草(株高通常 20~100 cm)；或按草坪草株丛形态分为上繁草、下繁草和莲座丛草等；按草坪草繁殖方式分为种子繁殖型和营养（体）繁殖型等。这些方法的缺点是分类指标无可以准确界定的统一标准，草坪草分类较为模糊，实际应用价值不高。

1.3　不同类型草坪草的特性及其常见草种简介

草坪草类型不同，其特性也不相同。并且，同一类型不同种或品种的草坪草特性也不相同。

1.3.1　冷季型草坪草的一般特性

冷季型草坪草广泛分布于冷凉的湿润、半湿润及半干旱地区。某些种或品种的分布区可延伸至冷暖过渡带。大多数冷季型草坪草适于 pH6.0～7.0 的微酸性土壤。目前世界上常用的冷季型草坪草有 20 余种，除豆科的白三叶、红三叶、百脉根、小冠花和莎草科的细叶苔草、白颖苔草外，均为禾本科植物，主要分属于禾本科早熟禾属、羊茅属、黑麦草属和翦股颖属。

冷季型草坪草多为长日照 C_3 植物，抗寒性强，绿期长，生长迅速，品质好，用途广。一年中有春秋两个生长高峰期，夏季生长缓慢，有时出现短期休眠现象。

草地早熟禾、细叶羊茅、多年生黑麦草、小糠草和高羊茅都是我国北方最适宜的冷季型草坪草种。某些冷季型草坪草，如高羊茅、匍匐翦股颖和草地早熟禾可在草坪过渡带或暖季型草坪区的高海拔地区生长，一般在我国南方越夏比较困难，必须采取特别的养护措施，否则易于衰老和死亡。高羊茅最适宜生长在我国南北两地区的过渡地带。

大多数冷季型草坪草的种子产量高，草坪建植多用种子繁殖，部分冷季型草坪草可用营养繁殖，如草地早熟禾、匍匐翦股颖。

1.3.2　冷季型草坪草常见草种介绍

禾本科冷季型草坪草常见草种介绍如下。

1.3.2.1　早熟禾属（*Poa* L.）

早熟禾属是禾本科一个较大的属，全世界共有近 300 种，中国有 80 余种。一般认为早熟禾属的起源中心为欧亚大陆，全世界范围内都有分布，多集中分布于温带及寒温带。早熟禾属植物有两个共同结构特征可用来鉴别分类：一是船形叶尖；二是叶片中脉两侧各有一条浅色线分布。

早熟禾属草坪草是最主要的冷季型草坪植物之一，可用作草坪植物的有草地早熟禾、粗茎早熟禾、加拿大早熟禾、林地早熟禾和一年生早熟禾等，其中草地早熟禾是使用最广泛的草坪草种。

（1）草地早熟禾（*Poa pratensis* L.）

草地早熟禾又名六月禾、肯塔基早熟禾、光茎蓝草、肯塔基蓝草等，英文名为 Kentucky Bluegrass（图 1-21）。原产于欧洲、亚洲北部及非洲北部，后引种到北美洲，现遍及全球温带地区。我国华北、西北、东北地区及长江中下游等地有野生种分布。

【形态特征】叶片多为暗绿色，也有部分品种为浅绿色；叶片"V"形偏扁平，宽 2～

4mm，两面光滑，中等质地；船形叶尖，有两条浅色线分布在中心叶脉的两侧；叶缘稍粗糙，两侧叶缘平行；幼叶折叠式，无叶耳，叶舌短，膜质，叶环宽而分离状；具有地下根状茎，受损后自修复能力强，可形成致密的草皮；圆锥花序，春末夏初开花。

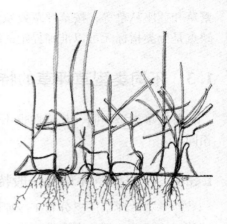

图 1-21　草地早熟禾

【生态习性】喜光稍耐阴，喜温暖湿润，耐寒性强，耐热性和抗旱性中等；春季和秋季生长旺盛，夏季生长缓慢，高温干旱时有休眠现象；适宜于排水良好、肥沃，pH 值 6 ～ 7 的土壤，不耐盐碱。根茎繁殖力强，再生性好，较耐践踏。在温度胁迫、干旱或者不良土壤条件下，草地早熟禾易感病，易受杂草侵袭，使得草坪质量下降。

【繁殖技术】多采用种子直播建坪，理论播种量 6 ～ 8 g/m²；6 ～ 8d 出苗，40d 左右即可成坪。也可利用根状茎扩展特性进行营养繁殖。

【应用特性】草地早熟禾为多年生，寿命长，一次建坪可使用多年。中等养护强度即可培育形成质量较高的草坪，绿期长。因此，草地早熟禾应用范围十分广泛，如公园绿地、庭院、运动场等，也可用于高尔夫球场的球道区和长草区。可单播或混播建坪，混播时常与多年生黑麦草、匍匐紫羊茅等配合，效果较好。混播时应注意草种配合比例，尤其是多年生黑麦草的比例应不大于 15%。

【管理要点】为了获得较高质量的草坪，需要中等及以上养护管理强度。留茬 1.9 ～ 6.3cm，依品种和使用要求而异；春秋两季生长旺盛时应加强修剪和施肥，水分不足的情况下需经常灌溉，尤其是高温季节。

【常用品种】Freedom 2（自由 2）、Award（奖品）、Nuglade（新哥来得）、Park（公园）、Merit（优异）、Bluechip（抢手股）、Nassau（纳苏）、Chicago Ⅱ（芝加哥二号）、Midnight（午夜）、Alpine（高山）、Kenblue（兰肯）、Balin（巴林）、Kentucky（肯塔基）、Conni（康尼）、Arcadia（世外桃源）、Impact（浪潮）、Liberator（解放者）、Aaron（爱伦）等。

（2）普通早熟禾（*Poa trivialis* L.）

由于触摸其茎秆基部的叶鞘时有粗糙感觉，故又称为粗茎早熟禾、糙茎早熟禾，英文名为 Rough Bluegrass（图 1-22）。

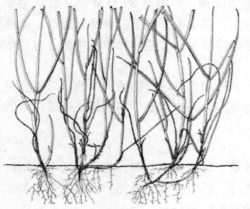

图 1-22　普通早熟禾

【形态特征】叶片平展或 V 形，黄绿色，背面光滑，柔软；船形叶尖，较草地早熟禾窄；具匍匐茎和根状茎或不具根状茎；叶舌长，膜质，全缘或纤毛状；叶环明显、较宽、光滑；叶鞘压扁状，背面粗糙，略带紫色，开裂；圆锥花序。起初，叶片向上直立生长，随着植株老化逐渐表现出平卧生长的趋势；浅根性和匍匐生长使得粗茎早熟禾易形成稠密、浓厚的簇状草丛。

【生态习性】最适宜气候凉爽、遮阴、潮湿的环境条件下生长。耐寒性强，有灌溉条件时，可在寒冷半干旱区和干旱区生长。根系浅，抗旱性差；不耐践踏和高温，夏季叶片边缘会变成褐色，出现休眠，甚至枯死，春秋季生长繁茂。在高水肥条件下生长良好。

【繁殖技术】通常用种子直播的方法建坪，理论播种量为 6 ~ 10 g/m²。

【应用特性】由于其叶片色泽不佳及抗旱性差，在草坪中应用极为有限。主要用于潮湿、轻度遮阴环境，如河岸树下、湿润或排水不良地段的草坪建植，不宜在干旱和强日照环境中使用。

【管理要点】在生长旺季应注意修剪、施肥，特别要注意加强灌溉。易发病虫害，因此要加强病虫预防管理。

【常用品种】目前仅有极少数品种应用于草坪建植，如 SUN ~ UP、Sabre III（萨博 3 号）等，这些品种的叶色、耐热性或抗病性等比过去的品种有所改良。

（3）加拿大早熟禾（*Poa compressa* L.）

加拿大早熟禾又名扁茎早熟禾、加拿大蓝草，原产欧亚大陆的西部地区，现广泛分布于寒冷潮湿气候带中更冷一些的地区，是良好的多年生冷季型草坪草。英文名为 Canada Blue-grass。

【形态特征】叶片灰蓝色或蓝绿色，表面无毛或疏生灰白色柔毛，叶尖船形；叶鞘灰蓝色或暗绿色，较节间短；叶舌膜质，较草地早熟禾长；秆丛生，倒伏状，绿色或灰蓝色；具根状茎，根系深；圆锥花序，枝条密度小。

【生态习性】喜光，耐寒性和耐阴性均优于草地早熟禾，耐践踏能力较强。能适应黏土、砂土，甚至粗骨土等多种土壤，适宜的土壤 pH 为 5.5 ~ 6.5，可在草地早熟禾不能适应的贫瘠、干旱土壤上生长良好。

【繁殖技术】种子直播建坪，理论播种量为 6 ~ 10 g/m²。

【应用特性】茎秆较长，当修剪过低时，便露出坚硬的秆状茎使其看起来粗糙，不能形成致密、美观的高质量草坪，因此常用于道路绿化，保持水土、固土护坡等对质量要求不高，管理粗放的草坪建植。可与羊茅属草坪草混播使用。

【管理要点】留茬高度不宜过低，低修剪下不能获得令人满意的外观。

【常用品种】Canon（教规）、Ruebens、Indian chief（印第安酋长）。

1.3.2.2　羊茅属（*Festuca* L.）

羊茅属植物约 100 个种，分布于全世界的寒温带和热带的高山区域。我国有 14 种，其中，高羊茅、紫羊茅、硬羊茅、羊茅和邱氏羊茅等羊茅属植物种可用作草坪草。

（1）高羊茅（*Festuca arundinacea* Schreb.）

高羊茅又称苇状羊茅、苇状狐茅，英文名 Tall Fescue（图 1-23）。需要特别注意的是，草坪学中的高羊茅与植物学中的高羊茅（*Festucae elata* Keng.）并不是同一物种，前者在植物学上称为苇状羊茅，这一点应注意区分。高羊茅原产欧洲，草坪性状非常优秀，可适应于多种土壤和气候条件，是应用非常广泛的草坪草。在我国主要分布于华北、华中、中

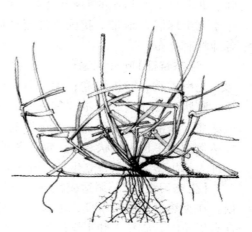

图 1-23　高羊茅（苇状羊茅）

南和西南。

【**形态特征**】叶片质地粗糙，扁平，坚硬，宽5~10 mm；叶片前端渐尖，叶缘粗糙；中脉明显，其余各脉不鲜明；幼叶卷叠式；叶舌膜质，极短，叶耳小圆形，叶环黄绿色，宽大，分离，常在边缘有短毛；叶鞘圆形，开裂，基部红色；茎秆粗壮，簇生；圆锥花序。

【**生态习性**】高羊茅能够在多种气候生态环境中生长，生态适应幅度较大。根系分布深且广泛，因此具有极好的耐热性和抗旱性，耐寒性中等，不及草地早熟禾。喜光，稍耐阴；对土壤的适应性较强，在pH4.7~9.0的土壤上都能生长；耐中等强度的践踏，抗病虫能力强，耐粗放管理。

【**繁殖技术**】虽然有短的根茎，但仍为丛生型，因此生产中主要使用种子进行繁殖，理论播种量为18~20g/m²，播种后5~7d出苗，40d左右可成坪。

【**应用特性**】由于叶片质地粗糙，加之生态适应性强，因此多用于低质量、低维护草坪的建植，如道路、机场绿化等。由于其建坪速度快、根系深、耐贫瘠土壤，所以能有效地用于水土保持。高羊茅与草地早熟禾混播的草坪质量比单播高羊茅的高，高羊茅与其他冷季型草坪草种子混播时，其质量比不应低于60%~70%。高强度养护下，高羊茅也可以形成致密、平整、色泽诱人的草坪，因其较耐践踏，也被用于足球场、橄榄球场等运动场草坪。

【**管理要点**】为了获得较高质量的外观，需要对高羊茅草坪进行定期修剪，修剪高度一般为3.7~7.5 cm。高羊茅不宜低修剪，否则草坪将变得瘦弱，密度下降。生长季节可施用少量氮肥，以改善叶片色泽。需要注意的是，在寒冷潮湿地区的较冷地带，高氮肥水平会使高羊茅更易遭受低温的危害。高羊茅抗旱性强，因此仅需要极少次的深层灌溉。

【**常用品种**】Pixie（小精灵）、Arid 3（爱瑞3号）、Houndog 5（猎狗5号）、Fire Phoenix（火凤凰）、Jaguar 3（美洲虎3号）、Jaguar 4（美洲虎4号）、Spider（蜘蛛）、Crossfire（交战2号）、沪坪1号高羊茅等。

（2）紫羊茅（*Festuca rubra* L.）

紫羊茅别名红狐茅、匍匐紫羊茅，为多年生冷季型草坪草，英文名 Red Fescue（图1-24）。广泛分布于北美洲、亚欧大陆、北非、澳大利亚的寒冷潮湿地区，广布于北半球温寒地带。我国长江流域以北各地均有分布。

【**形态特征**】叶片深绿色，有光泽；针形、光滑柔软、对折内卷；无叶耳，叶舌短，膜状，叶环连续狭窄。茎秆基部斜生或膝曲，基部红色或紫色。紫羊茅有两种

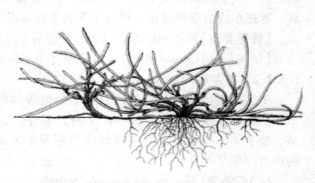

图1-24　紫羊茅

株丛类型，一种为根状茎型，匍匐紫羊茅因此而得名，但根状茎很短，扩展速度非常慢；另一种为丛生型，枝条直立生长。叶鞘基部红棕色并破碎呈纤维状；圆锥花序狭窄，稍下垂。

【**生态习性**】紫羊茅适应性强，抗寒、较耐旱、耐酸、耐瘠，中等耐阴，喜凉爽湿润气候。在炎热夏季生长不良，出现休眠现象。生长速度慢，耐践踏性中等。在pH6~6.5，富含有机质的砂质黏土和干燥的沼泽土上生长最好。

【**繁殖技术**】以种子繁殖为主，理论播种量9~12 g/m²。种子发芽时间长，幼苗生长缓

慢，枝条扩展能力弱，因此成坪时间较长，期间要注意加强养护和防除杂草。

【应用特性】适于海拔较高的干旱地区生长，多用于低维护水平、轻度遮阴地的草坪建植，也可用于草地早熟禾的混播组合，以提高草坪的耐阴性。

【管理要点】管理较粗放，只需低水平的氮肥和水分。紫羊茅最不耐湿涝，灌水过多会引起质量下降；夏季每周要灌溉 1~2 次，灌溉太多或太少都会使紫羊茅休眠。不宜修剪过低，适宜修剪高度为 3.7~6.4 cm，也可以不修剪，用于低维护观赏绿地。不喜肥，每年只需施用少量肥料即可满足生长需要。紫羊茅较易染病，如蠕虫菌病、红丝病等，而且比草地早熟禾更易受到斑腐病和雪腐病的侵害。紫羊茅系密丛型植物，随枝条老化易形成草丛，因此 3~4 年的紫羊茅草坪应进行梳耙，加强通气，促进草坪更新。

【常用品种】Boreal（北方）、Mystic（神秘）、Pernille（佩妮莱）、Bargena。

（3）硬羊茅（*Festuca ovina* var. *duriuslula* L.）

硬羊茅为多年生冷季型草坪草，又名粗羊茅，原产欧洲，广泛分布于北半球温带及我国北方干寒地区。英文名 Hard Fescue（图 1-25）。

【形态特征】叶片与紫羊茅类似，较硬，灰绿到深绿色，质地纤细；无叶耳，叶舌膜状，叶环连续狭窄；丛生型，根系发达，圆锥花序。

【生态习性】基本与紫羊茅类似，抗寒性和耐阴性更好，比紫羊茅更能忍受潮湿环境。生长速度缓慢，自我修复能力弱，不耐践踏。对各种土壤的适应性很强，在瘠薄土壤和遮阴的地区表现良好，并能忍受中等程度的酸性土壤。

【繁殖技术】与紫羊茅基本相同，出苗速度比紫羊茅快。

【应用特性】适于干旱、荫蔽环境下使用，常用于不需修剪的护坡草坪和公园绿化。它不能忍受长时间的夏季高温，经过严重的践踏后不易恢复，因此不推荐用于践踏频繁的草坪。与草地早熟禾和黑麦草混播能建植出叶片纤细的优良草坪。

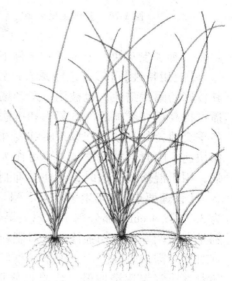

图 1-25　硬羊茅

【管理要点】管理较粗放，只需低水平的氮肥和水分，但较紫羊茅耐湿涝。易染病，管理中要特别注意防病。不耐践踏，恢复力差。留茬高度不宜低于 5 cm，更多情况下不进行修剪，用于低维护观赏绿地。需肥量较紫羊茅高。

【常用品种】Hardtop（硬顶）、Durar（最后）、Discovery（发现）、Ridu、Eyreka II。

1.3.2.3　黑麦草属（*Lolium* L.）

黑麦草属约有 10 个种，主要分布在世界温暖湿润地区，欧亚温带地区有分布，在我国属于引种栽培。可作为草坪草的只有多年生黑麦草和一年生黑麦草 2 个种，是当前草坪生产中广泛使用的冷季型草坪草种之一，栽培品种很多。黑麦草发芽速度快，草坪混播中常用作保护草种。

（1）多年生黑麦草（*Lolium perenne* L.）

多年生黑麦草又称宿根黑麦草，英文名为 Perennial Ryegrass（图 1-26）。它是黑麦草属中

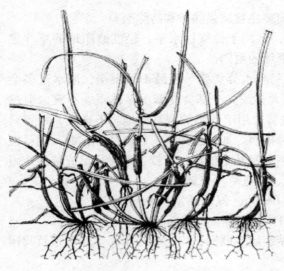

图 1-26 多年生黑麦草

应用最广泛的草坪草，也是最早的草坪栽培种之一。原产于亚洲和北非的温带地区，现广泛分布于世界各地的温带地区。

【形态特征】叶色浓绿，叶片狭长，扁平，上面被微毛，背面平滑有光泽；中脉显著，叶缘平行，锥状叶尖；幼叶折叠；叶舌小，膜质，叶耳较长；叶鞘疏松，开裂或封闭，无毛；丛生型草本，穗状花序。

【生态习性】喜终年温暖湿润的气候，春秋季生长旺盛。喜光稍耐阴，耐寒性不及早熟禾，高温时生长不良，喜湿不耐旱，喜肥不耐瘠薄。适应土壤范围广，以中性偏酸、肥沃土壤为宜。耐践踏性好。

【繁殖技术】多年生黑麦草结实率高，易发芽，种子繁殖为主，理论播种量为 15～20 g/m²，种子发芽快，温度适宜条件下 3～5d 即可出苗，30d 左右即可成坪。

【应用特性】可形成色泽诱人，致密的高质量草坪，因此广泛用于公园绿地、庭院。因其较好的耐践踏性，也被用于运动场，如高尔夫球道、发球台及棒球场等。与草地早熟禾混播可提高草坪受损后的恢复力和抗病性。多年生黑麦草重要的用途之一是用于暖季型草坪的冬季交播，是高尔夫球场果岭和发球台最主要的交播材料。此外，快速成坪的特性使其可用作快速、临时性植被覆盖，也可作为水土保持植物组合中的先锋草种。多年生黑麦草竞争力强，用于混播及交播时，往往会抑制其他草种的发芽及生长。

【管理要点】多年生黑麦草不耐旱，需要经常灌溉才能保持良好的长势。适宜修剪高度为 3.7～6.4 cm，部分用于高尔夫果岭交播的品种也可忍受低于 1.0 cm 的修剪，再生快，特别是春秋两季，应加强修剪。对肥料反应敏感，尤其是春秋季旺盛生长时期，频繁修剪使得其对氮肥需求较高。用于暖季型草坪草冬季交播时，随着春季气温逐渐回升，应降低修剪高度，同时进行深层灌溉，减少灌溉次数，以促进暖季型草坪草从休眠中恢复生长。

【常用品种】PhD（博士）、Caddieshack、Pinnacle（顶峰）、Premier（首相）、Cutter（刀具）、Emerald（翡翠）、Lark（云雀）、Toya（洞爷）、Barball（棒球）。

（2）一年生黑麦草（*Lolium multiflorum* Lam.）

一年生黑麦草也称多花黑麦草或意大利黑麦草，生长在欧洲南部的地中海地区、北非和亚洲部分地区。英文名 Annual Ryegrass（图 1-27）。由于存活时间短，所以应用范围很有限。

【形态特征】一年生或短命多年生丛生型草本。

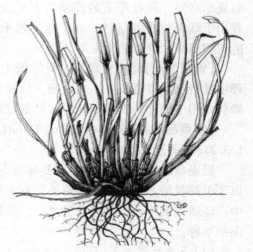

图 1-27　一年生黑麦草

叶色浅绿或黄绿色，叶片扁平，宽 3～7 mm，具光泽，质地较粗；叶片光滑；叶舌膜状，圆形，短小；叶耳长爪状；叶环宽，连续；幼叶卷叠，穗状花序。

【生态习性】喜光稍耐阴，在所有冷季型草坪草中，耐寒性差，不耐热。由于其根系浅，所以抗旱性差。最适于肥沃、pH 为 6.0～7.0 的湿润土壤。耐践踏性中等。

【繁殖技术】种子繁殖，理论播种量为 25～30 g/m²，用于交播时应加大播种量。

【应用特性】主要用于温暖潮湿地区暖季型草坪草的冬季交播。能快速建坪，也可用作临时性水土保持植被。因耐热性差，因此在春末夏初暖季型草坪草尚未完全恢复时，一年生黑麦草就开始变黄甚至死亡。

【管理要点】修剪高度 3.7～5.0 cm，修剪质量较差。如果冬季降水量较小，需要经常灌溉。

【常用品种】Gulf(海湾)、Magnolia(玉兰)、Tam 90(托姆 90)、Top One(冠军)、Abunant(邦德)等。

1.3.2.4　翦股颖属(*Agrostis* L.)

翦股颖属大约有 200 多个种，分布于寒温带，尤其以北半球为多。有匍匐翦股颖、细弱翦股颖、绒毛翦股颖及小糠草等 4 种广泛用于草坪，其共同特征是叶片近轴面具有脊，幼苗叶旋转，单一小花小穗。翦股颖属草坪草是所有冷季型草坪草中最能忍受连续低修剪的草坪草，其修剪高度可低至 0.5 cm，甚至更低。大多数翦股颖品种具有很强的抗寒性，适于寒冷、潮湿和过渡性气候。翦股颖属不同种的生长习性不同，包括丛生型到强匍匐型的各种类型。在高强度养护条件下，可形成质地细嫩、稠密、均一的高质量草坪。

(1) 匍匐翦股颖(*Agrostis stolonifera* L.)

匍匐翦股颖又名匍匐翦股颖、本特草，英文名为 Creeping Bentgrass(图 1-28)。原产于欧亚大陆的多年生冷季型草坪草，广泛用于低修剪、细致的草坪。我国东北、华北、西北及华中、华东等地区均有分布，多见于湿草地。

【形态特征】多年生匍匐茎型草本。叶色翠绿，叶片狭窄，扁平，质地纤细，叶质柔嫩，叶片边缘和叶脉上微粗糙；叶舌长，膜质，渐尖形；无叶耳；叶环中等宽度，倾

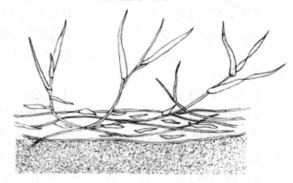

图 1-28　匍匐翦股颖

斜；幼叶卷叠；植株低矮，具长的匍匐枝，直立茎基部膝曲或平卧，匍匐茎横向扩展能力极强，形成贴地面的毯状草坪，根系分布在土壤浅层；圆锥花序，小穗暗紫色。

【生态习性】匍匐翦股颖喜冷凉湿润气候，耐寒性好，但秋季有失绿现象；耐热、耐瘠薄；喜光，也可忍耐部分遮阴的环境；由于茎枝上节根扎得较浅，因而耐旱性稍差；耐受频繁低修剪的性能突出。匍匐翦股颖对土壤要求不严，在微酸至微碱性土壤均能生长，以雨多肥沃的土壤生长最好，对紧实土壤的适应性很差。抗盐性和耐涝性比一般的冷季型草坪草好。耐践踏力强，匍匐茎横向蔓延能力强，受损后恢复速度快。

【繁殖技术】种子和匍匐茎繁殖均可，多采用种子繁殖。理论播种量 2～3 g/m²，由于种子细小，播种前必须精细整地，播后切忌覆土过深。出苗成活的关键是保证表层土壤充足的

水分。

【应用特性】匍匐翦股颖主要用于高尔夫球场果岭、草地保龄球及网球场。获得令人满意外观和性能质量所需的技艺和花费，使得匍匐翦股颖极少用于公园绿地和庭院。匍匐茎侵占性很强，很少与草地早熟禾等冷季型草坪草混播。

【管理要点】匍匐翦股颖仅在低修剪下才可获得高质量的草坪，修剪高度一般为 1.5 cm 以下，为了保持平整均一的外观质量，需要经常修剪。生长季节需施用大量氮肥和频繁灌溉，以满足植株生长需要。匍匐生长的习性易引起过多的芜枝层形成，同时导致草层过厚过密，因此管理中要定期安排垂直修剪，以免造成草坪质量下降。大部分草坪草病害和虫害均极易危害匍匐翦股颖，因此应特别加强预防，及时处理。

【常用品种】Penn A-1（佩恩 A-1）、Penn A-4（佩恩 A-4）、Putter（推杆）、T-1、L-93、Seaside（海滨）、Cobra 2（眼镜蛇 2 号）、Penncross（佩恩杂交种）、Regent（聂政王）等。

（2）细弱翦股颖（*Agrostis tenuis* Sibth.）

细弱翦股颖最初生长于欧洲，主要分布于北温带地区，现已完全适合新西兰、太平洋的西北部和北美洲地区。在我国东北、西北较湿润的地区、华北北部和西南部分地区生长状况良好。英文名为 Colonial Bentgrass（图 1-29）。

【形态特征】多年生草本，具短的根状茎。叶片窄线形，浅绿色，叶片边缘和叶脉上粗糙，先端渐尖；叶舌膜质、短；无叶耳；幼叶卷叠；叶片直立生长，稠密；圆锥花序，近椭圆形。

【生态习性】喜凉爽湿润气候，低温抗性较好，但不如匍匐翦股颖，春季返青相对较慢，耐热和耐旱性较差，不耐盐碱，耐阴性一般，不耐践踏。在肥沃、潮湿、pH 值 5.5～6.5 的土壤上生长最好。

【繁殖技术】主要为种子繁殖，技术要点同匍匐翦股颖。

【应用特性】细弱翦股颖常与其他一些冷季型草坪草混播，用作高尔夫球道和发球台草坪，缺点是不耐践踏，受损后恢复慢。也可用于一些要求叶片纤细浓密的观赏、装饰性草坪。

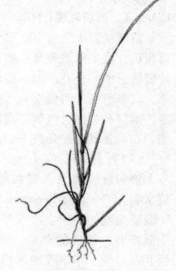

图 1-29　细弱翦股颖

【管理要点】为产生高质量草坪，需要较高管理水平。同匍匐翦股颖类似，在低修剪下才可获得高质量的草坪，修剪高度一般为 1.5～3.0 cm。需要频繁灌溉、施肥，定期通气及去除枯草作业，以形成和维持较高质量的草坪。

【常用品种】Highland（高地）、Heriotcs（继承）、Barostis（百鹭鸶）、Bardot（百都）等。

1.3.3　暖季型草坪草的一般特性

暖季型草坪草生长最适温度为 25～35℃，适宜在热带和亚热带地区生长，主要分布于我国长江以南的广大地区。暖季型草坪草一年中仅有夏季一个生长高峰期，春秋生长较慢，冬季休眠。细叶结缕草、钝叶草、假俭草等暖季型草坪草对温度敏感，抗寒性差，主要分布于我国南部地区。狗牙根和结缕草是暖季型草坪草中较为抗寒的草种，因此，它们中的某些品种分布能向北延伸到较寒冷的辽东半岛和山东半岛。

目前常用的暖季型草坪草种有 10 多个种，除百合科的沿阶草和旋花科的马蹄金外，其余都为禾本科植物，分别属于结缕草属、狗牙根属、钝叶草属、蜈蚣草属、雀稗属、地毯草属、野牛草属、狼尾草属、画眉草属、洋狗尾草属等 10 个属。

大部分暖季型草坪草种子产量低或发芽率低，因此草坪建植多采用无性繁殖方法。暖季型草坪草多为短日照 C_4 植物，抗旱性较强。暖季型草坪草均具相当强的长势和竞争力，群落一旦形成，其他杂草很难侵入。因此，暖季型草坪草多为单播，混播建坪极少。

1.3.4　暖季型草坪草常见草种介绍

1.3.4.1　结缕草属(*Zoysia* Willd)

结缕草属约有 10 种，分布于非洲、亚洲和大洋洲的热带和亚热带地区。其中，最常使用的草坪草种是结缕草、细叶结缕草、沟叶结缕草和中华结缕草等。结缕草属草坪草也是当前使用极为广泛的暖季型草坪草之一。

（1）结缕草(*Zoysia japonica* Steud)

结缕草又称锥子草、日本结缕草，英文名为 Zoysiagrass（图 1-30）。原生地分布于热带东亚地区，包括中国的河北、安徽、江苏、浙江、福建、山东、台湾及东北各地，以及韩国、日本及菲律宾群岛皆有分布，北美有引种栽培。现在我国主要分布于东北、山东、华中、华东与华南广大地区的平原、山坡或海滨草地。

【形态特征】多年生草本，具发达的根状茎和匍匐茎；叶色暗绿，叶片呈狭披针形，先端锐尖，革质，上面常具茸毛；叶舌边缘毛状，无叶耳；总状花序。

【生态习性】结缕草适应性强，喜光稍耐阴，抗旱，耐高温，耐瘠薄。抗寒性在暖季型草坪草中

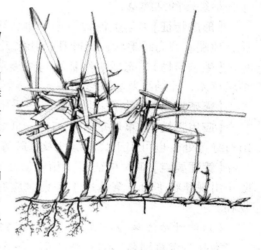

图 1-30　结缕草

较强，在秋季温度低于 10 ~ 12.8℃ 开始褪绿，整个冬天保持休眠。喜深厚、肥沃、排水良好的砂质土壤。在微碱性土壤中也能正常生长。结缕草具有与杂草竞争力强，耐磨，耐践踏，病虫害少等优点。匍匐茎生长较缓慢，蔓延能力较一般草坪草差，草坪一旦出现秃斑后恢复较慢。

【繁殖技术】结缕草种子硬实率高，自然状态下种子发芽率低，使用种子建坪时需对种子进行打破休眠处理。生产中常使用匍匐茎进行营养繁殖，但是结缕草侧枝生长缓慢，成坪速度很慢。

【应用特性】结缕草以其优良的生态适应性和较好的外观质量，广泛应用于温暖潮湿和过渡地带的公园绿地、庭院以及运动场草坪，是理想的暖季草坪草和优良的固土护坡植物。

【管理要点】低矮、匍匐的生长习性，使结缕草可忍耐低修剪，留茬高度通常为 1.5 ~ 3.0cm，某些用途下也可进行低至 0.8 cm 的修剪，频繁的低修剪有利于阻止芜枝层的形成，获得一个整齐的草坪坪面；结缕草叶片坚硬，修剪很难，采用锐利、可调的滚刀式剪草机可提高修剪质量；土壤贫瘠或半干旱地区，结缕草草坪特别需注意施肥和灌溉，定期灌溉有助于获得和维持高质量的草坪；由于具有发达的匍匐茎和根状茎，结缕草可形成密度很高的草

皮，易积累枯草层，因此必须定期进行垂直修剪作业；结缕草一般不易染病，易受线虫危害，但遇高温潮湿等条件也可能感染锈病、褐斑病和币斑病等，应喷洒杀菌剂预防。

【常用品种】国内选育品种有兰引Ⅲ号（兰引3号）、青岛、辽东、胶东青结缕草、上海结缕草、苏植1号杂交结缕草等。Meyer（梅尔）是美国来源于1905年从朝鲜引进的结缕草种子；ELToro（伊尔－吐蕾）为美国加州改良的结缕草品种；De Anza（德－安赞）是EL Toro的杂交后代，在美国加州育出；Emerald（阿莫雷德）是美国农业部农业试验场用结缕草×细叶结缕草杂交育成的品种。还有Victoria（维多利亚）、Traveler（旅行者）、Belair（比莱尔）、Empire（帝国）、Empress（皇后）、Palisades（岩壁）、Crowne（皇冠）、Companion（朋友）等。

（2）细叶结缕草（*Zoysia tenuifolia* Willd. ex Trin）

细叶结缕草俗名天鹅绒草、台湾草，英文名Korean Velvetgrass。原产日本和朝鲜南部地区，现分布于亚热带及中国大陆黄河流域以南地区。它是结缕草属中质地最细，密度最大，生长最缓慢的结缕草种。

【形态特征】多年生匍匐茎型草本，茎秆纤细，株体低矮。叶片丝状内卷，叶舌短，膜质，顶端碎裂为纤毛状；无叶耳；叶鞘无毛，紧密裹茎，鞘口具丝状长毛；总状花序顶生。

【生态习性】生态适应性基本与结缕草相同，耐湿，不耐阴，耐寒能力较结缕草和沟叶结缕草差，比结缕草易发生病害。

【繁殖技术】因种子采收困难，多采用营养繁殖。

【应用特性】该草坪草茎叶细柔，低矮平整，常用于观赏草坪或植于堤坡、水池边、假山石缝等处，也可用于公园绿地及庭院等。

【管理要点】基本与结缕草相同，注意预防病害发生。必须定期修剪，控制草丛高度，防止出现球状平面。草丛过于密集时应有计划地进行垂直修剪或打孔通气作业，使之更新复壮。

（3）沟叶结缕草［*Zoysia matrella*（L.）Merr.］

沟叶结缕草别名半细叶结缕草、马尼拉草，英文名Manilagrass。产于我国台湾、广东、海南等地，生于海滩沙地上。现分布于亚洲和大洋洲热带地区和亚热带地区。它是结缕草属中质地较细嫩，稠密，生长较慢的结缕草种，抗寒性不及结缕草，仅适于热带和亚热带地区。

【形态特征】多年生匍匐茎型草本。叶片质硬，内卷，上面具沟，无毛，顶端尖锐。叶舌短而不明显，顶端撕裂为短柔毛状，无叶耳。叶鞘长于节间，鞘口具丝状长柔毛。总状花序呈细柱形。

【生态习性】草坪品质好，耐践踏，抗性强，耐寒性介于结缕草和细叶结缕草之间，其他生态习性与细叶结缕草相近。

【繁殖技术】主要使用营养体进行繁殖。

【应用特性】质地较结缕草细腻，而抗性较细叶结缕草强健，因此广泛应用于公园绿地、庭院和运动场草坪，也是很好的水土保持草种。

【管理要点】同结缕草。

【常用品种】国内选育品种有"华南"等。美国品种有Diamond（钻石）、Cavalier（骑士）等。

（4）中华结缕草（*Zoysia sinica* Hance）

中华结缕草别名青岛结缕草。产于中国辽宁、河北、山东、江苏、安徽、浙江、福建、广东、台湾等地；生于海边沙滩、河岸、路旁的草丛中。日本也有分布。在野生状态下，与结缕草共生。

【形态特征】外形与结缕草极为相似，区别在于叶色较结缕草浅，为淡绿或灰绿色，叶片较结缕草长，表面无毛，叶舌短而不明显，叶鞘口具长柔毛。

【生态习性】基本与结缕草相同。

【繁殖技术】种子繁殖与营养繁殖均可，以营养繁殖为主。

【应用特性】与结缕草相同。由于实际生产采收时，很难区分结缕草和中华结缕草，因此，使用时大多把这两个种混在一起。

1.3.4.2　狗牙根属（*Cynodon* Rich.）

狗牙根属植物是世界广布种，广泛分布于欧洲、亚洲的热带及亚热带地区。全世界共有9个种10个变种。该属用于草坪草种的主要有4种：普通狗牙根［*Cynodon dactylon*（L.）Pers.］、印苟狗牙根（*Cynodon incom-pletes* Nees）、非洲狗牙根（*Cynodon transvaalensis* Burtt-Davy）和普通狗牙根与非洲狗牙根杂交种（简称杂交狗牙根）。它们是优良的最具代表性的暖季型草坪草。我国有2种1变种，即普通狗牙根、弯穗狗牙根（*Cynodon arcuatus* J. S. Presl ex Presl）和双花狗牙根（*Cynodon dactylon* var. *biflorus* Merino）。我国用作草坪草的常见种是普通狗牙根和杂交狗牙根。

（1）普通狗牙根［*C. dactylon*（L.）Pers.］

普通狗牙根简称狗牙根，别名百慕大草、行义芝、绊根草、爬根草、铁线草。英文名为 Common Bermudagrass（图1-31）。它是种间变异很大的暖季型草坪草种，叶色、质地、密度、活力和对环境的适应性均存在明显的差异，通过匍匐茎和根状茎侧向生长。原产非洲，现广泛分布于全世界温暖地区，我国的华北、西北、西南及长江中下游等地应用广泛。我国黄河流域以南各地均有野生种。多生长于村庄附近、道旁河岸、荒地山坡，其根茎蔓延力很强，生长于果园或耕地时，则为难除灭的有害杂草。

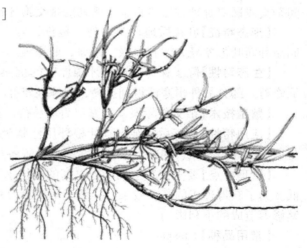

图1-31　普通狗牙根

【形态特征】多年生草本，具根状茎和匍匐茎。茎秆细而坚韧，下部匍匐地面蔓延生长，节上常生不定根。叶片长线条形，先端渐尖，通常两面无毛。无叶耳，叶舌为纤毛状。幼叶折叠。叶鞘松散，分离，圆形或压扁状，鞘口具柔毛；穗状花序，小穗灰绿色或带紫色。

【生态习性】适合于世界各温暖潮湿和温暖半干旱地区，极耐热和抗旱，不耐阴。抗寒性差，随着秋季气温下降而迅速失绿并进入休眠状态。耐践踏，耐盐性较强。适应的土壤范围广，最适于排水良好、肥沃，pH5.5～7.5的土壤上生长。侵占力强，在适宜条件下常侵入其他草坪地生长。

【繁殖技术】种子与营养繁殖均可，目前有商业品种种子销售，理论播种量为 3~4 g/m²。生产中多利用匍匐茎繁殖。

【应用特性】适用范围广，可应用于公园绿地、庭院、机场、运动场及高尔夫球场等草坪，同时也是很好的固土护坡材料。狗牙根茎叶稀疏，质地较粗，不易形成稠密、质细的高质量草坪，加之秋季失绿早，限制了其在高等级草坪中的应用。

【管理要点】需要中等偏高的养护水平。由于生长快，为了获得良好外观必须经常修剪，修剪高度为 3.0~5.0 cm。易形成芜枝层，需要定期垂直修剪。深层灌溉为宜，以促进根系发育。除定期施氮外，生长旺盛季节有必要施用磷肥。耐磨耐践踏，再生力强，受损后恢复很快，但应避免休眠时期高强度使用，否则易造成杂草入侵。狗牙根易染病，尤其易发春季死斑病，虫害也较为普遍，应注意病虫防治。

【常用品种】国内选育品种有兰引 1 号、南京、新农 1 号、喀什、新农 2 号、川南狗牙根、阳江狗牙根、邯郸狗牙根、保定狗牙根、鄂引 3 号狗牙根、新农 3 号狗牙根等。国外品种有 Barmuda(百幕大)、Common(常见)。

(2) 杂交狗牙根(*Cynodon dactylon* × *Cynodon transvaalensis*)

杂交狗牙根是利用普通狗牙根[*Cynodon dactylon*(L.) Pers.]与非洲狗牙根(*Cynodon transvaalensis* Burtt-Davy)进行杂交后，在其子一代的杂交种中分离筛选出来的品种，英文名为 Hybrid Bermudagrass。杂交狗牙根又称杂交百幕大，俗称天堂草，其名称源于位于美国佐治亚州(Georgia)的梯弗顿(Tifton)镇的美国农业部的海岸平原实验站的草坪育种专家采用种间杂交或诱变育种方法培育了一系列的杂交狗牙根品种，并且多以 Tif 系列命名。

【形态特征】叶片质地较普通狗牙根细，叶形小，叶丛密集、低矮、细弱、茎略短；不同品种间叶色差异大，有深绿、暗绿、蓝绿等。

【生态习性】除了保持普通狗牙根原有的抗热、耐践踏等一些优良性状外，能耐频繁的低修剪。部分品种耐寒性得到提高，保绿性较好，可在我国华中等地使用。

【繁殖技术】杂交狗牙根营养繁殖简单易行，具有极高的繁殖系数，成坪速度快。

【应用特性】改良后的杂交狗牙根坪用性状极为优良，是运动场草坪理想建植材料，广泛用于足球、垒球、网球、曲棍球、高尔夫等各类运动场草坪，也用于高质量草坪的建植。

【管理要点】要求比普通狗牙根更高的养护水平，修剪高度一般为 1.5~2.5 cm，或者更低。为了获得理想的修剪效果，一般多采用滚刀式剪草机。需要经常施肥和灌溉，以消除频繁修剪造成的不利影响。

【常用品种】Tifeagle(老鹰草)、Tifgreen 或 T-328(天堂 328)、Bayshore(海岸)、Tifdwarf(矮生天堂草)、Tiflawn(天堂草-57)、Tifway(天堂-419)、Tiffine(天堂草 127)、Texturf 1(德克萨斯草坪 1 号)、Texturf 10(德克萨斯草坪 10 号)、Midway(中途)、Tifton 10(梯弗顿 10号)、Blackjack(黑杰克)、苏植 2 号非州狗牙根—狗牙根杂交种等。

1.3.4.3 野牛草属(*Buchloe* Engelm)

野牛草属仅有 1 个种即野牛草[*Buchloe dactyloides*(Nutt.) Engelm]，英文名 Buffalograss(图 1-32)。原产美洲，最初用于放牧地，后改良用于草坪建植。20 世纪 50 年代引入我国栽培，受到广泛使用，现在人们已逐渐把它用作景观优美而又不需过分养护的草坪草。

【形态特征】多年生匍匐茎型草本，植株纤细。叶片线形，卷曲，下垂，两面疏生白柔毛，灰绿色。叶舌短小，具细柔毛；无叶耳；幼叶卷叠式，叶鞘疏生柔毛。雌雄同株或异株，雄花序有 2~3 枚总状排列的穗状花序，雌花序常呈头状。

【生态习性】野牛草适应性强。耐旱性极为出色，耐热，具较强的耐寒能力，但枯黄期较长。夏季高温且极度干旱情况下，野牛草会变为棕色，而一旦降雨或灌溉，恢复极快。喜光，不耐阴，耐土壤瘠薄。耐碱性强，也耐水淹，适宜的土壤范围较广。不耐践踏。

【繁殖技术】种子与营养繁殖均可。野牛草种子硬实率高，商品种虽然已经过处理，但发芽率一般不高于 80%，理论播种量为 8~10 g/m²。

【应用特性】野牛草非常耐旱，基本不需修剪和施肥，因此多用于低养护、管理粗放的草坪使用，非常适宜作固土护坡材料。目前，一些改良后的品种如中坪 1 号野牛草等也被用于高尔夫球道和长草区。但种子和营养体均较昂贵，限制了其应用。

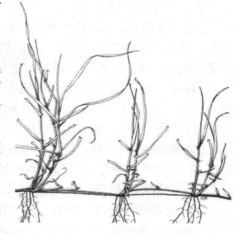

图 1-32　野牛草

【管理要点】根据环境条件和使用调整修剪高度，一般为 3.0 cm 左右，轻度遮阴下可提高留茬高度，用于边坡绿化时可不修剪。由于垂直生长慢，故修剪间隔较长。春季返青前剪掉枯草可加速生长。野牛草需肥和需水量都较小，很少产生芜枝层。

1.3.4.4　蜈蚣草属 (*Eremochloa* Bease)

蜈蚣草属约 10 个种，仅假俭草用于草坪。主要分布于热带和亚热带。

假俭草 [*Eremochloa ophiuroides*(Munro.) Hack.]，别名苏州阔叶子草、死攀茎草、百足草、蜈蚣草，英文名 Centipedegrass（图 1-33）。原产于中国南部，1916 年引入美国，经培育改良用于美国南方的草坪，被称为"中国草坪草"，现广布世界各地。我国主要分布江苏、浙江、安徽、湖北、湖南、福建、台湾、广东、广西、贵州等长江以南各地，常见于林边及山谷坡地等土壤肥沃湿润之地。

【形态特征】多年生匍匐茎型草本，茎直立，匍匐茎压缩较短，厚实，多叶。叶片"V"形偏扁平，短而宽，叶尖船形或锐尖，光滑，基部边缘具绒毛；叶舌短，膜状且有纤毛，纤毛比膜长；叶环连续，较宽；无叶耳。叶鞘扁平状，两侧边缘重叠，基部簇生有灰色纤毛；幼叶折叠式；单一穗状的总状花序。

【生态习性】喜光，也可忍受中等程度的遮阴；对干旱、寒冷、土壤紧实、碱性大等的耐性均较差，也不耐践踏，较细叶结缕草耐阴湿；耐瘠薄，生长缓慢；适宜在排水良好，土层深厚而肥沃的土壤上生长。

【繁殖技术】营养繁殖或种子繁殖。入冬种子成熟落地有一定自播能力，故可用种子直播建植草坪，但种子硬实率高，价格昂贵且建坪速度慢；无性繁殖能力也很强，习惯采用移植草块和埋植匍匐茎的方法进行草坪建植，一般

图 1-33　假俭草

$1m^2$ 草皮可建成 $6 \sim 8m^2$ 草坪。

【应用特性】假俭草是一种生长缓慢，粗质地的暖季型草坪草，形成的草坪相对稠密、低矮，并不需要密集的管理，因此被戏称为"懒人型草坪草"。因此，多用于低养护草坪，如道路边坡、家庭庭院及低践踏绿地草坪，可收到令人满意的质量。

【管理要点】假俭草需要中等到中等偏下的养护水平。修剪高度一般为 $3.0 \sim 6.0$ cm 即可，枝条生长缓慢，因此只需低频率修剪和施肥。需要经常进行灌溉，且采用深层灌溉有助于培育健壮的根系，提高其抗旱性。

【常用品种】国内外广泛应用由各地采收的普通假俭草品种。"翠绿 1 号假俭草"品种于 2004 年 9 月 28 日通过了广西北海市审定。

1.3.4.5 钝叶草属(*Stenotaphrum* Trin.)

钝叶草属约 8 个种。分布于太平洋各岛屿以及美洲和非洲。我国有钝叶草(*Stenotaphrum helferi* Munro)和锥穗钝叶草(*Stenotaphrum subulatum* Trin.)2 种，产云南和南部海岸砂地上。用作草坪的是钝叶草，别名金丝草、金钱钝叶草，英文名 St. Augustingrass(图 1-34)。

【形态特征】多年生匍匐茎型草本，匍匐生长特性明显。叶色中绿至暗绿色，叶片宽，"V"形，先端船形，基部截平或近圆形，两面无毛，对生于节上，触感较硬；幼叶折叠式；叶舌极短，顶端有白色短纤毛，无叶耳，叶环宽；叶片和叶鞘相交处极度收缩，形成有一个明显的缢痕及扭转角度；叶鞘压缩，疏松，顶端和边缘处有纤毛。花序主轴扁平呈叶状，具翼，穗状花序嵌于主轴凹穴内。

图 1-34 钝叶草

【生态习性】在温暖潮湿、气候较热地方生长，可全年保持绿色。喜光，耐阴性好；抗旱性较好，但不如狗牙根、结缕草；耐寒性差，低温下褪色失绿现象突出，深秋休眠并以此度过整个冬天。适宜的土壤范围很广，但最适宜 pH6.5 $\sim$ 7.5、排水好、潮湿、肥沃、砂质的土壤，较耐盐。

【繁殖技术】可用种子直播和营养体建坪，但目前尚无商业品种，主要依靠营养体建坪。

【应用特性】钝叶草有很强的蔓生能力，建坪较快，但也是暖季型草坪草中质地最为粗糙的草种之一，耐践踏性差，因此多用于观赏性绿地、庭院等，尤其适宜林下、建筑物背阴处等草坪。

【管理要点】钝叶草需要中等到中等偏下的养护水平。修剪高度一般为 $3.0 \sim 6.0$ cm，过低的修剪易造成杂草侵入；为保持合适的草坪质量，有必要进行频繁修剪。需要施肥和浇灌，尤其砂性土和干旱气候草坪。钝叶草常缺铁，造成叶片失绿而呈现黄白色，可通过施用含硫酸亚铁和铁的混合物防治。钝叶草匍匐生长特性突出，草皮致密，生长速度快，易引起芜枝层的快速积累，因此，应定期进行垂直修剪和去除枯草作业。

1.3.4.6 雀稗属(*Paspalum* L.)

雀稗属约 300 个种，分布于全世界的热带与亚热带，美洲最丰富。我国有 10 多个种，主产东南部和南部，过去多被用做牧草，近年开始用于草坪建植。其中最常用的草坪种有巴哈雀稗、海滨雀稗和两耳草。

（1）巴哈雀稗（*Paspalum notatum* Flugge）

巴哈雀稗又称百喜草、金冕草，英文名为 Bahiagrass。原产加勒比海群岛和南美洲沿海热带地区，近年中国台湾、广东、上海、江西、广西、海南、福建、四川、贵州、云南、湖南、湖北、安徽等地大面积引种，一般用作公路、堤坝、机场跑道绿化草坪或牧草，在低的养护强度下，巴哈雀稗是优秀的暖季型草坪草。

【**形态特征**】多年生根茎型草本，根状茎粗壮、木质、多节。叶色浅，叶片较宽，先端锐尖，基部疏生短柔毛，两面光滑；叶舌膜质，极短；叶环连续，有浓密白柔毛；无叶耳；幼叶卷叠式；叶鞘两侧分离，扁平，背部压扁成脊，平滑无毛，具光泽。总状花序具 2~3 个穗状分枝。

【**生态习性**】适于温暖潮湿气候较温暖的地区，不耐寒，但低温保绿性比钝叶草、假俭草略好。中等耐阴，耐旱性极好。适应的土壤范围很广，从干旱砂壤到排水差的黏土，尤其适于海滨地区的干旱、粗质、贫瘠的沙地。

【**繁殖技术**】种子直播和营养体建坪均可，但未经处理的种子发芽率很低。

【**应用特性**】巴哈雀稗形成的草坪质量较低，但其根状茎发达，可快速覆盖地面，故多用于水土保持和植被恢复，如道路、机场、堤岸或其他低质量的草坪等。

【**管理要点**】养护管理粗放，病虫害抗性强，修剪高度 3.0~5.0 cm，生长旺季可施用一定量氮肥，极度干旱下应补充灌溉。

【**常用品种**】Argentine（阿根廷，宽叶型巴哈雀稗）、Competitor（新改良的阿根廷品种）、Pensacola（朋沙克拉，窄叶型巴哈雀稗）等。

（2）海滨雀稗（*Paspalum vaginatum* Swartz）

海滨雀稗又称夏威夷草，英文名为 Seashore Paspalum（图 1-35）。原产于热带、亚热带海滨地带。现广泛分布于热带和亚热带地区，南非、澳大利亚的海滨和美国从德克萨斯州至佛罗里达州的沿海都有野生。在美国佛罗里达和夏威夷、泰国、菲律宾等地区的高尔夫球场草坪使用表现极佳；引种到中国后，在我国南方地区的高尔夫球场被广泛应用，为业内人士及高尔夫爱好者所青睐；也是热带、亚热带沿海滩涂和类似的盐碱地区高尔夫等草坪建植的优良材料。

【**形态特征**】多年生草本，根状茎非常发达（也有人认为兼具根状茎和匍匐茎），须根密集。叶片颜色浅绿到深绿不一，依品种而变化；叶宽度变化较大，两面光滑，披针形；无叶耳；叶舌短，膜状；叶环宽，连续；幼叶卷叠式；花总状花序 2 枚，对生；穗轴 3 棱，反复曲折；小穗单生，覆瓦状排列，长 3.5~4 mm。

【**生态习性**】喜温暖气候。耐热和抗旱性强，抗寒性较狗牙根差，较耐阴，耐瘠薄土壤，可在土壤 pH3.5~10.2 范围内正常生长。耐涝性强，在遭受涨潮的海水、暴雨和水淹或水泡较长时间后，仍然正常生长。耐盐性极好，可忍受盐离子

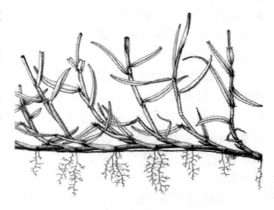

图 1-35　海滨雀稗

浓度高达 54 dSm^{-1} 的土壤，被认为是目前最耐盐的草坪草种。耐磨性强，耐践踏性中等，受损后恢复速度较慢。可适应多种土壤条件，在不良土壤条件下表现较其他暖季型草坪草好。

【繁殖技术】以营养繁殖为主，部分品种已有商业化种子，可进行播种建坪，播种量为 3~5 g/m^2。

【应用特性】海滨雀稗原为粗质地草坪草，经过育种家的不懈努力，现已经育成多个优良品种。品种间的叶片宽度差异较大，有些质地粗糙，用于道路绿化等；有些品种则质地细腻，株丛低矮，枝条密集，叶色和密度均较大多数杂交狗牙根更为优秀。海滨雀稗耐盐性极好，可使用海水灌溉，可用于海滨高尔夫果岭、球道和长草区。由于其耐践踏性一般，故一般不用于践踏严重的运动场及人流大的公共绿地。也常用于受盐碱破坏的土地和受潮汐影响地区的土壤改良。

【管理要点】修剪高度可根据用途确定，用于高尔夫果岭时可低修剪至 5 mm 或更低。海滨雀稗根系深而密集，抗旱能力强，根据需求适量灌溉即可获得良好的草坪质量，而且能直接利用海水进行喷灌。定期施肥有助于促进茎叶健康生长，但应避免早春施氮肥，以免刺激茎秆过度生长。草皮致密易造成过厚的枯草层，应有计划地进行去除枯草和通气作业。海滨雀稗病虫害发生率低，但仍要注意病虫防治。

【常用品种】Platinum（白金）、Aloha（珍重）、Salam（萨拉姆）、Seadwarf（矮海滨）、Sea Isle 1（海岛 1 号）、Sea Isle 2000（海岛 2000）、Seaspray（海泉）、Neptune（海王星）、Supreme（超我）、Seaway（海道）、Seagreen（海绿）等。

1.3.4.7　地毯草属［*Axonopus compressus*（Sw.）Beauv.］

地毯草属约有 40 个种，大都产生于热带美洲。我国引种 2 种，见于广东和台湾，可用作牧草和草坪草，其中地毯草用作草坪草最广泛。

地毯草

地毯草［*Axonopus compressus*（Sw.）Beauv.］，别名大叶油草，英文名为 Carpet grass（图 1-36）。原产南美洲，世界各热带、亚热带地区有引种栽培。早期由南美洲引入我国南部地区栽培，目前已演变为乡土草种，我国台湾、海南、广东、云南等地均有分布。常生于荒野、路旁较潮湿处。

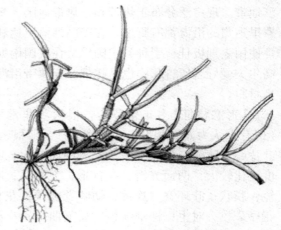

【形态特征】多年生匍匐茎型草本植物，植株低矮。叶片柔软，翠绿色，宽而短，叶尖船形；无叶耳；叶舌短，基部边缘有短柔毛；叶环宽，连续；幼叶折叠式；叶鞘扁平，边缘分离，疏生纤毛；总状花序常 2~5 枚，排列于秆的上部。

图 1-36　地毯草

【生态习性】地毯草适于热带、亚热带较温暖地区。喜光，较耐阴，在潮湿、遮阴和酸性土壤下生长最为适宜。不耐寒，抗旱性比大多数暖季型草坪草差，不耐践踏。

【繁殖技术】结实率和萌发率均高，可用种子繁殖，也可用营养繁殖。

【应用特性】地毯草形成质地粗糙、致密、生长低矮、淡绿色的草坪，多用于庭院或轻度践踏的公园绿地草坪，也用于遮阴地草坪。由于它能耐酸性及较贫瘠的土壤，常用作控制水土流失及道路草坪的材料。

【管理要点】需要中等到中等偏下的养护水平，耐粗放管理，植株低矮，修剪次数少，修剪高度一般为 3.0～6.0 cm。为保持良好的草坪质量，干旱季节有必要经常灌溉。

本章小结

草坪草是草坪的基本组成和功能单位，一般来说用于草坪的禾草大多为多年生草本植物，叶形细小而柔软，分蘖力强，可形成密实的地表覆盖层，生长点低位，生态适应性强。

草坪草由根、茎、叶、花、果实、种子等 6 大器官构成。禾本科草坪草根系为须根系。茎可分为花茎、横生茎(根状茎和匍匐茎)和根颈，其中横生茎和根颈对于草坪枝条生长和功能实现具有重要价值。单叶互生成 2 列，由叶鞘、叶片和叶舌构成，有时具叶耳；叶片狭长线形或披针形，具平行叶脉，中脉显著，不具叶柄。不同草坪草其叶片结构特征明显不同，是营养期草坪草种类识别的重要特征。草坪草花序顶生，常见的有圆锥状花序、穗状花序和总状花序。

再生是草坪草具有的极为重要的特性之一，也是形成和保持令人满意的草坪功能的重要基础条件。草坪草修剪后的再生能力来源于 3 个部位：一是剪去上部叶片的老叶；二是未被伤害的幼叶；三是由茎基部的分蘖节。草坪草储藏的营养物质、草坪利用强度、修剪次数、环境条件以及草坪草发育阶段等均影响草坪草的再生能力，在管理实践中，应通过合理科学的养护措施，维持草坪草较高的再生能力，以获得令人满意的草坪密度和外观质量。

草坪草分类方法较多，目前应用最广泛的有植物学分类、气候分类和用途分类。绝大多数草坪草均属于禾本科植物，分属于羊茅亚科、画眉草亚科和黍亚科。依据草坪草对生长温度的要求和反应，可划分为冷季型草坪草与暖季型草坪草两大类。

思考题

1. 将某一种草本植物用于草坪时，应具备哪些主要特性？
2. 草坪草典型形态组成及其生长发育特性？
3. 草坪群落维持动态平衡的机制及其对草坪养护管理的启示？
4. 不同类型的草坪草分枝方式对于草坪建植和管理的意义？
5. 草坪草叶片形成与再生的特点、机理及影响因素是什么？
6. 草坪草种子萌发及出苗的主要影响因素有哪些？
7. 草坪养护管理中，如何科学调节环境因子和管理措施以促进草坪草根系的良好发育？
8. 草坪草花序的形成机制对于草坪管理有何意义？
9. 冷季型与暖季型草坪草的主要特点？例举它们的主要草种及其主要特性？

本章参考文献

胡林，边秀举，阳新玲. 2001. 草坪科学与管理[M]. 北京：中国农业大学出版社.

孙吉雄. 2008. 草坪学[M]. 3 版. 北京：中国农业出版社.

李聪，王赟文. 2008. 牧草良种繁育与种子生产技术[M]. 北京：化学工业出版社.

徐礼根，谭志坚，谭继清. 2004. 美国继缕草品种来源和应用区域[J]. 园艺学报，31(1)：124－129.

李国怀，伊华林，夏仁学 . 2005. 百喜草在我国南方生态农业建设的应有效应[J]. 中国生态农业学报，13(4)：197 – 199.

余高境，林奇田，柯庆明，等 . 2005. 草坪型高羊茅的研究进展与展望[J]. 草业科学，22(7)：77 – 82.

张宁宁，邵和平，郭成宝，等 . 2003. 草坪型高羊茅研究进展[J]. 南京农专学报，19(3)：27 – 30.

苟文龙，张新全，白史且，等 . 2002. 沟叶结缕草研究进展[J]. 草业科学，19(3)：62 – 63.

苟文龙，张新全，白史且，等 . 2006. 观赏草坪植物马蹄金研究进展[J]. 安徽农学通报，12(8)：57 – 59.

李会彬，边秀举，赵炳祥 . 2005. 坪用野牛草研究进展[J]. 草原与草坪(3)：9 – 12.

Emmons, Robert D. 2000. Turfgrass science and management[M]. 3rd. Delmar Publishers, adivision of Intenational Thomson Publishing, Inc. USA.

Brosnan J. T. and Deputy J. 2008. Seashore Paspalum. Honolulu (HI)：University of Hawaii. Turf Management 8 p.

Burton, G. W. 1966. Tifdwarf bermudagrass[J]. Crop Science. (6)：94.

Turgeon, A. J. 2004. Turfgrass management [M]. Pearson Education, Inc. , New Jersey, USA.

第 2 章
草坪生态学基础

草坪生态学是研究草坪草等草坪生物与其环境之间的相互关系的科学。草坪作为一种特定的人工生态系统，一方面生态环境条件的差异对草坪草种群的发生与演替动态具有明显的影响，所有自然的或人工诱导的生态环境因素均影响草坪的品质和持久性；另一方面，生长良好的草坪草也对周围的生态环境起着一定的调节作用。

草坪建植和维护过程中，不同类型的草坪在千变万化的生态环境条件中，需要采取正确的建植及其管理措施，正确处理好草坪草与生态环境条件的关系，使之茁壮成长，从而获得美观持久的优质草坪。为此，在掌握草坪生态系统及功能的基础上，研究草坪与各种生态因子的关系及其各种养护措施对草坪的影响，有助于更好地建植和养护及有效利用好优质草坪。因此，草坪生态学是与植物生态学、城市生态学、环境生态学以及景观生态学相互联系、相互渗透的应用生态学学科，是指导草坪建植与养护的重要理论基础。

过去片面追求所谓的"四季常青"、"高度纯净"的观赏型草坪，使人们付出了高昂代价：虽然四周皆大片葱绿草坪，却不得不面对冷冰冰的"禁止入内"或"小草含羞笑，请您勿打扰！"的标牌警示，造成了拒人于千里之外的草坪与人类对抗的生态关系。其实，按照现代生态型城乡建设标准，除特殊时期和特定场合外，所有草坪绿地都可向公众开放，从而使草坪真正发挥为人们提供休闲、娱乐场所的功能。在一些草坪使用频率和强度较大、管理相对粗放的草坪，一味追求草坪草的"纯"不现实，也没有必要。如果能够正确地加以引导这种由于草坪退化引起的植物群落的逆行演替过程，最终也能形成高度稳定的草坪生态系统，同样可以获得均一、整齐的外观和一定功能高质量草坪，反而使草坪性能得到提高。

2.1 生态系统与草坪生态系统的组成及其特点

2.1.1 生态系统及其组成

生态系统(ecosystem)指由生物群落与无机环境构成的统一整体。

2.1.1.1 生态系统的组成

生态系统一般由生物系统和非生物环境两大部分组成。生态因子(ecological factor)指对生物(含植物)有影响的各种环境因子，其自然综合总称为生态环境，可分为非生物因子和生物因子两大类生态因子。非生物因子指生态系统特定环境的气候因子、土壤因子、地形因子等；生物因子包括生产者、消费者和分解者等3种成分。

生产者为自养生物，为生态系统的主要成分，主要指各种绿色植物，还包括化能合成细菌与光合细菌，植物与光合细菌利用太阳能进行光合作用合成有机物，化能合成细菌则能利用某些物质氧化还原反应释放的能量合成有机物。

分解者又称"还原者"，它们是一类异养生物，为生态系统的必要成分，以各种细菌和真菌为主，也包含屎壳郎、蚯蚓等腐生动物。分解者可以将生态系统中的各种无生命的尸体、粪便等复杂有机质分解成水、CO_2、铵盐等可以被生产者重新利用的物质，进入生态系统进行物质循环。

消费者指依靠摄取其他生物为生的异养生物，包括几乎所有动物和部分微生物（主要为真细菌），它们通过捕食和寄生关系在生态系统中传递能量。

理论上，生态系统只需生产者和分解者就可以维持运作。而消费者可加快生态系统的能量流动和物质循环，起催化剂作用。

2.1.1.2　生态系统的类型

生态系统一般可分为自然生态系统和人工生态系统。人工生态系统则可以分为农田、城市等生态系统。

人工生态系统具有动植物种类少、人类的干扰作用十分明显、对自然生态系统存在依赖和干扰等特点。

2.1.2　草坪生态系统组成与特点

草坪生态系统是草坪草、草坪微生物等生物群落与草坪土壤、气候等无机环境构成的统一整体。

2.1.2.1　草坪生态系统组成

草坪生态系统是由多种生态因子组成的比较复杂的复合生态系统，根据草坪生态系统组成成分的性质可将其划分为：气候土壤因子、植物群落因子、草坪使用功能特点因子和人类管理技术因子等。

2.1.2.2　草坪生态系统的特点

草坪生态系统作为农业生态系统的一个特殊类型，具有如下特点：

（1）具有自然、文化和经济多重属性的复杂生态系统

草坪是一个包括草坪植被以及其赖以生存和发展的生态环境的完整生态系统。草坪生态系统具有3个基本属性：一是自然属性。草坪生态系统的主要成分草坪草通过光合作用，将光能和无机能转化成草坪群落的有机化学能，以自身的形态、生态、生理和生长发育特性绿化城乡，维持生态平衡。二是文化属性。草坪的建植、管理与使用过程中，可开发和传播休闲文化、体育文化、建筑文化、园林文化、旅游文化、科技文化和草坪文化，这种在草坪自然使用价值基础上产生的文化价值形态，是城乡文化与文明的重要组成部分。三是经济属性。草坪生态系统具有直接和间接的经济价值形态。其中，直接经济价值形态是由草坪绿地及产品开发经营的使用价值，直接转化为经济收入构成；间接经济价值形态是由草坪环境和社会生态效益，折算成经济价值构成。

（2）具有多种功能的复合人工生态系统

草坪生态系统的基本内涵是城乡生态与社会环境的设计规划、开发建设和使用管理，具有绿化、美化城乡、提供休闲娱乐场所、保护生态环境等多种功能作用。同时，草坪生态系统是"环境—草坪—社会"的复合结构，是高效多功能的生态平衡体系，是城乡生态系统的有机组成部分，范畴从过去草地的自然生态系统转化为现代草坪的人工生态系统。

　　草坪作为一种特定的人工生态系统，既受所在地特定生态环境条件的制约，又可通过人们各种必要的管理措施与科学技术，达成协调草坪适应和调节及其改造生态环境的双重作用，同时，为人们提供休闲娱乐的场所，从而更好地发挥草坪的功效。草坪生态系统的草坪植物及其管理与环境之间存在着一种复杂、动态的相互作用，其相互作用结果直接影响草坪群落的发生与发展。只有在优质有效管理条件下，草坪人工植被群落才可能达成最优的群落组成和结构，发挥出最佳的草坪特征功能。因此，科学的草坪管理技术因子是草坪生态系统的最重要组成部分。

　　（3）主要为人类提供间接产品并面向人类开放的特殊草地生态系统

　　草坪是人工草地，尽管一般将草地归属于自然生态系统，但是，草坪还是属于人工生态系统的农业生态系统。农业生态系统作为主要的人工生态系统，其主要功能是直接为人类提供食物或通过牲畜提供饲料而间接为人类提供食物或者为工业生产提供原料，因此，大多数农业生态系统为人类直接提供产品。但是，草坪生态系统一般不为人类提供食物等直接产品，而主要为人类提供改善的生态环境和休闲娱乐场所等间接产品。

　　农田、林地、鱼塘等农业生态系统除向进行必要的培养管理的人员开放外，一般是一个不向人类开放的封闭生态系统；而草坪生态系统主要功能作为人类休闲娱乐的场所，除特定地与特定时期的草坪，是面向人类开放的特殊草地生态系统。

2.2　气候对草坪的影响

　　影响草坪的各种生态环境因素主要包括气候、土壤和生物等 3 个主要因子，并且，这些生态环境因子又相互作用，造成对草坪的交互作用和影响。

2.2.1　温度对草坪的生态效应

　　温度对草坪的生态效应是指温度对草坪生态系统结构和功能所产生的影响。

2.2.1.1　温度的变化与草坪草的三基点温度

　　（1）温度的变化

　　气温的变化与地表日辐射热量的收入和支出相关。首先因草坪地域纬度不同造成的日辐射量差异呈现一定的变化规律，高纬度地区比低纬度地区的气温低，一般纬度每增加 1°，年平均气温约降低 0.5℃。其次，海拔高度与地形地势对气温也有明显的影响。一般海拔每升高 100 m，气温会降低 0.4~0.7℃；同纬度和同海拔的草坪阳坡日平均气温比阴坡的高。第三，不同草坪地域因为与太阳的相对位置的规律变化而产生周期性变化，包括气温的年变化、月变化和昼夜变化。温带夏季高温，冬季寒冷；气温日变化通常是气温日出前低，14：00前后最高。

　　（2）草坪草的三基点温度

　　①三基点温度概念　草坪草只有在一定的温度范围内才能正常生长发育。温度过低，草坪草生命活动会停止，生长发育会受到抑制或处于休眠状态；温度过高，草坪草的光合作用会受到抑制，而呼吸作用旺盛，草坪草的有机物质合成低于分解，植株生长发育变弱甚至死亡；只有在适宜的温度范围内，草坪草才能正常旺盛生长。草坪草生长发育停滞或致死的最低温度与最高温度以及草坪草生长发育速度最快的温度分别称为草坪草生长发育的最低温

度、最高温度和最适温度，称为草坪草的三基点温度。也有学者将导致草坪草死亡的最低与最高温度分别称为草坪草的最低与最高致死温度。

此外，草坪草生长发育的最适温度往往不利于形成健壮的草坪草，要形成良好的草坪，要求的最适温度往往略低于生长发育最适温度。

②不同类型草坪草的三基点温度不同　实践证明，当温度高于50℃或低于0℃时，一般草坪草的生长发育停止，基本无生物活性。10～40℃温度范围内大多数草坪草能正常生长，但其生长或生理代谢最佳的温度及其三基点温度常因不同类型草坪草种及品种不同。一般原产于低纬度地区的暖季草坪草的生长发育的三基点温度较高，耐热性好，抗寒性差；原产于高纬度地区的冷季草坪草的生长发育的三基点温度低，耐热性差而抗寒性好；其间也存在一系列中间类型。冷季型草坪草枝条生长的最适温度为15～25℃；暖季型草坪草枝条生长的最适温度则为26～35℃。冷季型草坪草根系在10～18℃时生长最好；而暖季型草坪草根系生长的最适温度则为24～29℃。

③草坪草不同生理学过程的三基点温度不相同　温度影响草坪草植株体内的生化反应速率、气体的溶解度和根系吸收水分的能力。研究表明，在10～40℃温度范围，温度每升高10℃，植物的生长速率及其酶活性将成倍增加。当温度从25℃降到0℃时，水的黏度将增加1倍。因此，植物吸收和传导水分的难度随温度降低而增大。温度也影响CO_2的扩散和酶活性。依赖CO_2和酶的光合作用也因此受到影响。大多数草坪草在10～30℃温度范围内，光合效率随温度升高而提高，温度低于10℃时光合作用很微弱，温度高于30℃时光合速率降低。光合速率也与草坪草细胞内水溶液的气体溶解度有关。由于CO_2和O_2在水溶液中的溶解度随温度的降低而增加，因此低温有利于CO_2的固定，导致大量碳水化合物的积累。对于不同的草坪草种或品种，光合作用、呼吸作用的三基点温度有所变化，一般草坪草光合作用的最低温度为0～5℃，最适温度为20～25℃，最高温度为40～50℃；而呼吸作用的最低温度为－10℃，最适温度为36～40℃，最高温度为50℃。

④草坪草不同生育时期的三基点温度不相同　草坪草营养生长期对温度的要求不严格，适应范围较宽；而开花结实期对温度的要求范围狭窄，特别是花粉母细胞减数分裂期，对温度的要求范围比一般生育时期的要求更为严格狭窄。草坪草分蘖盛期要求的最适温度往往略低于枝条生长的最适温度。

⑤草坪草不同器官的三基点温度也不相同　草坪草植株低矮，其生长点通常分布于近地表的地下，因此，草坪草幼芽生长过程中的温度影响极其明显。不同类型草坪草的生长点最适生长温度不同。暖季型草坪草的适宜幼芽生长温度为25～35℃；冷季型草坪草的则为15～25℃。

一般草坪草地下部的三基点温度低于地上部的三基点温度。在深秋，只要土壤不结冻，冷季型草坪草的根系仍能保持生长，温度略高于0℃，根尖细胞就可进行细胞分裂，而其生长的最适温度为10～18.3℃。不同冷季型草坪草的根生长最适温度也存在差异。暖季型草坪草的根生长最适温度比地上部生长的最适温度略低，大致为24～29.5℃。许多多年生暖季型草坪草遇到严冬，地上部枯黄甚至死亡，而其地下部宿根还能维持生命，翌年开春气温升高时，还能恢复生长，重新发生新的茎叶部分。

2.2.1.2　温度与草坪草生长发育

除三基点温度外，温度对草坪草生长发育的影响，主要是积温和温周期的影响，以及低温的特殊作用。

（1）积温的影响

草坪草要完成其生命周期，要求一定的积温，即草坪草从播种到成熟，要求一定量的日平均温度的累积。只有当日平均温度高于草坪草生长发育起始温度（即开始生长发育的最低温度）时，温度因子才对草坪草生长发育起促进作用。草坪生产中，把冷季型草坪草月平均温度在0℃以上，暖季型草坪草月平均温度在5℃以上时间内温度的总和称草坪草生长发育的积温。

在一定的温度范围内，草坪草的生长发育速度与温度成正比。草坪草对积温的要求还受其他生态环境因子变化的影响。同时，各种草坪草对温度变化都有一定的适应能力。因此，草坪草生长发育积温指标的稳定性只是相对的。

草坪草生长发育的积温反映了草坪草对热量的要求，是不同地区间草坪草引种和新品种推广应用的依据之一。根据积温可以大致确定草坪草的适宜种植范围，在寒冷地区5～9月的积温是确定冷季型草坪草播种时期的重要依据，若积温较小，为了确保越冬就应适当提前播种。并且，当地气温制约着草坪草的自身分布和建植应用，也与异地草坪草种的引种及其草坪建植、管理方法确定具有极大关系，特别对草坪病虫害、寒害与冻害、热害等逆境胁迫的防治方式产生很大的影响。

（2）温周期的影响

温度影响草坪草的生长发育，还表现为温周期现象。温度不同季节间或昼夜间有规律的变化称为温周期。温周期现象则指温度作用于草坪草而影响其生长发育周期性变化的现象。

草坪草温周期现象的实质就是在平均温度或积温相同时，草坪草的生长发育在季节变温或昼夜变温的条件下表现得更好的现象。

一年春夏秋冬四季，气温表现周而复始的变化，也相应地影响草坪草生长发育呈现周期性的变化。春、秋两季温度适宜，草坪草生长发育旺盛，因此，春、秋两季是冷季型草坪草的适宜生长季节；而夏季炎热，如此时草坪管理发生疏忽，冷季草坪草就会越夏困难，往往进入休眠状态甚至死亡；冬季由于温度低，冷季型草坪草虽无性命之忧，但其生长发育缓慢或停止，表现也不甚理想。而暖季型草坪草虽然具有一个连续的生长发育季节，但是，深秋、冬季和早春的一定低温也使暖季型草坪草只能以休眠的方式渡过，其茎叶部分一片枯黄，草坪绿期缩短，草坪功效降低。

同理，昼夜间的温度变化对草坪草的生长发育也有极大的影响。由于草坪草产生碳水化合物的光合作用是在白昼进行，而草坪草最佳的生长发育温度是在夜晚温度较低时。因此，昼夜温差大，有利于草坪草的物质积累，使其生长健壮，抗逆性好，草坪质量高。如果昼夜温差小，夜温很高，则有相当一部分白昼生产的光合产物被夜间的呼吸作用消耗，物质积累少，草坪草植株生长瘦弱，易感病。

（3）低温的特殊作用

温度对草坪草的影响还表现为有些草坪草的某些生长发育某些阶段必须经过一定的低温过程才能完成。

有的草坪草种子必须经过一个低温处理的"春化"阶段，才能正常萌发。这是因为具有休眠特性的草坪草种子形态成熟后还需经过一定的生理后熟作用，才能真正成熟和正常发芽。而低温处理则是打破种子休眠、促进种子萌发的有效措施之一。

草坪草的花器形成必须具备一定的温度条件，一般短日照草坪草需要 20～30℃的高温期；而长日照草坪草需要 0～20℃的低温期。前者成花所需的高温期与其生长所需温度一致，通常不为人们特别注重；而后者成花所需的低温刺激作用称为春化作用，即某些冷季型草坪草必须经过一段时间的低温刺激才能诱导花芽形成的现象称为春化作用。有的草坪草只有通过春化低温阶段才能开始花芽分化，否则就只能进行营养生长，不能开花结实。一般由于草坪草抽穗开花会影响草坪草颜色，进而影响草坪质量。因此，一般不希望草坪草进行生殖生长，而只需要进营养生长，春化作用对草坪的管理也就没有特别重要的意义。但是，进行草坪草新品种改良与良种繁育过程中，则可能需要广泛采用春化作用原理及其方法。

2.2.1.3　温度胁迫与草坪草生长发育

任何一种对草坪草生长发育产生不利影响的生态环境因素均称为胁迫，又称为逆境（Stress）。胁迫就是不利的生态环境，温度胁迫是指温度过高或过低对草坪草的不利影响作用。

（1）温度胁迫类型

温度胁迫一般分为低温胁迫与高温胁迫两种类型。低温胁迫指低于草坪草生长发育的最低温度的低温使草坪草受到不同程度的伤害以至死亡的影响，又称为寒害。草坪草受到的寒害按照低温的不同程度，可分为冷害和冻害。冷害是指 0℃以上的低温对草坪草的危害；冻害则是指 0℃以下低温对草坪草的危害。

高温胁迫指高于草坪草生长发育的最高温度的高温使草坪草受到不同程度的伤害以至死亡的影响，又称为热害。

此外，剧烈变温对草坪草的影响往往比单纯的低温或高温的影响更大。有的学者把较短时间内外界生态环境温度变化幅度太大，超出了草坪草正常生长发育所能忍受的程度的温度胁迫称为剧烈变温胁迫。

（2）草坪草的寒害和热害机理

①草坪草寒害机理　草坪草冷害危害大致可分为两步：一是生物膜发生相变；二是由于生物膜损坏而引起代谢紊乱，严重时甚至导致死亡。在正常温度下生物膜呈液晶相，保持一定的流动性。当冷害发生时草坪草的生物膜从液晶相变为凝胶相，膜收缩出现裂缝或者通道，导致细胞内溶质外渗。同时与膜结合的酶系统也受到破坏，其活性下降，膜结合酶系统和非膜结合酶（游离酶）系统平衡丧失，从而使其蛋白质变性或解离、叶绿体内淀粉分解受阻，有毒物质大量积累，草坪草受到严重的伤害。

冻害使草坪草体内的水分结冰，导致如下伤害：一是由于冰层覆盖而造成草坪草植株缺氧窒息；二是由于细胞外结冰导致细胞内的水分外渗，转移到细胞间隙结冰而引起细胞的生理性脱水伤害；三是由于结冰导致水分外渗，细胞壁收缩挤压，使细胞受到机械的损伤。其中生理性脱水伤害和机械损伤是草坪草受到冻害而导致死亡的主要原因。

②草坪草的热害机理　高温对草坪草的危害极其复杂，大致可分为直接危害和间接危害。

高温直接影响组成细胞质的结构，导致蛋白质空间构型的氢键和疏水键断裂，可破坏蛋白质的空间构型。同时构成生物膜的蛋白质和脂类之间的键断裂，使脂类脱离膜而形成一些液化的小囊泡，从而破坏了膜的结构，致使细胞受损。

　　高温引起细胞大量失水，进而引起如下一系列代谢障碍：一是在较高温度下，草坪草的呼吸作用大于光合作用，贮存的营养物质消耗加快，造成饥饿；二是高温下草坪草植株器官组织内氧分压降低，使无氧呼吸增强，积累乙醛、乙醇等有毒物质。同时高温下蛋白质分解大于合成，形成大量游离 NH_3 毒害细胞；三是高温使细胞产生的水解酶类和溶酶体破裂放出的水解酶类使蛋白质分解，同时由于氧化磷酸化解偶联，ATP 减少，蛋白质合成受阻。此外，高温还会破坏核糖体与核酸的生物活性。因此，草坪草植株体内蛋白质含量下降，代谢紊乱，生长生育不良，进而造成严重伤害甚至引起死亡。

　　（3）温度胁迫对草坪草的影响

　　①低温胁迫对草坪草的影响　低温条件下草坪草的细胞结构被损伤和破坏，胞质环流停止，细胞溶质渗漏，植株体内激素原来的平衡状态被打破，因此可能出现光合作用受阻、呼吸失调、蛋白质分解、有毒物质积累，以及异常代谢引起的某些必需的中间产物匮乏等一系列生理生化异常变化，从而常常使草坪草受到伤害甚至死亡。

　　一般低温胁迫的降温幅度越大、持续时间越长、解冻升温越突然，对草坪草的伤害越大。此外，低温胁迫的冰冻窒息也可使草坪草受到伤害或发生死亡。冰冻窒息指当寒冻降临时，草坪表面的冰层妨碍草坪土壤与大气间进行气体交换，导致冰层以下土壤因缺乏 O_2 和有害气体的积累而使草坪草窒息死亡的现象。冰冻窒息并不是冷季型草坪草受害或死亡的主要原因，其大部分冻害是由于草坪草根茎在结冰前浸于水中，使水合水平过高所致。此时的冻害由冰冻造成而非冰冻窒息引起。

　　春季草坪草的茎叶和根主要从茎基萌发，因此保证茎基不被冻伤是草坪草顺利越冬的关键。草坪草对寒冷的忍耐能力主要取决于茎基受冻伤的程度和受害部位。据报道，草坪草冻害最初发生于草坪草输导组织和细胞间隙附近。在冻害发生过程中，当水分从细胞内部流到细胞间隙并开始结冰时，原生质和细胞壁开始收缩，进而挤压使细胞破裂，一旦温度回升冻融开始，幸存的细胞能重新吸收细胞间隙的水分而膨胀，死去的细胞可恢复原形，但其原生质难以复原。

　　②高温胁迫对草坪草的影响　高温胁迫作用下，草坪草会发生细胞结构的损伤与破坏、代谢障碍。从而对草坪草植株造成伤害。盛夏来临，草坪草常受高温危害，轻则引起叶片萎蔫、颜色变淡并出现黄化现象，重则导致植株死亡。草坪草在超出适宜但非致死温度下，生长减慢。首先观察到的高温逆境效应是根的成熟加快，根呈褐色且细长、细弱。新根从根颈部分生组织的发生也受阻，根的数目下降。高温降低根的鲜重，根的干物质量下降，并随着温度的升高持续下降，高温可降低草坪草植株密度、分蘖数、根数量和鲜重。

　　其次，高温可引起草坪草枝条生长下降。高温胁迫对草坪草的危害，主要是高温造成植株过度蒸腾失水，引起细胞脱水，进而造成一系列的代谢失调，导致植物的枝条和根系生长减缓，分蘖、草层密度及叶面积减小等。高温胁迫下草坪草的叶片电导率上升，枝条纵向生长能力下降，干物质产量下降。最初的伤害症状出现在草坪草倒 2、3 叶叶鞘的交接处，叶鞘可以伸长到正常长度，但叶片却部分萎蔫，从基部到顶尖逐步发黄。进一步的伤害就会发生在倒 4 叶和较老的叶片上。

　　再者，高温可降低草坪草的发芽率和幸存植株百分率。高温常是影响冷季型草坪草广泛应用的首要限制因子。炎热高温条件下的冷季型草坪草会出现生活力下降，根系变浅等反应。当草坪草受热组织达到 55～73℃时，冷季型草坪草会呈现直接致死作用，受热胁迫的组织颜色转褐色继而腐烂。草坪草热敏感器官中，芽的高温抗性是其生存的一个重要因素，只有芽健康存在才使草坪草植株不受到伤害。

（4）草坪草的温度胁迫抗性

草坪草对温度胁迫的抵抗和忍耐能力称草坪草的温度胁迫抗性。

①草坪草的温度胁迫鉴定指标　草坪草的抗寒性和抗热性指标鉴定是指把耐寒性或耐热性不同的种（品种）或处理置于适温或递进的低温或高热胁迫温度下生长，或者处理一定的时间，比较其在不同条件下，不同种（品种）或处理间在低温或高温胁迫后的形态和生理生化指标的变化，通过两者间的相关分析，得出草坪草耐寒性或耐热性的鉴定指标。常用的草坪草温度胁迫抗性鉴定指标如下：

a. 形态与生态指标：草坪草耐寒性和耐热性的鉴定形态指标有生长指标、组织变褐程度、抗冷或抗热指数（温度胁迫下的凋萎率）、发育指数、花粉不育指数等。常用的鉴定生态指标有半致死温度（LT_{50}）、抗冻能力、过冷点等。温度胁迫的 LT_{50} 是指草坪草50%茎基存活时的最低温度或最高温度；抗冻能力指草坪草在低温胁迫下，其植株体内出现冰晶状态下仍能生存的特性；过冷点指过冷温度在冰冻曲线上对应的点。

草坪草耐寒性和耐热性的鉴定形态指标最为简单。一般认为叶片狭窄，植株矮小，分蘖密集且根系发达和根冠比高的草坪草种（品种）其耐热性较好；而在高温胁迫和恢复期间具有较高的植株和分蘖数、较高的枝条生长速率、能保持绿色或具有较大的绿叶面积、保持较好的生长状态也被认为是草坪草耐高温胁迫的重要特征。草坪草为了抵御低温胁迫的冻害和冷害，其本身也产生了一些相应的适应性变化，形成了一些具有优良耐寒性的草坪草种和品种，这些适应抗寒性生物学特性主要有：休眠；提高植株体内原生质浓度和束缚水含量；生长缓慢；根茎等地下部储存养分等。

b. 草坪坪用质量指标：大田试验常采用草坪质量综合评定方法来鉴定草坪草的耐寒性和耐热性。在相同低温或高温胁迫条件下，不同草坪草种（品种）或处理会产生不同的草坪坪用质量外观表现。如草坪的密度、盖度、色泽等。因此，可采用这些草坪坪用质量指标鉴定草坪草的低温或高温胁迫抗性。

c. 生理生化指标：目前将草坪草田间生长状况的鉴定形态指标与坪用质量鉴定指标及室内生理生化指标分析相结合综合评价草坪草耐寒性或耐热性强弱已成为一种趋势。而通常用来鉴定草坪草耐寒性或耐热性的生理生化指标主要有 SOD、POD、CAT、GSHR、AsA - POD 等抗氧化酶活性、质膜稳定性及电导率、MDA 含量、可溶性糖和可溶性蛋白质含量、脯氨酸积累量等。不常用的生理生化鉴定指标有核酸含量、磷脂含量、不饱和脂肪酸含量、游离氨基酸含量、抗坏血酸含量、光合速率、呼吸强度、根系活力、草坪草茎基含量等。

②草坪草温度胁迫抗性的差异　不同类型与不同种的草坪草的温度胁迫抗性不同（表2-1）。相同种冷季型草坪草的不同品种的耐寒性也存在差异，同理，相同种暖季型草坪草的不同品种的耐热性也存在差异。甚至相同草坪草的不同器官或不同生育期的耐寒性或耐热性也不相同。

表 2-1　草坪草种的温度胁迫抗性差异

温度胁迫抗性等级	耐寒性	耐热性
优秀	普通早熟禾	狗牙根、结缕草、沟叶结缕草、细叶结缕草、野牛草、地毯草
最好	草地早熟禾、加拿大早熟禾、匍匐翦股颖、细弱翦股颖	钝叶草、假俭草
好	一年生早熟禾、紫羊茅、高羊茅	高羊茅、硬羊茅
良	多年生黑麦草、一年生黑麦草	草地狐茅、紫羊茅、草地早熟禾
一般	结缕草、沟叶结缕草、细叶结缕草、狗牙根	匍匐翦股颖、细弱翦股颖、多年生黑麦草
差	假俭草、百喜草、海滨雀稗、地毯草、钝叶草	一年生早熟禾、一年生黑麦草、普通早熟禾

③草坪草温度胁迫抗性的影响因素　如上所述，草坪草的温度胁迫抗性受其基因型的遗传影响，不同草坪草种(品种)与不同器官或不同生育期的温度胁迫抗性存在极其明显的差异。同时，草坪草的温度胁迫抗性也还受温度胁迫持续时间、栽培措施等生态环境因素的影响。

a. 温度胁迫的持续时间：低温或高温的持续时间是决定草坪草受害程度的一个关键因素。如果温度胁迫持续时间短暂，草坪草可耐非常高和非常低的温度。但是，同样的温度胁迫条件，持续时间延长，草坪草可能会死亡。当草坪草土壤水分充足时，短期的高温很少造成草坪草危害。但是，如果是持续高温期间，由于草坪草植物叶片与大气之间的蒸气压梯度加大而产生旱害，此时的热害和旱害结伴发生，同时还可能出现虫害，因而可能造成草坪草严重危害，甚至引起草坪草死亡。

b. 抗寒和抗热锻炼：许多试验证明，抗寒和抗热锻炼是提高草坪草抗寒和抗热能力的一种有效方法。研究认为，干旱锻炼能减轻高温和干旱对草坪草的抑制作用，可提高草坪草的 LT_{50} 并能加快其胁迫解除后的恢复生长。夏季高温来临之际，草坪草往往只需几小时，就能以很快的速度完成抗热锻炼。经过抗热锻炼后，草坪草的耐热性会在 1 d 之间随温度上升而增强，当温度下降时随之降低。

c. 栽培管理措施：适宜的草坪管理措施可以提高草坪草的温度胁迫抗性。

一是选用具有温度胁迫抗性的草坪草种(品种)。

二是加强管理。据报道，草地早熟禾的耐热性可通过适量施用氮肥、提高修剪高度、降低修剪频率和适时灌溉等措施，最大限度提高其碳水化合物含量而使其耐热性得以改善。

施用氮肥可打破高羊茅的夏季休眠，促进植株生长，促进对氮和钾的吸收，增加叶绿素含量，提高草坪质量，而不会明显降低草坪草的抗热性。暖季型草坪草冬季来临枯萎前和冷季型草坪草在秋末最后一次修剪前后，是草坪生长季最后施氮肥的时期，此时适量施肥有利于延长草坪绿期和翌春提早返青。施肥对草坪草特别是对暖季型草坪草的越冬率和耐寒能力有影响。研究表明，施氮肥过多会导致草坪草耐寒力和越冬率明显下降，在低温来临之前少量施氮肥，控制草坪草的生长速度，有利提高草坪草越冬率。钾是草坪生长发育中需要量次多的元素，对草坪草的抗逆性有着重要的作用。灌溉对草坪草的耐热性有一定的影响，可以通过保持草坪土壤中充足有效的水分含量，从而保证草坪草有充足的吸水能力和蒸腾作用以降低叶温。此外，早晚叶面喷水可以降低叶温。夏季高温、干旱期间采用地下灌溉可以减轻红顶草（*Agrostis* spp.）叶片的萎蔫程度，提高夏季存活率。

三是采用其他措施。如高温季节对草坪适当遮光可减轻热害；低温季节对草坪适当覆盖也可减轻寒害。此外，还可采草坪草混播和交播方式改善草坪的温度胁迫抗性。

2.2.2 太阳辐射对草坪的生态效应

万物生长靠太阳，地球上的一切生物的能量均来自太阳，草坪草同样依靠从太阳那里获得的能量维持生长发育。

2.2.2.1 光质对草坪的影响

光质指不同波长的光。草坪冠层接受的是完全光谱，光谱中不同波段的光对草坪草的生长发育和生理生化功能的影响不一样（表2-2）。光质对草坪草的主要影响如下：

表2-2 草坪草对不同波长辐射的反应（引自胡玲等，2004）

波长范围(nm)	颜色	草坪草的反应
>1000	远红外线	对草坪草生理生化功能无效，但具有热效应
1000~720	红外线	可引起草坪草的伸长效应和光周期效应
720~610	黄橙光	可为草坪草叶绿素所吸收，具有最大的光合活性，是光合作用能量的主要来源；具有强烈的光周期反应
610~510	绿光	对草坪草无特别有意义的反应，活性小，主要为反射光
510~400	蓝紫光	为叶绿素和叶黄素强烈的吸收带，但光合辐射效率比黄橙光差2倍；有造型作用；可促进蛋白质合成
400~310	紫外线	具有矮化草坪草和增叶的作用；可提高组织中蛋白质及维生素E的含量；可提高种子的发芽率和促进种子成熟
310~280	短紫外线	对草坪草具有毁损作用
<280	短紫外线	对草坪草具有致死作用

（1）对光合作用的影响

太阳辐射光谱中可以被草坪草色素吸收，具有生理活性的波段也可称为生理辐射，它与可见光的波段大体吻合。其中，草坪草光合作用被利用的光能中，红光占59%，黄光占54%，蓝光占34%；且表现出随光波波长变短，其光合作用利用率下降的趋势。因此，红光有利于草坪草光合作用的碳水化合物合成；蓝光则促进蛋白质和非碳水化合物的合成。草坪草对绿光的吸收最少，为其主要的反射光，因而草坪草通常呈现绿色。因此，草坪草不论吸收还是反射太阳光，均有利于发挥草坪功效作用。

温带和热带晴朗无云的夜晚短波辐射度均为0；而在正午时分别为900 nm和1200 nm。光合作用有效的生理辐射波长是400~760 nm的可见光辐射，占太阳辐射的45%左右；若考虑太阳直接辐射和散射量，则可占50%。自然条件下，除非存在明显的遮阴情况，由于早晨、黄昏或季节变化引起光质的的变化对草坪草的光合作用并不会产生明显的影响。

（2）对草坪的其他影响

太阳辐射光谱的可见光外，波长为300~400 nm的短波为紫外线，能抑制草坪草茎的延伸，促进花青素的形成。高海拔地区紫外线强烈，在紫外线影响下，该地的草坪草呈现出小型化、根部发达、贮存物质增加、色彩鲜艳的现象。反之，在多阴的不良天气，紫外线减弱时，常会导致草坪草的徒长。

波长小于 300 的短紫外线对草坪草等生物具有强烈的杀伤性，但是，它在太阳辐射的传递途中，多被高空大气层中的臭氧(O_3)吸收，因此，它不会对草坪草正常生命活动产生重大影响。而可见光以外的长波红外线，也在太阳辐射的传递途中，多为大气层中的水蒸气吸收，当它达到地面时已被大大地减少，不足以刺激草坪草的生理生化反应，但对草坪草具有一定的增温效应。并且，草坪草对远红外辐射的吸收主要是通过叶组织中的水分来进行。

2.2.2.2　光照强度对草坪的影响

光照强度指单位面积上所接受可见光的能量，简称照度，单位勒克斯(Lux 或 Lx)。用于指示光照的强弱和物体表面积被照明程度的量。

（1）光照强度的变化

不同地区与不同季节的光照强度不同。赤道地区的光照强度最大，一般随纬度的增加光照强度而逐渐减弱，并且，高纬度地区光线组成中散射光和漫射光的比例较高。光照强度还随海拔高度的增加而增强。此外，山的坡向和坡度对光照强度也有很大影响。在北半球的温带地区，山的南坡所接受的光照比平地多；而平地所接受的光照又比北坡多。随着纬度的增加，在南坡上获得最大年光照量的坡度也随之增大；但在北坡上无论什么纬度都是坡度越小光照强度越大；较高纬度的南坡可比较低纬度的北坡得到更多的日光能。一年中以夏季光照强度最大，冬季最小。例如，夏季晴天的中午，露地的照度约为 10×10^4 Lx；冬季约为 2×10^4 Lx；而阴雨天的照度仅占晴天的 20% ~ 25%。

一天中以中午的光照强度最大，早晚的光照强度最小。

（2）草坪草对光照强度的需求差异

分布在不同区域的草坪草长期生活在具有一定光照条件的生态环境中，久而久之就会形成各自独特的生态学特性和生长发育特点，并对光照条件产生特定的要求。按照草坪草对光照强度的不同要求可分为阳性植物、阴性植物和中性植物等 3 种植物生态类型。

植物对光照强度的要求通常采用"光补偿点"和"光饱和点"两个指标表示。阳性植物比阴性植物的光饱和点及光补偿点都高。阴性植物叶的呼吸作用比阳性植物叶的弱，其叶绿素含量高，并且叶绿素 b / 叶绿素 a 的比值也比阳性植物叶的高。因此，阴性植物比阳性植物能更好地利用弱光，阴性植物的光补偿点比阳性植物的低。

不同类型与不同种（品种）的草坪草对光照强度的要求存在明显差异。一般暖季型草坪草对强光的适应性要比冷季型草坪草的强，大多数冷季型草坪草的光合速率最高时的光照强度为 116 ~ 233 W/m²，而多数暖季型草坪草的可达 390 ~ 465 W/m²。不同种（品种）的草坪草对光照强度的要求可用耐阴性指标评价，草坪草的耐阴性也存在明显的种（品种）间遗传差异。

（3）光照强度对草坪草光合作用的影响

草坪草的正常生长发育要求一定的光照强度进行光合作用，只有光合作用的正常进行，才可能提供草坪草生长发育所需的能量和有机物。因此，充足的光照对于草坪草的生长发育是必不可少的。

①草坪草光合作用对光照强度的要求　草坪草光合作用对光照强度的要求通常用光饱和点和光补偿点来表示。假设其他条件均适宜，在一定范围内草坪的光合速率随光照强度提高加快，当光照强度提高到一定数值后，如果光照强度再提高，光合速率也不再增加，这种

现象称为光饱和现象，开始达到光饱和现象的光照强度称为光饱和点。在光饱和点时的光合速率，表示草坪草同化 CO_2 达到的最大能力。光照强度在光饱和点以下，则随光照强度减弱，光合速率也减慢。当减弱到某一光照强度时，光合作用吸收的 CO_2 量与呼吸作用释放的 CO_2 处于动态平衡，此时的光照强度称为该植物的光补偿点。

光饱和点与光补偿点是草坪草光合作用对光照强度需求特性的两个重要指标，分别代表草坪草光合作用所需光照强度的上限及下限，也代表草坪草对强光和弱光的利用能力。在光补偿点时，草坪草白天光合作用形成的有机物与呼吸作用消耗的有机物相抵消，而由于草坪草在黑夜期间还要进行呼吸作用消耗有机物，因此，光照强度在光补偿点时，草坪草不仅不能生长发育，如持续时间延长，草坪草还会由于饥饿而死亡。

不同草坪草的光饱和点和光补偿点不相同。一般草本植物的光饱和点和光补偿点高于木本植物；阳性植物的光饱和点和光补偿点高于阴性植物，即耐阴性弱的草坪草的光饱和点和光补偿点比耐阴性强的高。叶片角较水平的草坪草在很低的光照强度下也能生存，因此，适度的遮阴，能使草坪草叶片角度变小，表现出典型的直立生长的趋势。

相同草坪草在不同生长发育阶段的光饱和点和光补偿点不相同。一般在苗期和生育后期光饱和点低，而在生长盛期光饱和点高。并且，绝大多数草坪草都具有很高的光饱和点和光补偿点，即只有在较强光下才能进行正常的生长发育。

不同环境条件下，草坪草光合作用的光饱和点和光补偿点也不相同。当 CO_2 浓度增加时，叶片光合作用的光补偿点会降低，而光饱和点会升高；当温度升高时，叶片呼吸速率加快，光补偿点也会提高。

草坪草单株或单叶和草坪群体的光饱和点和光补偿点也相差很大。一般来说，草坪草个体或单叶对光能的利用效率远不如群体高，夏季当阳光最强时（可达 $10 \times 10^4 Lx$），单株草坪草很难充分利用这些光能，但在草坪群体中对反射、散射和透射光的利用要充分得多，这是因为草坪群体枝叶繁茂，当外部光照很强时，草坪群落上部叶片达到光饱和点时，冠层内部的光照强度仍在光饱和点以下，群体内部和中下部的叶片还远没有达到光饱和状态，有的甚至还处在光补偿点以下，所以草坪群体通常测不到光饱和点，草坪群体的光合作用也是随着光照的不断增强而提高，尽管有些叶片可能已超过了光饱和点。

②不同类型草坪草的光合作用特点　狗牙根、结缕草等禾本科画眉草亚科和黍亚科的暖季型草坪草的光合作用的 CO_2 同化的最初产物不是光合碳循环中的三碳化合物 3-磷酸甘油酸，而是四碳化合物苹果酸或天门冬氨酸，称为 C_4 植物。暖季型草坪草 C_4 植物的维管束多且很发达，其茎叶机械组织明显增加，叶片较厚，木质素和表皮的硅酸盐积存多且角质层很发达，因而非气孔蒸腾即角质蒸腾量很少，蒸腾系数为 250～350。该类草坪草的 CO_2 固定分别在其叶肉细胞和维管束鞘细胞中进行。这些细胞都有叶绿体，细胞排列较致密，相互连接排列，形成花环状结构。CO_2 首先与叶肉细胞中的磷酸烯醇式丙酮酸结合，形成草酰乙酸，进而转变成苹果酸或天门冬氨酸。在叶肉细胞中形成的苹果酸或天门冬氨酸通过胞间连丝被运到近旁的维管束鞘细胞中脱羧形成丙酮酸的同时，释放出 CO_2。生成的丙酮酸再从维管束鞘细胞运回到叶肉细胞，重新形成 CO_2 受体磷酸烯醇式丙酮酸；而释放的 CO_2 可与维管束鞘细胞的二磷酸核酮糖（RuBP）结合，经过卡尔文循环再次被固定，最终生成糖类等光合产物。因此，暖季型草坪草 C_4 植物的光饱和点和光补偿点高，光补偿点大于 $10 \times 10^4 Lx$；而 CO_2 补偿点很低，小于 $5\ \mu g/g$，甚至接近于零；很少或无光呼吸。当环境 CO_2 浓度较低时，C_4 植物

的 CO_2 同化速率远高于 C_3 植物的 CO_2 同化速率。但是，由于丙酮酸转变为 CO_2 受体磷酸烯醇式丙酮酸的反应要消耗 2 个 ATP，这样 C_4 植物每固定 1 分子 CO_2 比 C_3 植物要多消耗 2 分子 ATP。

暖季型草坪草光合作用的最适温度为 30～40℃，比冷季型草坪草的高得多；其光合作用产物形成的主要贮藏营养物质淀粉的水解温度为 10℃ 以上，因而比冷季型草坪草的生长起始期要迟；其脂肪酸组成成分是熔点高达 63～64℃ 的棕榈酸和硬脂酸，贮存在直立茎的基部和匍匐茎中，因而比冷季型草坪草的耐寒性差。暖季型草坪草在天气干燥时，气孔关闭，叶中的 CO_2 浓度降低，其光合作用也能继续进行。该类草坪草生产 1g 干物质的需水量只及冷季型草坪草的 1/2，因而其耐旱性较强，适应较高温与强日照生态环境。

暖季型草坪草与冷季型草坪草的光合作用产物碳水化合物在茎叶的运输速率也受温度的影响极大。如暖季型和冷季型草坪草的光合作用产物的运输速率分别在 15℃ 以下和 5℃ 以下就相当低。光合同化产物的茎叶运输移动一旦受阻，叶绿体内同化物不能输出，将导致光合能力下降，这种现象在夜晚气温急剧降低时常能观察到。冷季型草坪草的光合能力在低温的第二天，随着气温的上升，下午就得以恢复；而暖季型草坪草的光合能力则难以恢复。

翦股颖等禾本科羊茅亚科和早熟禾亚科冷季型草坪草的光合作用中同化 CO_2 的最初产物是三碳化合物 3-磷酸甘油酸，称 C_3 植物。它们的维管束数量少，且不发达。机械厚壁组织也不发达，木质素和表皮的硅酸积存少，体态柔软，因而非气孔蒸腾即角质蒸腾量大。该类草坪草只有叶肉细胞含叶绿体，维管束鞘细胞不含叶绿体。其光合作用不需光的暗反应，即 CO_2 固定反应在其叶肉细胞的叶绿体中通过卡尔文循环实现，二磷酸核酮糖首先结合 CO_2 形成 2 分子的 3-磷酸甘油酸，最终再生成生成糖类和氨基酸等光合产物。但在夏天高温干燥条件下，由于 C_3 植物要进行不产生 ATP 等高能磷酸化合物的光呼吸而释放 CO_2，故其光合效率降低到原来的 1/2～1/3。冷季型草坪草 C_3 植物的光饱和点和光补偿点低，光补偿点为 2×10^4～5×10^4 Lx；而 CO_2 补偿点高达 30～50 $\mu g/g$。当环境 CO_2 浓度较低时，C_3 植物的存活率比 C_4 植物的低。C_3 植物每固定 1 分子 CO_2 要消耗 3 分子 ATP。

冷季型草坪草光合作用的最适温度较低，为 15～30℃；光合作用产物形成的贮藏营养物质主要是果聚糖且聚合程度相当大，即使在气温低达 5℃ 时也能被水解利用；其脂肪酸组成成分是熔点为 -11～-5℃ 的不饱和脂肪酸——亚油酸、亚麻酸。这些营养物质一般贮存在靠近生长点的叶鞘基部和匍匐茎中，由于其距利用营养物质的部位近，因而成为冷季型草坪草低温条件下也能生长的一个重要因素。冷季型草坪草的蒸腾系数高达 450～950，其生产 1g 干物质所需水量为暖季季型草坪草的 2 倍，因而适应冷凉至温暖的气候、中等程度的光照和适度的降雨等生态环境。

③光照强度对草坪草光合作用的影响　光照强度直接影响草坪草的光合速率。当光量减少到 1/3 以下时，光合同化产物会急剧减少。因此，中国南方梅雨季节，光照时间减少，草坪草光合同化产物减少，草坪草生长变弱。草坪草叶片在光照强度为 3000～5000 Lx 时即开始光合作用，但一般草坪草生长需要光照强度为18 000～20 000 Lx。在自然光照下，一般光照越强，草坪群体的光合强度越大。但是，光照强度不是越大越好，当草坪草的光照强度超过饱和点时，草坪草不仅不能利用，反而会使光合作用受到抑制或减弱。如果强光作用持续时间较长，还会使光合色素发生光氧化而使光合膜受到损伤。

一般，暖季型草坪草 C_4 植物由于 CO_2 在具在叶肉细胞中被固定形成四碳二羧酸，然后转移到维管束鞘细胞中脱羧释放 CO_2，使维管束鞘细胞中 CO_2 浓度比空气中高出 20 倍左右，这种循环起"CO_2 泵"的作用。因为 CO_2 在水中的溶解度随温度的增加而降低，所以，暖季型草坪草光合作用在自然条件下一般不受 CO_2 量不足的限制，能高效地利用 CO_2，在相对高温下，可以加速酶促反应及代谢物的运输。因此，暖季型草坪草的光合作用最适温度较冷季型草坪草 C_3 植物的高。草坪草光合作用卡尔文循环的最佳温度是 15～20℃，因而只有卡尔文循环的冷季型草坪草一般在 15～20℃ 的条件下生长最好。

不同草坪草光合速率达到最高时的光照强度不同。暖季型草坪草 C_4 植物的为 390～465 W/m^2；冷季型草坪草 C_3 植物的为 116～233 W/m^2。即暖季型草坪草在较高光照强度下能达到高的 CO_2 同化速率，此时其 CO_2 同化率可达 50～70 $mg/(dm^2 \cdot h)$ 或干物质生产率达 30～50 $g/(m^2 \cdot d)$。而冷季型草坪草的 CO_2 同化率或干物质生产率最高时分别仅为 20～30 $mg/(dm^2 \cdot h)$ 或 2$g/(m^2 \cdot d)$。

弱光如遮阴条件下，保持光合作用和呼吸作用的平衡是草坪草适应遮阴条件的关键所在，只有净光合速率大于呼吸速率，草坪草才能存活。假定其他生态环境因子均能满足草坪草的生长需要而光照强度不足时，草坪草的生长一定会受到抑制。

（4）光照强度对草坪草生长发育的影响

绝大部分草坪草为喜光植物。若光照不足，草坪草的生长发育将受到极大影响。

①对生理生化活动的影响　在光照不足的条件下，草坪草可产生叶绿素含量升高，呼吸速率下降，光补偿点降低，植株体内碳水化合物贮藏量减少，碳氮比降低，蒸腾作用变弱，组织内含水量升高，渗透压下降等一系列生理生化变化。

此外，由于遮阴减弱了草坪草的光合作用，因而草坪草植株体内的可溶性碳水化合物含量急剧降低前，其抽穗成熟期提前或推迟，木质素含量升高。

②对形态发育的影响　太阳辐射影响着草坪草的形态发育。强光照下，根系生长加快，根茎比增高；叶片变短小、变厚，叶片的栅栏组织发达，气孔数增加，细胞壁和角质层加厚，叶绿体数量变少、体积变大，叶片的内外面积比提高，株体变粗壮，干重增加。在遮阴条件下，草坪草植株幼茎的节间充分延伸，形成细而长的茎，呈现弱光形态，表现为叶片变薄、变长，叶变窄，单位面积叶的质量变轻，叶片的海绵组织发达；枝条密度降低，节间变长，分蘖数减少；茎秆变细弱，茎生叶变少，出叶速度减慢，直立生长的特征更明显。在长期阴雨和荫蔽条件下，光照强度下降，使得草坪草密度变稀，垂直生长显著，特别是草坪草狗牙根的这种现象非常明显。

此外，遮阴对草坪草根系和根茎生长的影响比对地上枝条的影响大，枝条质量与根或根茎质量的比值增高；遮阴条件下，草坪草的叶片数、分蘖数和根茎数大大减少；当光照过分少时，草坪草叶片无法生存，会在草冠中形成无叶区。

③对解剖结构的影响　草坪草叶片是直接接受光照进行光合作用的器官，在光照不足的条件下会产生一些叶片形态上的适光变态。如不耐阴草坪草的叶片薄而大；角质层变薄；叶肉海绵组织较为发达，维管组织和机械组织减少；叶脉稀疏，气孔密度减低（孔径不变）；单位面积上的叶绿体数量减少，叶绿体中的类囊体的数量增加。草坪草较耐阴的原因可能与其角质层的厚度、输导组织、机械组织和叶绿体等的变化有关。

④对营养吸收积累的影响　遮阴可减低某些草坪草的地上部和地下部的生长量和产草量，大量施肥还会加剧这种反应。强光照情况下，草坪草叶色多呈暗绿色，因为强光照能加

速碳水化合物的合成，使植物组织中氮化合物含量提高。遮阴条件下施氮肥过多会减少某些草坪草碳水化合物的产生，进而导致根系发育不良。施氮肥量较低时，遮阴能刺激草坪草枝条的生长，枝条中的干物质量和含氮量也较高；增加施氮量时，草坪草枝条的生长量几乎呈线性下降。

　　⑤对抗病性与草坪质量的影响　由于遮阴可使草坪草贮藏物质减少，草坪相对湿度增加，导致草坪娇嫩，耐磨性、抗病性及对外界不良环境条件的抗性减弱，耐践踏能力下降，容易感染病害，造成秃斑。

　　草坪遮阴条件下，如有过厚的草屑遗留在草坪上或发生黏霉病，可严重影响草坪质量；如草层过高、修剪不及时，也可降低草坪质量；如草坪群体内部光照不足，草坪中下部叶片发黄，修剪后草坪就会呈现黄褐色，也会影响草坪美观。

　　⑥对种子萌发的影响　许多植物种子的萌发也需要一定的光照，称为喜光种子，如翦股颖属草坪草、草地早熟禾、加拿大早熟禾、冰草、高羊茅、多年生黑麦草、狗牙根和结缕草属等种子均属喜光种子。黑暗中结缕草种子的发芽率下降，喜光种子播种后覆土要薄，一般不超过 5 mm。

　　此外，有些草坪草杂草种子也是喜光种子，如马唐、蟋蟀草等种子。因而健康、生长致密的草坪中，马唐、蟋蟀草被显著抑制；在浓密的树荫等草坪中，也没有这类杂草。这类杂草的防控与其生育生态环境光照强度的调控密切相关。

2.2.2.3　日照长度对草坪的影响

　　日照长度是指白昼的持续时数或空旷平地上能够接收到太阳辐射（包括直接辐射和散射辐射）的时间间隔。

　　(1)对草坪草开花的影响

　　日照长度不仅影响光量，还对草坪草的发芽分化与开花具有决定性的作用。按照植物对光周期反应的不同，可将植物分为长日照植物、短日照植物、中日照植物和日中性植物。长日照植物在其生长过程中必须经过一段时间的长日照(12~14 h 或更长)才能诱导花芽分化，完成开花过程，否则将一直保持营养生长。不能开花结实；而短日照植物必须经过一段时间的短日照才能开花结实；中日照植物要在昼夜长短大致相等的光照条件下才能开花；日中性植物只要完成营养生长，且其他条件适宜即可开花，其开花对日长要求不严格。

　　一般草坪草抽穗开花会损害草坪质量，破坏草坪的整齐度，增加草坪修剪困难。因此，除需要提高草坪草种子繁殖产量外，应尽可能根据草坪建植地的光、温生态环境，选择合适的草坪草开花的光周期反应类型，防止草坪草开花，保持营养生长，达成理想的草坪质量。

　　(2)对草坪草的其他影响

　　日照长度依季节和纬度而变化，对草坪草的地理分布有很大影响。在中纬度地区，短日照发生在生长季的初期和末期；长日照发生在生长季的中期。一般长日照草坪草植物起源于高纬度地区；短日照草坪草植物起源于低纬度地区，但在传播中，有些草坪草逐渐经过适应，对日长要求已经不太严格。

　　日照长度对草坪草的生长、再生和营养繁殖也有很大的影响。短日照下的草坪草与长日照下的相比较，明显地表现出密度和分蘖增加，叶、枝条、根状茎、匍匐枝变短，表现出较平卧生长的习性。例如，早熟禾在每天 16h 长日照下是直立型的；而在每天 8h 短日照下则表现更多的匍匐生长的特性。由于日照长度对草坪草的生长速度与生长性习的影响，因而日照长度对草坪草的再生速率及营养繁殖习性也有明显的影响,并且,其对一年丛生型草坪的影响要比对以营养繁殖的多年生草坪草的影响更大。

日照长度对草坪草的影响也是决定草坪草的引种与草种生产的重要条件之一,草坪草育种目标之一就是要使草坪草在正常管理下不会形成大量的种穗,但在种子生产时又能有较高的种子产量。除草坪草引种需注意其光周期反应特性外,如果需要建立草坪草的种子生产基地,也需弄清草坪草种(品种)的光周期反应特性,才能正确选择适宜的草坪草种(品种)生产基地。

此外,草坪草对光周期的要求也不是绝对的。某些草坪草,如高羊茅和多年生黑麦草,它们对光周期的要求可以部分或完全由低温处理代替;但翦股颖对光周期的要求则不能由低温处理代替;相同草坪草种的不同品种对日照长度的反应也不一致,如草坪草早熟禾中同时具有长日照、短日照和中日照等3种类型的不同品种。草坪草的一年生早熟禾和狗牙根,以及许多多年生黑麦草品种对光周期要求也不严格,可以在日照长度很宽的范围内开花。因此,这类草坪常常形成大量的种穗,使得草坪均一性变差,可破坏草坪整齐度,降低草坪质量,同时也增加了草坪修剪难度。

2.2.2.4 草坪遮阴的生态效应

虽然草坪草一般比较喜光,但对光照不足也具有一定的适应能力,故在阴天或遮阴的地方,草坪草叶片仍可利用散射光进行光合作用。草坪草能在弱光下继续生存的能力称为耐阴(荫)性(tolerance of shade)。

(1)草坪草的遮阴性差异

草坪草的耐阴性因为不同草坪草种或品种存在明显差异。一般认为,草坪草中,细羊茅的耐阴性最好;普通早熟禾、匍匐翦股颖、高羊茅和结缕草的耐阴性好;细弱翦股颖、假俭草和狭叶地毯草耐阴性较好;草地早熟禾、多年生黑麦草、野牛草和狗牙根的耐阴性差。

冷季型草坪草中,紫羊茅和细羊茅的耐阴性最好;普通早熟禾、高羊茅和匍匐翦股颖的耐阴性好;小糠草和细弱翦股颖的耐阴性良;黑麦草和草地早熟禾的耐阴性差。暖季型草坪草中,钝叶草的耐阴性最好;结缕草的耐阴性好;假俭草和美洲雀稗的耐阴性良,狗牙根的耐阴性差。并且,冷季型和暖季型草坪草的耐阴性在相同种不同品种间也存在差异。

(2)草坪遮阴的生态环境变化

草坪生态环境中的许多因素,如云彩、高大建筑物、树木及其他自然物均能通过遮阴改变光照强度而导致草坪的主要生态环境因素也会发生一系列变化。

①遮阴使草坪光辐射量和光质发生变化,使有效光合辐射能减弱 许多园林风景绿地建设中,草坪作为背景绿化与乔木灌木花卉一起构成和谐的园林植物群体。占据优势地位的乔灌木的树冠严重影响草坪草旺盛生长所必需的光能的吸收。树冠不仅会影响草坪光照强度,而且枝叶散射、反射、吸收和过滤等作用使草坪光质也发生较大变化,使草坪草正常的光合作用受到影响或抑制。20世纪60年代国外就有人对遮阴条件下的太阳光光谱成分进行过测定,发现建筑物北面遮阴光中蓝光比例高于正常光中的蓝光含量;云杉、栎树和槭树等树木吸收和衰减可见光中的蓝光,使其林下草坪日光中的红光比例有所提高。还有人发现,在一定范围内距槭树树干距离不同,其林下草坪日光的光谱成分也不同。由此可以推断,大多数树冠允许可见光中波长较短的光(如蓝光)透射,而因反射和散射作用使长波光耗损较大。并且,随树冠密度或郁闭度的加大,日光中的所有波长的光均严重衰减,尤其蓝光的衰减最

严重。据研究报道，某些草坪草在短波光（波长 < 575 nm）照射下生长更好。因此，尽管暖季型草坪草狗牙根与冷季型草坪草草地早熟禾的耐阴性较差，但是，如果短波光能满足该两种草坪草光合作用最低量要求时，也就可以在遮阴条件下正常生长发育。如杂交狗牙根品种 Tifgreen 和草地早熟禾品种 windsor 等，在蓝光比例较高时，可在全日照 40% ~ 50% 的遮阴条件下正常生长。

②遮阴使草坪温度、湿度及空气等因素发生变化　遮阴对草坪生态环境的影响除减弱了草坪光照强度和改变光质外，还缓冲了草坪昼夜和季节温度的变化；限制了草坪空气的流动；增加了草坪的相对湿度；也增加了草坪小环境空气中的 CO_2 含量。这些影响对草坪来说可能是有益的，也可能是非常不利的，主要取决于这些因素的组合及强度。若在夏季干旱、高温胁迫条件下，部分遮阴的草坪比无遮阴的草坪生长得更加健壮；但当遮阴使草坪空气流动严重受阻，其相对湿度提高时，就会使草坪非常容易受到病害侵染，特别是地势低、排水不畅的草坪区域，其草坪受害更加明显。

③遮阴草坪的植物竞争变化　草坪草群落密度太大或有高大植物遮蔽时，草坪草所获得的有效光能减少，光质发生变化。例如，在草坪草覆盖地，杂草的萌发、生长常由于致密的草坪草丛所造成的遮阴影响而受到限制；又如，高密度种群草坪地的植株个体要比低密度种群草坪地的弱小。这就是采用高羊茅、多年生黑麦草或其他速生高大草种等冷季型草坪草交播暖季型草坪时，必须要加大播种量、提高种植密度的原因所在，较大的冷季型草坪草的交播播种量有利于提高交播草坪的致密结构。

林下草坪的树木不仅造成的草坪的遮阴区，树木拦截阳光，降低树下草坪草的受光量，也会消耗草坪草光合作用有效波长的光照，同时树木还与草坪草竞争水分和养分；某些树木根系还可释放出化学物质对草坪草有毒；树木落叶在草坪上积累，也可造成草坪闭光损伤。

④草坪草对遮阴的适应性　草坪草对遮阴的适应性受复杂的小气候环境、病理和生理反应的综合影响。由于遮阴给草坪带来降低辐射率、加剧树木等高大植物根系对水肥竞争的不利影响，形成易发病的小生境，从而导致草坪草植株组织多汁，减少草坪草枝条密度和根系生长及碳水化合物含量等形态和生理的系列协调和统一变化以适应遮阴生境。而耐阴性较好的草坪草的光合效率较高，净光合速率大于其呼吸速率，因而能在弱光下良好生长。

2.2.3　水分对草坪的生态效应

水是草坪草生存的必要条件。草坪草的一切正常生命活动，只有在一定的细胞含水量下才能进行，否则将会受阻，甚至死亡。

2.2.3.1　草坪草的水分需求

水分在草坪草植株细胞内通常呈束缚水和自由水两种状态。自由水是不被草坪草植物细胞内胶体颗粒或大分子所吸附、能自由移动、并起溶剂作用的水。束缚水是被细胞内胶体颗粒或大分子吸附或存在于大分子结构空间，不能自由移动，具有较低的蒸汽压，在 0℃ 以下温度结冰，不起溶剂作用的水。

（1）草坪草的含水量

草坪草主要通过根系从土壤中吸收水分，再经过输导组织向地上部输送，满足生命活动的需要。

水分是草坪草植株的重要组成成分，草坪草的含水量可达其鲜重的 65% ~ 80%。草坪草含水量的多少与草坪草类型、种(品种)、生长环境及器官组织等因素相关。

通常冷季型草坪草的含水量比暖季型草坪草的高;不同暖季型草坪草草种的含水量也不相同;相同草坪草种生长在不同的环境中的含水量也有差异。生长在荫蔽、潮湿环境中的草坪草的含水量要比向阳、干燥环境中的高;管理水平高、肥水充足的草坪草的含水量也稍高一些。

同一草坪草植株的不同器官和不同组织中的含水量差异甚大,以根的含水量最高;叶的中等;茎的最低。一般生长活跃的器官组织部分,如根尖、幼苗、幼叶等的含水量较高,可达70%~90%;休眠芽的含水量约40%;休眠种子的含水量仅为5%~15%。

(2)草坪草的需水量

草坪草的需水量是指其每生产1g干物质所需水分的多少,即在正常生育状况和最佳水、肥条件下,草坪草整个生育期的蒸散量或潜在蒸散量,以毫米计。蒸散量包括草坪土壤蒸发和植物蒸腾的总耗水量。

①影响草坪草需水量的因素 影响草坪草需水量的主要因素有:一是大气干燥程度、辐射条件及风力大小所综合决定的气象条件。例如,气温高、空气干燥、风速大,草坪草的需水量就大。二是土壤湿润程度和导水能力所决定的土壤供水状况。草坪土壤湿润且无盐碱胁迫等降低土壤导水能力因素存在的草坪草的需水量较小。三是草坪草种类及其生长发育状况。多数草坪草 C_3 植物的需水量大于草坪草 C_4 植物的需水量;生长期长、叶面积大、生长速度快、根系发达的草坪草,其需水量大。四是管理水平等。草坪管理水平高的,草坪草的需水量增加;草坪生态条件有利草坪生长时,草坪草的需水量随之增加。一般草坪草的需水量为生产1g干物质,需消耗500~600g水。

②草坪草的水分需求类型 草坪草对水分的需求可分为生理需水和生态需水。

a. 生理需水:指草坪草根系吸收、用于生命活动与保持植物体内水分平衡的水分,包括组成水和消耗水。

组成水主要指参与草坪草植株细胞原生质和细胞壁组成、参与光合作用和呼吸代谢及有机物合成与分解等生理生化反应、用作无机盐溶剂的水分,这部分水分极少,仅占草坪草根系吸收水分的1%~5%。这部分水分吸水过程的动力是根压,即由于草坪草根系生理活动而促进液流从根部上升的压力。根压吸水为主动吸水,需消耗能量。

消耗水指通过地上部分,主要是体内水分从植株表面以气态水的形式向外界大气输送过程的蒸腾作用而散失掉的水分,占根部吸水的95%以上。草坪草在湿润空气中的蒸腾水分量不多。蒸腾是维持草坪草植株体内正常温度范围的主要方式。通过蒸腾作用,可以降低草坪草叶片温度,防止高温伤害;草坪草植株产生一种吸收水分的动力,使水分源源不断地被根系所吸收,该过程是一个被动吸水过程。

b. 生态需水:指用于调节草坪草生态环境所需的水分,这部分水分不参与草坪草植株体内的代谢,但同样为草坪草所必需。如盐碱地草坪灌水有洗盐、压碱的作用;草坪灌冻水有防御冻害的作用。如遇高温胁迫,灌水可使草坪生态环境吸热降温;遇低温胁迫灌水又可使草坪生态环境减缓热量的散失;还可以水促肥、控肥从而使草坪草功效正常发挥。另外,有时一定的渗漏对草坪草的生长也是有利的。总之,这部分水不仅能调节大气的温度与湿度,而且还能调节土壤温度、空气、养分、微生物等土壤肥力因素。

（3）草坪草水分的生理作用

水分对草坪草生命活动的作用，不仅与其数量有关，还与其存在状态有关。自由水参与草坪草各种代谢作用，其数量制约草坪草的代谢强度。如果自由水所占比例高，则草坪草代谢旺盛。束缚水不参与其代谢作用，不易流动和流失，其含量变化较小，受外界环境的影响较小。因此，束缚水含量增高，有利提高草坪草的抗逆性。草坪草水分的主要生理作用如下：

①水是草坪草的主要组成部分　草坪草组织由 80% ~ 95% 的水分组成，组织内水分下降到 60% 时，草坪草就会死亡。草坪积水会严重影响草坪草根系的生长发育，最终导致草坪草死亡。草坪草细胞原生质的含水量一般为 70% ~ 90%。含水量的变化直接影响细胞原生质自由水与束缚水比值的大小，从而影响草坪草代谢活动的强弱。含水量的变化还影响细胞代谢的方向和性质，当原生质水分充足时，使原生质呈溶胶状态，可保证细胞内旺盛的代谢作用正常进行。如果含水量减少，原生质呈凝胶状态，则生命活动大大减弱。当细胞失水过多，原生质中水分减少到临界点以下时，就会导致原生质脱水，各种酶催化的氧化分解作用加强，但生成的 ATP 的数量却减少，结果造成细胞内物质的大量消耗，不可能保持草坪正常景观和功能，甚至导致草坪草植株死亡。而草坪草致死的水分含量依不同种与品种及其生理状态不同而异。

②水分是草坪草代谢过程的重要反应物质和介质及控制开关　水直接参与草坪草的生理代谢过程，它首先是合成光合产物的原料。在呼吸作用以及许多有机物的合成和分解过程中，都有水分子作为反应物质参与反应。水也是草坪草种子萌发、有机物质分解中微生物活动所必需的物质。同时，水在活细胞的多种代谢活动中起着触媒或溶剂介质的作用，正常情况下，草坪草只能吸收溶于水的无机物质和有机物质，而且许多养分物质必须溶解在水中才能进行生理生化反应或被输送植株各器官组织，只有溶于水，这些物质才能在植物体内运转与分配。一方面，水是物质溶解的溶剂和物质在植物体内运输的媒介；另一方面，草坪草体内的水分流动，把整个植株联系在一起成为一个有机整体。水分还是草坪草各种生理代谢活动控制开关，如草坪草种子萌发必须达到一定的水分含量才能进行。

③水是草坪草原生质胶体良好的稳定剂　水分子能与蛋白质等大分子化合物的亲水基团形成氢键，在其周围定向排列，形成水化层，以减少大分子之间的相互作用，增加其溶解性，维持细胞原生质体的稳定性。此外，水分子还能与带电离子结合，形成高度可溶的水化离子，共同影响细胞原生质体的状态，调节细胞代谢的速率。

④水分能保持草坪草的固有姿态　草坪草植株各器官没有动物那样的骨架支撑，但有纤维素等构成的高强度细胞壁和高浓度的细胞质。后者能吸收大量水分而膨胀，形成细胞较大的紧张度，使草坪草能够茎叶挺立，气孔张开，便于充分接受阳光，进行气体水蒸气和 CO_2 交换，直接影响光合速率和蒸腾速率；还可使根系在土壤中伸展，有利于对养分吸收；也可使花朵开放，有利草坪草进行有效传粉授粉，进行种子繁殖；膨胀的细胞使草坪草具较高的抗踏压性，有利保持草坪质量。如果缺水，细胞饱满度降低，茎秆和叶片下垂、皱缩，植株萎蔫。

⑤水的理化特性有利草坪草各种生命活动正常进行　水的比热大，可缓和原生质温度变化的速度，该特性可在草坪生态环境温度剧烈变化情况下保护草坪草。水的汽化热很高，使草坪草的水分蒸散过程可消耗大量的能量，可在高温胁迫时冷却草坪草，有利草坪草抵御高

温胁迫危害。水的极性使之成为物质的良好溶剂，决定许多化合物特有的水合状态，保持原生质亲水胶体稳定。水的可透光性对草坪草光合作用和生长发育也具有重要作用。

（2）草坪草水分的生态作用

①水分可以调节土壤空气 草坪土壤的土壤水分与土壤空气共同占有土壤孔隙，水多则气少；水少则气多，二者互为消长。

②水分能够调节土壤温度 水的热容量和导热率比空气的大得多。为了调节草坪土壤温度或苗床温度，常常通过调控土壤水分含量解决。

③水分可以调节土壤肥力 草坪草对土壤养分的吸收和转化，都是以一定的水分条件为基础，土壤水分的多少直接影响草坪土壤肥力状况。

④水分能够改善草坪植物周围小气候 通过合理的草坪水分灌排措施，不仅可以调节土壤温度而且也可以调节草坪植物根部一定空气层的气温，空气湿度等因素。当土壤水分多时，蒸发蒸腾强烈，空气湿度就高，根部气温就低；反之亦然。

2.2.3.2 水分胁迫对草坪的影响

水分胁迫（water stress）指水分过度亏缺或水分过多对草坪草的伤害。前者称旱害；后者称涝害。

（1）草坪草的耐旱性

草坪草抵抗旱害的能力称为耐（抗）旱性。草坪干旱分为大气干旱、土壤干旱和生理干旱等3类。

干旱对草坪的影响如下：

①生理生化影响 由于干旱使草坪草细胞脱水，改变了细胞膜的结构及透性，原生质膜透性增加，大量无机离子、氨基酸和可溶性糖等向组织外渗漏，植株器官组织的电导率增加。细胞过度脱水抑制合成代谢而加强分解代谢；也使水解酶活性加强，合成酶活性降低或完全停止。从而破坏正常代谢过程，可使光合速率显著下降或停止；可使呼吸强度随水势下降而缓慢减弱或因呼吸基质暂时增多，经短时间上升而后下降；可使蛋白质分解，脯氨酸积累，核酸代谢遭到破坏；可使细胞分裂素含量降低，脱落酸和乙烯含量增加；还可使植株内的水分按各部位组织水势大小重新分配，一般干旱时幼叶向老叶吸水或与其他幼嫩分生组织和生长旺盛的组织夺水，引起植株内的水分失衡，影响这些组织间的物质运输速度或改变运输方向。

②机械性损伤 干旱造成细胞脱水时，液泡收缩，对原生质产生一种内向的拉力，使原生质与其相连的细胞壁同时向内收缩，在细胞壁上形成很多锐利的折叠，从而破坏原生质的结构。如此时细胞骤然吸水复原，可引起细胞质和细胞壁不协调膨胀，把粘在细胞壁上的原生质撕破，导致细胞死亡，最终因细胞的机械性损伤或死亡导致植株损伤或死亡。

③外观形态影响 干旱造成的水分亏缺可使细胞失去紧张度，草坪草叶片和茎的幼嫩部分出现下垂的现象，称作草坪萎蔫。萎蔫可分暂时萎蔫和永久萎蔫。暂时萎蔫指草坪草植株根系吸水暂时供应不足，叶片或嫩茎会出现萎蔫，蒸腾下降，而当根系供水充足时，草坪草植株又恢复成原状的现象；永久萎蔫指土壤中已无草坪草植株可利用的水，蒸腾作用降低也不能使水分亏缺消除，表现为不可恢复的萎蔫。暂时萎蔫和永久萎蔫的根据区别是前者虽然也会给草坪草植株带来一定的伤害，影响草坪质量，但还不至于需要进行草坪更新。而后者可造成草坪草细胞原生质严重脱水，带来一系列生理生化不良反应和机械性损伤，造成草坪

草严重损伤或死亡,如永久萎蔫发生的草坪草数量较多,则需要进行草坪修补或更新。

草坪草的耐旱性是其对旱害的一种适应,其适应特征主要表现形态结构适应特征与生理生化适应特征。形态结构适应特征表现为抗旱性强的草坪草往往根系发达,而且入土较深,根冠比大,能更有效利用土壤水分,保持水分平衡;叶片细胞体积小,可减少失水时细胞收缩产生的机械伤害;维管束发达,叶脉致密,单位面积气孔数目多,可加强蒸腾作用和水分传导,有利草坪草吸水;还有的草坪草干旱时叶片卷成筒状,以减少蒸腾。

表 2-3　草坪草的耐旱性(据 James B. Beard,1973)

耐旱性	草坪草种
极强	野牛草、狗牙根、结缕草、雀稗
强	冰草、硬羊茅、羊茅、高羊茅、紫羊茅
中	草地早熟禾、小糠草、猫尾草、加拿大早熟禾
尚可	多年生黑麦草、草地羊茅、钝叶草
弱	假俭草、地毯草、一年生黑麦草、匍匐翦股颖、普通早熟禾、绒毛翦股颖

生理生化适应特征表现为抗旱性强的草坪草保持细胞的高亲水能力,以防止细胞严重脱水;干旱时水解酶保持稳定以减少生物大分子的分解,光合作用和呼吸作用仍维持较高水平;脯氨酸、脱落酸等物质的积累变化也是草坪草抗旱能力的重要指标。

由于不同草坪草对旱害的形态结构适应特征与生理生化适应特征不同,导致了不同草坪草类型、种或品种的耐旱性也明显不同(表 2-3)。一般暖季型草坪草的耐旱性比冷季型草坪草的耐旱性强,但是,假俭草、地毯草等暖季型草坪草的耐旱性比高羊茅、紫羊茅等冷季型草坪草的耐旱性差。

此外,通过抗旱锻炼、用化学试剂处理种子或植株诱导抗旱性、合理施氮和增施磷钾肥、使用矮壮素等生长延缓剂、应用硅酮、高岭土等光反射剂和乙酸苯汞等气孔抑制剂等反抗蒸腾剂,均可提高草坪草的抗旱性。

(2)草坪草的耐淹性

草坪涝害也可认为是草坪土壤水分过多,出现"渍、淹、涝",致使草坪草生长发育受到危害的现象。草坪草对积水或土壤过湿的适应力称为耐(抗)淹性或耐(抗)涝性。

草坪涝害一般分为湿(渍)害、淹害和典型的涝害等 3 种类型。土壤过湿、水分处于饱和状态,土壤含水量超过了草坪草田间最大持水量,而土壤表面未现出明水时,称湿(渍)害;土壤表面有积水时,称淹害;降雨积水成为洪灾,称典型的涝害。

涝害对草坪的影响如下:

①生理生化影响　涝害导致缺氧主要是限制了有氧呼吸,促进了无氧呼吸,会产生丙酮酸、乙醇等无氧呼吸的发酵产生,使代谢紊乱,还可使线粒体数目和内部结构异常;使根系缺乏能量,阻碍矿质养分的正常吸收;还会使土壤中好气性细菌的正常活动受抑,影响矿质养分供应;相反,促进土壤厌气性细菌活跃,增加土壤溶液酸度,降低土壤氧化还原势,使土壤内形成硫化氢、亚铁离子等有害还原性物质,还可造成一些元素如 Mn、Zn、Fe 被还原流失,引起植株营养缺乏,导致草坪草活力下降。

②形态与生长影响　水涝缺氧可降低草坪草植株生长量,使植株生长矮小,叶黄化,叶片卷曲、脱落,叶柄偏上生长,茎膨大加粗,根系生长减慢,根尖变黑;淹水还抑制草坪建

植时的种子萌发。从而导致草坪质量降低，甚至整个草坪被毁坏。

　　草坪草的耐淹性也是其对涝害的一种适应，一般耐淹性强的草坪草往往具有发达的通气系统，有的还具有代谢上抗缺氧的能力。不同的草坪草种的耐水淹的能力不同（表2-4）。

　　此外，涝害的持续时间和水温对草坪草的危害影响密切相关。涝害的持续时间越长，对草坪草的危害越大；水温越高，对草坪草的危害越大。

表 2-4　草坪草的耐淹性（引自 James B. Beard，1973）

耐淹性	草坪草种
极强	野牛草、狗牙根、匍匐翦股颖
强	猫尾草、普通早熟禾
中	草地早熟禾、草地羊茅
尚可	多年生黑麦草、冰草、一年生早熟禾
弱	假俭草、紫羊茅

2.2.3.3　草坪草的水分供应

　　（1）草坪草的水分来源

　　草坪草生长发育所需的水分来源于大气中的水汽和土壤中的水分，以土壤水分为主。土壤水分的来源：一是大气降水；二是地下水；三是灌溉。而地下水主要靠大气降水来补充；灌溉水也最终来源于水源地的大气降水。

　　①大气降水　大气降水是大气中的水分以液态或固态的形式降落到地面的现象，包括雨、雪、雹、冻雨等形式。大气降水是草坪土壤水分的重要来源，对于没有灌溉条件的地区，如公路护坡草坪，大气降水基本上是草坪土壤水分的唯一来源。中国降水存在地区和季节分配不均。在降水集中的地区和季节，如江淮一带的梅雨季节往往形成草坪渍害；而在降水少的地区和季节，则往往形成草坪干旱。雨量较少的地方，草坪整个生长季节都需要灌溉，以保证良好的草坪质量；而雨量较多的地方，只需在夏季高温时进行灌溉，春季和秋季则不需灌溉。

　　大气降水条件是草坪建植草种选择的决定性因素，也是选择草坪管理方式的重要依据，还是影响草坪草种的区域生态适应性及其分布。因此，草坪的建植和管理必须考虑降水的时期及雨量等。降水是草坪草生长发育所必需的，但过多或过少的降水对草坪草的生长发育均不利。降水有助于草坪草肥料养分的吸收，但养分也会随降水而流失；大量的降水往往是草坪病害发生的诱导因素；过高的土壤湿度，不利于草坪草根系生长。

　　雨水是草坪草生育期内大气降水的最重要形态。不同的降水强度对地面的浸润与冲刷程度不同。大雨或暴雨常常来不及渗入土壤而在地表形成径流，造成水土流失。草坪草可以截留雨水并减少对土壤的冲刷，保持水土。

　　雪、雹、冰、雾、露以及气态的水等其他形态的降水则是大气降水的补充来源或主要来源。一定厚度的积雪可以降低草坪草表面的辐射，具有保温作用。它不仅有利于草坪草的安全越冬，而且为翌年草坪草的返青积累了水分。但积雪过多也会对草坪草造成危害，不仅减少草坪太阳辐射，还会导致雪霉病等草坪病害的发生。因此，常在降雪之前在高尔夫果岭草坪上喷杀菌剂，以防止草坪病害。至于雹、冰等其他形态的降水一般较少，对草坪影响较少或少使其严重受害。

　　冷凝是气体或液体遇冷而凝结，是蒸发的相反过程，如水蒸气遇冷变成水，水遇冷变成冰。草坪露水是夜晚或清晨近地面的水汽遇冷凝华成小冰晶然后再熔化于草坪草茎叶上的水珠。草坪露水一般在夜间形成，特别遇晴朗无风的夜晚，辐射散热速度很快，更易形成露水。条件适宜时，叶片表面形成大量的露珠可掉到草坪土壤表面，但以该形式得到的草坪土壤水分有限。适宜条件下，一夜形成的露水相当于 0.1 ~ 0.3 mm 的降水量，全年的露水相当于 10 ~ 50 mm 的降水量。干旱地区的草坪露水对草坪草生长可起到一定作用。露水有时对草坪有益：早晨它可以延迟蒸腾的开始时间，从而保持土壤水分；夏季露水蒸发可防止叶片温度提高。露水有时则对草坪无益甚至有害：露水还会降低各种各样农药的作用效果，所以一般等露水消失以后才施用农药；露水可增加草坪病害发生发展，特别对高尔夫球场果岭和其他修剪低矮草坪的影响更加明显。因此，可在清晨用竹竿或绳子驱赶掉叶面露水，还可采用清晨灌溉防除露水。

　　寒冷季节，当夜间温度下降至冰点以下时，露水则变成霜。霜形成时，可在草坪草叶片和细胞间结冰。霜融化消失以前要禁止践踏和碾压草坪，否则可造成草坪草叶片严重损伤。

　　②灌溉　灌溉是草坪需水的另一个重要来源，当降水不足以提供草坪草的需水时，应该进行灌溉。

　　耐旱性强的草坪草种，在长期干旱的条件下，不灌溉也不会死亡，但草坪质量会下降；对于耐旱性差的草坪草种，则必须适时灌溉，使其能够生存。多数多年生草坪草种，如果生长良好，植株健壮，长期缺水也能适应。而一些一年生草坪草种，可能由于干旱而休眠或死亡。在要求不高的地方，如交通道路护坡草坪，可以种植耐旱性强的草坪草种，以便在较低养护水平包括少灌溉或无灌溉条件下也能维持草坪功效；但在养护水平高的高尔夫等草坪，则必须适时灌溉，以保证草坪质量。遇到严重干旱时，也必须进行草坪灌溉；还未成坪的草坪草幼苗或刚刚铺植的草坪必须定期浇水，直到它们良好发育并形成新根系；有些匍匐型草坪草，由于干旱少雨、土壤干硬，匍匐枝茎节上的不定根不能扎入土壤，使草坪显得蓬松，犹如生脱发病，易于扯脱，如及时灌溉即可恢复。

　　(2) 草坪草的吸水能力

　　草坪草吸收水分的能力决定于其根系活力和土壤中有效水含量。

　　草坪草生长状况、土壤温度、土壤通气性等因素制约其根系的生长发育，从而影响水分吸收。草坪草生长良好，植株健壮，根系发育良好。土壤温度较高，根系生长好，根系活力高；土温低，根系发育缓慢，活力低。土壤通气性好，根系有足够 O_2 供应，发育好；土壤通气性差，含氧量少，根系生长受到抑制，活力低。

　　把草坪草植株从基部切断或植株受到创伤时，就会从断口或伤口处溢出液体，称为伤流，流出的液体称伤流液。草坪草根系夜晚通过根压力吸水，而将多余水分通过叶边缘的大量排水孔或新修剪叶片的伤口排出体外，清晨可以在叶尖看到小水珠，这种现象称作吐水。吐水和伤流表明草坪草存在根压，吸水能力强，也表明草坪草生长良好。叶尖吐水是在蒸腾强度小、水分快速吸收、根部的水压增加的条件下产生的。吐出的液体内含有多种来自草坪草植株体内的矿质养分和简单有机化合物，这些物质是真菌活动和生长良好的营养物质。因此，叶尖吐水可能增加真菌侵害草坪草的几率。当然，当叶尖吐出的液体水分蒸发后，而液体中的盐分可在叶片表面浓缩，有可能引起草坪草叶面灼伤。

　　草坪土壤水分对草坪草的生命活动十分重要。草坪土壤水分可分吸湿水、膜状水、毛管水、重力水等类型，它们都存在于土壤中，彼此相互联系，相互转化，它们对草坪生长的有效性不相同。因此，要通过合理的草坪管理措施，尽可能合理和及时增加草坪土壤中的有效水含量。

2.2.4 其他气候因子对草坪的生态效应

2.2.4.1 湿度

湿度一般是指大气中含有水蒸气的量，又称空气湿度。湿度作为草坪的生态环境要素其效果不如气温、太阳辐射等那样明显，但湿度与温度相结合则对草坪也产生较大影响。

不同地区的空气湿度呈现一定的年变化与日变化规律。湿度的年变化与降雨的年分布变化呈正相关；空气中可以保持的水汽量还与空气温度成正比。

湿度受地表状态的影响较小，草坪因其草坪草叶具蒸腾作用，其湿度比裸地的高；沼泽地空气湿度也因水面的蒸发而变高；山岳地带也会因雾的发生而使其湿度变高。

对于草坪草的水分供应而言，大气中的水汽不如土壤水分重要，但空气湿度作为草坪的生态环境要素，对草坪草的蒸腾影响很大。湿度与降水量、太阳辐射、温度、风速等草坪的生态气候因素有密切关系。空气湿度通过影响病原微生物的发育、繁殖而影响草坪草病害的发生。湿度增高时往往土壤水分含量也高，高温、高湿条件下，微生物活动旺盛，草坪病害也易于发生。因此，抗病性较差的草坪要特别注意湿度的变化。此外，湿度过高或过低往往伴随草坪渍害或干旱为害，应注意适时排水或灌水，防范草坪受害。

2.2.4.2 风

风是大规模的气体流动现象。地球上的风是由空气的大范围运动形成的现象。用风向、风速（或风级）表示。

因为草坪面较低，一般的风对草坪草无明显的危害。风对草坪的影响有益或有害，主要取决于风的强度。风是草坪经营的生态环境因子之一，风速适度对改善草坪生态环境条件起着重要作用，它加强了空气的湍流交换，使草坪近地层热量交换、草坪蒸散和空气中的 CO_2、O_2 等输送过程随着风速的增大而加快或加强，使草坪与空中的温度差异降低。风速在 2 m/s 以下的空气流动对草坪是有利的，在夏季能加快叶片蒸腾，降低叶片温度，避免灼伤。炎热多雨的夏天，风能促进草坪面上高温、高湿空气的转移，可以大大降低草坪的湿度与温度，进而减少草坪褐斑病、腐霉菌病的发病和蔓延。风引起叶的运动，可以减小 CO_2 进入植物体内的阻力，增强光合作用。风可传播草坪草花粉、种子，帮助草坪草授粉和繁殖，提高草坪草种子产量。但有时也会给草坪产生消极作用。它能传播病原体，蔓延草坪病害，还是飞蝗等害虫长距离迁飞的气象条件。

2.2.4.3 空气与大气污染

（1）空气及对草坪的影响

空气是指地球大气层中的气体混合。空气不仅存在于地球表面，也存在于土壤孔隙中。

空气的恒定组成部分为氧（21%）、氮（78%）和氩、氖、氦、氪、氙等稀有气体（0.93%），可变组成部分为 CO_2 和水蒸气，它们在空气中的含量随地球上的位置和温度不同在很小限度的范围内会微有变动。另外，还有灰尘、微生物、烟尘、工业气体等不固定成分。

一天之中的草坪内部 CO_2 浓度呈现明显的规律性变化。午夜至凌晨，CO_2 只有产生而无消耗，所以浓度最高；日出之后，光合作用逐渐增强，CO_2 浓度逐渐降低，直至中午，光合作用最旺盛，CO_2 浓度降至最低点；傍晚日落后，光合作用停止，CO_2 浓度又重新上升。

草坪草光合作用所需的 CO_2 不但来于草坪群体以上空间大气，而且也来自群体下部，包括土壤表面枯叶分解、根系呼吸和土壤微生物生命活动释放的 CO_2，其供给量约占总量的 20%。由此也导致草坪近地面的 CO_2 浓度高于上部的浓度，如遇良好的通风有助于气体交流，则使两者的 CO_2 浓度可趋于一致。

空气对草坪的影响主要是空气中的 CO_2 与 O_2 对草坪草具有明显的影响。

草坪草通过光合作用，吸收 CO_2，释放 O_2，维持空气中 O_2 与 CO_2 的平衡，保持空气清新；同时，草坪草还需进行呼吸作用吸收 O_2，释放 CO_2，维草坪草生命及正常生长发育。草坪建植与管理中，草坪地上部被大气笼罩，除非遇淹水情况，否则一般不会发生缺氧危害。但是，草坪土壤内的土壤孔隙被水分和气体占有，只有适宜的水气比例才可以同时满足草坪草根系对水分与 O_2 的需求。如果水分充满草坪土壤间隙，土壤空气被排出地表，草坪草根系因缺氧而降低活性，从而阻碍其对水分和养分的吸收，影响草坪草生长；还会产生硫化氢和氨等有毒的还原性物质，直接危害草坪草根部，从而造成草坪湿害，也导致草坪土壤缺氧(空气)。如果草坪地面积水，淹没草坪草的全部或一部分，会造成缺氧抑制有氧呼吸，降低光合作用，导致物质分解大于合成，发生草坪涝害。

如果草坪生态环境中 CO_2 含量超过 0.1%，则对草坪草等绿色植物产生毒害作用。其毒害强度随 CO_2 积累量而增加。一般情况不可能发生草坪草的 CO_2 毒害作用，但草坪草种子浸种、催芽和设施栽培养护过程中，不适当措施有可能导致缺氧现象发生，造成草坪危害和损失。

(2) 空气污染及对草坪的影响

空气污染(air pollution)指由于人类活动或自然过程引起某些物质进入大气中，使空气中含有一种或多种污染物，其存在的量、性质及时间会伤害到人类、植物及动物的生命，损害财物，或干扰舒适的生活环境，又称为大气污染。凡会使空气质量变坏的物质都是空气污染物。

大气污染不严重时，草坪可吸收和吸附污染物。如果大气污染物一旦超过草坪的自净能力，草坪草就会出现受害症状，直至死亡。

大气污染对草坪造成的危害，可分为可见危害和不可见危害。可见危害指大气污染使草坪草产生特有的伤害症状。浓度高、毒性强的有害气体往往使草坪草 1～2d 或更短的时间内受害，叶片迅速出现伤斑，组织局部坏死，随叶龄增大呈黄褐色或白色，严重影响草坪草生长。如 SO_2、氟化物等污染物浓度很高时，会对草坪草产生急性危害，使草坪草叶片海绵细胞和栅栏细胞产生质壁分离，然后收缩或崩溃，叶绿素分解，叶表面产生无规律点、块状、界限分明的伤斑，或者直接使叶枯萎脱落。而当污染物浓度不高时，会对草坪草产生慢性危害，使草坪草缓慢出现发育不良，叶片轻度褪绿，造成一定程度危害。可见危害的急性危害和慢性危害常可同时发生于草坪草的同一植株上。不可见危害则指草坪草接触低浓度的大气污染物后，外表虽然看不见什么危害症状，但其植株的生理机能已受到了影响，生长受抑，造成草坪草质量变坏。

不同草坪草对某一污染物的敏感性与净化能力不同，因此，可以筛选对某种污染物敏感的草坪草品种作为污染程度的指示和监测植物；也可以筛选对某个污染物能大量吸收而本身不受害的草坪草品种，作为空气净化植物栽培推广（表 2-5）。例如，多年生黑麦草抗 SO_2 能力强，可作为冶炼厂和热电厂草坪草种应用。

表 2-5 草坪草对大气污染物的作用

污染物	可用作指示和监测植物	可用作净化植物
二氧化硫	紫花苜蓿	黑麦草、草地早熟禾、紫羊茅、白颖苔草、狗牙根、野牛草、假俭草、结缕草
氟化氢	早熟禾	狗牙根
氯气		草地早熟禾、一年生早熟禾
硫化氢	三叶草	
过氧乙酰硝酸酯	早熟禾	
锌、铅、镉、铜和镍等	紫羊茅	

2.3 土壤对草坪的影响

土壤是地球陆地表层能够产生植物收获的疏松表层。草坪土壤作为草坪经营的基本生产资料和草坪生态系统的重要组成部分，不仅是草坪生态系统生物与非生物环境的分界面，还是生物与非生物体进行物质与能量移动、转化的重要介质和枢纽，其特性无一不影响草坪整个生态环境。草坪土壤供给草坪草根系呼吸所必需的 O_2（空气）。是草坪草生长发育所必需的水分和养分的主要提供者。是草坪草生长繁育的自然基地，维持着适宜的温度和热量条件，为草坪草生长发育起着机械支撑和固定作用；是草坪建植的品种选择等与管理的修剪、施肥、灌水、种子处理、病虫及杂草防治、机具使用等多项技术措施的基础和载体。因此，必须做到因土制宜。

2.3.1 土壤组成与质地对草坪的影响

2.3.1.1 土壤组成及对草坪的影响

（1）土壤的组成

各地的土壤由于成土母质、气候条件、地形、植被类型等自然条件和耕作及养护栽培条件等不同，其物质组成及比例也不相同，所形成的土壤类型和特性有很大差别。但是，无论哪种类型土壤，其基本物质组成都是由固体、液体和气体组成的三相分散体系。其中，固体颗粒物质包括土壤矿物质和有机质，一般土壤矿物质占 95% ~99%，有机质占 1% ~5%。

土壤的固体颗粒黏结在一起形成各种形状和大小不同的孔隙，其中充满了气体、土壤空气和液体土壤溶液。土壤溶液为土壤水分与溶解的各种离子、分子或胶体状态的有机和无机物质组成。此外，土壤中还存在各种昆虫、原生动物、藻类和微生物等。

（2）土壤组成对草坪的影响

不同土壤和相同土壤的不同层次的各组成成分的比例通常存在较大差别。如表层土壤一般较为疏松，土壤空气较多，土壤水分较少；而下层心土较为坚实，其土壤空气与水分组成与表层土壤的则相反。草坪草正常生长需要土壤各成分的组成比例适当,按土壤体积计算,草坪疏松肥沃的表土的固体物质与孔隙各占 50% 左右。其中,固体颗粒物质的矿物质约占土壤体积的 45% ,有机质约占 5% ;孔隙部分的土壤空气和水分约各占土壤体积的 25% 。这样的草坪土壤组成有利于土壤水分、氧气、养分等各种肥力因素相互协调,促进草坪草正常生长。

2.3.1.2　土壤质地及对草坪的影响

(1)土壤质地及分类

土壤中各粒级土粒重量含量百分率的组合,称土壤质量(土壤颗粒组成、土壤机械组成)。土壤质地分类指根据土壤中各粒级含量的百分率进行土壤分类。按照土壤中不同粒径的沙粒、粉粒和黏粒 3 种粒级所占的含量比例把土壤划分为砂(质)土、壤(质)土和黏(质)土 3 个基本质地类别。

(2)土壤质地对草坪的影响

①砂质土　砂质土含砂粒较多,土质疏松,由于粒间孔隙较大,毛管作用弱,通气透水性强,内部排水通畅,水分很容易渗漏、不易保持,土壤易干燥,不耐旱。因此,为保证草坪草正常生长必须经常灌溉。

砂质土主要矿物质成分是石英,不但本身含养分少,且吸肥、保肥能力差,施入的养分易随水淋失;由于砂质土通气性好,好气性微生物活动旺盛,养分转化供应快,一时不被吸收的养分,土壤保持不住,故肥效常表现猛而不稳,前劲大而后劲不足。因此,砂质土壤的草坪施肥,宜少量多次,少施勤施或施用缓效肥料,多施有机肥料。

砂质土含水量少,热容量小,易增温也易降温,昼夜温差大,早春土温回升快,称为"热性土",但晚秋一遇寒潮,温度下降也快,因此,要特别注意防控砂质土草坪遭受冻害。

砂质土松散易耕,一般不需进行草坪通气作业,但缺少有机质的砂土泡水后易沉淀板实、闭气,也应适时进行草坪通气作业。

②黏质土　黏质土含黏粒多,粒间孔隙很小,多为极细毛管孔隙和无效空隙,故通气不良,透水性差,内部排水慢,易受渍害,易积累有毒还原物质。故黏质土草坪管理,应注意土壤排水,以利于草坪草生长。

黏质土一般矿质养分较丰富,特别是 K、Ca、Mg 等含量较多。黏质土的黏粒不仅本身含养分多,还具较强的吸附能力,使养分不易淋失,且黏土通气性差,好气性微生物受到抑制,有机质分解较慢,易于积累腐殖质,故黏质土的有机质和氮素一般比砂质土的高。黏质土草坪施用有机肥和化肥时,由于分解慢和土壤保肥性强,表现为肥效迟缓,肥劲稳长。

黏质土的保水性好,含水量多,热容量较大,增温慢降温也慢,昼夜温差小。在早春或遇寒流后土温不易回升,称"冷性土",草坪草幼苗常因土温低、养分供应不足而生长缓慢;但生长后期因肥劲长,水分养分充足而生长茂盛。因此,黏质土草坪如春季需要施肥只能施用速效化肥;而夏季高温季节施肥则可施用有机肥。此外,黏质土干时紧实坚硬,湿时泥烂,不仅草坪建植时耕作费力,宜耕期短。而且,黏质土草坪应经常适时通气作业,以利草坪草正常生长;如草坪进行播种作业时还应注意整地质量。

③壤质土　壤质土的性质介于砂质土和黏质土之间,其中的砂粒、粉粒和黏粒比例适当,在性质上同时具有砂质土和黏质土的优点。壤质土既有一定数量的大孔隙,又有相当多的小孔隙,通气、透水性能好;保水、保肥的能力也强,土壤含水量适中,土温较稳定。因

此，壤质土是草坪建植和管理的最理想的土壤质地，如果土壤过于黏重或过砂性，可视具体情况掺合一定量的砂土或黏土作为"客土"，或增施有机肥加以改良，从而满足草坪的土壤质地需求。

草坪草一般适宜在壤质土中生长，但高尔夫球场等运动场草坪经常遭到强烈的践踏，由于排水的需要，常需要选用砂质土壤或掺合一定量的细砂，结合充足的灌溉，既有利于草坪土壤排灌，保证草坪草的适宜生长，还会增加草层弹性，有利于体育运动。

2.3.2　土壤有机质对草坪的影响

土壤有机质是土壤中形成的和外部加入的所有动、植物残体不同分解阶段的各种产物和合成产物的总称。

2.3.2.1　土壤有机质的来源

土壤有机质来源于土壤中的植物残体、动物残体、微生物及其分解合成的物质和施入土壤的有机肥料，其中尤以植物残体最多，占80%以上。由于土壤生物、气候条件、水热状况与耕作措施等各种因素的影响不同，因此，不同土壤的土壤有机质含量也不相同。

草坪土壤的植物残体主要由衰老的根、茎、叶以及修剪过程中落在土壤表层的草屑组成。在草坪建植和养护过程中，人们经常施入有机肥增加土壤有机质含量，提高土壤肥力，十分有益草坪草的生长。常用的有机肥有经过处理的畜禽粪、处理后的城市生活垃圾、淤泥，以及其他有机质复合肥等。如果有条件，也可将每次草坪修剪的草屑等收集起来，与其他原料一起沤制堆肥，返施草坪，实现草坪养分的高效循环。

2.3.2.2　土壤有机质的转化

进入土壤的有机质在微生物的作用下，进行有机质的矿质化过程和腐殖质化过程。

（1）土壤有机质的矿质化过程

在微生物的作用下，土壤有机质分解成简单的无机化合物的过程被称为有机质的矿质化过程。土壤有机质的矿质化过程可为草坪草生长提供矿质养分，对草坪的养分供应具有重要意义。

土壤有机质矿质化的强度和速度与土壤微生物类型及活动强弱、土壤水分、温度和通气状况等因素密切相关。如草坪土壤通气不良，排水不畅，嫌气性微生物活动旺盛，会产生和积累硫化氢等还原性有毒物质，毒害草坪根系。因此，应注意草坪的通气与排水。

（2）土壤有机质的腐殖化过程

土壤有机质在进行矿质化过程的同时，还进行着另一种十分复杂的生物化学过程，即土壤有机质的腐殖化过程。土壤有机质在微生物的作用下，经过矿质化作用，一部分转化为CO_2、NH_3、H_2O等，另一部分则转化成较简单的有机化合物，如芳香族化合物和含氮化合物等。这些简单的有机化合物再经过微生物的作用，形成新的、较稳定的高分子复杂有机化合物，即腐殖质。

土壤有机质的矿质化和腐殖化过程是两个既相互联系，又相互对立的过程，随条件的改变两者还可相互转化。因此，有意识地、合理地控制和调节草坪土壤有机质的矿质化和腐殖化，既可以保证草坪草生长所需养分的不断积累和持续供应，又可改善土壤的理化性状，提高土壤肥力，从而保证草坪功效可持续发展。

2.3.2.3　土壤有机质对草坪的作用

土壤有机质对提高草坪土壤肥力和草坪草营养水平均具有重要作用。

（1）提供草坪草和土壤微生物需要的养分

土壤有机质中含有 N、P、K 等草坪草和微生物所需的各种营养物质。随着有机质的矿质化作用，这些养分释放出来，土壤有机质以满足草坪草生长的需要。土壤有机质也是土壤微生物养分的主要来源。

（2）增强草坪土壤的保水、保肥和保温能力

腐殖质是土壤有机质的主要成分，疏松多孔，又是亲水胶体，能吸持大量水分，能大大提高土壤的保水能力；腐殖质还是一种有机胶体，具有巨大的吸收交换性能和缓冲能力，能够有效地调节土壤的保肥、供肥性能及土壤 pH；有机质是一种棕色或黑褐色物质，吸热能力强，可提高土壤温度，改善土壤的热状况。

（3）促进土壤团粒结构形成，改善土壤物理性质

腐殖质在土壤中主要以胶膜形式包被在矿质土粒的外表。由于它是一种胶体，黏结力比砂粒强而又比黏粒弱，施于砂土后能增加砂土的黏性，促进团粒结构形成，使砂土变紧，黏土变松，改善土壤的透水性、蓄水性、通气性以及土壤耕性。

（4）其他作用

土壤有机质含碳丰富，是微生物所需能量来源。因其矿质化率低，不像新鲜植物残体加入土壤而使土壤原有机质的矿化速率产生迅猛的加快或变慢的"激发效应"，能持久稳定向微生物提供能量，使土壤肥力平稳而持久；腐殖质还能促进微生物和草坪草植株的生理活性，有助于消除土壤中的农药残毒和重金属的污染。

2.3.3　土壤水分与土壤空气对草坪的影响

土壤水分与土壤空气均对草坪具有重要的作用。

2.3.3.1　土壤水分对草坪的影响

土壤水分既是草坪草需水的主要来源，又是草坪草代谢活动的介质与参加者。土壤水分的多少决定了土壤的通气状况，二者在体积上此消彼长。因此，土壤水分是土壤固体、气体、液体三相平衡的决定性因素，是土壤肥力诸因素中最重要、最活跃的因素。

（1）土壤水分的类型

根据土壤水分所受的力作用，土壤水分可分为如下 4 类：

吸湿水为由于干燥土粒的吸附力所吸附的气态的、保持在土粒表面的水分。

土壤颗粒表面上吸附的水分形成水膜，这部分水称为土壤膜状水。

毛管水指依靠毛管力存在于土壤毛管孔隙中的水分。毛管上升水是指地下水沿着毛管上升而充满毛管孔隙中的水分。毛管悬着水是指借毛管力悬着在土壤上层不与地下水相连的水分。

当土壤水分超过田间持水量，多余的水分就会受重力的作用沿土壤中大孔隙往下移动，这种受重力支配的水称作重力水。

（2）土壤水分的有效性

土壤水分的有效性是指土壤水分能否被植物吸收利用及其难易程度。不能被植物吸收利用的水分称为无效水，能被植物吸收利用的水分称为有效水。

不同类型的草坪土壤水分的有效性也不相同。土壤吸湿水受土粒的吸持力很大，不能移动，具有固态水的性质，对溶质无溶解力，为草坪草不能利用的无效水。膜状水性质与液态水相似，但黏滞性较高而溶解能力较小，它能移动，但速度非常缓慢，属有效水，可被草坪草利用；而吸力大于15个标准大气压（atm）的内层膜状水，草坪草不能利用，为无效水。毛管水能向上下左右移动，速度快；有溶解养分的能力，也有输送养分到作物根部的作用；是既能被土壤保持又能被草坪草利用的有效水分。重力水是临时存在于土壤大孔隙（通气孔隙）中的水分，与土壤养分的淋失有关；它不受土壤吸附力和毛管力的作用；它是草坪草根系能够吸收利用的水分；重力水只短暂存在于降水和灌溉之后，可被草坪草利用。当土壤孔隙完全为水分充盈时的土壤含水量称为饱和持水量。当土壤水分处于饱和状态，空气不足时，草坪草易受渍害。

（3）土壤灌溉的土壤含水量指标

不同地区和不同质地的草坪土壤的上述各种不同类型的土壤水分含量不相同。吸湿水、膜状水、毛管水、重力水等都存在于草坪土壤中，彼此密切交错联结，很难严格划分，一定条件下还会相互转化。

由于土壤水分过多或过少均不利于草坪草正常生长，一般需根据如下土壤含水量的3个重要指标，确定草坪土壤的灌溉水量和是否需要排灌及土壤的有效水量。

①凋萎系数　指草坪草呈现永久萎蔫时的土壤含水量，又称草坪的临界水分含量，一般将凋萎系数当作土壤有效水的下限。

②土壤最大持水量　指当土壤被重力水所饱和，即土壤大小孔隙全部被水分充满时的土壤含水量，又称土壤饱和含水量。土壤最大持水量表明该土壤最多能含多少水。

③田间持水量　指毛管悬着水最大时的土壤含水量，在数量上它包括吸湿水、膜状水和毛管悬着水，是土壤有效水的上限。田间持水量与萎蔫系数之间的水称为土壤有效水，是植物可以吸收利用的部分。土壤中实际水分含量与凋萎系数之差即为土壤实际有效水。即

$$土壤最大有效水量（\%）= 田间持水量（\%）- 凋萎系数（\%）$$

田间持水量是确定草坪土壤灌水量和是否需要灌溉的重要依据，它通常作为灌溉水量定额的最高指标。为了防止草坪土壤严重缺水对草坪草的不利影响，一般在其田间持水量的60%时，就需采取灌溉措施。

2.3.3.2　土壤空气对草坪的影响

（1）土壤空气的组成及特点

土壤空气主要是由大气进入土壤中的气体和土体内部生物化学过程产生的气体所组成。土壤空气成分与大气基本一致，但是，土壤空气有较多的 CO_2 和较少的 O_2（表2-6），水汽含量也较高；土壤空气成分还会随时间和空间而变化，不如大气成分相对稳定。

表2-6　中国北方土壤空气和大气组成的比较（容积%）

气体	O_2	CO_2	N_2	惰性气体
近地面大气	20.94	0.03	78.08	0.95
土壤空气	20.03～10.35	0.14～1.24	78.80～80.24	—

（2）土壤空气与通气性对草坪的影响

①土壤空气对草坪的影响

a. 影响草坪草的根系发育和吸收功能：通气良好的草坪土壤的草坪草根系长，颜色浅，根毛多；而缺 O_2 草坪土壤的草坪草根系则短而粗，颜色暗，根毛大量减少。草坪土壤通气不良时，草坪草根系呼吸作用减弱，吸收养分和水分的功能降低，特别是抑制对 K 的吸收，其次依次为 Ca、Mg、N、P 等；而通气良好的土壤可提高肥效，特别是可提高钾肥的肥效。

b. 影响草坪草种子萌发草坪土壤养分状况：草坪草种子的萌发需要吸收一定的水分和 O_2，缺 O_2 会影响种子内物质的转化和代谢活动。

草坪土壤空气的数量和 O_2 的含量对微生物活动有显著的影响。草坪土壤 O_2 充足时，有机质分解速度快，分解彻底，氨化过程加快，也有利于硝化过程的进行，故土壤中有效态氮丰富。缺 O_2 时，则有利于反硝化作用的进行，造成氮素的损失或导致亚硝态氮的累积而毒害根系。草坪土壤空气中的 CO_2 增多，使土壤溶液中 CO_3^{2-} 和 HCO_3^- 浓度增加，这虽有利于土壤矿物质中的 Ca、Mg、P、K 等养分的释放，但过多的 CO_2 往往会使 O_2 的供应不足，抑制根系对这些养分的吸收。

c. 影响草坪的抗病性：草坪土壤通气不良，土壤中大量产生的 H_2S 等还原性有毒气体，会抑制草坪草根系活性。同时，缺 O_2 还使土壤酸度增大，有利于致病霉菌发育，使草坪草生长不良，抗病力下降，易诱发草坪病害。

②土壤通气性对草坪的影响　土壤通气性指土壤空气与大气进行交换以及土体允许通气的能力。土壤通气性良好的土壤中，土壤空气容易与大气交换而进入较多的 O_2，使草坪草根系 O_2 供应充足，根系生长健壮，易形成高质量的草坪。当草坪土壤紧实或渍水造成土壤通气性差时，土壤中不但易使有毒气体积累，而且会使 CO_2 含量增高，与大气进行气体交换的可能性减小，土壤 O_2 含量降低，使草坪草根系生长发育受阻，无法为地上部茎叶提供足够的养分，从而影响草坪质量。

2.3.4　土壤酸碱性对草坪的影响

土壤酸碱性是土壤极为重要的化学性质，对草坪土壤肥力和草坪草营养具有许多重要影响。

2.3.4.1　土壤溶液组成与变化及对草坪的影响

土壤中的水分不是纯水，而是一个含有各种溶质的复杂溶液体系。它含有 K^+、Na^+、Ca^{2+}、Mg^{2+}、NH_4^+、Cl^-、SO_4^{2-}、HCO_3^-、NO_3^- 等离子组成的可溶性盐以及含 Fe^{3+}、Al^{3+}、Cu^{2+}、Mn^{2+}、Zn^{2+} 等离子组成的溶解度较小的盐；还包括各种小分子的有机酸、可溶性蛋白质、可溶性糖和腐植酸。另外，还溶解有少量气体如 O_2、CO_2、NH_3 等。

不同地域和不同季节的土壤溶液组成及浓度不相同。土壤是混杂的非均质体，相同地域和季节但不同部位的土壤，其固、液、气三相的组成不同，微生物组成与根系密集程度均不相同。因此，其土壤溶液组成及浓度也不相同，形成了土壤溶液的空间不均匀性，可促进可溶性养分的移动和不同部位根系的选择性吸收。

土壤溶液始终处于一个动态变化过程中，土壤含水量和温度随季节变化呈周期性变化，土壤溶液组成和浓度也呈现周期性变化。雨季土壤含水量高，溶液浓度变稀；反之，旱季土壤浓度增高。土壤温度增高，某些盐类溶解度增高，而气体的溶解度则降低。

　　施肥可时提高土壤溶液的浓度，随着草坪草吸收和微生物的作用，土壤溶液浓度逐渐趋于平衡。而通过灌水洗盐和种植耐盐碱的碱茅、黑麦草等草坪草，可以降低土壤溶液浓度，使之能适于多数植物的生长。

　　草坪土壤中的各种化学和物理反应均在土壤溶液中进行，草坪草通过土壤溶液吸收水分和各种养分，因此，土壤溶液对土壤肥力和草坪草营养起着重要的作用。土壤溶液浓度为 $3 \sim 6$ g/L 时，大多数草坪草能生长良好；浓度为 $1 \sim 2$ g/L 时，草坪草的无机营养不足；浓度大于 $10 \sim 12$ g/L 时，大多数草坪草生长受抑制，当浓度大于 $20 \sim 25$ g/L 时，多数草坪草不能正常生长而死亡。

2.3.4.2　土壤酸碱性及其影响因素

　　土壤酸碱性是指土壤溶液的反应，即土壤溶液中 H^+ 浓度和 HO^- 浓度比例不同而表现出来的酸碱性质，一般用土壤 pH 值表示土壤溶液的酸碱度，它是土壤溶液中 H^+ 浓度的常用对数。根据土壤 pH 值大小，土壤酸碱性的强弱可分为 5 个等级（表 2-7）。

表 2-7　土壤酸碱度分级

土壤 pH	<5.0	5.0~6.5	6.5~7.5	7.5~8.5	>8.5
等级	强酸性	酸性	中性	碱性	强碱性

　　土壤 pH 值常因一些因素影响发生高低变化。自然状态下，影响土壤 pH 的主要因素是降水，无机离子 Ca^{2+} 和 Mg^{2+} 能中和土壤酸性而提高土壤 pH 值，而暴雨则能将土壤中大部分 Ca^{2+} 和 Mg^{2+} 淋失，因此，少雨地区易形成碱性土壤；湿润地区则形成酸性土壤。但一些滨海地区由于受海水侵蚀盐分的影响，多为盐碱土。有充分降水并能淋洗可溶性碱式盐的地方，土壤 pH 趋于下降；频繁地灌溉，在除去水中含有碱式盐的情况下，也常导致同样的结果。

　　有机质含量高的土壤，有机质经微生物分解后也可产生多种有机酸，草坪草根系也会释放酸性物质，均可使土壤 pH 降低；经常施用有机肥料或硫铵等酸性化肥也会加快土壤酸化，降低土壤 pH；而过量施用石灰、草木灰和用碱质污水、海水灌溉，则易于盐碱土壤的形成，增加土壤 pH。

　　土壤母质也影响土壤 pH，干旱气候条件下的富含 Ca、Mg、K、Na 等盐基物质的母质形成的土壤，土壤 pH 值较高，易形成偏碱土壤；由石灰岩母质形成的土壤含有大量的 Ca^{2+}，即使降水丰富，土壤 pH 也不会降低。

2.3.4.3　土壤酸碱性对草坪的影响

　　（1）影响草坪土壤养分的有效性

　　土壤 pH 可影响土壤养分的固定、释放与淋失，因此，土壤 pH 值高低对草坪草生长所必需的营养元素的有效性影响较大，尤其是对土壤磷和微量元素的影响极大。例如，当土壤 pH <5 的强酸性土壤中，土壤溶液中 Fe、Al 溶解度和浓度增大，易与磷酸根结合形成不溶性化合物，造成磷素固定；而在当土壤 pH >7 的碱性土壤中，P 与 Ca、Mg 等反应形成难溶性磷酸盐，发生明显的钙对磷酸的固定，同样降低了土壤磷的有效性。只有在 pH6~7 的土壤中，土壤对磷的固定最弱，磷的有效性最大。

　　一般土壤的各种营养元素在土壤 pH 为 6.5 时的有效性最高。

（2）影响草坪土壤微生物活性

草坪土壤细菌和放线菌，均适于中性和微碱性环境。真菌在强酸性土壤中占优势，而大多数草坪病害的病原为真菌。土壤 pH 与土壤微生物活性和养分的有效性密切相关。在 pH6.5~7.5 范围内，土壤微生物活动旺盛。而当土壤 pH 偏离该范围时，大部分土壤微生物生命活动受到抑制，从而影响土壤养分的转化与草坪草对养分的吸收。

（3）影响草坪草生长和群体构成

草坪土壤的酸碱性与草坪草生长有着密切的关系。一般土壤 pH 3.5~8.5 是大多数维管束植物，包括草坪草的生长 pH 范围，但最适宜草坪草生长的土壤 pH 为 6.0~7.0（弱酸性至中性），在 pH5.0~9.0 时，草坪草一般都能较好地生长。在强酸性土壤条件下，草坪草根系变短，颜色呈褐色，根系生长发育受阻，使草坪草对环境胁迫的抗性降低，尤其使其耐旱性下降。

表 2-8　主要草坪草种的适宜土壤 pH 与抗盐碱性

草坪草种	适宜土壤 pH 值	草坪草种	适宜土壤 pH 值	抗盐碱性强弱
钝叶草 巴哈雀稗	6.5~7.5	一年生早熟禾 高羊茅 匍匐翦股颖 细弱翦股颖 紫羊茅	5.5~6.5	最好：羊草、狗牙根、巴哈雀稗
格兰马草	6.5~8.5			好：匍匐翦股颖、结缕草、高羊茅、野牛草、钝叶草
草地早熟禾 普通早熟禾 多年生黑麦草 一年生黑麦草 意大利黑麦草	6.0~7.0	羊茅	5.5~6.8	良：百喜草、多年生黑麦草、紫羊茅、硬羊茅、狐茅、地毯草
		结缕草 沟叶结缕草	5.5~7.5	
野牛草	6.0~7.5	狗牙根	5.7~7.0	差：一年生早熟禾、细弱翦股颖、旱地早熟禾、普通早熟禾、假俭草
冰草	6.0~8.0	地毯草	5.0~6.0	
		假俭草	4.5~5.5	

由于不同种类的草坪草对土壤酸碱性的耐性存在差异（表 2-8），因而影响草坪草的群体构成。有些草坪草具有较广的土壤 pH 适应范围。如狗牙根在酸性的红壤、黄壤，以及沿海和内陆的盐碱地均能生长；假俭草和地毯草在 pH 值较低的土壤上生长良好；而扁穗冰草和格兰马草（*Bouteloua gracilis*）能耐较高的碱性，碱茅的耐碱性更强。又如，由草地早熟禾与紫羊茅混播的草坪，在土壤 pH 值接近中性时，草坪中以草地早熟禾为主；而 pH<6 时则以紫羊茅为主。

2.3.4.4　土壤酸碱性的改良

由于过酸或过碱的土壤均不利草坪草生长，因此，可因地制宜采对适当措施，进行调节和改良。

（1）酸性土的改良

对于不适宜草坪草生长的过酸土壤的改良，一般采用施用石灰进行改良；沿海地区可以用蚌壳灰；草木灰既是良好的钾肥，同时又起中和土壤酸性的作用；沿海的咸酸田在采用淡水洗盐的同时，也能把一些酸性物质除掉。施用石灰时主要应正确选择适宜的改良材料，掌握好石灰的适宜用量和施用时间。

表 2-9 列出了不同草坪土壤的石灰石推荐用量。相同 pH 值的草坪土壤，因其阳离子交换量和土壤缓冲能力等不相同，其石灰用量也应因依据草坪土壤的实际情况确定。

表 2-9　改良草坪酸性土壤的石灰施用推荐量（引自胡林等，2004）　　　单位：g/m^2

土壤 pH 值	高羊茅或翦股颖草坪		早熟禾、狗牙根或黑麦草草坪	
	砂土或砂壤土	壤土或黏土	砂土或砂壤土	壤土或黏土
6.3 ~ 7.0	0	0	0	0
5.8 ~ 6.2	0	0	122	170
5.3 ~ 5.7	122	170	244	366
4.8 ~ 5.2	244	366	366	488
4.0 ~ 4.7	366	488	488	732

（2）碱性土的改良

草坪碱性土的改良常采用施入石膏（$CaSO_4$）或磷石膏（$CaSO_4 \cdot 2H_2O$）、硫黄（S）的方法。施用石膏或磷石膏可利用其中的 Ca^{2+} 取代碱性土壤中的 Na^+，形成中性的 Na_2SO_4，并辅以灌水排水，使代换下来的钠盐随水排出。夏季高温多雨时施用，效果更好。施用硫黄不仅可以产生硫酸，以中和碱性土壤溶液中的 HO^-，还可形成钠盐，并随水排出，达到一举两得的改良碱性土的效果。建植草坪前可将石膏或磷石膏或硫黄充分混于土壤中，用量可以表 2-10 作参照。但对于成坪草坪，可将石膏或磷石膏或硫黄与沙子混合或混于覆沙材料中施用，注意硫施用量一次不要超过 25 g/m^2。

此外，过磷酸钙、硫酸铵和硫酸铁等酸性肥料，对降低土壤 pH、改良碱性土壤也有一定的作用。

表 2-10　改良碱性土壤硫的推荐施用量（引自胡林等，2004）　　　单位：g/m^2

土壤 pH 值	砂土	黏土
7.5	50 ~ 73	98 ~ 122
8.0	122 ~ 170	170 ~ 244
8.5	170 ~ 244	195 ~ 244

2.4　其他植物、动物、微生物和人类活动对草坪的影响

草坪是一个极其完备的生态系统，其生物因子主要有除草坪草外的其他植物、动物、微生物和人类活动等，它们以草坪为平台，相互交织，相互影响，构成了一个错综复杂的生物信息作用网络，给草坪施加了巨大影响。所有这些生物因子中，人类活动对草坪生态环境的影响最大。

2.4.1　其他植物对草坪的生态效应

为了提高绿化与生态环境保护及高尔夫球场等草坪的功效，有时往往采用乔（木）、灌（木）和草坪相互配合的立体种植结构模式。因此，乔木、灌木、花卉等植物也给草坪带来

了不同的生态效应。

2.4.1.1　树木对草坪的影响

树木是木本植物的总称，树木可分为乔木、灌木和木质藤本等 3 种类型。

乔木指具有直立主干、树冠广阔、成熟植株在 3 m 以上的多年生木本植物；灌木指成熟植株在 3 m 以下的多年生木本植物；有缠绕茎和攀缘茎的植物统称为藤本植物。若其茎为木质化，则称其为木质藤本。

树木和草坪草不仅其形态具有明显的区别，而且由于两者的地上部或地下部的分布范围也不相同，因此，树木和草坪草生长时相互间的竞争力较小，乔木和灌木在幼苗生长时与草坪草之间的相互竞争也较小。但是，草坪上的大型树木，由于树木茂密的树冠占据了上层的空间，遮拦了草坪的日照，改变了树冠下小气候环境，从而对草坪草的生长发育产生影响，结果使以树木为中心的草坪草生长不良，甚至枯死。树木对草坪的影响大小与树木类型（常绿、落叶）、树高、枝叶繁茂、种植密度等因素有关。同时，树木能遮拦阳光，吸收太阳的辐射热，因而降低了树冠下草坪小环境的气温，并且通过树木叶片的蒸腾作用把根所吸收水分的绝大多数以水汽的形式扩散到大气间，可改善、调节树木下草坪空气中的相对湿度，有时高温情况下，还有利于耐阴性较强的草坪草生长。

树木荫蔽下的草坪因为光量的减少和光质的变化将直接影响到草坪草碳水化合物的积累，使草坪草发生一系列的改变。有人曾发现荫蔽条件下的草坪草糖类下降水平和病害的增加呈正相关。另外，由于地球表面的热量主要来自太阳辐射，在树木遮阴情况下，部分甚至全部直射光不能到达草坪表面，光照强度的减弱也使草坪表面的各环境因子发生一系列的变化。其影响包括：减少日照强度、减少季节间的温度波动、限制空气流动、增加相对湿度等。所以，除直接影响外，光量的减少还将对草坪产生间接的影响，使草坪草产生生理、形态解剖等一系列变化，影响草坪的表现质量和各项功能指标。一般树木荫蔽程度的增加会使草坪的盖度减少，利用年限也会受到影响。

2.4.1.2　草本植物对草坪的影响

除人们为增强草坪功效，特意种植的草本花卉植物外，生长在草坪草中的非草坪草的草本植物统称杂草。草坪杂草与草坪草相互间激烈地争水争肥，具有强烈的竞争作用。有关草坪杂草对草坪草的影响，将在本书 4.6.1.2 章节中论述。

2.4.2　动物和微生物对草坪的生态效应

（1）动物对草坪的影响

草坪中草食动物依据其身体特征可分为无脊椎动物和脊椎动物两大类；按其个体大小可分为小草食动物和大草食动物。一般人工草坪中主要是许多小型草食动物的栖息地，而且大多是无脊椎动物。草坪无脊椎动物中主要有草栖小草食昆虫和土栖小草食昆虫；草坪脊椎动物中主要是鼠等啮齿类动物。此外，草坪中还有大量的原生动物和线虫等动物类型。

草坪动物是草坪生态系统的重要组成部分，它们受草坪生态系统的广泛影响，反过来也给草坪生态系统可造成如下影响。

①咬食草坪草，危害草坪，加速草坪枯草层植物遗体的分解　草坪动物除有咬食草坪草，危害草坪的作用外，草坪许多小草食动物可对草坪枯草层的粗老、木质化组织进行充分利用，以帮助清理枯草层。如果能利用草坪草屑喂食草食家畜或用作鱼类食料，或利用草坪

放牧家畜或利用家畜对草坪进行生物修剪，还可利用草坪生产乳、肉、皮、毛等动物性产品。

②搬运作用 蚂蚁、鼠类、鸟类等草坪动物有贮存食物的特性，大量搬运草坪草种子，对草坪草种的传播有着重要作用。同时，它们在草坪建植时采食草坪草种子，将深层土粒搬运到地面，往往形成影响草坪土壤平整和草坪草生长的蚁塔、鼠类掘洞形成的土堆和鸟巢等，剥露出草坪草坪草的营养繁殖体，影响草坪建植和草坪景观。此外，蚯蚓在草坪的出入给利用草坪的人们造成厌恶感，但是，蚯蚓吞食草坪植物的残体，排出有肥力的粪便，这种草坪土壤的搬运和翻耕作用，却有益草坪草生长。

③完善草地农业生态系统 通常草坪小草食动物与作为人类主要生产手段的大草食动物之间，既存在竞争关系，也存在互补关系。可通过农业措施，以增强其互补作用，减弱其竞争作用。例如，蜜蜂既采蜜又授粉；白蚁采食木质遗体，清理死亡有机物堆积；还有一些捕食害虫的益虫和无害他人的一般昆虫，可减少草坪害虫发生几率或保持草坪生态系统多样性；蜗牛、蚯蚓等草坪动物活动可减轻枯草层积累，降低土壤表观密度，增加土壤渗透能力。这些作用使草坪农业生态系统更为完善，并提高其功效。

（2）微生物对草坪的影响

草坪地表大气和草坪土壤以及草坪草周围中存在着多种多样的微生物。草坪土壤微生物包括细菌类、真菌类、放线菌类和藻类等，除有害微生物对草坪，造成病害外，其他草坪土壤微生物在土壤中进行氧化、硝化、氨化、固氮、硫化等过程，促进土壤有机质的分解和养分的转化，如细菌。藻类是含有叶绿素的微生物，是草坪生态系统中的有机物来源之一；有些藻类还具有固氮作用，可利用空气中氮素，有利草坪草氮素营养。但是，在发生严重病害后的草坪地段，有可能发育成藻毡，干燥后形成一个硬壳，使地表面几乎不透气不渗水，不利草坪草生长。

2.4.3　践踏对草坪的生态效应

2.4.3.1　草坪践踏与对草坪的影响类型

践踏即踩。草坪践踏类型包括人类活动、家畜放牧或动物活动和人们使用车辆、机械的践踏草坪等类型。

践踏对草坪的影响分为土壤紧实、草皮磨损和破损、凹槽遗留和带起草皮等4种类型。其中，土壤紧实和凹槽遗留为践踏对草坪的间接影响；草皮磨损和破损及带起草皮为践踏对草坪的直接影响。践踏造成的土壤紧实及草皮磨损和破损对草坪的影响最为普遍、严重。通常践踏对草坪的4种影响可能同时发生，但一般情况下以其中某一种影响占优势。

践踏对草坪的上述4种影响中，凹槽遗留和带起草皮可通过及时的草坪修补管理措施修复；草皮磨损和破损是因过度践踏导致草坪群体受到机械损伤，一般可通过一定时期的保护体设置进行草坪恢复。而土壤紧实对草坪不仅影响全面，而且其影响持之以恒，如不能及时通过养护措施消除，将会造成草坪退化和演替，丧失草坪功效。因此，本节主要讨论草坪紧实对草坪的影响。

2.4.3.2　土壤紧实的成因、分布及对土壤性质的影响

（1）土壤紧实的成因与分布

土壤紧实是指土壤在压力的作用下，土壤颗粒被挤压排列紧密导致土壤容重增加、孔隙

空间减少的过程和结果。

　　土壤紧实产生的原因分为内因和外因。内因包括土壤质地和气候等。质地较细的土壤更容易紧实，水分和空气的运移也比较慢。气候等自然因素对土壤的作用也可形成土壤紧实。如降雨或灌溉对成熟草坪几乎不会造成土壤紧实，但在草坪建植时期，与有植被土壤比较，雨滴可以使无植被土壤表皮 2.5 cm 内的土壤容重增加 15%。除个别高强度的大雨外，一般降水的雨滴动能很小，对土壤紧实程度的影响微乎其微。此外，高海拔地区冰冻环境下，土壤也可形成致密的紧实层。

　　土壤紧实产生的外因主要是人类践踏、人类使用车辆和机械通行，以及家畜放牧或动物活动等造成的机械压实。此外，单一施用化学或单一种植某一种作物也可造成土壤紧实。人类践踏压实土壤的程度受步行速度、压力大小的影响，如以高速奔跑的足球运动员所产生的压力比平常行走的人所产生的压力要大得多。车辆在行驶过程中，对土壤产生的压力有 3 种形式：车轮的功力负荷产生的垂直压力；车轮滑动产生的水平压力；发动机传递给轮胎的震动力。

　　土壤紧实可在土壤不同层次发生。它可在土壤表层几厘米、深度为 20 ~ 40 m 的表层土壤、土壤深层形成压实窄带或宽带。这几种情况均对土壤空气、土壤水分及根系伸展造成影响。草坪的土壤紧实主要出现在土壤表层 8 cm 内，大多数则在上表层的 3 cm 内。解除土壤紧实，用耕作机械耕翻土壤表层即可。深层的土壤紧实比在浅层处的土壤紧实对植物更有害，也更难解除。

　　(2) 土壤紧实对土壤性质的影响

　　土壤坚实可对土壤性质造成如下影响：

　　土壤容重增大，土壤强度增加；土壤透气性减弱，土壤持水量提高；土壤渗吸和渗漏量降低，土壤温度变化小；紧实土壤比非紧实土壤保水力强，含水量多，热容量较大，增温慢、降温慢，昼夜温差小。在早春升温时，紧实土壤土温上升较慢。

2.4.3.3　土壤紧实对草坪草的影响

　　(1) 对草坪草地下部的影响

　　土壤紧实阻碍草坪草根系正常伸长，首先影响根系的分布。土壤紧实区的根系分布与非紧实区完全不同，前者根系浅层分布多；后者根系深层分布多。土壤紧实区深层根系生长量减少；而其表层的侧根系增多。

　　土壤紧实程度极高时，土壤对草坪草生长的机械阻力极大，整个土层中的根系生长都会减慢。

　　(2) 对草坪草地上部的影响

　　草坪土壤紧实首先可影响草坪草的出苗和地上部生长量，进而影响草坪质量。当成坪草坪土壤被压实时，直立茎的生长量会迅速下降；土壤紧实状况下，草坪草植株生长量、植株密度、青绿度和修剪量都会下降，导致草坪更易磨损，即使生长缓慢的细弱草坪草，其耐磨性也将降低。其次，土壤紧实也影响草坪草根状茎和匍匐茎的生长发育。土壤紧实可减少大多数草坪草的茎生长量。随着草坪草地上部生长量的减少，其光合产量也随之下降，侧枝生长量也减少。对土壤紧实最敏感的茎生长量参数是叶的生长量和质量。再次，土壤紧实可使草坪草叶面积下降和气孔导度降低，加速了后期叶片衰老速度，超氧化物歧化酶活性降低，丙二醛含量增加，叶片净光合速率与蒸腾速率下降，水分利用效率下降，最终导致叶片干物质累积量减少。

（3）对草坪草养分吸收的影响

草坪土壤被压实以后，许多草坪草对养分的吸收量及其比率发生很大变化。一般土壤紧实情况下，其养分吸收量的递减顺序为：$K > N > P > Ca > Mg$，而 Na 的吸收量可能增加。土壤紧实条件下的茎生长减慢，根的生长速度降低，还可能限制根的穿透力，因此，抑制了单位面积内根系对氮的吸收量。当土壤高含氮量和土壤紧实共同存在时，会产生不利于发生新根的协同效应。

（4）对草坪草水分利用的影响

草坪土壤紧实对水分渗入土壤及一定时期内的渗入量有重要影响作用。因此，土壤紧实对草坪的主要影响作用之一是减少其水分利用量。不过，土壤紧实减少了蒸发蒸腾量，但同时也减缓了植株生长，因此，土壤紧实不影响水的利用效率（干物质产量 g/蒸发蒸腾量 mL）或对水利用效率的净作用很小。

（5）对草坪草非淀粉碳水化合物的影响

草坪草的非淀粉碳水化合物总量对其抗性和损伤后的恢复具有重要作用。有人测定了受多种土壤紧实胁迫影响的 3 种冷季型草坪草的非淀粉碳水化合物总量，在一年的较凉时期内，其非淀粉碳水化合物总量没有明显差别；但在仲夏时期，非紧实土壤的 3 种冷季型草坪草的非淀粉碳水化合物总量则下降了 23% ~ 50%。表明土壤紧实与高温胁迫同时作用时，可减少草坪草的非淀粉碳水化合物总量。

（6）对草坪草抗逆性与抗病性的影响

生长于紧实土壤的草坪草的非淀粉碳水化合物总量低，植株生长弱小，更易遭受环境胁迫危害。紧实土壤草坪草的水分和养分吸收减少，茎生长减慢，降低了受伤草坪草的恢复能力。

排水不畅的紧实地土壤及高频灌溉技术为草坪病害发生提供了有利的潮湿微环境，使草坪病害更易发生和流行。践踏过度造成土壤紧实的程度依草坪草种或品种、土壤质地、气候环境与养护措施不同而异。因此，我们可通过选择有耐性的草坪草种品种、践踏管制和土壤耕作、土壤改良、使用土壤团粒结构促进剂等技术措施防止或减轻草坪土壤紧实。一般采用单一技术的效果并不显著，往往几种措施配合实施可达到良好的管理目的。

2.4.4　肥水管理对草坪的生态效应

肥水管理是指草坪管理中肥料、水分的供应情况。

2.4.4.1　草坪需肥特性

草坪草因具有一系列独特的功能、生物学特性和管理要求，因此，它除具有与其他农作物相同的营养共性外，还具有如下需肥特性。

（1）多年生长，营养期长

草坪草大多为多年生，以茎叶为主体，要求尽可能延长其营养期，其管理中要求多次施肥以保证充足的养分供应。草坪草的营养生长期越长，需要的养分越多，需要施肥的次数就越多。

（2）修剪和灌溉次数多，土壤肥力衰减快

草坪需要定期修剪和灌溉，频繁的修剪使许多养分随修剪掉的草屑带走，灌溉也易使草坪土壤中的速效养分淋失。该两项草坪基本管理措施均可造成草坪土壤肥力衰减，使草坪草经常处于"饥饿"状态。因此，草坪需要不断施肥才能满足草坪草正常生长的需求。

（3）不同季节施肥种类不同，不同种类肥料需求量不同

通常草坪春、秋季施肥，选择以氮肥为主的肥料，以促进草坪草营养生长；而夏季施肥则以磷、钾肥为主，以提高草坪草的抗性。由于草坪经常需要修剪和灌溉，为了弥补其修剪和灌溉造成的营养损失和恢复修剪造成的草坪草植株伤口，与其他农作物相比较，草坪氮肥的需求量特别多；草坪钾肥的需求量也超常；而草坪磷肥的需求量相对地少；草坪其他营养元素肥料也要求全面。

（4）不同草坪种类的肥料需求不同，不同地域土壤的肥料需求不同

草坪草种及品种多，其遗传生理特性不同，对肥料的需求也不相同。

2.4.4.2　施肥对草坪的影响

（1）促进草坪草生长

氮素是草坪草需求量最大、最为关键的营养元素，在草坪草的生长发育过程中起主导作用。氮肥可明显促进草坪草的生长，是形成致密草坪的可靠保证。同时，氮肥可促进草坪草分蘖，增加草坪密度，提高草坪质量。但是，草坪草种或品种不同对氮素的需求存在一定的差异；草坪质量要求不同对氮肥的施用量和施用次数不同。

（2）影响草坪质量

氮肥施用量影响草坪表观质量。不同形态的氮肥对草坪的观赏性和耐践踏性有不同的影响。研究表明，施用高比率的速效氮肥，可以得到较好的草坪观赏效果。如采用速效氮肥与缓释氮肥混合施用时，既可减少草坪草的总氮用量，又可维持草坪的高质量。钾肥具有增强草坪耐践踏性的作用。

（3）影响草坪抗性

磷肥可以提高草坪草的抗寒、抗旱、抗病和抗倒伏能力。钾肥能提高草坪草对干旱、低温、盐害、病虫、倒伏等不良逆境的忍受能力。氮、磷、钾可增强草坪病害抗性。硅、钙和镁肥可提高草坪病害抗性。微量元素也可提高草坪病害抗性。

（4）影响草坪环境

氮肥的氮素进入草坪土壤受到草坪草的延缓或阻碍，因而草坪土壤表层的氮肥氮素暴露于湿度大、高温和微生物活动频繁的环境中，有利于氨的挥发，导致氮素损失，还造成环境污染。其次，肥料的各种营养元素还可通过降雨、灌溉等淋洗损失，流入江河、湖泊及渗入地下水，造成地面水体营养富集化污染和地下水污染。再者，长期单一施用化肥，不仅会破坏草坪土壤结构，造成草坪土壤紧实，恶化土壤性状，进一步引起土壤退化，不利草坪草正常生长发育。有些工业化肥还含有一些重金属元素等有害成分或酸碱成分，长期大量施用可导致草坪土壤重金属等有害成分超标或土壤过酸过碱，不能正常建植草坪。

2.4.4.3　水分管理对草坪的影响

与其他植被相比，草坪低矮、根系浅，抗旱能力差，适时灌溉尤为重要。灌溉使足够深的土层湿润有利于草坪草根系的向下生长，从而获得高质量草坪。最理想的灌溉频率是保持土壤的上层部分有 50% 的可利用水范围。

（1）水分过多对草坪的生态效应

若草坪灌溉频率超过了草坪草植株的需水平衡，水分过多，易造成积水，使土壤通透性变差，土壤板结，导致土壤含氧量下降，引起草坪草茎高生长下降，茎密度增加，植株含水量和叶绿素含量下降，草坪浅层根系过于发达，总根生长量和生活力下降等，最终导致草坪脆弱，抗逆性差，易受草坪杂草、病虫害和践踏危害，干旱条件下成活率低，春季返青晚。此外，草坪叶片颜色也会变淡且更加纤弱，抗性减弱，草坪活力及质量下降。

（2）水分过少对草坪的生态效应

如果草坪土壤缺少可供草坪草吸收的水分，草坪草就会受到干旱胁迫。干旱胁迫下的草坪草的细胞延伸受到抑制，细胞壁硬化；叶绿体活性下降，叶绿素降解，类囊体泡状化，叶绿体膜破裂，基质外溢，直至叶绿体完全丧失活性，进而影响草坪草代谢过程和生长速度，最终影响草坪质量。

草坪对水分亏缺造成干旱胁迫的最初反应是通过缩小草坪草气孔开度来调节其蒸腾，尽可能减少因草坪草蒸腾作用而造成的水分散失。干旱胁迫下的草坪草根系深扎，根长增加，细根数目和长度增加；茎的密度降低，叶片相对含水量下降，颜色变暗。

2.4.5　植物生长调节剂对草坪的生态效应

植物生长调节剂是指由人工合成的、与天然植物激素具有相似生理和生物学效应的化学物质。

2.4.5.1　植物生长调节剂类型

植物生长调节剂多种多样，按其一般用途的分类见表2-11，按其功能和作用方式则可分为生长促进剂（growth promoter，具有促进植物生根、发芽、发育、早熟等作用）、生长抑制剂（growth inhibitor，具有抑制植物顶端分生组织生长，干扰顶端细胞分裂，引起茎伸长的停顿和破坏顶端优势的作用，并且，其抑制作用不能被赤霉素所恢复）和生长延缓剂（growth retardant，能抑制植物亚顶端分生组织生长，能抑制节间伸长而不抑制顶芽生长，并且，其抑制效应能被活性赤霉素所解除）3类。

表 2-11　植物生长调节剂的一般用途分类

用途	适用的植物生长调节剂名称
延长贮藏器官休眠	青鲜素，萘乙酸钠盐，萘乙酸甲酯
打破休眠促进萌发	赤霉素，激动素、硫脲，氯乙醇，过氧化氢
促进茎叶生长	赤霉素、6-苄基氨基嘌呤，油菜素内酯，三十烷醇
促进生根	吲哚丁酸，萘乙酸，2,4-D，比久，多效唑，乙烯利，6-苄基氨基嘌呤
抑制茎叶芽的生长	多效唑，优康唑，矮壮素，比久，皮克斯，三碘苯甲酸，青鲜素，粉绣宁
促进花芽形成	乙烯利，比久，6-苄基氨基嘌呤，萘乙酸，2,4-D，矮壮素
抑制花芽形成	赤霉素，调节膦
疏花疏果	萘乙酸，甲萘威，乙烯利，赤霉素，吲熟酯，6-苄基氨基嘌呤
保花保果	2,4-D，萘乙酸，防落素，赤霉素，矮壮素，比久，6-苄基氨基嘌呤
延长花期	多效唑，矮壮素，乙烯利，比久
诱导产生雌花	乙烯利，萘乙酸，吲哚乙酸，矮壮素
诱导产生雄花	赤霉素

（续）

用途	适用的植物生长调节剂名称
切花保鲜	氨氧乙基乙烯基甘氨酸，氨氧乙酸，硝酸银，硫代硫酸银
形成无籽果实	赤霉素，2,4-D，防落素，萘乙酸，6-苄基氨基嘌呤
促进果实成熟	乙烯利，比久
延缓果实成熟	2,4-D，赤霉素，比久，激动素，萘乙酸，6-苄基氨基嘌呤
延缓衰老	6-苄基氨基嘌呤，赤霉素，2,4-D，激动素
提高氨基酸含量	多效唑，防落素，吲熟酯
提高蛋白质含量	防落素，西玛津，莠去津，萘乙酸
提高含糖量	增甘膦，调节膦，皮克斯
促进果实着色	比久，吲熟酯，多效唑
增加脂肪含量	萘乙酸，青鲜素，整形素
提高抗逆性	脱落酸，多效唑，比久，矮壮素

此外，植物生长调节剂按作用对象还可分为生根剂、壮秧剂、催熟剂等。一些常见草坪植物生长调节剂特点及适用范围见表 2-12。

表 2-12　主要草坪植物生长调节剂的分类、吸收部位和作用特点

名称	吸收部位	抑制特点		适用养护水平	适用草坪草种
		茎叶	抽穗		
抗倒酯（Trinexapac-ethyl）	叶	是	部分	低、中、高	美洲雀稗、翦股颖、狗牙根、假俭草、羊茅草、草地早熟禾、黑麦草、钝叶草、结缕草
嘧啶醇（Flurprimidol）	根	是	否	低、中、高	翦股颖、狗牙根、草地早熟禾、黑麦草、钝叶草、结缕草
多效唑（Paclobutrazol）	根	是	否/部分	低、中、高	翦股颖、狗牙根、草地早熟禾、黑麦草、钝叶草、结缕草
烯效唑（Uniconazole）	叶、根	是		低、中、高	翦股颖、狗牙根、草地早熟禾、黑麦草、钝叶草、结缕草
青鲜素（Maleic hydrazide）	叶	是	是	低	美洲雀稗、狗牙根、羊茅草、草地早熟禾、黑麦草
抑长灵（Mefluidide）	叶	是	是	低、中（或高）	狗牙根、假俭草、羊茅草、草地早熟禾、黑麦草、钝叶草
乙烯利（Ethephon）	叶	是	是	低、中、高	羊茅草、草地早熟禾、黑麦草、狗牙根、钝叶草、结缕草
缩节胺（Mepiquat chloride）	叶、根	是		低、中、高	高羊茅
矮壮素（Chlormequat chloride）	叶	是		低、中、高	草地早熟禾、高羊茅
稀禾定（Sethoxydim）	叶	是	是	低	
草甘膦（Glyphosate）	叶	是	是	低	
呋草黄（Ethofumisate）	叶	是	是	低	
甲基咪草烟（Imazapic）	叶、根	是	是	低	
咪唑乙烟酸 + 灭草烟（Imazethapyr + Imazapyr）	叶、根	是	是	低	
甲嘧磺隆（Sulfometuron）	叶、根	是	是	低	
甲磺隆（Metsulfuron）	叶、根	是	是	低	
绿磺隆（Chlorsulfuron）	叶、根	是	是	低	

（续）

名称	吸收部位	抑制特点		适用养护水平	适用草坪草种
		茎叶	抽穗		
赤霉素（Gibberellic acid）	叶	否	否	低、中、高	
赤霉素 + 生长素（Gibberellic acid + Indolebutyric acid）	叶	否	否	低、中、高	

2.4.5.2 植物生长调节剂对草坪草的影响

植物生长调节剂在草坪上的应用及其研究始于 20 世纪 40 年代，20 世纪 60 年代植物生长调节剂的生长延缓剂开始应用于草坪。20 世纪 70 年代至 80 年代，是植物生长调节剂在草坪上的应用及其研究发展较快的时期。20 世纪 90 年代起始，植物生长调节剂在草坪上的应用及其研究进入了全面应用与研究阶段。植物生长调节剂主要通过改变草坪草内源激素的分布和含量，从而对草坪草造成如下影响。

（1）对草坪草生长的影响

①对草坪草地上部的影响　主要影响有：增加绿度，延长绿期，改善草坪质量；延缓垂直生长，减少草坪修剪频率；促进草坪草分蘖，增加草坪密度；提高草坪草种子生产性能。

②对草坪草地下部的影响　一般认为，植物生长调节剂可抑制草坪草地上部茎叶生长和花的分化形成，使更多光合产物用于草坪草根系生长，从而增加草坪草根冠比，提高草坪匍匐性。

但是，另一些研究认为，由于某些植物生长调节剂存在潜在的植物毒害效应，降低了光合作用，碳水化合物供应减少，草坪草根系发育可能受到抑制。

（2）对草坪草代谢的影响

施用植物生长调节剂后，草坪草的生理生化代谢发生改变，主要是对其抗氧化酶产生影响；对其内源激素产生影响；还对其光合作用与呼吸作用产生影响。

（3）对草坪草抗性的影响

喷施一定浓度的植物生长调节剂，可改变草坪草内源激素的水平来调控草坪草的生理生化特性，从而对处于高温、低温、干旱、荫蔽及受病菌侵染条件下草坪草的生长带来一定的生态效应。可提高耐热性和抗寒性；增强抗旱性；提高耐阴性；增强抗病虫性。

（4）对草坪草寿命与草坪杂草的影响

植物生长调节剂可减少草坪草花序的形成，因此能维持草坪草较长时期的营养生长，可延长生长叶片的功能期，为草坪延长绿期的一项非遗传因素的管理措施。如上所述，不同种类的植物生长调节剂对不同种和品种的草坪草的生长调节作用不相同。有些植物生长调节剂的使用可抑制草坪草的生长，会降低草坪草与草坪杂草的竞争力，增加草坪杂草的入侵机会，如某些阔叶性草坪杂草对植物生长调节剂的敏感性远低于草坪草的敏感性。因此，使草坪杂草更为严重，降低草坪质量。但是，有些植物生长调节剂本身对草坪杂草具有很好的控制效果。如多效唑和调嘧醇两种植物生长调节剂对抑制匍匐翦股颖果岭草坪的一年生早熟禾草坪杂草却有独特的作用。当使用该两种植物生长调节剂后，一年生早熟禾的光合作用比匍匐翦股颖的光合作用被严重抑制，从而可达到控制一年生早熟禾的效果。

（5）植物生长调节剂对草坪草养分吸收与休眠的影响

国内外关于植物生长调节剂对草坪草养分吸收的影响研究较少。杨建肖（2005）研究表明抗倒酯、多效唑和乙烯利，在用药 28 d 后，3 种植物生长调节剂对草地早熟禾的全氮的吸收都表现出一定的影响作用，乙烯利的高浓度处理对草地早熟禾的全氮含量影响效果最明显；3 种植物生长调节剂对高羊茅全氮含量的影响效果都不明显。

植物生长调节剂可打破草坪草种子休眠。据报道，经 NaOH 处理过的结缕草种子，其发芽率为 80.0%，再用 160 mg/kg 的赤霉素处理，其发芽率可提高到 89.5%。

植物生长调节剂可延缓冷季草坪草夏季休眠。程敏等（2009）施用脱落酸（ABA）和矮壮素（PP_{333}）两种植物生长调节剂对匍匐翦股颖品种普特夏季休眠的调控研究结果，当气温高于匍匐翦股颖最适生长温度（25℃）时，植物生长调节剂 ABA 和 PP_{333} 能有效降低匍匐翦股颖的枯黄率，抑制或延迟草坪草进入休眠，而水分对枯黄率的影响随着温度的升高而逐渐减弱。当温度为 25℃时，所有处理的匍匐翦股颖均未休眠；当温度升至 30℃时，对照处理中，每 10 d 和每 15 d 浇一次水的枯黄率达到 70%，发生休眠；而施用 ABA 和 PP_{333} 时，最大枯黄率为 65%，未进入休眠；当温度为 35℃时，对照处理在第 6 d 进入休眠，而施用 ABA 和 PP_{333} 的匍匐翦股颖在第 9 d 出现休眠。

然而，应用植物生长调节剂来控制草坪生长也有不利的一面。连续重复使用某些植物生长调节剂可引起草坪根系分布变浅，草坪叶子变黄和稀疏；生长抑制剂使植物生长受到限制，这使草坪易遭受病虫、杂草及其他环境胁迫的影响。合理的解决方法是寻找一种化学药品，既能限制草坪草纵向生长，又不影响草坪草叶子、分蘖、根茎和根系的正常生长。

2.4.5.4 影响植物生长调节应用效果的因素

影响植物生长调节剂应用效果的因素多种多样，主要包括草坪草、药剂与环境等因素。

（1）草坪草对应用效果的影响

草坪草的种或品种、生长发育阶段、器官与部位不同，其植物生长调节剂的应用效果均可能不相同。

①不同草坪草种或品种对植物生长调节剂的敏感程度存在差异 Razmjoo K. 等（1994）比较了 8 种草坪草对多效唑的敏感性，其大小依次为草坪早熟禾 > 林地早熟禾 > 硬羊茅 > 多年生黑麦草 > 粗茎早熟禾 > 匍匐翦股颖 > 高羊茅 > 紫羊茅。李雅娜（2001）的研究表明，烯效唑对草地早熟禾会产生药害；但对匍匐翦股颖矮化效果很好；而对紫羊茅效果不明显。

②不同草坪草生长发育阶段与不同器官部位对植物生长调节剂的敏感性不同 一般草坪草植株幼嫩的细胞对植物生长调节剂的反应非常敏感；老细胞以及高度木质化与分化程度高的细胞则反应不敏感；营养器官对植物生长调节剂的反应比生殖器官的反应敏感。如在生长期使用赤霉素可提高苜蓿生长量；现蕾至开花期使用三十烷醇可提高紫云英产量；铺设草坪时使用 6-BA 可促进其成活。赖永梅等（2001）研究认为，用植物生长调节剂抑制草坪草生长应在中国 5 ~ 6 月草坪草生长旺盛时期施用效果最好；剪草前 1 ~ 2 d 施药对草坪草生长的抑制效果不明显，一般在剪草后第 2 ~ 5 d 施药为宜。

（2）药剂施用对应用效果的影响

不同植物生长调节剂的作用效果不同；不同草坪草种或品种对同一种植物生长调节剂的反应不同；相同植物生长调节剂对不同草坪草起作用的施用浓度、剂量与方法均不相同。

①施药浓度与剂量对应用效果的影响 植物生长调节剂的最适浓度确定，应依据草坪草种类确定。大部分植物生长调节剂都具有双重效应，即在低浓度下对草坪草具有促进生长作用；超过一定浓度时则起抑制作用。此外，植物生长调节剂的施用剂量如果合适一般能正常

发挥功效；如果施用剂量不足或过量，则可能不起作用或作用效果不大或起相反的作用效果甚至对草坪产生药害、导致死亡。如低浓度矮壮素可促进草地早熟禾分蘖；高浓度的矮壮素却抑制其分蘖。

②施药频率与方式对应用效果的影响　大多数研究表明，在草坪草植物生长调节剂的适宜施药时期内，施药次数与间隔对其应用效果没有明显影响，施药时期在 3 ~ 10 月均可进行，多选择 4 ~ 6 月施药。施药次数多为 1 ~ 2 次，施药间隔为 10 ~ 15 d。

草坪草植物生长调节剂施药方法常用方式有浸种、喷施和土壤处理等 3 种。由于植物生长调节剂的用量少，易被土壤固定或被土壤微生物分解，因此，大多数植物生长调节剂不适合采用土施法。但有些植物生长调节剂如果叶面喷施，会一定程度地使叶片变形或抑制顶端分生功能，这时可采用土施法。适合土施法的植物生长调节剂有多效唑、烯效唑、嘧啶醇、矮化磷和青鲜素等。Huh M.（1999）比较了土壤淋溶、叶面喷施和浸种 3 种方式对狗牙根、草地早熟禾和匍匐翦股颖等施用不同浓度的烯效唑效果，结果表明土壤淋溶矮化植株的效果最佳，而且草坪均一性好、品质好。

若需促进发芽、壮苗，多采用浸种方式；若要促进（或抑制）植株生长，增加种子产量，则宜在植株生长期或花芽分化发育适当时期进行叶面喷施；而多效唑易被根系吸收，且土施多效唑省药、有效期长、不易降解，对草坪影响可持续多年，因此，以土施效果好。

③植物生长调节剂与其他物质合理配合的作用效果更优　许多研究表明，不同植物生长调节剂之间及其与化肥、农药之间按一定比例混合施用，可产生明显的增效和加合作用。如乙烯利和 2,4-D 按一定比例混合施用既可以抑制草坪草生长，同时，又防治阔叶草坪杂草，事半功倍。

（3）环境因素对应用效果的影响

植物生长调节剂的施用环境因素对其草坪的应用效果具有显著影响。这是因为一方面环境因素可通过影响草坪草代谢而影响草坪草对药液的吸收与传导；另一方面，环境因素可通过影响药液的状态而影响草坪草的吸收。影响植物生长调节剂应用效果的环境因素主要包括温度、湿度、光照、土壤肥力状况、灌溉条件等。适当的高温、高的相对湿度、充足的光照一般有助于提高植物生长调节剂的应用效果。良好的土壤肥力状况等也有助于提高药效。

为了既达到最佳施用效果，又不影响草坪质量，施用时应掌握如下几个原则：一是不要在草坪尚未成坪时施用。此时草坪草幼苗期间抗性差，草坪易受药害；同时，有可能延缓成坪速度。二是选择草坪草旺盛生长季节施用，以便达到最优控制效果。冷季型草坪可以在春季或秋季施用，而暖季型草坪最好在夏季施用。三是不要连续重复施用，以防止过度抑制而造成草坪退化或产生草坪抗药性降低施药效果，一年内施用 1 ~ 2 次即可。为了保证草坪外观质量，施用前需要进行修剪。四是要注意研究和开发应用环境友好型植物生长调节剂，筛选高效低毒的药剂和完善施用技术。

综上所述，草坪作为一种受到强烈人为干预的人工生态系统，无疑会受到人类各种养护措施的影响，除上述的肥水管理、植物生长调节剂施用对草坪的生态效应外，草坪修剪、滚压、打孔、表施土壤、垂直修剪等养护措施均将对草坪带来一系列的生态效应，其相关内容将在本书第 4 章相关章节加以详述。

本章小结

本章总结了生态系统与草坪生态系统的组成及其特点；分析了温度、太阳辐射、水分及其他气候生态因子对草坪的各种生态效应；阐明了土壤组成与质地、土壤有机质、土壤水分与土壤空气、土壤酸碱性等土壤生态因子对草坪的各种生态效应；还分析总结了其他植物、动物、微生物及践踏、肥水管理、植物生长调节剂等人类活动对草坪的各种生态效应。

思考题

1. 草坪生态系统的组成及其特点？
2. 影响草坪根际和冠层温度的因素有哪些？
3. 温度通过哪些途径影响草坪草的生长发育？
4. 光照对草坪草有何作用？
5. 当光强降低时，草坪草会产生什么反应？
6. 简述草坪草对水分的吸收与散失？
7. 风和大气污染对草坪草有何影响？
8. 土壤质地和结构如何影响草坪草的生长？
9. 什么是土壤反应？说明草坪土壤中各种水分类型的特征，并解释它们对草坪草生长的有效性？
10. 简述土壤有机质对草坪的作用？
11. 简述草坪盐碱土的诊断和改良管理措施？
12. 简述其他植物对草坪的影响？
13. 简述践踏对草坪的影响？
14. 简述水肥管理对草坪的影响？
15. 简述植物生长调节剂对草坪的影响？

本章参考文献

胡林，边秀举，等. 2009. 草坪科学与管理[M]. 北京：中国农业大学出版社.

张自和，柴琦. 2009. 草坪学通论[M]. 北京：科学出版社.

龚束芳. 2008. 草坪栽培与管理[M]. 北京：中国农业科学技术出版社.

边秀举，张训忠. 2005. 草坪学基础[M]. 北京：中国建材工业出版社.

孙吉雄. 2008. 草坪学[M]. 3 版. 北京：中国农业出版社.

李建龙. 2008. 草坪草抗性生理生态研究进展[M]. 南京：南京大学出版社.

侯天荣. 2010. 植物生长调节剂对草坪草抗性生理的影响[J]. 贵州农业科学，38(4)：50～52，58.

罗平. 2010. 多效唑对狗牙根草坪生长和生理的影响[D]. 河北农业大学.

杨建肖. 2010. 植物生长调节剂对草地早熟禾、高羊茅生长及氮素吸收的影响研究[D]. 河北农业大学.

张志国，李德伟. 2002. 现代草坪管理学[M]. 北京：中国林业出版社.

杨文钰，袁继超，罗琼. 1997. 植物化控[M]. 成都：四川科学技术出版社.

鄢燕，张新全，张新跃. 2003. 植物生长调节剂在牧草及草坪草上的应用研究进展[J]. 草原与草坪(3)：7-10.

何八斤，陈莹，周禾. 2008. 植物生长调节剂在草坪上的应用进展[J]. 草原与草坪(2)：6-12，18.

杨建肖，李会彬，杜雄，等. 2005. 植物生长调节剂在草坪草上的应用研究进展[J]. 草原与草坪(5)：12-15，21.

漆放云，杨知建，余清．2006．植物生长调节剂在冷季型草坪草上应用研究进展［J］．作物研究(5)：530－534．

卢娜．2010．不同光照强度、营养元素与生长调节剂对高羊茅生长的影响［D］．上海交通大学，1－41．

梁雪莲，陈平．2006．草坪草耐热性研究进展［J］．农业与技术，26(2)：68－73．

徐胜，李建龙，何兴元，等．2006．冷季型草坪草的耐热性调控研究进展［J］．应用生态学报，17(6)：1117－1122．

石彦琴，陈源泉，隋鹏，等．2010．农田土壤坚实的发生、影响及其改良［J］．生态学杂志，29(10)：2057－2064．

申屠文月．2007．提高冷季型草坪草越夏能力的途径探讨［J］．安徽农业科学，35(13)：3856－3857．

竹内安智．1997．草坪草的生理、生态学特征和生育生理［J］．刘大军译，李方校．四川草原(1)：59－64．

张蕴薇，杨富裕，周禾，等．2003．草坪芜枝层综合防除措施研究进展［J］．中国草地，25(2)：54－58．

周红，李建龙，黄武强，等．2010．不同遮阴条件下几种草坪草的耐阴性及观赏品质比较［J］．草坪与草坪，30(6)：19－25．

徐庆国，苏鹏，梁东鸣，等．不同冷季型草坪草种的高温胁迫抗性差异研究［C］．中国草学会草坪专业委员会第八届全国会员代表大会暨第十三次学术研讨会论文集，122－132．

于得水，刘金荣，陈平，等．2011．华南地区4种禾草的耐阴性比较研究［J］．草坪与草坪，31(1)：73－78．

陈荣花．2012．北京地区耐阴草坪建植管理［J］．现代园艺(2)：23．

徐庆国，苏鹏，唐瑶，等．暖季型草坪草低温胁迫抗性差异的研究［C］．中国草学会草坪专业委员会2010年学术研讨会论文集，95－101．

余高镜．2006．草坪草的生理生态特性研究［D］．福建农林大学．

陈志一，梅霞．2005．草坪的生态水循环与节水草坪［J］．四川草原(2)：38－40．

第 **3** 章

草坪建植

草坪建植简称建坪，是指用有性与无性的繁殖方法人工建立草坪过程的综合技术总称。草坪建植实际上是一个恢复植被和绿化的生态工程过程。草坪建植一般包括草坪草种选择、坪床准备、种植和新建草坪的养护管理等 4 个主要阶段。

草坪建植是在新的起点上建立一个新的草坪，是草坪形成与利用的起始工作和草坪目标效果中最重要的步骤之一。建坪工作的优劣对今后草坪的品质、功能、养护管理等均将带来深远的影响。往往可能因为建坪之初的失误，而给以后的草坪带来杂草严重的入侵、病害的蔓延、排水不良、草皮剥落及耐践踏力差等种种弊病；也可能会产生草坪草种不适宜、定植速度变缓慢、生产功能低下等问题。因此，建坪对良好草坪的形成起着极其重要的作用。

3.1 草坪草种选择

3.1.1 草坪草种选择的主要原则

草坪草种选择是草坪建植时首要考虑的问题。中国草坪草种质资源丰富，品种类型繁多，加上又从国外引入大量草坪草种及品种，选择适宜当地生态环境与养护管理条件的草坪草种，既是草坪建植成功的第一步，也是关键步骤。优良草坪草种的选择要求是建植的草坪质量高；草坪持久、抗性强；养护管理成本低。为此，草坪草种选择应遵循如下主要原则。

3.1.1.1 根据适地适草原则，选择适宜草坪生态型的草坪草种

草坪生态型指不同的草坪草群体，长期生存在不同的自然条件和人为培育条件下，经自然选择和人工选择而分化形成的生态、形态和生理特性不同的基因类群。选择适宜当地气候、土壤条件的草坪草种，是草坪建植成败的关键。

（1）草坪生态型的类型

草坪生态型(turf ecotype)是指同一草坪草类型或种内因适应不同生境而表现出具有一定结构或功能差异的不同类群。根据形成生态型的主导因子类型的不同，草坪生态型可分为 3 种类型。

①气候生态型　指长期适应不同的光周期、气温和降水等气候因子而形成的不同草坪草生态型。如冷季型草坪草和暖季型草坪草即为 2 种不同的草坪草生态型。同时，在长期的自然生长条件下，各草坪草种对各种生态逆境产生了不同的抗逆性，因而形成了耐寒性、抗旱性、耐热性、耐阴性、耐湿性等各不相同的不同草坪草气候生态类型。如冷季型草坪草的耐寒性一般比暖季型草坪草的强；暖季型草坪草的耐热性一般比冷季型草坪草的强。但是，暖季型草坪草的结缕草能耐最北寒带的低温，暖季型草坪草的狗牙根也较耐寒，能用作中国西

北等低温地区的草坪草；冷季型草坪草高羊茅具有非常好的耐热性，可用作中国南方高温地区的草坪草。又如，冷季型草坪草，细羊茅在冷季型草坪草适应区具最好的抗旱性；高羊茅在温暖地带表现良好的抗旱性。再如暖季型草坪草中，狗牙根不耐阴；而钝叶草却很耐阴；冷季草坪草绒毛翦股颖（*Agrostis canina* L.）耐阴性强，但其种子昂贵。中国南方耐阴草坪多选用马蹄金或钝叶草草坪草种；北方耐阴草坪多选用粗茎早熟禾与高羊茅草坪草种混播。

②土壤生态型 指长期在不同的土壤水分、温度、养分、酸碱度和盐渍等土壤因子的自然或栽培条件下形成的不同草坪草生态型。同类型草坪草中，存在不同耐渍性、耐瘠性、耐盐性和耐酸性的土壤生态型。如冷季型草坪草中，草地早熟禾和结缕草不适于频繁的水淹；但匍匐翦股颖较耐积水，高羊茅也种植于经常积水的道路两侧；暖季型草坪草中，狗牙根和野牛草非常耐积水，水淹数十天后仍能恢复生长。又如，冷季型草坪草匍匐翦股颖和暖季型草坪草狗牙根比较耐肥，它们需要高肥条件才能保持其稠密的草层和生长旺盛；而冷季型草坪细羊茅和暖季型草坪草野牛草适宜少量肥料，若肥料过多还可能导致易发病虫害和产生杂草危害。再如，冷季型草坪草匍匐翦股颖、高羊茅和暖季型草坪草狗牙根、结缕草的耐盐性较强；冷季型草坪草高羊茅和细羊茅的耐酸性比早熟禾、黑麦草的耐酸性强；冷季型草坪草翦股颖、冰草和暖季型草坪草狗牙根、结缕草、野牛草的耐碱性较强。

③生物生态型 指长期生长在不同的生物条件或人工诱导条件下分化形成的不同草坪草生态型。同类型草坪草的抗病性、抗虫性、抗（杂草）侵入性均存在不同的生态型。如暖季草坪草中，结缕草较抗病虫，也较抗杂草侵入。

（2）适宜草坪生态型的草坪草种选择

只有适宜当地生态环境条件的草坪生态型的草坪草种，才能生长正常，发挥其使用功效，且养护管理成本低。中国一般以长江为界，长江以北首选冷季型草坪草，主要为高羊茅、早熟禾、黑麦草和翦股颖等4属草坪草种；长江以南首选暖季型草坪草，如狗牙根、结缕草、假俭草、地毯草、雀稗等属草坪草种。草坪过渡带可选择上述两种类型的草坪草，一般北过渡带以冷季型草坪草和耐寒的结缕草、中华结缕草、细叶结缕草、野牛草等为主；地处亚热带的湖南等南过渡带，还是以暖季型草坪草为宜，该地区高温多湿的气候条件不适宜冷季型草坪草，4～6月的多雨可造成冷季型草坪草发病严重，7～8月的高温干旱则可造成冷季型草坪草失水枯黄和死亡，难以越夏。

此外，因为相同气候带地区还存在不同的局部生态环境条件差异，因此，某一具体草坪建植地还必须根据其气候、土壤与以草坪养护人力条件为主的生物条件，选择合适的草坪气候生态型、土壤生态型和生物生态型的草坪草种。

3.1.1.2 根据草坪草植物学性状选择适宜的草坪草种

草坪草植物学性状主要包括种子（种茎）萌芽特性，出叶速度和叶片质地、色泽、寿命等叶片性状，分蘖（枝）类型，草高、密度和刚性等。不同草坪草的植物学性状不同，从而决定了它们具有不同的草坪作用和功能（表3-1）。因此，应根据不同草坪草的植物学性状，选择适合不同草坪建植方法和用途及类型的草坪草种。

表 3-1　常见草坪草种的应用特性比较

应用特性	冷季型草坪草	暖季型草坪草	应用特性	冷季型草坪草	暖季型草坪草
叶片质地 细致↓粗糙	紫羊茅	狗牙根	耐盐碱性 强↓弱	匍匐翦股颖	狗牙根
	匍匐翦股颖	结缕草		高羊茅	结缕草
	细弱翦股颖	假俭草		多年生黑麦草	钝叶草
	草地早熟禾	巴哈雀稗		紫羊茅	巴哈雀稗
	多年生黑麦草	钝叶草		草地早熟禾	地毯草
	高羊茅	地毯草		细弱翦股颖	假俭草
植株密度 高↓低	匍匐翦股颖	狗牙根	抗病性 强↓弱	高羊茅	钝叶草
	细弱翦股颖	结缕草		多年生黑麦草	狗牙根
	紫羊茅	钝叶草		草地早熟禾	结缕草
	草地早熟禾	假俭草		紫羊茅	地毯草
	多年生黑麦草	地毯草		细弱翦股颖	巴哈雀稗
	高羊茅	巴哈雀稗		匍匐翦股颖	假俭草
定植密度 快↓慢	多年生黑麦草	狗牙根	修剪高度 高↓低	高羊茅	巴哈雀稗
	高羊茅	钝叶草		紫羊茅	钝叶草
	紫羊茅	巴哈雀稗		多年生黑麦草	地毯草
	匍匐翦股颖	假俭草		草地早熟禾	假俭草
	细弱翦股颖	地毯草		细弱翦股颖	结缕草
	草地早熟禾	结缕草		匍匐翦股颖	狗牙根
抗寒度 强↓弱	匍匐翦股颖	结缕草	修剪质量 好↓差	草地早熟禾	钝叶草
	草地早熟禾	狗牙根		细弱翦股颖	狗牙根
	细弱翦股颖	巴哈雀稗		匍匐翦股颖	假俭草
	紫羊茅	假俭草		高羊茅	地毯草
	高羊茅	地毯草		紫羊茅	结缕草
	多年生黑麦草	钝叶草		多年生黑麦草	巴哈雀稗
抗旱性 强↓弱	紫羊茅	狗牙根	形成草皮能力 强↓弱	匍匐翦股颖	狗牙根
	高羊茅	结缕草		细弱翦股颖	钝叶草
	草地早熟禾	巴哈雀稗		草地早熟禾	结缕草
	多年生黑麦草	钝叶草		紫羊茅	假俭草
	细弱翦股颖	假俭草		多年生黑麦草	地毯草
	匍匐翦股颖	地毯草		高羊茅	巴哈雀稗
耐热性 强↓弱	高羊茅	结缕草	再生性 强↓弱	匍匐翦股颖	狗牙根
	匍匐翦股颖	狗牙根		草地早熟禾	钝叶草
	草地早熟禾	地毯草		高羊茅	巴哈雀稗
	细弱翦股颖	假俭草		多年生黑麦草	地毯草
	紫羊茅	钝叶草		紫羊茅	假俭草
	多年生黑麦草	巴哈雀稗		细弱翦股颖	结缕草
耐阴性 强↓弱	紫羊茅	钝叶草	耐磨性 强↓弱	高羊茅	结缕草
	细弱翦股颖	结缕草		多年生黑麦草	狗牙根
	高羊茅	假俭草		草地早熟禾	巴哈雀稗
	匍匐翦股颖	地毯草		紫羊茅	钝叶草
	草地早熟禾	巴哈雀稗		匍匐翦股颖	地毯草
	多年生黑麦草	狗牙根		细弱翦股颖	假俭草

（续）

应用特性		冷季型草坪草	暖季型草坪草	应用特性		冷季型草坪草	暖季型草坪草
耐酸性	强↓弱	高羊茅	钝叶草	需肥量	高↓低	匍匐翦股颖	狗牙根
		紫羊茅	结缕草			细弱翦股颖	钝叶草
		细弱翦股颖	假俭草			草地早熟禾	结缕草
		匍匐翦股颖	地毯草			多年生黑麦草	假俭草
		草地早熟禾	巴哈雀稗			高羊茅	地毯草
		多年生黑麦草	狗牙根			紫羊茅	巴哈雀稗
耐淹性	强↓弱	高羊茅	地毯草	形成枯草层速度	快↓慢	匍匐翦股颖	狗牙根
		紫羊茅	假俭草			细弱翦股颖	钝叶草
		匍匐翦股颖	狗牙根			草地早熟禾	结缕草
		细弱翦股颖	结缕草			紫羊茅	假俭草
		草地早熟禾	钝叶草			多年生黑麦草	地毯草
		多年生黑麦草	巴哈雀稗			高羊茅	巴哈雀稗

（1）草坪草种的种子（种茎）萌芽特性选择

草坪草的种子（种茎）萌芽特性可决定草坪草的繁殖速度，从而也决定了草坪的建植方式与利用途径。一般冷季型草坪草黑麦草、高羊茅的种子易发芽，往往选作中国南方暖季型草坪的交播用种，有利交播草坪迅速成坪；而暖季型草坪草狗牙根、结缕草的种子萌发需经过药剂或脱壳处理才能打破休眠，种子萌发速度慢且不整齐，而它们的草茎（茎节）易发芽长根，因此，采用狗牙根和结缕草建坪往往选用草茎或草皮块播植或铺植成坪的营养繁殖建坪方式。

（2）草坪草种的叶片性状选择

草坪草的出叶速度和叶片质地、色泽、寿命等叶片性状是选择草坪草种的外观质量指标。黑麦草等草坪草的苗期出叶速度快，有利于快速成坪，通常选择作为临时要求快速建坪的草坪草用种；狗牙根和结缕草等草坪草种可采用草皮块铺植快速成坪，也可选择作用临时要求快速建坪的草坪草用种。

草坪草的叶片窄而厚，表明其质地好。如匍匐翦股颖和杂交狗牙根等草坪草种的叶片寿命长，质地好，叶色深绿，其草坪的外观品质好，从而可选择作为高尔夫果岭等高档草坪的草坪草种；而草坪质地粗糙的结缕草、假俭草等往往选择作为养护水平较低的绿化与生态保护草坪草种。

（3）草坪草种的分蘖（枝）类型选择

分蘖（枝）类型及其蔓生程度是草坪草种繁殖力和成坪速度的重要指标，而且对草坪质量，草坪养护管理难易程度，草坪受损后的恢复能力等均具有重要的影响。

①丛生型草坪草 主要通过分蘖进行扩展形成草坪，如播种量充足可形成均一性高的草坪，而播种量不足则易形成分散独立株丛组成的不均一且不平整的草坪。因此，高羊茅等丛生型草坪草一般选择用作养护管理水平较低的绿化与生态保护草坪。

②蔓生型草坪草 主要通过根状茎或匍匐茎水平扩展形成草坪。该类型草坪既能形成均一性高的草坪，易形成有弹性的、不易碎裂的草皮，具有较强的耐践踏性和耐低修剪能力。因此，狗牙根、结缕草等蔓生型草坪草种往往选择用作践踏程度大、需经常低修剪的高尔夫等运动场草坪草种。

（4）草坪草种的草高、密度和刚性选择

草坪草高度、密度和刚性是衡量草坪使用功效的重要指标性状。低矮的草坪草可形成低矮致密的草坪，不需要经常修剪，以营养繁殖为主，养护管理方便；高草通常以种子繁殖，苗期生长迅速，能快速成坪，但需要经常修剪，草坪恢复能力差，养护管理麻烦。

一般像结缕草等具有发达匍匐茎或根状茎且能耐高氮肥、强灌溉、低修剪和抗病虫的草坪草种能形成高密度草坪，可形成高质量的草坪，但由于该类草坪也易形成过多的芜枝层，需要提高草坪养护管理强度与水平。

草坪刚性指草坪草茎、枝（分蘖）和叶的抗压性，它与草坪草的耐践踏能力、耐磨损性、弹性与回弹性等草坪使用指标性状密切相关。像结缕草等茎枝粗壮，木质化程度高，且密度高，枝叶水分含量少，刚性强的草坪草种适宜选择用作践踏程度激烈的运动场草坪草种；而像匍匐翦股颖、黑麦草等茎叶含水量高，幼嫩，刚性弱的草坪草种则适宜选择用作践踏程度较低的观赏与绿化草坪草种。

3.1.1.3　根据草坪用途选择适宜草坪草种

草坪用途多种多样，必须根据草坪用途选择适宜草坪草种，做到"草尽其才"，使草坪用途与草坪草种特性无缝对接。

（1）运动场草坪的草坪草种选择

运动场草坪需要求根据不同体育运动功能和不同气候地带特点选择不同的草坪草种，其一般选择标准如下：

①具有发达的根系和地下根茎，以保证草坪良好的耐践踏能力；

②具有发达的匍匐茎或较强的分蘖能力，以保证运动场草坪较好的密度；

③叶片短小、密集、有适宜的硬度和弹性，草丛结构紧凑，使建成的运动场草坪具有较好的弹性和耐磨性；

④生长点低，生长速度较快，以满足运动场草坪高频率的低修剪需要；

⑤绿色期长，以增加运动场草坪使用量；

⑥抗逆性强，适应性强，以降低管理难度和成本。

总之，作为运动场草坪的草坪草种或品种应耐践踏、耐高频率低修剪、根系发达、再生能力强。如结缕草品种兰引Ⅲ号等比狗牙根的耐磨损性和抗性更强，弹性好，对水肥要求不高，养护管理简单，非常适宜选作运动场草坪草种，而且其对低温的抗性是暖季型草坪草中最强的，因此已广泛地应用于我国热带和亚热带足球场草坪。

杂交狗牙根品种老鹰草、天堂-328、海岸、矮生天堂草、天堂草-57、天堂-419 等均是高档运动场草坪草品种。其中，天堂-419 主要用于足球场和高尔夫球场的球道和发球台草坪；老鹰草和天堂-328 主要用于高尔夫球场的果岭草坪。假俭草是重要的热带、亚热带运动场草坪草种之一，可用于足球场草坪。海滨雀稗是我国热带、亚热带地区高尔夫球场主体草种，但在湖南等亚热带地区发病严重，越冬性较差，冬季常造成草坪部分死亡。

草地早熟禾根系发达，叶片纤细，色泽暗绿，草坪质量高，是理想的运动场冷季型草坪草，欧洲的足球场及我国北方地区的足球场（如 1996 年德国世界杯足球场场地和 2008 年北京奥运会主体育场）草坪大多采用了草地早熟禾。高羊茅为冷季型草坪草种，常用于足球场草坪或重要混播草种之一。多年生黑麦草的分蘖力强、叶片深绿、光亮，常用于足球场草坪混播草坪草种。

（2）绿化草坪的草坪草种选择

绿化草坪的广场、公园的游憩草坪面积大，养护管理粗放，人类活动频繁；观赏草坪一般为闭锁养护管理草坪，养管精细，草坪品质高。因此，绿化草坪应选株体低矮的丛生型或匍匐型草坪草种，其草坪覆盖力极强，成坪快，植株纤细、直立，草色美观，绿色期长，易繁殖，耐干旱，抗寒耐热。

适宜选择作为绿化草坪的草坪草种类繁多，沟叶结缕草是中国南方地区绿化主体草坪草种，应用最为广泛，其次有细叶结缕草、海滨雀稗、大叶油草、狗牙根、马蹄金等草坪草种；中国草坪过渡地带还常采用暖季型草坪草中交播冷季型草坪草的方法建植常绿草坪；中国北方地区绿化草坪主要选择冷季型草坪草种，如早熟禾、多年生黑麦草、匍匐翦股颖及高羊茅等。

（3）生态草坪的草坪草种选择

水土保持是生态草坪最重要的功能，因此，生态草坪对草坪草种的外观质量要求不高，但应对当地气候高度适应，且生长成坪快，根系发达分布深而密，固土护坡能力强，耐干旱和耐瘠薄。

生态草坪常建植在环境恶劣、土壤质量差的坡地，建植时多采用机械喷播，目前高速公路、铁路等生态草坪建植都大规模地采用了湿式喷播、挂网客土喷播等机械化作业，因此，生态草坪采用的草坪草种必须具有种子繁殖特性且能大规模采收种子才能适应机械化喷播施工。

中国南方地区最常用的生态草坪草种是狗牙根、百喜草和弯叶画眉草等，搭配一年生或多年生黑麦草、高羊茅、白三叶、红三叶等。例如，以黑麦草、高羊茅、狗牙根和白三叶等草坪草种进行混合播种，黑麦草能够在较短时间内覆盖地面，从而有效抑制杂草生长和防止水土流失，为其他草坪草种成功建植提供良好的环境条件。其后，黑麦草逐渐退化，而高羊茅、狗牙根和白三叶则在黑麦草的保护下得以持续生长，同时，由于豆科植物植株较高，光合作用不受禾本科植物的影响而可以共同生存，且白三叶有固氮功能，可以为高羊茅和狗牙根提供一定量的氮素营养，从而使整个生态草坪群落达到良性循环。我国北方地区生态草坪选择的草坪草种主要为一年生或多年生黑麦草、高羊茅、苜蓿、沙打旺、披碱草、老芒麦、沙生冰草、普通狗牙根、白三叶等。

3.1.1.4 根据经济实力与养护管理水平选择适宜草坪草种

草坪是需要养护管理且相对于园林树木管理费用较高的绿化类型，不同草坪草种养护管理费用及管理水平也不相同。草坪建植除应当考虑造价外，还应充分考虑草坪养护管理的费用，要求以经济适用为原则。如果没有较强的经济实力和养护管理能力，应选择普通草坪草种和具有耐粗放管理特点的草坪草种，否则，不但增加草坪养护管理负担，而且也不能达到应有的草坪功效。因此，投资发展草坪切忌草率拍板，盲目冒进，一定要在各项条件充分具备下慎重行事。

一般冷季型草坪草管理精细，建植与养护管理费用较高；暖季型草坪草建植与养护管理成本相对较低。草坪养护费用和养护水平较低的条件下，选择的草坪草种，必须对当地的优势草坪草种具有极强的竞争力，优先考虑节水、耐粗放管理、低养护成本的草坪草种，如城乡公园、广场、学校、住宅小区的草坪，宜优先选择结缕草属草坪草种。如果具有高养护费用与养护水平，可常常使草坪草种的适应范围超出它的正常适应范围，如有适宜的养护资金与养护水平，可使冷季型草坪草匍匐翦股颖在我国南方广州甚至海南岛都正常建坪与利用，从而可充分发挥匍匐翦股颖草坪质地好的优良特性，建植高挡草坪。

3.1.1.5　坚持以乡土草坪草种为主，外引草坪草种为辅的原则

加强本地野生草坪草种及品种的选育、驯化和推广应用，既可改变目前我国绝大多数所需草坪种子依赖进口的不利局面，又可提高我国草坪草新品种核心生产技术水平与新品种的知识产权能力，最终提高我国草坪产业水平与地位。本地乡土草坪草种通过漫长的生物演变，已经演化出各种适合本地生态环境条件的草坪生态类型。如近年我国通过对本地狗牙根品种资源的开发利用，选育了新农 1 号、新农 2 号、新农 3 号、南京、喀什、川南狗牙根、阳江狗牙根、邯郸狗牙根、保定狗牙根、鄂引 3 号等一系列本土狗牙根新品种，分别在当地推广应用，取得了很好的成效。

草坪草种引种试验必须遵循选"先试验、后推广"的原则，切忌盲目引种。有的本地乡土草坪草种或品种往往满足不了当地草坪功能的需要，因此，有时需要从国内外引种异地草坪草种充实本地草坪草种质资源，一则可作为育种亲本与本地乡土草坪草种采用杂交育种等常规育种与生物技术育种，从而选育具有双亲优良特性的新的优良草坪草品种；二则可进行严格正规的草坪草品种引种试验，筛选适宜当地生态环境条件的草坪草种及品种。

3.1.2　草坪草种组合与混播的草坪草种选择

草坪是由一个或多个草坪草种(品种)组成的草本植物系统，草坪草种组合是指草坪的草坪草种(含品种)组分组成及各组分比例，草坪草种组合各组分量与质的改变均可改变草坪的特性与功能。

3.1.2.1　草坪草种组合

草坪草种组合依据草坪的草种组成可分单播、混播和交播 3 种。本节只讨论单播与混播。

(1)单播

草坪草单播是指选用一个草坪草种的某一个品种播种的建坪方法。单播的优点是可保证草坪最高的纯度和一致性，单播形成的草坪外观均一，颜色一致，不存在种间或品种间的竞争问题。但是，由于草坪单一的草坪草遗传背景较为单一，因此，单播草坪对生态环境的适应性与抗逆性较差，其抗病性和抗虫性等均较差，也不能弥补草坪的季节枯黄，要求的草坪养护管理水平也较高。

单播常用于热带和亚热带地区暖季型草坪草种的建坪。这是由于暖季型草坪草狗牙根、假俭草、结缕草等大部分品质良好的草坪草种，尽管能够进行种子繁殖，但为了提高建坪效率，大多采用营养繁殖而不是采用种子繁殖，如果进行混播，则因草坪草种之间竞争激烈，会导致形成的混播草坪外观十分不一致，从而降低了草坪功效。

(2)混播

草坪草混播是指据草坪的使用目的、环境条件、草坪养护水平选择 2 种或 2 种以上的草坪草种或同一草坪草种的不同品种混合播种的建坪方法。混播的优点是混播草坪的草坪草混合群体比单播具广泛的遗传背景，因而具有更强的适应性。混播草坪的均一性比单播草坪的差。

混播常用于冷季型草坪草种的建坪。草坪合理混播可以提高草坪的总体抗性，如可提高

草坪的耐阴、耐磨、耐低修剪等特性，还可延长绿期、提高草坪受损后的恢复能力。生产上在不了解草坪生态特性的情况下，采用混播可以实现草种间优势互补，"适者生存"提高草坪建植的成功几率。混播草坪草组合中，依各草坪草种数量及作用，又可分为3个部分：

①建群种　指体现草坪功能和适应能力的草坪草种，通常在群落中的比重在50%以上；

②伴生种　指草坪群体中作用仅次于建群种的草坪草种，当建群种生长受到环境障碍时，由它们来维持和体现草坪的功能和对不良环境的适应，伴生种通常在成坪草坪中占30%左右；

③保护种　一般是发芽迅速、成坪快、少年生的草坪草种，在群落组合中充分发挥先期生长优势，对草坪组合中的其他草种起到先锋和保护作用。

3.1.2.2　草坪草混播的原则

草坪草混播不是简单地把草种混在一起播种，而应当遵循下列原则。

（1）目的性原则

为了提高草坪的抗性，常把对不同逆境抗性较好的草坪草种草品种放在一起混播。如某些草地早熟禾品种的褐斑病抗性较好，但抗锈病能力差，秋季易发生锈病，可以选择另外的抗锈病品种混合建坪，这样可提高草坪的总体抗病性。再如，建植疏林草坪时，由于树木分布不匀，树冠大小、遮阴程度不同，单一草坪草种很难适应各种不同条件，因而可在某一主导建群草坪草种内加入耐阴草坪草种混播建坪。紫羊茅是常见的耐阴草坪草种，在草地早熟禾或黑麦草内加入一定比例的紫羊茅混播建坪可提高草坪的耐阴性。

此外，根据不同草坪草种的生物学特性、功能和人们的需要，选择两种以上的草坪草种合理搭配混播建坪，能充分发挥不同草坪草种各自的生理优势和生态习性，取长补短，达到优势互补，适应变化较大的生态环境条件，更快地形成草坪并能保持草坪质量的稳定性，延长草坪寿命。如用夏季生长良好的草坪草种与冬季抗寒性强的草坪草种混播以延长草坪绿期；用耐践踏性强和耐修剪的草坪草种混播以提高草坪的耐磨性；用一年生速生草坪草种与多年生缓生草坪草种混播，可提高建坪速度和延长草坪的使用年限。

（2）兼容性原则

不同草坪草混播后形成的草坪应该在颜色、质地、均一性、生长速度等方面要一致或相近，即不同混合草坪草种之间要有相互兼容性。例如，从美国进口的大多数新育成的早熟禾品种颜色较深，与老的早熟禾品种如"公园"、"新港"的浅绿色很难一致，两者混播后，草坪草颜色深浅不一无法兼容，影响草坪观赏质量。

草坪草的叶片质地也存在较大差异，因此，选择混播草坪草种时，应充分考虑到成坪后的兼容效果。如很粗的草坪草与很细的草坪草混播则不适宜，特别是以细质地草坪草为主的草坪中有少数的粗质地草坪草，则在视觉上极易把粗质地草坪草视为草坪杂草，从而降低了草坪的总体质量。

（3）生物学一致性原则

生物学一致性原则指混播草坪草的生长速度、扩繁方式、分生能力等生物学习性应基本相同。有的草坪草分生能力很强，如翦股颖、沟叶结缕草、狗牙根等，如果与其他类型的草坪草如黑麦草、早熟禾混播，草坪会出现块斑状的分离现象，使草坪的总体质量下降。生长速度太快与太慢的草坪草种混播也易产生参差不齐的感觉，使草坪的观赏性大大降低。

(4)主导性原则

在考虑草坪草混播时，应该首先确定最终得到的草坪应该哪种草坪草为主。如一般情况下，草地早熟禾类草坪草发芽速度慢，建坪期间管理难度大，较易失败。如果用少量的多年生黑麦草(20%以下)混播，黑麦草生长速度较快，先发芽出苗，可以起到保护作用，有利于草地早熟禾在草坪中的发芽出苗，但最终成坪应以草地早熟禾草坪草为主。

3.1.2.3　草坪草混播的依据

草坪草混播草坪草种的选择，应在掌握草坪草混播原则的基础上，应主要依据草坪草的生态特性选择混播的草坪草种或品种。其主要依据如下。

(1)草坪草分生方式与竞争能力

草坪草的分生主要以营养更新的方式进行，分枝(蘖)方式多种多样。不同草坪草种的分生方式与能力不同，其竞争能力相应地存在差异，因此，选择混播草坪草种时，应根据不同草坪草种的分生方式与能力，分别采取不同的播种时间和播种量等调控措施，控制竞争能力强的草坪草种生长，从而使混播草坪成坪后能形成均一的草坪效果。

草地早熟禾属于根茎疏丛型的分枝分生方式，其草皮最富弹性，坚韧，极耐践踏，因此容易与其他草坪草种形成混播草坪；高羊茅与黑麦草主要靠分蘖来扩繁，其竞争能力有限。要得到以高羊茅和黑麦草为主的混播草坪就必须加大其播种量；而某些草坪草的分蘖能力和竞争能力均很强，参与混播时，其所占比例则不应太高。如匍匐翦股颖、结缕草等草坪草匍匐茎较发达，分生能力特别强。它们单播时的播种量就较少，它们与其他草坪草种混播时一般难以达到混播的预期目的，因此，它们一般不会被选择作为混播草坪草种。早熟禾和细叶高羊茅($Festuca\ ovina$)的分生能力相近，两者混播时，可选择早熟禾和细叶高羊茅以1:1的比例混播，推荐播种量为$5\sim10\ g/m^2$。近年新引进的新的多年生黑麦草品种的竞争力很强，将其与草地早熟禾混播时，其所比重以5%～10%为宜。

(2)草坪草的叶片质地

草坪草种和品种不同，叶片质地也有较大差异，参与混播的草坪草的质地应该接近，否则难以兼容。如细质地草坪中混杂有少量粗质地的草坪草，其草坪质量会降低。因此，细质地多年生黑麦草、草地早熟禾为主的草坪不能与粗质地的高羊茅混播。

(3)草坪草的颜色

一般情况下，老的草坪草品种叶色较浅；新的品种叶色较深。从欧洲进口的草坪草种的叶色较浅；从美国进口的草坪草种的叶色则较深。尽管不同的人们对草坪草颜色的爱好不一，但是，叶片颜色差异大的草坪草种不宜混播建坪。

(4)其他

草坪草的一些其他指标如耐阴性、绿期、抗性、耐践踏等，在某些情况下也应该作为混播草坪草种选择的指标考虑。如草坪草的耐阴性在某些情况下是混播草坪选择草坪草种的主要依据之一。选择耐阴草坪草种参与混播建坪，可适应林下草坪与其他背阴环境草坪条件。

总之，要建好混播草坪，首先要选择好混播草坪草种并确定其比例。为此，应该充分了解草坪草种及品种特性；还应该掌握草坪草的表观效果与草坪草的相互作用，混播成坪后的绿化效果，草坪草之间的化感作用等。其次，草坪草的特性与混播效果评价应该通过定点试验结果获得，草坪产业商业公司提供的宣传资料仅用作参考。只有这样，才能正确选择草坪草种，确保草坪的健康生长，满足对混播草坪的不同需求。

3.1.2.4 常见的草坪草混播组合

（1）冷季型草坪草间的混播

冷季型混播草坪主要应用于我国北方地区，以冷季型草坪草种为建群种，混播的目的是利用不同草坪草种的优良特性互相弥补不足。常见的冷季型草坪草间混播组合如下。

①高羊茅与其他冷季型草坪草的混播 高羊茅是冷季型草坪草中较抗热、抗旱、抗病虫害、耐践踏的草种。但其缺点是质地较粗、生长较快、丛生，同其他类型草坪草混播并不能明显提高草坪抗性。由于其竞争力较强，又具丛状生长特性，高羊茅与其他冷季型草坪草的混播比例少时，在草坪上常表现出植株高大、丛生，导致混播草坪均匀性与感观质量降低，形成草坪上的"杂草"。有些情况下，高羊茅也与黑麦草、早熟禾等其他冷季型草坪草混播，用做运动场草坪，以提高草坪的抗践踏性能；同时，还可利用草地早熟禾较强的繁衍能力，以加速填补踢球等运动在运动场草坪上留下的秃斑。不过，采用这样的混播草坪时，应注意其高羊茅的播种量要大，否则，达不到混播草坪的良好效果。

②草地早熟禾与多年生黑麦草的混播 草地早熟禾与多年生黑麦草的质地较接近，为两者混播提供了兼容性条件，也使黑麦草的速生与早熟禾的慢生特性达成互补效应。因此，两者合理混播应该可得到均匀一致、高质量的早熟禾草坪。但是，如果两者的混播草坪的管理措施失误和混播比例不当，则可能难以达到两者混播草坪的目的。因此，首先应做到黑麦草所占质量比例不能超过20%，而某些分蘖能力强的黑麦草品种的比例则不能超过15%。否则，黑麦草的比例太高，建坪初期比早熟禾生长快，易使早熟禾被竞争掉或在混播草坪中占的比例很少。其次，另外一个关键环节是对黑麦草提前进行低矮的修剪（2.5cm以下），以保证草地早熟禾幼苗正常发育所需要的光照条件。如草地早熟禾（80%～85%）+多年生黑麦草（15%～20%）是欧洲足球场常用的混播组合。

此外，草地早熟禾（50%）+紫羊茅（30%）+多年生黑麦草（20%）是温带庭园草坪传统的混播组合。该混播草坪在光照充足的场地是草地早熟禾占优势；而在遮阴条件下则是紫羊茅更为适应；多年生黑麦草主要起迅速覆盖的保护作用，草坪形成几年后即减少或完全消失，形成孤立的斑块。

③匍匐翦股颖与其他冷季型草坪草的混播 匍匐翦股颖质地纤细，分生能力极强，特别在大肥、水足的情况下，能很快成坪，但要求及时修剪且低矮修剪。如同其他冷季型草坪草混播，易产生斑块状分离，使草坪观赏质量降低，甚至成为杂草。其他冷季型草坪草如早熟禾、黑麦草和高羊茅在翦股颖草坪中都是杂草。

④草地早熟禾和紫羊茅混播 该混播组合中紫羊茅叶片纤细，耐阴性强，它与草地早熟禾混播后，可增加草坪的细度和耐阴性。该混播组合适宜在排水良好的遮阴处建植草坪绿地。

（2）暖季型草坪草间的混播

一直以来，许多学者认为暖季型草坪草种不宜混播，这是因为多数暖季型草坪草营养繁殖速度很快，沟叶结缕草、结缕草和狗牙根等暖季型草坪草种的形态和生态习性差异很大，相互之间竞争激烈，一般不兼容，混播后在草坪中易分离形成分裂的孤立斑块，使草坪外观不一致，严重降低混播草坪的总体质量。但是，在草坪建植实践中，也有一些暖季型草坪草间混播成功的实例。如在我国热带或亚热带地区可用百喜草与狗牙根、地毯草等暖季型草坪草混播，既可用于水土保持又可用于园林绿化和体育场草坪；中国重庆体育场全面更新的体育场是以结缕草(含中华结缕草)为主，又有假俭草、狗牙根等混播的草坪；中国深圳也有采用狗牙根和地毯草混植用于运动场草坪的先例。

（3）冷、暖季型草坪草间的混播

冷、暖季型草坪草间的混播主要用于温带与亚热带草坪过渡地区。该地区无论是冷季型还是暖季型草坪草单独建坪均不理想，暖季型草坪草单独建坪存在绿期短，不易越冬问题；冷季型草坪草单独建坪则存在夏枯休眠，甚至死亡现象。因此，为了使该地区暖季型草坪草草坪冬季也保持绿色，在其冬季休眠期常交播冷季型草坪草多年生黑麦草。但是，多年生黑麦草不耐热，夏季死亡，需要每年播种，其管理成本较高。我国南方草坪过渡带许多地区的高档运动场草坪与美国东南部、日本等草坪过渡带地区均有采用暖季型草坪草中交播冷季型草坪草的成功事例。

冷季型草坪一般难与暖季型草坪混播，但少数暖季型草坪草种如日本结缕草、结缕草品种兰引 3 号与冷季型草坪草种高羊茅的叶片大小相似，采用结缕草品种兰引 3 号（65%）＋高羊茅（35%）混播草坪，可保持混播草坪冬季绿色，延长草坪绿期。并且，高羊茅的耐热性较好，能基本越夏，不需年年播种。

3.1.3　中国不同草坪气候带的草坪草种选择

气候带(climatic zone)是根据气候要素的纬向分布特性而划分的带状气候区，同一气候带内的气候基本特征相似。中国草坪气候带是指依草坪草气候生态特性与地域气候要素的关系而对中国草坪进行的区域划分。

3.1.3.1　中国草坪气候带的气候指标及区划标准

韩烈保(1995)根据年平均气温、1 月最冷月和 7 月最热月的平均气温、年平均降水量、1 月最冷月和 7 月最热月的平均相对湿度等 6 项气候指标，将中国草坪分为 9 个草坪气候带，其划分标准见表 3-2。

表 3-2　中国草坪气候带的生态区划指标与分区标准(引自韩烈保，1995)

草坪气候带	年平均气温（℃）	年平均降水量（mm）	月平均气温（℃）		月平均湿度（%）	
			1 月	7 月	1 月	7 月
青藏高原带	-14.0 ~ 9.0	100 ~ 1170	-23.0 ~ -8.0	-3.0 ~ 19.0	27 ~ 50	33 ~ 87
寒冷半干旱带	-3.0 ~ 10.0	270 ~ 720	-20.0 ~ 3.0	2.0 ~ 20.0	40 ~ 75	61 ~ 83
寒冷潮湿带	-8.0 ~ 10.0	265 ~ 1070	-20.0 ~ -6.0	9.0 ~ 21.0	42 ~ 77	72 ~ 80
寒冷干旱带	-8.0 ~ 11.0	100 ~ 500	-26.0 ~ 6.0	2.0 ~ 22.0	35 ~ 65	30 ~ 73
北过渡带	-1.0 ~ 15.0	480 ~ -1090	-9.0 ~ 2.0	9.0 ~ 25.0	44 ~ 72	70 ~ 90
云贵高原带	3.0 ~ 20.0	610 ~ 1770	-8.0 ~ 11.0	10.0 ~ 22.0	50 ~ 80	74 ~ 90
南过渡带	6.5 ~ 18.0	735 ~ 1680	-3.0 ~ 7.0	14.0 ~ 29.0	57 ~ 84	75 ~ 90
温暖潮湿带	13.0 ~ 18.0	940 ~ 2050	1.0 ~ 9.0	23.0 ~ 34.0	69 ~ 80	74 ~ 94
热带、亚热带	13.0 ~ 25.0	900 ~ 2370	5.0 ~ 21.0	26.0 ~ 35.0	68 ~ 85	74 ~ 96

3.1.3.2　中国草坪气候带特征及适宜草坪草种

各草坪气候带特征及适宜草坪草种分述如下。

（1）青藏高原带

中国草坪青藏高原带位于北纬 27.3° ~ 40°，东经 73.7° ~ 104.3°，包括西藏自治区全部，新疆南部部分地区，青海省大部分地区，甘肃省的夏河县、碌曲县和玛曲县等，云南省的德钦县和贡山县，四川的西北部。本带除了海拔 4500 m 以上的高原外，在 3000 ~ 4000 m 的河谷地带能发展农业种植业的地方，均可建植良好草坪。本带气候特点为寒冷，草坪生长期短，雨量少，大部分地区偏旱，但日照充足，辐射强，气温日较差大。本带主要适宜种植耐寒抗旱的冷季型草坪草种，如草地早熟禾、加拿大早熟禾、羊茅、高羊茅、紫羊茅、匍匐翦股颖、苔草属的一些苔草、白三叶等。如果建高尔夫球场，其球道则用多年生黑麦草、草地早熟禾、高羊茅和紫羊茅建植，果岭一般用匍匐翦股颖或匍匐紫羊茅。

（2）寒冷半干旱带

中国草坪寒冷半干旱带位于北纬 34° ~ 49°，东经 100° ~ 125°，包括辽宁省西部、吉林省西北部、黑龙江省东部一小部分地区、内蒙古自治区西北部、陕西省北部、山西省大部、宁夏回族自治区部分地区、甘肃省中部、河南及河北省部分地区、青海省东部地区、北京市部分地区。本带的特点：首先，所有草坪必须保证有水灌溉，不灌水则难以建植草坪；其次，土壤 pH 值为 7 ~ 8，而且地下水分矿化度高。本带适宜种植的草坪草种有草地早熟禾、加拿大早熟禾、羊茅、高羊茅、紫羊茅、匍匐翦股颖、苔草属的一些苔草、白三叶和野牛草等。

（3）寒冷潮湿带

中国草坪寒冷潮湿带位于北纬 40.0° ~ 48.5°，东经 115.5° ~ 135°，包括黑龙江省、吉林省、辽宁省大部、内蒙古自治区通辽市东部。本带气候特点是冬季漫长而寒冷，夏季凉爽多雨，温差大，空气湿度大。草坪生长季雨热同期，对冷季型草坪草生长十分有利。适宜种植的草坪草种有草地早熟禾、普通早熟禾、加拿大早熟禾、羊茅、高羊茅、紫羊茅、匍匐翦股颖、多年生黑麦草、苔草属的一些苔草、白三叶等。高尔夫球道草坪可用多个早熟禾品种混播建植，也可用高羊茅、紫羊茅和多年生黑麦草混播建坪；果岭草坪只能用匍匐翦股颖中的专用品种；足球场草坪多用高羊茅、早熟禾和黑麦草混播。

（4）寒冷干旱带

中国草坪寒冷干旱带位于北纬 36° ~ 49°，东经 74° ~ 127°，包括新疆维吾尔自治区大部分地区、青海省少部分地区、甘肃省西北部、陕西省的榆林大部分地区、内蒙古自治区大部分地区、黑龙江省部分地区。本带气候特点是干旱少雨，大部分地区无灌溉条件，但一些大中城市（如乌鲁木齐和银川市）可以有灌溉或水源保证。本带可以种植一些耐寒冷抗旱的冷季型草坪草种，尤其是宽叶型的高羊茅最适宜本带的气候环境，而且种子产量甚高，品质优异。

（5）北过渡带

中国草坪北过渡带位于北纬 32.5° ~ 42.5°，东经 104° ~ 122.5°，包括甘肃省部分地区、陕西省中部、山西省部分地区、河南省大部分地区、安徽省部分地区、山东省部分地区、河北省大部分地区、江苏省泗洪县、淮阴市、射阳县等一线以北地区、湖北省的丹江口市、老河口市和枣阳市的北部。本带气候特点是夏季高温潮湿，冬季寒冷干燥。这一地区冷季型草坪草与暖季型草坪草均能种植，但都不是最适宜的。冷季型草坪草有的不能越夏或越夏困难，夏季表现很差，时常出现夏枯现象，这是因为夏季高温、多雨、潮湿，草坪草易感病虫害，重者还会出现因高温"热死"现象。而大多数暖季型草坪草又不能安全越冬。这一地区可以种植的草坪草种有草地早熟禾、普通早熟禾、加拿大早熟禾、羊茅、高羊茅、紫羊茅、匍匐翦股颖、多年生黑麦草、结缕草、中华结缕草、细叶结缕草、苔草属的一些苔草、白三叶、野牛草等。该带所选用的草坪草种只有在精心管理条件下，才能获得较满意的草坪，目前还没有找到最适宜的草坪草种。

（6）云贵高原带

中国草坪云贵高原带位于北纬 23.5°～34°，东经 98°～111°，包括云南省大部分地区、贵州省的绝大部分地区、广西壮族自治区北部少数地区、湖南省西部、湖北省西北部、陕西省南部少部分地区、甘肃省南部、四川省和重庆市一些地区。本带气候特点是冬暖夏凉，气候温和，草坪草全年生长、绿期 300 d 以上。本带最适宜草坪种植，适宜种植的草坪草种也非常多，如禾本科的羊茅属、早熟禾属、苔草属、黑麦草属、冰草属、野牛草属、碱茅属、冰草属、结缕草属、狗牙根属、假俭草属的草坪草及旋花科的马蹄金和豆科的白三叶等。目前，应用最广泛的是草地早熟禾、紫羊茅、狗牙根、结缕草、沟叶结缕草和白三叶等。本带草坪植物种类丰富，造景材料多样，草坪管理成本相对较低，但也易于草坪病虫害发生。

（7）南过渡带

中国草坪南过渡带位于北纬 27.5°～32.5°，东经 102.5°～108°和北纬 30.5°～34°，东经 110.5°～122°两个区域，包括四川省和重庆市绝大部分地区、贵州省的少部分地区、湖北省的大部分地区、河南省部分地区、安徽省中部、江苏省中部。本带气候特点与北过渡带的有类似之处，只是前者较后者夏季更热更潮湿，而冬季相对温暖一些。本带适宜种植的草坪草较多，但均不是最适宜的。冷季型草坪草绿期长，耐寒，冬季可生长，但不耐热，病害严重，越夏困难；暖季型草坪草抗热性良好，但不耐寒、绿期短。目前，该带使用广泛的草坪草种有草地早熟禾、粗茎早熟禾、一年生早熟禾、高羊茅、多年生黑麦草、匍匐翦股颖、白三叶、野牛草、日本结缕草、结缕草、沟叶结缕草、细叶结缕草、狗牙根和马蹄金等。

（8）温暖潮湿带

中国草坪温暖潮湿带位于北纬 25.5°～32°，东经 108.5°～122°，包括湖北省的少部分地区、湖南省大部分地区、广西壮族自治区的极少部分地区、江西省绝大部分地区、福建省北部、浙江省和安徽省南部、江苏省的少部分地区和上海市。本带气候特点是四季分明，雨水充足，气候温和，夏季降雨量大，空气相对湿度也大；冬季气候温和不太寒冷。该带草坪草种的选择与南过渡带基本相似，只是暖季型草坪草更适宜。

（9）热带、亚热带

中国草坪热带、亚热带位于北纬 21°～25.5°，东经 98°～119.5°，包括福建省的部分地区、广东省、台湾省、海南省、广西壮族自治区的绝大部分、云南省南部。本带气候特点是四季不是很分明，水热资源十分丰富。本带适宜种植的草坪草种有狗牙根、结缕草、沟叶结缕草、细叶结缕草、假俭草、地毯草、钝叶草、两耳草、马蹄金等暖季型草坪草，个别冷季型草坪草种如匍匐翦股颖和高羊茅在高养护情况下也可种植，如匍匐翦股颖被用于广东省中山市温泉高尔夫球场的果岭草坪表现很好。该带建植草坪的排水系统非常重要，其病虫害和杂草危害也较严重。

总之，草坪建植的草坪草种确定可通过多种方法确定，生产中常用的较为简捷的方法主要有：

经验（调查）法、品种（种）比较试验法、引种区域试验法、气候相似引种法、温度曲线拟合法等。

3.2 坪床准备

草坪坪床是草坪草生长的场地，场地基础的好坏对今后的草坪质量、功能和养护管理等均将带来较大的影响。如果草坪建植中忽视坪床的清理与改造，建筑垃圾与杂草未清除干净，土质差、平整度不够，给后续的草坪养管留下隐患，许多草坪建植当年就杂草丛生，甚至被杂草吞噬；高低不平的草坪造成修剪及水分管理困难、高处剪露出黄土，低洼地留茬过深，导致草坪"一年绿、两年黄、三年光"。

建坪前，应对欲建立草坪的场地进行必要的调查和测量，制订实施方案，尽量避免和纠正诸如底土的处理，大型设备施工所引起土壤紧实等问题的发生。

3.2.1 坪床清理

坪床清理指建坪场地内有计划地消除和减少影响草坪生长和管理的障碍物的作业。

3.2.1.1 树木与岩石巨砾及垃圾的清理

（1）树木清理

在长满树木的场所，应选择性地伐去树或灌木；清除倒木、树桩和树根等。大多数草坪草为喜光植物，树荫下的草坪质量显著下降，而疏林草地是草坪建植的一种理想模式。因此，对于郁闭生长的树木可以根据美学价值、实用价值和是否影响草坪草生长适当疏枝、砍伐或移走。树桩及树根则应采用推土机或其他方法挖除，以避免残体腐烂后形成洼地，破坏草坪的一致性，也可防止草坪感染病菌导致病害的发生。

（2）岩石巨砾与垃圾的清理

清除不利于操作和草坪草生长的石头、瓦砾是坪床清理的主要工作，通常在坪床 20 cm 以内的土层中，不应有大的岩石和巨砾；10 cm 的表层土壤中，小的砾石与建筑垃圾会影响草坪的修剪和打孔作业，造成草坪机械受损，在种植前也应清除干净。

3.2.1.2 杂草的清除

控制杂草往往决定了草坪建植能否成功和养护管理成本的高低。杂草防控的关键阶段是坪床和草坪建植后第一年的杂草防除，草坪建植前的坪床杂草防除随建坪场地、作业规模和存在的杂草种类不同而异。

（1）物理防除

杂草物理防除是指用化学以外的手段杀灭杂草的方法。常以人力手工清除杂草或拖拉机牵引的圆盘犁、手耙、锄头等土壤翻耕机具，在翻挖土壤的同时清除杂草。坪床中许多多年生恶性草坪杂草，特别是禾本科的白茅、野生的狗牙根和莎草科的香附子等严重为害草坪的杂草，即使进行表面铲除去杂处理，其残留的根状茎、匍匐枝、块茎等营养繁殖体仍将再度萌生形成新的杂草侵染，难以用除草剂防除，只能采用深挖翻耕、人工拣除的物理方法斩草除根。

（2）化学防除

杂草化学防除是指使用化学药剂杀灭杂草的方法。化学防除杂草最有效的方法是使用内吸性和土壤熏杀剂除草剂。内吸型除草剂一般在施用除草剂一周后，再翻耕土壤，翻耕使其地下器官出露在表层，有利于这些器官脱水死亡，若杂草根茎量多，待杂草重新长出后再施用除草剂。

土壤熏杀剂除草剂熏蒸进行土壤消毒的方法，是将高挥发性的农药施入土壤，以杀伤和抑制杂草种子、营养繁殖体、致病有机体、线虫和其他可能引起草坪麻烦的地下有害生物的过程。土壤熏蒸法既能有效灭杀坪床杂草；还可杀灭草坪土壤其他有害生物；在任何时候均可进行。但该方法成本较高，一般草坪不常用；坪床土壤熏蒸前应深耕，以利熏杀剂的化学蒸汽向防治目标的侵入；土壤还应保持一定的湿度，以利熏杀剂在土中的运动；土温也不宜低于 32℃，以保持熏杀剂的活性。

3.2.2　翻耕与场地造形

3.2.2.1　翻耕

翻耕即土壤耕作，是指建坪种植前对土壤进行的耕、旋、耙、平等一系列操作过程。大面积的坪床翻耕包括犁地、旋耕和耙地等连续作业。

翻耕的目的在于改善土壤的通透性；提高蓄水保墒和抗旱能力；减少根系进入土壤的阻力；减少有害生物的数量；促进草坪草根系的有氧呼吸和增进养分的吸收；增强抗侵蚀和耐践踏的表面稳定性。

翻耕前应剥离表土。一般土壤熟土表土富含有机质，较肥沃，有时为了避免坪床翻耕和整地要移走大量土壤时损失大量表土，在坪床进行翻耕和整地之前最好把表土统一剥离堆放在一边并尽可能保留，待翻耕和整地完成后，将表土撒施于坪床表面，以保证坪床基本的土壤结构和肥力水平。

翻耕应注意如下事项：翻耕作业最好在秋季和冬季较干燥时期进行，因为这样可使翻转的土壤在较长的冷冻作用下碎裂，也有利于有机质的分解。耕作时必须有目的地破除紧实的土层，在小面积坪床上可进行多次翻耕以松土。

土壤翻耕作业除砂土外，应在适宜的土壤湿度下进行，即用手可把土捏成团，抛到地下则可散开来时进行，从而避免造成过湿土壤结块。旋耕是一种较理想和彻底的耕作方式，它既可清除表土杂物，又可把肥料及土壤改良剂混入土壤中，也有利于有机质的分解。在翻耕过的或疏松的地段采用旋耕机作业，以破碎土块，改善土壤的颗粒和表土的一致性。对于紧实的建坪场地采用挖掘机深翻，将土壤翻转，由于它具有不均一的表面，因而有将植物残体向土壤深部转移的作用。

3.2.2.2　场地造形

场地造型是在建坪之初，按草坪设计图纸与要求对地形进行改造的整地工作。场地造型通常按测量要求，每隔一定距离设置桩号放样，测量标高，操作推土机、挖掘机等造型机械对场地地形进行造型，通常是挖掉突起和填平低洼部分，对场地进行修补、夯实、整洁等作业，达到设计的标高要求和整理出大致的轮廓，使场地整体平顺光滑，景观富于变化。如为自然式草坪则应有适当的自然起伏，增加美感；如为规则式草坪则要求平整。

平整是平滑地表、提供理想坪床的作业。平整有的地方要挖方，有的地方要填方，因此在作业前应对平整的地块进行必要的测量和筹划,确保表土重新布于床面后,地基面必须符合最终设计要求。因此,一定要有地形高度和需土量的木桩标记。一般要求场地造形之上至少需要 15 cm 厚的覆土;还需要考虑与坪床土壤质地有关的土壤沉实问题,预留适宜的土壤沉实导致的沉降土层厚度。

草坪场地要保持一定的排水坡度,一般坡度为 0.3% ~0.5%,即直线距离每米降低 0.3 ~0.5 cm。运动场草坪、土壤黏着性强的场地及排水要求较高的草坪,地表排水坡度按 0.5% ~0.7% 的比降进行平整。在建筑物附近,坡度应是离开房屋的方向;运动场则应是隆起的,以便从场地中心向四周排水;高尔夫球场草坪,发球台和球道则应在一个或多个方向上向障碍区倾斜;在坡度较大而无法改变的地段,应在适当的部位建造挡水墙,以限制草坪的倾斜角度。

3.2.3 土壤改良

草坪土壤是草坪草赖以生长的基础,它的质量好坏直接决定了土壤肥力水平和土壤耕作性能,影响草坪草的根系发育与养分吸收能力(图 3-1),还间接影响土壤中有机质的活性及其养分可持续供给能力,最终影响草坪的质量与功效。为此,必须为草坪草的生长提供适宜的土壤。

(a)   (b)

图 3-1 草坪土壤结构与根系状况(引自张巨明,2004)
(a)板结排水不良的土壤草坪根系 (b)理想土壤结构草坪根系

理想的草坪土壤应是土层深厚、通透性好、不易紧实板结、弹性好、pH 在 5.5 ~6.5 之间、微生物活动旺盛,保水性好(图 3-2)。但很少有土壤能达到上述要求,因此,对不利于建坪的土壤必须进行改良。土壤改良是把不同类型改良物质加入土壤中,从而分别改善土壤理化性质的过程。

(1)增施有机质

增施有机质是改良土壤肥力的常用方法。草坪建植的土壤改良应用最广泛的有机质是泥炭。它是泥炭沼泽地的有机物经过多年不断积累后在淹水条件下形成的土壤有机质。常用的泥炭包括泥炭土、草炭土、高原沼泽土和湿地沼泽土等 4 种类型。泥炭本身供植物吸收利用的养分不多,但含有大量的纤维和腐殖酸,能显著改善土壤结构,增强土壤保肥保水能力,

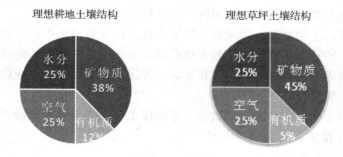

图 3-2　理想耕地与草坪土壤结构（引自李树青，2004）

增加土壤透气性、弹性和耐紧实能力。但施用量大时，投资成本较高。

（2）掺沙或掺黏土

掺沙或掺黏土是改良土壤质地的常用方法。一般而言，草坪草适宜于肥力适中、结构良好的壤土、砂壤或黏壤上生长。过黏或过沙的土壤由于水、气供给不平衡，对草坪草生长不利。若土壤过黏需加沙；土壤过沙则添加草炭土或有机肥等黏土进行改造，具体还应根据选择的草坪草种确定。

掺沙是改善黏质土壤的通气状况和避免土壤紧实应用最为广泛的措施。但是，如果仅把少量的沙掺入黏质土壤中，则可得到相反的改土效果，就像混凝土中不加沙而加砾石的效果一样；根据研究，用少量的细土与沙混合比用少量的沙与细土混合的改土效果好得多，当沙加入土壤时，单沙粒对改良土壤通气状况的作用并不明显，因为沙粒只是占据相邻粉沙粒或黏粒之间的孔隙。只有当沙粒之间直接接触时通气孔才会增加，显然这需要大量的沙。因此用沙改善黏质土壤的通气状况，只有当沙的加入量比需要改良的黏质土的量还要多时才能达到目的，一般掺沙在 50% 左右效果才比较明显，且以沙的粒径以 0.25～0.5 mm 中粗沙最适宜（图 3-3），而如果掺泥沙则会适得其反。因此运动场草坪的掺沙量从最初的 30% 到 50%，一直增加到现在的 80% 乃至全沙，欧美发达国家的运动场草坪土壤基本为全沙结构，全沙

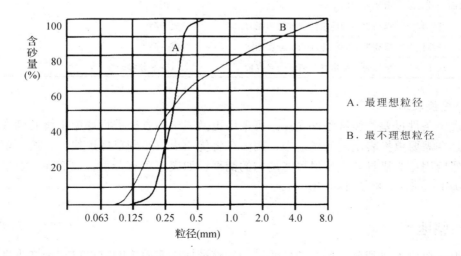

图 3-3　草坪土壤的最理想沙粒径（引自李树青，2004）

结构的运动场草坪草根系特别发达,耐践踏和抗撕裂能力显著增强。

含沙量高的草坪土壤虽然有利增强土壤导水性和草坪草根系生长,避免土壤紧实,但对于要承受剧烈冲击的运动场草坪,其最大缺点就是缺乏稳定性。为了提高其稳定性,减少土壤变型,提高草坪表面抗撕裂能力,可在足球场等运动场草坪土壤中铺设一层纤维网或塑料网格,这些网格一般铺设于 5~10 cm 的土层。

相反,对于砂土则可用掺黏土来增加土壤的保水保肥能力,一般砂土掺黏土比例不应大于 10%,以保证土壤表层适宜的导水率。

(3)施用土壤酸碱度改良剂

一般草坪草种在 pH 为 6~8 的土壤生长较好,若土壤 pH 过低(5.5 以下)或过高(8.0 以上),除考虑选择耐酸或耐盐碱的草坪草种外,应通过施用土壤酸碱度改良剂分别加以改良。如我国南方的酸性土壤施用石灰能较好地提高土壤 pH 值;北方碱性土壤则施用石膏等能较好地降低土壤 pH 值。

(4)施用其他土壤改良剂

一些土壤矿质改良剂可用于改良草坪坪床土壤。例如,珍珠岩和蛭石被广泛应用于草坪坪床基质,但也有人认为它们对草坪土壤并不太适宜,因为它们承受不了草坪人踩车过所产生的压力,珍珠岩易碎,而蛭石易扁。因此,有时可通过试验选择当地其他材料作为草坪坪床土壤改良剂使用(表3-3)。

表 3-3 常用草坪土壤改良剂的优缺点(引自韩烈保,2004)

改良剂		优 点	缺 点
有机物	泥炭土	增加养分、水分、提高坪床缓冲性	如采用不适宜的泥炭土可减小渗透性
无机物	煅烧黏土	增加毛管孔隙度、保持湿度	许多水分被吸附而不能被草坪利用
	蛭石	增加可利用水分和离子交换容量	许多水分被吸附而不能被草坪利用
	珍珠岩	增加可利用水分和孔隙度	颗粒被压缩,水分渗透性减小
	沸石	增加离子交换容量和可利用水分	颗粒稳定性不定
聚丙烯酰胺凝胶		增加可利用水分	作用不确定
聚丙烯	纤维丝	提高表面的稳定性和抗剪切能力	成本高
	纤维网	提高表面的稳定性和水分渗透性	成本高
	沃土	增加表面稳定性和离子交换容量	减少水分渗透性

(5)更换表土

如表土条件过差,经济条件允许,可采用更换表土的方法进行坪床土壤的彻底改良。具体做法是在需要更换表土层的场地中,用卡车将优质土壤运到草坪地块上,按一定间距卸下堆放,然后用相应机具把土堆尽可能均匀的铺平,如表土含有杂物,应清除。要求表土的厚度至少为 15 cm,一般为 18~20 cm。

3.2.4 整地

整地是指为了达到草坪精细种植而进一步整平坪床表面,同时也可把土壤改良物质和底肥均匀地施入表层土壤中的作业过程。整地步骤如下。

（1）混合

混合是整地的第一步，即在土壤表层按比例撒放泥炭土、珍珠岩、石灰粉、复合肥等土壤改良物质，采用旋耕机反复旋耕（图 3-4），充分拌和，以确保 20 cm 的土壤层泥土混合均匀。

（2）沉降

细平整前应让土壤充分沉实，沉降是整地的第二步。草坪细质土壤下沉系数为 12% ~ 15%（每米下沉 12 ~ 15 cm）；如填方土壤厚度不一，下沉深度也不一致，因此填方土壤应考虑填土的沉降问题，特别是平整度要求高的运动场草坪和填土较深坪床的整地必须进行沉降步骤，否则草坪种植后，坪床下沉且不一致，导致草坪高低不平，严重影响草坪质量和养护管理。在场地造型土壤扰动之后，要让土壤自然下沉 3 ~ 5 d 或每填充 10 ~ 20 cm 镇压一次。此外，细平整前一般采用灌水沉降，将坪床彻底浇透水使坪床自然沉降紧实（图 3-5）。

图 3-4　旋耕机旋耕混合作业

图 3-5　灌水沉降

图 3-6　手工耙平作业

（3）细平整

平整是草坪建植坚持的基本理念，应贯穿草坪建植的整个过程。细平整是在经过坪床场地造形的粗平整基础上进行的作业过程，要求细平整后的坪床细致平坦，上暄下实。

小面积坪床的细平整最好人工采用锄耙耙平即可（图 3-6），也可采用人工拖耙耙平坪床。大面积坪床按 4m×4m 布置桩号，测量放样，采用带耙功能的旋耕机反复耙平；对草坪质量要求高的运动场草坪，土壤需要精细平整，还需按等高线抽筋拉线，人工用钉齿耙耙平，或采用作门窗

图 3-7　采用铝合金条耙平作业

用的铝合金条（使用轻巧方便），长度 3m，反复耙平（图 3-7），其后碾压 1 ~ 2 遍（图 3-8）。

坪床细平整一般应在草坪建植的种植前进行，以防止相隔时间过长导致表土产生板结，

使种植时仍需要再细平整。同时，细平整
应注意土壤的湿度，应选择在适宜耕作的
土壤含水量时作业，从而提高细平整的
效率。

图 3-8　镇压作业

3.2.5　排灌系统施工

　　草坪排水系统主要用于排走多余的水
分，灌溉设施则是供给不足的水分。至于
是否安装草坪专门排灌系统或选用何种类
型排灌系统及排灌设备则要根据当地的降
雨情况、草坪用途、资金等条件决定。草坪排灌系统施工一般是在场地造形完成之后进行，
因为安装施工中挖坑、掩埋管道会引起土壤下沉问题，覆土之后镇压或灌水，使其充分
沉实。

　　(1)排水系统施工

　　草坪排水可分为：地表排水和地下排水两类。两者的区别在于：地下排水的目的是排除
土壤深层过多的水分，而地表排水则是从草坪草根部附近迅速排除多余水分。

　　①地表排水系统　就是利用场地的坡度排水。地表排水要做到"一平二坡"：一要平，
草坪表面没有坑洼；二要一定的坡度，按设计要求场地中心稍高，四周逐渐向外倾斜，一般
小面积草坪采用 0.2% 左右坡度，多雨地区的大面积草坪通常做成 0.5% ~ 0.7% 的坡度，足
球场草坪一般为 0.3% ~ 0.5%，坡度太大容易出现水土流失。小面积绿化草坪以地表径流
排水为主，地表径流占总排水量 70% ~ 95%，无须做地下排水。

　　②地下排水系统　是在地表下挖沟槽，以排掉过多的水分。排水管式排水系统是最常采
用的方式，排水管一般应铺设在草皮表面以下 40 ~ 90 cm 处，间距 5 ~ 20 m。在半干旱地
带，因地下水可能造成表土盐渍化，排水管可深达 2 m。如果在填表土之前安装，埋置深度
要把表土深度计算在内。

　　排水管呈羽形或网格状安放，传统的排水管是用陶瓷或混凝土制造的，但是近年来广泛
使用带孔的塑料盲管，它质量轻，安装方便。在排水管的周围应放置一定厚度砾石，砾石上
覆盖一层土工布，以防止细土粒堵塞管道。在填入表土和细平整前安装灌溉系统会引起某些
问题。在整地时要时刻小心并保证不会破坏系统的任何部件。为了保险起见，可先安装部分
地下输水管道，其他部分可等到填完表土，最终细平整完成之后再安装全部系统。

　　(2)喷灌系统施工

　　由于经济、技术等原因，以往的草坪工程，大多没有配套完整的灌溉系统，灌水时采用
塑料管接水人工洒水。不但造成水的浪费，而且往往由于不能及时灌水、过量灌水或灌水不
足，难以控制灌水均匀度，对草坪正常生长产生不良影响，养护管理成本也高。除小面积的
绿化草坪可以在草坪中简单地布置快速取水阀(图 3-9)外，随着中国城乡建设的不断发展，
城市人口大量集中，工业和生活用水迅速增加，旅游、休闲、运动场及居民小区等各种草坪
绿地面积越来越大，城市供水的紧张状况日益突出。传统的地面大水漫灌已不能满足现代草
坪灌溉的要求，目前城市草坪已越来越多地采用高效节水节能的喷灌灌水方式。但以往有的
草坪喷灌没有经过认真的规划设计，盲目施工，结果导致存在管道压力不均匀，流量不足，

图 3-9　快速取水阀及安装

喷头布置不合理，不能 100% 覆盖等问题。不但没有发挥喷灌系统的应有作用，反而造成了一定的经济损失，影响了草坪喷灌事业的健康发展。因此，草坪喷灌系统设计时要收集准确的水源资料（压力、流量），并结合水源及地形资料进行正确的喷头选型及轮灌组划分，保证水源流量能满足轮灌组的需求，进行正确的水力计算，选择合适的管径，管道变径，安装必要的增压设备或减压设备，保证喷头在正常压力范围内工作。

3.3　种植

草坪建植的种植方法主要有种子繁殖和营养体（无性）繁殖 2 种。其中，种子繁殖种植法有播种法、喷播法、植生带法、植生袋法与移动式草坪法等种植方式；营养体繁殖种植法有草皮块铺植法、草茎播植法、喷播法、植生带法与移动式草坪法等种植方式。两者各具优缺点（表 3-4），可按需选择如植生带法与移动式草坪法既可种子繁殖，也可营养体根茎繁殖。具体选择采用何种方法应依建坪成本与时间要求、现有草坪草种植材料特性及建坪地域与地形要求等确定。一般冷季型草坪草以种子繁殖种植建坪为主；暖季型草坪草大多无种子或种子产量低及种子发芽率低与发芽时间长等原因大多采用营养体繁殖种植建坪。

表 3-4　草坪草种子繁殖建坪与营养体繁殖建坪的比较

种植方式	优　　点	缺　　点
播种法	施工简单 成本低 便于机械化施工 建坪初期草坪很美观	成坪速度慢 成坪前幼坪不易养护管理，要求养护管理水平高
营养体繁殖	建坪与成坪速度快 养护管理强度小 需水量小 与杂草竞争力强	建坪费用高 有潜在杂草和土传病虫危害 坪床土壤存在表土与底土差别 草坪草种可选余地小

3.3.1　播种法

播种法是将草坪草种子直播于坪床内产生草坪的种植方法。

3.3.1.1　选种

高质量草坪草种子是保证建坪成功的前提。

（1）确定种子标签

种子标签既是种子外在质量的重要内容，也是种子内在质量的标识及说明书。

①种子销售一般标签内容与作用　草坪草种子销售一般标签会注明种子所属草坪草种类、品种名称、产地、种子经营许可证编号、质量指标、检疫证明编号、净含量、生产日期、生产商名称、地址、联系方式等。购买草坪草种子必须首先选择信誉好的草坪草种子生产、供应企业，而不要贪图便宜，以免上当受骗；还应购买草坪草种子时索取购买凭证、种子销售标签、产品栽培种植说明书等，通过标签内容可以初步判断种子质量可靠性；购买凭证与产品栽培种植说明书可保证种子合理种植及种子质量的可靠性。

②认证种子标签颜色及含义　种子认证是指在种子扩繁过程中，保证植物种或品种基因纯度及农艺性状稳定、一致的一种制度或体系。它通过对种子生产过程中种子田的种植、田间管理、种子的收获、加工等各个重要环节的行政监督和技术检测检查，控制种子生产全过程，从而保证所生产的优质草坪草品种子的基因纯度和真实性。目前我国许多草坪草种子从国外进口，进口草坪草种子除必须有中文标签外，因国外种子普遍实行种子认证制度，因而也附有认证种子标签。只有通过申请审查、田间检验、收获和加工监督及室内检验，并达到种子认证规程所有要求的种子才能成为认证种子。认证的种子应按照种子认证规程要求用新包装容器重新包装、封缄。每个装种子的容器以认可的方式贴上官方认证的种子标签。标签粘贴和封缄应在种子认证机构的监督下进行。认证种子标签注明种子认证机构、种子批号、种子种类（种名、品种名）、种子认证等级、种子生产者的登记号和统一的编号。认证种子标签颜色的不同代表不同审定等级的种子（表3-5）。种子认证标签12个月有效。

表3-5　认证种子标签或包装袋的颜色所代表的种子认证等级（引自韩建国，1997）

认证种子等级	美国	新西兰	瑞典	联合国经济合作与发展组织
育种家种子		绿色（包装袋）	白色（标签）	白色带紫色斜纹（标签）
（前基础种子）			白色带紫色斑点（标签）	
基础种子	白色（标签）	棕色（包装袋）	白色（标签）	白色（标签）
登记种子	紫色（标签）			
认证种子	蓝色（标签）			
（认证一代种子）		蓝色（包装袋）	蓝色（标签）	蓝色（标签）
（认证二代种子）		红色（包装袋）	红色（标签）	红色（标签）
商品种子			棕色（标签）	

此外，也有的进口草坪草种子包装袋上不同颜色的标签为一些大的种子公司向用户承诺质量的标签。如百绿美国公司黄标签注明"PREMIER QUALITY"字样。也有的草坪草种子包装袋上不同颜色的标签表明草坪草种子的不同质量等级标准，如黄标表示种子质量最高；蓝

标表示种子质量和纯度有保证；白标则不保证种子纯度，其他发芽率、净度、杂草和其他作物种子的含量等种子质量指标均能告知。

（2）种子质量鉴定

草坪草种子质量包括品种质量与种用质量两方面内容。品种质量指种子的基因构成及遗传稳定性质量；种用质量是指种子播种后与田间出苗有关的质量，包括种子净度、发芽率、水分含量、其他植物种子数目、种子活力、种子健康度、种子千粒重等指标。

种子质量常通过品种审定与田间室内检验及种子认证体系确定。只有通过国家及地方政府草品种审定的草坪草品种才能合法进行推广应用，只有符合种子质量要求的草坪草种子才能进行销售应用，否则违法。国外普遍实行种子认证制度，只有通过种子质量认证的种子才能进行销售应用。

草坪草种子质量除可通过供种企业提供的种子标签等证明文件资料了解外，还可按国家种子质量检验规程委托专门草坪草种子检验机构进行具有公证法律性质的种子质量鉴定；也可自身进行种子质量各项指标的鉴定，以便为优良的草坪建植的草坪草种子选择和合理利用提供依据。

3.3.1.2　播种时间

理论上讲，草坪草一年任何时候均可播种，但在不利于种子迅速发芽和幼苗旺盛生长的条件下播种往往是失败的。因此，必须选择合适的草坪草种子播种时间，有利种子萌发，提高成苗率，有利快速成坪，保证幼苗足够生育时间，保证草坪能正常渡夏越冬。

（1）播种期的影响因素

草坪草种子适宜播种期选择的限制因素首先是温度。不同草坪草种及品种种子的种子萌发分别有不同的最高温度、最适温度和最低温度等"三基点温度"。其次，草坪草种子萌发必须具备一定的土壤水分含量。如土壤积水条件播种，不能正常萌发甚至导致烂种；而遇干旱则需人工灌溉加大植成本。再者，草坪草种子萌发及幼苗期的杂草竞争能力最弱，因此，草坪草种子播种期应选择草坪杂草发生最少的时期为宜。

（2）适宜播种期的确定

冷季型草坪草适宜的播种时间是夏末初秋和初春。冷季型草坪草的最适生长温度是15～25℃，夏末秋初8～9月播种，非常有利于冷季型草坪草种子萌发和出苗生长，且秋冬冷凉温度和霜冻会限制草坪杂草的生长，此时播种杂草发生相对少，病虫害也较少，幼坪管理较易，成坪速度快。如多年生黑麦草和高羊茅此期间播种，1.5～2个月即可成坪，在11月底冬季到来之前，新播种的草坪草已成坪，根茎和匍匐茎纵横交错，已经具备抵抗霜冻和土壤侵蚀的能力。早春3～4月播种效果不如夏末秋初，此期间温度提升过快，草坪草生长过快，抗性不强，容易感病且杂草为害严重，可能导致草坪草迅速死亡。

暖季型草坪草适宜的播种时间是春末和夏初。暖季型草坪草最适宜的生长温度为25～35℃，为了快速成坪，暖季型草坪草播种后需要有一段很长时间的高温天气，以保证有足够的时间成坪。当春末和夏初气温增高时，有利于暖季型草坪草的生长，此期播种，雨量充沛，种子萌芽生长快，且浇水次数少，养护管理方便。

总之，草坪草最好在秋季和春节播种，这样建坪成功的概率较高。秋天播种杂草少，是建坪的最好季节；春天播种杂草多，病虫害多，养护管理难度大；夏天播种，温度过高，高温胁迫危险性较大，应采用遮阳网、秸秆等进行覆盖；冬天播种温度低，发芽时间长，应采用地膜覆盖与增温办法。

3.3.1.3　播种量

播种量是指单位面积所播种子的重量。播种量是草坪合理密植的基础，直接影响草坪的质量。播种量过小，导致草坪密度小，降低成坪速度，使杂草易侵入，增加养管难度；播种量过大，不仅增加建坪成本和造成浪费种子，而且由于草坪密度过大，草坪草幼苗弱小，草坪易出现黄化，还极易发生病虫害。

（1）播种量的影响因素

草坪草种子的播种量取决于种子质量、混播组合草坪草种组成、土壤状况及建坪工程要求等。种子质量好，播种量正常；反之，应加大播种量。混播组合中，较大粒草坪草种子的混播量可达 $40g/m^2$，而土壤状况良好且种子质量高时，播种量 $20\sim30g/m^2$ 适宜。同时，在特殊情况下，如为了加快成坪速度也可增大草坪草种子的播种量。

此外，影响播种量的其他因素还有草坪草幼苗的活力、所播草坪草种及品种的生长习性、种子价格、建坪草坪杂草竞争能力、潜在病害以及建坪后的栽培管理强度等。

（2）理论播种量的确定

草坪草播种量遵循的一般原则是保证足够数量的种子萌发成苗，确保单位面积上幼苗的额定株数，即 $1\times10^4\sim2\times10^4$ 株$/m^2$。根据该原则，如果草地早熟禾种子的活力为72%（纯度90%，发芽率80%），每千克种子 4×10^6 粒时，播种量应为 $3.47\sim6.94g/m^2$。但这只是假定所有的纯活种子都能出苗的理论播种量，在一般情况下，一粒种子即使能够发芽也并不一定能够成苗，其中有的种子萌发后死亡，并不能成苗；还有的种子出苗后因为病虫害与杂草危害，以及其他逆境危害均可导致死苗。这种发芽种子的死亡率与自身活力和外界生活条件有关。因此，实际播种量还需增加一个保险系数。根据经验，在外界生态条件比较适宜的情况下，草坪草种子直播时的保证成株率为 $130\sim300$ 粒种子可成株100株，即保险率为 $130\%\sim300\%$，或称保险系数 $1.3\sim3.0$。因此，按照保险系数1.3调整后的草地早熟禾的理论播种量应是 $4.51\sim9.02g/m^2$。

究竟保险系数取多少为宜，主要与草坪草种子个体大小有关，因种子大小往往决定其种子活力的大小，决定了种子萌发能力和成苗能力的强弱。种子愈小，保险系数愈大；种子愈大，保险系数愈小。一般而言，种子千粒重为0.5g以内的，保险系数为 $2.5\sim3.0$；种子千粒重为 $0.5\sim1.0g$ 的，保险系数为 $2.0\sim2.5$；种子千粒重为 $1.0\sim2.0g$ 的，保险系数为 $1.5\sim2.0$；种子千粒重为2.0以上的，保险系数为 $1.0\sim1.3$。

理论播种量确定时，还应考虑不同草坪草种及品种的分蘖特点。如以根茎和匍匐茎为主要分蘖方式的草坪草，其草坪密度则随时间延长而增大。为此，对这类草坪草的理论播种量的保险系数确定时，可根据要求或成坪的规定时间长短来取舍高低限。若要求成坪的时间短，则保险系数取高限值；反之，成坪期限很长，保险系数就可取低限值。

（2）实际播种量的确定

根据多种因素确定草坪草种子的理论播种量后，还应依据供播草坪草种的种子实际用价确定最后的实际播种量。即

实际播种量(g/m^2) ＝理论播种量÷种子用价

＝（播种的保险系数×10×千粒重）÷（种子纯度×种子净度×种子发芽率）

上述实际播种量计算公式的种子用价仅仅考虑了种子纯度、种子净度、种子发芽率等种子

质量指标，并未考虑影响草坪草种子播种的成苗率的其他影响因素，如种子活力、播种坪床的土壤、气候等生态环境条件等，因此，实践中草坪草种子播种量远高于按上式计算的实际播种量（表3-6）。如果为了达到成坪速度快，控制草坪杂草的效果好，其播种量则会更高。

表3-6 主要草坪草种的参考实际播种量

冷季型草坪草	单播播种量（g/m²）	暖季型草坪草	单播播种量（g/m²）
草地早熟禾	8~10	普通狗牙根（未去壳）	5~7
普通茎早熟禾	5~10	野牛草	15~30
加拿大早熟禾	5~10	地毯草	7~12
匍匐剪股颖	2.5~10	假俭草	15~25
细弱剪股颖	2.5~7	结缕草	10~15
红顶剪股颖	2.4~10	吧哈雀稗	30~40
绒毛剪股颖	2.4~7.5		
一年生黑麦草	20~30		
多年生黑麦草	20~30		
高羊茅	20~40		
紫羊茅	15~25		

3.3.1.4 播种方法

播种法建坪的播种方法有手工撒播和机械播种两种。其中，机械播种有手摇式播种机和手推式播种机或机动播种机等播种方式（图3-10）。手工撒播的播种速度最快；手推式播种机的播种速度最慢。但是，它们播种的均匀度却相反。播种作业通常包括撒播、覆土和播种后处理等3个作业环节。其中，播种后处理应根据需要与否分别选用镇压、覆盖、浇水等作业，如果播种生态环境条件非常适宜，也可不进行播种后处理。手推式播种机等机械播种方式可使该3个环节一次完成，而其他播种方式则需要分别完成。不管采用何种播种方法，均应注意如下事项。

(a) (b) (c)

图3-10 播种法建坪的播种方法
(a)手摇式播种机 (b)手推式播种机 (c)手工播种

（1）播种要均匀

播种前要先做一些准备工作。先将播种地分块区域化，然后按设计播种量按区域面积大小和数量将种子分成若干份，这样能保证播种均匀；播种一般应选没有风的时候进行，特别是手工撒播和手摇式播种机播种两种方法更应注意选择无风天气播种，其目的是避免种子被风吹散造成播种不均；播种量很少或种子很细小的时候，可将种子与干细土或沙子混匀后一同播种；为了尽可能地保证种子均匀分布，也可将要播种子按数量一分为二，一半采用横向播种，一半采用纵向播种，来回两次播种。

（2）覆土要浅薄

一般播种后应立即覆土，或者边播种边覆土，因大多数草坪草种子较小，顶土出苗能力弱，要求覆土厚度要浅而薄，以覆土 0.3～0.6 cm 为宜，不超过 1.0 cm。因覆土要求薄，有时不能全部覆盖所有播种的种子，只有不超过 10% 的种子暴露在土表，不会严重影响建坪出苗质量。

（3）镇压要适度

播种后有时需适度镇压。特别是我国北方砂质土壤或干旱地区则播种后必须进行镇压；而土表板结或紧实以及黏性土则不宜镇压。镇压的目的是使种子与土壤紧密结合，以控制土表水分蒸发而使种子吸水萌发。注意镇压器不要过重，应用轻型镇压器进行镇压（图 3-11）；因在湿土上镇压易致土壤板结，镇压应在土壤干燥时进行。

(a)　　　　　　　　　　　　　　　　(b)

(c)　　　　　　　　　　　　　　　　(d)

图 3-11　播种后的处理

（a）镇压前　（b）镇压　（c）覆盖无纺布　（d）浇水

（4）适时覆盖和浇水

有时建坪播种后应进行覆盖和浇水。特别在我国北方干旱或半干旱地区或低温少雨或多雨季节建坪，播种镇压后应采用无纺布、塑料薄膜、秸秆等材料覆盖（图 3-11）。其目的一是保湿和保温，避免种子因失水干枯死亡或低温影响种子萌发；二是防止浇水或下雨时把种子冲刷。待幼苗出土后应及时移走覆盖物，以防止影响成坪质量。

播种盖土后适时适度浇水则可保证草坪草种子及时萌发成苗和全苗成坪。

3.3.2　草皮块铺植法

草皮块铺植法是指将草皮生产地生长的优良草坪，用机具按照一定的规格大小把它铲下来，搬运到建坪场地，重新铺植成草坪的建坪种植方法。它是草坪建植的营养体繁殖法中最重要的种植方法，使用非常普遍。草皮块铺植法建坪，基本不受季节限制，铺植后 1～2 周内草坪草可扎根成坪，形成"瞬时草坪"，同时，还可消除铺植地上杂草竞争，能解决陡坡地因土壤侵蚀很难播种建坪的难点，建坪初期的养护管理也粗放，不需过高的养护管理水平。缺点是该法是建坪成本最高的一种建坪方法。

3.3.2.1　草皮的选择

理想的铺植草皮块时间与播种法建植草坪的最适宜时间一致。冷季型草坪草适宜的铺植草皮块时间是夏末秋初和初春；暖季型草坪草适宜的铺植草皮块时间是春末和夏初。铺植草皮忌在干热、严寒季节进行。在选择适宜草坪草种（品种或组合）与铺植时间的基础上，要选择高质量的草皮。

质量良好的草皮应质地均匀一致，厚 2～3cm，带土 0.5～1cm 根，以利成活，无病虫、杂草，根系发达；典型的草皮块规格为：机械铲草皮：长度为 60～180cm，宽度为 30～45cm，手工铲草皮：30cm×30cm（图 3-12）。

3.3.2.2　草皮运输

通常铲好草皮后即装车运输，最好随铲随运随铺植，避免草皮块活力降低或丧失。草皮块装车要求捆扎，整齐码放，以避免草皮在运输和铺植操作过程中散落。可把草皮块多块叠在一起捆扎好装车；长条状的草皮则卷起绑扎好装车。高温季节长途运输草皮块首先要十分注意避免草坪发热"烧死"；其次要避免脱水干枯死亡。一般草皮块长途运输时间不宜超过 24 h，并采用开放式车厢，以利通风。

3.3.2.3　草皮铺植

（1）准备草皮

草皮块运输到建坪场地后应分散堆放，高温季节应浇水并采用遮阳网覆盖。如高温季节草皮块堆积在一起，由于草坪草呼吸产生的热量不能排出，使温度升高，轻则草皮发黄，重则导致草皮发热死亡。草皮块最好当天送到当天铺植完成，高温季节两者相隔不宜超过 48 h。

（2）铺植草皮

坪床与草皮块准备好后，即可进行草坪块铺植作业。草皮块可以用人工或用机器水平自动铺植。草块从笔直的边缘如路缘处开始铺设第一排草皮，保持草块之间结合紧密平齐。一般草皮块之间保留 1～2 cm 的间隙，防止镇压后草坪块出现重叠，以利于平整。相邻草皮块之间的缝隙应尽量错开。草皮边铺植边浇水，而且要浇透。稍干后立即用耙子背面或轻型碾

图 3-12 草皮块

（a）手工铲草皮 （b）机械铲草皮

压器将草皮将每块草皮压实，消除气洞，确保草皮根部与土壤均匀完全接触。当在坡地铺植时，每块草皮应该用桩、钉加以固定。草皮块铺植方法依据铺放草皮块位置和密度的不同可分为密铺法、间铺法和条铺法 3 种。

①密铺法　密铺法也称满铺法，指用草皮块将地面全部覆盖，相邻草皮块的间距为 1 ～ 2 cm。该法可短期内形成草坪。

②间铺法　间铺法是指把草皮块交错相间呈"品字形"或草皮块间按 3 ～ 6 cm 间距排列，其草皮铺设面积仅占坪床总面积的 1/2 或 1/3。该法可少铺植草皮节省费用，但将延长建坪成坪时间。

③点铺法　点铺法又叫塞植法，是指把草坪养护打孔作业时取出的小柱状草皮塞或利用环刀与塞植机等机具取出的大柱状草皮塞或切成的宽 6 ～ 12 cm 的草皮块长条或长、宽、高各为 5 cm 的草皮方块，按适宜的间隙或按 20 ～ 40 cm 的间距平行铺植于坪床。该法适于结缕草、狗牙根、匍匐翦股颖等具匍匐茎的草坪草新品种的大量繁殖和补植小块受损草坪采用；也可用于建植新草坪，可较节省草皮，草坪分布也较均匀，但全部覆盖坪床的成坪时间较长。

（3）填土滚压和浇水

草皮块铺植完毕，相邻草皮块中间会留有空隙，可在这些空隙中填撒砂土，最好是 70% 的粗沙或用铺植区表层土与沙混合，覆沙后用拖网拖平，使砂土进入到草皮块接缝。覆

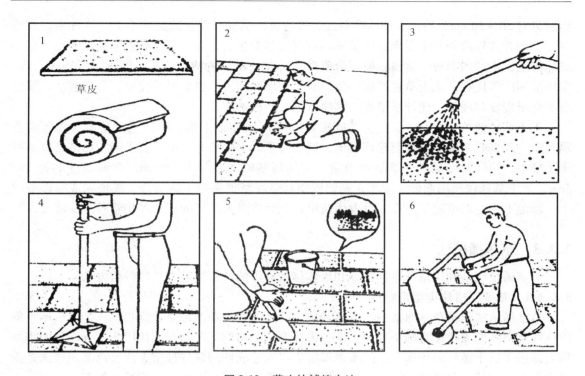

图 3-13　草皮块铺植方法
1. 草皮与草皮卷　2. 铺植　3. 浇水　4. 压实　5. 覆沙　6. 碾压

沙后应采用轻型设备再次压实，并保持给新植草坪浇透水，在干燥天气中保持湿润（图 3-13）。适宜季节草皮块铺植后一般 15～20 d 成活发根。

3.3.2.4　无土草毯铺植法

（1）无土草毯的草皮生产方式

无土草毯生产草皮方式（图 3-14）采用牲畜粪便、木屑、谷壳、秸秆、蘑菇栽培下脚料等多种农业废弃物及有机肥料为基质，草坪草种子播种或撒播草茎后经过一段时间的生长，根系在地表 2～3 cm 的基质中盘绕错结，形成结构致密的草毯，使草皮可以像地毯一样卷起。

（2）无土草毯及其建坪特点

传统有土草皮生产方式需要大量优质耕地，铲起草皮时须带土 0.5～1.0 cm，土壤可耕

图 3-14　无土草毯

作层只有 20~30 cm，耕地长期生产草皮，可造成土壤贫瘠并导致低洼不平，这种粗放式的草坪生产方式导致的严重后果显而易见。与有土草皮相比，无土草毯有着明显的优点：它不破坏耕地、生产周期短、运输方便、价值高；具有优质、清洁、节水、保土、可持续生产、实用范围广等优点；无土草毯厚度一致，易于铺植和铺后平整，根系完整，易于成活，铺植后不会出现发黄现象，建坪质量高。其缺点是生产成本高。

无土草毯铺植建坪简单，通常茎叶覆盖度达到 90% 以上时，可以卷起草皮。卷起时连隔离布一起裹起来装车运送至建坪场地，铺植时再撕下隔离布，将草毯平铺于已准备好的坪床土壤上。块间距可视草坪草品种而定，无匍匐茎的间距为 1~2 cm，有匍匐茎的为 2~3cm，无土草毯块间用细砂土填平，稍镇压使其草坪草根系与土壤结合。铺植完成后即浇透水，保湿 1 周左右草毯草坪草即可发生新根，此后将进入草坪的正常养护管理。

3.3.3 草茎播植法

草茎播植法是利用草坪草匍匐茎和根茎移植建坪的营养体繁殖法的种植方法。

3.3.3.1 草茎播植法类型及特点

草茎播植法包括草茎撒播法与草茎栽植法两种方法。草茎撒播法是指将人工与机械收集的草坪草根茎或成片铲起的草坪块，洗去根部泥土，将匍匐茎撕开或切成 3~5 cm 长的小段均匀撒播于已平整好的坪床上，经覆盖保湿生根发芽成坪的建坪种植方法。草茎栽植法是指将不带根土的草坪草植株单株或株丛像插秧一样插入坪床土壤中，经覆平、保湿、生根、发芽、成坪的建坪种植方法。

草皮块铺植法的草皮块带土厚薄不一致，草坪平整度较差，主要用于平整度要求较低的绿化草坪。运动场草坪平整要求高，并且像高尔夫球场草坪为全沙草坪还不能带土，草皮块铺植法不能满足其平整度需要，因此大多采用播种法或草茎播植法建植草坪。

草茎播植法仅适用于具有匍匐茎的草坪草种，如狗牙根、海滨雀稗、结缕草及匍匐翦股颖等；该法用草皮块量少，能使 1m² 的草坪面积扩大到 10~20 倍，成坪速度快，新建草坪平整度高，建坪成本低于草皮块铺植法。

3.3.3.2 草茎撒播法建坪步骤

草茎撒播法草茎要求 100% 均匀撒在坪床表面，草茎不能成团，草茎播量一般为 1m² 草皮的草茎撒播 10~15m² 的新建草坪为宜。草茎撒播后覆盖一层 0.5~1.0 cm 细沙，要求覆盖后露出部分草茎，否则覆沙过厚会造成草茎死亡。然后，再用镇压器压实，不让草茎翘出土外；覆盖一层无纺布，如果是夏季高温季节还需覆盖一层遮阳网遮阴，浇水保持地面湿润（图 3-15）。

草茎撒播法以春末夏初效果最好。一般情况下，草茎撒播后养护 15 d 左右，坪床土中小草茎即会生根发芽，1.5~3 个月即可成坪。而生长较快的狗牙根草茎一般 3~5 d 发芽，1.5~2 个月成坪。

3.3.4 喷播法

建植草坪的喷播法是指利用水作为草坪草种子或草茎载体，将草坪草种子或草茎、质地松软的苗床基质及苗期生长所需营养物质、黏合剂、保水剂、绿色染料等搅拌混合配制成具

图 3-15　草茎撒播法建植草坪步骤
1. 草茎　2. 撒播　3. 覆沙　4. 覆盖无纺布　5. 覆盖遮阳网　6. 浇水

有一定黏性的悬浊浆液，通过用装有空气压缩机的高压喷浆机组组成的喷播机高速直接喷射到已平整好的地方，从而建植草坪的种植方法。喷播法目前在欧洲、北美和日本使用较为普遍，我国于 1995 年从国外引进该技术，并迅速在全国公路绿化行业推广使用，现已成为高速公路边坡植被恢复，河堤、山坡等生态防护，以及大规模绿地建植的一种行之有效的植被建植方法。

3.3.4.1　喷播法的适应性与优点

喷播法适用于公路特别是高速公路、铁路及水库、江河海岸等斜坡建坪，以及新土建工程、矿山植被恢复、石漠化治理等有很大裸露地及土壤容易受到侵蚀的场地建坪。在这些地方采用喷播法建植草坪，不仅能固土护坡，避免水土流失，而且因为喷播机喷播的混合悬浊浆液具有很强的附着力和明显的色彩，因此在喷播时不会出现遗漏与重复，能均匀喷播整个坪床；喷播后的草坪草种子能在良好保湿条件下迅速萌发和生长，快速成坪；施工方便，简单灵活，省时省工，劳动强度低。

喷播法与传统建植草坪的方法相比较，具有很多优点：

①效率高　喷播法能使的混种、播种、固定、覆盖、施肥等多种建坪工序一次完成；克服了不利自然条件的影响，可以在种子直接播种难以成功的陡坡上进行喷播，同时可抗风、抗雨、抗水冲，满足不同立地条件下建坪的需要，避免了人工播种受风力影响和陡坡面不能有效固定种子的麻烦；同时，省工省时，劳动强度低，喷播机械化和自动化程度高，可大量减少施工人员和投入。据测算，一台喷播机 8 h 作业面积可达 20 000 ~ 25 000m²，建坪费用仅为 10 元/m²。

②草坪均匀度好，质量高　喷播法播种均匀，不仅节省种子，而且基质覆盖材料中的营养物质、保水剂等可为草坪草的苗期生长提供良好的条件，大大提高了种子的出苗率和成活

率，从而确保出苗整齐，成坪速度快，草坪覆盖性好。

③科技含量高，操作简便　喷播法将草坪草种子、肥料和覆盖基质材料融为一体，是将化学能、生物能融合为一体，通过机械能将其施于地表；集机械、化学、生物学技术为一体综合技术，体现了草坪草种植的科学性、先进性，是高速度和现代化的草坪种植技术的一次革命。同时，喷播机械化和自动化程度高，易于掌握。

3.3.4.2　喷播法的设备与材料

（1）设备

喷播法建植草坪的主要设备为喷播机，它主要由动力、容罐、搅拌、水泵和喷枪等5部分（图3-16）组成。动力部分是喷播机的心脏部件，一般为柴油发动机或汽油发动机，其作用一是带动液压马达，驱动罐内搅拌机进行机械搅拌；一是带动水泵，进行罐内循环，使罐内物料混合均匀，然后泵入喷枪，进行喷射作业。容罐是盛装混合物料的部件，其容量大小限定了喷播时间和面积。搅拌部分常采用桨叶式搅拌器，使物料能充分进行机械搅拌混合。水泵常采用具有一定吸程和扬程的离心泵，使罐内混匀的物料被高强度压出罐外。喷枪是具体作业部件，其作用是将罐内的混合物料均匀喷洒至坪床上，它的性能结构和制造质量直接影响喷播法建坪质量。

图3-16　喷播法建植草坪的主要设备
1. 筛土机　2. 空压机　3. 喷播机

（2）材料

喷播法建植草坪的主要材料主要有水、黏着剂、纤维、肥料、保水剂和着色剂及种子。水作为主要溶剂，起融合其他材料的作用，一般用量为 $3 \sim 4$ L/m²。黏着剂起附着、粘接作用，随喷浆喷到土壤上使覆盖物成膜，不被风、雨侵蚀，防止水土流失和种子、幼苗被水冲失，保证出苗均匀，用量根据喷播场地的地形而定，一般为 $3 \sim 5$ g/m²，平地用量少，坡地用量多。纤维有木纤维和纸浆两种，其作用是在水和动力的作用下形成均匀的悬浮液，用于包裹和固定种子、吸水保湿，并起到覆盖作用，用量为 $100 \sim 120$ g/m²，坡度大时可适当加大用量。保水剂吸水能力强，可满足种子萌发所需的水分，一般在特别干旱、无法保证及时浇水的地方使用，用量为 $3 \sim 5$ g/m²，有时也可以用木纤维代替保水剂。肥料的作用是为种子萌发及幼苗生长提供养分，选用复合肥为好，视土壤的肥力状况，施量为 $30 \sim 60$ g/m²。着色剂是使水与纤维着色，用以指示界限和提示播种是否均匀，检查有无遗漏，一般为绿色，进口的木纤维本身带有绿色，无需添加着色剂，国产纤维一般需另加着色剂，用量为 3 g/m²。种子是建植草坪的基本材料，除使用普通狗牙根、杂交狗牙根、巴哈雀稗、黑麦草、高羊茅、白三叶等常用的草坪草种子外，有时也使用波斯菊、毛苕子等草本植物和火棘、胡枝子、小叶锦鸡、木豆、多花木兰、小叶女贞、紫穗槐等灌木种子，其用量因种类、坪床立地条件不同而异(表3-7)。

客土喷播还需种植土，种植土可因地选材，选择就近可以采集的黏土、黄土，一般可用其他肥土按1∶1配合使用，客土要干净无杂质，无杂草，保持干燥，并过筛去掉大的粗的颗粒以便于喷播使用。

表 3-7　中国南方地区高速公路喷播植草种子配比参考方案　　　　单位：g/m²

方案编号	百喜草	狗牙根	火棘	白三叶	高羊茅	胡枝子	小叶锦鸡	紫穗槐	多花木兰	小计
1	12		5	1		10		10		48
2		8		2	1	10	4			25
3	20		5	3				10	10	48
4		10		3		10			10	33
5		5		2						7

注：方案1、2适用于主线普通湿式喷播和改良土喷播；方案3、4用于客土喷播；方案5适用于取弃场土喷播。

3.3.4.3　喷播法建坪技术

喷播法建植草坪的工艺流程要求高，一般分厚层基材喷附和液力喷播，大体工艺流程如图3-17。按照喷播法的基本工艺流程，喷播法建植草坪技术分为如下几个步骤：

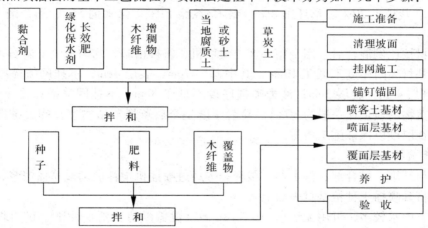

图 3-17　喷播植草工艺流程

（1）设安全防护区

喷播法建植草坪工程作业现场附近，禁止行人、车辆通过，界定安全防护区，在施工场地两头设施工标志。根据施工安全操作规范要求，选择安全防护措施，搭设钢管脚手架，下铺毛竹脚手片，上挂防护网，或从山顶下悬绳索，系安全带施工。脚手架搭设按脚手架搭设施工规范进行施工，现场施工人员配戴安全帽及必要的劳保用具。

（2）场地整理

杂草发生严重的喷播地段，一般在喷播前1周用灭生性除草剂灭草。喷播地段不陡的地方，也可喷播前进行耕作，但耕作应沿等高线进行，即耕作方向要与坡向垂直。陡坡地要清除陡坡上不稳定的石块。把凹凸不平的地方大致整平，以便让种植材料厚薄均匀，对于松散的岩石用水泥砂浆抹缝粘结；对低洼处适当覆土夯实回填或以植生袋装土回填，以填至使反坡段消失为准，有条件的可在作业面上每隔一定高度开一横向槽，以增加作业面的粗糙度，使客土对作业面的附着力加大。

（3）锚杆、挂网

若岩石边坡本身不稳定，还需边坡上采用预应力锚杆锚索（钢筋）、挂网（金属网、钢筋网或高强塑料等）进行加固处理，保证施工前作业面的凹凸度平均为 ±10cm，最大不超过 ±15cm。先在坡面上铺网，一般常用的有金属网、土工格栅、三维土工网垫等，一般来说，陡坡坡度少于 45° 的多用三维土工网垫，陡坡大于 45° 时则多用金属网，金属网所用的材料多用金属材料和铅丝，一般采用 12 号或 14 号镀锌棱形铁丝网（直径 2mm），网孔规格为 4cm×4cm，铺设面积 100%。然后用风钻或电钻按 1m×1m 间距梅花形布置锚杆和锚钉。锚杆长 90~100cm，锚钉长约 50~60cm。通过锚杆将成品网固定在岩石上，应特别注意网与岩石之间的距离约为种植基材厚度的一半，挂网的目的是让种植基材在岩石表石形成一个持久的整体板块。

（4）种植基材喷播

喷播法建植草坪的种植基材由泥炭土、耕作土、黏合剂、保水剂、着色剂等组成。厚层基材喷附的基层按泥炭土 20%，耕作土 75%、有机质 3%、保水剂 3%、黏合剂 0.5% 配比，表层按黏土 34%、泥炭土 56%、有机质 4%、保水剂 2%、化肥 2% 配比；客土液力喷附按泥炭土 50%、栽植土 20%、草纤维 8%、锯木/谷糠 12%、保水剂 5%、黏合剂 1%、复合肥 2% 配比。

种植基材按比例混合后，用专用的客土喷播机，将种植基材均匀地喷上岩石表石。喷播厚度，厚层基材喷附厚度不低于 10cm，其中基层 7cm，表层 3cm，不挂网喷播厚度不低于 7cm，其中基层 4cm，表层 3cm；液力喷播厚度不低于 8cm，不挂网喷播厚度不低于 6cm。水和纤维覆盖物的质量比一般为 30∶1。喷射厚度是今后草坪草植物生长的关键所在，此环节应随时检查厚度以保证施工质量。

（5）种子喷播与覆盖

将种子与纤维、黏合剂、保水剂、缓释肥等经过喷播机搅拌混匀成喷播泥浆，在喷播机的作用下，将其喷播于种植基材表面上。

我国南方雨水较多，可用无纺布（$16~18g/m^2$）覆盖以防止雨水冲刷。我国北方可用草帘覆盖，其目的一是防止雨水冲刷；二是防止水分蒸发过快；三是保温利于种子萌发生长。

（6）喷播后养护管理

喷播后如未下雨则每天浇水以保持土壤湿润，草坪草种子从出芽至幼苗期间，必须浇水养护，保持土壤湿润。此期间坚持每天早晨浇一次水（炎热夏季早晚各浇水一次）。狗牙根一般 7d 左右发芽；百喜草一般 15~20d 发芽；画眉草一般 4~5d 发芽。45d 左右可以成坪，2 个月覆盖率可达 90% 以上，成坪后可逐渐减少浇水的次数。喷播后养护期间应随时观察草坪的水肥情况，水分状况主要依据根系土壤的湿润程度确定；肥分状况主要依据幼苗的生长状况确定。草坪成坪后由于其自身形成了一层草毯，对土壤中的水分散失具有一定的保护性；成坪 1 年以后，草坪基本上形成了其自身的生态保护，不需要特别的养护（图 3-18）。

图 3-18　喷播法建植草坪工艺流程
1. 挂网　2. 锚杆　3. 喷播材料　4. 喷播　5. 覆盖　6. 浇水管理

3.3.5　植生带法与植生袋法及移动式草坪法

3.3.5.1　植生带法

植生带是指将草坪草种子或根茎按照一定密度和排列方式均匀固定在特制的载体里，并附上必要的肥料要素、黏合剂等，以促进它们快速萌发和生长的带状物产品。植生带法是指用植生带铺植草坪的建坪种植方法。建坪植生带分为种子植生带和草皮植生带两种。草坪种子植生带是采用专用机械设备，依据特定的生产工艺，把草坪草种子、肥料、保水剂等按一定的密度定植在可自然降解的无纺布或其他材料上，并经过机器的碾压和针刺的复合定位工序，形成的一定规模的产品，目前已经实现工厂规模化生产；草皮植生带则是在塑料薄膜上铺一层 2 ~ 3 cm 的基质培养土，然后在其上撒一层草坪草根茎，经过 3 ~ 4 个月培养，形成带状的草皮，类似无土草毯的生产过程。目前草皮植生带的工厂化自动大规模生产工艺仍在研究之中。

（1）优点

植生带法与播种法、草皮块铺植法等传统草坪建植方法相比较，具有如下优点：

①建坪施工简便快捷，省工、省力。草坪植生带生产周期短、重量轻，运输和储存方便，可以随地形任意裁剪，施工的专业水平要求不高，易掌握操作。

②建坪免受外界环境条件影响，建坪质量好。植生带建坪基本不受外界环境条件影响，可在各种土壤上铺植，还适于坡地建坪。与播种法相比较，可节省种 1/3 ~ 1/2，草坪草出苗成活率高；植生带法建坪，纯度高，出苗整齐，杂草少，成坪快。

③节省资源,保护环境。植生带法与草皮块铺植法相比较,具有节约和保护耕地,节约水资源,降低运输和养护成本等优点,还可将秸秆、城乡垃圾等废物用做植生带生产基质原料,综合利用农业可再生资源,带动相关产业发展。

但是,目前植生带生产量还较少,植生带法建坪成本较高;极细小的种子均匀度不够理想,从而影响出苗后草坪的均一整齐;目前植生带生产工艺还存在一些缺陷,暖季型草坪草根茎类植生带工厂大规模生产化技术还有待今后研发。

(2)植生带法建坪技术

①坪床准备 坪床铺植生带前,必须按建坪要求进行坪床翻耕和清理,清除杂草与石块等杂物,精细平整坪床,如铺植前坪床土壤过干,则应在铺植前1d浇足水,以利保墒。

②确定铺植期 植生带贮藏和运输应按种子贮藏和运输要求,保证其质量。植生带法建植草坪的适宜铺植期与播种法相同,如冷季型草坪草种以秋季为最佳。但应考虑植生带的生产时间,确保植生带生产后能在草坪适宜播种期铺植,尽可能做到草坪植生带生产与铺植两者时间无缝对接,减少植生带贮存期,以免降低植生带种子萌发或草茎幼苗质量。如在盛夏铺植,则应注意遮阴、防旱。

③铺植技术 铺植前准备适量覆盖用的质地适宜、不含杂草的细土(0.5m³细土/100m²)。在整理好的坪床上将植生带拉直平铺于地表,相邻植生带边缘对齐可稍重叠,然后覆盖0.3~0.5cm厚的细土,充分压平植生带,使其与土壤紧密结合。如风沙大的地方,还应覆盖秸秆、塑料薄膜等材料,以减少土壤水分蒸发,同时也为了固定植生带,甚至还应分段打桩和拉绳加固。

④铺植后养管 植生带铺种完毕后一段时期,应每天早晚进行浇水,促使草坪草种子植生带种子萌发出苗,有利草茎植生带幼苗轧根。最好用喷灌方式,避免水柱直冲,水量以保持地表湿润为宜。在草坪草出苗前,要保持和维护好覆盖土完整。出苗后,可逐渐减少喷灌次数,加大浇水量,一次浇透。成坪后的草坪养护与常规草坪相同。

3.3.5.2 植生袋法

植生袋又称作绿网袋、绿化袋,由草坪草及其他绿化植物种子、培养土、可降解包装袋组成,种子按照比例附着在两层可降解的纸之间,纸下垫有满足植株幼苗期生长的土壤与肥料。草坪草植物及其根系可以很好地穿透植生袋生长,根系在土壤中盘根错节产生强大的牵引力和织成一张大网将陡坡的土壤固定,从而达到生态绿化与固坡的目的(图3-19)。该草坪建植的种植方法广泛用于高速公路边坡,矿山,河道的边坡绿化。

(1)优点

①成本低廉,生产简单 植生袋法建坪施工铺设简便,质量轻便,方便运输;草坪草种的种类可根据需要容易更换;一次完成坪床整理和播种作用,无须像喷播法那样分步完成,既减少了施工程序,又避免了草坪草种子浪费。

②草坪质量好,草坪功效高 植生袋法建坪出苗成活率高,草种分布均匀,避免了后期草坪浓密不均;后期草坪草种长出后,即使冬季草死亡后也因植生袋抗拉强度高和堆码牢固及锚固处理,无须担心草种纸带被撕破,仍可达到护坡的功效,从而有效减少冬季水土流失,坡面绿化效果持续稳定。

(2)植生袋法建坪技术

①植生袋准备 植生袋可以根据建坪现场边坡条件及时调整植生袋的规格和草坪草种植

图 3-19　植生袋法建植草坪工艺流程

（a）植生袋　（b）植生袋铺植　（c）植生袋建植草坪成坪

物配比。

②基质装袋　一定要将母土运至施工现场再装袋，植生袋装填的坪床基质可按 5 份黄土、2 份河沙、1 份泥炭土以及少量复合肥拌和并在边坡现场装袋。袋内一定要装干土，不能装带水的湿土。

③植生袋回填及锚固　已做好方格网或拱形窗肋式砼防护的边坡，或坡度在 1∶0.75 以下的低缓边坡回填植生袋时，通常可不用再加锚固，但应注意不同规格植生袋的合理配置。装完基质的植生袋应及时垛到施工面上。植生袋内表面的植生带较脆弱，所以在施工中一定要轻拿轻放，以保证种子附着的完好。铺设前将作业面浇足浇透水，每铺设一块，固定后再浇水保持袋中基质湿润。如果是在山石或砂石基面等坡度大的坡面上施工，一定要从底部开始，每隔 1m 远放置一根硬 PVC 管，直径在 3～4cm，长度从基面至新垒的植生袋墙外即可；如果是砂石基，应该将另一头插入砂石基面 5cm 以上。在每垒到 1m 的高度时再放置一层 PVC 管，距离还是 1m。这样可以把基面内层或基面表层的水排出来，以免长时间浸泡植生袋使袋里的基质土成稀泥状而造成塌方。如果是垂直叠摞或接近垂直叠摞植生袋，每叠摞 1m 高时，还应该在基面上打固定桩，用绳把这整层植生袋绑紧、分别固定在固定桩上，防止墙体倒塌。

④养护　施工完成后，根据施工地区的气候特点制订了养护方案，养护工作一是对滑落的植生袋的及时补填；二是保证边坡草坪草植物的水分和养分供应，施工后 2 个月及入冬前各施 1 次肥。在草坪草植物种子处于萌发与幼苗阶段，特别注重保持湿度和平衡养分。在成坪后加强对草坪草植物抗逆性的锻炼，逐渐减少浇水、施肥次数，促进深根性的灌木生长。在草坪草及灌木植物生长成坪、根系将边坡土层固定之后，可不需再进行日常的人工养护。

此外，与植生袋法类似的建坪种植方法还有生态袋法。生态袋是由聚丙烯（PP）或者聚酯纤维（PET）为原材料制成的双面熨烫针刺无纺布加工而成的袋子。生态袋抗紫外线、耐腐蚀、不降解、耐微生物分解，易于植物生长，使用寿命长达 120 年；而植生袋是由尼龙网、无纺布、植物种子和纸浆构成，不具备生态袋的优点，其寿命在 3～5 年达到效果后袋体逐步降解。生态袋应用在边坡结构上，由于其内锁的结构和辅助加筋格栅等土工材料，其附件需要结合工程扣、连接扣、扎口线或者扎口带、结合格栅、铁丝网等施工，使得边坡可以从45°～90°自由建立，也能使回填土的边坡承受荷载可能，再结合绿化方案其边坡几乎趋于永久性生态；植生袋只需简单堆码施工，只能应用于一般的对结构和稳定性要求不高的屋顶及缓边坡上使用，是一种廉价的具有今后修复性的材料。

3.3.5.3 移动式草坪法

移动式草坪法是指将草坪建植在可以移动的结构架或模块上，草坪使用时再组装与移动至草坪建植场地的建坪种植方式。它是20世纪90年代起源于美国的一项新型草坪建植技术，目前已经为国内外许多重要大型体育运动会及场馆草坪应用。

（1）建植方式

①整体移动式草坪法 是指将整个草坪场地建造在可以移动的结构框架上。在非比赛日时，将整个场地置于场馆外进行养护治理。当进行正规比赛时，再通过非凡的动力设备将场馆外的天然草坪场地整体移入场馆内。

整体移动式草坪在自然条件下养护，比室内养护光照充足，草坪生长健壮，使用频率高，但因草坪是整体建植，对体育场的建筑要求较严格，技术含量高，费用较为昂贵，更新困难，很难普及应用。2002年韩日世界杯，2006年德国世界杯足球比赛场草坪，以及2006年法国世纪杯沙尔克体育场采用的都是整体移动式草坪。

②模块移动式草坪法 是指把整个球场建在若干个可移动模块上，每个草坪模块都是一个独立的个体。草坪建植时，通过特殊的固定装置如高浓缩乙烯槽，将槽体固定在水平空地上，模块内填充草坪生长所需的土壤基质及排水系统（图3-20）。草坪建植可以采用种子直播或草皮铺植等。待草坪生长成熟后，再将模块分开，随时准备比赛。整个铺植时间只需要48 h。

图3-20 模块移动式草坪的安装施工

模块移动式草坪法与整体移动式草坪法相比较，其模块系统底盘设计具有通风、排水、换气、升降温等特性，为草坪草在比赛前后的生长提供了良好的环境；可以在最短时间内将养护良好的草坪移进移出体育赛场，既提高了球场的使用效率，又延长了草坪的使用寿命；场地中的任何一块草坪都可以自由移动，可以随时更换那些损伤严重的草坪，从而保证体育场全天候的正常使用；模块草坪的培育与传统式和整体移动式相比更为自由灵活，建造场地和时间不受场地限制。2004雅典奥运会主体育场草坪采用的就是这种方法，整个体育场草坪由6000多个面积为1.2 m×1.2 m的盒子组成，可随时拆卸、更换，共耗资200多万欧元，此后的养护成本为每年 5 万欧元。2008 年北京奥运会主赛场鸟巢草坪共 7811m²，采用 5460 块 1.159m×1.159m 聚乙烯萨槽种植草坪模块组成。每个草坪模块高 0.3m，其中盒子高 0.22m，草坪高 0.08m，近 1t 重，5460 个模块共约 4000t。

（2）移动式草坪法特点

移动式草坪法与播种法、草皮块铺植法等传统建坪技术相比较具有如下特点：

①可满足运动场草坪场地的多功能需要　目前，运动场草坪场地的功能已不再单一，在承载体育运动的同时又要举行一些大型活动。比如，奥运会的主体育场既要承担开幕式的大型表演工作，又要在接下来的比赛中马上投入使用。单一的草坪无法承受如此高强度的使用，经常出现"超负荷"现象，导致表现不佳。而移动式草坪法可在短时间将草坪快速绿化，分区段使用，因此，该草坪建植技术被逐渐推广。

②可提供高质量和全天候使用的草坪　传统固定式草坪指草坪场地建造在体育馆内，建造场地固定。由于各地土壤类型、气候特点以及经济水平等因素的差异，使得球场建造施工复杂程度及技术含量差异较大，进而导致草坪建造质量参差不齐。模块移动式草坪除了快速成坪的优点以外，由于其灵活性，还可以随时更换那些损伤严重的部分，从而保证体育场全天候的正常使用。另外，模块系统底盘设计具有通风、排水、升降温等特性，为草坪草在比赛前后的生长提供了良好的环境。

③节省草坪养护费用　移动式草坪在不需使用期间可作为绿化草坪利用或作为草坪盆景销售，既不需要进行运动场草坪非比赛利用期间的日常管理，又可销售利用的草坪块，还可把运动场草坪场改做其他用途，达到节本增收目的。

（3）移动式草坪法关键技术

①移动式草坪建植与养护　移动式草坪的播种建植要根据当地的气候条件选择适宜的草坪草种及品种、移动式草坪坪床土壤基质和坪床托盘，最好选用同一草坪草种内的不同品种进行混播，可使草坪生长均一，色泽一致，还可以提高草坪的抗性。其他播种、施肥、灌溉、修剪、病虫草害等防治技术和一般草坪建植与养护管理基本一致。

②移动式草坪的安装与更换　清理坪床或将原有的草坪移走，对种植基质进行清理；安装或更换新的移动式草坪；及时修补体育项目比赛中损坏的草皮；移动式草坪非利用时期可将移动草皮块移回种植区继续养护，以备再用。

3.3.6　缀花草坪种植

缀花草坪起源于西方草坪业发展较早的国家，其时的草坪组花（也称野花组合）由 15 种以上的一年生和多年生野花种子混合而成，大多数一年生野花具有结实自播能力，而多年生野花可维持 3~5 年不需要重新播种。草坪组花具有一定的野生性和生物多样性，其色彩、花形丰富多样，花期长，适应能力强，建植与养护管理的成本很低，可广泛用于公园、自然风景区、乡村道路、高尔夫球场、住宅庭院等。草坪组花的种植大体出现过 3 类组合：一类是纯野花组合；第二类是以野花为主的组合，草坪比例占 40%~50%；第三类是以草坪为主体的组合，其中草坪比例占 70%~80%，花卉比例占 20%~30%，此类为严格意义上的缀花草坪。

（1）缀花草坪的混合原则

缀花草坪的混合原则首先应考虑缀花草坪各组分的生态适应性。缀花草坪组合中的大多数一年生与多年生草坪草及草本花卉品种应具有较强的生态适应性和抗逆性。其次，缀花草坪应考虑各组分的景观观赏特性。缀花草坪需求花色繁多、花期长；每个草坪组合的种子配方要包括春、夏和秋季开花的花卉品种；还包括一些耐阴品种；花卉的高度从匍匐型到1.5 m不等，具立体景观效果。再次，缀花草坪各组分可以因其成本、适应性及气候条件的不同各自数量稍有差异，但每种草坪草及草本花卉的数量应大致相等，且一般侵占性较强的草坪草及草本花卉数量比例应较少，以保证缀花草坪各组分均衡发展，可长期保持缀花草坪功效。

（2）缀花草坪的组合与配置

缀花草坪的组合与配置原则，首先应根据缀花草坪设计组合的适用区域、生境特点及用途或特殊功效进行草坪草及草本花卉品种的组合与配置。如缀花草坪可专门为潮湿且高低不平的高尔夫球场球道区草坪配置；低于10 cm的矮生缀花草坪组合及高到膝盖（高于60 cm）的缀花草坪组合常被用于装点城市市区及郊区风景，装饰路边、公园以及住宅区附近。这样可使缀花草坪以一种半野生的形态出现，也使草坪中杂草不易为人们视觉察觉，从而增强草坪整体景观功效。

其次，缀花草坪的组合与配置应考虑颜色、高度、气候条件、花期以及其他特殊因素。缀花草坪组合中每个品种的比例取决于种子的大小、侵占性以及成本。较好的缀花草坪应当包括一年生及多年生的草坪草及草本花卉品种10～12个。

（3）场地选择与准备

缀花草坪种植应根据草坪草及草本花卉品种萌发期、生长期及土壤水分、空气湿度，土壤杂草种类及周围杂草的入侵与竞争等，选择适当的种植环境，以取得满意的效果。种植前应选择适宜的种植场地，清除各种杂草，并深耕细耙，使土粒细碎，地表平整，适宜土层厚度25～30 cm。同时，应检测土壤肥力状况，必要时应进行土壤的改良。

（4）种植

①种植时间　最佳种植时间选择主要取决于气候、降水量以及所要种植的缀花品种。气候凉爽地区，种植一年生、多年生和一年生及多年生的混合品种一般为春季、夏初或晚秋；一般秋天种植应尽可能选择晚秋以便于种苗到春天才萌发；多年生品种可选择早秋种植，使其在进入冬眠之前至少有10～12周的时间可以生长；晚秋播种适宜于秋季干旱而春季雨量比较充足的地区；气候温和地区，应选择一年中比较凉爽的季节，如秋季或整个春季种植的效果较好；如在秋天雨季来临之前种植，春天开花的时间也会较早。

②播种量　每种草坪缀花组合均有一个最大和最小播种量。土壤条件较好、杂草控制得力情况下，最小播种量约为650～750粒/m²（约0.6～1.2 g/m²）；土壤准备不够充分、杂草较多或要求最大限度地突出色彩效果时，最大播种量可为1300～1500粒/m²（约0.9～2.5 g/m²）。一般播种量控制为1.0～1.5 g/m²较好，播种量太大，会影响宿根草坪草或花卉植物生长。当某一草坪草或花卉种竞争性较强时，可适当加大其他草坪草或花卉种的种植密度。

③种植方法　种植方法取决于种植面积的大小以及地形，如果种植面积较小，可以人工用手撒播或用手摇式播种机均匀地将种子撒播于坪床；种植面积较大时，最好采用特殊打孔播种机，种植深度大概0.5 cm，然后将土壤拍实；一些陡峭斜坡、岩石地形以及其他设备无法使用的地区，建议使用喷播法。种植要求应尽可能均匀种植。

根据设计要求，在整理好的土地上种植缀花草坪。首先，要撒播或种植花卉种子或种苗。既可用图案式种植，也可等距离点缀，为使草坪修剪更容易，也可将草花图案用 3 cm 厚、20 cm 高的水泥板围砌起来进行播种。然后再撒播草坪草种子或草茎。种植后可薄薄覆盖一层表土，有条件可以镇压并覆盖无纺布。无纺布边缘用 U 形铁丝固定，可防止草花种子和草茎在浇水时或被雨水冲刷，还具有保温保湿作用，同时无纺布也可防止小鸟啄食种子。

（5）种植后管理

缀花草坪种植成功的关键为种植后养护，应注意经常进行灌水、追肥和中耕除草等工作，维持良好的缀花草坪生长环境。

3.4　新建草坪的养护管理

新建草坪成坪前的初期管理对成坪和以后的利用均具有极其重要的意义，尤以播种法的幼坪养护管理更为重要。草坪建植当年株体幼小，生活能力弱，对新的土壤和气候等生态环境条件不太适应，对各种逆境的抵抗力差，故对新建草坪当年的养护管理应给予足够重视。草坪建植工程往往在草坪建植完成后，需要进行一段时间的养护才能进行工程验收并交付草坪用户，因此，新建草坪的养护管理已成为草坪建植的组成部分，它的质量高低不仅直接影响草坪建植工程的交付利用，而且，也极大地影响草坪建植企业的声誉。

3.4.1　灌溉及移去覆盖物

灌溉不及时是造成新建草坪失败的主要原因之一。干旱不仅对草坪草种子萌发不利，幼苗对于缺水也极为敏感，而且易造成草坪土壤板结，不利于幼芽出土。草坪营养体繁殖种植虽不如播种法那样对干旱敏感，但也会受到干旱伤害。

新建草坪在条件允许情况下，每当天然降雨满足不了草坪生长需要时，就应及时进行人工灌溉。新建草坪灌溉的原则是少量多次，还应及时移去覆盖物。

新建草坪无论是种子直播或草皮块铺植，首次灌溉均应在播植镇压后立即进行，但种子直播最好在覆盖后进行。

新建草坪灌溉适合使用喷灌强度较小的喷灌系统，以雾状喷灌为好；灌溉的灌水速度不应超过土壤有效的吸水速度，灌水应持续到土壤 2.5 ~ 5 cm 深完全浸润为止。

新建草坪灌溉应避免土壤过涝，特别是在坪床表面产生积水小坑时，要缓慢地排除积水。并且，随着新建草坪草坪草的发育，灌水的次数逐渐减少，但每次的灌水量则增大。伴随灌溉的次数减少，土壤水分不断蒸发和排出，可不断地吸入空气，因此减少灌溉次数可以改善土壤的通气性。

采用播种法等方法建坪时，有时为了保温、保湿和固定等目的，在坪床上加盖了秸秆、塑料薄膜、无纺布、遮阳网等覆盖物，当新建草坪的草坪草种子萌发出苗后，应及时移去覆盖物，以防止遮阴，影响幼坪草坪草光合作用。当幼苗长到 1.5 ~ 2 cm 时，一般在晴天的傍晚移去覆盖物。如用无纺布覆盖，则应在幼苗即将长出无纺布时取走；如用草帘覆盖，则应在达 50% 种子出苗率时取走；当幼苗长至 2 cm 时，则应取走所有坪床覆盖物。

3.4.2 杂草防除

杂草通常是新建草坪危害最大的敌人。即使前期坪床处理中进行了彻底的杂草防除,新建草坪还会长出杂草,甚至会严重为害草坪。

草坪建植刚完成新坪的草坪草尚幼嫩,竞争力较弱,且对化学药品极为敏感,因此杂草极易侵入,又不能采用除草剂防除杂草,其杂草防除最有效的方法不失为人工拔除。

新建草坪杂草防除坚持"预防为主,综合防治"的原则。建坪时应人工清除草坪恶性杂草,使用草甘膦、农达、百草枯等灭绝性除草剂清除地表杂草;草坪建坪种子萌发后,可使用禾耐斯、玛津、扑草净、敌草隆等萌前除草剂防除杂草种子萌发;草坪草出苗后,因大多草坪草为禾本科单子叶植物,可使用使它隆、二甲四氯等防除草坪双子叶杂草;对于已经出土的草坪禾本科杂草则人工拔除。

3.4.3 修剪

草坪修剪是草坪养护管理的基本措施之一,幼坪修剪应注意如下事项:

新建草坪首次修剪的时间与修剪高度应根据各种草坪草种的生长特性及建坪要求和草坪用途来决定。通常新建草坪可进行第一次修植的草坪草生长形态标准如下:株高度达 5 cm 以上,叶片需有两片完全叶,胚根已经退化,次生根已经扎进土壤(可用人工拔草法检查,如需使劲才能拔动草表明次生根已经扎进土壤)。

因此,当草坪草幼苗长至 5～7 cm 时可进行第一次修剪,以利幼苗分蘖。至于每次修剪高度与修剪频率则应根据草坪用途等确定。通过不断修剪,可促进草坪密度不断增加,平整度提高,频繁的低修剪也有助于控制杂草。直至完全覆盖达到草坪工程验收标准为止。

新建草坪修剪通常在晴天进行,剪草机具的刀刃应锋利,调整应适当,否则易将幼苗连根拔起和撕破损伤纤细幼嫩的植株组织。如果土质特别疏松,幼苗与土壤固作不紧时,可进行适度镇压后再修剪。

为了避免修剪对幼苗的过度伤害,应该在草坪草无露水时进行修剪,最好是在草坪草叶片不发生膨胀的下午进行修剪。新建草坪修剪,应尽量避免使用过重的修剪机械。

3.4.4 施肥与覆沙

新建草坪当年以追肥为主,幼坪施肥可在首次修剪前进行。幼坪施肥频率取决于土壤质地和草坪草生长状况。如叶片出现叶尖发黄就可追肥;每次修剪后,为了促进再生和分蘖,也应适当追肥;冷季型草坪草最佳的施肥时期为春、秋两季,暖季型草的为春夏,为了确保草坪养分平衡,可在其生长季内至少要施 1～2 次复合肥。

新建草坪追肥以氮肥为主;新建草坪因根系的营养体尚很弱小,施肥要少量多次,最好采用缓释肥,其养分对草坪草的刺激既长久又均一,每次施速效氮肥 2.5 g/m^2 或缓释肥 5 g/m^2;新建草坪肥料的撒施应在草坪草叶片完全干燥时进行,施尿素等速溶性肥料如遇天晴施肥应溶于水施用或施后立即浇水,避免"烧苗"。

新植草坪由于土壤下降、浇灌及雨水冲刷、草皮的厚薄不一,造成草坪高低不,平整度差,土壤板结。可通过覆沙填平洼地,形成平整的草坪地面。每次覆沙厚度 0.5～1.0 cm,

避免过厚的覆盖，以防止光照不足而产生的不良后果。对于平整度差和平整度要求高的运动场草坪，覆沙宜多次进行，逐步调整平整度。

本章小结

本章的教学目标是要求学生了解草坪草种选择的主要原则，掌握草坪草种组合与混播的草坪草种选择方法；掌握中国不同草坪气候带的草坪草种选择方法；能够熟练运用草坪草种的选择方法；熟练掌握草坪坪床建植的坪床准备技术与草坪种植的常见方法；熟练掌握新建草坪的幼坪养护管理技术。为此，本章系统介绍了草坪建植的草坪草种选择技术；草坪建植的坪床准备技术；草坪建植的不同种植技术；新建草坪的养护管理技术。

思考题

1. 草坪建植大体包括哪几个主要环节？
2. 试论述草坪草种选择的主要原则？
3. 什么是草坪草种组合？草坪混播的草坪草种选择方法？
4. 何为草坪草种的单播与混播？单播与混播各有哪些优缺点？
5. 草坪草建植的坪床准备包括哪几个步骤？
6. 草坪建植主要有哪些种植方法？各有哪些优缺点？
7. 最适宜建植草坪的时期及理由？
8. 草坪建植播种法的优缺点及注意事项？
9. 草坪建植草皮块铺植法与草茎播植法的相同点及不同点？
10. 什么是草坪建植的喷播法？简述喷播法建植草坪的施工工艺步骤及注意事项？
11. 试论述草坪建植喷播法与植生带法的优缺点？
12. 试论述幼坪草坪草的生长特性及相应的养护管理对策？

本章参考文献

李轩 . 2004. 草坪业产业化实用技术[M]. 长沙：湖南科技出版社 .

胡林，边秀举，阳新玲 . 2001. 草坪科学与管理[M]. 北京：中国农业大学出版社 .

黄复瑞，刘祖祺 . 2000. 现代草坪建植与管理技术[M]. 北京：中国农业出版社 .

韩烈保 . 2004. 运动场草坪[M]. 北京：中国农业出版社 .

常智慧，李存焕 . 2012. 高尔夫球场建造与草坪养护[M]. 北京：旅游教育出版社 .

韩烈保 . 2004. 高尔夫球场草坪总监手册[M]. 北京：中国农业出版社 .

孙本信，尹公，张绵 . 2001. 草坪植物种植技术[M]. 北京：中国林业出版社 .

孙吉雄 . 2006. 草坪技术手册——草坪工程[M]. 北京：化学工业出版社 .

张志国，李德伟 . 2003. 现代草坪管理学[M]. 北京：中国林业出版社 .

孙吉雄 . 2011. 草坪学[M]. 3 版 . 北京：国农业出版社 .

夏汉平，蔡锡安，刘世忠 . 2003. 百喜草研究与应用进展[J]. 中国草地，25(1)：44 - 53.

周水亮，张新全，刘伟 . 2005. 地毯草研究进展[J]. 四川草原(11)：24 - 26.

谭继清，周福生 . 1995. 重庆足球场暖季型草坪早春使用的维护技术[J]. 四川草原(2)：25 - 28.

马进，张万荣，王小德，等 . 2003. 杭州地区冷季型草坪草引种适应性[J]. 江苏林学院学报，20(1)：54 - 57.

闫静，简慰民，周有芬，等 . 1998. 中国草坪气候区划探讨[J]. 南京气象学院学报，21(3)：

370 – 376.

文亦苤，朱熙梅，孙吉雄，等 . 2000. 我国与世界主要草坪草选育地气候带相似性分析[J]. 草业学报，9(3)：82 – 88.

程杰 . 2011. 黄土高原植被分布与气候响应特征[D]. 西安：西北农林科技大学 .

元建忠，王业山 . 2001. 草坪草混播的原则、依据及应注意的问题[J]. 公路(3)：45 – 46，58.

沈大刚 . 2006. 草坪草种的选择[J]. 林业实用技术(2)：38 – 39.

杨森，赵志刚，刘畅宜 . 2009. 草坪概述与建植实例[J]. 安徽农业科学，37(25)：12306 – 12308，12311.

姚锁坤，张婷婷，李建国，等 . 2011. 草坪根茎采集机的研究及应用前景[J]. 农业装备技术(4)：12 – 14.

徐成体，李玉玲 . 2007. 草坪建植过程中碾压强度对草坪成坪质量的影响[J]. 草业与畜牧(9)：38 – 41，44.

米楠 . 2012. 草坪建植及养护管理技术要点[J]. 现代园艺(23)：96 – 97.

付开地 . 2009. 草坪建植技术应用浅析[J]. 绿色大世界·绿色科技(12)：32 – 34.

多立安，赵树兰，高玉葆 . 2007. 草坪建植体系构建中的生态问题[J]. 生态学报，27(3)：1065 – 1071.

张彩凤，宁秀波，葛秀红 . 2010. 草坪建植项目的施工[J]. 黑龙江科技信息(20)：209，245.

张继玲 . 2009. 草坪建植与幼坪养护[J]. 现代园林(8)：89 – 91.

李生辉，朱昌文，潘永辉 . 2011. 草坪建植中盐碱土的管理与改良技术[J]. 现代农业科技(4)：279，281.

文乐元，谢可军 . 2004. 草坪植生带的利用研究现状[J]. 草业科学 21(10)：73 – 77.

向佐湘，杨知建，张志飞，等 . 2005. 长沙贺龙体育中心足球场草坪建植与质量评价[J]. 草坪与草坪(5)：50 – 52，56.

何胜，陈少华 . 2008. 常见园林草坪建植及养护管理技术探讨[J]. 热带林业，36(1)：36 – 38.

黄翰森 . 2004. 道路护坡中草坪建植技术的探讨[J]. 中国水土保持科学，2(5)：22 – 25.

曾晋钦 . 2007，对草坪建植工艺及管理养护技术的探讨[J]. 科技咨询导报(23)：151.

张磊，郭月玲，邵涛 . 2008，我国草坪草混播的研究现状及展望[J]. 草原与草坪(1)：81 – 86.

第 **4** 章

草坪养护管理

草坪建植完成后，随之而来的就是草坪的日常养护管理工作，它是草坪坪用价值得以可持续利用的重要保证，俗话说"草坪三分种，七分管"，表明草坪建植即"种"是草坪的基础，而草坪养护即"管"是草坪一时建成后长期的需要，对草坪功效发挥起着至关重要的作用，要想保证草坪的可持续利用，使之经常保持良好的景观效果，除了需要投入一定的人力、物力、财力之外，科学合理的养护管理极其重要，草坪使用者任何时候均不能忽视草坪养护管理工作。

尽管草坪类型、草坪质量等级要求、草坪利用目的、草坪机械设备、养护管理投入，以及人力的有效性等不同，可能造成草坪养护管理采用的方法与强度有所不同，但是，草坪养护管理的主要内容与措施基本相似，而且草坪养护管理的各种措施都需相互配合使用。因此，务求熟练掌握，因势利导，灵活运用。

4.1 草坪修剪

草坪修剪的历史很悠久，但最早采用放牧绵羊啃食来修剪草坪，使用机械修剪草坪的历史还不到 200 年。

4.1.1 草坪修剪的作用

草坪修剪也叫刈剪、剪草、轧草，是指定期去除草坪草枝叶的顶端部分。

4.1.1.1 有利作用

（1）保持草坪平整美观的坪面

草坪修剪有利于光照进入草坪基层，使草坪顶层与基层均衡健康生长，改善草坪根系活力，促进其对水分和养分的吸收，提高草坪的弹性和平整性，定期修剪使草坪更均一，且质地更细。在一定条件下，草坪修剪可维持草坪草在一定高度下生长，可形成叶片小、质地细的优美的草坪坪面，保持草坪的平整美观，创造运动场草坪良好的供球滚动及运动员体能发挥的表面，维持草坪的观赏性和运动性，达到美观和实用的效果。

（2）促进草坪草分蘖（分枝），增加草坪密度

草坪草是最能耐修剪的植物，草坪草可通过低于修剪高度的茎基部分生组织的活动补偿修剪造成的茎叶损失，经过分生组织的细胞分裂和伸长而使叶片伸长，使草坪草再生。因此，草坪适度修剪可给草坪草以适当的刺激，控制草坪草向上生长的高度，防止茎叶徒长，促进草坪草基部生长点萌发新枝和分蘖，促进匍匐枝和枝条密度的提高，促进横向生长和扩

繁，增加草坪密度，从而形成致密而富有弹性的草坪。

（3）控制草坪杂草，减少病虫害

草坪修剪可限制不耐修剪的杂草生长，防止大型杂草侵入，定期高频度修剪能抑制草坪杂草的发生和发展，防止草坪内斑秃的形成，有利于草坪的定植。

草坪修剪可及时防止由于草坪草植株生长过高和过密而引起的病害发生，驱逐草坪地上害虫。

（4）延缓草坪退化，延长草坪绿期

草坪修剪可减少草坪地内的枯枝落叶，减缓草坪枯草层的退化；还可以防止草坪草因开花结实而老化，使草坪草始终保持旺盛的生长活力，延长草坪寿命。同时，草坪修剪可增强草坪通风透光效应，早春可促进暖季草坪草提早返青；秋末的合理修剪并配合施肥与灌溉等措施，还可延长草坪的绿期。

4.1.1.2 不利作用

（1）抑制草坪生长

草坪修剪可使草坪草降低光合作用面积，减少了光合产物，会影响其根系生长；草坪草茎基部贮藏的碳水化合物等要用于地上部分的生长，增加草坪的密度，从而使草坪地上和地下生长受到抑制。有时草坪草因过度而频繁的修剪可造成其死亡。

（2）可能引发草坪病害和降低抗逆性

修剪可引起草坪草根系暂停生长，降低碳水化合物的生产和贮存，为病原微生物创造了入侵机会，短时间内增加叶片上部的水分损失，影响根系对水分和营养的吸收，任何形式的修剪对草坪草都是一种逆境。草坪修剪可使草坪叶片变窄，增加叶片的多汁性；修剪也不可避免地对草坪草造成损伤，还会留下草坪草伤口，使病害的发生与传播更容易、更迅速，易造成草坪病害。同时，由于修剪，草坪草根系也会呈现浅层化，导致其抗逆性的下降。

此外，草坪修剪还需要一定的人力与机械、动力等成本的消耗。

总之，草坪修剪或多或少可给草坪带来一定的不利作用。但只要掌握正确的修剪方法，就可将草坪修剪损失减至最小，使草坪时刻呈现怡人的外观。

4.1.2 草坪修剪的原则

草坪类型、草坪质量等级要求、草坪利用目的、草坪机具与养护管理投入及劳力的有效性等不同，草坪修剪高度、频率及方式方法也有所不同。草坪修剪一般应遵循如下基本原则。

（1）草坪修剪高度 1/3 原则

草坪修剪应遵循的第一个原则为修剪高度 1/3 原则。每次修剪量一般不能超过茎叶组织纵向总高度的 1/3（占总组织量的 30% ~40%）。

不论何种用途的草坪，如果修剪高度过低，不仅会伤害草坪草的生长点，影响草坪草的再生，还会由于叶面积的大量损失而导致草坪草光合、蒸腾、气体交换等功能急剧下降，进而因仅存的有效碳水化合物全部被用于新的枝、芽、叶生长，而使根系没有足够养分维持而停止生长或大量死亡，草坪质量逐步下降；如果修剪过高，不仅影响草坪草质地和美观，也会因枯草层过密而给草坪养护管理工作带来很多麻烦。草坪草生长季，当草坪草的高度达到需要保留高度的 1.5 倍时就应进行修剪。对于新建草坪的首次修剪，可以在草坪草高度达到需保留高度的 2 倍时进行修剪。

不仅每次草坪修剪高度应遵循草坪修剪 1/3 原则，而且草坪修剪频率包括修剪时期及修剪次数等均需要根据草坪修剪高度 1/3 原则确定。

草坪修剪 1/3 原则对夏季逆境胁迫下的冷季型草坪草特别适用。由于过低的修剪频率下，草坪修剪时的 1 次修剪量大并更接近基部而易发生茎叶剥离，在恢复时要消耗大量贮备的碳水化合物，进而影响碳水化合物的贮存，而按照 1/3 原则进行较频繁的修剪可以避免茎叶剥离，虽然修剪本身消除一部分碳水化合物，但如能正确操作，仍可避免因茎叶剥离而在总体上减少一些碳水化合物消耗。例如，若草坪的需要修剪高度为 2cm（剪草机的刀片置于 2cm 的修剪高度），那么当草坪草长至 3cm 高时就应进行修剪，剪掉 1cm。

（2）草坪修剪不能伤害根颈原则

草坪修剪应遵循的第二个原则为修剪不能伤害根颈原则。根颈指"根"与"茎"的交接处，通常将植物地上部与地下部的交界处称为根颈。但是，如果栽苗时埋土过深，而露出地表处的植物部分就不是"根颈"了。草坪之所以能频繁地被修剪，是因为草坪草的生长点很低，再生能力极强。而草坪修剪后能否再生取决于再生物质的供给，而在再生所需营养物质供给中，草坪草修剪后被保留的留茬起着重大作用。留茬是指未被修剪去的叶和尚未伸展形成叶的分蘖芽（或生长点、叶原基）。草坪修剪后草坪草的再生部位主要有 3 处：一是剪去上部叶片的老叶可以继续生长；二是未被伤害的幼叶尚能继续长大；三是基部的分蘖节可产生新的枝条。如果修剪伤害草坪草根颈，会造成草坪草地上茎叶生长与地下根系生长不平衡从而影响草坪草的正常生长；同时，修剪伤害根颈，不仅剪去了草坪草的所有幼叶和老叶，使草坪草的光合能力受到严重限制，草坪草处于亏供状态，结果导致耗尽大部分贮存养分，造成草坪草衰败，俗称草坪"脱皮"。而且，修剪伤害根颈也伤害了基部的分蘖节或生长点，大量生长点被剪除，使草坪草完全丧失了再生能力，因此，修剪后不能恢复生长，最终逐渐消亡。

根据草坪修剪不能伤害根颈原则，如果草坪草生长很高时，不能通过一次修剪就将草坪草剪至要求的高度，而应增加修剪频率，逐渐修剪至所需的高度，否则会使草坪草根系在很长一段时间内停止生长，修剪量超过 40% 的草坪根系会停止生长 6～14d，对草坪草地上部生长极为不利。

4.1.3　草坪修剪高度

草坪修剪高度也称留茬高度，是指草坪修剪后立即测得的地上枝条的垂直高度。它在理论上等于剪草机设置的剪草高度，由于剪草机行走于草坪茎叶上，实际修剪高度应略高于设定高度。

4.1.3.1　修剪高度的影响因素

（1）草坪草种及其品种

草坪修剪高度依草坪草种及其品种特性不同而异。一般草坪草种及其品种根据其生育特性，所能耐受的修剪高度均不相同。如匍匐翦股颖的某些品种可以耐受 0.5cm 的修剪高度，因而常用于高尔夫球场果岭草坪。而高羊茅由于生长点较高，即使耐低修剪的品种，其修剪高度也不能低于 2.0cm。

在草坪能忍受的范围内修剪得越低，草坪质量就越好。但是，各种草坪草的修剪高度也是有限的，必须遵循每次草坪修剪不能伤害草坪草根颈原则，否则，不仅不能获得高质量的草坪，而且还可能造成草坪退化。

（2）草坪用途与利用强度

草坪用途与利用强度是决定修剪高度的另一重要因素。既要考虑草坪承受的创伤破坏力，又要考虑草坪高频率利用时的美观和使用要求。运动场草坪必须修剪到需要的高度才能进行正常的体育运动；而普通绿地草坪就没有必要修剪到高尔夫球场果岭草坪一样低的高度。水土保持草坪主要作用是固土护坡，防止水土流失，修剪高度可达 10cm 以上。

草坪用途不同，其草坪质量要求也不相同。而草坪质量要求则是影响修剪高度的最重要因素。草坪质量要求越高，修剪高度就越低。如高尔夫球场果岭区要考虑球在草坪上的转动及方向，为了获得一个最佳的击球表面，常常将修剪高度控制为 0.30~0.64 cm；而粗放管理的草坪，如高尔夫球场的高草区草坪可允许留茬为 7.6~12.7 cm，护坡和水土保持草坪有时一年只修剪 1~2 次，甚至可以不修剪。又如，从生物学角度考虑，草地早熟禾的修剪高度不应低到高尔夫球场球道和发球台的 2.5 cm，但为使用的需要，球场必须这样修剪。而极低的修剪逆境可引起一系列问题，如杂草和病害侵入等，应加强修剪后养护管理措施，避免草坪过度伤害。

（3）草坪环境条件

草坪所处环境条件和修剪都是对草坪草产生逆境胁迫的因素，当环境条件不能改变时，修剪高度就成为可控制的胁迫因素，当草坪受到环境胁迫时，修剪高度应适当提高，以增加草坪草的抗性。如潮湿多雨季节或地下水位较高的地方，留茬宜高，以便加强蒸腾耗水；干旱少雨季节应低修剪，以节约用水和提高草坪草的抗旱性；在夏季，为增加草坪草对炎热和干旱的耐性，冷季型草坪草的修剪高度应较高，绝不能在高温胁迫下进行低修剪；在草坪草生长季早期和晚期，也应适当提高暖季型草坪草的修剪高度；草坪由于病、虫等为害而需重新恢复时，也应提高修剪高度；林下生长的草坪，因光照不足而徒长，提高修剪高度则可使其更好地适应遮阴条件。

（4）草坪发育阶段特性

草坪发育阶段特性是确定修剪高度的重要因子之一。在草坪草休眠期和生长期开始之前，如春季生长季开始之前，则应把草坪草剪低，并及时清除修剪物，将草坪上的枯枝落叶清除干净，以减少表土遮阴，达到提高土壤温度、降低病虫等寄生物宿存侵染的机会，促进草坪快速返青和恢复健康生长。

4.1.3.2 修剪高度的确定

确定草坪适宜的修剪高度极其重要，它是进行草坪修剪作业的直观依据。草坪草的适宜修剪高度或适宜留茬高度应依据草坪草的生理、形态学特征和使用目的等因素确定，以不影响草坪草正常生长发育和功能发挥为原则。表4-1为常见草坪草参考修剪高度。在适宜的草坪修剪高度范围内进行修剪，可使草坪草对土壤产生遮阴和冷却作用，从而可防止许多杂草发芽。

表 4-1　常见草坪草参考修剪高度　　　　　　　　　　单位：cm

草坪草种		凉爽季节	高温季节
冷季型草坪草	匍匐翦股颖	0.3 ~ 1.3	0.5 ~ 2.0
	细弱翦股颖	0.76 ~ 2.0	1.3 ~ 2.0
	绒毛翦股颖	0.5 ~ 2.0	1.3 ~ 2.0
	草地早熟禾	3.8 ~ 5.7	5.7 ~ 7.6
	普通早熟禾	3.8 ~ 5.5	5.7 ~ 7.6
	多年生黑麦草	3.8 ~ 5.1	5.1 ~ 7.6
	一年生黑麦草	3.8 ~ 5.1	5.1 ~ 7.6
	苇状羊茅	4.4 ~ 7.6	6.4 ~ 8.9
	羊茅	1.3 ~ 5.1	3.8 ~ 7.6
	紫羊茅	3.5 ~ 6.5	3.8 ~ 7.6
	硬羊茅	2.5 ~ 6.4	3.8 ~ 7.6
	无芒雀麦	7.6 ~ 15.2	6.4 ~ 8.9
	冰草	3.8 ~ 6.4	6.4 ~ 8.9
暖季型草坪草	普通狗牙根	1.3 ~ 3.8	
	杂交狗牙根	0.6 ~ 2.5	
	结缕草	1.3 ~ 5.1	
	沟叶结缕草	1.5 ~ 3.5	
	野牛草	2.5 ~ 不修剪	
	假俭草	2.5 ~ 7.6	
	地毯草	2.5 ~ 7.6	
	巴哈雀草	3.8 ~ 7.6	
	格兰马草	3.8 ~ 7.6	

4.1.4　草坪修剪频率

草坪修剪频率是指一定时间内草坪修剪的次数。草坪修剪周期则指连续两次修剪之间的间隔时间。

4.1.4.1　影响草坪修剪频率的因素

（1）草坪草生育环境条件

在温度适宜、雨量充沛的春季和秋季，冷季型草坪草生长旺盛，每周需修剪 2 次；而在炎热的夏季，冷季型草坪草进入"夏眠"，一般每 2 ~ 3 周修剪 1 次即可。暖季型草坪草则正相反，暖季型草坪草夏季生长最旺盛，修剪频率最高，要经常修剪；而在冬季暖季型草坪草休眠，春、秋两季温度较低，生长缓慢，修剪频率可适当降低。另外，为了使草坪有足够的营养物质越冬，在晚秋应逐渐减少修剪频率。

（2）草坪草种与品种类别

不同草坪草种或相同草坪草种的不同品种，其生长速率不相同，因此，其草坪修剪频率也不同。如假俭草和细羊茅等生长缓慢的草种修剪频率相对较少；多年生黑麦草、紫羊茅、匍匐翦股颖等草坪草种的生长速度较快，特别是其播种成坪早期生长速度较快，因而其修剪频率相对较多。

（3）草坪养护管理水平

施肥量大，特别是氮肥施用量较大，灌溉多的高强度养护草坪生长迅速，一般草坪生长速度快的剪草频率比粗放管理的草坪多。对质量要求不高的粗放管理草坪，其修剪频率则可大大降低。

（4）草坪用途

草坪用途不同，其管理养护水平与草坪质量要求也不同。因此，不同用途草坪，其草坪修剪频率也不相同。运动场草坪由于特定的运动功能需要，其修剪频率通常比绿化观赏草坪、生态环境保护草坪要高得多。

4.1.4.2　修剪频率的确定

草坪修剪频率的确定应根据草坪修剪高度 1/3 原则、修剪高度、草坪生育状况与质量要求多个因素综合考虑才能确定，如表 4-2 列出了细叶结缕草和翦股颖草坪的参考修剪频率。

表 4-2　细叶结缕草和翦股颖草坪的参考修剪频率

草坪类型	草坪草种类	修剪频率（次/月）			修剪次数（次/年）
		4~6 月	7~8 月	9~11 月	
庭院	细叶结缕草	1	2~3	1	5~6
	翦股颖	2~3	3~4	2~3	15~20
公园	细叶结缕草	1	2~3	1	10~15
	翦股颖	2~3	3~4	2~3	20~30
竞技场、校园	细叶结缕草	2~3	3~4	2~3	20~30
	翦股颖				
高尔夫球场草坪	细叶结缕草	10~12	16~20	12	70~90
	翦股颖	16~20	12	16~20	100~150

4.1.5　草坪修剪方式

草坪修剪方式可分为机械修剪、化学修剪和生物修剪等。

4.1.5.1　机械修剪

机械修剪是利用剪草机具完成草坪修剪的作业方式，是目前草坪修剪的主要方法。

目前市场草坪剪草机具近 300 种，其中手剪和镰刀可用于剪草，但修剪速度慢，修剪者也容易疲劳，只限于修剪 10 平方米左右的草坪。大面积的草坪修剪一般采用剪草机，随着工业制造技术的发展，剪草机的功效已有很大提高。根据其工作原理和形式通常把剪草机分为滚刀式、旋刀式、往复移动刀齿式、甩刀（连枷）式、甩绳式等类型，不同类型剪草机的特性可参阅本书第 6 章相关内容。

（1）剪草机的选择

剪草机的选择应该以能快速、舒适、最大量地完成草坪修剪作业，并以费用最低为基本原则。通常剪草机的选择主要从草坪修剪作业需要和剪草机购置及应用能力两方面综合考虑确定。

根据草坪作业需要进行剪草机选择应考虑如下因素：草坪的面积大小、形状和坡度；草坪修剪质量要求；草坪的平整度及粗糙度；草坪草种及其品种；草屑的处理方式；完成草坪修剪作业的计划时间；剪草机剪割幅宽等。小面积草坪可选用幅宽 46～53 cm 的剪草机；大型运动场草坪等可选用旋刀式或滚刀式剪草机，9 筒的滚刀式剪草机组幅宽可达 6 m 以上。

剪草机购置及应用能力指剪草机购置经费与保养技术水平，它们往往成为剪草机选择的主要决定因素。如滚刀式剪草机虽然能够将草坪修剪得十分整洁，但机器购置价格较高，而且需要严格的保养。所以，当剪草机购置经费不多，保养技术力量不足或缺乏时，一般采用旋刀式剪草机修剪草坪。同时，根据草坪修剪作业需要应尽可能购买幅宽能满足需要的剪草机，购买小幅宽的剪草机最初可节省经费，但与购买幅宽较大的剪草机所节省的时间和劳力相比较，则是微不足道的。如修剪 0.4 hm² 的草坪，幅宽 46 cm 的剪草机需约 2.5 h，而幅宽 1.4 m 的坐乘式剪草机只需 30 min，用幅宽 6.1 m 的剪草机组不到 10 min 即可完成。

（2）修剪方式

修剪方式是指同一块草坪每次修剪的修剪方向、修剪起点与终点、修剪线路及草坪花纹图案和草坪边缘的修剪。

①修剪方向　草坪修剪方向运用不当可造成草坪质量下降。如草坪每次修剪方向总向一个方向，尽管剪草机前面的梳子能起到扶起茎叶的作用，但也容易使草坪草地上部分向剪草方向倾斜生长。一是长期沿一个方向修剪，可造成茎叶横向生长，形成"纹理"现象，严重情况下，影响高尔夫果岭草坪完整推球质量，转换剪草方向则是防止果岭完整纹理形成的主要方法；二则会造成草坪趋于同一方向定向生长，若不及时改正，不仅形成纹理，还会出现"层痕"，降低草坪质量。

改变草坪修剪方向既可避免在同一高度连续齐根剪割草坪草，又可防止剪草机轮子在同一地方反复碾压，压实土壤成沟。因此，草坪修剪操作时应尽可能改变修剪方向，最好每次修剪时都采用与上次不同的修剪方式，每次修剪都应更换起点，按与上次不同的方向和路线进行。同一块草坪的每次修剪应该避免同一方式和同一起点、按同一方向和同一线路进行。以防止草坪土壤板结，减少对局部草坪的强践踏。

②草坪花纹图案的修剪　人们在观看足球赛的时候或许已经发现，很多足球场草坪有各种花纹图案，令人赏心悦目。这些花纹图案对整个球场起到了很好的装饰和美化效果。

草坪的花纹图案分为两种：一种是临时性花纹；另一种是永久性花纹。临时性花纹是用宽幅剪草机和滚压器在草坪上压出的花纹。操作方法是：在修剪草坪时，用滚筒按不同的方向进行滚压，使草坪草茎叶倒伏方向不同，由于草坪草蘖枝叶片的取向和反射光线的差异而使草坪在视觉上产生明暗相间的条带花纹（阴阳线条）或其他花纹。花纹宽度为 2～3 m，不能交叉混乱。有的滚刀式剪草机本身就带有滚筒，因此剪草时可同时完成花纹的装饰工作。草坪的花纹和图案装饰不仅应用于足球场草坪，也可以应用于其他建植形状较规则的草坪，使节庆时增加节日气氛。花纹的形状可根据需要选择条线、网格状、圆形、菱形格或各种图案、缩写字母等，以简洁鲜明、容易识别为佳。

临时性花纹图案通常在前一天晚上或当天作业完成，随后经过一段时间的生长，草坪草恢复垂直状后，花纹便会消失。另外，还有一种临时性花纹则是使用草坪染色剂形成的。将深浅不同的草坪增绿剂或不同颜色的染色剂（或室内装饰用的有色涂料）对草坪按设计好的图案进行着色处理，形成鲜明美观、动感极强的图案，具有极好的装饰效果。

如果想在草坪上制作一些图案，采用小型剪草机运行方向的变化也可使修剪的果岭获得同样的图案。如按直角方向两次修剪还可获得像国际象棋盘一样的图案，增加草坪的美学外观效果，一般庭院用小型滚刀式剪草机也可在几天内保持这种图案。

草坪图案的修剪首先要设计图案，然后进行现场放线规划修剪方式，最后采用各种间隙修剪方法修剪出各种草坪图案。

③草坪边缘的修剪　草坪边缘的修剪同样是维持草坪景观的重要环节，绝不可忽视。草坪边缘由于环境特殊，常呈现复杂状态，应根据不同情况，采用相应的方法修剪。对越出草坪边界的茎叶可用切边机或平头铲等切割整齐；对毗邻路边或栅栏，剪草机难以修剪的边际草坪，可用割灌机或刀、剪整修平整。此外，草坪边际的杂草，必须随时加以清除，以免其向草坪内发展蔓延。

（3）修剪物的处理

由剪草机修剪下的草坪草组织的总体称为修剪物或草屑。剪草机修剪的草屑一般收集附带在剪草机上的收集器或袋内，对草屑的处理主要有如下 3 种方案：

①将草屑留于草坪　如果剪下的草屑短，最好不要清出草坪，如能严格按照 1/3 原则修剪，修剪物短小，在一般草坪上通常可不用清除。一是剪下的草屑是一种有价值的肥料来源。二是将草屑放在草坪中，有利改善草坪干旱状况和防除苔藓生长。三是可省去清除草屑所需要的劳力。因此，除运动场草坪等特殊用途的草坪外，其他草坪都可考虑将修剪物归还草坪，研究证明只要修剪物被切割得足够细小，一般很快能分解，不会加厚枯草层，也不会造成草坪病害加重，有一种特殊的旋刀式剪草机称为覆盖式剪草机，可将修剪物切成很细小段，加快碎草分解。

②将草屑移出草坪　草坪修剪物草屑一般采用移出草坪作为垃圾处理。多数情况下草屑留置草坪对草坪弊大于利。一是草屑可使草坪变得松软并易造成病虫害的感染和流行，同时也易使草坪通气性和透水性受阻而使草坪过早退化，严重时甚至造成草坪草死亡。二是草坪地表的草屑难以腐烂或腐烂所需的时间较长，可影响草坪的景观和草坪草的生长。三是足球场、高尔夫球场球道等特殊草坪由于运动的需要，必须清除草坪修剪物，以免影响绿色景观和踢球或击球质量。因此，每次草坪修剪后对草屑处理的原则是应将草屑及时移出草坪，如果是发生病害的草坪，剪下的草屑还应及时清除草坪并进行焚烧处理。但若天气干热，也可将草屑留放在草坪表面一段时期再移出草坪，以防止土壤水分的过度蒸发。

③将草屑移出草坪处理后返回草坪或用作饲料　从草坪移出的草屑可做堆肥进行集中腐熟处理后，再作为有机肥返回草坪；也可直接应用草坪修剪物鲜草屑或干草屑作为鱼食或禽畜饲料，既能提供草食动物饲料，还可通过"过腹还田"，充分发挥草坪的综合循环利用价值。

（4）注意事项

①认真做好草坪修剪前的准备工作　每次草坪修剪作业前应该事先做好一系列准备工作：根据不同的管理水平和要求选择不同类型的剪草机，学习和掌握剪草机的性能及使用方法；安装好剪草机刀片和上好润滑油，剪草机刀刃应锋利；清理草坪平面，应将草坪中的石块、铁丝、塑料等杂物清理干净，梳理草坪；选择恰当的剪草时间，初春返青期、盛夏休眠期、深秋枯黄前一个月，严禁过度剪割，一般不修剪；草坪出现传染病害后，一般不能修

剪；秋季和冬季有大风时切勿剪草，草坪潮湿时，尽可能不修剪，避免操作者容易滑倒和防止剪下的草叶粘在一起，阻塞剪草机，造成收草困难；应避免在雨后进行修剪，在草坪较干旱时修剪，避免在正午炎热时修剪。

②适宜的草坪剪草作业　每次草坪修剪作业必须规范安全操作，防止意外事故发生。应掌握适宜的修剪高度，切实坚持草坪修剪高度 1/3 原则；一次修剪量不可过重，如果草坪过高，可采用少量多次修剪逐渐达到所需修剪高度；在发生病害的草坪上修剪后，移入另一块草坪上修剪时，要对刀片进行消毒处理，防止病菌传播；修剪草坪叶片切口要整齐，修剪后不能立即喷施农药或施用化肥，草坪修剪完成后 1h 内不应立即浇水或运动利用；剪后 1 ~ 2h 及时浇水，无供水条件而气候干热时不能修剪；同一草坪避免同一时期、同一点、同一方向多次重复剪割，修剪时要有稍许重叠，避免漏剪；及时清理草屑；切边时注意切边机的刀片不能与硬物相碰，以免机器突然跳起发生意外事故或损伤刀片；防止无关人员使用剪草机具，剪草机启动后，不要让非操作人员，尤其是儿童靠近剪草机，以免发生意外；剪草机发动机发热时，禁止向油箱加油，如需加油，还要将剪草机移出草坪外加油，以免燃油溢出伤害草坪。

③注意做好草坪修剪后续工作　每次修剪后，注意清洗机械，既防止机械生锈又防病虫害；剪草机刀片要经常打磨和保养，剪草机每次使用前后均要保养；长期放置的剪草机更应注意及时保养与检查维修，从而使剪草机经常保持最佳状态。

4.1.5.2　化学修剪

化学修剪指利用某些植物生长调节剂的延缓剂处理草坪，延缓草坪地上部生长，减少机械修剪的量或替代机械修剪的草坪修剪方法。

(1)化学修剪的特点

化学修剪采用的生长延缓剂能延缓草坪地上部生长，还可使草坪草叶色变浓绿，节省氮肥；使细胞内糖含量增加，加大水分利用系数，使叶片气孔关闭，减少蒸腾，提高其抗旱性。但是草坪生长调节剂的一些缺点限制了化学修剪的广泛使用，特别是在一些高质量草坪上，某些生长调节剂连续使用能引起草坪根系变浅，草叶变黄稀疏；被生长抑制剂抑制的草坪对病虫害和杂草等逆境的抗性差，缺乏恢复力；混播草坪由于不同草坪草种对药物的反应不同，常破坏草坪的均一性。因此，化学修剪往往对草坪再生能力、抗逆力、竞争力等重要性状产生不利影响，降低草坪景观和使用品质。同时，化学修剪采用的生长延缓剂有可能对生态环境产生一定的不利影响。因此，化学修剪目前仅应用于低养护管理草坪及机械难以修剪的草坪。同时，应积极寻找既能限制草坪纵向生长，又能不影响叶片、分蘖、根茎和根系的正常生长和对生态环境影响小或无害，价格低的草坪生长延缓剂，并正确掌握科学的使用方法。

除化学修剪外的其他草坪修剪常去掉草坪草上部活力旺盛的茎叶，重复修剪可导致养分消耗过多，最终由于养分消耗过多，草坪变得稀疏瘦弱，抗性和恢复能力降低。有时由于剪草机械成本高，草坪面积大，地形障碍等，草坪得不到及时修剪，此时应考虑用化学修剪控制草坪草生长，减少修剪费用。

(2)草坪生长延缓剂的类型

可依据不同的分类方法把草坪生长延缓剂分为不同类型。

①依据生长延缓剂抑制的分生组织的部位划分　分为顶芽抑制型(Ⅰ型)和节间伸长抑制型(Ⅱ型)两大类。顶芽抑制型生长延缓剂能阻止分生区细胞分裂和分化，可去除顶芽或

在某种程度上抑制顶端分生组织活动，可有效抑制草坪草花芽形成，减少生殖枝的出现，如抑长灵（Mefluidide，商品名 Embark）可有效防止一年生早熟禾等草坪草生殖枝的出现；青鲜素（MH，马来酰肼）和乙烯利能抑制草坪草顶端细胞分裂和生长，乙烯利还能阻止某些草坪草品种生长素的极性运输，使顶端分生组织以下生长素减少。这类调节剂通常改变草坪草生长的向地性，造成副芽休眠，并延缓茎的伸长。2,4-D 丁酯等除草剂在低浓度时也有类似作用。该类生长延缓剂使用后较易出现叶片褪色等不良等不良反应，因此多被用于中、低养护水平或不易进行修剪操作的草坪。

　　节间伸长生长抑制剂能阻止分生区细胞的伸长和膨胀。它是通过抑制节间细胞伸长控制草坪生长高度，它对顶端分生组织没有影响，不影响生殖枝的形成，这类调节剂一般通过抑制赤霉素的合成起作用，属于赤霉素抑制剂，包括矮壮素（CCC）、多效唑（PP$_{333}$）、flurprimidol（商品名 Cutless）、paclobutrazzol（商品名 TGR 或 Turf-Enhanser）和 trinexapac-ethyl（商品名 Primo）等。其中的 trinexapac-ethyl 是最新的一种，通过叶面喷施可有效控制高尔夫球场草坪的生长并减少一年生草地早熟禾的数量，该类生长延缓剂一般不易产生负面效应，可用于中、高养护水平的草坪。

　　②依据生长延缓剂的作用是否能被赤霉素所逆转　又可分为生长延缓剂和生长抑制剂。生长延缓剂的作用可被赤霉素逆转；而生长抑制剂能完全抑制顶端分生组织的活动，高浓度可逆转整个生长过程，其作用不能被赤霉素所逆转。属于生长延缓剂的有：嘧啶醇和矮壮素等；抑长灵和青鲜素则属于生长抑制剂。

　　③最新的草坪生长延缓剂分类方法　把草坪生长调节剂分为 4 类：A 类在赤霉素生物合成的后期进行抑制，目前只有 trinexapac-ethyl 1 种；B 类在赤霉素生物合成的早期进行抑制，包括 flurprimidol 和 paclobutrazzol 等；C 类是有丝分裂的抑制物，包括马来酰肼（商品名 Royal Slo-Gro）、抑长灵和 Amidochlor（商品名 Limit）等；D 类在低浓度时是生长调节剂，高浓度时是除草剂，如正型素（Chlorflurenol）（商品名 Maintain CF125）和 2,4-D 丁酯等。

　　（3）草坪生长延缓剂的使用

　　表 4-3 列出了部分草坪生长延缓剂的适用范围和使用方法。草坪生长延缓剂的使用一般应注意如下事项：

表 4-3　几种草坪生长延缓剂的适用范围和使用方法

草坪生长延缓剂	施用方法	适用草种
嘧啶醇	喷施或土施	狗牙根等
矮壮素（CCC）	喷施	广泛
抑长灵（Embark）	喷施	狗牙根，草地早熟禾，高羊茅，钝叶草。
乙烯利	喷施	狗牙根，草地早熟禾。
青鲜素（MH）	喷施或土施	
比久（B$_9$）	喷施	
多效唑（PP$_{333}$）	土施	
2,4-D 丁酯	喷施	狗牙根

　　正确选择施用方法；严格掌握延缓剂类型、使用浓度与次数；不要在草坪苗期使用，应选择草坪草旺盛生长季节施用；不要连续重复施用，以防过度抑制而造成草坪退化；施用前修剪草坪，以保证草坪外观质量；草坪生长延缓剂应配合施用，弥补一种延缓剂效果的不足，或者克服单一延缓剂的副作用，或者利用延缓剂的增效作用，可考虑适宜的药剂混用；

注意施用安全和环保。

4.1.5.3　生物修剪

生物修剪指利用牛羊等食草牲畜的放牧，达到修剪目的草坪修剪方法。它可控制矿质燃料尾气和草渣等污染，在森林公园、林地草坪、水土保持草坪中应用生物修剪比较合适。而且，还可将草坪养护管理与草食动物养殖相结合。

生物修剪是一种古老的传统方法，但在剪草机发明后一般很少采用，但随着生态文明社会建设的需要，生物修剪又被人们重新认识其特有价值，生物修剪特别适宜面积巨大和修剪质量要求不高的草坪采用。

4.2　施肥

施肥是草坪养护管理的一项重要措施，草坪合理施肥与修剪、灌溉是草坪质量维持的三大决定因素。草坪施肥具有如下作用。

①增加土壤肥沃性，为草坪草的生长发育提供所需的营养物质，维持草坪的景观、休闲运动和生态等坪用功能；

②改善土壤理化性质，促进土壤团粒结构的形成，为草坪草生长提供良好的生长基质环境；

③调节土壤酸碱性，为草坪草与土壤有益微生物的旺盛活动创造有利条件；

④增加草坪密度、绿度和活力，延长草坪绿期，增强园林绿化效果；

⑤提高草坪草的抗逆性，维持草坪的功效。

4.2.1　草坪草的必需营养元素与功能及缺素症

4.2.1.1　草坪草的必需营养元素

草坪草正常生长的必需营养元素有 16 种，除 C、H、O 主要来自空气和水外，其余包括 N、P、K、Ca、Mg、S、Fe、Mn、B、Zn、Cu、Mo、Cl 等 13 种营养元素都主要依靠草坪土壤供给。草坪草生长所必需的营养元素同等重要，任何一种必需营养元素均不能为其他营养元素取代，如果缺乏其中的任何一种，草坪草均不能正常生长发育。表 4-4 给出了常见草坪草必需营养元素的含量范围及有效态。

表 4-4　常见草坪草必需营养元素的含量及有效态

营养元素	正常含量 （g/kg 干物质）	有效态	营养元素	正常含量 （g/kg 干物质）	有效态
N	20.0 ~ 60.0	NH_4^+，NO_3^-	Fe	0.035 ~ 0.10	Fe^{2+}，Fe^{3+}
P	2.0 ~ 5.0	HPO_4^{2-}，$H_2PO_4^-$	B	0.010 ~ 0.060	$H_2BO_3^-$
K	10.0 ~ 25.0	K^+	Cu	0.005 ~ 0.020	Cu^{2+}
Ca	5.0 ~ 12.5	Ca^{2+}	Zn	0.022 ~ 0.055	Zn^{2+}
Mg	2.0 ~ 6.0	Mg^{2+}	Mn	0.16 ~ 0.40	Mn^{2+}
S	2.0 ~ 4.5	SO_4^{2-}	Mo	0.001 ~ 0.008	MoO_4^{2-}

4.2.1.2 草坪草必需营养元素的功能与缺素症

（1）氮（N）

草坪草必须营养元素的6种大量元素中，除碳、氢、氧外，草坪草需要的氮比其他任务必须元素都多；氮、磷、钾等3种肥料三要素必需元素中，草坪草生长需要量最大的是氮。氮在土壤中最容易损失，因此，草坪施肥计划中，氮的施用量最大，一般草坪施肥量多少常以氮的用量为基础。

营养健壮的草坪草的氮含量占干重的3%～5%，较其他15种必需营养元素的含量少，其原因是：通常土壤中氮含量较低；施用氮肥后由于淋溶和挥发作用损失较大；硝酸根离子是植物利用最普通的化学态，因其带负电，不能贮存于土壤胶体的阳离子置换位上，很易被淋溶流失；氮呈气态的氨气易挥发进入大气损失；草坪修剪的草屑可带走大量氮素。

氮对草坪草具有多种重要生理功能：氮是组成蛋白质和核酸的重要成分；氮是组成叶绿素的重要成分；氮素是酶和多种维生素的成分。

氮对草坪具有许多重要功能：施氮肥后短时间内草坪可转变为深绿色，并促使新的草坪草茎叶向上生长，但过多地施用氮肥不仅造成肥料的浪费，还会对草坪有许多不良影响。首先，过多的氮素供应会造成草坪草营养体的徒长，使植株肥嫩多汁，纤维化程度降低，降低了草坪草的抗逆性并容易造成倒伏，同时由于草坪密度过大造成荫蔽，从而影响叶片光合作用进行，使草坪草叶片中的碳水化合物含量降低，而蛋白态氮含量增高，叶片呈暗绿色。其次，氮肥过多还会造成草坪修剪工作量的激增，增加了草坪养护成本。

草坪草缺氮症状：生长受阻，植株矮小，叶色变淡。由于氮是可转移的营养元素，故缺素症首先出现于下部老叶，逐渐向上部发展。草坪草缺氮时植株矮小，分蘖少，叶直立，黄绿色，茎短而纤细。由于禾本科植物需氮较豆科植物多，缺氮幼苗苗期生长缓慢，矮瘦，叶色黄绿；生长盛期缺氮，叶的症状更为明显，老叶从叶尖沿着中脉向叶片基部枯黄，枯黄部分呈 V 形，叶缘仍保持绿色而略卷曲，最后呈"焦灼状"而死亡。这是由于氮素可以从较老叶片转移到幼嫩部分去，所以幼嫩叶片仍能维持正常生长的缘故。

（2）磷（P）

草坪草植株体的全磷（P_2O_5）含量一般占干重的0.2%～1.5%，其中有机磷约占85%，草坪叶片含磷量一般低于0.5%，不同草坪草对有效磷含量的要求及磷营养特性不同。如结缕草叶片含磷0.05%～0.1%属正常范围。因此，不同草坪草种（品种）及同种草坪草的不同生育期和不同器官中的磷含量差别很大，一般是喜磷草坪草高于一般草坪草；生育前期高于生育后期；幼嫩器官高于衰老器官；叶片高于根系；根系高于茎秆。植株体内的磷含量与磷营养水平密切相关，施磷肥能明显提高植株体内含磷量及各种形态磷的比例，还能提高可溶性磷的含量。磷在植株体内多分布于含核蛋白较多的新芽、根尖等生长点部位，其转运、分配与积累的规律总是随着植株生长中心的转移而变化，还表现出明显的"顶端优势"。又由于磷在植株体内的可移动性好，可在植株体内转移到需要磷的地方去，所以，磷供应不足时，植株体内的磷总是优先保证生长中心器官的需要，缺磷症状也总是首先从最老的器官中表现出来。

土壤中的磷多以难溶态存在，所以土壤全磷与土壤供磷能力无严格相关性，然而土壤全磷含量低时，往往表现出磷供应不足，如土壤全磷低于0.05%时，磷肥对草坪草肥效显著。

磷对草坪草主要有以下生理功能：磷是构成草坪草体内许多重要有机化合物的组成成

分；磷脂是植株体内的一类含磷有机化合物，包括磷脂肽肌醇、二磷脂肽肌醇和磷脂肽乙醇胺等，它们与糖脂和胆固醇等膜脂物质与蛋白质一起构成生物膜，响着草坪草的生命活动。同时，由于磷脂分子既有酸性基团又有碱性基团，可增强细胞原生质的缓冲性，因此磷能提高草坪草对环境变化的适应能力；磷是植素的重要组成成分，植素的形成和积累有利于淀粉的合成；磷在草坪草能量转化中起着重要作用，三磷酸腺苷（ATP）在植物体内起重要的能量调节作用。磷还存在于各种脱氢酶、黄素酶和氨基转移酶等重要酶类中，磷积极参与草坪草体内的各种代谢活动；磷能提高草坪草的抗逆性和对外界酸碱反应变化的适应能力。

草坪草的磷缺素症主要有：禾本科草坪草一般形成“僵苗”，春季返青后生长缓慢，植株矮小，不分蘖或分蘖少而且延迟分蘖，叶形狭长叶面积小，叶身稍呈环状卷曲，叶色暗绿苍老，较老叶片先呈深绿，然后呈紫色和红色，叶心以下第 2~3 片叶尖枯萎呈黄绿色；老根黄，新根少而细。

如磷营养过剩，也会对草坪草生长发育不利。首先会造成植株过早老化，并引起锌、铁、镁等元素缺乏，使草坪变粗糙，失去使用和观赏价值。

一般认为土壤中有效磷含量低于 34 kg/hm²，全磷低于 0.08% 时需要施用磷肥。磷肥施用应注意主要事项：一是防止施用的磷被土壤固定。磷易被土壤固定，一般应少量多次使用，并注意调节土壤的 pH 值，当土壤的 pH 值小于 6.0 或高于 7.0 时，磷便结合成无效不溶态，保持适当的 pH 值可增加磷的有效性。二是应注意及时施用磷肥。多数草坪草处于潜在缺磷阶段时，在外貌上很难诊断，当表现出明显缺磷症状时，早已遭到缺磷危害，因而探求草坪草潜在的缺磷临界指标，对草坪建植和养护管理具有重要意义。

（3）钾（K）

钾是维持草坪草生长需要量仅次于氮的元素，在氮、磷等肥料供应较低的情况下，钾素营养问题并不突出，但随着近年草坪管理水平的提高和氮、磷肥用量的增加，草坪草对钾的需求越来越大，特别是南方低钾土壤更为突出，多数草坪草叶片钾的临界含量占干重的0.7%~1.5%。草坪草不同发育时期的需钾量不同，禾本科草坪草分蘖期需钾较多，草坪草种及品种不同的需钾量差别较大。

土壤含钾量与植物吸收量关系密切。植物可吸收比它们所需多得多的钾，这就是“过度吸收”现象，钾肥供应充足时，植物组织内钾含量可达干重的 5%。而理想状态下植物体内的 N∶K 比例应是 2∶1，过多的钾会影响植物对 Ca 和 Mg 的吸收。又由于钾易淋失，特别是与氮一起施用时，所以钾肥的施用应少量多次，通常草坪施肥时 N 与 K₂O 的比例以 2∶1 为好。钾不是植物体内有机化合物的组成成分，但它几乎直接和间接参与植物体生命活动的每一过程，钾在植物体内以离子状态存在，流动性强，常随植物生长转移到生命活动最旺盛的部位，属可再利用元素。钾的主要生理功能有：促进草坪草体中酶系统的活化；影响光合作用和光合作用产物的运转；有利蛋白质的合成与运转；促进草坪经济用水；提高草坪草对干旱、低温、盐害、病虫和倒伏等逆境的抗性。

钾的缺素症主要有：禾本科草坪草缺钾初期，全部叶片呈蓝绿色，叶质柔弱并卷曲，以后老叶的尖端及边缘变黄，叶脉间变黄色，再变成棕色以至枯死，叶片呈枯焦状。由于钾在植株体内再利用能力强，所以缺素症一般在生长后期才表现出来。症状往往先出现于下部叶片，逐渐向上发展，中部叶片发展最快，症状还会因过多的氮，特别是铵态氮而加重，同时草坪易发生倒伏现象。

（4）中量与微量元素

　　草坪草正常生长发育对 Ca、Mg、S 等 3 种必需营养元素的需求量中等，称为中量元素；对 Fe、Mn、B、Zn、Ca、Mo、Cl 等 7 种必需营养元素的需求量较少，称微量元素。中量元素与微量元素不仅需求量中量或微量，土壤中一般不缺乏这些营养元素。而且，还可通过氮、磷、钾肥的施用同时部分补充这些中量或微量营养元素。因此，草坪草一般不表现中量或微量元素缺素症状。但是，特殊的草坪土壤或者长期种植某种特定的草坪草，同时进行长期的草坪修剪并从草坪中移去草屑，也可能造成草坪草对某种中量或微量元素的缺乏病症，必须及时对草坪补充相应的中量或微量元素肥料。

　　草坪草的中量与微量必需营养元素的主要生理功能和缺素症如表 4-5 所示。此外，氯虽然是草坪草的必需营养元素，但草坪草对氯的需求量较低，且草坪草体内的氯含量还很丰富，因此，较难发生草坪草缺氯。

表 4-5　草坪草的中量与微量必需营养元素的主要生理功能和缺素症

元素	生理功能	缺素症
Ca	细胞壁的重要组成成分，可促进根的生长，尤其是促进根毛的生长和发育，可中和细胞内毒素的功能，影响草坪草对钾和镁的吸收	幼叶生长受阻或呈棕红色，叶尖、叶缘内向坏死
Mg	叶绿素分子的重要组成成分，许多辅酶的组成成分，参与植株体内磷的转运，有助于对磷的吸收	叶条状失绿，出现枯斑，叶缘鲜红
S	合成蛋白质的含硫氨基酸的组成成分，土壤缺硫可导致草坪草蛋白质合成受阻，还可增加草地早熟禾的粉霉病发生	老叶变黄，嫩叶失绿，叶脉失绿，无坏死斑
Fe	多种酶和蛋白的组分，促进叶绿素合成，参与呼吸氧化还原作用，促进根瘤固氮作用	上部嫩叶叶脉间变黄失绿
Mn	多种酶的组分和活化剂，影响叶绿素、维生素 C、核黄素和胡萝卜素合成，参与呼吸氧化还原，促进光合作用和硝酸还原	新叶发黄，叶脉绿色，组织易坏死
B	促进碳水化合物运转及生殖器官形成，影响生长激素形成及细胞分裂，提高豆科草坪草根瘤菌固氮活性	生长点易坏死，花器官发育不正常，出现"花而不实"；茎秆易开，生长缓慢
Zn	多种酶的组分和活化剂，影响叶绿素合成、氧化还原作用和碳水化合物运转，促进生长素蛋白合成	生长迟缓，叶薄而皱缩，失绿，状如脱水，出现褐斑，组织坏死
Cu	多种氧化酶的组分和活化剂，促进叶绿素合成并增加其稳定性，促进蛋白质和碳水化合物代谢，参与呼吸氧化还原作用	新叶失绿，叶尖发白卷曲，出现坏死斑
Mo	硝酸还原酶组分，参与氧化还原过程，影响叶绿素稳定；影响豆科草坪草根瘤形成	老叶灰绿色，脉间失绿，出现斑点，边缘枯焦，豆科草坪草根瘤小而少

4.2.2　草坪肥料类型与特点

　　草坪肥料按肥料性质可分为有机肥料、无机肥料和生物肥料（菌肥）。按所含营养元素成分可分为氮肥、磷肥、钾肥、镁肥、硼肥、锌肥、钼肥等。按营养成分种类多少可分为单质肥料、复合肥料或复（混）合肥料。按肥料的状态可分为固体肥料（包括粒状和粉状肥料）、液体肥料等。按肥料中养分的有效性可分为速效肥料、缓效肥料、长效肥料等。

4.2.2.1　草坪常用肥料与特点

草坪草对氮磷钾的需要量大，而大多数土壤中有效态的氮、磷、钾养分的数量却很少，为维持草坪草正常生长发育，必须通过经常施用氮、磷、钾肥料，才能解决氮、磷、钾养分供需矛盾。因此，氮肥、磷肥、钾肥称为草坪草的三要素肥料，为草坪常用肥料。

此外，除氮肥、磷肥、钾肥外，有时也把镁肥和钙肥等肥料列为常用肥料，这些肥料还可分为各种不同的肥料类型，各具不同特点，其主要特点见表4-6。

表4-6　草坪常用肥料与特点（引自孙吉雄，2004）

种类	性质	名称	分子式	有效成分含量（%）	特点
氮肥	无机	硝酸铵	NH_4NO_3	35	含 N 量高
		硫酸铵	$(NH_4)_2SO_4$	20	降低床土 pH 值
		氨水	NH_4OH	20～29	注入床土
		带壳硝酸铵	$NH_4NO_3 + CaCO_3$	25	使用方便、安全
		硝酸钾	KNO_3	13.8	可供给 N、K 两种营养
		硝酸钠	$NaNO_3$	16	含一定量钠
		尿素	$Co(NH_2)_2$	46	易挥发淋失
	有机	干血		12	价格高、效果好
		鱼肥		8～10	渔副产品
		海鸟粪		10～14	来源于鸟粪
		蹄角		12～14	畜产品加工副产品
		煤灰		1～6	用时要考虑溶解条件
磷肥 （P_2O_5）	无机	托马斯磷肥	不定	8～18.5	不溶，含少量石灰质
		磷灰石矿粉肥	不定	25～39	不溶，适用潮湿酸性土壤
		磷酸氢二铵	$(NH_4)_2HPO_4$	53	可溶，集中混合使用
		磷酸铵	$(NH_4)_2PO_4$	53	可溶，集中混合使用
		过磷酸钙	$Ca(H_2PO_4)_2$	18	可溶，宜作基肥
	有机	骨粉		15～32	肥效慢，酸性土壤效果好
		鱼肥		4～9	渔业副产品
		海鸟粪		9～11	来源于海鸟
		强化骨粉		27～28	表施，肥效快，安全
钾肥 （K_2O）	无机	钾盐镁钒	KCl	7～9	含多种其他营养
		氯化钾	KCl	16	含氯和其他盐分
		硝酸钾	KNO_3	27	含 N 素
		硫酸钾	K_2SO_4	3～12	用于不适合施 KCl 的地方
		硫酸钾镁	$K_2SO_4 + MgSO_4$	6.5	能平衡钾镁比例
	有机	鱼粉		1.8～3.0	
		海鸟粪		1.8～3.6	—
		海藻		1.2	

（续）

种类	性质	名称	分子式	有效成分含量(%)	特点
镁肥 （Mg）	无机	泻盐	$MgSO_4 \cdot 7H_2O$	7~9	可溶，喷洒
		硫镁钒	$MgSO_4 \cdot 7H_2O$	16	浴解酸性土壤
		菱镁矿	$MgCO_3$	27	宜用于酸性土壤
		镁质灰岩	$CaCO_3 MgCO_3$	3~12	宜用于酸性土壤
		硫酸钾、硫酸镁	$K_2SO_4 MgSO_4$	6.5	宜用于酸性土壤
钙肥	无机	生石灰	CaO		易灼伤，不常用
		熟石灰	$Ca(OH)_2$	–	生石灰溶于水
		石膏	$CaSO_4$		宜用于盐渍地

4.2.2.2 复合肥料、微肥和菌肥

（1）复合肥料

复合肥料指同时含有氮、磷、钾三元素中两种或两种以上成分的肥料，也称作综合肥料。按照复合肥料的制造方法一般可分为化合复合肥料、混合复合肥料、掺和复合肥料等3种类型。按照复合肥料的有效成分可分为二元复合肥、三元复合肥、多元复合肥等。

严格意义上的复合肥是指通过化学反应过程以工业规模生产的化合复合肥，它每一个颗粒或每一个标本小样的养分成分和比例都完全一样。而我们目前草坪通常使用的复合肥多数是混合复合肥，即由多种养分肥料构成的物理混合体复合肥料，尽管在混合过程中也可能产生某些化学反应。

混合复合肥按生产工艺又可分为粉状混合肥料、颗粒混合肥料、粉肥或料浆混合造粒以及液体或悬液混合肥料等4大类。其中，粉状混合复合肥由于不适合于机械化施肥，现已很少使用；颗粒混合复合肥是将所需的粒肥按比例机械混合而成的复合肥料，它具有工艺简单，设备和加工成本低的特点。

（2）微肥

按草坪草对肥料所含营养成分的需要量可分为大量营养元素肥料和微量营养元素肥料。前者包括氮肥、磷肥和钾肥等；后者可简称微肥，包括铁肥、硼肥、钼肥、锌肥、铜肥、锰肥等。由于微量元素施入土壤后易被土壤固定，为提高肥效，常使用螯合态或玻璃肥料，常用的螯合剂有乙二胺四乙酸（EDTA）、羟乙基乙二胺三乙酸（HEDTA）、乙二胺邻位苯乙酸（EDDHA）等；玻璃微肥是玻璃与微量元素熔融后粉碎制成，减少了微量元素与土壤接触面积，草坪草可缓慢吸收。

①铁肥　土壤中铁含量较高，但碱性土壤中的有效性较低，而且铁肥易被固定，草坪生长旺盛时常会暂时缺铁。常用的铁肥有 $FeSO_4 \cdot 7H_2O$（含铁19%~20%）和螯合态铁（如含铁5%~14%的 FeEDTA），施用量0.5 g/m²，为增加肥效，常与有机肥一起使用。

②硼肥　草坪草缺硼多发生在 pH 值大于7的土壤，土壤水溶性硼（沸水萃取）小于等于0.5μg/g 时，草坪草可能缺硼。硼砂追肥量0.5~0.6 g/m²，硼泥可以0.6~0.7 g/m²作基肥。

③钼肥　钼在酸性土壤中的有效性很低，草酸—草酸铵（pH 值3.3）提取的有效钼低于0.15μg/g 时草坪草可能缺钼。钼肥施用量很小，钼酸铵一般用量0.1~0.2 g/m²，常与磷肥

混施效果较好。

④锌肥　缺锌多发生在 pH 值大于 6 的土壤，土温低或大量施用磷肥及含磷高的土壤也易缺锌。酸性和中性土壤、0.1M 盐酸提取的有效锌含量低于 $1 \mu g/g$ 的碱性土壤中，螯合态 DTPA（0.005M 的 MDTPA）+ 0.1M 三乙醇胺 + 0.01M 氯化钙提取的有效锌含量低于 $0.5 \mu g/g$ 时，草坪草可能缺锌。草坪喷施硫酸锌一般可用 0.05%～0.10%，某些植物可用 0.4%～0.5%，但高浓度易产生药害，加入 0.25% 的熟石灰可消除。

⑤铜肥　一般土壤不缺铜，高有机质和高 pH 值土壤可能降低铜的有效性。酸性和中性土壤的 0.1M 盐酸提取的有效铜含量小于或等于 $1.9 \mu g/g$，碱性及高有机质土壤的螯合态 0.02M 的 EDTA + 0.5M 氯化铵提取的有效锌含量小于或等于 $1 \mu g/g$ 时，草坪草可能缺铜。硫酸铜基肥用量 0.5～0.8 g/m^2，1～2 年施用一次。硫酸铜喷施浓度 0.02%～0.4%。

⑥锰肥　锰在土壤中以多种价态存在，以二价的水溶性和代换性离子草坪草可直接吸收，各价态随环境条件变化而转变，pH 值大于 6.5 会降低其有效性，所以一般北方碱性土壤会出现缺锰。硫酸锰与有机肥或生理酸性肥料混合施用肥效较好，用量 0.2～0.5 g/m^2；硫酸锰喷施浓度 0.05%～0.1%，用量 10～15 mL/m^2。

（3）菌肥

菌肥又称生物肥（料）、细菌肥料或接种剂等。确切地说，菌肥是菌而不是肥，它是一种辅助性肥料。因为它本身并不含有植物生长发育需要的营养元素，而只是含有大量的微生物，在土壤中通过微生物的生命活动，改善草坪草的营养条件。例如，通过微生物活动，固定空气中的氮素，参与养分转化；促进草坪草对养分的吸收；分泌各种激素刺激植物根系发育，抑制有害微生物活动等。菌肥一般与化肥或有机肥料混合施用，而不单施。

常见的草坪菌肥有用于豆科草坪草的根瘤菌肥和特别适合禾本科草坪草的固氮菌肥，固氮菌肥独立存在于土壤中，适宜 pH 值 7.4～7.6。菌肥的肥效一般受土壤等环境条件的严格限制，在不适宜的条件下，菌肥中的微生物被抑制甚至死亡。

4.2.2.3　草坪专用肥料

草坪专用肥料是根据草坪草的种类、生长状况、气候条件和草坪用途等不同情况，专门设计的全价肥料。理想的草坪专用肥不但能合理地调整氮、磷、钾等营养元素的比例；还含有适量的水溶性氮和非水溶性氮，快慢结合，合理控制氮素释放；微量元素常以硫酸盐的形式添加；还有的加入杀虫剂、杀菌剂等，可使施肥与杀菌除虫一次完成，提高效率。

我国草坪专用肥料的研究开发工作起步较晚，但是，目前国内高养护水平草坪除使用从国外进口的草坪专用肥料外，也已经广泛使用各种国内生产的草坪专用肥料。

4.2.3　草坪施肥计划的制订与施肥量

草坪施肥计划的制订包括草坪肥料施用的频率、种类、施肥量与施肥时间的确定。

4.2.3.1　草坪施肥计划的特点与不同类型草坪草的施肥计划

草坪施肥计划的制订具有如下特点：对任何一块草坪都没有固定的施肥计划可供选择，需要草坪管理者依据实际情况制定；草坪施肥应在草坪草生长高峰前进行，由于冷季型和暖季型草坪草生长习性的差异，两者的施肥方法也不相同；除非土壤的磷、钾含量特别丰富，一般草坪施肥不单独使用氮肥。下面以氮肥为例分别介绍冷季型和暖季型草坪草的施肥计划制订。

（1）冷季型草坪草的氮肥施用计划

冷季型草坪草施肥计划的制订具有如下特点：

①施肥应在两次生长高峰前的晚秋与晚夏进行。这是因冷季型草坪草一年有春季快速生长期和秋季重新开始快速生长期两次生长高峰，其施肥应在两次生长高峰前进行，才可能获得最佳的施肥效果。冷季型草坪草最重要的施肥时间是晚夏，它能促进草坪草在秋季的良好生长。而晚秋施肥则可促进草坪草根系的生长和春季的早期返青，如有必要，也可在春季再施肥。而冷季型草坪草在炎热的夏季生长开始变慢，此时施肥效果不佳；冬季由于气温低，冷季草坪草生长也缓慢，此时施肥效果也不可立竿见影。

②春季轻施氮肥，秋季重施氮肥，而夏季只在草坪出现缺绿症时才施用少量氮肥。春季轻施氮肥是为了避免徒长，越夏更安全，同时可减少草坪病害。秋季重施氮肥是因为冷季型草坪草根系的最适生长温度低于地上部分（表4-7），秋季气温的下降使草坪地上部分生长变慢，深秋时地上部分停止生长，由于土温降低速度慢于气温，土壤温度还适于根系生长，所以根系仍可正常生长一段时间，此时地上部分光合作用仍在进行，可满足根系吸收营养和生长的需要，此时施用的肥料可促进根系生长，并可为第二年储备营养物质，所以秋季重施氮肥现已被许多草坪施肥计划广泛采用。

表4-7 冷季型草坪草各器官生长温度范围

单位：℃

器官	最适温度	最高温度
根	10 ~ 18	24
叶	18 ~ 24	32

③施肥时间与施肥量。冷季型草坪草的参考施肥计划见表4-8。每一次施肥的具体开始时间要依据当地的气候条件而定，其中春季两次施肥和8 ~ 9月两次施肥的间隔时间都应在30 ~ 40d，而深秋施肥的时间取决于当地的气温和土温变化，一般开始于日平均气温10 ~ 15℃时，如北京市一般年份是10月下旬至11月初。一般温带地区冷季型草坪一年氮肥的总用量范围应是1.47 ~ 2.44 kg/100m²。

表4-8 冷季型草坪草的氮肥施用计划

（引自 Nick Christians，1998）

施肥时间	施肥量（kg/100m²）
3 ~ 4月	0.244 ~ 0.367
5 ~ 6月	0.244 ~ 0.367
6 ~ 7月	防止缺绿即可
8月	0.489
9月	0.489
深秋	0.489 ~ 0.733

（2）暖季型草坪草的氮肥施用计划

暖季型草坪草的施肥可参照冷季型草坪草施肥在暖季草坪草生长高峰前进行。暖季型草坪草冬季处于停止生长状态，光合作用停止，不能合成碳水化合物，变成枯黄色，伴随春季气温升高，暖季型草坪草从休眠中缓慢恢复，盛夏生长速度达到最高，秋季气温下降后，暖季型草坪草又转入休眠。暖季型草坪草夏季需肥量较高，最重要的施肥时间是春末，第二次施肥安排在夏天，初春和晚夏也有必要进行施肥。

在生长季节，暖季型草坪草的氮肥用量为0.488 kg/100m²，但这一施肥量对黏重或干燥的土壤来说太多，对大降雨量地区的砂土来说又太少。热带地区暖季型草坪草冬季不休眠，根据均衡施肥原则，既不能让草坪因缺肥而缺绿，也不能因过量施氮而造成徒长。

4.2.3.2 草坪施肥量与施肥计划的制订

（1）确定施肥量的依据

草坪施肥量的确定与草坪的质量要求、天气状况、草坪生长季的长短、土壤基况、灌溉水平、修剪物是否移出草坪、草坪草种及品种等多种因素相关联，应综合考虑诸多因素，科学制订，无统一模式可循。不同草坪草种在一年内的氮肥需要量可参照表4-9。

表4-9　各类草坪草年需氮肥量（引自孙吉雄，2004）

冷地型草坪草		暖地型草坪草	
草坪草种类	生长季内需纯氮肥量(g/m^2)	草坪草种类	生长季内需纯氮肥量(g/m^2)
匍匐翦股颖	20~30	狗牙根	
草地早熟禾	20~30	钝叶草	
细弱翦股颖	15~25	结缕草	
绒毛翦股颖	15~25	巴哈雀稗	20~40
普通早熟禾	15~20	地毯草	15~25
高羊茅	15~20	假俭草	15~25
黑麦草	15~20	野牛草	10~25
粗茎早熟禾	10~20		10~15
小糠草	10~20		5~15
加拿大早熟禾	10~15		5~10
紫羊茅	10~15		

（2）确定草坪施肥量的方法与草坪施肥计划的制订

确定草坪施肥量的具体方法一般有3种，即植物营养诊断法、土壤测定法和田间试验法。其中前2种方法常用，田间试验法费时间和物力及人力，除非特别需要，通常不采用。

植物营养诊断法可用外观诊断法，即当植物不能从土壤中得到足够营养元素时，它们的外表和生长状况会发生变化，依据其特定的缺素症（缺素症状如前所述）即可判断出可能缺乏的营养元素。

草坪土壤化验的结果对草坪磷、钾肥用量的确定特别具有指导意义，表4-10列出了依据草坪土壤速效磷钾含量制定的建议草坪磷、钾肥用量。

表4-10　依据草坪土壤速效磷钾养分状况提出的建议草坪磷、钾肥施肥用量

土壤速效养分水平($\mu g/g$)		土壤肥力评价	建议施肥量[P_2O_5或K_2O kg/($100m^2 \cdot a$)]		
			一般养护水平草坪	高养护水平草坪	新建草坪
磷（新建草坪每次施肥量不能高于1 kg P_2O_5 /$100m^2$）	0~5	很低	1.5	2	2.5
	6~10	低	1	1.5	2
	10~20	中	0.5	1	1.5
	20~50	高	0	0~0.5	0.5~1
	>50	很高	0	0	0
钾	0~40	很低	2	2.5	
	41~175	低	1~1.5	1.5~2	
	175~250	中	0~0.5	0~0.5	
	250~300	高	0~0.5	0~0.5	
	>300	很高	0	0	

　　在确定了草坪氮肥及磷钾肥用量后，草坪施肥者即完成了草坪施肥计划制订的第一步，即知道了准备施用的肥料数量及氮磷钾的比例。一般施肥中禾本科草坪草的 N、P_2O_5 与 K_2O 比例有 3∶2∶2、5∶4∶3 和 4∶2~3∶2 等几种，可依据草坪及种植土壤的实际养分状况选用。

　　草坪施肥计划制订的第二步则是根据草坪准备施用的肥料数量及氮磷钾的比例，进一步确定草坪施肥的肥料种类、施肥频率（次数）与每次施肥的时间及每次施肥的种类和数量，从而就完成了整个草坪施肥计划的制订工作，在以后草坪养护管理工作中，则可根据草坪施肥计划安排肥料采购、储运和施用工作，同时，应及进根据实际情况变化作出草坪施肥计划的调整与实施。

4.2.4　草坪施肥方法与施肥时间

　　同一块草坪采用相同的施肥量，但是采用不同的施肥方法或者采用不同的施肥时间，均可产生不同的草坪施肥功效。

4.2.4.1　施肥方法

　　（1）人工撒施

　　草坪小面积施肥可以使用人工撒施方法。但要求施肥人员特别有经验，能够掌握好手的摆动和行走速度才能做到施肥均匀一致。

　　（2）叶面喷施

　　液体肥和可溶性肥料均可采用叶面喷施方法，而溶解性差的肥料或缓释肥料不宜采用此法。在低施肥量（$< 225L/hm^2$）的情况下，可采用叶面喷施方法，一般不会造成草坪叶片烧伤。

　　草坪大面积施肥也可采用叶面喷施方法，同时可与农药混合一起施用。叶面喷施通常适用于正常施肥方案或与喷洒农药结合一起施用。应用叶面喷施，大量的养分可以直接被草坪叶面吸收，并且多数化肥可从草坪草叶面流至根系，增加根系吸收肥量。

　　（3）机械撒施

　　施肥机械大多标有施肥量档位，主要有两种类型：施用液体化肥的施肥机与施用颗粒状化肥的施肥机。

　　颗粒状肥料可用下落式或旋转式施肥机具。用下落式施肥机，化肥颗粒可通过基部一列小孔下落到草坪，小孔的大小可以根据施用量的要求调整。在无风时，施肥可呈行条带，不均匀。有的机器为防止这一问题用小板拦截，分散下落肥料。漏施或重施是本类机具所共同存在的问题。又由于施肥宽度受限，因而效率低，但若操作适当，下落式施肥机施粒状肥料也可达到比较均匀的效果。

　　旋转式施肥机对大面积草坪施肥效率很高。化肥通过一个或多个可调节施用量的孔下落到旋转的小盘上，通过离心力把化肥施到半圆范围内。在控制好重复范围时，此法可得到令人满意的均匀度。问题在于使用该类施肥机施肥，颗粒大小不同的化肥混施时，分布是不均匀的，较轻的颗粒散的远；较重的颗粒则散的近。因此，颗粒相差较大的肥料不宜混合施用，以单独施用为好，或用下落式施肥机来施肥。

　　（4）灌溉施肥

　　灌溉施肥是通过灌溉伴随施肥的一种方法。此方法看起来似乎是一种省时省力的施肥方法，但多数情况下不适宜采用，主要是因为灌溉系统覆盖不均一。如在浇水时，同一块地的一个地点浇的水可能是另一个地点的 2～5 倍，同样灌溉施肥的化肥分布也是如此。但该施肥方法，在灌水频繁地区或肥料养分容易淋失需要频繁施用化肥的地方，非常受欢迎。

4.2.4.2 施肥时间

草坪施肥时间受床土类型、草坪利用目的、季节变化、大气和土壤的水分状况、草坪修剪后的草屑数量等因素影响。

从理论上讲，草坪施肥时间在一年中有春季、夏季和秋季 3 个施肥期。通常，冷季型草坪草在早春和雨季要求较高的营养水平，最重要的施肥时间是晚夏和深秋，高质量草坪最好是在春季施肥 1～2 次。而暖季型草坪草则在夏季需肥量较高，最重要的施肥时间是春末，第二次施肥宜安排在夏天进行，初春和晚夏施肥也有必要。

此外，还可根据草坪的外观特征如叶色和生长速度等确定草坪的施肥时间，当草坪颜色明显褪绿和枝条变得稀疏时应进行施肥。当草坪草生长季颜色暗淡、发黄，老叶枯死则需补氮肥；叶片发红或暗绿色则应补磷肥；植株体节部缩短，叶脉发黄，老叶枯死则应补钾肥。

4.2.5 草坪施肥原则与技术要点

草坪施肥需掌握如下基本原则：

①按需施肥 即按不同草坪草种与品种、草坪生长状况及土壤养分状况确定具体施肥种类和数量，避免盲目施肥。

②平衡施肥 除非土壤中某种养分特别丰富，一般草坪施肥不单独施用某一种或两种营养元素肥料，这是为满足草坪草生长总是必需一定比例的各种营养元素需求，即使土壤中的某一营养元素比较丰富，也常会出现由于施用其他营养元素肥料而造成该元素暂时不足的现象。

③冷季型草坪与暖季型草坪施肥策略不相同 冷季型草坪轻施春肥，巧施夏肥，重施秋肥；暖季型草坪春末重施肥，夏季看苗施肥。

④速效氮肥"少量多次"原则 目的是提高草坪施肥的肥料利用效率并避免短期内施肥过量。

草坪施肥技术要点：

①根据草坪的需肥特点，强调以氮肥为主，配合磷、钾，兼顾其他的全价肥料施肥策略。低养护管理的草坪，每年至少补给氮素 5 g/m^2；高者可达 50～75 g/m^2 或更多。草坪对磷、钾的需要量分别为氮的 1/5～1/10、1/2～1/3，考虑到营养元素间的淋溶、固定等差异，一般 N∶P∶K 比例为 2∶1∶1～1.5（其中 N 的 1/2 为缓效 N）。为了确保草坪养分平衡，不论是冷季型草坪草还是暖季型草坪草，在草坪生长季内至少要施 1～2 次复合肥。

②草坪施肥可根据草坪草的长势长相和季节适当加以调整。草坪叶色浓绿而软柔表明氮肥充足，挺直而具有弹性表明富含钾、磷。返青追肥可加大氮肥用量；为了提高草坪越冬、越夏的抗逆性可加大磷、钾用量。

冷季型草坪草最佳的施肥时期在春、秋两季，暖季型草坪草春末为宜。冷季型草坪草要避免在盛夏季节施肥；暖季型草坪草在温暖的春、夏生长发育旺盛，需很好供肥。

③草坪施肥最好采用肥效缓释肥料，这种肥料对草坪草的刺激既长久又均一。天然的有机质肥料或复合肥，其氮含量低于 50%，不应视为缓效肥；无机速效化肥的施肥应少量多

次，一次施肥量不应超过 5 g/m² 纯氮。

④注意草坪施肥操作技术。草坪施肥应在草坪草干燥状态下进行，施量均匀，施肥后及时灌水。当出现不利于草坪草生长的环境条件和病害时不宜施肥；施肥计划的制订应以土壤养分测定的结果和经验为根据。对于易烧伤叶片的肥料，撒施或喷施时力求做到适量和均匀，避免数量过多或浓度过大。

⑤大多数草坪床土酸碱度应保持 pH 为 6.5 左右。地毯草和假俭草的草坪床土 pH 可保持 5 左右。草坪床土的 pH 应每隔 3～5 年测定一次，当低于正常值时则需在春、秋季末或冬季采用石灰等改良酸性土，采用石膏等改良碱性土。

4.3 灌溉与排水

4.3.1 草坪灌溉与排水的意义及作用

4.3.1.1 草坪灌溉的意义与作用

草坪灌溉具有重要的意义。首先，灌溉是保证适时、适量地满足草坪生长发育所需水分的主要手段之一。它可以弥补大气降水数量上的不足和空间上的不匀。"没有水，草坪草就不能生长；没有灌溉，就不可能获得优质的草坪"。当草坪失去光泽，叶尖卷曲时，表示草坪水分不足。此时，若不及时灌水，草坪草将变黄，在极端的情况下还会因缺水而造成死亡。其次，灌溉除维持草坪生长发育需要外，还对草坪正常功效发挥具有多种意义。有时可用喷灌冲洗草坪叶面附着的化肥、农药和灰尘；有时也把灌溉用于干热天气的草坪降温。

水分的及时供给对维持草坪功能的意义不言而喻。因此，草坪灌溉是草坪养护管理的重要工作。草坪灌溉任何时候都不要只浇湿表面，而要认真浇透。频繁、浅层的浇水方式必然导致草坪草根系的浅层分布，从而可极大地减弱草坪对干旱和贫瘠的适应性。

草坪灌溉对草坪的具体作用包括对草坪草的生理作用和对草坪的生态调节作用，已在本书 2.2.3 阐述。

4.3.1.2 草坪排水的意义和作用

草坪土壤水分过多，使土壤渍水阻断草坪草根系的氧气供应，妨碍有氧呼吸，对草坪造成损害。草坪地势低洼，降雨过多，易造成草坪洪灾和涝灾。夏季草坪土壤过湿及高温可造成草坪病害流行。因此，为了维持草坪的正常功能，除了必须及时进行草坪灌溉外，还应在草坪水分过多时及时进行草坪排水作业。

4.3.2 草坪的水分需求特性

草坪的耗水途径为草坪土壤的水分蒸发与草坪草的水分蒸腾，两者合称为草坪蒸散。影响草坪草需水量的主要因素包括草坪环境气候条件、土壤条件、草坪草种和品种和草坪养护管理水平等。一般养护管理条件下，草坪通常每周需水 2.5～4 cm，可通过降雨、灌溉或两者共同来满足。不同气候条件地区的草坪所需灌溉的用水量存在差异。草坪草一般只利用所吸收水分的 1% 用于生长和发育，其余吸收水分则用于调节生命代谢作用，如蒸腾作用等。

4.3.2.1 草坪蒸散量总强度的主要影响因素

草坪蒸散量总强度(evapotranspiration in total intensity)是指单位面积草坪在单位时间内通

过草坪草蒸腾和地表蒸发损失的水分总量。它是决定草坪需水量的关键因素，在一块盖度较大的草坪上，草坪草蒸腾是水分损失的主要部分。草坪草种和品种、土壤类型、风、气温、湿度和草坪冠盖阻力等是影响草坪蒸散量总强度的主要因素。

（1）草坪草种和品种

暖季型草坪草蒸散量总强度一般低于冷季型草坪草的蒸散量总强度。这是因为暖季型草坪草 C_4 光合系统效率更高，其合成 1g 干物质所用的水只相当冷季型草坪草 C_3 植物的 1/3。在气孔关闭的逆境下，这一特性显得更为重要。因为气孔关闭后光合作用所需的二氧化碳进入植株体也将受到限制，从而影响光合产物的形成。因此，冷季型草坪草耐受干旱能力不如暖季型草坪草的耐受干旱能力。

不同草坪草种植株体表覆盖的蜡质层有无或厚薄不同及根系的发达程度不同，其蒸散量总强度也不相同。草坪草体表覆盖的蜡质层可有效地防止水分的丧失，蒸腾主要是通过草坪草叶表开启的气孔进行，气孔可随环境条件的变化很灵敏地开闭，闭合时可有效地防止水分散失。气孔的另一重要功能是草坪草光合作用所需气体进入的通道，它的开闭将直接影响草坪草的光合作用。草坪草根系分布越深越广，就可以从更大范围和更深的土壤中吸收水分和营养，可以更高效地利用灌溉和降雨水分。

不同草坪草种和品种间的根系差异较大。暖季型草坪草一般有比冷季型草坪草更发达的根系，在盛夏的逆境中表现出更大的优势。冷季型草坪草中，高羊茅的根系分布更深更广，较其他冷季型草坪草更能适合干旱的气候。同种草坪草的品种间也表现出较明显的根系差异，草地早熟禾的一些改进品种的根系不如普通品种发达，适应干旱的能力较差。另外，同一草坪草种在不同土壤和养护条件下的根系发育状况也存在差异。例如，修剪高度直接影响草坪根系的分布，若修剪过低，根系也会相应变浅。

多数多年生草坪草种的根系深且强壮，可耐受长时间的干旱逆境。而一年生草坪草种则根系浅而弱，易受干旱伤害。一些草坪草种依靠一些特殊生理机制提高了对干旱的抗性。例如，在水分短缺时用根系储水和更迅速地关闭气孔；还有一些草坪草种通过减少气孔数量、加厚表层、叶面被毛和细胞变小等结构变化来抵御干旱。细羊茅的叶片细而卷曲，可通过减小暴露在空气中的叶片面积而有效地降低蒸腾水分损失。

（2）土壤类型

草坪土壤类型是影响草坪蒸散量总强度的另一重要因素。质地粗糙和砂质土壤的持水能力差，土壤接受的水分很快渗透到植株根系不能达到的土壤深处。黏土的渗透率极差，导致灌溉水在地表淤积，以至在植株利用前就蒸发掉。所以黏土是一种不良的根系着生介质，常减低草坪草的用水效率。而壤土和黏壤土则是最佳持水能力的生根介质。

土壤条件还影响草坪草根系的发育，紧实的土壤限制根系的扩展，使草坪草不能形成更深、更广泛的根系；钠和硼等元素与其他有毒元素的积累也是根系发展的限制因素。

（3）风

风是影响草坪水分损失的重要因素。草坪草叶片表面具一层由相对静止的空气分子构成的界面层，它起到减少水分损失屏障的作用。风则起到扰乱界面层，加快水分损失的作用，特别是在干燥温暖的条件下，尤其如此。

（4）气温和空气湿度

高温和干燥的空气可加快草坪水分的蒸发，一定范围内的高温和干燥可促使草坪草加快蒸腾作用，消耗更多的水分，这是草坪草一种自我保护性措施。通过植株表面水分的蒸发吸热而降低高温和强烈阳光对其组织的伤害，但在极端高温和干燥条件下，植株反而会丧失这种保护功能而受害。所以，高尔夫球场果岭区等特殊草坪，常在炎热的中午，喷水5min 或更短时间，以给草坪降温。

（5）草坪冠盖阻力

草坪冠盖阻力是一种复合阻力，指水分穿过草坪地上覆盖的组织散失过程中遇到的各种阻力之和。草坪枝条密度、叶片的朝向、宽度及生长速率等都是影响草坪冠盖水分损失的重要因素。

4.3.2.2 土壤质地对草坪水分利用的影响

（1）土壤质地对草坪水分运动的影响

土壤较大的孔隙中含有空气，水通过得很快，不易被草坪草利用。水经过微孔隙时由于其容量小，所以移动缓慢，可被草坪草吸收利用。在大孔隙排除水分后，微孔隙还能继续保持水分。

土壤质地对水分移动、贮存和有效性具有重要的影响。砂土大孔隙多，所以这些粗质地的土壤排水好，但持水量有限。黏土因微孔隙所占的比例高于砂土，所以排水较慢。质地细的土壤由于颗粒表面积和孔容积较大，所以持水更多。壤土的排水和贮水均属中等。

土壤吸收水分的速率称作渗透率或吸收力。由于砂土大孔隙多，粗沙中水分1h 即可渗入到7.6cm 深。由于黏土大孔隙少，其渗透率通常为0.25cm/h。土壤结构也对水渗透快慢有重大影响，砂壤土是团粒结构，渗透率为2.5cm/h 以上，但如果土壤结构紧密，土壤颗粒紧紧压在一起，渗透率可减低到0.76cm/h，这是因为紧密结构减少了大孔隙。

渗滤是指水经过土壤向下移动。一般粗质地的土壤渗滤速度大；而细质地土壤则慢。水在砂壤土中可渗入1.2m/h，但在黏质土中渗到同样深度需要4h。随土壤紧实度增加，排水量减少。

土壤持水能力和质地也有直接关系。一般黏土的持水量约为壤土的2倍、砂土的4倍或更多。测定土壤持水力的方法很多，如测定将各种土壤湿润到某一深度的所需水量，土壤湿润到30cm 时，黏土需7.6cm、壤土需3.8cm、砂土需1.9cm 的水量。也可比较2.5cm 水能渗透各种土壤的深度，结果黏土是14cm 左右，壤土是20cm，砂土34cm 左右。在草坪生长季节，粗质地土壤比细质地土壤的需水量大，因为它排水和蒸发失水都比较多。

砂土的渗透率高（除非紧实），排水迅速，而贮水能力低；黏土的渗透率低，排水缓慢，而持水能力高。水在土壤中的移动取决于土壤中大孔隙与小孔隙的比例。这种比例主要受土壤质地的影响。有机质能改善土壤结构，并增加土壤中大孔隙的数量和持水能力。

大雨或灌溉期间，如土壤质地细或紧密，其渗透和渗滤作用不佳，水可流失或出现积水。如果有斜坡，水不能浸入土壤，可沿斜坡流下，从而浪费水并侵蚀土壤；如地势平坦或较低，积水可妨碍草坪行人和管理人员，并导致土壤紧实，在炎热的夏天，积水还会灼伤草坪草。

（2）土壤质地对草坪水分利用的影响

大雨或灌溉后，土壤表层所有的孔隙都充满水，这时的土壤含水量称为土壤饱和持水量。土壤仅在短时间内保持饱和持水量，除非底下有限制层阻止排水。重力使大孔隙内的水经土壤向下移动。从大孔隙中排出的水称作重力水，它快速排出到根系层下而不能为植株所利用，大孔隙称作通气孔的原因是土壤水分不饱和时它们含有空气。

重力水从上层土壤完全渗滤后，这时的土壤含水量称为土壤田间持水量，达到这个含水量时，水不再垂直向下移动，土壤上层的水保留在小孔隙中，成为土壤颗粒周围的水膜。

达到田间持水量时，根系层约有 1/2 的水可供植株利用。这是由于作用于水的吸引力有两种：内聚力是水分子之间的吸引力；附着力是水分子和土壤颗粒表面之间的吸引力。土壤颗粒和水分子之间的吸引力，可通过测量水分张力等级来测定。吸引力越大，土壤水分张力就越高。含有大量水的土壤比含有少量水的土壤对水的吸引力小。水趋向于从含水量高的地方向含水量低的地方移动，这是由于含水量少的土壤产生的水分张力或吸引力大的缘故。

当土壤处于田间持水量时，土壤颗粒周围的水膜相当厚并充满小孔隙。内聚力使薄膜里的水分子聚集在一起，而附着力使水分子附着于土壤颗粒上。紧贴土壤颗粒表面的水分子，随着其与土壤颗粒距离的增大，吸引力减弱。植物根能产生很大的水分张力，以吸引外层的水膜，但随着土壤的干燥，薄膜逐渐变薄，最后薄得使土壤颗粒保留的水分子张力仅高于根能产生的张力。这种被土壤紧紧束缚的水，植物不能利用。

在处于田间持水量时，土壤含有植物可以利用的最大量的水分。由于蒸腾和蒸发作用，土壤含水量下降到田间持水量以下，草坪草根系吸收了土壤大量水分，而许多水分由蒸腾损失掉。靠近土壤表面的大量水变成气态蒸发到大气中。蒸发像蒸腾一样，在炎热干旱、阳光照射的天气损失最大。风也会增加土壤水分蒸发的速率。由于蒸发和蒸腾作用，土壤水分的 85% 被损失掉，由于这种损失，土壤可利用水分持续减少，直到下雨或灌溉后，土壤含水量再次增加为止。

小孔隙中的水分能够在土壤中向上输送到水分张力较高的比较干燥的地方，小孔隙中水分的这种向上移动称为毛细作用或毛细管移动。当土壤表面变干后，由于毛管水被输送到表面，以致蒸发损失仍在继续。

毛管作用也包括根系的吸收过程。当根细胞产生的水分张力比持水的土壤颗粒高时，水进入根系。毛细作用使水从邻近的土壤向由于根的吸收而使水部分消耗的地区移动，这种水才能为根系所吸收。但是毛细作用的水分移动是缓慢的，因此根系是靠伸入含水量较大的地区，而不是靠越过长距离输送来吸水。

4. 3. 2. 3　气候条件对草坪需水量的影响

我国气候条件复杂，各地降水量变化很大，从西北的年降水量几个毫米到东南沿海的年降水量超过 1000mm。我国降雨的季节分配也极不平衡，存在明显的雨季与旱季，加上各地的蒸发量也千差万别。因此，为获得理想的草坪质量，必须通过灌溉补充草坪水分需求的不足，而各地的草坪用水量差异极显著，必须因地制宜地确定合理的灌溉用水计划，以弥补降水在时空分布上的不均衡。

4. 3. 3　灌溉水的选择

草坪灌溉水的选择包括水源的选择和水质的选择。

（1）水源的选择

草坪灌溉水源选择的基本要求是应在草坪的整个生长季节，能供给草坪草充足的水量。草坪灌溉主要水源：一是来自市政供水水源。即通过城乡自来水系统供给的水源。二是原水。包括来源水井的地下水、来自湖泊、水库和池塘的静止地表水、来自河流和溪水的流动地表水及蓄积的地表径流和雨水，均为未经处理的天然水。三是再生水。主要来源于城市污水经处理后的再生水源。除此之外，其他只要质量合格、数量足够的水源都可用于草坪灌溉。这些不同来源的水源大多通过草坪灌溉系统进行灌水作业，有时也采用洒水车或其他取水灌溉方式进行草坪灌溉。

草坪水源的选择应因地制宜，分别选择不同类型的水源：①采用市政供水水源作为草坪灌溉用水，一般灌溉用水需支付较高水费，但是，市政自来水一般都是经过水处理的水源，水质一般都能满足草坪灌溉要求，不需要取水与水处理设施建设与维护支出，有时用水费用低于原水的取水与水处理费用。②如果地下水丰富的地方，可以打井为草坪灌溉提供相对独立的水源。井水不含杂草种子、病原物和各类有机成分；在整个供水期间，水质一致，盐分含量稳定，因此，井水是比较理想的草坪灌溉水源。但是，如果井水钠和碳酸氢盐、硼和氯的含量过高，则不适于用作草坪灌溉用水。此外，如果有些地方地下水位过量开采或持续干旱，可能引起井水位下降，甚至干枯，就不宜采用井水进行草坪灌溉。③大江大河通常可作为可靠的草坪灌溉水源，但应注意防止其水源的污染；小河小溪流可采用建筑小型水库用作草坪灌溉水源，但应注意进行必要的净化处理，防止流水中颗粒物质阻塞草坪灌溉系统。④高尔夫球场和其他某些大型草坪设施，常备有小的湖泊或池塘用作草坪灌溉水源，除应考虑水源位置得当和其他补水方式配套外，也应防止这些静止水源水体污染或藻类和水生杂草蔓延。

（2）水质的选择

草坪灌溉水的选择除从水源选择满足草坪灌溉用水量外，还应对水质的选择满足草坪灌溉水质要求。草坪灌溉水质的选择应考虑如下2点：①草坪灌溉用水中所含物质（溶解物和悬浮物）类型和浓度。许多水中含有大量盐类、颗粒、微生物及其他物质，其中的一些物质如果浓度超过一定限度，可直接危害草坪或通过对草坪土壤的作用间接危害草坪草，具有这种水质的水不能用作草坪灌溉用水。②草坪草种及品种。草坪草种及品种不同，对盐化土壤或灌溉水盐分浓度敏感性不同。草地早熟禾、细弱翦股颖和紫羊茅对盐分高度敏感；高羊茅、多年生黑麦草不太敏感；狗牙根、钝叶草、匍匐翦股颖的某些品种则相当耐盐。

草坪灌溉水质的评价指标有：①总盐量或盐分浓度。它可用水的电导率（EC）来表示，EC 低于 $250\mu s/cm$ 为低盐度危险，排水良好时可用于草坪灌溉；EC 介于 $250\sim750\mu s/cm$，如有相当的淋洗条件也可用于草坪灌溉；EC 介于 $750\sim2250\mu s/cm$，土壤排水不良时已不能用于草坪灌溉；EC 大于 $2250\mu s/cm$，一般不能用于草坪灌溉。土壤溶液的盐浓度常比灌溉水的高得多，这是因为植物吸收水分速度快于离子吸收的缘故，饱和土壤溶液的 EC 值一般高于灌溉水的 2～3 倍。②钠离子浓度。土壤中高含量钠离子对草坪有害。钠吸收率（SAR）是用于估测灌溉用水中钠等阳离子危害程度的指标，土壤中的 Ca^{2+} 和 Mg^{2+} 起到抵消钠离子危害的积极作用，Ca^{2+} 和 Mg^{2+} 含量越低，SAR 越大，钠离子的危害越大。一般土壤中 SAR 含量在 5～15 可造成草坪危害，具体造成危害的 SAR 含量还与土壤结构等因素有关。③其他离子相对浓度与颗粒物质。硼是草坪草重要的微量营养元素，但如灌溉水中硼的含量超过 1×10^{-6} 时则会对草坪有毒害作用。水源中可能引起草坪毒害的还包括高浓度的其他各种微量元素及其离子，如生产废水中的铬、镍、汞、硒等。此外，悬浮在草坪水源中的各种颗粒使用前必须过滤掉，以避免危害草坪灌溉系统部件，如堵塞喷头、引起喷头不转等；粉沙和黏粒随水灌入土壤会封闭土壤孔隙，降低水分入渗速度；采用池塘、湖泊、河流地表水或地下水经沟渠引水灌溉草坪时，水中往往会携带大量的杂草种子，若不加以处理和控制，常常会导致杂草的入侵。

综上所述，如果选择的水源水质不符合草坪灌溉要求，则需采取沉淀法与过滤法两种主要水处理方式，除去水中对草坪草及草坪灌溉系统的有害物质，使其达到草坪灌溉用水要求。不同的水处理方式所用设备也不同，喷灌系统中水源处理的设备主要包括拦污栅（筛、网）、沉淀池、水沙分离器、网式过滤器、沙石过滤器、喷头过滤网等。

4.3.4　灌溉方案的确定

草坪灌溉方案的确定指确定草坪灌溉时间、灌溉频率和每次灌溉的水量（灌水量）。理想的草坪灌溉方案应使草坪灌溉水供给恰到好处，充足而不过量，始终保持草坪的良好景观与其他坪用功效。

4.3.4.1　灌溉时间

（1）草坪需要灌溉的时间确定

草坪灌溉方案的确定第一步是要确定草坪需要灌溉的时间，可以采用如下多种方法确定。

①植株观察法　当草坪缺水时，草坪草会表现出一定的缺水症状，可用作确定草坪需要灌溉的指标。

②土壤含水量人工检查法　干旱的土壤呈浅白色，而大多数土壤正常含水时颜色较深暗。

③仪器测定法　草坪土壤的水分状况可用张力计等仪器测定。

④蒸发皿法　在光照充足的开阔草坪内放一个具刻度的蒸发皿，根据蒸发皿内蒸发掉的水量，粗略判断土壤中蒸发散失的水量，加上草相诊断，确定是否需要灌溉和灌溉量。

（2）灌水时间

草坪需要灌溉的时间确定后，只要草坪需要灌溉，理论上在一天的任何时段都能进行草坪灌溉。但是，草坪灌溉实际作业过程中，则必须根据草坪和天气状况，选择一天中的最佳时间灌水以达到理想的灌溉效果。

湿度高、温度低又有微风时是草坪灌溉的最佳时机。此时进行草坪灌水，可有效减少蒸发损失，微风还有利于湿润叶面及组织的干燥。另外，草坪灌水应尽可能安排在早晨或者傍晚进行，以将蒸发损失减到最小。中午及下午浇水容易使细胞壁破裂，引起草坪草的灼伤，而且大约喷灌水分的 50% 在到地面前就被蒸发掉，蒸发损失大。但是，草坪傍晚灌水，草坪整夜处于潮湿状态，也易因高湿而引发病害，因此，草坪大多采用早晨灌水。如果有些地区或场地的草坪由于水源及其他条件限制，不可能早晨灌水，则应傍晚灌水后立即喷施杀菌剂，可有效预防因高湿引起的病害。冷季型草坪草在我国南方地区越夏困难，如在傍晚采取灌水降温措施，还可有助于幼苗安全度过夏季的高温。

草坪灌水时间还应根据草坪生育状况与土壤及养护条件灵活安排。草坪施肥后需及时灌水，以促进养分的分解和草坪草的吸收，防止肥料"烧苗"；在北方冬季干旱少雪、春季雨水少、土壤墒情差的地区，入冬前应浇一次"封冻水"，以使草坪草根部吸收充足的水分，增强抗旱越冬能力。春季草坪草返青前，还应浇一次"开春水"，防止草坪草在萌芽期因春旱而死亡，同时可以促进草坪草提早返青；砂质土壤持水保水能力差，在冬季晴朗天气，白天温度较高时灌水，灌至土壤表层湿润为止，切不可多灌或形成积水，以免夜间低温时结冰形成冰盖，对草坪草造成危害；如果草坪践踏严重，土壤已经干硬坚实，灌水时难以渗透，则应于灌水前，先进行穿孔通气，这样还可以使地势较高处草坪草充分吸取水分，地势较低处也不致积水；草坪第一次灌水时，也应首先检查地表状况，如果地表坚硬或被枯枝落叶所覆盖，最好先行打孔、划破、垂直修剪后再进行灌水。

4.3.4.2　灌溉频率

草坪灌水频率是一定时期草坪灌水的次数。它主要根据草坪床土类型和天气状况确定。砂壤土草坪比黏土草坪易干旱，加上其保水性能差，必须少量多次灌溉，因而其灌溉频率高；热干旱比冷干旱的天气，其草坪灌溉频率高。

草坪灌水一般应遵循允许草坪干至一定程度再灌水的原则。这样既可便于带入空气，提高草坪根系活力；又可刺激草坪草根向床土深层扩展，提高草坪抗旱能力。每天喷灌 1~2 次的做法是不明智的，既可能造成草坪内苔藓、杂草的蔓延和草坪浅根系的形成，又费时费工，增加草坪养护成本。

4.3.4.3　灌水量

（1）草坪灌水量的影响因素

草坪每次的灌水量取决于每两次灌水期间草坪的耗水量。它受草坪草种及品种、生育状态、土壤类型、养护管理水平、降水量与湿度及温度等天气因素的影响。

草坪草种及品种不同，其抗旱能力不同，因此，其所需灌水量也不相同；草坪草生育状态不同，其灌水量也不相同。

一般情况下，以壤土建植的绿地草坪，灌水应一次灌足灌透，避免只灌表土，至少应该达到湿透土层 5 cm 以上，否则会造成草坪草根系浅层化。如草坪过分干旱，土层的湿润度则应增至 8 cm 以上，否则就难以解除旱相。如果建坪土壤以砂土为主，则每次的灌水量宜少，灌溉次数应增加，以免水分因渗漏而损失。此外，某些养护水平较高的草坪需要每天灌溉。如高尔夫球场果岭草坪往往修剪得很低，致使根系仅分布于土壤表层，如果不经常灌溉，灌水量小，草坪草就会萎蔫。为减少病虫危害，在高温季节应尽量减少灌水次数，每次的灌水量要相应增加。

（2）草坪灌水量的确定

为了保证草坪的坪用功能和草坪景观要求，草坪床土计划湿润层中含水量应维持在一个适宜的范围内，通常把床土田间饱和持水量作为该适宜范围的上限，它的下限则应大于凋萎系数，一般约等于田间饱和持水量的 60%。

草坪床土计划湿润层厚度根据草坪草根系深度而定。一般以 20~40 cm 为宜。当土壤实际的田间持水量下降到田间饱和水量的 60% 时，就应进行草坪灌水。草坪每次的灌水量可根据下式求得：

$$M = rH(\beta_{max} - \beta_{min})$$

式中　M——灌水定额（t/m²）；

　　　　r——土壤容重（t/m³）；

　　　　H——计划湿润层深度（m）；

　　　　β_{max}——计划湿润层内适宜土壤含水量上限，一般等于田间饱和持水量（占干土重的%）；

β_{min}——计划湿润层内适宜土壤含水量下限，一般为田间饱和持水量的 60%（占干土重的%）。

4.3.5　草坪灌溉方法

草坪灌溉方法指灌溉水以什么样的形式湿润土壤，并使灌溉水成为土壤水，以满足草坪草在不同自然条件下对水分的需求。草坪灌溉方法有地面灌溉、喷灌、微喷灌、滴灌等。以地面灌溉和喷灌为主要方式，可根据不同程度的养护管理水平以及设备条件采用不同的方式。

（1）地面灌溉

地面灌溉有地面漫灌和人工管灌两种方式。地面漫灌即大水漫灌，指利用流水浇灌草坪的方法。人工管灌指采用洒水车水龙头连接橡胶软管或塑料软管进行人工洒水浇灌草坪的方法，或指将草坪灌溉系统的主管和干管埋于地下，在地面布置水龙头，从水龙头用橡胶软管或塑料软管进行人工洒水灌溉草坪的方法。地面灌溉常因地形的限制而产生漏水、跑水和不均匀灌水等多项弊端，对水的浪费极大。

（2）喷灌

喷灌指用专门的管道系统和设备将有压水送至灌溉地段并喷射到空中形成细小水滴洒到田间的一种灌溉方法。喷灌不受地形限制，还具灌水均匀、节省水源、便于管理、减少土壤板结、增加空气湿度等优点。微喷灌是一种现代化的精密高效节水灌溉技术，具有节水、节能、适应性强等特点，微喷灌主要用于花卉、苗圃、温室、庭院、花坛和小面积、条形、零星不规则形状的草坪。微喷灌与喷灌并没有严格意义上的区别。但其水滴细小，雾化程度高。喷洒形式主要有旋转式、折射式、脉冲式。因此，草坪养护管理中，特别是养护水平较高的草坪，喷灌是草坪灌溉的理想方式。尽管喷灌需要增加一定的喷灌系统建设与养护成本，但因节省用水量而减少成本，两者相抵，对于需要经常灌水、养护水平较高的草坪来说还是合算的。

喷灌系统就是从水源取水，经过加压、输送、分配，最后将水尽可能均匀地喷洒到草坪绿地的整个体系。按其组成方式分为：管道式压力喷灌系统和机械压力喷灌系统（又称喷灌机）。管道式压力喷灌系统又称为固定式喷灌系统；喷灌机又称为移动式喷灌系统；而介于管道式压力喷灌系统和喷灌机两者之间的喷灌系统又称为半固定式喷灌系统。各类型喷灌系统及其组成特点见表4-11。最先进的灌溉方式为中央计算机自动控制卫星控制灌溉系统，如图4-1所示。

表 4-11　草坪喷灌系统类型与特点（引自孙吉雄，2004）

类型		特　性
移动式喷灌系统	卷盘式喷灌机	适于高尔夫球场、足球场等大面积草坪灌溉。该机由绞盘和喷头车组成，其间采用高强度、耐磨的半 PE 管相连，起输水和牵引的双重作用。灌水时，用拖拉机将该机拖至供水点，将绞盘车的进水口用软管与带压的给水栓相连，将喷头车拖至喷水点，开始喷水作业。盘车装有驱动装置，慢慢驱动绞盘，由 PE 管将喷头车逐渐回收，喷头车在回移过程中完成喷水作业
	轻型移动式喷灌机	适用于零星小块和地形复杂的草坪灌溉。该机有手抬式和手推车式两种。一般单机可控制 3.33～20 hm² 草坪

（续）

类型	特性
固定式喷灌系统	适用于大面积和高级草坪灌溉。该系统由水泵、动力机、管道和喷头组成。输水管入地下，喷头分地埋式和地表式两种。固定式喷灌系统喷头组合有正方形、矩形和三角形等布置形式，喷头按工作压力分低压（射程 5~14 m）、中压（射程 14~40 m）和高压（射程大于 40 m）3 种。按喷头结构与水流形状可分为固定式、孔管式和旋转式 3 种。固定式喷头有折射式、缝隙式、离心式等
半固定式喷灌式系统	该系统与固定系统的区别在于喷头和支管可以移动。通常在主管上装给水栓，支管和喷头可在不同给水栓上轮换使用，支管通常为薄壁铝合金管或高压软管。系统投资较小，但操作时劳动强度较固定式大

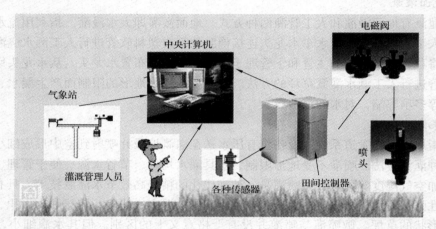

图 4-1　中央计算机自动控制卫星站控制草坪灌溉系统

4.3.6　草坪喷灌的主要质量指标

4.3.6.1　喷灌强度

喷灌强度是指单位时间喷洒在地面上的水深或喷洒在单位面积上的水量。草坪喷灌强度一般指组合喷灌强度，因为大多数情况的草坪喷灌为多个喷头组合起来同时工作。

草坪喷灌对喷灌强度的要求是水落下后能立即渗入土壤而不出现地面径流和积水，即要求喷头的组合喷灌强度必须小于或等于土壤的入渗速率。不同质地土壤的允许喷灌强度（$\rho_{允许}$）不相同，见表 4-12。

表 4-12　各类土壤的允许喷灌强度　　　　　　单位：mm/h

土壤类型	砂土	壤砂土	砂壤土	壤土	黏土
允许喷灌强度	20	15	12	10	8

喷灌系统的组合喷灌强度（$\rho_{组合}$）一般要大于单喷头喷灌强度，计算方法：

$$\rho_{组合} = q/A \leqslant \rho_{允许}$$

式中　q——单喷头的流量；

　　　　A——单喷头的有效湿润面积，由设计情况而定，但一定小于等于以喷头射程为半径的圆面积。

4.3.6.2　喷灌均匀度

喷灌均匀度影响草坪的生长质量，它是衡量喷灌质量的主要指标之一。喷头射程能够达到的地方，草坪生长整齐美观。而经常浇不到水或浇水少的地方会呈现黄褐色，影响草坪的整体外观。即使水量分布良好的喷头，水量分布规律也是近处多、远处少，造成与喷头距离不同的草坪长势有所差别。因此，草坪喷灌系统应依照该规律进行喷点的合理布置设计，通过有效的组合重叠可保证较高的喷灌均匀度，防止喷水不匀或漏喷。

影响喷灌均匀度的因素除建造设计外，还有喷头本身旋转的均匀性、工作压力的稳定性、地面的坡度、风速和风向等。其中，风是无法人为控制因素，因此，一般大于风力 3 级以上时应停止喷灌，最好在无风的清晨或夜间进行喷灌。另外，可在设计时，采用支管走向与主风向垂直，或用加密喷头来避免或减少风对喷灌的影响。

4.3.6.3　雾化度

雾化度是指喷射水舌在空中雾化粉碎的程度。由于草坪草是相对比较粗放的植物，草坪喷灌雾化程度要求低，雾化指标(工作水头与喷嘴直径的比值)介于 2000 ~ 3000 均可。但应注意草坪苗期，喷洒水滴不宜过大。

4.3.7　草坪节水管理

中国是一个水资源紧缺的国家，而且水的地域时空分配极不均匀。水资源是宝贵且有限的。为此，我们应做好草坪节水管理工作。

（1）草坪草种选择

选择适应当地气候条件的草坪草种和品种是草坪节约用水的一项重要措施。一些干旱地区倾向于用暖季型的野牛草代替冷季型草坪草，野牛草可在极端干旱条件下不进行灌溉，而冷季型草坪草无灌溉则不能生存。高尔夫球场草坪高草区也可使用节水的野牛草；南方高尔夫球场果岭采用狗牙根可比匍匐翦股颖更节水。

（2）修剪高度

草坪修剪高度对水分利用率的影响曾有一些误解，有人认为降低修剪高度可减少进行蒸腾作用的植物组织，从而达到节水的目的。但事实是考虑到植物整体功能，地下根系与地上部生长存在相关性，当提高草坪修剪高度时，地上部有更多的绿色组织通过光合作用合成更多的碳水化合物供根系生长所需，这样根系可变得更深广，可从更大范围土壤中吸收水分，就能更有效地利用土壤水分。试验证明提高草坪修剪高度并没有想象中提高蒸腾值那样严重，提高修剪高度后，更厚的冠盖层可通过空气流动和减少蒸发而降低蒸腾值，同时还能促进根系发育并保护草坪草基部分生组织不受高温伤害。

（3）施肥

草坪施肥管理的重要作用是维持恰当的草坪养分平衡，营养不良的草坪，特别是缺氮、铁和镁常出现缺绿症，影响草坪草光合功能，不利草坪根系生长和水分吸收。同时，一块多年不施肥草坪的根系分布很浅，在干旱逆境下会很快进入休眠状态而变成枯黄。正确的施肥可提高草坪的用水效率。但过多地施肥，特别是氮肥，会导致草坪草地上部分过度生长，而且叶片表皮薄且多汁，会因大量蒸腾而损失过多的水分，伴随蒸腾的增高，草坪对水分的利用率和对干旱的抗性开始下降。因此，干旱期应控制草坪氮肥用量，应使用富含磷、钾的肥料，可增强草坪草的抗旱性。

（4）清除枯草层和打孔

草坪枯草层能降低水分利用效率。它是水分渗入土壤的障碍，常引起水分在地表流动，进而因蒸发而损失，还会导致植株根系分布变浅。所以通过打孔通气可破坏枯草层并加快其分解，改善土壤的渗透性，降低土壤紧实度并促进根系向更深的土层分布。用垂直修剪机处理枯草层过厚的草坪也可改善土壤渗水并促进草坪根系向深层发展。

但在草坪面临逆境时应避免打孔通气操作，因为这将增加蒸发而使草坪面临更严重的逆境。夏末秋初是冷季型草坪草的最适打孔通气时间；暖季型草坪草在盛夏逆境到来之前打孔通气最有利。

（5）化学药剂

蒸腾抑制剂可减少蒸腾水分损失，它们通过包裹在植物表面而起作用。蒸腾抑制剂对乔木和灌木很有效，由于草坪生长季节的旺盛生长和不断有一部分组织被剪掉，所以草坪蒸腾抑制剂的使用受到一定限制，但有时可将蒸腾抑制剂用于休眠草坪以防止草坪干燥。

有些植物生长调节剂具有降低草坪草水分损失的潜力。如 flurprimidol（Cutless）和抑长灵（Embark）可分别降低钝叶草和狗牙根的水分消耗率分别达到20%和35%。

湿润剂可使水形成水滴，减少水与固体或其他液体间的张力。草坪使用湿润剂可增加土壤的湿润度，特别适用于一些难于湿润的疏水土壤；可使枯草层润湿；使根系层湿润得更均匀。

但上述化学药品如果使用不当，可能伤害草坪。有的化学药剂在草坪使用后应立即灌水，避免药害。

（6）其他管理措施

减少剪草次数及使用锋利的刀片也能有效地节约用水，剪草次数越多，伤口张开的时间越长；钝刀片剪草的伤口粗糙，愈合的时间较长，都会使剪草的伤口水分损失增加。少用除莠剂也可节省草坪用水。因为某些除莠剂会伤害植物根系，降低草坪的水分利用效率。草坪建植时使用有机肥和土壤改良剂，也可提高草坪土壤的保水能力，从而节约草坪用水。

4.3.8　草坪灌溉系统

草坪灌溉系统的喷灌系统由水源、水泵、动力、管道系统、闸阀、喷头和自动化系统中的控制中心等构成一个完整系统。控制器可通过一个遥控阀或手控阀，在预定时间打开阀门，水压使喷头高出地面并开始自动喷水；预定时间结束时，阀门自动或手动关闭，喷头又缩回地下。

4.3.8.1　水泵

草坪灌溉系统除非系统较小或是直接分接于城镇总水管，否则都需要一至数个水泵。水泵的作用为从水源取水，或对水流进行加压等。从水源抽水的泵称为系统抽水泵；如灌溉系统出现压力不足，则可在压力管上安装增压泵（管道泵），以增加水流压力。该两种水泵一般都是离心泵，泵壳内的助推器产生压力，旋转并将水压出排水口。以井水或河湖池水等自然水体为水源时，草坪灌溉系统水泵多采用潜水泵。潜水泵是水泵和电机直接相连的水泵，水泵工作时，电机完全浸在水中。

4.3.8.2　管道系统

草坪灌溉系统管道系统包括干管、支管及各种连接管件。管道是草坪灌溉系统的基础，通过它把水输送到喷头而后喷洒到草坪，因而管道的类型、规格和尺寸直接影响草坪灌溉系统的运作。管道多使用便宜、不腐蚀生锈、重量轻的塑料管材，有时总管道用水泥、石棉和硅材质制成。

目前用于灌溉的塑料管道主要有 PVC 管道和 PE 管道 2 种。PVC 管道是聚氯乙烯管道的简称。PVC 管道重量轻，搬运、装卸、施工、安装便利，不结垢，水流阻力小，耐腐蚀，机械强度大，耐内水压力高，不影响输水水体的水质，使用寿命长，因此，PVC 管是喷灌系统的首选。

PE 管道是聚乙烯管道的简称。分为高密度聚乙烯（HDPE）和低密度聚乙烯（LDPE）管道 2 种。HDPE 耐腐蚀、耐高温、耐严寒，长期使用温度可为 -60°~40°，富弹性，耐冲击，管壁光滑，阻力小，耐磨，化学稳定性好。LDPE 管道为软管，管壁较厚。小管径的 PE 管道常用作支管和毛管。由于这些管道一般铺设在地面上，为了防止太阳辐射引起管内藻类繁殖，并吸收紫外线，延缓塑料管老化，灌溉用的 PE 管道一般为黑色。

PVC 管道和 PE 管道工作压力均选择范围大，内壁光滑，水头损失小，移动安装方便，使用年限可达 15 年以上。成段的 PVC 管很容易用溶剂黏合在一起，在管端和接头处（外有塑料套管）涂上石棉水泥，经石棉水泥的化学作用将管道很牢固地粘接在一起。在北方寒冷的冬天，塑料管中的水可能冻裂管道。因此管道必须埋入足够深的土中，或在冬天排出管道中的水。

4.3.8.3　闸阀和控制系统

草坪灌溉系统都有一套闸阀，以调节通过本系统的水流，可分自动闸阀与手动闸阀 2 种类型。自动化系统的遥控阀是由控制器操作的自动闸阀。

草坪灌溉控制系统的控制器的基本部件包括一个钟表定时器和称为端站的一系列终端。每个终端用电线或水管连接到一至多个遥控阀，每个阀依次操作一至多个喷头。终端控制的区域称为带。定时器上的表按预定时间旋转，定时器按顺序给一系列终端供电，这种依次自动接通各终端的过程称为一个循环。随各终端的接通，即可灌溉终端所覆盖的区域。通常由于水量和水压的限制，不能同时开启一个系统中的所有喷头，所以一次只能灌溉一个区域。

遥控阀有电控型电控阀和水压式水控阀 2 种主要类型。当接通控制器端点与阀门之间的电路时，电控阀通电并打开，输电线埋在地下。水控阀靠管内的水压开关。遥控阀埋在它所控制的喷头附近。

较小的草坪灌溉系统只有一个控制器；而高尔夫球场等大型草坪设施，则有一个能编程并能控制一系列附属田间控制器的中央控制器。更高级的控制器带有附件，如传感器，在下雨或系统内压力不正常时传感器能自动关闭灌溉系统。控制器也可与测量土壤水分的张力计或电极探头连接，以便根据土壤水分状况自动调节草坪灌溉。

4.3.8.4　喷头

喷头是一种根据射流和折射原理设计制造的水动力机械，它通过喷嘴、折射和分散机构将有压水流经过喷嘴高速喷出，通过分散机构使水流分散、雾化，应用折射机构使分散的水流尽可能喷射到较远的距离，最后依靠空气阻力使高速运动的水流进一步分散成细小的水滴，以较小的速度降落于草坪绿地上。

草坪用喷头种类繁多，为喷灌系统的关键部分，其性能和质量不仅关系到草坪喷灌系统的规划设计，而且也关系到喷灌系统的运行管理和工程造价。不同喷头的工作压力、射程、流量及喷灌强度范围不同。一般在其工作压力范围内，其他几项指标随压力变化而变化，但变化范围不应很大。性能越好的喷头其变化范围应越小，这对简化草坪灌溉系统设计建造工作及提高灌溉质量极为有利。适宜的工作压力是保证均匀喷水的关键所在。压力特别低时，多数水分布在一个环内，这就是许多草坪喷头周围出现绿色的环，环外则是褐色或休眠草坪的原因。压力过高时，雾化程度又太大，极易受风的影响而使喷水分布形状不规则。压力适合时喷出的水呈楔形，经喷头的适当交叉组合能获得较高的均匀度。用于草坪的喷头可分为庭院式喷头、埋藏式喷头和摇臂式喷头3大类。

4.3.9 草坪排水系统

4.3.9.1 草坪排水系统的作用

草坪排水系统是草坪建植中最重要、技术含量最高、投资比重最大的基础工程，它具有如下作用：排除多余水分，保证草坪场地内无积水；阻隔草坪地下水上升和盐碱危害；有利草坪土壤通气透水；便于草坪灌溉管理。

4.3.9.2 草坪排水系统的组成和类型

草坪排水系统包括排水砾石或砾石层、排水管道和蓄水池。排水砾石或砾石层是草坪草根系分布层的亚土层，通常厚度为15～20 cm，一般由直径为2～10 cm的砾石构成，也是暂时存水的保水层。排水层下面是排水管道，包括排水支管和排水主管。排水支管可用埋碎石盲沟、多孔陶瓷管和有孔塑料管建造。因为塑料排水管都不承压，排水主管和暗渠多用砖、石块与混凝土管或铸铁管。蓄水池是为了再利用草坪排泄的废水灌溉草坪设置的储水构筑物。

草坪排水系统按排水形式可分为2种类型：地表径流排水，利用表面的坡度自然排水；地下渗透排水，多采用地下盲沟。

4.3.10 草坪灌溉系统设计

草坪灌溉系统的设计一般可分为如下几个步骤。

4.3.10.1 收集基本资料

通过现场调查，收集必要的草坪地形、土壤、水源、气象、能源和动力机械等有关资料。还应准备一张1∶500或更详细的地形图作为设计底图。这些是规划设计中不可缺少的基本资料。

4.3.10.2 喷头选型与喷点布置及管道布置

喷点布置包括喷头间隔与布点，喷点布置适宜可保证喷水均匀。喷头选型与喷点布置要点如下。

（1）喷头选型要点

按工作压力喷头可分为高、中、低压3种。体育场、高尔夫球场和大型广场草坪可用中高压喷头，如TA80、F4、MYZ等系列；小面积草坪或长条绿带及一些不规则草坪可选用短射程低压喷头，如1800系列和303AN系列。目前使用最多的中压中射程喷头有R50、Turbo、2688及7450系列。无论采用何种喷头，关键是组合后喷灌强度一定要小于或等于土壤的入渗强度。另外同一工程应尽可能选用一种型号或性能相似的喷头，以便管理和控制灌溉均匀度。

（2）喷点的组合布置设计要点

喷点的组合布置包括喷点组合形式、支管走向、喷点沿支管间距、支管间距等内容，其设计合理与否直接关系到灌水质量。喷点组合形式有矩形、三角形、正方形和等边三角形。其中，矩形和等边三角形两种为常用，具体选择取决于地块形状和风速等。不规则地块一般分为规则的几大块分别设计。草坪喷点设计以正方形最多。支管布置应考虑地形和当地主要风向。喷点间距依据喷头射程计算，如美国雨鸟公司推荐的其系列喷头间距为相应射程的0.8 ~ 1.3 倍，具体设计射程参考有关水利设计资料。

喷头布置完成以后，需要将所有喷头用不同直径和长度的管道，按照一定的规则连接起来，并将不同等级或规格尺寸的管道也连接起来，最后形成一个从水源到喷头的压力系统。

4.3.10.3 喷灌水力设计

喷灌水力设计主要包括以下步骤：

①初步确定干支管管径 管径决定了工程成本和流量是否足够。

②管道水力损失（水头损失）计算 包括管道水头损失和局部水头损失。

③支管水力设计 一般流程是喷头选型——确定布点及管长——确定支管流量——初设管径——计算水力损失——校核——调整管径、管长重复计算——确定管径、管长。

④干管水力设计 类似于支管水力设计，总的要求是支管分流处的压力应满足支管的压力要求。

⑤具体设计计算 方法参阅有关水力学资料。

4.3.10.4 水泵的选择

根据喷头工作压力、各级管道沿程水头损失、动水位平均高程与喷头高程之差，以及整个系统流量（系统内同时工作的喷头流量之和），选择流量和扬程合适的水泵。一般水泵设计流量和扬程应大于系统流量及所需压力的10% ~ 20%，以避免实际运行时流量和扬程达不到设计要求。

4.3.10.5 过滤设备

草坪喷头的出水口一般较小，抗堵塞能力较差，对水质要求较严格。如水中杂质太多，会引起出水口堵塞，严重可使喷头停转，系统瘫痪。

目前常用的过滤设备主要有旋流式分离器、沙过滤器、滤网过滤器和叠片过滤器等。旋流式分离器又称作离心式或旋流式水沙分离器，主要由进出水口、旋涡室、分离器、贮污室和排污口等几部分构成。当含沙量低于5%时，它能消除0.074 mm以上泥沙的98%，而且能连续过滤，但不能消除灌溉水中比重小于1的有机污物，只能起到初级过滤的作用。沙过滤器由进出水口、过滤罐体、沙床和排污口等几部分组成，其沙床是三维过滤，具有较强的截获污物能力，是一种较理想的过滤设备。滤网过滤器的种类繁多，多由进出水口、滤网和排污口几部分构成，构造简单、价格便宜、使用最广泛，主要用于过滤水中的粉粒、沙和水垢等污物，但过滤效果不好，特别当压力较大、有机物较多时，污物甚至会穿过滤网而进入管道，在喷管压力较高时应采用不锈钢滤网，不采用尼龙网。叠片式过滤器是新发展的一种新型过滤器，灌溉水经叠片层层过滤，过滤面积大，周期长，过滤效果最好，价格也较高。

4.3.10.6 滴灌系统

滴灌是将灌溉水通过节水器或滴头一滴一滴地灌到草坪草根区的土壤中。滴灌比喷灌省水 25% 以上。滴灌系统一般由水源、首部控制枢纽、输水管道和滴头组成。其中，首部控制枢纽一般包括水泵、动力机、过滤器、化肥罐、调节装置等。化肥罐用于灌水施肥施药。根据滴灌工程中毛管在田间的布置方式、移动与否，以及进行灌水的方式不同，可以将滴灌系统分成地面(固定式)滴灌、地下(固定式)滴灌和移动式滴灌 3 类。

(1)地面(固定式)滴满

地面(固定式)滴灌系统指毛管布置在地面，在灌水期间毛管和灌水器不移动的系统。现在绝大多数采用这类系统。灌水器包括各种滴头和滴灌管、带。这种系统的优点是安装、维护方便，也便于检查土壤湿润和测量滴头流量变化的情况；缺点是毛管和灌水器易于损坏和老化，对田间耕作也有影响。

(2)地下(固定式)滴灌

地下(固定式)滴灌系统指毛管和灌水器(主要是滴头)全部埋入地下的系统。它为近年滴灌技术不断改进和提高，灌水器堵塞减少后才出现，但目前应用还不多。与地面固定式系统比较，它的优点是免除了毛管在草坪建植和养护前后安装和拆卸的工作，不影响草坪养护，延长了设备的使用寿命。因浇水时没有大气蒸发，所以地下固定式滴灌系统非常节水，但技术要求和建设成本极高，并且不能检查土壤湿润和测量滴头流量变化情况，发生问题维修也很困难。为防止水分下渗，可在根系层下加塑料隔层。

(3)移动式滴灌

移动式滴灌系统指在灌水期间，毛管和灌水器在灌溉完成后由一个位置移向另一个位置进行滴灌的系统。该系统应用也较少。与固定式系统比较，它提高了设备利用率，降低了投资成本，常用于灌溉次数较少的草坪。但操作管理比较麻烦，管理运行费用较高，适合于干旱缺水、经济条件较差的地区使用。

4.4 复壮更新的养护管理措施

草坪草虽然多数属多年生草本植物，但植株的生命期很短，必须依靠不断分蘖自我更新。由于自然或人为原因，许多草坪经过一段时间使用后，可能造成草坪局部损坏，草坪自我更新功能丧失，使草坪质量与使用寿命受到影响。为此，必须采取草坪复壮更新的一系列措施，人为创造草坪恢复有利条件，帮助草坪恢复质量，延长使用寿命。

4.4.1 草坪退化原因与复壮更新方法

草坪退化指在不良草坪生态环境条件下，草坪草组成变化引起草坪植被发生逆行演化，造成草坪表土介质理化性状严重恶化，使草坪用功能下降的现象。

4.4.1.1 草坪退化的原因

引起草坪退化的主要因素有如下 3 种。

(1)自然因素

草坪的使用年限已达到草坪草生长极限而老化，草坪已进入更新改造时期；由于建筑物、高大乔木或致密灌木的遮阴，使部分区域的草坪阳光不足而难以生存；病虫害入侵造成局部草坪发生秃斑；土壤板结或草皮致密，或冻害、旱害、热害、土壤瘠薄、酸碱不适等，致使草坪长势衰弱。

（2）建坪与养护管理因素

①草坪草种选择不当。盲目引种造成草坪草不能安全越夏、越冬；选用的草坪草种习性与草坪使用功能不一致，致使草坪生长不良。

②坪床处理不当。没有经过改良的草坪坪床，不能给草坪草的生长发育提供良好的水、肥、气、热等土壤条件；坪床处理不规范，包括坡度过大、地面不平、土粒大小不一，造成草坪雨水冲刷、积水、凹陷、凸出。

③播种不均匀或草坪草种混播比例或播种量不当，造成草坪稀疏或秃斑；严重缺肥或枯草层较厚等均可造成草坪生长不良或退化。

④修剪、施肥、排灌、除杂草等草坪养护管理措施不合理，或不正确使用除草剂、化肥、农药等造成草坪伤害。如草坪浇水时气温过高、或霜冻尚未融化。

（3）人为因素

①过度使用的草坪运动场区域，如发球区和球门附近，常因过度践踏造成破坏，降低了草坪的一致性。

②在恶劣气候条件下使用草坪和在草坪上运动，对草坪造成破坏。

③草坪边缘往往易被严重践踏，有时人为的粗暴破坏行为也可造成草坪退化。

4.4.1.2　草坪复壮方法

草坪复壮指恢复退化草坪功能，改善草坪生育条件和延长草坪寿命的养护管理措施。草坪复壮方法包括养护复壮法与补播复壮法两种。

（1）养护复壮法

养护复壮法有通气松土法、酸碱调节法、滚压和覆土法等。

①通气松土法　当草坪退化的主要原因是水肥不够、土壤板结、草坪密度过大形成絮状草皮时，一般先应清除掉草坪表层的枯草、杂物，再采用打孔、划破草皮等通气措施后，施入适量的水分、肥料，以促使草坪快速生长，及时恢复。

②酸碱调节法　若草坪退化的主要原因是土壤酸度过大，则应施入石灰，以改变土壤的酸性。石灰用量以调整到适于草坪生长的范围为度，一般为 $0.1~kg/m^2$，如能加入适量过筛的有机质，则效果更好。

③滚压和覆土法　若草坪退化的主要原因是草坪表面凹凸不平造成生长不均匀，则可采取滚压和表施细土覆盖措施。

此外，还可根据草坪退化的其他原因分别采用相应的其他养护复壮方法，如清除枯草层的梳草、病虫害防治等。

（2）补播复壮法

当退化草坪面积比较大或草坪已达使用极限时，常采用重新种植或补播草坪草的方法复壮更新。补播复壮方法包括补播草坪草种子、补植草坪草植株和草茎、补铺草皮等方法。其具体步骤如下：

①清除受损草坪　标出受害地段，并铲除受损草坪。清除原有草皮时要更加小心，使用药剂不应伤害健康草坪。

②坪床准备　坪床应与健康地段一致。挖松或回填土壤，施入肥料，尤其应注意施用磷、钾肥。

③草坪草种苗选择与播植　选择适当的草坪草种子播种，选用的种子要尽可能与原来的

一致，并注意做好催芽、拌种、消毒等播前处理。如选用草皮铺植，应使其高出健康坪面 6 mm 左右，选用的草皮卷应与原有草坪草具有一致性，铺植间距以 1 cm 为宜；用富含有机质、保水、保肥能力强的土壤填入草坪间隙，以选用堆肥、砂土各 50% 的混合物为宜。

④播植后管理　后期管理既要有利于健康草坪的生长，也要有利于补种草坪的生长。草坪草播种或草皮铺植后应确保 2~3 周内草坪不干，通常草皮铺植 3d 后，草坪草长出新根，故第一周内保持土壤湿润最为重要。此外，如铺植草皮为较大地块应适当进行镇压。

4.4.1.3　草坪更新方法

草坪更新是指不通过正常的栽培措施，不耕翻原有的草坪，进行部分或全部草坪的重新建植，从而达到草坪改良的目的。草坪更新不是草坪重新建植，只是不完全耕作土壤条件下的草坪改良和修复。只要地形设计合理，表层以下 5 cm 的土壤结构良好，均可通过草坪的更新，达到满意的效果。常见的草坪更新方法有如下 4 种。

①补播草种　此法与补播复壮法相同。常用于冷季型草坪退化的更新，因冷季型草坪草寿命最多 7~10 年，养护差的 3~4 年即进入衰退期。因此，每隔 3~4 年，即在草坪上采取松土打孔法，将肥料和种子撒入孔内，浇水让它萌发，增加草坪活力。

②条状更新法　又称抽条复壮法。北方地区种植的暖季型草坪草，如野牛草、结缕草和冷季型草坪草种匍匐翦股颖等都具有匍匐茎，均能节间生根，向外延伸，延长生命。但到一定年限后，草根密集老化，蔓延能力退化，通常可以每隔数年，在平整密集的草地上，每隔 50~60 cm 距离挖取 50 cm 宽带一条，增施泥炭土或堆肥泥土，重新垫平空条土地。具有匍匐生长能力的草茎在生长期内，很快蔓延伸入肥土中，并迅速生出新草苗，填补空缺。这样再过 1~2 年，就可以把余下的一条老草坪，连草带根一起运走，然后更换肥土。如此循环往复 3~4 年就可以全部更新一次。

③断根更新法　可定期在成坪草坪上，使用特制的钉筒(钉长 10 cm 左右，可以自己制作)，来回滚压草坪，将草坪地面扎出许多洞孔，切断老根，洞孔内施入肥料，促使新根生长。或者使用滚刀，每隔 20 cm 将草坪划切一道缝隙，也能将老根切断，然后在草坪上撒施肥土，促其萌发新芽，也可达到复壮更新的目的。

④一次更新法　当草坪出现衰老时，可以全部翻挖起来，选择其中一部分生命力强的匍匐茎或根状茎重新栽种，或增添一些新的嫩草根，并在翻松的泥土中加入肥料。栽种后，加强养护管理，翻种的草坪很快就能复壮。

总之，如果草坪严重退化，或严重受到损害，盖度不足 50% 时，则需要采取更新措施。更新的第一步是测定土壤的酸碱度和肥力状况，调查排水设施和土壤的紧实度，调查先前草坪失败的原因；然后进行土壤改良；再准备好坪床以后，确定采用种子直播还是铺植草皮。最后要吸取先前失败的教训，加强草坪的养护管理。

4.4.2　通气

草坪通气指对草坪进行打孔、划破等技术处理，以利草坪草根系呼吸和水分、养分渗入坪床土壤的作业措施。其目的是增加草坪土壤的通气性能，解除草坪土壤紧实，加速草坪枯草层的分解，促进草坪草的生长发育，提高草坪的坪用功效。

4.4.2.1　打孔

打孔是草坪通气的一种形式，指利用机械或人工方法在草坪上打出许多的小孔。它属于已建植成坪草坪养护过程中的一种中耕措施。其目的是松土、通气和透水。

（1）打孔的必要性与打孔的类型

草坪的长期使用因为人员践踏、机械镇压、浇水和降雨等会使坪床上层 5~8 cm 的土壤紧实、硬化，同时剪草时遗留的草屑会影响草坪的自身代谢，使坪床层排水不良，造成草坪草根部严重缺氧，草坪草生命力低下，打孔则可一定程度上解决这一问题。

草坪打孔作业可分为多种类型。按打孔深度可分为浅层打孔（5~8 cm）和深层打孔（20~30 cm）；按打孔方式可分为实心打孔和空心打孔。实心打孔指采用实心锥体插入草坪，达到打孔通气透水目的的作业。使用实心锥体打孔又称穿刺，可使用人工鞋式穿刺机、手动式穿刺机或机械式穿刺机。机械式穿刺机是使用实心棒打孔的草坪专用打孔机具。空心打孔指采用空心的尖齿在草坪土壤上打孔并挖出土芯的作业，也称打孔取芯土或除芯土，空心打孔一般也采用草坪专用打孔机具进行。实心打孔（穿刺）深度一般控制在 3 cm 以内；空心打孔深度一般为 5~20 cm。

（2）打孔的作用

草坪打孔具有如下有益作用：

①提高草坪排灌效果：草坪打孔以后，不仅可改善施肥效应，使肥料养分能够直接进入土壤一定的深度，利于草坪草根系吸收；而且，灌溉时又可使水迅速灌入土壤深部，对于板结、紧实的草坪土壤则可大大提高灌溉的效果。

打孔提高草坪的排水性有两个作用：一个是草坪打孔以后，可以迅速排干地表降雨或灌溉的积水，补充到草坪表层以下土壤。草坪表面积水的迅速排干，可以有效地提高草坪的抗病害能力；因降雨后无积水运动场草坪就可以打球，因此，打孔可提高高尔夫球场等运动场草坪的使用效率，对于运动场草坪尤显重要。另一个是打孔可有效地促进土壤内空气的流通与交换，有利于改善土壤含水量较高草坪的土壤或疏水土壤的变湿特性，加速长期潮湿土壤的干燥，提高表面紧实或枯枝落叶层过厚土壤的渗透能力，增加草坪土壤的透水性。

②增加草坪土壤的透气性：由于打孔可促进土壤内的气体交换，有利于释放出土壤中的有害气体，从而可有效提高土壤内好氧微生物的活动，加速有机残渣的分解速度，促进草坪草根系的生长和养分吸收作用，提高土壤阳离子的交换能力，并改善土壤对养分、水分的保持力。同时，由于打孔导致水分下渗，可有效促使草坪草根系向土壤深处伸长，从而提高草坪的抗旱性。

③提供草坪新的蘖生、匍匐空间：由于打孔取出新土，或切断老根，都可促使草坪草根系的生长和新的萌生芽的生长，从而造成草坪生长空间的变化，可以有效地使老化的草坪得到修复或更新。

草坪打孔的负面作用有：暂时破坏了草坪表面的完整性，使草地外观短时受到影响；由于露出了草坪土壤层，会造成局部草坪草的脱水；当条件适合杂草种子萌芽时，可能有利于杂草发芽，提升了杂草侵入的机遇；还可提升地老虎等害虫入侵草坪的发生几率。

（3）打孔的时间

草坪打孔的时间选择一般应根据如下不同因素选择合适的草坪打孔时间。

①根据草坪生育状况选择合适草坪打孔时间　一般情况下，草坪打孔时间都应该选择在草坪生长茂盛，生长条件良好、生长速度快的情况下，进行打孔作业。这样便于草坪迅速恢复被破坏的外观。应绝对避免在草坪休眠期进行打孔作业。如果在草坪生长代谢缓慢的季节

或在休眠期给草坪打孔，则常会得不到预计的效果。不仅草坪外观恢复慢，甚至会由于增加了土壤的表面积和通风条件，而使草坪局部脱水，造成人为伤害。

②根据草坪草种选择合适草坪打孔时间　冷季型草坪草草坪在早春和夏末秋初进行打孔较为合适，此时草坪由休眠期转入高速生长期，能迅速恢复长势和外观，增加密度，达到打孔的效果。暖季型草坪草草坪应在草坪返青以后，将进入快速生长期进行打孔。具体时间应视不同的草坪草种和生长地域而定，大体应在6月下旬到7月上旬较为合适。

③根据草坪用途选择合适草坪打孔时间　不同用途草坪的合适打孔时间应有差别。一般绿地草坪的打孔作业可以每年一次或隔年一次，打孔数量一般在 $80 \sim 100$ 个/m^2 即可。其打孔作业的主要目的是为了使草坪恢复长势。一般绿地草坪养护较粗放，修剪高度也较高，在草坪使用两年以上时，会形成秃斑、草垫层，会出现整体退化、衰老现象；公园等开放性草坪也常因游人践踏而使土壤紧实，需要进行打孔通气；对于退化严重或密度降低的林下草坪，也常借打孔作业进行补播草种，可以恢复草坪密度和生机。一般绿地草坪进行打孔作业时，打完孔一般不将芯土清走，而用拖网拖碎，还原于草坪土壤中。然后结合进行施肥和灌溉浇水，很少进行表施砂土作业。只要草坪不脱水，可很快达到预期效果。

高尔夫球场的短草区、其他运动场草坪进行打孔作业时，一般面积较大，要分段分区进行，打完一段即紧跟着补水。

高尔夫球场果岭草坪进行打孔作业时，要安排好合适的时间，要给正常使用前留出足够的恢复时间。果岭打孔的芯土必须清走，并结合镇压、剪草铺沙等措施，及时补沙，确保草坪面的平整与光滑，使草坪尽可能快的达到使用质量。由于果岭草坪根系较浅，一般给果岭打孔时打孔深度也可较浅些，但对于使用时间较久的果岭，草坪土壤极易出现一层黑色的厌氧层，影响草坪的透水透气性。有此种情况发生时，应尽可能将孔穿透厌氧层，以达到改善坪床条件的目的。必要时还可以加施石灰等物质，调节酸碱度，减少厌氧层带来的危害。

④根据天气选择合适草坪打孔时间　盛夏干旱炎热的白天进行打孔后，会使匍匐翦股颖草坪局部产生严重的脱水现象。出于保水的需要，通常选择土地和水分状况较好的天气进行打孔作业。在一天当中，清晨打孔或下午打孔较为合适，打完孔马上进行补水灌溉，可有效地防止草坪脱水受害，尽可能避免在正午给草坪打孔。

（4）打孔机械

草坪打孔机械设备很多，一般可分为手工打孔机和动力打孔机2种类型。手工打孔机可用简易的实心锥体叉或打孔器对小面积草坪进行打孔作业，也可用于树根附近、花坛周围及运动场和球门柱周围等动力打孔机作业不到的草坪打孔作业。

动力打孔机主要有3种类型：一是旋转式打孔机，利用圆滚上的针、齿或铲，在草坪上滚动时压入土壤，从而达到打孔的目的。这类打孔机具有开放铲式空心尖齿，其优点是工作速度快，对草坪表面的破坏小，但是打孔深度却比垂直运动打孔机浅。二是垂直打孔机，利用机械力，使垂直于地表的空心管尖齿或实心打孔棒刺入土壤，从而达到打孔效果。垂直打孔机的优点是对草坪表面造成的破坏小，打孔较深，可达 $8 \sim 10$ cm，效果较好，但工作效率较低。三是注水打孔机，它利用高压将水柱注入土壤中，冲出一个个孔穴，达到松软草坪土壤的目的。该种打孔机不破坏草坪表面结构，不会使地面泥土飞溅，对草坪表面不产生有害的影响，而且工作效率高，可节省打孔作业时间；但机械价格较贵，使用与维护费用也较高。

　　市场上不同型号和品牌的打孔机很多，在购买打孔机时，应根据自身使用量等决定购买打孔机的型号。购买打孔机应该了解的主要参数是：①动力配置。动力太低的发动机，其工作效率必然也低，如果过度使用还会降低机器的使用寿命，所以强劲的动力配置是必须考虑的参数；②打孔针的规格；③打孔深度；④整机质量、打孔幅宽、单位面积打孔数、工作速度、工作效率等。

　　一般绿地草坪养护管理，可以选用较小型打孔机，以方便各种不规则形状的小块草坪打孔作业；专业性运动场、高尔夫球场草坪养护管理，应选择幅宽较大的打孔机，以保证必要的工作效率。

　　（5）打孔后的处理

　　草坪打孔后在草坪表面留下一系列小洞，并产生许多芯土，还可造成部分草坪草植株伤害，需要做好打孔后的处理工作，以减少打孔对草坪的负面效应。

　　①施肥和灌溉　打孔之后应立即进行表面施肥和灌溉，能有效防止草坪草的脱水。为确保无意外发生，大面积草坪打孔一定要分区、分块进行，以便及时补水得到保证。

　　②处理芯土　草坪打孔后的芯土可清除草坪外或保留在草坪内。清除芯土作业可在草坪表面留下一系列的小洞，可能因践踏、灌溉以及土壤的横向流动，洞会迅速被充填，从而缩短了打孔发挥作用的期限。为了提高打孔效果，通常在打孔后清除芯土作业要结合表施砂土或肥料和营养土进行，并尽快完成表施物质作业，否则打孔后由于土壤挤压和草坪草生长等因素，会使孔很快被填满，从而降低打孔的作用。当这些物质填满孔洞时，土壤透气性的有效时间延长，同时有利草坪枯叶层的分解。若表施物质是肥料时，还可提高石灰和磷等高度不流动肥料在土壤中的水平和垂直流动性，加快肥料在土壤中的溶解速度，提高肥料的速效性，防止氮肥的挥发损失。打孔后的芯土一定要搂干净，以免灌溉后水、芯土和草坪草黏在一起，既影响景观又容易引发病害和杂草的发生。

　　草坪打孔后芯土不清除时，需在恰当的时间内用拖网拖平，拖散回到草坪，防止芯土变干或过湿时作业，产生不利影响。打孔结合施肥和补播作业时，应在打完孔后即刻进行，然后再拖平、灌溉以利于肥粒、种子滚入孔中，达到预定深度的土壤。

　　（6）打孔的注意事项

　　为了充分发挥草坪打孔的有利作用，避免或减少打孔的负面效应，应着重注意如下事项。

　　①注意安全使用机械　草坪打孔作业前，必须要清除草坪内的杂物，如砖、石、树枝、树根、钢筋、碎布、塑料瓶等。这些杂物往往会造成打孔针的损毁。在打孔作业前后都应仔细检查打孔针的情况，严重磨损及损坏的要进行更新，否则可能打不到预期的深度；空心式打孔针边缘不锋利时，也会影响打孔质量。

　　②注意适宜土壤湿度打孔　草坪打孔作业时，土壤过干和过湿都有不利影响。土壤太干时打孔，土壤硬度大，打孔机很难打到足够深度，而且打孔后极易造成草坪失水，形成萎蔫甚至局部死亡。另外在干硬的土地作业，阻抗力增加，会加大对机器的磨损度或导致震动力损毁，对打孔机的使用寿命也有不良影响。土壤过湿时打孔，打出的孔洞会形成一个光滑的洞壁，影响打孔的通气透水效果，不利于草坪的生长。特别是当土壤黏重时，光滑的洞壁干燥后会形成一个坚硬的壳，极不易恢复。另外，如使用空心打孔针，过湿的土壤不能将针孔里的土柱顶出，会使空心针失去作用，变为实心的叉。而实心打孔针对土壤的挤压作用会使

洞壁的壳更加坚硬，因而对草坪不利。过干过湿时打孔作业还会影响打孔后的拖平作业，打出的芯土柱需要清除草坪。否则，如将芯土拖散铺散在草坪上，土柱过干时要么拖网难以将其粉碎；要么会对草叶形成磨损。土柱过湿时，则有可能将拖网黏糊住，或使土壤黏在草叶上，影响草坪正常呼吸和光合作用，最终影响草坪景观。

③注意制订适宜的打孔作业标准　草坪打孔作业标准决定打孔效果的好坏。因此，打孔作业必须考虑打孔的深浅和密度等作业标准。需要根据实际情况制订相应打孔作业标准，如果草坪土壤存在厌氧层时，打孔浅的影响可表现得尤为明显，它可使草根浅化，降低草坪的抗逆性。人工打孔器、打孔叉、实心打孔时，如果打孔数量不足，不仅收不到打孔通气的效果，还会导致土壤因挤压而变紧实，使下层土壤板结的现象，影响草坪的生长。打孔数量较多的情况下，虽然也存在土壤横向挤压的现象，但由于打孔数量大，可造成整个土壤层的松动，从而加强了土壤的透气性和透水性，达到了草坪打孔的目的。单位面积的打孔数量过大，有时也可产生危害，其危害是否发生或严重与否与打孔时间、草坪草种、草坪长势、打孔以后的养护措施是否到位等密切相关。打孔数量过多对草坪形成很大的破坏，极易失水受旱，如果又处于草坪生长较慢的季节，会延长草坪恢复时间。有时打孔的目的是为了改良坪床，要连续打几次孔进行调整。过于频繁的打孔作业，超出草坪自我修复能力时，也会使草坪质量下降，产生不利影响。打孔作业标准的制定需要草坪管理者根据草坪的实际状态、目的和经验来制订切实可行的方案。

④注意选择合适的草坪打孔时间与打孔地段　选择合适的打孔时间是草坪打孔作业成功的关键。草坪打孔作业宜在草坪草生长茂盛的良好条件下进行，不宜在干旱条件下进行，否则易导致草坪严重脱水。打孔应与灌溉、施肥、补播等措施配合进行，可获得最佳效果。暖季型草坪打孔作业由于一般在初夏进行。此时温度较高，更易引起失水，要特别注意灌溉补水。有许多暖季型草坪草有匍匐茎和根状茎，草坪打孔打出的土柱里，多含有切断的茎节，是很好的草坪营养繁殖体。可将芯土柱收集，平铺在待建草坪的坪床上，拖平、压实、浇水保持湿润，过一段时间就会形成均匀的草坪。

有时同一块草坪不同地段草坪的生育状况也不相同，需要挑选同一块草坪的部分地段进行打孔作业。一般选择草坪明显致密、絮结的部分地段进行打孔，如降水后有积水处；干旱时草坪草生长不正常迅速变灰暗处；苔藓蔓生处；因重压而出现秃班处；杂草繁茂处等。此外，相同草坪每次打孔作业的主要目的也不尽相同，应根据打孔作业要解决的主要矛盾，进行合理的打孔作业设计，配合不同的养护辅助措施，实现预期的效果。

4.4.2.2　划破

划破草皮是指借助安装在草坪划条机重型圆筒上的圆盘或一系列"V"形刀片刺入草皮7~10 cm，以改良草坪通气、透水性能的作业。穿刺与划破相似，只是深度在3 cm以内。

划破操作中没有土条带出，不存在将土壤移出草坪过程，仅是局部犁松式的切断草根，所以对草坪损坏较小，草坪恢复也较快；划破可在仲夏或其他不便进行除芯土打孔作业的时间进行，不会引起草坪草严重脱水，对于表层土壤板结严重的草坪更有效，一般可每周进行一次；在匍匐型草坪上划破还能切断匍匐茎和根茎，有助于新枝的生长和发育。

4.4.2.3　垂直刈割

垂直刈割又称垂直修剪，是指利用安装在垂直刈割机(草坪切根机)高速旋转轴上的刀片，对草坪进行近地表垂直方向切割，以清除草坪表面有机质或改善草坪表层通透性为目的的一种草坪通气作业措施。

一般认为垂直刈割比划破草坪的深度较浅，通气效果较划破更轻微，适用于不太需要打孔强刺激的草坪。一般在草坪春季返青前进行垂直刈割，可以使草坪返青时间提前，并有较好的外观质量。垂直刈割可视为一种较为常规的草坪养护管理措施。

刀片在垂直刈割机的安装分上、中、下与底部等 4 个部位，可根据需要进行调整，以实现不同程度的破坏和刺激。当刀片安装在上位时，剪切深度设置为刚好接触草坪时，可切去地上匍匐茎和叶片，减少果岭上的纹理，提高草坪的平整性；当刀片处于中位时，可破碎打孔留下的芯土柱，使土壤重新掺和，有助于有机质分解；当刀片处于下位时，多数积累的枯草层被移走，需要即时清除梳出的大量有机质，特别是在炎热的天气下；当刀片处于底部，深度达到枯草层以下时，则能极大地改善表层土壤的通透性。

垂直刈割的最适宜时间是在草坪草生长旺盛、大气胁迫小，恢复力强的季节进行。在温带地区，与打孔操作一样，冷季型草坪适宜夏末秋初进行垂直刈割；暖季型草坪适宜春末夏初进行垂直刈割。

草坪通气除上述打孔、划破和垂直刈割等措施外，还可采用梳草（松耙）等措施，关于草坪的梳草通气方法将在"4.5.4 枯草层与梳草"进行叙述。

4.4.3　滚压

滚压又称镇压，是指用压辊在草坪上移动，使草坪草的顶芽轻度受伤，生长延缓或暂停，促进其地下部分生长，形成草坪网络层的作业。

4.4.3.1　滚压的作用

（1）促进草坪草的生长发育

滚压使草坪草的顶芽轻度受伤，生长缓慢，促进侧芽活动，增加草坪草分蘖或分枝；滚压使草坪草匍匐茎的浮起受抑制，促进匍匐茎生长，节间变短，草坪密度增加；生长季滚压，能使叶丛紧密而平整，抑制杂草入侵；草坪建植采用草皮铺植后滚压，使草坪草根部与坪床土紧密结合，易于吸收水分和产生新根，有利草坪的定植；草坪种植采用播种后滚压，能起到平整坪床、改善种子与土壤接触的作用，提高种子萌发的整齐度；起草皮前滚压，可获得厚度一致的草皮，能降低草皮重量，节约运输费用。

（2）修饰地面，改善草坪景观

草坪土壤表层因冬、春季节的冻胀和融化造成草坪土面凹凸不平，表层过于疏松，影响草坪草根与土壤的紧密接触；或因蚯蚓、蚂蚁等昆虫的活动而出现土堆，影响景观，通过滚压可使其得到有效改善。对运动草坪滚压可增加场地硬度，使场地平坦，提高草坪的使用价值。不同走向的滚压还可形成草坪花纹，提高草坪的景观效果。

4.4.3.2　滚压的方法

（1）滚压机的选择

草坪滚压可用人力滚筒或机械牵引滚筒进行。滚筒为空心的铁轮，筒内加水加沙，可调节滚轮的质量。一般人推滚轮重为 60～200 kg；机动滚轮为 80～500 kg。用于坪床修整滚轮以 200 kg 为宜，幼坪则以 50～60 kg 为宜。

（2）滚压时间

草坪滚压宜在草坪生长季进行，但通常要视具体情况而定。观赏草坪在春季至夏季滚压为好；有特殊用途的则在建坪后不久即进行滚压；降霜期、早春修剪时期也可进行滚压。土壤黏重、水分过多时，可在草坪草生长旺盛时进行。

（3）滚压注意事项

滚压一定不能过度。注意滚压时间。草坪弱小时不宜滚压；由于土壤潮湿时滚压，特别是采用重型滚压器会限制新根系向土层伸展，所以在土壤黏重、太干或太湿时不宜滚压。滚压可结合修剪、表施细土、灌溉等作业进行。如运动场草坪比赛前要进行修剪、灌水、滚压，可通过不同走向滚压，使草坪草叶反光，形成各种形状的花纹。

4.4.4　表施细土

表施细土又称垫土、覆土，指将肥土、有机质和沙适当混合，均匀施入草坪床土表面的作业。

草坪在使用过程中，床土土壤自然地会有不同程度的减少，有的地方甚至凹凸不平；有的草坪草在生长过程中匍匐茎裸露。为了促进草坪草正常生长，保证草坪场地平坦，表施细土显然十分重要。

4.4.4.1　表施细土的作用

表施细土具有如下作用：

表施细土对凹凸不平的草坪坪床，可起填低拉平坪面的作用。表施细土能促进草坪草直立茎基部不定芽和匍匐茎的再生和生长。表施细土能防止草坪草的徒长，并有利于草坪的更新。对大量产生匍匐枝的草坪，先用机具进行高密度的划破后，再表施细土，有利于清除严重的表面絮结。表施细土还可用于草坪建植中覆盖种子、草茎等繁殖材料；也可用于建成草坪的地面平整、促进受伤或生病草坪的恢复、细弱草坪越冬保护及作为改变不良草坪生长的介质等。表施细土是控制枯草层的一种方法。覆土后用金属拖网或其他机具将土混入枯草层，可改善枯草层的保水和其他条件，并加强微生物活动达到加速枯草层分解的目的。覆土比垂直修剪可更有效地控制枯草层，但花费较高，主要用于草坪球场的球洞区。

4.4.4.2　表施细土的时间与数量

表施细土时间一般在草坪草分蘖期和生长期进行最好。冷季型草坪宜在春季 3~6 月和秋季 10~11 月进行；暖季型草坪宜在春末至夏初 4~7 月和初秋 9 月进行。

表施细土数量与次数应根据草坪利用目的和草坪草生育特点不同而异。一般草坪通常一年 1 次；运动场草坪则需要 2~3 次/年。普通草坪表施细土 1 次施用量可大，施用次数可减少；运动场草坪则需要少量多次；对于具有大量匍匐枝的匍匐翦股颖等高档草坪则是经常性的作业，应采取少量多次的表施细土方法。

表施细土覆土厚度取决于表施细土次数和枯草层厚度，每立方米砂土可在 1000m² 的草坪覆土约 1mm 厚，如覆土有平整草坪凹凸不平的目的，用量可大些。但过厚覆土会阻碍草坪草叶片接受阳光，影响生长。控制枯草层发展的典型覆土厚度为 0.15cm。

4.4.4.3　表施细土的材料

表施细土的材料可以是沙、有机质、沃土、土壤等材料的混合物，也可以单一沙子进行专门的覆沙作业。表施细土的材料多用含沙 80% 的砂土或纯沙。

表施细土的有机质应是腐熟的有机质或良好的泥炭土；所采用的沙子应是质地均一，颗粒细小，不含碱的河沙或山沙；沃土应是经腐熟过筛（$\Phi = 0.6cm$）的土壤。表施细土材料要求不含杂草种子、病菌、害虫等有害物质，其所含肥料成分较低，水分较少。

4.4.4.4　表施细土的技术要点

在未施肥的心土、页岩、沙地等非常贫瘠的土壤建植草坪时，在表层覆盖一层沃土极其有效。表施细土一次覆土厚度不宜超过 0.5 cm。表施细土后，就用金属刷将地拖平，以使土壤均匀落到草坪表层。当草坪表层由于不规则定植，使新建植草坪极不均一时，一次或多次表施细土可填补新建植草坪的下陷部分。由能产生大量匍匐茎的草坪草种建植的草坪，定期表施细土有利于消除严重的表面絮结。

表施细土将形成草坪表面的新耕作层，表施细土土壤应具备如下性质：应与草坪床土无多大差异；肥料成分含量较低；水分含量较少；不含杂草种子、病菌、害虫等有害物质。应是用筛筛过的土壤；为具有沙、有机物和土壤改良材料的混合物。

表施细土前必须先对草坪进行修剪，施肥在表施细土前进行。表施细土材料应干燥并过筛；表施细土后必须用金属刷等拖平。

4.4.5　交播

交播（over seeding）或称复播或补播，又称追播或冬季补播或盖播。广义的交播是指用单种或多种草坪草种播种在已成坪草坪上的一种交替建坪方式；狭义的交播是指在秋季快要泛黄的暖季型草坪上播入冷季型草坪草种，从而使暖季型草坪草冬季休眠时仍可获得一个具有良好草坪功效与四季常青的草坪。

4.4.5.1　交播的作用与特点

20 世纪 60 年代开始，美国就对草坪冬季交播技术进行了大量研究。近年来我国南方地区也已经在运动场草坪、高档绿化草坪中大面积采用交播技术建植常绿草坪。

目前我国长江中下游的草坪过渡地带采用单一的草坪草建坪难达到常绿的目的。冷季型草坪草在 4～6 月高温多雨季节易发病，在 7～8 月高温干旱季节又会失水枯黄和死亡。因此，该地域以暖季型草坪草为主，而暖季型草坪草由于需要的生长发育温度较高，低温条件下往往茎叶枯死，芽休眠，呈现出冬季枯黄，除热带地区外，暖季型草坪草一般均不能达到四季常绿，严重影响草坪景观和城市形象。因此，在暖季型草坪冬季交播冷季型草坪草可以达到四季常绿的目的。

交播是快速改良和延长草坪绿期的一种有效方法，它具有许多优点：

①暖季型草坪通过交播冷季型草坪草可以在广大的地域范围解决暖季型草坪草冬季休眠而枯黄的缺陷，给绿化与运动场草坪提供一个良好的景观效果和运动功效。各种园林绿地草坪和运动场草坪的暖季型草坪草因寒冷的气候及生物学因素相互作用而在秋、冬和春季叶片褪绿、变褐、营养生长受阻，使得草坪的景观价值和利用价值大大下降。而且，暖季型草坪草的休眠期正处在高尔夫运动场等运动场草坪的高峰利用时节，这时如果运动场草坪一片枯黄，会影响运动员的心情和技能的发挥。因此，交播对南方暖季型草坪养护管理具有特别重要的作用。

②暖季型草坪通过交播冷季型草坪草还可减轻冬季打球对休眠暖季型草坪草的践踏与伤害，有利于暖季型草坪翌年春季的正常返青和生长。

③暖季型草坪通过交播冷季型草坪草既可保持草坪的良好景观与利用效果，还可利用暖季型草坪草节水、耐低养护、适应夏季高温气候等许多优点，降低草坪养护管理成本。正是

因为暖季型草坪草的这些优点，它们才成为热带和亚热带地区草坪建植的首先草种。

但草坪交播技术也存在如下不足：交播必须每年都要播种；交播技术要求较高，较难掌握；交播可使草坪养护管理成本增加，在实际运用中很难大面积推广。

4.4.5.2　交播种植材料的选择

交播种植材料的合理选择是交播技术成功的关键。

（1）交播材料的生物学特性

交播选用的冷季型草坪草种除必须具有一般草坪草的特性外，还应具备以下主要生物学特性：发芽率高，发芽快，出苗整齐，成坪迅速；能耐低修剪（留茬最低可达 0.5～0.6 cm）、耐践踏与机具滚压，能形成致密草坪平面，成坪后具有良好的弹性，冬季能保持良好密度和保持绿色；能与狗牙根等暖季型草坪草共同生存，不耐高温，夏季消亡过渡快；具有较强的抗病虫害能力，无其他草种混杂。

（2）交播材料的选择

交播材料通常选用冬季生长势强、成坪速度快；夏季自然消亡迅速的草坪草种。交播种植材料的具体选择原则如下。

①根据草坪类型选择合适的草坪交播材料　许多冷季型草坪草种都可用作暖季型草坪的交播材料，但应根据草坪类型选择合适的草坪草种。如黑麦草是交播的理想材料，出苗快而整齐，对外界有较强的适应能力，并且种子价格便宜。多年生黑麦草和一年生黑麦草都可用作交播材料，为防止影响草坪的均一性，一般不会采用两种黑麦草混播作为交播材料。由于多年生黑麦草的坪用效果比一年生黑麦草的好，尽管多年生黑麦草可能会因其多年生特性翌年有些残存植株恢复生长影响草坪一致性，但是，养护管理水平高的草坪运动场等大多采用多年生黑麦草作为交播草种。同时，应选择叶片纤细，成坪后具有良好弹性的多年生黑麦草品种作为交播材料。

②根据草坪功能与气候特点选择合适的草坪交播材料　同一块草坪的不同区域因其草坪功能差异也常选择不同的草坪草种或品种。如根据我国华东、华中及华南地区的气候特点和近年来该地区多个球场的交播实践，结合国外相同气候带，特别是美国高尔夫球场交播的成功经验，高尔夫果岭草坪交播草种多选用普通早熟禾。普通早熟禾具有发芽快、质地细腻和耐低修剪的特性，常用品种有过渡性好的塞伯 2 号（Sabre II）等；球道、发球台用多年生黑麦草交播较合适，常用品种有夜影（Evening Shade）、魅力（Pizzazz）以及英斯派（Inspire）等品种；有些较为粗放的草坪，如高尔夫高草区或景观绿地草坪，可选用一年生黑麦草作为交播草种，常用品种有泰德（Ted）、海湾（Gulf）等。此外，为了使高尔夫球道草坪冬季增添绿色景观，有时也采用匍匐翦股颖、草地早熟禾和紫羊茅等冷季型草坪草种交播，但这些冷季型草坪草种翌年夏季乃可继续生存下去，无法消除，因此，这些草坪草种只能在草坪功能要求标准不高、养护管理粗放的高尔夫球道与绿化草坪上使用。

③根据草坪草种子费用选择合适的草坪交播材料　如果交播草坪面积较大，需要草坪草种子量较大，为降低草坪交播种子费用，常选用多年生黑麦草和一年生黑麦草作为暖季型草坪的交播材料。这是因为普通多年生黑麦草和一年生黑麦草的种子价格低、发芽快，草坪质量也好的缘故。如果高尔夫球场草坪的投资较高，则可考虑选择一种或多种改良的草坪型多年生黑麦草和细羊茅等草坪草种进行交播。

4.4.5.3　交播的播种技术

（1）交播前的坪床准备

为使交播草坪草顺利出苗，交播前应做好准备工作。交播前一个月应适当减少暖季型草坪的用肥、用水量，控制其生长势，减少对交播草坪草的竞争；高尔夫果岭草坪要进行交叉垂直切割，清理枯草层后均匀覆细沙，减少枯草层厚度，从而有利于交播草坪草种种子与土壤充分接触；高尔夫球道、发球台和长草区草坪也需覆沙，并在暖季型草坪草停止生长时适当降低修剪高度，减少枯草层，增加交播后冷季型草坪草的绿色效果。同时，在最佳的养护条件下进行交播作业非常有利于暖季型休眠草坪翌年的返青。

（2）交播时间

适宜的交播时间不仅有利于暖季型草坪交播的冷季型草坪草生长，而且对暖季型草坪冬季休眠暖季型草坪草开春后的生长也有利。选择适宜的交播播种时间是交播技术最关键的环节，交播时间过早，暖季型草坪草还未进入休眠，对交播冷季型草坪草种的发芽及生长具有强烈的抑制作用，不仅形成草坪草种间竞争，还易滋生病害；交播时间过晚，气温太低导致冷季型草坪草种发芽慢，不能及时成坪，践踏伤害大，达不到交播目的。

暖季型草坪草一般在霜降或者气温低于 10℃ 时枯黄，因而交播多在初霜前 20 ~ 30 d 或表土 10 cm 深处温度降至 20℃ 时进行。我国华东、华中地区一般在 10 月中旬至 11 月上旬完成最佳，华南地区稍迟。

（3）交播播种量

由于需要交播冷季草坪草种迅速成坪，无充足时间让其在冬季前分蘖，所以交播播种量较裸地草坪建植的播种量大。同时，随交播播种量增加，草坪群落中交播冷季型草坪草种的密度、盖度和频度都不同程度地增加；暖季型草坪草的密度、盖度和频度却大幅度地减少。交播播种量过大，对翌年暖季型草坪的成坪有强烈的抑制作用，使其夏季草坪的坪用功能大大降低。不仅给翌年换草带来麻烦，还会削弱草坪长势，浪费草种，修剪频率和病、虫害防治成本也相应增加；而交播播种量过低，则达不到交播的目的与效果。因此，如何确定交播所需确切的播种量成为影响交播成败的重要因素之一。

交播播种量的大小可根据草坪用途和草坪草种类型确定。普通园林绿化草坪的交播播种量：多年生黑麦草为 20 ~ 30 g/m^2；高羊茅为 10 g/m^2。高尔夫球场草坪各区域具体播种量如下：果岭，普通早熟禾 35 ~ 45 g/m^2；球道、发球台，多年生黑麦草 30 ~ 50 g/m^2；高草区，一年生黑麦草 30 ~ 50 g/m^2。另外，还可根据草坪的实际情况和自然因素来调整交播播种量。此外，有些草坪交播采用不同冷季型草坪草进行混播，可达成不同草种优势互补，从而可达到更好的交播效果。

（4）交播播种方法

交播播种方法总体要求为播种均匀，有利发芽出苗。无风时播种效果最好。高尔夫球场果岭草坪一般用旋转式手推播种机以"米"字形式播 4 遍，至均匀为止；球道草坪用拖拉机牵引直落式播种机播种，并做好标记，以防漏播；球道边缘和发球台草坪一起播种，以防草种落入长草区；发球台和球道边缘用手推直落式播种机播种。

播种后用钢网将种子刷入草坪，使种子充分与草坪下部土壤有良好的接触，以利发芽。但要注意拖刷不要将草种带出交播区域。

4.4.5.4　交播的养护管理

交播播种后应进行如下各种养护管理。

（1）覆沙压土

交播播种后应立即覆沙，然后进行镇压或拖刷，使种子和坪床土壤充分接触，以促进种子发芽速度和提高种子发芽率，从而加快成坪速度。覆沙厚度要根据种子大小确定，黑麦草种子较大，覆沙厚度以 1~2 mm 为宜；普通早熟禾种子较小，覆沙层为 0.5~1 mm 即可。

（2）浇灌

交播播种后的种子萌发及苗期必须保持坪床湿润，这是交播成功的基本保障之一。用雾化状喷头浇水，遵循少量多次的浇水原则使覆盖种子的沙保持湿润，但不能形成径流；同时，因交播时气温开始下降，浇水不宜过多，否则容易导致幼苗发生病害。当冷季型草坪草的根长到 2 cm 前，每天必须轻度的浇水；成坪后逐渐减少喷灌次数，以利草坪草根系的生长。

（3）修剪

交播播种后成坪初期的修剪非常重要。出苗 1~2 周后，可根据需要分几次将修剪高度降至各类型草坪或草坪区域的使用要求。黑麦草的留茬高度可适当高些；普通早熟禾可低于10 mm。修剪在叶片干燥时进行，并保持刀片锋利，以防止幼苗受到机械刀具的损伤。此外，最初的修剪应不带集草箱，以免将交播的种子带走。

（4）施肥

交播播种后的冷季草坪草在冬前迅速成坪，对氮素敏感。一般发芽后 2 周即可追肥，以增加幼苗的生长势和抗病害的能力。但要注意施肥量不宜过大，否则可引起幼苗抗病能力下降或灼伤。同时也不可忽视施用钾肥，适当施用钾肥对翌年草坪草过渡期冷季型与暖季型草坪草的正常交替至关重要。

（5）杂草防除与病害防治

冷季型草坪草对大多数萌前、萌后除草剂较敏感，特别是在幼苗阶段。此时用除草剂要选择好除草剂的类型，并控制好喷洒浓度。由于幼苗抵抗病害的能力十分脆弱，在冷、暖季草坪草共生的草坪上容易交叉发生一些病害，加上养护管理措施可削弱或增强不同草坪草的生长势，此时要注意病害防治，特别要预防杂交狗牙根的春季死斑病。幼苗期病害防治药物浓度不能太高，以免造成药物伤害。

（6）春季过渡期的养护管理

交播草坪春季过渡（transition）是一个循序渐进的过程。随着气温回升，冷季型草坪草逐渐衰退而暖季型草坪草开始恢复，此时草坪养护管理非常重要，并应开始为交替做准备，否则将严重影响草坪品质。

①气温开始回升初期，即暖季型草坪草返青前，冷季型草坪草旺盛生长时应进行多次低修剪，并配合梳草，适当抑制冷季型草坪草生长，减少对暖季型草坪草的遮蔽，让暖季型草坪草得到更多阳光，利于快速返青，加速过渡。

②暖季型草坪草返青后，可减少浇水，使冷季型草坪草因干旱而逐渐衰退，并有利于暖季型草坪草根系的生长。当暖季型草坪草开始快速生长时适当提高留茬高度，给暖季型草坪草提供生长空间。

③春季多进行空心打孔和梳草，促进暖季型草坪草根系的生长以及冷季型草坪草的衰

退。4月初应进行打孔通气、施肥。通过频繁修剪、适度干旱使冷季型草坪草产生生理胁迫，同时促进暖季型草坪草出苗。草坪交替时须及时打孔、覆沙，同时施以重肥，使暖季型草坪草能尽快恢复。

4.4.5.5　反交播

反交播是与前述交播（狭义的交播）相对的概念，它是指春夏季在冷季型草坪上交播暖季型草坪草种，以解决冷季型草坪草夏季生长困难、养护费用高的问题。

（1）反交播的作用

近年人们通过实践发现，不但暖季型草坪冬季交播多年生黑麦草等冷季型草坪草种可以取得较好成效，对于老化暖季型草坪与有夏季草坪间歇过渡期的暖季型草坪交播冷季型草坪草的草坪及冷季型草坪也可以利用春夏季交播优质暖季型草坪草的方法，即反交播解决这类草坪的更新及季节过渡问题。

①有利冷季型草坪越夏　冷季型草坪大多是以多年生黑麦草或高羊茅等冷季型草坪草为主建植的草坪，由于冷季型草坪草喜温暖湿润及夏季凉爽的环境，抗寒、抗霜而不耐热，耐湿而不耐旱，所以难以承受南方地区的高温气候。在炎热夏季到来时，这类草坪大量枯萎死亡，严重影响该类草坪的正常利用。采用反交播则可有利冷季型草坪越夏。

②有利减少草坪间歇期　暖季型草坪实施冬季交播以后，发芽快、竞争力强的冷季型草坪草容易产生强烈的竞争，导致原有的暖季型草坪草种处于竞争劣势，生长减弱，老化加速，休眠期增长，翌年延迟返青，而多年生黑麦草等冷季型草坪草已经隐入幕后，使春夏过渡时期冷、暖季型草坪草保持绿色的交替中断。夏季交播优质狗牙根等暖季型草坪草种，既可以节约草坪养护开支，又能延长草坪使用寿命，在初夏时期与冷型草坪草形成良好的过渡，减少草坪间歇期，有利暖季型草坪交播黑麦草等冷季型草坪草的草坪以及老化暖季型草坪的初夏返青期的衔接。

（2）反交播作业流程

①反交播前的坪床处理　一是进行低修剪作业。留茬高度为1.0～2.0cm。通过大幅度降低留茬高度，尽可能减少枯草层，使种子能较好地与土壤接触；同时通过低修剪，破坏冷季型草坪草的生长点，削弱其竞争力。二是在目标草坪上喷施适量的植物生长延缓剂，控制现存草坪草的生长竞争能力。三是草坪应进行打孔处理，交叉打孔两次，打孔深度10cm左右，宜分散不宜集中。打孔一方面可促进草坪坪床透气，另一方面可有利新播种子易于与土壤接触，加速吸水萌发。打孔后应清理坪床，用拖耙或真空吸尘器清除草坪表面的枯枝和杂物，使坪床干净整洁。

②播种　选择优良的狗牙根、结缕草等暖季型草坪草种进行播种。播种时间一般选择气温达25～30℃时进行。因播种量大小直接影响草种发芽速度、出苗密度、成坪速度及草坪质量的好坏，因此要确定适宜的播种量。运动场草坪打球次数多、利用频繁的情况下，播种量应适当增大。高尔夫球场球道区草坪一般播种量为15～25g/m²，可采用播种机进行播种作业。为使播种更加均匀，可采用垂直交叉两次播种。

③播种后至出苗前管理　一是要进行覆沙和滚压。播种后按1cm厚度进行覆沙并拖平，然后进行滚压，使草籽更好地与土壤接触，提高发芽率。二是要进行封闭管理。播种完成以后要立即封闭播种区草坪，防止践踏影响种子发芽。对于仍开放的球场草坪，可用绳子将播种区围起来，球员可在其他地方击球。三是做好苗前管理。此阶段内的重点养护措施为浇水

与剪草。滚压完成后，需进行浇水作业。播种至出苗期间要保持足够的水分供应，以利种子萌发，使草坪快速成坪。浇水应少量多次，保证 2～3cm 土壤湿润即可，其目的是在不影响暖季型草坪草种萌发的前提下，利用水分限制冷季型草坪草生长；该时期内冷季型草坪草的留茬高度可提高至 2cm，利用其叶片遮挡一部分阳光，为暖季型草坪草种萌发提供一个较为阴湿的环境，从而提高出苗率。

④苗期管理　浇水：幼苗期前期少量多次，后期可适当减少浇水次数，增加每次浇水量，通过该措施可刺激幼苗根系生长，提高其抗逆性。修剪：苗期恢复 1.2cm 低修剪，尽可能多去掉冷季型草坪草的地上部分，以便暖季型草坪草的幼苗能够获得充足光照。剪草作业后尽量不使用或少使用草屑吸草机，因为幼苗根系较浅，吸草机的刷子很容易将幼苗带起。杂草防除：因播种前未进行萌前杂草处理，而暖季型草坪草如结缕草等的出苗期和幼苗期相对较长，因此，苗期杂草清除必须及时，以防杂草成害。病虫害防治：苗期应注意观察病虫害危害情况，定期防治，若有异常，需立即处理。使用农药时需防止对出苗造成不良影响。施肥：因结缕草等暖季型草坪草需肥量较低，原则上该段时期内不施肥。

⑤秋季过渡期管理　秋季来临时，狗牙根等暖季型草坪草很快就进入枯黄期，此时应降低利用频率及强度，9 月中旬进行最后一次修剪，留茬应高一些，同时对草坪进行施肥，既能延长绿期，同时又能促进其中的多年生黑麦草等冷季型草坪草旺盛生长，以形成一个良好的过渡。在此期间，不容忽视充足的灌水。

⑥注意事项　采用反交播方法更新草坪时应注意如下事项：应掌握好播种时间和播种量；播种后一定要有充足的水分供应，以保证种子正常萌发和迅速生长；播种后草坪必须加以保护，避免遭到践踏；应选择优良的草坪草品种进行反交播。

4.5　草坪其他养护管理措施

草坪养护管理除了前述主要措施外，还有以下一些养护管理措施，应因地制宜，依据草坪生长情况分别及时选用。

4.5.1　切边

切边（edging）是指用草坪修边机具将草坪绿地边缘切割整齐，以控制草坪根茎或匍匐茎等营养繁殖器官的越范围扩展，使之线条清晰，维持草坪景观效应，便于排水。

草坪切边是观赏草坪、高养护草坪，尤其是纪念碑、雕像等四周草坪的一项重要养护措施；通常草坪内种植的树木须在树穴周围与花坛边缘对草坪切边，并做成相应的种植区，以保持其线条清晰，增加景观效果。

4.5.1.1　切边机具

切边除用铁锹、刀具等进行手工作业外，大面积草坪切边作业通常均采用专门的草坪机械。用来对草坪边界进行修整、清理的机械叫草坪切边机或草坪修边机。不同类型的草坪切边机分别配置多种不同类型的切刀，如震动切刀、圆盘切刀、旋转切刀等。常用草坪切边机有手推式草坪切边机、随进式草坪切边机与便携式草坪切边机和拖拉机挂接式草坪切边机等。

草坪养护工作者可根据草坪养护目标、任务、投资与技术水平等分别选用不同类型的草坪切边机。

4.5.1.2 切边技术要点

为了达成优质的草坪切边效果，必须掌握如下切边技术要点。

①草坪切边通常在草坪生长旺季进行。此时由于植物生长的边际效应，草坪边缘的草坪草生长旺盛，需要切边以保持草坪形状。

②切边时必须斜切，深度通常为 2~4 cm，以切到草坪草的根部为止，以切断草根（茎），草坪边界外部的草株应一律清除；切边时注意切边机刀片不能与石头相撞，否则可造成切边机突然跳起，易引发事故。

③草坪的切边应该经常进行，因为风吹雨淋，切边处的深度会慢慢变浅，草坪草也会蔓延生长到切边之外，应将变浅的切边加深，并清除长至切边外的草株。

④切边可结合清除杂草，防除杂草侵入源；切边还可与修剪相结合，可在草坪上"绘制"各种图案。

4.5.2 湿润剂、着色剂和标线剂施用

4.5.2.1 湿润剂施用

湿润剂（wetting agents）是一种特别的有机高分子化合物表面活性剂。它可以减小液体与固体间的表面张力，从而可有效地增加液体对固体的湿润度。水等液体的表面张力是表面水向水体中心内聚的一种能力，含有湿润剂的水滴在疏水表面上扩散其附着面积，比一般水滴附着面积大，水滴表面与疏水固体表面的接触角变小，可增加水在土壤或其他生长介质上的湿润能力。

湿润剂可分为阴离子型、阳离子型和非离子型等 3 种类型。

草坪施用湿润剂不但能改善坪床土壤与水的可湿性，还能减少土壤水分的蒸发损失；在草坪草定植后能减少降雨后的地表径流量，减少土壤侵蚀，防止干旱和冻害的发生，提高土壤水分和养分的有效性，促进种子发芽和草坪草的生长发育；能减少露水发生，减轻霜冻危害；还能减少病害发生。但是，若草坪湿润剂施用量过多或在热胁迫或潮湿等异常天气下施用，湿润剂可能会粘附草坪草叶片而不能进入土壤，从而对草坪草造成灼伤危害。

由于不同草坪草对湿润剂的敏感性不同，即湿润剂危害性的大小随草坪草种不同而异，在新草坪上施用湿润剂时，首先要进行小面积试验，待试验成功后再大面积施用，以确保安全；其次，要注意施用量和施用时间，在施用后应和灌水等措施紧密结合。湿润剂用量随草坪土壤类型不同而有所不同，一般疏水性土壤的湿润剂施用浓度为 30~400mg/kg。此外，土壤微生物对湿润剂具有降解作用，土壤中的湿润剂作用浓度会逐渐降低，有效期也会缩短。因此，草坪每个生长季节均需施 2 次或更多次的湿润剂。

4.5.2.2 着色剂施用

草坪着色剂（turf colorant）又称草坪染色剂、草坪增绿剂，可分为不同用途和不同颜色的染料，有的草坪增绿剂采用全天然的原料制成，对人、野生动物、植被和环境高度安全。它可在休眠草坪上进行人工染色、装饰退化草坪和用于草坪标记等。另外，使用方便，可用于土壤和沙子混合物上，使之保持一种天然绿色；持续时间可长，可达 70~100d，使用后其自然的绿色不会被雨水冲洗掉；使用效果好，在进行一些重大活动、项目宣传的时候，使用增绿剂可以取得良好的景观效果；还可以人为调整配方，根据不同要求将不同地块的草坪染

成深浅不同的绿色甚至不同的颜色，从而使草坪形成不同的花纹和图案，更好地起到装饰和美化草坪的效果。

草坪着色剂具有多种用途：一是用作草坪着色的装饰材料，主要用于冬季休眠的暖季型草坪的染色，也可用于冬季越冬的冷季型草坪染色，还可用于其他各类因偶然缺肥、受病虫侵害或其他类型损伤而发黄的草坪以及新移植的草坪染色。如可将休眠变黄的草坪染成绿色，修饰染病或褪色的草坪，使草坪保持绿色；还可用于高尔夫球场和其他运动场草坪的比赛前装饰等。二是用于草坪标记。可把少量着色剂与农药或其他材料混合施用，可观察农药或其他材料的喷洒均匀程度。如草坪着色剂广泛应用于草坪建植喷播作业，将草坪着色剂与草坪草种子、纤维素、农药、肥料等混合进行喷射播种，可指示喷播的均匀性，还可避免漏喷。

草坪着色剂一般为蓝绿色到鲜绿色。草坪着色剂一般具备如下特点：无异味、无污染、无公害，对人、动物及植物高度安全，不含毒素、重金属或潜在的对草坪有害成分；经济实惠，使用方便；与各类型休眠和受损的草坪亲和性好，使草坪能很快恢复到接近自然的绿色；色相牢固，干燥后其自然的绿色不会被雨水冲洗掉；能与砂土亲和并将其染成绿色；可调整配方，将草坪染成各种颜色。

草坪着色剂的使用方法如下：

①应尽量喷洒均匀　喷施着色剂以前最好应将草坪修剪至所需高度，以减少着色剂的施用量，一般修剪高度为 4～5cm；要求喷雾器具压力足，喷雾雾点要细，喷洒要均匀一致；如果草坪草过于干燥，可提前半天喷水湿润；如草坪草上尘土较多，可先清除尘土后喷洒，尘土的存在会大大降低着色剂对草坪的着色能力；着色剂应在晴天无雨时喷洒，在草坪干燥、气温 6℃ 以上喷洒最好，环境温度越高，着色剂的着色效果越好。当环境温度低于 3℃ 时，建议不要使用；喷后不要立即浇水，若喷后 3h 被雨淋，需要重喷；喷洒时应倒退行进，避免因践踏而形成脚印。

②注意最佳施用量　每种着色剂使用不同类型草坪前，应进行小面积试验，以确定最佳施用量；使用着色剂时，可根据当时草坪的颜色和目的来调制着色剂的浓度，一般情况下，休眠期 1L 增绿着色剂可染 300～400m^2 草坪，其他情况可染 400～500m^2。用水稀释着色剂，一般休眠期草坪稀释 15～20 倍，其他情况稀释 30～40 倍，充分混合后喷洒。

③做好喷洒后管理工作　喷洒着色剂可装饰草坪，使其合乎人们要求，达成人们所需的特殊效果。但是，着色剂的染色增绿效果只能维持短暂时间，施用着色剂不能代替正常的草坪养护，优质的草坪盖度、整齐度等坪用质量效果更需良好的草坪养护管理保证。因此，草坪使用着色剂染色后，应继续按常规方式对草坪进行养护；如喷施着色剂不慎溅入眼中应立即用清水冲洗，并及时就医；如误喷在不需染色的物体上，应在其干燥之前用清水冲洗；避免将增绿剂喷在水泥、砖石或其他不需要颜色的物体上，否则难以清除；喷完后应立即清洗喷雾器，特别应注意清洗喷头和滤网。

4.5.2.3　标线剂施用

草坪标线剂可在运动场草坪上标识出明显的线或需要标识的符号和图案，可用于景观绿化草坪、高尔夫球场草坪等的养护和草皮生产。它是亲水性材料，其使用后容易清洁；不含有害化学药品、重金属和其他对草坪产生危害的成分；根据不同温度和湿度，使用后 30～60min 即可干燥附着；能使草坪亮丽，持续时间长；浓缩的产品可降低运输成本。草坪标线剂有白色、红色、金黄色、蓝色和黑色等类型。

草坪标线剂按规定比例使用，对草坪的蒸腾作用、呼吸作用和光合作用均没有影响，对草坪草和人畜也无害。草坪标线剂的附着能力取决于使用方法。草坪标线剂与水按 1：1.5 稀释，充分搅匀混合施用，可使用农用喷雾器喷施，用后将器具彻底清洗。使用草坪标线剂前，先将草坪修剪至理想高度。为了得到将草坪标线剂施于草坪上的最佳效果，必要时可先使用草坪增绿剂喷施于受损、休眠或已不显示自然绿色的草坪，然后再使用草坪标线剂。可优先选用白色颜料以获得好的效果，但应注意不得过量使用。

草坪标线剂应远离人畜，防止与人畜接触。如误入人的眼睛，可遵医嘱用大量清水冲洗。容器不能重复使用，使用结束后应立即用水彻底冲洗喷雾器、喷头和滤网，将容器内的颜料充分洗净。避免把草坪标线剂喷在水泥、砖石或其他不需要颜色的物体上；若意外喷上，在干燥之前用水清洗，否则，将可能产生永久的痕迹。

4.5.3　封育与保护体的设置

4.5.3.1　封育

草坪封育是指在一定时间内限制草坪的使用，使草坪草得以休养生息，恢复到良好状态的养护措施。封育的实质是开放草坪的计划利用。

草坪封育的主要目的如下：一是保证新建草坪正常成坪利用。新建草坪的草坪草处于幼嫩时期，如果过早、过重的践踏会对幼坪生长发育不利，此时应采取草坪封育措施，有利幼坪正常成坪后交付利用。二是防止成坪草坪或区域的过度践踏与高强度利用。草坪如果受到过度践踏、高强度使用就会迅速衰败退化。因此，对于人类频繁活动和利用强度较高的成坪草坪或区域，如草坪赛马场、高尔夫练习场、草坪足球场的球门区、露天草坪音乐会场等，应视草坪损坏程度适时进行草坪封育。三是恢复草坪生态环境。对于生态环境脆弱地区专门用于生态环境保护的生态草坪则必须长时期进行草坪封育，以利生态环境的休养生息和恢复利用。

草坪封育可采用如下 3 种方式：一是全封，对于偏远地区、水土流失严重地区、风沙危害特别严重地区以及恢复植被较困难的草坪封育区，宜实行全封。如一般的生态环境保护草坪均采用全封方式。二是半封，生长良好和盖度较大的草坪封育可采用半封方式。如在草坪草种子萌发期及生长势较弱时期实行封育，其他时期则开放草坪；或者限制草坪音乐会场的人数和场次等进行草坪利用强度调节。三是轮封，如采取定期移动草坪足球场球门的位置和实行赛马场跑道的轮换使用制度；可在较大面积草坪（5hm² 以上）将一半面积的草坪进行封育，余下的一半开放供人使用。

草坪封育方法如下：①设置封育隔离标志。采取竖立警告牌、拉隔离绳、设置围栏等方法阻止人们与牲畜进入封育草坪。封育隔离标志要求既能达到封育目的，又要尽可能简便易行。②控制适宜封育时期。草坪封育时间一年四季均可进行，但半封或轮封草坪封育期一般选择草坪草种子萌发期及生长势较弱时期进行。草坪封育期的长短应根据封育草坪的生育条件与封育目的确定。如实行轮封方式，为了使草坪封育收到良好效果，则应准备充足的草坪以轮换使用。③封育应与其他草坪养护措施相结合。在草坪极度退化的地段，仅靠封育措施恢复草坪较难，且不经济。因此，封育应与草坪其他养护管理措施相配合，如与通气、施肥、表施细土、补播等配合使用，可收到尽快恢复草坪的效果。

4.5.3.2　保护体的设置

　　草坪保护体的设置是指为缓和草坪践踏强度，增加草坪的承压力和耐水冲击能力，防止草坪出现机械损伤产生的枯萎现象，在草坪表层床土内设置强化塑料等制成的片状、网状、瓦楞状的保护体或直接在草坪表层铺设保护板或地毯等，以增强草坪抗压性的草坪养护管理措施。

　　践踏使草坪床土板结的程度随深度的增加而急剧减弱，冲刷对草坪的损害也首先产生于草坪表面，因此，即使只在草坪表面设置保护体，也能起到良好的抗压和抗水蚀作用。草坪养护管理中，使用较为广泛的保护体主要有三维植被网、拼装式草坪保护板、卷式草坪保护地毯和草坪保护垫等。

4.5.4　枯草层与梳草

　　枯草层也称芜枝层，是指位于草坪土壤表面和草坪草之间，由死去的和活着的根、茎、叶交织而成的，含有少量土或不含土的部分。枯草层主要是由死亡或老化的根系、茎（根状茎、匍匐茎）、叶鞘、叶片以及剪下的草屑等组成。

　　枯草层呈淡棕色，其下面是垫层。垫层是枯草层部分分解所形成的含有机质的薄土层。

4.5.4.1　枯草层积累的原因

　　枯草层的主要成分是含碳的有机物质，如木质素、纤维素、半纤维素等。当这些有机物质增加的速度超过草坪土壤微生物对其降解的速度时，就会形成枯草层的积累。因此，枯草层积累的原因取决于草坪有机物质产生速率与分解速率两者的影响。影响草坪枯草层积累的因素很多，如肥料、水分、土壤 pH 值、农药、植物组织成分、草坪草类型以及修剪物的去留等。

4.5.4.2　枯草层对草坪的作用

　　枯草层是草坪草生长过程中自然形成和草坪护养中常见的现象之一。适度的草坪枯草层厚度能使草坪更富弹性和更耐践踏，减少草坪运动场的运动伤害；覆盖和保护草坪土壤，减少草坪土壤水分的蒸发，避免过于干燥；能缓解土壤温度的剧烈变化，防止草坪草根茎受损；能减轻践踏引起的草坪土壤紧实；还能降低杂草种子的萌发。

　　草坪枯草层不是引起草坪死亡的主要因素，但是与草坪质量下降、草坪秃班的产生、草坪病虫害加重、冻害加重以及补播草种生存力下降等有重要的间接关系。当草坪枯草积累大于分解，枯草层厚度大于 1 cm 时，则会对草坪草生长带来如下不利影响：可使草坪的通气与渗水能力减弱，草坪根系与外界的物质交换受阻；过厚的枯草层不利于草坪草的出苗、返青和分蘖；枯草层有利草坪病虫发生；枯草层还会提高草坪养护成本；过厚的枯草层影响草坪修剪，造成齐根剪。此外，草坪养护管理水平较高的高尔夫球场果岭，枯草层积累太厚不仅影响草坪草生长，还影响美观且不利于运动。

4.5.4.3　枯草层的测定方法与防除技术

　　测定枯草层密度和厚度的方法多种多样，有的用米尺测定法；有的通过消化或燃烧损失的有机质积累来表示；有的用枯枝层干物质质量来表示；有的采用专门的快速枯草层测量仪进行测定。

　　枯草层的米尺测定法较费时间；干物质烘干法更费时间；有机物质测定法最费时间；专门的快速枯草层测量仪测定枯草层厚度则是最快、最实用和最可靠的枯草层厚度测定方法。

但国内还未有生产和普及推广专门快速枯草层测量仪的厂家，因此，该测量仪器需要进口，费用较高。

草坪枯草层的防除是草坪养护管理的一个重要环节，当枯草层厚度超过一定程度时，可采用一系列化学或物理方法清除枯草层。尽管过去曾经有人试图用蔗糖、葡萄糖、纤维素等有机物分解酶制剂加快枯草层的降解，但使用酶制剂对加快枯草层降解并没有任何作用。因此，目前，草坪养护管理中仍然采用打孔、垂直刈割等草坪通气方法、表施细土（铺沙）、梳草及这些措施的综合等进行草坪枯草层的防除。

草坪养护管理中可根据草坪的不同用途、草坪草类型、当地自然环境条件与草坪养护费用等综合考虑选用其适宜的枯草层防除方法。

4.5.4.4 梳草

梳草又称松耙，是指清除草坪枯草层的作业。即通过梳草机等机械或人工草耙方式将草坪表层上的覆盖物除去的作业。它是针对草坪表面枯草层太厚和苔藓、杂草生长旺盛而实施的一系列清除护养综合技术。

疏草是防除枯草层最有效的方法之一。它用不同的机械设备耙松地表，可使草坪床土获得大量的氧气、水分和养料，还能抑制苔藓和杂草的生长，并消除病菌孢子萌发的温床。

（1）梳草机械设备

通常用弹齿耙进行梳草，弹齿耙分手动和机引两种，当草坪面积较大时，可以采用机引弹齿耙。机引疏草作业机械称疏草机，又称通气刀片机或垂直刈草机。它依靠一系列安装在高速旋转的水平轴上的刀片切进枯草层，然后再靠旋转惯性扯出枯草。水平轴可根据枯草层厚度上下转动用以控制切深。

疏草机有各种大小不同的型号，分悬挂式和拖曳式等机型。有的称耙草机，有的称梳草机，其工作原理都一样；有的一机多用，可装多种刀片，甚至可做草坪土壤细整工作；还有的附带播种等设备，可结合梳草，将划破草皮和补播工作一次完成。因此，如果进行面积较大的草坪梳草作业时，一般可根据草坪不同类型与养护条件等选用合适的梳草机进行梳草作业。如果草坪面积较小或经济条件不具备时，常用人工进行梳草，可用钢丝制成较小的短齿铁耙，通过人工从横、竖、斜三个方向迅速而有力地耙动草坪枯草层，使其与草坪分离，达到梳草的目的。人工梳草的工具，无论做成何种形式，都要注意做耙齿的钢丝一定要坚固耐磨，耙齿不可太长，耙面不可太宽，宽幅太大或耙齿过长都会使人工操作困难，不够灵活。

（2）梳草时间

疏草时间与草坪种类、草坪土壤状况等因素有关。一年之中的最佳梳草时机选择应视草坪类型而定。暖季型草坪疏草最适宜的时间是晚春或初夏；冷季型草坪最适宜的时间则是夏末或早春，这个时候气候状况最有利于草坪草疏草后的恢复。一般情况下，草坪进行梳草作业后大概需要 30 d 左右的恢复期。所以，暖季性草坪早春返青前梳草是最佳选择，此时进行梳草，可以提前使草坪返青后即进入快速生长的恢复期。同时，早春梳草对许多草坪也是一种有效的整理，既可去除枯草层，又可清除冬季积累的枯枝、黄草、落叶等各种杂物。同样，夏末秋初是冷季型草坪梳草的有利时期，此时草坪即将要进入快速生长期，梳草可除去夏季病害等形成的各种枯叶和正常积累下来的枯草层。暖季型草坪由于一年只有一次生长高峰，所以最佳的梳草时间为其生长高峰来临之前的春末夏初一段时间。此时去除枯草层可使其迅速恢复生长至理想状态。

处于休眠期的草坪，最好不要进行梳草作业。因为处于休眠期的草坪草生命活动较弱，梳草作业对草坪草根、茎造成的创伤不易恢复，且容易使地表浅层土壤失水。生长期出现此种情况时会使草坪发生萎蔫、变色等异常变化可及时引起草坪管理者注意并采取相应措施，而处于休眠枯黄期的草坪，则不会出现这些明显变化，极易使草坪管理者忽略，结果造成草坪翌年返青时出现大量死亡，密度降低，品质下降等不良反应。如果冷季型草坪夏季休眠期受病害传染较为严重，为防除病害和确保草坪安全越夏，也可采用梳草方法，除去枯草层。但同时必须及时辅以喷施杀菌剂和生根激素、及时灌水等其他措施。

有利的气候条件能加速草坪草疏草后的快速生长。无论是人工梳草还是机械梳草，都要在土壤和枯草层干燥的时候进行，以使草坪所受的破坏较小，也有利于枯草层清除等其他工作的顺利操作。这是因为枯草层中总是有大量的根和茎，疏草时这些根要被拉断或切断，如果土壤和枯草层太湿，梳草的拉扯力需要加大，可能会损伤更多的根和茎，特别是当刀片定位较低时作业，会使浅层土壤的根系受到较大的破坏。

（3）梳草作业标准

梳草作业标准目前还未形成一个大家公认的结果，有的认为梳草越干净越好，尽可能将枯草层全部清除，这样可使草坪处于一种生机勃勃的状态，就像初建的草坪一样。也有的认为应适当保留一点枯草层，这样可以保证草坪的营养物质有一个自身补充和循环的过程。如果将枯草层清除太干净、太频繁，势必会造成草坪营养缺乏，需加大肥料使用量，造成浪费。另外，过度的梳草会使草坪处于一种过于幼嫩的状态，降低其对某些病害的抵抗能力，导致草坪整体抗逆性下降。现在渐趋一致的观点是梳草勿太频繁，也不能太深地破坏浅土层根系，只要枯草层厚度不超过 1 cm，就应该容忍其存在，并自行分解、更新。

综上所述，梳草作业标准仅仅是一种观感上的标准，只要将枯草层清除掉就行了。不要为了将枯草清除太干净而进行过度的梳草作业，否则会对草坪生长发育造成极大的破坏，甚至导致难以恢复。

（4）梳草的次数及其影响因素

草坪疏草的次数取决于草坪枯草层积累的速度。草坪管理者应及时检查枯草层厚度并与标准枯草层进行对比，当枯草层超过标准厚度后就应考虑进行梳草作业。梳草次数的主要考虑因素如下：

①草坪用途 绿地草坪的梳草作业一般并不需每年都要进行，只是当有明显的枯草层形成以后，对草坪的外观产生极大影响，并引起草坪退化或死亡时，才采用梳草措施。

高尔夫球场等运动场草坪，如果是冷季型草坪，每年可进行 1 次或 2 次的梳草作业，因为此类草坪一般养护水平都比较高，修剪也比较及时，一般不会形成太厚的枯草层。

②草坪类型 不同品种和不同类型草坪，枯草层形成的速度差异很大。一般丛生型草坪在正常修剪情况下枯草层危害轻微，即使丛生型草坪粗放养护时极易出现枯草层，清除也容易；而有匍匐茎的草坪则无论养护措施如何都可能形成枯草层，翦股颖等匍匐茎型草坪粗放管理时不仅会形成草垫层，使过多生长的地上草茎叶交织在一起，像毛皮一样铺盖于地表，并可与地面剥离，如马尼拉等草坪草，过多的草垫层继续生长，会挤压在一起使草坪上形成一个个丘状的突起草丘，严重影响草坪质量，此时再进行修剪或梳草，甚至会造成草坪的斑秃。能与地面剥离的较厚的草垫层也会使修剪和梳草作业困难。

③草坪养护管理措施 正常修剪的草坪形成枯草层的速度较慢，绿地草坪形成明显枯草

层的多为养护粗放、修剪不及时或修剪高度较高的草坪。个别的修剪到位，但时间较长的较老化草坪也易形成枯草层。对于留茬较高或者枯草层太厚的草坪进行梳草作业时，为便于操作和避免梳草时将草坪破坏过大，可以用剪草机先进行轻剪一次，将长得太长的草叶、草茎和草垫层加以清除，然后再对留茬平整的草坪进行梳草作业，这样可以有效地挽救那些濒于"覆灭"的草坪，使其重发生机。

此外，草坪进行梳草作业时，一般都要结合浇水、施肥，甚至打孔作业，以达到更好效果。一般在生长季节梳草以后，除及时浇水以外，还要喷洒一次杀菌剂，防止遭受破坏的草坪根茎感染病菌，引起草坪病害。

（5）梳草作业的注意事项

梳草作业应注意如下事项：及时将梳草清除物移出草坪；注意梳草作业时间，进行梳草作业时，土壤与枯草层应保持干燥，便于作业，严禁在土壤太湿或枯草层太湿时作业，这样不仅作业困难，还易对草坪形成过度伤害，并易引发病害；梳草后应及时浇水；梳草后应注意防除杂草。

4.6　草坪杂草的防除

4.6.1　草坪杂草概述

杂草（weed）的广义概念是指生长在对人类活动不利或有害于生产场地的一切植物。草坪杂草则定义为：草坪上除栽培的草坪草以外的其他植物称草坪杂草。

杂草是一个历史性的概念，具有一定的相对性、绝对性和时空性。如苇状羊茅用于庭院草坪等较为适宜，是优质抗逆的草坪草，但出现在高尔夫球场草坪的果岭、发球台时，由于其相对高的密集丛生株丛、相对粗糙的草坪质地，影响果岭的均一性、光滑性而被视为杂草。又如，匍匐翦股颖适用于养护水平较高的地区建植高质量草坪，但逸出混入其他草坪时，通常由于其强大的匍匐茎扩展能力，在其他草坪上形成形状不一、色泽较淡的斑块，影响草坪的色泽和均一性，需要加以防除。而某些植物，如车前、蒲公英、大蓟等，无论在粗放管理的绿化草坪还是管理精细的运动场草坪等，均被视为杂草。

杂草是草坪的大敌，轻者使草坪退化，并为病虫害提供良好的寄宿地，导致草坪秃斑的形成，影响草坪景观；重者将整块草坪吞噬，使草坪杂草丛生而报废。因此，杂草防治是草坪养护管理中极其重要的环节。草坪杂草的危害如下。

4.6.1.1　影响草坪品质和观赏效果

杂草叶片的颜色、长宽度、生长习性等一般与草坪草不同。杂草生长季节比草坪草生长迅速，使得草坪外观参差不齐，当杂草超过一定数量时，会影响草坪的品质及其观赏功能的正常发挥，破坏草坪的均一性，如蒲公英、车前等杂草，可形成特异小株丛，远看草坪凹凸不平，破坏草坪整齐度。又如，夏至草等多年生杂草与蓼等1年生杂草的侵染力极强，一旦侵入草坪，很快形成群落，完成自身生育期后，地上部枯黄造成草坪斑秃，其枯亡后的空地成为新杂草生长的有利空间，严重影响草坪的观赏性。

4.6.1.2　影响草坪草生长发育

杂草通过长期的进化，形成了明显的特性。一是杂草适应性强，根系庞大，耗费水肥能力极强。二是杂草种子数量远远高于草坪草的播种量，杂草出苗早，生长速度快，生长迅速，杂草通常植株高大，根系强健，可迅速扩张侵占空间，造成草坪光照不足，影响草坪光合作用，使草坪生长空间受阻，导致草坪生长不良，很容易形成草荒，损毁草坪。三是有些杂草的根、茎、叶能够分泌某些化合物（植物化感物质），对草坪草的生长和发育产生抑制或促进作用，甚至影响草坪草的出苗，称为化感作用。杂草的化感作用通常是一种抑制作用，只有少量具有促进作用。如早熟禾根系的分泌物可抑制匍匐翦股颖的生长；萹蓄的根系能分泌一些生理代谢物质，抑制草坪草的生长。

由于杂草的广泛适应性使杂草可与草坪草竞争阳光、空气、水分、养分和生长空间，从而影响草坪草的正常生长发育。

4.6.1.3 增加草坪养护的困难和强度，滋生草坪病虫

野生杂草在同样的水分和温度条件下，萌发速率和生长速度快于草坪草。所以，春季建植草坪，一旦杂草防治管理滞后，极容易造成草坪建植失败。目前草坪杂草防治方法中，主要采取人工除草的方式。如果草坪杂草丛生，则势必增加草坪养护管理的困难和强度。

许多杂草是草坪病虫害的中间寄主，为多种病菌和害虫提供越冬场所。因此，杂草丛生的草坪极易发生病虫害。如夏枯草、通泉草和紫花地丁是蚜虫和蜘蛛的越冬寄主；杂草所带的病菌往往是草坪病害的初侵染源。如飞虱是重要的传毒媒介，而飞虱最有利的繁殖场所也是各种杂草。

4.6.1.4 影响人畜安全

草坪是人类休闲的地方，杂草入侵以后，有些杂草对人畜具有毒害作用，有的杂草种子有毒，有的可分泌有毒的汁液，有的可散发有毒的气体，将影响到人们的健康，造成外伤或诱发疾病。有些具有芒、刺等刺人的器官，如鬼针草的种子容易刺入人的衣服，较难拔掉，刺入皮肤容易发炎。蒺藜的种子容易刺伤人的皮肤；有些有致病的花粉、针刺，一些人对豚草的花粉过敏，患者会出现哮喘、鼻炎、类似荨麻疹等症状。苣荬菜、泽漆的茎含有丰富的白色汁液，碰断后一旦沾到衣服上很难清洗。

4.6.2 杂草类型及生物学特性

4.6.2.1 杂草的分类

杂草除依植物系统演化和亲缘关系的理论，将杂草按植物学分类单位的门、纲、目、科、属、种进行植物系统学分类外，还可按如下方式进行分类。

（1）按形态学和对除草剂的敏感性分类

根据形态特征将杂草分为禾本科杂草、莎草科杂草、阔叶类杂草3类。

①禾本科杂草　如稗草、马唐、牛筋草、狗尾草等。

②莎草科杂草　如香附子、碎米莎草、水蜈蚣等。

③阔叶杂草　如苘麻、荠菜、马齿苋等。

其中禾本科杂草和莎草科杂草又统称为单子叶杂草。阔叶类杂草又称双子叶杂草。

（2）按生命周期分类

杂草按生活年限可分为一年生、二年生和多年生杂草。

①一年生杂草　在一年内完成其生命周期，即从种子发芽到开花结实成熟的整个生活史在一年内完成。这类杂草主要为种子繁殖，一般较容易除掉。一年生杂草按出苗时期可划分

夏季一年生与冬季一年生 2 类。

夏季一年生杂草：这类杂草春末夏初陆续发芽出苗，秋季开花、结实后因低温来临而死亡。生长季产生的种子留在土壤中越冬，翌年春天土壤温度上升时发芽。例如，稗草、马唐、牛筋草、蓼、藜等。

冬季一年生杂草：这类杂草夏末或初秋陆续发芽出苗，以休眠状态越冬，翌年春季继续生长，夏季产生种子后死亡。因其生命周期跨越 2 个年度，因此又称其为越年生杂草。例如，早熟禾、看麦娘、牛繁缕、大巢菜等。

②二年生杂草　在两年内完成其生命周期。种子在春季萌发，第一年仅进行营养生长，并在根内积累贮存大量营养物质，秋季地上部分干枯，翌年春季从根茎长出植株，开花、结实后死亡，如黄花蒿、牛蒡等。该类杂草较少，对草坪的危害也较小。

③多年生杂草　在 3 年或 3 年以上的时间完成其生命周期。这类杂草生长期较长，如车前草、蒲公英、狗牙根、田旋花、水莎草、扁秆蔍草，可连续生存 3 年以上。多年生杂草一生中能多次开花、结实，通常第一年只进行营养生长不开花结实，第二年起结实；有的多年生杂草每年可多次开花结果。多年生杂草除能以种子繁殖外，还会利用地下营养器官进行营养繁殖，如香附子、雷公根、紫花酢浆草及铺地黍。

（3）按发生类型分类

通常情况下，草坪杂草的发生有 2 个高峰期，即 3～4 月为春季杂草发生高峰；9～11 月为秋冬季杂草发生高峰。盛夏（7～8 月）和严冬（12 月至翌年 2 月）基本不发生。因此，草坪杂草按发生类型可分为 4 种：

①早春发生型　每年 2 月下旬或 3 月上旬开始发生，3 月中下旬达发生高峰。如春蓼、葎草、萹蓄、小藜等草坪杂草均属于该类型。

②春夏发生型　每年从 3 月中下旬至 4 月底 5 月初开始发生，6 月中下旬达发生高峰。例如，稗、马唐、牛筋草、狗尾草、香附子、水花生等草坪杂草均属于该类型。

③秋冬发生型　每年 8 月底或 9 月初开始发生，11 月达高峰，12 月至翌年 2 月很少发生。例如，早熟禾、牛繁缕、婆婆纳、猪殃殃等草坪杂草均属于该类型。

④春秋发生型　该类草坪杂草除了在 12 月至翌年 2 月的严寒期以及 7 月份酷热期很少发生外，其余各月一般都能发生，所以又可称为四季发生型。例如，小藜、荠菜等。

（4）按生态学特性分类

杂草根据生存环境中水分含量的不同，可分为旱生型杂草和水生型杂草 2 类。旱生型杂草绝大多数都是中生类型的杂草；水生型杂草则可再分为：湿生型杂草；沼生型杂草；沉水型杂草；浮水型杂草等。草坪杂草以旱生型为主，伴有少量的湿生型杂草，如双穗雀稗、空心莲子草等。

4.6.2.2　杂草生物学特性

草坪杂草的生物学特性是指杂草通过对人类生产和生活活动所导致的环境条件（人工条件）的长期适应，形成的具有不断延续能力的表现。杂草的一般生物学特性有以下几点。

（1）抗逆性

杂草具有很强的生态适应性和抗逆性，表现为对盐碱、人工干扰、旱涝、极端高低温等具有很强的耐受能力。如藜、扁秆蔍草和眼子菜不同程度的耐盐碱；野胡萝卜、野塘蒿作为二年生杂草，在营养体被啃食或被刈割的情况下，可保持营养生长数年，直至开花结实为止；天名精、黄花蒿等会散发特殊的气味，对取食的禽、畜和昆虫有驱避作用；曼陀罗含有毒素，可防止植食性动物的侵害。

（2）可塑性

杂草的可塑性是指杂草在不同生境下，对自身个体大小、种群数量和生长量的自我调节能力。在人类和自然的选择压力下，杂草的形态结构发生了巨大分化，产生了多种多样的形态结构。

首先，表现为不同种类杂草的个体大小差异显著。其次，同种杂草生长在不同环境中，其个体大小、形态也存在较大差异。如荠菜在空旷、肥沃、潮湿、光照充分的地方生长，株高可达 50 cm；而在贫瘠、干旱裸地的荠菜株高不足 10 cm。

（3）生长势强，生长迅速

杂草中的 C_4 植物比例较高，如稗草、马唐、狗尾草、香附子等。它们具有光能利用率，表现为生长迅速，竞争能力强。而且由于杂草光合速率较高，能更有效地利用水分，对氮等土壤养分的利用率也高。例如，一年生早熟禾生长在匍匐翦股颖草坪，会严重抑制匍匐翦股颖的生长。

（4）杂合性

杂合性即生物种群（等位基因）的异质性，一般杂草基因型都具有异质性，具有较强的杂种优势，从而保证了杂草具有较强的抗逆能力。同时，杂草的杂合性增加了变异性，大大增强了杂草的适应性。

（5）拟态性

杂草拟态性是指其与草坪草在形态、生育规律以及对环境条件的要求等均有很多的相似之处，因而很难将此类杂草与其伴生的草坪草分开或从中清除。这些杂草也被称为伴生杂草。

（6）繁殖能力强

杂草繁殖力强表现为杂草的多实性；繁殖方式和子实传播方式的多样性及广泛性；种子的长寿命性与萌发出苗的不整齐性；有性生殖方式的复杂性；强大的生命力；参差不齐的成熟期等。

4.6.3 草坪杂草的防除方法

草坪杂草的防除已经成为一项花费大量人力、物力的工作，是草坪管理的难点和关键。草坪杂草的防除方法很多，各种方法都可收到一定效果，但每种防除方法或多或少均存在一定缺陷。因此，要控制草坪杂草的危害，必须坚持"预防为主，化学除草为辅，综合治理"的原则。

4.6.3.1 教育培训与及时监测

草坪杂草综合治理的关键是草坪建植与养护人员的草坪杂草防除知识和技能的培养，教育培训是草坪杂草综合治理中至关重要、必不可少的一环。草坪管理者可通过专业课程学习、参加培训会议、阅读草坪杂草防除书籍杂志以及与草坪专家交流等获取草坪杂草防除知识。

草坪杂草危害的及时监测是草坪杂草综合治理的最重要组成部分。通过对草坪温度、水分、土壤状况的分析，可预测杂草发生及其发生的原因，从而进行针对性的防治；通过及时监测，草坪管理者可在杂草大量危害前或达防治阈值标准前加以干预，可避免突如其来的草坪受损。

草坪杂草的防治阈值标准是指草坪可容忍受损标准（美学阈值）的杂草种群数量。草坪杂草防治阈值标准为主观性标准，其可接受的杂草对草坪的伤害程度因不同草坪管理者而显著不同；也因草坪类型或杂草类型的不同而差异较大。高强度使用的精细草坪如高尔夫等运动场草坪的防治阈值标准应比大面积绿化草坪或生态环保草坪的阈值低；侵占性强、生长旺盛的杂草如马唐、三叶草应该比其他类型杂草的防治阈值低。

草坪杂草危害的监测方法，以肉眼观测法最常用，其他方法可作为有益补充。气象观测信息如空气、土壤温度、湿度、土壤水分及降水量等有助于预测杂草危害发生情况。如马唐在近地表 1.25 cm 土温为 13.1℃时萌发；牛筋、稗草为 16℃；而狗尾草则为 18.9℃。气象观测的积温，对预测杂草危害发生也极有价值，可为其防治提供依据。例如，某些地方防除马唐的传统方法是在 5 cm 深土温 13 ~ 14℃时持续 3 ~ 4d 后施用芽前除草剂。

4.6.3.2　检疫防除

草坪杂草检疫防除是指人们依据国家制定的植物检疫法，运用一定的仪器设备和技术，科学地对输入和输出本国家或本地区的动、植物或其产品中夹带的立法规定的有潜在性危害的有毒、有害杂草或杂草的繁殖体（主要是种子）进行检疫监督处理的过程。

目前我国冷季型草坪草种子大多从国外进口，因此，必须严格草坪杂草检疫制度，严把对外检疫关，对于国外引进的草坪种子必须严格经过杂草检疫，凡属国内没有或尚未广为传播的而具有潜在危险的杂草必须禁止或限制进入。外来种源带有许多杂草种子，有些在我国并没有分布，如长叶车前等都是从国外引进牧草时传入的；有些则属于检疫性杂草，如假高粱、豚草、毒麦等，是世界性恶性杂草。

4.6.3.3　草坪建植预防与养护治理

草坪杂草的建植预防与养护治理指在草坪建植与养护管理中，通过一系列草坪建植与养护的恰当适生的方法措施，创造有利于草坪草健壮生长，不利于杂草生长的环境，使草坪草对杂草具有良好竞争力，通过提高草坪草密度减少草坪杂草危害。它包括清洁草坪场地与周边环境；选用适生草种与无杂草草坪种子；诱杀除草；适时播种；保证播种质量，适当提高播种量；加强养护管理；加强病虫害防治；及时补种和补栽等。

4.6.3.4　物理防除

草坪杂草的物理防除方法主要包括人工除草与机械剪草 2 种方法。

人工除草是指以手拔除杂草或以人工配合小型手工具如小铲、手耙、镰刀挖掘割除杂草。它具有如下特点：一是人工除草劳动强度大，无法控制其效率。人工拔草可以拔快，也可以拔慢，费工、费时，成本高，效率低；二是防除不彻底。首先，人工除草拔大不能拔小，很多小草人工根本看不见或是根本分不清，所以无法拔除；其次，人工除草拔茎叶不能拔根。如顽固性杂草天胡荽、酢浆草、水花生等，要么杂草叶片较小，不利于操作，无法拔根；要么就是根太多太深，无法彻底拔净。三是影响草坪质量及功能。人工除草人工拔除杂草的同时可连带拔除一些草坪草，从而降低草坪密度。

人工除草对一年生杂草及多年生杂草幼苗清除极为有效，对以种子繁殖幼株的杂草效果较佳，应在杂草结籽前进行；对已长成杂草，特别是具有地下繁殖器官及匍匐性的多年生杂草的防除效果有限，此时不再适用人工拔除。此外，大面积草坪的杂草防除也不能完全依赖人工除草。一般粗放管理的草坪少有人工除草，小面积草坪管理，如景观装饰草坪、家庭庭园草坪、高尔夫球场果岭草坪、杂草密度低的草坪区域，若因机械、化学除草剂无法防除杂草，则须以人工拔草方式防除杂草。

机械剪草是指利用简单的人力剪草机具、背负式和推式动力机或各种乘坐式动力机械剪草机，以快速转动的刀片或其他切割物，在接近地面处将草坪杂草连带草坪草一起剪除。由于大多数草坪杂草不具备草坪草耐低修剪特性，因此，通过经常定期的草坪修剪，可调节草坪草的生长，阻止某些草坪杂草产生大量种子，并能抑制它们的营养和生殖生长，减弱草坪杂草的生存竞争能力。同时，对于植株较高的部分杂草，经多次修剪后甚至无法存活，从而达到草坪杂草防除的目的。

机械剪草效率远高于人工除草，但它主要用于剪除杂草过高的地上部分，对于生长旺盛又以营养器官繁殖的多年生杂草，其茎节处或茎基部可产生芽体及分蘖，被修剪后短时间内可再生。所以，机械剪草通常不能将多年生杂草杀死。机械剪草应掌握剪草最佳时机，机械剪草防除草坪杂草最好应选择杂草未开花之前进行，可避免杂草产生大量种子。

4.6.3.5　生物防除

杂草的生物防除就是利用杂草的生物天敌如昆虫、植物病原微生物、动物植物等生物来抑制杂草发生和消灭杂草。其方法主要有3种：一是释放专化性昆虫，以虫治草；二是利用专化性致病微生物（细菌、真菌、线虫等），以菌治草；三是利用植物间的他感作用，以草治草。此外，如我国的中兴高尔夫球场利用地处阳澄湖边的地理环境，曾采用鸟类等来进行草坪杂草生物防治，其效果并不理想。同时，大量鸟类的粪便影响球场整体的环境质量。

（1）异株克生与草坪杂草治理

异株克生现象（allelopathy）也称化感作用，指植物向环境中释放体内合成的产物（化感化合物），该物质对同种或异种的其他植物的萌芽、生长、发育产生直接和间接危害的现象称为异株克生。异株克生分为自毒作用和异毒作用两类。自毒作用是异株克生的种内类型，指一种植物释放化学物质，阻止或延迟同种植物萌芽和生长发育的现象；反之，如果释放的化学物质对其他物种有害，则称为异毒作用。

许多草坪草种都具异毒作用，其分泌物或残体，经淋溶扩散，会对不同种的其他植物的萌芽和幼苗生长产生毒害作用。如狗牙根、小糠草、黑麦草、蓝茎冰草、沟叶结缕草、羊茅等。不仅草坪对杂草有异株克生作用，杂草对草坪也有异株克生抑制作用。据报道，早熟禾可使匍匐翦股颖生长衰弱，从而使早熟禾迅速扩展，并逐渐将匍匐翦股颖排挤出局。

（2）植食性昆虫防除草坪杂草

可在草坪目标杂草原产地进行取食杂草昆虫调查，若发现取食目标杂草昆虫有杂草生物防治潜力，再进一步进行专一性寄生测试，保证昆虫专一取食目标杂草，对其他非目标作物不造成危害。如利用泽兰实蝇防治紫茎泽兰；引进豚草条纹叶甲防治豚草；释放空心莲子草叶甲防治空心莲子草等。

（3）微生物防除草坪杂草

利用微生物防除草坪杂草主要有如下途径。

①直接利用微生物防草坪杂草　目前杂草圆叶锦葵已经可用生物农药"BioMal"进行防除，它是由荔枝炭疽病菌（*Colltrotrichum gloeosporiooides f. sp. Malvae*）有活力的孢子制成，是

首个加拿大登记用于防除杂草的生物农药可湿性粉剂。

锈病真菌(*Puccinic giechomatis*)可用于防除杂草活血丹,该真菌通过孢子传播,对活血丹具高度专一性。河南省北部杂草病原微生物资源调查已取得初步成果,整理鉴定出19种杂草的病原菌30余种,其中蟋蟀草叶枯病菌多节长蠕孢(*Helminthospriumnodulosum*)的致病力较强,田间自然抑草率可达86.4%。

早熟禾是草坪的严重为害杂草,日本于1993年成功分离了一种甘蓝黑腐黄杆菌(*Xanthomonas compestris* JT-P482分离株),并进行了一系列商品化工作,于1997年推出了世界上第一个细菌除草剂杀禾黄杆菌(Camperico®)。近年研究结果还表明,施用丛枝菌根(*Arbscular mycorrhizal*)菌群可显著抑制一年生早熟禾生长,促进匍匐翦股颖生长。

②利用微生物代谢产物防除草坪杂草　该研究工作近年也在逐步开展,如中国科学院植物生理生态研究所开展了放线菌代谢产物的杂草防除探索;中国农业科学院土壤肥料研究所开展了胶孢炭疽菌S22毒素物质防除杂草的可行性研究,并取得了一定结果。

③利用草坪杂草本身的特性进行生物防除　杂草具有防御功能,即过敏反应,指杂草在受侵染部位附近的细胞自毁以隔绝感染。利用土壤真菌尖芽孢镰刀菌(*Fusarium oxysporum*)中提取的天然蛋白质(称为Nep1)喷雾于杂草时,杂草细胞大量自毁,如蒲公英受侵染叶片在3~24 h内全部死亡。Nep1对单子叶植物无伤害,可用于草坪的阔叶杂草防除,也可用于草坪建植前喷雾清除某些覆盖杂草。

4.6.3.6　化学防除

草坪杂草的化学防除指利用各种化学物质及其加工产品加工而成的农药控制或灭亡草坪杂草的防除方法,又称药剂防除。它是草坪杂草综合防除体系中的一项重要措施,也是提高草坪杂草防除劳动生产率的常用方法。草坪杂草的化学防除必须根据草坪类型、杂草种类及其生物学特性等,选择适当的农药除草剂,采用正确的施用方法与措施,才可能达到理想的效果。

总之,草坪杂草的防除可进行综合防治,其基本原则一是应尽量减少化学防除方法与农药用量,降低对草坪环境压力和使用不当造成的草坪伤害,草坪杂草化学防除应当作为草坪杂草综合防除体系中的最后手段。二是草坪杂草综合防治不是一有杂草就进行杂草化学或其他方法防除,在草坪可接受伤害水平下可不加治理。

4.6.4　草坪杂草的化学防除

现代草坪业大力发展的草坪杂草防除养护作业,要提高科技含量,推广化学除草势在必行,掌握草坪杂草的化学防除原理与技术极其重要。

4.6.4.1　草坪化学除草的特点

草坪杂草的化学防除与其他防除方法相比较具有如下优点:

对草坪干扰少,劳动强度低;见效快,防效高,可抑制杂草为草坪草生长提供空间;省时省工,费用低;适合大面积草坪除草。

但草坪杂草的化学防除方法也有不足之处:化学除草剂均具有一定的毒性,如大量长期使用或施用方法不当,易污染环境,带来公害,造成人畜中毒事故的发生;还可能造成草坪草伤害,可能导致草坪杂草产生抗药性。

4.6.4.2 农药的类型

农药是指用于防治农林作物(包括草坪草)及其产品等免受有害生物为害,具有直接杀灭作用的化学药剂。农药大多数是液体或固体,少数是气体。未经加工的农药原粉或原油称为原药。

(1)按来源与防治对象分类

农药可按来源不同分为矿物源农药(无机化合物)、生物源农药(天然有机物、抗生素、微生物)及化学合成农药等。

农药还可按防治对象分为除草剂、杀菌剂、杀线虫剂、杀虫剂(含杀螨剂)、杀鼠剂、脱叶剂、植物生长调节剂等。其中,除草剂可用于防除草坪杂草;杀菌剂和杀线虫剂可用于防治草坪病害;杀虫剂(含杀螨剂)、杀鼠剂等则可用于防治草坪害虫与其他有害动物。

(2)按加工剂型分类

由于大多数农药原药不能直接溶于水,且单位面积使用量很少。因此,原药必须加入一定量的填充剂、湿润剂、溶剂、乳化剂等助剂,再加工成含一定有效成分和一定规格的剂型。农药则可按加工剂型分为粉剂(DP)、可湿性粉剂(WP)、乳油(EC)、颗粒剂(GR)、悬浮剂(SC)、水分散性粒剂(WG)、水剂(AS)与丸剂(PS)、拌种剂(DS)、可溶性液剂(SL)等。

4.6.4.3 除草剂的分类

除草剂是指可使杂草彻底地或选择地发生枯死的药剂。

草坪除草剂依其化学结构可分成无机化合物除草剂和有机化合物除草剂等。

除草剂按草坪杂草植物的作用方式或选择性,可分为:①选择性除草剂,指在不同的杂草与植物间有选择性,能杀死某些杂草而对另一些杂草无效,或者对某些草坪安全而对另一些草坪有伤害的除草剂。大多数除草剂均具有选择性,药液喷洒后不伤害草坪,且可有效的防除杂草。但是,同一种除草剂对不同草坪的安全性有相当大的差别。如2,4-D丁酯能有效地杀灭禾本科草坪中的阔叶杂草而对禾本科草坪生长无不良影响,但它对阔叶草坪如马蹄金不安全。②灭生性除草剂,也称为非选择性除草剂,指对植物没有选择性或选择性极小,使用后可造成杂草和草坪同时伤害或死亡的除草剂。该类除草剂使用时,只能通过时差、位差的选择性,达到只杀死杂草而不伤害草坪的目的。如通过时差的选择,在草坪播种或移栽前杂草的防除;通过位差的选择,采用局部喷洒,防治特定区域特定种类的杂草或清除路边荒地杂草。常用的草甘膦、克芜踪等均为非选择性除草剂。

除草剂按在植物体内的移动情况或传导特性,可分为:①触杀型除草剂,该类除草剂与草坪杂草接触时,只杀死与药剂接触的部分,起到局部的杀伤作用,植物体内不能传导,药液需要喷到杂草茎叶各部位及芽体,才能杀死杂草。此类除草剂只能杀死杂草的地上部分,对杂草的地下部分或有地下茎的多年生深根性杂草,则效果较差,适于一年生杂草的防治,对多年生草,仅能杀死其地上部分。如除草醚、百草枯(克芜踪)等。②内吸传导型除草剂,指施用后被杂草根系或叶片、芽鞘或茎部吸收后,可经植物的导管及筛管,输送至药剂未接触到之部位发生作用,使植物死亡的除草剂。该类除草剂不必对杂草茎叶全面喷施,仍然可充分发挥药效。如果要有效防治香附子、铺地黍等多年生杂草地下球茎、根茎,则必须使用施于茎叶后可被输送至根部的内吸传导性除草剂。如草甘膦、扑草净等。③内吸传导、触杀综合型除草剂,该类除草剂具有内吸传导、触杀型双重功能。例如,杀草胺等。

除草剂按使用方法分为如下类型：①茎叶处理（除草）剂，也称萌（芽）后除草剂，指将除草剂兑水成溶液，以细小的雾滴均匀地喷洒在植株上使用的除草剂。即在草坪杂草萌芽后施用，主要由茎叶吸收进入植物体的除草剂。例如，盖草能、草甘膦、苯达松等。②土壤处理（除草）剂，也称萌（芽）前（封闭类）除草剂，指将除草剂均匀地喷洒到土壤上形成一定厚度的药层，当杂草种子的幼芽、幼苗及其根系被接触吸收而起到杀草作用的除草剂。该类除草剂主要经杂草幼芽与幼根吸收进入植物体内，所以对 3~4 叶以上杂草效果很差。该类除草剂需在杂草芽前施用，可采用喷雾法、浇洒法、毒土法施用，要求正确剂量及均匀用药。例如，乙草胺、二甲戊乐灵、西玛津、扑草净、氟乐灵等。③茎叶、土壤处理（除草）剂，指既可作茎叶处理，也可作土壤处理的除草剂。例如，阿特拉津等。

除草剂按作用机制分为：①生长调节（除草）剂，其主要作用机理是抑制植物内源激素，植株中毒后表现为扭曲、变弯、致畸。特点效果快，价格低，杀草广谱，缺点不死根，杀不死草。例如，2,4-D 丁酯、二甲四氯钠盐等。②光合作用抑制（除草）剂，其主要作用机理是抑制植物光合作用。其中，有的抑制光合系统 I，多为触杀型、灭生型除草剂。其植株中毒后斑点性失绿、黄化、枯萎死亡。如联吡啶类的百草枯。有的抑制光合系统 II，多为选择型除草剂，不抑制发芽、出苗，在植物出苗见光后才产生中毒症状，根都不会死。其植株中毒后从叶尖、叶脉先失绿，干枯，死亡。例如，莠去津、扑草净、苯达松、异丙隆等。有的抑制光合辅助系统，抑制原卟啉氧化酶，对植物造成触杀性药害，破坏细胞膜的结构与功能，造成局部组织坏死与干枯，随着植株生长，药害逐渐消失。植株中毒后失绿、白化、干枯、死亡、叶片半透明。③氨基酸生物合成抑制（除草）剂，其主要作用机理是抑制植物氨基酸的生物合成。其中，部分有机磷除草剂可抑制芳香族氨基酸生物合成。植株中毒不死亡也不生长，表现其根茎叶均不生长。如草甘膦可抑制杂草新叶不生长。有的除草剂可抑制支链氨基酸生物合成。如苯磺隆等。④脂肪酸生物合成抑制（除草）剂，其主要作用机理是抑制植物脂肪酸的生物合成。其中，有的除草剂抑制幼芽生长，使芽发生扭曲，为幼苗生长抑制。例如，乙草胺、敌稗等。有的除草剂可造成杂草茎秆和茎节坏死。如精喹等。⑤细胞分裂抑制（除草）剂，其主要作用机理是抑制细胞有丝分裂，造成幼芽生长受到抑制，不能发生次生根，根尖肿胀成棒头状。如氟乐灵等。

此外，还可按药效的长短将草坪除草剂分为长效性与短效性两种除草剂。除草剂施用于草坪后，通过蒸散、流失、被草坪土壤固定、被植物吸收、被光照与微生物分解等途径，逐渐失去生物活性。多数除草剂一般用量下的土壤残效期约为 1~2 个月。但是，不同类型的除草剂的药效功能期长短具有显著的差异。如除草剂草甘膦可被土壤微粒强力固定，而不为植物根所吸收，几乎没有土壤残效，为草坪短效性除草剂；但三氮苯类除草剂的土壤残效期超过 2 个月，为优良的草坪长效性除草剂。

4.6.4.4　草坪除草剂的使用方法

不同类型的草坪除草剂通常采用如下不同的使用方法。

（1）土壤处理

草坪除草剂的土壤处理是指把除草剂施用于土壤表面的方法，又称土壤封闭。该处理法的优点为能把杂草消灭于萌芽之中，避免了杂草与草坪的共生，给草坪提供一个良好的生长环境。同时它还能控制禾本科草坪中的部分一年生禾本科杂草和阔叶草坪中的部分一年生阔叶杂草，一定程度上缓解了杂草出苗后禾本科草坪中防除禾本科杂草和阔叶草坪中防除阔叶杂草的难题，且防除费用较低。土壤处理的不足之处在于它仅对一年生杂草有效，对多年生杂草基本无效。土壤处理一般在杂草萌芽期或幼苗期进行，根据除草剂的施药时间，土壤处理又可细分为如下方式：

①草坪播前或移植前土壤处理　在草坪播种或移植前把除草剂喷洒到土壤表面，然后再播种或移植草坪。

②草坪播后苗前土壤处理　指利用草坪播种后至出苗前的这段时间把除草剂喷洒到土壤表面的土壤处理。该方法大多数情况下是利用土壤位差的选择性来达到对草坪安全和除草的目的。对于直播栽培的冷季型草坪，由于其种子对除草剂较敏感，故使用时需格外小心。

③草坪定植后土壤处理　指在草坪生长期、杂草出苗前把除草剂喷洒到土壤表面的土壤处理。该方法是成坪草坪养护中最常用的一种杂草控制方法，必须根据当地杂草的发生规律，在杂草萌芽时进行。由于此时草坪已成坪，且使用的除草剂为杀芽剂，故草坪具有较强的忍耐力。该方法可选用的除草剂较多，主要有丁草胺、大惠利、敌草隆、阿特拉津、除草通等，可参见表4-15～表4-19。

草坪除草剂的土壤处理既可用喷雾法，也可用毒土法，以喷雾法最常用。毒土施药时不仅毒土与药剂要拌均匀，而且还要撒施均匀。一般要求土壤有一定湿度，最好在下小雨前进行或洒后喷水，使药剂均匀地分布于土壤表面，有利发挥除草效果。不过，施药遇下大雨也会冲掉药液降低除草效果。

（2）茎叶处理

茎叶处理指把除草剂直接喷施到杂草茎叶的处理方法。该法的优点在于见草就除，针对性强，草坪养护人员最易接受，且对多年生杂草有较好的控制作用。其不足之处是有些除草剂选择性差，使用不当易对草坪草造成伤害，且使用后中毒杂草残株枯黄，贴于草坪表面，影响草坪的整体美观。根据施药时间，茎叶处理又可细分为如下方式：

①草坪播前或移植前茎叶处理　指在草坪尚未播种或移植前，把除草剂喷洒在已长出的杂草上的方法。该方法通常要求除草剂具有广谱性，药剂易被茎叶吸收，落在土壤上失去活性或不致影响草坪生长；用药时间以杂草一叶期为佳，这时杂草对除草剂较敏感，可取得较好的防除效果。该方法缺点是仅能消灭已长出的杂草，对未出苗的杂草则难以控制。常用的除草剂有灭生性的草甘膦和克芜踪。

②草坪生长期茎叶处理　指在草坪生长期间施用除草剂控制已出苗杂草的方法。采用该方法除草剂不仅接触杂草，也能碰到草坪草。因此，要求除草剂为具有高度选择性除草剂，并且，选择在杂草敏感而对草坪安全的生长阶段进行。如防除禾本科草坪的阔叶杂草，可选用的除草剂较多，且大多对草坪安全。如2,4-D丁酯、百草敌、使它隆、苯达松等。但要注意2,4-D类对翦股颖和改良型狗牙根不太安全。但是，草坪同科杂草即禾本科草坪中防除禾本科杂草及阔叶草坪中防除阔叶杂草还是技术难点，尤其是禾本科草坪上防除禾本科杂草，特别是多年生杂草狗牙根、双穗雀稗等恶性杂草的防除更为困难，一般可选用恶唑禾草灵，但该剂对百慕大草坪不安全。如禾本科草坪上防除香附子、水蜈蚣等莎草科杂草，通常用2甲4氯和苯达松的混剂，但该剂对多年生杂草香附子效果不彻底，对水蜈蚣无效。秀百宫不仅对地上部分效果好，而且对地下根茎的抑制率极高，用药区香附子再生率很低。但是，秀百宫仅能用于暖季型草坪，冷季型草坪则可使用坪安5号。

③草坪休眠期茎叶处理　暖季型草坪冬季有一段休眠期，此时草坪地上部分基本枯死，

如有杂草危害可选用触杀型灭生性除草剂如克芜踪等进行草坪杂草防除。如此时选用除草剂草甘麟则需要注意的是，由于草甘麟水剂具有内吸传导性，在暖冬年份使用可能没有被完全休眠的草坪吸收，导致翌年草坪无法萌芽，造成秃斑，所以使用时应予以足够重视。

茎叶处理一般采用喷雾法，它能使药剂易于附着与渗入杂草组织，有较好的防治效果。同时，除草剂茎叶处理一般要求在天气晴朗的条件下使用，以防雨水冲掉药液而降低除草效果。

总之，除草剂土壤处理是防，是主动除草；茎叶处理为治，是被动除草。因此，草坪杂草化学防除的基本原则应遵循"土壤处理为主，茎叶处理为辅的原则，预防为主，防治结合"。具体应采用如下策略：

对症用药，要弄清草坪草的种类、要弄清草坪杂草的种类和选用除草剂的性质、要弄清草坪的生育时期；适时适量用药；了解环境，掌握条件，配套管理；防止使用不当，防止误用，防止残留药害。

4.7　草坪病害的防治

加强草坪病害的控制，创造草坪良好的环境条件，显得十分重要。

4.7.1　草坪病害概述

草坪病害是指草坪草由于生物和非生物致病因素的作用，正常的生理生化功能受到干扰，生长和发育受到影响，因而在生理或组织结构上出现多种病理变化，表现各种不正常病态甚至死亡，最终破坏草坪景观与使用效果并造成经济损失的现象。

4.7.1.1　草坪病害的类型及特点

（1）草坪病害的类型

草坪草病害根据病原不同可分为如下两大类。

①侵染性病害　指由生物因素，即真菌、细菌、病毒、植原体等引起的病害。引起浸染性病害的生物称为病原物。由于病原物具有生长和繁殖能力，可以在草坪草植株间传播，所以又称传染性病害。

②生理性病害　指由于非生物因素（即非侵染性病原）的作用造成草坪草的生理代谢失调而发生的病害。也称非侵染性病害。非生物因素是指草坪生长环境条件不良或养护管理措施不当，主要包括营养失调（营养缺乏或过剩）、水分不均（过多或过少）、温度不适（温度过高或过低）、药害、光照不足或过强、缺氧、空气污染、土壤 pH 值不当或盐渍化等。这类病害不会传染，一旦环境改善，病害症状便不再继续，能恢复正常状态，又称非传染性病害。

此外，根据多年草坪病害的调查资料分析，初步确定危害我国草坪病害的主要有 40 余种，还可根据其发生流行规律与防治难易分为如下 4 种类型：分布广、危害重、几乎年年发生、防治难度大的：褐斑病、夏季斑、腐霉枯萎病、镰刀枯萎病、狗牙根春季死斑病、坏死环斑病、全蚀病等；局部发生，危害较轻时造成叶枯，重时造成根腐、斑秃的：剪股颖赤斑病、早熟禾溶失病、高羊茅叶斑病、离蠕孢叶枯（根腐）病、弯孢叶枯（根腐）病、炭疽病等；经常发生、较易防治的叶部病害：锈病、黑粉病、白粉病等；其他：红丝病、褐条斑病、灰斑病、仙环病、黏霉病等。

（2）草坪病害的特点

草坪侵染性病害具有如下特点：一是侵染性病害在田间可看到由点到面逐步扩大蔓延的趋势，一般呈分散状分布。有的病害的扩展与某些昆虫有关；某些新病害的发生与换种和引种等栽培措施的改变有关。二是有些病害的严重发生往往与当年的气候条件、草坪草品种的抗性丧失和布局有关。三是侵染性病害中，除了病毒、类病毒、植原体等引起的病害没有病征外，真菌、细菌等引起的病害，往往既有有病状又有病征。但无论哪一类病原物所引起的病害，都具有传染性。

草坪生理性病害的特点：其常见症状为草坪草变色（如缺少草坪生长所必需的营养元素时）、畸形（如因干旱而萎蔫）、枯死（如温度过高或过低）等，并具有如下特点：一是症状独特，病部无病征；二是田间同时大面积发生，无明显发病中心；三是病株表现症状的部位有一定规律性；四是与发病因素密切相关，改变条件后植株一般可恢复健康。

4.7.1.2 草坪病害的识别

草坪病害的识别是草坪病害防治的关键，草坪养护者必须了解草坪病害的病原物及其致病过程，观察草坪病害症状，掌握草坪病害发病条件。

草坪草病害发生的过程始于病原物侵入寄主植物。病原物在寄主草坪草体内的定植，就表明该草坪草植株已经被侵染，经过几天或几周的潜伏期后，开始出现病症。

病原物种类不同，其致病过程有所不同。如真菌首先可通过各种孔道侵入草坪草体内，在植株体中形成菌丝体。然后，菌丝在植株体内可释放出毒素，使草坪草细胞失去完整结构以致最终死亡。

草坪病害症状是其病理过程的综合表现，每一种草坪病害都有其一定的特异性和稳定性，所以症状是病害诊断的重要依据。许多草坪病害常常以草坪草名加症状特点来命名，如早熟禾白粉病等。

任何一种草坪病害的流行必须具备3个条件：存在大量感病的寄主草坪草、大量致病力强的病原物和适宜病害发生的环境条件。病原物和感病寄主之间的相互作用是在环境条件影响下进行的，要形成草坪病害，至少要有草坪草与病原接触及两者之间的反应，但如果环境因子使病原菌不易危害草坪草，或草坪草产生抗性，病害仍然不会发生，故寄主植物、病原、环境三者为草坪病害发生发展的3个基本要素，三者缺一不可。

环境条件是引发草坪病害的主要因素。任何一种病原物都有适宜其自身生长与繁殖的温度、湿度和光照条件。通常湿润的气候最容易诱发真菌病害。因为真菌依靠外部水分繁殖，在干旱条件下几乎不活动。温度也是诱发病害的重要条件，温度的变化使草坪病害呈现季节性变化。如在夏季气温在26℃以上时，褐斑病、腐霉菌枯萎病、炭疽病、镰刀菌枯萎病等高温病害常在草坪上发生和流行；春秋季节草坪上常发生锈病、白粉病、黑粉病、全蚀病、钱斑病等中温病害。而雪腐病则是在晚秋、冬季和早春季节容易在草坪上发生的低温病害。

遮阴也容易诱发草坪病害。长期的低光照有利于病原物的活动，长期遮阴加上高湿度条件会使草坪草植株变得鲜嫩多汁，从而更易被病原物侵染。

总之，草坪一旦发生病害，首先应根据病害症状来判断病害类型。一般每种病害都有一定的症状，特征明显的病害，根据症状即可诊断，如锈病。症状不明显者，可结合当时的气候特点和被害草坪草种类加以识别。最有效的方法是取样化验，在实验室通过分析病原物种类而诊断病害种类，但需时较长。此外，有时草坪侵染性病害和生理性病害两者症状相似，而且常常互为因果，伴随发生。例如，当草坪草生长在不适宜的环境条件下时，其抗病性会下降甚至消失，因而容易感染传染性病害。同理，传染性病害也会使草坪草的抗逆性显著降低，更易引起非传染性病害。

4.7.2　草坪病害的防治方法

草坪病害发病的病原、感病机体和发病环境等 3 个因素，缺少任何一个都不会发生病害。所以任何增加草坪草抗病性、控制病原物和改变环境条件的方法都可有效地防治草坪病害。因此，草坪病害应采用"预防为主，综合防治"的策略。

4.7.2.1　选用抗病草坪草种(品种)及无病种苗

草坪病害发生的首要条件是必须存在感病的寄主草坪草，而不同的草坪草种及品种的病害的抗性不同。因此，草坪建植时应选择抗病性强、适应当地气候的草坪草种和品种。再者，不同病菌所侵染的草坪草种类也有差别，因此，草坪生产实际中提倡采用不同草种混播的方法建植草坪，同一种草坪草种的不同品种的混合播种也有利于抑制草坪病害的扩散。

根据我国 2007 年公布的《中华人民共和国进境植物检疫性有害生物名录》，我国草坪草的检疫性病害有翦股颖粒线虫病和可侵染禾草的小麦矮腥黑穗病、小麦印度腥黑穗病等。因此，应通过严格的植物检疫措施选用无恶性草坪病原物的优良种苗建植草坪，从源头上防控草坪病害发生。

4.7.2.2　种苗处理

草坪种苗在播种栽植前应进行温汤、高温消毒处理或进行药剂浸、拌种，是防治草坪病害的有效方法。还可利用筛选法、水选法、石灰水浸种等比重法精选种子。

4.7.2.3　养护管理防治

草坪养护管理措施应创造一个不利草坪病害发生的环境条件。可采用调节播种期、合理修剪、合理施肥、适当灌溉及排水、及时处理病株杂草及枯草层并及时通气，调节土壤 pH 值等养护管理措施防治草坪病害。

4.7.2.4　生物与化学防治

利用有益微生物或其代谢产物防治草坪病害的方法称为生物防治。按其作用可分为拮抗作用、寄生作用、交叉保护作用、抗菌素抑菌或杀菌作用等。如可用链霉素防治草坪细菌性软腐病；可用内吸性好的灰黄霉素防治多种草坪真菌病。生物防治是草坪病害防治的新领域，它具有高度选择性，对人、畜及植物一般无毒，对环境污染少、无残毒等优点。

化学防治作用迅速、效果显著，使用方法易于掌握，是防治草坪病害的重要手段。但它易污染和破坏生态环境，甚至还可能对草坪产生不同程度的药害。因此，应当科学合理选用高效、低毒、低残留、对环境友好的药物；同时要掌握草坪播种期和病害发生初期等草坪病害的防治最佳时期，采用先进的施药技术，减少用药量、降低残留量、减少药液的漂移。

草坪杀菌剂的种类很多，按施用阶段可以分为保护性杀菌剂和治疗性杀菌剂。保护性杀菌剂主要在草坪草体外发挥作用，不能被植物吸收，在植物已感病后无治疗作用，因而只能在病害发生之前应用，其特点是具良好的耐雨水冲刷性、抗紫外线分解及粘着性好等。可在易感病季节(夏季)到来之前，经常施用低剂量的杀菌剂进行预防，可取得良好的效果。保护性杀菌剂一般为广谱性杀菌剂，但施用时应根据病害的发生规律，在不同时期，有针对性地、有选择性地施入，而不要在全年或草坪整个生长季节无目标地施用。另外，施用时注意不要在同一块草坪上长期施用同种药剂，以免病菌产生抗药性。常见的保护性杀菌剂有福美双、波尔多液、石硫合剂、代森锰和代森锌等。

治疗性杀菌剂是在草坪发病前或后使用。这类药剂可以被植物体吸收，并可在体内运转和杀死或抑制病菌，因而可以治疗已染病的植株，防止病害继续发展，常见的有甲基托布津、代森锰锌、苯来特、赛力散、多菌灵、甲霜灵等。

草坪病害化学防治主要处理方法如下：①药剂拌种或种子包衣处理。这是防治草坪褐斑病、烂种、猝倒、腐霉枯萎病、镰刀菌枯萎病、锈病和根腐病等的有效措施之一。②播前土壤处理。播前土壤处理，可以有效杀灭土壤中的各种病原菌和其他有害生物，是防治草坪病害的有效措施之一。③药剂喷施。在草坪发病初期或病害发生前，即病原菌大量侵染繁殖之前，是及时选用适当药剂喷施防治的最佳时期，为获得良好的防治效果，应注意合适的药剂浓度、喷药时间和次数、喷药量，并要注意防止抗药性产生：应当尽可能混合施用或交替使用各种杀菌剂，以防止抗药菌丝的产生和发展，决不要长期在同一草坪上使用单一药剂。

4.7.3　常见草坪病害及其防治

我国已报道了40余种草坪病害，大多为真菌病害。对常见草坪病害及防治方法等分别叙述如下。

4.7.3.1　褐斑病(Brown patch)

草坪草褐斑病，别名丝核菌枯萎病、立枯丝核病、立枯丝核疫病，也有人译为褐区病、立枯丝核菌褐斑病等。是一种由立枯丝核菌(*Rhizotonia solani* Kühn)引起的一种真菌病害。

由于草坪草褐斑病的土传习惯，所以，寄主范围比任何病原菌都要广。它广泛分布于世界各地，可以侵染所有的草坪草，如早熟禾、邵氏雀稗、狗牙根、假俭草、细弱翦股颖、匍匐翦股颖、细叶羊茅、草地早熟禾、牛尾草、黑麦草、钝叶草、苇状羊茅、翦股颖、结缕草等250余种禾草。其中，以冷季型草坪草受害最重。

【症状】草坪草褐斑病是一种根部和茎部病害，严重时病株根部和茎部变黑褐色腐烂。草坪褐斑病在高温高湿的炎热夏秋季节，首先观察到叶片先变成黄绿色，然后萎蔫变成淡褐色斑点，进而死亡。初始时期病斑形状为长条形或纺锤形，不很规则，长1~4cm，后侵入茎秆。当出现小型枯草斑块时，预示病害即将大面积发展；典型特征：草坪出现粗略圆形的淡褐色斑区，直径0.1~1.5m，边缘呈现褐色圆环。

【防治措施】

①养护防治　早发现，早治疗；合理施肥，科学灌水；修剪后喷施预防性杀菌剂。

②药剂防治　有效保护药剂：代森锰锌、百菌清、福美双等广谱保护性杀菌剂；特效治疗药剂：菌斑净、绿安、褐斑清、井冈霉素、扑海因、咪鲜胺等。

4.7.3.2　腐霉枯萎病(pythium blight)

草坪腐霉枯萎病又称油斑病、絮状疫病。它是主要由腐霉菌(*Pythium* spp.)在高温高湿条件下引起的根部、根茎部、茎和叶变褐腐烂的草坪病害。它也是全国各地普遍发生、蔓延迅速、可使草坪草死亡的一种草坪毁灭性病害。所有草坪草都会感染此病，其中，冷季型草坪匍匐翦股颖、一年生早熟禾、粗茎早熟禾和多年生黑麦草等受害最重。它也能侵染草地早熟禾和苇状羊茅，但扩展有限，对其为害较轻。

【症状】腐霉枯萎病发病初期叶片呈水渍状和黑色黏滑状，后变成褐色或白色；早晨可在受侵染的植株上观察到絮状的灰色或白色的菌丝体；病斑呈 2 ~ 5cm 圆形状，若未能及时防治，小病斑会连接融合成大而不规则的病斑，受损草坪死亡，呈絮毯状。如果环境有利病害发生，不加以及时防除的话，会造成草坪在几天之内大面积死亡。发病条件：高温（26 ~ 35℃）、潮湿气候易发病，土壤排水不良，草坪氮肥施肥量过多也会引发此病。

腐霉枯萎病菌在土壤或植株残体中越冬。其扩展通常与水分的移动有关。当雨水流过受害草坪时，水分传播病菌孢子到健康草坪。同时，在潮湿环境下病菌也可通过剪草机等设备传播。

【防治措施】

①改善草坪立地条件　建植前要平整土地，黏重土壤或含沙量高的土壤需要改良，要有排水设施，避免雨后积水，降低地下水位。

②养护管理防控措施　合理灌水，减少灌水次数，控制灌水量，降低草坪小气候相对湿度。及时清除枯草层，高温季节有露水时不剪草，以避免病菌传播。平衡施肥，避免施用过量氮肥，增施磷肥和有机肥。剪草时应待露水干燥后进行。修剪后的机器应冲洗干净，以减少病菌的交叉感染。对已染病的草坪修剪前应先打药杀菌。

③选用耐病草种　匍匐翦股颖和多年生黑麦草对腐霉枯萎病比较敏感，其他草种抗性相对较强，但其抗性在相同草种不同品种间存在较大差异。倡导不同草坪草种或不同品种混植。如高羊茅、黑麦草、早熟禾按不同比例混合种植。

④药剂防治：精甲霜灵［N-（2,6-二甲苯基）-N-（甲氧基乙酰基）-D-丙胺酸甲酯］和霜霉威防治腐霉枯萎病效果较好。氰霜唑［4-氯-2-氰基-N, N-二甲基-5-对甲苯基咪唑-1-磺酰胺］和氟吡菌胺｛2,6-二氯-N-［（3-氯-5-三氟甲基-2-吡啶基）甲基］苯甲酰胺｝是近年开发的对腐霉枯萎病防效较好的新药。此外，还有保护药剂：代森锰锌、甲基托布津、百菌清、福美双等广谱保护性杀菌剂。治疗药剂：腐菌清、绿康、霉优Ⅰ、杀毒矾、乙磷铝、霜霉威（普力克）、恶霉灵等。

草坪夏季斑枯病又称夏斑病，主要侵染草地早熟禾、羊茅、匍匐翦股颖、多年生黑麦草等多种冷季型草坪草，以草地早熟禾和匍匐紫羊茅受害最重，造成草坪不规则形枯斑，严重影响草坪景观，是夏季高温高湿时节发生在冷季型草坪的一种毁灭性病害。

【症状】病原菌：子囊菌亚门真菌（*Magnaporthe poae*），有性繁殖形成子囊壳，一般只在实验室培养条件下才可观察到，黑色、球形，有圆柱形的颈，无性繁殖形成分生孢子。初期侵染叶部、根冠部、根状茎部呈黑褐色，后期维管束变成褐色；草坪出现环形、瘦弱、生长较慢的小班块、草株变成枯黄色、多呈圆形斑块，斑块大多不超过 40cm；多发生在炎热多雨天气后的高温（23 ~ 35℃）天气，其与褐斑病的最大区别是斑圈为枯圈；病原菌一般沿根冠部和茎组织蔓延。

环境因子对草坪夏季斑枯病的发生至关重要。夏季斑枯病总是在 7 ~ 8 月发生，在全光照下危害最重。根系层土壤温度达 24℃、土壤潮湿是易感草坪发病的 2 个重要因子。潮湿、凉爽的夏季，症状要到 8 月甚至 9 月初才能发生，9 月中下旬气温变凉爽时病害症状减轻。并且，夏季斑枯病在光照充分的阳坡或较为温暖的区域危害严重；经过潮湿、温暖时期后的干旱胁迫，以及板结土壤也有利病害发生；如春季施氮肥过多、枯草层积累、频繁少灌或降雨也能引起夏季斑枯病；低修剪能加剧病情，草坪生长高大后强行低修剪能引发病害发生。

夏季斑枯病属于草坪根部病害，病原菌发展迅速，肉眼看到叶片变黄的时候，基本上整株草根系已死亡。2 年以上的草地早熟禾更容易发生夏季斑枯病。新建草皮也可能出现夏季斑枯病，因为草皮在播种 2 年以上才收获。匍匐紫羊茅通常秋季播种后第 2 年夏季发病。

【防治措施】草坪夏季斑枯病主要是提前预防，促进根系发育的养护管理措施均可减轻病害。

①选用抗病草种或混植　草地早熟禾、匍匐紫羊茅、羊茅对夏季斑枯病比较敏感；苇状羊茅、结缕草则抗夏季斑枯病甚至免疫。

②科学养护　a. 减轻草坪逆境和促进根系发育：草坪建植前应平整土地；黏重土壤或含沙量高的土壤均需改良；要设置地下或地面排水设施，避免雨后积水，降低地下水位；注意打孔、疏草，疏松土壤，改善排水条件。b. 改进灌水方法：采用喷灌、滴灌，控制灌水量，减少灌水次数，减少根层土壤含水量，降低草坪小气候相对湿度，掌握不干不浇，浇水宜在上午，傍晚不可浇灌。c. 平衡施肥，合理修剪：避免施用过量氮肥，增施磷肥和有机肥；枯草层厚度超过 2cm 后及时清除；高温季节有露水时不剪草，以避免病菌传播；剪草高度应不低于 5~6cm，特别是在高温期。

③化学防治　粉锈宁、丙环唑和嘧菌酯等均为预防夏斑病最有效的药物，应在 6 月当环境有利病害发生时就施用，然后经 3~4 周施第 2 次药。粉锈宁和丙环唑常见用量为 13g/100m^2，嘧菌酯用量为 1.3g/100m^2，用量不足防效不好，但用量过多通常不能提高防效，每亩至少兑水 65 升左右。

必须注意一旦病害发生出现明显枯斑后，施用杀菌剂的效果并不稳定。当草坪出现大面积夏斑病斑，最好用抗性品种补播。

4.7.3.3　锈病(rust)

锈病是由真菌中的锈菌(*Puccinia* spp.)寄生引起的草坪草分布较广的一类重要病害。几乎每种禾草都有一种或数种锈菌危害，其中以冷季型草中的多年生黑麦草、高羊茅和草地早熟禾，及暖季型草中的狗牙根、结缕草受害最重。

锈病依据菌落的形状、大小、色泽、着生特点等，主要分为叶锈病(*Uromyces* spp.)、秆锈病(*Puccinia graminis*)、条锈病(*Puccinia striiformis*)和冠锈病(*Puccinia coronata*)等类型。多数锈病需要在 2 个不同寄主上完成其生活史，第 2 寄主植物通常为木质灌木或草本观赏植物。

【症状】锈菌侵染初期叶片出现浅绿色或黄色斑点，斑点逐步扩大拉长，侵入植株表皮，表面形成凸起的脓胞，脓胞中出现红褐色或橙色孢子。用手指摸捏脓胞，孢子会粘附到手上。走过受侵染的草坪区，鞋会被染成橙色。主要危害叶片、叶鞘或茎秆，在感病部位生成黄色至铁锈色的夏孢子堆和黑色冬孢子堆，被锈病侵染的草坪远看是黄色的（不同锈病在依据其夏孢子堆和冬孢子堆的形状、颜色、大小和着生特点进行区分）。侵染严重的草坪植株失绿、萎黄，呈黄色、橙色或红褐色，草坪生长不良并死亡。受损较轻的草坪不会死亡，但对不利环境和其他病虫草害更为敏感。

锈病的共同特征是为害草坪植株绿色部分，草坪感染锈病后叶绿素被破坏，光合作用降低，呼吸作用失调，蒸腾作用增强，大量失水，叶片变黄枯死，草坪被破坏。

【防治措施】采用种植抗病草种或品种为主，药剂防治和养护防病为辅的综合防治措施。

①选用抗病草种　锈病常发地带应种植抗病草坪草种或品种或其他耐阴性的地被植物取

代草坪老品种，草坪混播效果更好。

②加强养护管理　合理施肥：生长季节多施磷、钾肥，适量施用氮肥。合理灌水：避免夜间灌溉和频繁浅灌，降低田间湿度。发病后适时剪草，减少菌源数量。适当减少草坪周围的树木和灌木，保证通风透光。尽量保持草坪建议最高株高，剪草时取出刈剪物，防除枯草层。

③化学防治　三唑类杀菌剂防治锈病效果好、作用持效期长。常见品种有：粉锈宁、羟锈宁、特普唑（速宝利）、立克秀等。一般在发病早期（以封锁发病中心为重点时期），常用25% 三唑酮可湿性粉剂 1000～2500 倍液，12.5% 速保利（特普唑）可湿性粉剂 2000 倍液等兑水喷雾。通常在修剪后，用15% 粉锈宁乳剂 1500 倍喷雾，间隔 30d 后再用 1 次，防治锈病效果可达 85% 以上。

4.7.3.4　镰刀枯萎病（*Fusarium roseum*）

镰刀菌枯萎病在全国各地草坪草上均有发生，寄主范围广泛，可侵染多种草坪草，如早熟禾、羊茅、翦股颖等。致病病原菌为半知菌亚门、丝孢纲、瘤座孢目、镰孢菌属的几个种。

【症状】镰刀菌枯萎病主要造成烂芽和苗腐、根腐、茎基腐、叶斑和叶腐、匍匐茎和根状茎腐烂等一系列复杂症状。发病草坪出现淡绿色圆形或不规则形 2～30 cm 斑。湿度高时，病部可出现白色至粉红色的菌丝体和大量的分生孢子团。3 年生以上的草坪可出现直径达 1 m 左右、呈条形、新月形或近圆形的枯草斑。由于枯草斑中央为正常植株，整个枯草斑呈蛙眼状。

镰刀菌枯萎病主要是发生在仲夏高温期间土壤干旱地方，特别是向南坡面上；土壤含水量过低或过高都有利于镰刀菌枯萎综合症严重发生，干旱后长期高温或枯草层温度过高时发病尤重；在春季或夏季过多或不平衡使用氮肥，草的修剪高度过低，土壤顶层枯草层太厚等，均有利于镰刀菌的发生；pH 值高于 7.0 或低于 5.0 也有利于根腐和基腐发生。

【防治措施】镰刀枯萎病是一种受多种因素影响、表现出一系列复杂症状的重要草坪病害，防治更应强调"预防为主，综合防治"的原则。

①选用抗病草种和无病种苗　由于草坪草种间的抗病性差异明显，应选用抗病、耐病草种或品种。提倡草地早熟禾与羊茅、黑麦草等混播。由于种子带菌率高，因此，要尽量从无病的原产地引种。

②加强科学管护　冠部和根腐烂病可以通过使逆境胁迫最小化而加以减轻。不要修剪过低，日常修剪后配合预防性施药，及时清除枯草层。平衡施肥，增施有机肥和磷、钾肥，避免大量使用氮肥。减少浇水次数，应适当深浇，提供足够的湿度而不致造成干旱胁迫。

③适时化学防治　用预防性杀菌剂防除或者在病害一发生就使用治疗性杀菌剂防治效果较好。建坪期间可对要使用的草坪草种子进行药剂拌种或种子包衣。有效预防药剂：代森锰锌、百菌清、三唑类、扑海因、福美双等广谱保护性杀菌剂。治疗药剂：绿康、绿安、必菌鲨、甲基托布津、多菌灵、恶霉灵、乙磷铝、阿米西达、敌力脱等。

4.7.3.5　白粉病（Powder mildew）

草坪白粉病也称粉霉病，是由白粉菌（*Erysiphe graminis*）引起的真菌病害，是广泛分布于世界各地的草坪常见病害。可侵染狗牙根、草地早熟禾、细叶羊茅、匍匐翦股颖以及多种观赏植物，其中以早熟禾、细羊茅和狗牙根发病最重，荫蔽环境下从春季到秋季中温高湿下草地早熟禾受害尤为严重。

【症状】白粉病以下情况有利于发生和蔓延：空气不流通；湿度较高，但叶片表面没有可见水分；光照不足；气温16～22℃。白粉菌为专性寄生真菌，只存活于草坪植株活体。它通常在被侵染的休眠草坪植株度过不利环境，当环境适宜时，在侵染叶片上产生大量的无性孢子，即分生孢子，使得叶片呈发霉状，故名粉霉病。分生孢子通过风被动传播到健康草坪，当条件适宜时极短时间(约2 h)就能侵染草坪。除了侵入叶细胞吸收养分的吸盘状吸器外，病菌生长仅限于叶片表面。

白粉病主要侵染草坪草叶片和叶鞘，也危害茎秆和穗部。受侵染的草皮呈灰白色，像是被撒了一层面粉。开始的症状是叶片上出现1～2 mm大小病斑，以正面较多。以后逐渐扩大成近圆形、椭圆形绒絮状霉斑，初白色，后变灰白色、灰褐色。霉斑表面着生一层粉状分生孢子，易脱落飘散，后期霉层中形成棕色到黑色的小粒点，即病原菌的闭囊壳。随着病情的发展，叶片变黄，早枯死亡。

【防治措施】

①种植抗病草种和品种并合理布局 草坪草品种抗病性根据反应型鉴定：免疫品种不发病；高抗品种叶上仅产生枯死斑或者产生直径小于1 mm的病斑，菌丝层稀薄；中抗品种病斑亦较小，产孢量较少。草地早熟禾对白粉病较为敏感；细叶羊茅偶有发生，但侵染不严重；改良型苇状羊茅较抗白粉病，可用于荫蔽环境。

②科学管护 控制合理的种植密度、不要过密；适时修剪，不要留茬过高；增施磷钾肥，控制氮肥使用量；合理灌水，不要过干过湿；注意草坪周围观赏性乔木、灌木的选择和修剪，保证草坪冠层的通风透光。

③喷药防控 三唑类杀菌剂防治效果好、作用的持效期长。常见品种有：粉锈宁、羟锈宁、特普唑(速宝利)、立克秀等。预防性杀菌剂预防的关键在于病害稳定发生前施药。已经表现出症状的叶片，施用预防杀菌剂基本没有效果。历年发病较重的地区，应在春季发病初期用70%甲基托布津可湿粉剂1000～1500倍液、50%退菌特可湿粉剂1000倍液以及25%三唑酮可湿性粉剂2000～3000倍液等喷药防治。如以上药剂产生抗药性时，可选用40%福星乳油8000倍液。

4.7.3.6 黑粉病(Smut)

草坪黑粉病在世界各地均有分布。黑粉菌(*Ustilago* spp.)是一种高度寄生专化性的病原物，可以在植物的叶片、叶鞘、茎以及花序等部位引起特异性症状。病原菌主要为条黑粉菌[*Ustilago striiformis* (Westend.) Niessl]、冰草秆黑粉菌[*Urocystis agropyri* (Preuss) Schroter]和鸭茅叶黑粉菌[*Entyloma Dactylidis* (Pass) Cif.]。其中，条黑粉病分布最广，危害最大。条形黑粉病可侵染26属48种禾本科植物，其中翦股颖、黑麦草、早熟禾易感病，尤以草地早熟禾最感病；秆黑粉病可在8个属的禾本科植物寄生；鸭茅叶黑粉病(疱黑粉病)主要寄生早熟禾属、翦股颖属、羊茅属等植物。黑粉病是一种系统侵染且多年生病害，一旦草坪草被侵染，它将会终生染病，染病植株生长很弱，不利条件下会死亡。

【症状】条形黑粉病和秆黑粉病症状基本相同，植株矮化、叶片变黄，随病害的发展，叶片卷曲并在叶片和叶鞘上出现沿叶脉平行的长条形、黑色冬孢子堆，以后孢子堆破裂，散出黑粉，如果用手触摸这些黑色或烟灰状的粉末会被抹掉。严重病株叶片卷曲并从顶向下碎裂，甚至整个植株死亡。由于被侵染草坪草植株分蘖少和病株的死亡，草坪变稀，造成秃斑，引起杂草侵入。叶黑粉病症状主要表现于叶片，病叶背面有黑色椭圆形疱斑，即冬孢子堆，长度不超过2mm，疱斑周围褪绿。严重时，整个叶片褪绿变成近白色。冬孢子堆始终埋在寄主叶表皮下。

条黑粉病最常出现于春秋季冷、湿天气阶段（昼温低于21.1℃时），随天气变暖症状逐渐消失。尽管症状在冷季最明显，但对草坪的损失较少，而对草坪造成严重危害的却是在干、热的夏季（当草坪处于炎热、干旱逆境时）或是遭受干燥和低温逆境时的冬季。

①条黑粉病　主要通过种子和病土壤传播，造成系统发病。由于病菌的累积并能在土壤中存活多年，所以病害通常只在至少3年的老草坪上发生比较严重。

②秆黑粉病　易发生在晚春或初秋。发病规律基本与条黑粉病相同，土壤干旱、瘠薄、黏重以及播种过深时，发病重。

③叶（疱）黑粉病　主要发生在春、秋两季。较低的温度，适宜的湿度和营养条件有利病原存活，高温干旱，施肥不足或过量均会加速病株的死亡。病害由叶片侵入，通过气流、雨滴飞溅、人畜和工具的接触等途径传播。

【防治措施】

①种植抗病草种和品种　草坪草更有些品种抗病，但几乎都是暂时抗病。因条黑粉病菌有产生新小种的能力。一旦某一新品种广泛推广、种植，新的黑粉病菌小种也随之产生。因此可采用3~4个草坪草种或品种混植能有效地控制病害。

②播种无病种子　使用无病草皮卷和无病无性繁殖材料。

③化学防治　可用0.1%~0.3%三唑酮、三唑醇、立可秀等药剂进行拌种防治黑粉病。叶黑粉病，在发病初期，用三唑类的粉锈宁等药剂喷雾。条黑粉病是体内病害，只能采用内吸性杀菌剂灌根十分有效，最好在秋天气温降低或早春草坪草还处休眠时灌根。防治条黑粉病的内吸性杀菌剂有：苯菌灵、甲基托布津、乙基托布津、三唑酮等。

④科学管护　适期播种；避免深播，缩短出苗期；夏天保持最低用氮量，即每月每1000m²草坪施氮不要多于300g；草坪被条黑粉侵染后干燥，因健康的草地早熟禾会处于休眠状态，可导致草坪草死亡。因此，条黑粉侵染后不能保持干燥状态，应适时适度浇水促进草坪功能恢复。

4.7.3.7　炭疽病（Anthracnose）

草坪炭疽病是由禾生刺盘孢（*Colletotrichum graminicola*）引起的一种真菌病害，该病菌在死亡分解的有机物存活。炭疽病在世界各地都有发生，可侵染几乎所有的草坪草。偶尔发生于运动场草坪、庭院草坪，如早熟禾、匍匐翦股颖、草地早熟禾、细叶羊茅、黑麦草和假俭草。但主要发生于高强度管理的一年生早熟禾和匍匐翦股颖。

【症状】草坪炭疽病依据症状表现分为造成叶片枯萎的叶枯萎炭疽病（Foliar blight anthracnose）和造成茎基腐烂的茎基腐烂炭疽病（Basal rot anthracnose）2种类型。前者是早夏季高温、干旱、氮肥缺乏、刈剪过低和土壤板结或施用芽前除草剂等严重胁迫导致草坪草早衰，并限制了草坪的再生恢复引发的炭疽病。后者是凉爽潮湿春季的低修剪、缺氮或其他损伤植株组织的养护措施（如表施土壤、垂直刈剪）下引发的炭疽病。

炭疽病几乎任何时候都能发生，但通常在夏季的凉爽、暖和天气里最具破坏性。并且，高温高湿天气，土壤紧实，肥料和水分供应不足，叶面或根部形成水膜等草坪草逆境有利该病发生。

不同环境条件下的炭疽病症状表现不同。冷凉潮湿时，病菌主要造成根、根颈、茎基部腐烂，以茎基部症状最明显。茎基部受侵染造成植株快速萎黄和衰退。仔细查看侵染区域，可看到无数一角硬币大小的病斑。受损植株根颈组织呈黑色坏死状，炭疽病由此得名。病斑初期水渍状，颜色变深，并逐渐发展成圆形褐色大斑，后期病斑长有小黑点(分生孢子盘)。当冠部组织也受侵染严重发病时，草坪草植株生长瘦弱，变黄枯死。

天气暖和时，特别是当土壤干燥而大气湿度很高时，病菌很快侵染老叶，明显加速叶和分蘖的衰老死亡。叶片上形成长形的红褐色病斑，而后叶片变黄、变褐以致枯死。当茎基部被侵染时，整个分蘖也会出现以上病变过程。草坪上出现直径从几个厘米至几米的、不规则状的枯草斑，斑块呈红褐色→黄色→黄褐色→再到褐色的变化，病株下部叶鞘组织和茎上经常可看到灰黑色的菌丝体侵染垫，在枯死茎、叶上还可看到小黑点。

炭疽病症状的典型特点是其病斑产生黑色小粒点，显微镜观察可发现分生孢子盘上存在黑色的、针状的刚毛与分生孢子，这可作为快速诊断炭疽病发生的依据。但是，田间诊断中还发现两种病菌也能引起近似炭疽病的症状：一种是由微托菌(*Microdochium bolleyi*)引起；另一种是由病菌(*Volutella colletotrichoides*)引起。因此，若要进一步区分，必须进行病原物的准确鉴定。

炭疽病菌以菌丝体和分生孢子在病株和病残体中度过不适时期。当草坪草生长在逆境条件下，湿度高、叶面湿润时，病菌可穿透叶、茎或根部组织造成侵染。分生孢子盘在坏死组织中形成，然后释放分生孢子，分生孢子随风、雨水飞溅传播到健康草坪，造成再侵染。

【防治措施】

①选用抗病草种　一年生早熟禾和匍匐翦股颖均对炭疽病敏感。选择耐夏季胁迫的草坪草品种有助于防止炭疽病发生。

②科学养护管理　适当、均衡施肥，避免在高温或干旱期间使用含氮量高的氮肥，轻施氮肥、增施磷钾肥可以防止炭疽病严重发生。夏季干热时，可淋洗草坪，避免在午后或晚上浇水，应深浇水，尽量减少浇水次数。减轻践踏，春秋季适宜时间打孔、表施土壤，保持土壤疏松，防止土壤板结。适当提高留茬高度，及时清除枯草层能减少炭疽病侵染，促使草坪恢复。

③化学防治　适时正确用药能有效防治炭疽病。发病初期可用百菌清或乙磷铝等内吸性杀菌剂兑水喷雾，一般浓度为500～800倍。发病期间每隔10～15d喷一次药。病情严重地区每隔10d喷一次药，整个发病季节内不要停止施药。为了防止产生抗药性，应交替使用不同杀菌剂。近来还发现抗倒酯能减轻炭疽病危害。

4.7.3.8　币斑病(Dollar spot)

草坪币斑病又名钱斑病，是由核盘菌[*Sclerotinia sclerotiorum* (Lib.) de Bary]引起的真菌病害。该病发生于北美、欧洲、亚洲和澳洲等世界范围内的绝大多数草坪草，主要侵染早熟禾、巴哈雀稗、狗牙根、假俭草、细叶羊茅、细弱翦股颖、匍匐翦股颖、多年生黑麦草、草地早熟禾、匍茎羊茅、奥古斯丁草、普通翦股颖、结缕草等多种草坪草。尤其是对高尔夫球场草坪危害最严重。雨后或湿度高的天气之后，随着严重干旱，病害尤为严重。

【症状】币斑病为草坪草茎叶部病害。受害叶片开始产生水浸状褪绿斑，然后变成白色病斑，病斑边缘棕褐色至红褐色，病斑可扩大延伸至整个叶片，病斑常呈漏斗状，但也会出现椭圆形或椭圆形病斑，病斑中间为浅褐色或者漂白状。除早熟禾外所有的冷季型草坪草的币斑病外边缘都有红褐色的边界。单片叶可能只有一个病斑或许多小病斑，单个病斑能相互结合，使整个叶片枯萎；受感染的草坪草先从叶尖枯萎，然后整个叶片死亡。成片草坪可出现凹陷，圆形、漂白色或稻草色的枯草斑，大小约等于5分到1元硬币，从而得名为币斑病。刈割较低的高尔夫冷季型草坪果岭上可出现小的圆形币斑，这些斑点会逐渐凹陷。特别是被修剪成1.3cm或更短的草坪，凹陷处病斑尤为明显。修剪较高的草坪，如足球场和高尔夫球场的长草区，币斑病的症状为不规则的枯斑，其直径可达15cm。发病草坪清晨有露水时，可以看到白色、絮状或蜘蛛网状的菌丝，干燥时菌丝消失。翦股颖、紫羊茅、结缕草和狗牙根的叶片病斑末端有红褐色横纹，而早熟禾却看不到类似情况。

币斑病以菌丝体和子座组织，在病株和病叶表面渡过不良环境。病组织通过风、雨水和流水、工具、人畜活动等方式传播和扩展蔓延。当环境条件适于病菌活动时，从病组织或子座上产生的菌丝侵染叶片。气生菌丝也可通过与叶面接触，造成侵染。币斑病发病的适温为15～32℃，因此，从春末一直到秋季病害都可发生。另外，温暖潮湿的天气、形成重露凉爽的夜温、土壤干旱瘠薄、氮素缺乏等因素都可以加重病害的流行。

【防治措施】

①选用抗耐病草种　目前匍匐翦股颖和普通早熟禾等草坪草均无币斑病免疫抗病品种，仅有中等抗病或耐病品种，因此可选用这些抗耐病草种和品种，结合化学防治控制币斑病造成严重危害。

②加强草坪管护　高温的草坪生长季节，要轻施勤施氮肥，既有利于草坪正常生长，又有利于防治病害。合理灌水，提倡浇深水，尽量减少浇水次数，以2次浇水间隙不造成水分胁迫为宜，不要在午后和晚上浇水。草坪发生币斑病时，则要保持适量水分灌溉和氮肥施用。除掉露水是防治币斑病的常用方法：一般用竹竿驱赶或用胶皮管水冲洗，可使叶片干燥更快或用水将草株吐出来的水冲掉或稀释，从而可降低病害。此外，通风透光或移去草坪周围的树木和灌木及其他障碍物以改善草坪的空气对流状况，不频繁修剪和过低修剪，均可防治币斑病。

③药剂防治　防治药剂有：丙环唑、扑海因、速克灵；丙环唑+百菌清的防治效果更佳。

4.7.3.9　春季死斑病(Spring dead spot)

春季死斑病被认为是狗牙根最重要的真菌病害，甚至也称狗牙根春季死斑病，它主要危害狗牙根和杂交狗牙根，也危害结缕草。它的病原物为小球腔菌（*Leptosphaeria narmari* L. Korrae）。

【症状】春季休眠的草坪草恢复生长后或秋季和夏季的异常凉爽、潮湿的天气后，发病草坪上出现环形的漂白色死草斑块。斑块直径几厘米至1 m，3年或更长时间内枯草斑往往在同一位置上重新出现并扩大。2～3年后，斑块中部草株存活，枯草斑块呈现蛙眼状环斑。多个斑块愈合在一起，使草坪总体表现出不规则形、类似冻死或冬季干枯的症状。狗牙根根部和匍匐茎严重腐烂。坏死斑块中补播的新草生长仍然十分缓慢。病株的匍匐茎和根部产生深褐色有隔膜的菌丝体和菌核，有时在死亡的组织上还可观察到病原菌的子囊果（假囊壳或子囊壳）。

春季死斑病菌在土壤中存活，秋季和春季温度较低、土壤湿度较高时生长最活跃，10～20℃生长速度最快，适温为15℃（狗牙根根部35℃时生长最快，15℃时极其缓慢）。因此，从秋季至春季，危害最严重。

【防治措施】单一的养护防控措施不能完全预防或控制春季死斑病，最好选用多种方法进行综合防治。

①种植抗寒的狗牙根品种，或改种多年生黑麦草、高羊茅和草地早熟禾。

②保证充足的肥料和氮磷钾肥的合理施用，特别强调铵态氮与钾肥的混合施用。

③适时的化学防治可有效地控制病害　氯苯嘧啶醇（Fenarimol）一直是防治春季死斑病最有效、最稳定的杀菌剂。该杀菌剂最好9月初提前施用，并且，使用杀菌剂后要浇水10～20 mm，把药剂完全冲入土壤中，从而可发挥良好防治效果。

4.7.3.10　仙环病(fairy Ring)

草坪仙环病也称蘑菇圈或仙人环，是由担子菌纲中许多腐生于植物残体和土壤中的真菌所引起常见草坪病害。病原是担子菌的小伞属、马勃菌属、小皮伞属、硬皮马勃菌属和口蘑属等20多个属的约60余种真菌，其中最常见的是蘑菇和马勃。仙环病的侵染和危害程度与草种无关，并可周年发病。一般砂壤土，低肥和水分不足的土壤病害最严重；浅灌溉，浅施肥，枯草层厚，干旱都有利该病害发生。

【症状】草坪仙环病产生的适宜条件包括：土壤中含有丰富的有机物；春秋季节土壤水分充足，而夏季土壤干旱。病菌生活于土壤表面的腐烂物，病菌形成的浓密白色菌丝体可限制空气或气体的流动，阻止水分流入，感病区可获得大量的氮素，草坪呈现出大面积的仙环病危害圈，形成一些弓形或环形草带，导致在仙环带内的草比两侧的草坪草生长较快，并呈暗绿色，草坪呈现出深绿色茂盛生长环，有时环内生长有大量的蘑菇，但草坪草无病症；有时只呈现环形生长的蘑菇圈，圈内外草坪草均无任何病症。最后，过量的氮素加上真菌产生的毒素导致感病区草坪草死亡。仙环病症状主要表现为以下3种形式。

①在草坪地块上出现环形的深绿色的生长迅速的草圈，草圈内的草坪草表现为缺肥症状，颜色相对较淡。

②在草坪上出现一个枯草圈，枯草圈内草坪草生长正常或颜色相对较深。

③在草坪上出现环形排列的担子果，草坪草生长不受明显影响。

【防治措施】

①平衡施肥　草坪营养均衡才能有效提高草坪草的抗病能力。增施钾肥有利明显增强草坪抗病能力和促进草坪草根系生长。此外，还应要注意草坪微量元素的补充。最好每半年做一次草坪土壤分析测试，有助草坪管理人员及时有效地掌握草坪土壤的状况。

②适当添加铺沙　可以结合适当的铺沙和梳草来减少草垫层的厚度，改良草坪土壤在垂直和水平2个方向的透气性。这是因为大多数真菌的生长繁殖都和草坪的通透性差有直接关系，过厚的草垫层会阻碍水和养分的渗入，同时还会给真菌以生存的空间并给真菌提供养分。

③深层打孔　可清除土壤深处的菌丝层，增强土壤的通透性。此外，每年一次的深层打孔可以改善土壤深层的通透性，使根系生长更长，提高草坪的抗病性。

④有规律、大强度地浇水　草坪浇水应避免干湿交替，频繁的短时间浇水会导致草坪表面过湿，而深层却无法得到足够的水分。这可导致草坪表面湿度过大，滋生青苔；而根系由于深层缺水而仅在地表生长。

⑤化学防治　由于病菌在深层土壤发展，使接触到菌体的杀菌剂浓度不足，无法发挥作

用。因此，草坪仙环病的化学防治较为困难。可挖除病原菌、及时清除子实体和更换病土迅速消灭病菌。大面积发病时，原则上对担子真菌有效的药剂均可有效防治。可根据经验选用一些环保型或低毒的杀菌剂如：力克、灭菌丹 500～600 倍稀释喷洒或通过打孔后用杀菌剂灌根的方法防治；也可以选用熏蒸型的杀菌剂如：溴甲烷、氯化苦和甲醛等对土壤进行熏蒸。

4.7.3.11　线虫病害(Nematosis)

草坪线虫病害各地均有发生。它是由一类无脊椎小动物(即线虫)引起的病害，其发生危害的方式更接近于害虫，尤其更接近地下害虫，不同于一般病害。并且，由于线虫个体较小，肉眼一般不易发现，加上在危害草坪草的过程中，存在明显的病理程序变化。因此，它是一类性质较为特殊的病害。

线虫是无脊椎动物，属线形动物门、线虫纲。虫体大多两端稍尖，细长如线(有些种类雌体长大后为卵形)，个体微小、透明，大小为 1 mm×0.03 mm。植物寄生性线虫以其针状的嘴(似注射器的针头)刺吸草坪草的根系等器官而获取养分，同时释放出消化酶等有害物质，破坏植物细胞结构。

线虫生活周期为卵—幼虫—成虫，完成一代通常需要 20～40d。通常根据其对植物危害的部位不同，把线虫分为体内寄生线虫和体外寄生线虫两大类：凡线虫仅以口针刺入组织吸取汁液，而虫体其余部分不进入植物体内的称为体外寄生，典型的如剑线虫；凡虫体全部钻入植物组织内，刺吸植物汁液的称为体内寄生，典型如根结线虫。

温暖地区危害草坪草根部的线虫主要有：针刺线虫(*Belonolaimus* spp.)、锥线虫(*Dolichodorus* spp.)、螺旋线虫(*Helicotylenchus* spp.)、根结线虫(*Criconemella* spp.)、短体线虫(*Tylenchorhynchus* spp. 和 *Pratylenchus* spp.)、环线虫(*Criconemella* spp.)等。

【症状】　草坪线虫病害在暖温地带和亚热带地区可造成草坪草叶、根以至全株虫瘿和畸形，使草坪受到损失；在较凉爽地区也会造成草坪草生长瘦弱，生长缓慢和早衰，严重影响草坪景观。除直接危害外，还因它取食造成的伤口而诱发其他草坪病害，或有些线虫本身就可携带病毒、真菌、细菌等病原物而引起病害。

线虫以其口针刺穿寄主的表皮组织，吸收营养物质，同时将食道分泌的酶和有毒物质注入植物体内，帮助线虫消化植物的营养以利吸食，破坏植物的生理机能，干扰新陈代谢，如有的刺激寄主细胞体积变大或数量增多，形成瘤肿和畸形；有的抑制顶端分生组织分裂；有的溶解中胶层或细胞壁，使细胞解离、坏死或腐烂崩溃。所以草坪线虫病害的症状常表现为地上部分茎叶卷曲或组织坏死，地下部根系组织的坏死和腐烂等。

线虫病害通常是在草坪草叶片上均匀出现轻微至严重褪色，根系生长受到抑制，根短、根毛多或根上有病斑、肿大或结节，整株生长减慢，植株矮小、瘦弱，甚至全株萎蔫、死亡。更多的情况是在草坪出现环形或不规则形状的斑块。当天气炎热、干旱、缺肥和其他逆境时，症状更明显。线虫病害的识别，除要进行认真仔细的症状观察外，唯一确定的方法是在土壤和草坪草根部取样检测线虫。

不同的草坪草种或品种的抗线虫能力不相同。并且，一般热带、亚热带气候条件下的砂质土壤草坪容易受到线虫危害。

【防治措施】

①选用无线虫草坪种苗，建植前处理土壤　保证使用无线虫的种子、无性繁殖材料(草

皮、匍匐茎或小枝等)和土壤(包括覆盖的表土)建植新草坪。对已被线虫感染的草坪进行重种时,最好先进行土壤熏蒸。

②加强草坪管护 适时松土,及时清除枯草层;合理施肥,增施磷钾肥;因为被线虫侵染的草坪草根系较短、衰弱,大多数根系只在土壤表层,只要保证表层土壤不干,就可以阻止线虫的发生。因此,多次、少量的灌水能较好地控制线虫危害;适时松土。清除枯草层。

③药剂防治 熏蒸杀虫:播种前在草坪坪床上进行土壤熏蒸杀除线虫,熏蒸剂有溴甲烷、棉隆、2-氯异丙醚等。药液灌杀:被害草坪每间隔30cm挖穴,穴深15cm,每穴注入二嗪农或克线磷药液2~3mL。药液使用之前,进行松土或清除枯草层,可提高防治效果。此外,植物根际宝(Preda)是一种生物防治或生态防治制剂,对植株有显著的保护作用,并能有效地抑制线虫侵染。化学防治时,施药应在气温10℃以上,以土壤温度17~21℃的效果最优。还要考虑土壤湿度,干旱季节施药效果差。熏蒸剂和土壤熏蒸剂仅限于播种前使用,避免农药与草坪草种子接触。

4.8 草坪害虫及其他有害动物的防治

草坪有害动物包括害虫与其他有害动物。其中,害虫是草坪有害动物的主要危害种类。

4.8.1 草坪害虫及其他有害动物概述

4.8.1.1 草坪害虫的生物学特性

草坪害虫是对草坪有害昆虫的通称。昆虫是陆地上分布最多的动物之一,昆虫中除有许多草坪害虫外,也有草坪益虫,对草坪益虫应加以保护、繁殖和利用。

(1)昆虫形态特征

昆虫属节肢动物门昆虫纲,主要形态特征为:体躯分为头、胸、腹3个体段;头部有触角、复眼、单眼和口器;胸部3节,有3对足、1~2对翅膀;腹部11节,包含大部分脏器,末端具外生殖器及尾须(图4-2)。可总结为:生有3对足,常具两对翅,皮韧不生骨。

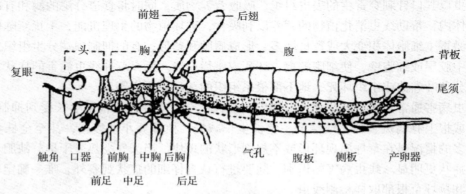

图4-2 昆虫外部形态模式图(雌)

(2)昆虫生长发育特点

昆虫体表长着坚硬的外骨骼,可以保护柔软的躯体,但限制了昆虫躯体的增长。因此,昆虫生长发育过程中具有脱皮现象。即昆虫幼虫在生长过程中会蜕掉外骨骼,长出新的、更大的外骨骼,使柔软的躯体得到更有力的保护。

昆虫的卵要经过几个发育过程,表现出了不同的体态,才能变成成虫。幼虫从幼期状态改变为成虫状态的现象称为变态发育。昆虫变态主要为不完全变态和完全变态两种类型。前者具有卵、幼虫和成虫 3 个虫期,因幼虫与成虫的体态相似,又称幼虫为若虫。如飞虱、蝗虫和盲蝽等。后者具有卵、幼虫、蛹、和成虫 4 个虫期,如蝇类、蛾类等。

昆虫的生殖方式有两性生殖、孤雌生殖、多胚生殖、卵胎生和幼体生殖等类型。昆虫完成由卵到成虫性成熟并开始繁殖时的个体发育周期称为 1 个世代。不同昆虫完成 1 个世代所需时间不同,因此,不同昆虫 1 年内完成的世代数也不相同。

4.8.1.2　草坪害虫与其他有害动物的危害方式与症状

草坪害虫主要通过取食和产卵行为对草坪产生危害,部分害虫产生的分泌物也可对草坪产生一定危害。地下害虫咬食草坪草根和地下茎造成草株死亡,致使草坪稀疏、形成斑秃,甚至成片枯萎死亡;地上害虫主要咬食草坪草叶茎和吸食其液叶,轻则造成茎、叶缺刻,重则食光全部地上部,或造成茎、叶失绿甚至萎蔫枯黄。有些昆虫虽然不吃草坪草,但也危害草坪,例如,蚂蚁挖土筑穴,蜜蜂、土蜂等筑巢影响草坪美观;有些害虫如叶蝉和飞虱等在草坪草茎叶上产卵,造成伤口,严重时也可引起草株枯萎和死亡;有些害虫如蚜虫和介壳虫等产生的分泌物污染草坪茎叶,影响光合作用,甚至引发霉病等伤害草坪;还有些昆虫,本身对草坪无影响,但可危害人类健康,如跳蚤等不仅叮咬人体,还吸血传染疾病;还有些昆虫则是草坪病害的媒介,携带或传播病菌,造成草坪发病。草坪有害螨类及其他有害动物,则主要啃食草坪草,掘土打洞,破坏草坪景观效果。

4.8.1.3　草坪害虫与其他有害动物的类型

(1)草坪害虫类型

草坪害虫种类繁多,分类方式多种多样,除按生物学分类方法,把草坪害虫分为昆虫纲下的不同目、科、属、种外,在防治草坪害虫实际过程中,还常常采用如下几种分类。

①根据害虫取食方式分类

咀嚼式(口器):蝗虫、螟虫、夜蛾、蟋蟀、叶甲等;

刺吸式(口器):蚜虫、叶蝉、飞虱、蝇、蝽和蓟马等;

锉吸式(口器):蓟马等。

②根据害虫栖息场所分类

地下害虫:金龟甲、金针虫、蝼蛄、地老虎、拟步甲和土蝽等;

地上害虫:叶蝉等。

③根据草坪受害部位分类

食叶性(害虫):取食草坪草叶片、茎秆,造成缺刻、孔洞、切断等。口器多为咀嚼式,如黏虫、草地螟、蛞蝓等。

吸汁或刺吸性(害虫):吸食草坪草叶片及幼嫩茎秆内部的汁液,使得茎叶产生褪绿的斑点、条斑、扭曲、虫瘿,甚至因传播病毒病而致畸形、矮化,有时会出现煤污病。口器为刺吸式或锉吸式,如蚜虫、叶蝉、蓟马等。钻蛀害虫(潜叶蝇等)、食根害虫(蛴螬等)。

蛀茎潜叶性(害虫):个体较小,其幼虫钻入茎秆或潜入叶片内部危害,造成草坪草"枯心"或"鬼画符"叶,严重时草坪枯黄一片。如麦秆蝇等。

食根性(害虫)：主要生活在地下，危害草坪草根部或茎基部，造成草坪黄枯。如蝼蛄、蛴螬等。

有时根据草坪受害部位，也可简单把草坪害虫分成根部和茎叶害虫两大类。根部害虫又称地下害虫，一生全部或大部时间都在土壤中生活，主要危害草坪地下和近地面部分；茎叶害虫主要取食草坪草茎叶等地上部，这类害虫再按取食方式，分为咀嚼式、刺吸式和锉吸式口器害虫。

（2）草坪其他有害动物类型

草坪其他有害动物种类较少，一般按生物学分类方法，把草坪其他有害动物分为动物界下的不同门、纲、目、科、属、种。

草坪其他有害动物包括螨类、软体动物、蚯蚓、马陆、鸟类、鼠类等。螨类俗称红蜘蛛，是蛛形纲害虫，常见的害螨多属于真螨目和蜱螨目，草坪有害螨类主要有麦岩螨，麦圆叶爪螨、草地小爪螨等。软体动物属无脊椎动物软体动物门，草坪有害软体动物主要包括蜗牛、蛞蝓等。蚯蚓是环节动物门寡毛纲类动物的通称。马陆也叫千足虫，为隶属节肢动物门多足纲倍足亚纲动物。鸟类属于脊索动物门中的脊椎动物亚门动物。鼠类属于脊索动物门哺乳纲啮齿目鼠形亚目动物。

4.8.1.4 影响草坪害虫与其他有害动物发生的环境因素及其特点

影响草坪害虫与其他有害动物发生的环境因素：

①气候因素　主要包括温度、湿度和光照等。

昆虫是变温动物，体温随环境温度而变。环境温度支配昆虫新陈代谢的速率，对昆虫的生长发育、成活、繁殖、分布、活动及寿命等都有重要影响。在一定温度范围内，温度越高生长发育速率越快，反之越慢，极端温度下可引起昆虫死亡。湿度与温度同时存在相互影响，综合作用于昆虫。光照影响昆虫的行为。一些昆虫对一定波长的光有趋向性，白天、夜间、黄昏黎明活动的昆虫不同。

②生物因素　食物、天敌(病原微生物、食虫昆虫、食虫鸟类)与人类活动是影响草坪害虫与其他有害动物发生的重要因素。草坪害虫与其他有害动物对寄主草坪草具有选择性；草坪养管人员的及时有效防控则可决定草坪害虫与其他有害动物的消亡。

③土壤环境　土壤是草坪害虫与其他有害动物的重要生活环境。许多害虫与其他有害动物终生生活于土壤，大量地上生活的害虫与其他有害动物也有个别虫期或时期生活于土壤中，因此，土壤环境的理化性质对草坪害虫与其他有害动物的发生发展具有极大的影响。如蛴螬喜欢黏重、有机质多的土壤；蝼蛄则喜欢沙质、疏松土壤。此外，有些害虫与其他有害动物对土壤的酸碱度、盐分含量和温湿度等均具有一定的选择性。

草坪与大田农作物、一般林地比较，其害虫与其他有害动物的发生具有如下特点：

①疏林草坪等小面积草坪尽管多数情况下害虫与其他有害动物危害不重，但因其寄主种类多，因而害虫种类也相应增多。

②草坪往往直接或间接与蔬菜、果树、大田农作物以及其他园林植物相连接，因而除了其本身特有的害虫与其他有害动物之外，还有许多来自蔬菜、果树、农作物及其他园林植物上的害虫、其他有害动物，有的长期落户，有的则互相转主危害或越夏越冬，因而害虫与其他有害动物种类多，危害严重。

③草坪生态系统的人为干预更甚，因而害虫与其他有害动物发生的类别要比农田系统及

一般林地系统复杂得多。而且草坪草大为多年生草本植物，无法通过轮作消灭或减轻某些害虫与其他有害动物的发生，使得蝼蛄、蛴螬等地下虫害逐年加重。

4.8.2　草坪害虫及其他有害动物的防治方法

草坪害虫及其他有害动物防治的基本原理是"以综合治理为核心，实现对草坪虫害及其他有害动物危害的可持续控制。"

4.8.2.1　源头防控

植物检疫是从源头上防控草坪危险性害虫与其他有害动物传播蔓延的第一道防线，是预防性措施。草坪草的检疫性害虫有谷斑皮蠹、白缘象、日本金龟子、黑森瘿蚊等。

选用合适草种及其种苗也是从源头上防控草坪危险性害虫与其他有害动物的有效措施。主要有：选用抗虫草种与品种；利用带有内生真菌的草坪草种和品种；适地适草，指根据当地的生态特点、养护水平、使用要求等条件综合选择最适草坪草种或品种。

4.8.2.2　养护管理防治

合理修剪可以直接降低害虫及其他有害动物的数量。如果修剪不注意剪草机清理，也可能通过剪草机携带传播害虫及其他有害动物。因此，应根据天气、虫害发生情况等确定修剪时间，一般以晴天、虫害未发生或虽发生但已用药时修剪为佳。

合理适时的灌溉可促进草坪草健康生长，避免因过干或过湿而胁迫草坪，从而提高草坪的抗虫能力。对草坪灌溉水的水质应进行定期化验，避免因水质变化而恶化草坪的生长环境。

草坪施肥要考虑氮、磷、钾平衡，多施有机肥，既要促进草坪健康生长又要防止草坪徒长，改善草坪健康状况，提高草坪的抗虫能力。同时还应防止因大量施用化肥引起土壤酸碱度大幅度变化，导致有利草坪虫害发生。

由于草坪枯草层可为多种害虫及有害动物提供越冬场所，并影响草坪的通气与透水性，降低草坪草活力及其抗性，因此，应及时清除枯草层。一般枯草层的厚度不应超过 1.5 ~ 2 cm。

4.8.2.3　物理机械防治

草坪害虫及其他有害动物的物理机械防治是指利用捕杀法、诱杀法、阻隔法等人工或物理器械等灭杀害虫及其他有害动物的方法。

（1）捕杀法

捕杀法指利用人工或各种简易器械捕捉或直接消灭害虫及其他有害动物的方法。人工捕杀适合于目标明显易于捕捉的害虫及其他有害动物。如人工捉杀危害草坪茎叶的黏虫幼虫、草地螟幼虫、斜纹夜蛾幼虫；利用捕虫网捕杀蝗虫；结合清除枯草层，捉杀小地老虎、蛴螬等地下害虫；结合灌溉，振落草坪草叶片上的红蜘蛛，随流水冲走或被底部的黏泥黏死。

该方法的优点是不污染环境；不伤害天敌；不需药剂及器械额外投资；便于开展大规模群众性的防治，特别在劳动力充足的条件下，更易实施。其缺点是防治效果低，人工成本费用多。

（2）诱杀法

诱杀法是指利用害虫及其他有害动物的趋性或其他习性，人为设置器械或诱物进行诱集，然后加以处理或在诱捕器内加入洗衣粉或杀虫剂及设置其他装置（如高压诱虫灯）直接诱杀害虫及其他有害动物的方法。利用此法不仅可防治草坪害虫及其他有害动物，还可以调查其发生动态。有灯光诱杀、色板诱杀、糖醋酒液诱杀、谷草把诱卵、植物诱杀等。

（3）阻隔法

根据草坪害虫与其他有害动物的生活习性，设计各种障碍物，防止害虫与其他有害动物为害或阻止其蔓延称为阻隔法。如对于不能迁飞只能靠爬行扩散的草坪害虫黏虫幼虫、斜纹夜蛾幼虫，为阻止其迁移危害，可在未受害区周围挖沟，害虫坠落沟中后予以消灭。如在草坪四周设置薄膜围栏防止鼠害；设置丝网防止鸟害。

此外，物理机械防治方法还有用高温低湿或低温冷冻杀灭种子携带害虫的利用温、湿度杀虫法；利用高频电流、放射能、激光等防治害虫与其他有害动物的方法。

4.8.2.4 生物防治

生物防治是应用有益生物及其产物防治草坪害虫及其他有害动物的方法。

保护和利用草坪或其周围区域的草坪害虫及其他有害动物天敌，如草蛉、瓢虫、寄生蜂、寄生蝇、蜘蛛、蛙类、鸟类等可消灭害虫及其他有害动物。

利用草坪害虫与其他有害动物的病原微生物或其代谢产物防治害虫与其他有害动物称为微生物防治。该方法简便，效果一般较好，已引起各国家广泛重视，进展较快。

草坪害虫与其他有害动物的病原微生物主要有真菌、细菌、病毒三大类，还包括少数的立克次氏体、原生动物及线虫等。此外，某些微生物在代谢过程中能够产生活性的抗生素物质对昆虫和螨类有毒杀作用，称为杀虫素，它们也可用于防治草坪害虫与其他有害动物。

利用昆虫性外激素防治草坪害虫与其他有害动物的方法有以下3种：①诱杀法。利用性引诱剂配以黏胶、毒液等将雄蛾诱来杀死。②迷向法。成虫发生期，在草坪上喷洒适量的性引诱剂，让其弥漫于大气中，使雄蛾无法辨认雌蛾，从而干扰正常的交尾活动。③绝育法。将性诱剂与绝育剂配合，用性引诱剂把雄蛾诱来，使其接触绝育剂后仍返回原地，绝育后的雄蛾与雌蛾交配后就会产下不正常的卵，起到灭绝后代的作用。

草坪害虫与其他有害动物防治的其他有益动物包括鸟类、爬行类、两栖类及蜘蛛和捕食螨等。鸟类是多种草坪害虫和害鼠和捕食者；蜥蜴、壁虎、蛙类和蟾蜍等爬行类动物也能捕食多种草坪害虫；蜘蛛可捕食飞虱、叶蝉等害虫；捕食螨可防治害螨。

一些植物物质也可用于防治草坪害虫与其他有害动物。常见的植物性杀虫剂品种有：烟碱、苦参碱、黎芦碱、茴蒿素、苦皮藤素、楝素等，可有效控制蚜虫、叶蝉以及鳞翅目害虫的危害。

4.8.2.5 化学防治

化学防治是指利用化学农药——杀虫剂杀灭草坪害虫与其他有害动物。该法具有杀虫谱广、高效、快速、经济和使用方便，不受地区和季节性局限，适于大面积机械化防治等优点，是目前及今后相当时期防治草坪害虫与其他有害动物的主要方法。但其突出的缺点是容易杀伤天敌、污染环境和造成公害，长期大量使用会使害虫与其他有害动物产生抗药性，保管使用不慎可引起人、畜中毒等。

（1）杀虫剂的类型

杀虫剂是一类用于防治农林和草业有害昆虫或螨类害虫的农药。

杀虫剂按原料来源可分为：有机合成杀虫剂、无机杀虫剂、微生物杀虫剂、植物性杀虫剂等。

杀虫剂按作用方式可分为：胃毒剂、触杀剂、熏蒸剂、内吸剂、驱避剂(忌避剂)、引诱剂、拒食剂、不育剂、激素干扰剂、黏捕剂等。

(2)科学合理化学防治

草坪害虫与其他有害动物的科学合理防治包括选择合适的药剂、适宜的施药时间、适宜施药浓度、用药量和施药次数、正确的施药方法等。

4.8.3　草坪常见害虫及其他有害动物的防治

4.8.3.1　食叶害虫

(1)毛虫

①黏虫　黏虫又名行军虫，它是我国分布较广的对禾本科草坪草危害极大的害虫。它以幼虫咬食叶片，1~2龄幼虫仅食叶肉，形成小圆孔，3龄后形成缺刻，5~6龄达暴食期。危害严重时将叶片吃光，甚至整片草坪被吃成光秃，受害草坪中出现圆形裸斑，使其失去观赏和利用价值。它主要危害狗牙根、黑麦草、早熟禾、翦股颖、结缕草、高羊茅等多种草坪草。

【识别特征与生活习性】属鳞翅目夜蛾科。老熟幼虫体长38 mm，体色变化很大，一般为浅色至黑色。成虫体淡黄或淡灰褐色。1年发生多代，从东北的2~3代至华南的7~8代，并有随季风进行长距离南北迁飞的习性，虫口密度大时可群集迁移危害。成虫日息夜出，有两次活动高峰，一次在20:00~21:00；另一次在黎明前。有假死性，趋化性强烈，但产卵后趋化性减弱，趋光性增强。幼虫共6龄，1~2龄幼虫白天潜藏在植物心叶及叶鞘中，高龄幼虫白天潜伏于表土层或植物茎基处，夜间出来取食植物叶片。幼虫有潜土习性，老熟后在1~2 cm处作一土茧，在其内化蛹。黏虫喜欢较凉爽、潮湿、郁闭的环境，高温干旱对其不利。

【防治措施】一是利用天敌防治。黏虫的天敌很多，如蛙类、线虫、寄生蜂、寄生蝇、金星步甲、菌类及多角病毒等，对黏虫的发生都有一定抑制作用。二是护管防治。清除草坪周围杂草；已被害的草坪及时施肥和灌水，刺激草坪草的再生长；选择种植带有内生真菌的草坪草品种，提高草坪草对黏虫的抗性；减少草坪枯草层，防止草坪长时间积水；对草坪秃斑及时补播，防止杂草侵入而为黏虫的产卵活动提供适宜的环境。三是捕杀幼虫和蛹，诱杀成虫。于清晨在草丛中捕杀幼虫，人工摘除卵块、初孵幼虫及蛹。诱杀成虫：灯光诱杀成虫；或利用成虫的趋化性，用糖醋液诱杀，按糖、酒、醋、水为2:1:2:2的比例混合，加少量敌敌畏。四是药剂防治。初孵幼虫期及时喷药：喷洒25%爱卡士乳油800~1200倍液、30%伏杀硫磷乳油2000~3000倍液、20%哒嗪硫磷乳油500~1000倍液、50%辛硫磷乳油1000倍液、10%天王星乳油3000~5000倍液；或用每克菌粉含100亿活孢子的杀螟杆菌菌粉或青虫菌菌粉2000~3000倍液喷雾。

②斜纹夜蛾　斜纹夜蛾是世界性害虫，我国分布广泛，是一种多食性害虫。具暴发性，虫口密度大时，能在短期内将草坪吃光或将植物叶吃得只剩叶脉和枝条。可危害黑麦草、早熟禾、翦股颖、结缕草、高羊茅等多种草坪草。

【识别特征及生活习性】属鳞翅目夜蛾科。成虫体长14~20 mm，全体灰褐色；前翅黄褐色至淡黑褐色，多斑纹，以前缘近中部至后缘外方有3条白色斜纹而得名；后翅白色，前后翅有紫红色闪光。老熟幼虫体长38~51mm，头部褐色，胸腹部颜色变化大，为土黄、青黄、灰褐或暗绿色;背面有 5 条灰黄或橙黄色纵线,从中胸至第 9 腹节在亚背线内侧各有一半月形黑斑;第 1、第 8 腹节最大,中后胸的黑斑外侧有黄白色小点。

在我国华北地区 1 年发生 4~5 代,长江流域 5~6 代,福建 6~9 代,广东、广西、福建、台湾可终年繁殖,无越冬现象。斜纹夜蛾的发育适温较高(29~30℃),长江流域多在 7~8 月大发生,黄河流域多在 8~9 月大发生。成虫夜间活动,飞翔力强,一次可飞数十米远,高达 10 m 以上,成虫需补充营养,有趋光性,并对糖醋酒液及发酵的胡萝卜、麦芽、豆饼、牛粪等有趋性。初孵幼虫群集取食,3 龄前仅食叶肉,残留上表皮及叶脉,呈白纱状后转黄,易于识别。4 龄后进入暴食期,多在傍晚出来为害。幼虫共 6 龄,老熟幼虫在 1~3 cm 表土内筑土室化蛹,土壤板结时可在枯叶下化蛹。

【防治措施】一是诱杀成虫。可采用黑光灯或糖醋盆等诱杀成虫。二是药剂防治。3 龄前为点片发生阶段,可结合田间管理,进行挑治,不必全田喷药。4 龄后夜出活动,因此施药应在傍晚前后进行。药剂可选用 5% 锐劲特悬浮剂 2500 倍液或 15% 菜虫净乳油 1500 倍液、2.5% 天王星或 20% 灭扫利乳油 3000 倍液、35% 顺丰 2 号乳油 1000 倍液、5.7% 百树菊酯乳泊 4000 倍液、10% 吡虫啉可湿性粉剂 2500 倍液、5% 来福灵乳油 2000 倍液、5% 抑太保乳油 2000 倍液、20% 米满胶悬剂 2000 倍液、44% 速凯乳油 1000~1500 倍液 4.5% 高效顺反氯氰菊酯乳油 3000 倍液等,10d 一次,连用 2~3 次。

③草地螟 又名黄绿条螟、甜菜、网螟,它是多食性大害虫。它在我国北方普遍发生,可危害翦股颖、早熟禾、羊茅等多种禾本科草坪草,采食根颈以上的叶和茎。初孵幼虫取食幼叶的叶肉,残留表皮,并常在植株上结网躲藏,称为"草地结网毛虫",生长健壮的草坪能从草地螟损伤中恢复,但瘦弱草坪或干旱胁迫草坪会因为根颈暴露于阳光而死亡。草坪受害后初期症状是出现不规则的褐色斑点,先是普遍瘦弱,接着出现小面积褐色斑块,如果危害严重,在几天之内大面积草坪严重受损甚至死亡。近看有明显的丝状连接的草地螟通道,在洞穴周边通常伴有钉子头大小的绿色粪便。严重受害时,分散的斑块合并成大的不规则斑块。由于草地螟不采食根系,受损草坪依然扎地较牢,干热期阳光充足地区受害严重。早期症状由于休眠或干旱胁迫而不明显,但雨后草坪依然不能恢复。草坪有很多鸟类集聚,可能表明有草地螟或其他害虫危害。

【识别特征及生活习性】属鳞翅目螟蛾科。草地螟幼虫灰绿色,每节有褐色斑点,身体覆盖细毛。成熟幼虫长 1.9~2.5 cm,头部黑色,有明显的白斑;前胸盾黑色,有 3 条黄色纵纹;胸腹部黄褐色或灰绿色,有明显的暗色纵带间黄绿色波状纹;体上毛瘤显著,刚毛基部黑色,外围有 2 个同心黄色环。在土壤表面或枯草层中化蛹。成虫体较细长,9~12 mm,全体灰褐色;前翅灰褐色至暗褐色,中央稍近前缘有一个近似长方形的淡黄或淡褐色斑,翅外缘黄白色并有一串淡黄色小点组成的条纹;后翅黄褐色或灰色,沿外缘有两条平行的黑色波状纹。

该虫 1 年发生 2~4 代。幼虫 6~9 月为发生期,幼虫活泼、性暴烈,稍被触动即可跳跃,夜晚活动。身体结出丝状网以保护自身。一旦孵化就开始采食草叶,稍大就在近地表打洞或修筑通道。通常咬断叶片并采食,个别种采食近地面根颈或地下根系,喜食新建草坪。高龄幼虫有群集迁移习性。幼虫最适发育温度为 25~30℃,高温多雨年份有利于发生。成虫昼伏夜出,趋光性很强,有群集远距离迁飞的习性。

【防治措施】一是除草灭卵。在卵已产下,而大部分未孵化时,结合草坪杂草防除与枯草层清除灭卵，将除掉的杂草与枯草层带出田外沤肥或挖坑埋掉。同时要除净草坪边的杂草，以免幼虫迁入草坪危害。在幼虫已孵化的草坪，一定要先打药后防除杂草与清除枯草层，以免加快幼虫向草坪草转移而加重危害。二是人工防治：利用成虫白天不远飞的习性，用拉网法捕捉。三是药剂防治：可在 1 m^2 的草坪上喷洒 6 茶钥的洗涤剂溶液，观察驱赶出来的害虫数，如果害虫数目超过 12 ~ 18 条，应使用杀虫剂防除。用 30% 伏杀硫磷乳油 2000 ~ 3000 倍液、20% 哒嗪硫磷乳油 500 ~ 1 000 倍液、50% 辛硫磷乳油 1000 倍液，或用每克菌粉含 100 亿活孢子的杀螟杆菌菌粉或青虫菌菌粉 2000 ~ 3000 倍液喷雾。

（2）蝗虫

危害草坪的蝗虫种类较多，主要有土蝗、稻蝗、菱蝗、中华蚱蜢、短额负蝗、蒙古疣蝗（疣蝗）、笨蝗、东亚飞蝗等。蝗虫食性很广，可取食多种植物，但较嗜好禾本科和莎草科植物。

【形态特征及生活习性】蝗虫属直翅目蝗科，俗称"蚂蚱"，为咀嚼式口器害虫。

蝗虫一般每年发生 1 ~ 2 代，绝大多数以卵块在土中越冬。一般冬暖或多雪情况下，地温较高，有利蝗卵越冬。4 ~ 5 月温度偏高，卵发育速度快，孵化早。秋季气温高，有利于成虫繁殖危害。多雨年份、土壤湿度过大，蝗卵和幼蝻（刚由卵孵出的幼虫没有翅，能够跳跃，叫做"跳蝻"。）死亡率高。干旱年份，管理粗放的草坪上，土蝗、飞蝗则混合发生危害。蝗虫天敌较多，主要有鸟类、蛙类、益虫、螨类和病原微生物。

【防治措施】蝗虫一般对管理良好的草坪影响不大，只有当蝗虫密度极大，且其他植物较为稀少或被吃完时，才采食草坪草。通常从大田作物或荒地迁飞到草坪上，大发生时可将草坪草吃成光秆或全部吃光。其防治措施：一是药剂喷洒：发生量较多时可采用药剂喷洒防治，常用的药剂有 3.5% 甲敌粉剂、4% 敌马粉剂喷粉，30kg/hm^2；25% 爱卡士乳油 800 ~ 1200 倍液、30% 伏杀硫磷乳油 2000 ~ 3000 倍液、20% 哒嗪硫磷乳油 500 ~ 1000 倍液喷雾。二是毒饵防治：用麦麸 100 份 + 水 100 份十 40% 氧化乐果乳油 0.15 份混合拌匀，22.5kg/hm^2；也可用鲜草 100 份切碎加水 30 份拌入 40% 氧化乐果乳油 0.15 份，112.5kg/hm^2。随配随撒，不能过夜。阴雨、大风、温度过高或过低时不宜使用。三是人工捕杀。

4.8.3.2　吸汁害虫

（1）蚜虫

蚜虫又称蜜虫、腻虫等，多属于同翅目蚜科，为刺吸式口器的害虫。危害草坪的主要种类有麦长管蚜、麦二叉蚜、禾谷缢管蚜等。该 3 种蚜虫在我国各地均有分布。

【形态特征及生活习性】蚜虫常群集于草坪草叶片、嫩茎、花蕾、顶芽等部位，刺吸汁液，使叶片皱缩、卷曲、畸形，使草株弱小，失绿，生长缓慢，严重时导致生长停滞，引起茎叶枯萎甚至整株死亡。蚜虫分泌的蜜露还会诱发煤污病、病毒病并招来蚂蚁危害等。

蚜虫体微小，通常 3mm 以下，身体柔软，腿和触角较长，通常无翅，颜色多变，有绿色、粉红色、黄色、黑色、白色和灰色等。蚜虫繁殖力极强，1 年可发生 10 余代甚至 20 代以上；生活史中可出现卵、若蚜、无翅成蚜和有翅成蚜等。生长季节以孤雌胎生进行繁殖，短期内数量迅速增加，造成草坪严重胁迫，生长不良。蚜虫最喜欢幼嫩植株，氮肥用量过高容易造成蚜虫大量危害。

【防治措施】管护防治：冬灌可降低地面温度，对蚜虫越冬不利，能大量杀死蚜虫；有翅蚜大量出现时及时喷灌可抑制蚜虫发生、繁殖及迁飞扩散；趁有翅蚜尚未出现时，将无翅蚜碾压而死，减轻受害；利用高压水龙头可将蚜虫从草坪上冲洗淹亡。

药剂防治：喷洒 1000 吡虫啉可湿性粉剂 3000～4000 倍液、50% 避蚜雾可湿性粉剂 3000～4000 倍液、25% 爱卡士乳油 800～1200 倍液、30% 伏杀硫磷乳油 2000～3000 倍液、20% 哒嗪硫磷乳油 500～1000 倍液。

生物防治：瓢虫喜欢扑食蚜虫。一条瓢虫一天能吃多达 100 条蚜虫。寄生蜂防治蚜虫也很高效，寄生蜂叮刺蚜虫，在蚜虫身体内产卵。寄生蜂卵孵化成幼虫，以蚜虫身体为食，并在蚜虫体内化蛹。草蜻蛉、食蚜蝇和猎蝽也扑食蚜虫。因此，尽量减少杀虫剂用量，保护天敌。

（2）盲蝽

危害草坪的盲蝽主要种类有赤须绿盲蝽、三点盲蝽、牧草盲蝽和小黑盲蝽等。

【形态特征及生活习性】盲蝽属半翅目盲蝽科。危害草坪的几种盲蝽的体长 3～7mm，绿色、褐色及褐黑色不等；体扁、多长椭圆形；头小，刺吸式口器，前翅基部革质端部膜质；若虫体较柔软、色浅，翅小。

【防治措施】冬春季节清除草坪及其附近的杂草，可减少越冬虫源。药剂防治：喷洒 0.5% 阿维菌素 1500 倍液、10% 多来宝乳油 1000～1500 倍液、10% 吡虫啉可湿性粉剂 1500～3000 倍液、2.5% 功夫乳油 1000～2000 倍液。

（3）麦长蝽

麦长蝽属半翅目长蝽科草坪害虫。近年由于气温的异常变化，麦长蝽对草坪的危害增大，特别是对早熟禾、剪股颖等草坪危害严重。

【形态特征及生活习性】麦长蝽主要是若虫对草坪危害较大，以刺吸式口器吸取汁液，受害草坪出现黄色斑点，使茎叶松软、易卷，甚至死亡。受害草坪一块块变成淡灰褐色，发出臭气。若虫体小，具不完全发育翅，不能飞，可长距离跳跃。体色由微红到黑色，身体背部有一条黄白色纹。成虫黑色，体长 1 cm 左右，具白色折叠的翅，在枯草层或乱草中越冬，早春在叶鞘或根系中产卵。春季幼虫孵化，秋季若虫危害草坪。扒开将死的草坪，可以看到害虫四散乱爬。

麦长蝽喜热，随气温升高而更加活跃，在持续干热的天气下，活动达到高峰。

【防治措施】选用抗病品种：多年生黑麦草和苇状羊茅的内生真菌（*Neotyphodium spp*）能产生有毒有害物质有效抵御麦长蝽等多种地上部害虫；草地早熟禾不同品种对麦长蝽的抗性因不同，通常叶片细腻、扩展迅速以及耐热耐旱品种的麦长蝽抗性强。

养管防治：播种建植草坪时，可在床土中掺入一定量的沙子、碎石及混合肥，能阻止麦长蝽发育；麦长蝽密度低、草坪虫害症状不明显时，可通过加强灌溉和施肥措施补偿虫害；草坪越冬时清除草坪垃圾杂物及枯草，可消灭大批害虫；草坪适当配置乔、灌木遮阴可抑制麦长蝽发育。

生物防治：可应用天敌防治麦长蝽。寄生蜂 *Anaphoidea calendrae* 能在麦长蝽产卵，寄生蝇在其成虫寄生；青蛙等爬行动物以及鸟类可扑食麦长蝽；线虫 *Steinernema carpocapsae*（Ecomask™, Millenium ®, Carpsanem）和 *Heterorhabditis bacteriophora*（Heteromask™, Nemasys® G, Terranem）能有效防除麦长蝽，可于 6 月当麦长蝽幼虫从植株向土壤转移时施用，施用时应保持 1～2 周土壤湿润。

化学防除：可用内吸性长效杀虫剂防除草坪中的幼虫，如新诺卡菌素、可尼丁、吡虫啉、氯虫酰肼等。新诺卡菌素、可尼丁应在春季成虫活跃发生时马上施用效果较好；氯虫酰肼在 6 月初应用效果更好。另外，在春季发现大量成虫时，可使用预防性杀虫剂在成虫产卵前加以防除。应在成虫活跃发生后 3 周内进行。此类杀虫剂包括拟除虫菊酯类联苯菊酯、氟氯氰菊酯、溴氰菊酯等。虫害发生期内，施用西维因可湿性粉剂，有一定防治效果；草坪休眠前可用 48% 的毒死蜱乳油每亩 100mL，加水喷雾杀虫。

（4）叶蝉

我国草坪常见的叶蝉有棉叶蝉、二点叶蝉、大青叶蝉、黑尾叶蝉、白翅叶蝉和小绿叶蝉等。

【形态特征及生活习性】叶蝉属同翅目叶蝉科。头大，身体呈三角形或锲形，飞行或跳跃。体小型，长度小于 5mm，细长，绿色、黄色或灰褐色，前胸中央有纵行白色宽带，两侧各有一个大白斑。刺吸式口器，触角刚毛状，吸取植物叶片或茎秆的汁液为食。若虫形态与成虫相似，但体较柔软，色淡，无翅或只有翅芽，不太活泼。喜欢新建幼嫩草坪，使寄主生长不良，受害部位出现褪绿斑点，有时出现卷叶、畸形，甚至死亡，严重危害时需要重建草坪。在老的草坪上危害症状显著，可出现萎蔫斑块，通常容易与干旱或病害混淆。

【防治措施】冬季、早春清除草坪及周围杂草，减少虫源；成虫发生初期，利用黑光灯或普通灯光诱杀（雌虫），可减少虫口基数。药剂防治：喷洒 50% 叶蝉散乳油 1000 ~ 1500 倍液、300 莫比郎乳油 1000 ~ 3000 倍液、20% 速灭杀丁乳油 3000 倍液，消灭成虫、若虫。

（5）飞虱

危害草坪的飞虱种类主要有白背飞虱、灰飞虱、褐飞虱等。

【形态特征及生活习性】飞虱属同翅目飞虱科。飞虱常与叶蝉混合发生，体形似小蝉。与叶蝉的主要区别是：触角短，锥形；后足胫节末端有一显著的能活动的扁平大距，善跳跃。白背飞虱在我国各地普遍发生；灰飞虱主要发生在北方地区和四川盆地；褐飞虱以淮河流域以南地区发生较多。飞虱 1 年发生多代，从北向南代数逐渐增多，以卵、若虫或成虫越冬。成虫和若虫都善走能跳。成虫还可以飞迁，大多有趋光性。成虫、若虫均聚集于寄主下部刺吸汁液，产卵于茎及叶鞘组织中，被害部位出现不规则的褐色条斑，使草坪草叶片自下而上逐渐失绿变黄，草株萎缩，严重时可使植株下部变黑枯死，成丛成片的草株被害，影响草坪的观赏性。

【防治措施】一是选择对飞虱具有抗性或耐害性的草坪草品种。二是药剂防治：喷洒 25% 爱卡士乳油 800 ~ 1000 倍液、50% 叶蝉散乳油 1000 ~ 1500 倍液、20% 好年冬乳油 2000 ~ 3000 倍液。

（6）螨类

危害草坪的螨虫种类主要有麦岩螨、麦圆叶爪螨等。

【形态特征及生活习性】螨虫属于节肢动物门蛛形纲蜱螨亚纲的一类体型微小的动物，身体大小一般都在 0.5mm 左右，有些小到 0.1mm，大多数种类小于 1mm。螨虫和蜘蛛同属蛛形纲，成虫有 4 对足，一对触须，无翅和触角，身体不分头、胸和腹三部分，而是融合为一囊状体，有别于昆虫。虫体分为颚体和躯体，颚体由口器和颚基组成，躯体分为足体和末体。螨康躯体和足上有许多毛，有的毛还非常长。前端有口器，食性多样。以刺吸式口器吸取植物汁液。被害草坪草叶片褪绿、发白，逐渐变黄而枯萎。主要发生危害时期在春秋两季，天气干旱时发生重。

【防治措施】一是结合灌水，将螨虫震落，使其陷于淤泥而死。二是虫口密度大时，耙糖草坪，可大量杀伤虫体。三是药剂防治：喷洒 1.8% 阿维菌素乳油 1000～3000 倍液、20% 扫螨净可湿性粉剂 2000～4000 倍液、25% 倍乐霸可湿性粉剂 1000～2000 倍液、50% 溴螨醋乳油 1000～2000 倍液、20% 螨克乳油 1000～2000 倍液、73% 克螨特乳油 2000～3000 倍液、50% 苯丁锡可湿性粉剂 1500～2000 倍液、5% 霸蜡灵悬浮剂 1500～3000 倍液、20% 阿波罗悬浮剂 2000～2500 倍液。

4.8.3.3　钻蛀害虫

（1）秆蝇

危害草坪的秆蝇害虫种类主要有麦秆蝇（又称黄麦秆蝇或绿麦秆蝇）、瑞典麦秆蝇（又称黑麦秆蝇）和稻秆蝇。

【形态特征及生活习性】麦秆蝇和稻秆蝇属双翅目黄潜蝇科；瑞典麦秆蝇属双翅目秆蝇科。麦秆蝇成虫体 3～4.5mm，体黄绿色，复眼黑色，有青绿色光泽；胸部背面有 3 条纵线，中央 1 条直达末端，两侧的纵线各在后端分叉，越冬代成虫胸部背面纵线为深褐色至黑色，其他各代为土黄色至黄褐色；翅透明，翅脉黄色；各足黄绿色；腹部背面亦有纵线。老熟幼虫体长 6～6.5mm，蛆型、细长、淡黄绿色至黄绿色；口沟黑色。

瑞典麦秆蝇成虫体 1.3～2mm，全体黑色，有光泽，体粗壮。触角黑色，前胸背板黑色，翅透明，具闪光；腹部下面淡黄色。老熟时幼虫体长约 4.5mm，蛆型黄白色，圆柱形，体末节圆形，端部有 2 个突起的气门。

稻秆蝇成虫体长 2.2～3mm，翅展 5～6mm，鲜黄色。头顶有 1 钻石形黑斑，胸部背面有 3 条黑褐色纵纹，中间的一条较大。腹背各节连接处都有一条黑色横带。幼虫蛆型，老熟时体长约 6mm，略呈纺锤形，11 节，乳白色或黄白色，口钩浅黑色，尾端分 2 叉。围蛹体长约 6mm，淡黄褐色，尾端分叉与幼虫相似。

麦秆蝇在我国分布广，1 年发生 2～4 代。瑞典麦秆蝇主要分布在华北北部和西北东部，1 年发生 2 或 3 代。稻秆蝇在湖南省一年约发生 3 代，以成虫或幼虫寄生杂草茎秆中越冬。麦秆蝇和瑞典麦秆蝇均以幼虫寄生茎秆中越冬，5～6 月份是成虫盛发期，成虫白天活动，在晴朗无风的上午和下午最活跃，成虫产卵于叶鞘和叶舌处。

秆蝇以幼虫为害，初孵幼虫从叶鞘与茎间侵入，在幼嫩心叶或穗节基部 1/5～1/4 处或近基部呈螺旋状向下蛀食心叶基部和生长点幼嫩组织，使心叶外露部分枯黄，形成枯心苗。严重发生时可使草坪草成片枯死。

【防治措施】一是养护管理防治。在越冬幼虫羽化前，及时清除杂草寄主，以压低当年的虫口基数；选用抗虫草种及品种；加强草坪养护管理，消灭杂草，增施肥料，适期浇水，创造有利于草坪草生长而不利于秆蝇繁殖为害的条件，提高草坪草抗虫力，达到减轻危害的效果。二是利用天敌。秆蝇的天敌之一属姬蜂科；另一种属于小蜂科。后者寄生率较高，一般年份寄生率为 10%～40%。春秋两季发生的第 1 和第 4 代幼虫的被寄生率高于夏季发生的第 2 和第 3 代。若越冬代幼虫的被寄生率高于 30% 危害就轻，而低于 30% 则重。三是药剂防治：关键防治时期为越冬代成虫盛发期至第 1 代初孵幼虫蛀入茎之前。可供选择的药剂有 50% 杀螟威乳油 3000 倍液、40% 氧化乐果与 50% 敌敌畏乳油按 1:1 比例混合的 1000 倍液。

（2）潜叶蝇

危害草坪的潜叶蝇类害虫，中国常见的有潜叶蝇科的豌豆潜叶蝇、紫云英潜叶蝇、水蝇科的稻小潜叶蝇、花蝇科的甜菜潜叶蝇等。

【形态特征及生活习性】潜叶蝇属双翅目的小型蝇类，能危害多种草坪草。以幼虫潜入叶体内部，潜食叶肉留下 2 层表皮，潜痕宽而呈水泡状，透过表皮可见其中幼虫及排粪，造成盘旋形弯曲潜道，导致叶片呈现白条斑枯萎。当叶内幼虫较多时，则整个叶体发白和腐烂，并引起全株枯死，受害的草坪大量死苗。幼虫蛆状，长 3mm 左右，乳白色至黄白色，幼虫共经 3 龄，历期 10～25d；成虫为小型蝇，体长 1～3mm，灰黑色。

非越冬代老熟幼虫有一部分在被害部化蛹，有一部分从叶片脱出入土化蛹，入土深度约在 5cm 以内。蛹期 11～21d。越冬代老熟幼虫均离开叶片入土化蛹越冬。各世代的蛹都有部分滞育。有可能各代滞育蛹越冬后在春天一起羽化而发生大量越冬代成虫，因而造成第 1 代幼虫密度大，危害重。第 2、3 代受夏季高温的影响和天敌侵袭，发生数量较少，而且甜菜长大，叶片增多后，受害程度自然相对减轻。

【防治措施】一是适时灌溉，清除杂草，消灭越冬、越夏虫源，降低虫口基数。二是掌握成虫盛发期，及时喷药防治成虫，防止成虫产卵。成虫主要在叶背面产卵，应喷药于叶背面。四是在刚出现危害时喷药防治幼虫，防治幼虫要连续喷 2、3 次，农药可用 40% 乐果乳油 1000 倍液，40% 氧化乐果乳油 1000～2000 倍液，50% 敌敌畏乳油 800 倍液，50% 二溴磷乳油 1500 倍液，40% 二嗪农乳油 1000～1500 倍液。

4.8.3.4　食根害虫

（1）蛴螬

蛴螬是鞘翅目金龟甲科昆虫幼虫的统称，别名白土蚕、核桃虫，成虫通称为金龟甲或金龟子，是危害草坪最重要的地下害虫之一。危害草坪的蛴螬种类很多，主要有华北大黑鳃金龟、毛黄鳃金龟、铜绿丽金龟、中华弧丽金龟和白斑花金龟等。

【形态特征及生活习性】蛴螬身体呈白色或灰色，受惊则蜷缩成一团，这时可看到其褐色的头和褐色或黑色的后部。腹部无足并向腹面弯曲，使身体呈"C"状。成虫统前翅硬化如刀鞘。雌虫在土中产卵，大多数蛴螬在土中活动约 10 个月，少数在地下活动达 2～3 年。温和气候下，主要在地下 2.5～7.6cm 活动；冬天时，往地下钻得更深。

蛴螬在草坪根系附近打洞，以土壤下约 2.5cm 的根系取食，严重时草坪草植株枯萎，变为黄褐色，甚至死亡。此外，鼠类和鸟类喜欢吃蛴螬，经常破坏草坪以找到蛴螬取食。

【防治措施】一是做好预测预报工作。在 8 月或春季土壤升温后蛴螬往上活动到近地表时进行蛴螬种群数量监测。用铁锹切断草坪，入土约 5～7.6cm 深，约 30cm 见方，将草坪卷起，翻转，对蛴螬数量进行计数。从而调查和掌握成虫发生盛期，采取措施，及时防治。

二是养管防治。草坪生长期间适时灌水淹杀蛴螬；不施未腐熟的有机肥料，以防止招引成虫来产卵；及时镇压草坪，清除田间杂草。

三是药剂防治。毒土法：虫口密度较大的草坪，撒施 5% 辛硫磷颗粒剂，用量为 30kg/hm²，为保证撒施均匀，可掺适量细砂土。喷药和灌药：用 50% 辛硫磷乳油 500～800 倍液喷洒地面，也可用 48% 毒死蜱乳抽 1500 倍液灌根。拌种：草坪播种前，将 75% 辛硫磷乳油稀释 200 倍，按种子量的 1/10 拌种，晾干后使用。

四是物理防治与生物防治。成虫有假死性，可人工震落捕杀；有条件地区，可设置黑光灯诱杀成虫，减少蛴螬的发生数量。还可利用茶色食虫虻、金龟子黑土蜂、白僵菌等进行生物防治。

（2）金针虫

金针虫是鞘翅目叩头虫科昆虫幼虫的统称。主要种类有沟金针虫和细胸金针虫等。

【形态特征及生活习性】金针虫体细长，长 1.3~3.8cm，圆柱形，略扁深褐色；多为黄色或黄褐色；体壁光滑、坚韧，头和体末节坚硬。有些种的金针虫体软，白色或黄色。成虫约 2.5cm 长，褐色，灰色或近黑色。体狭长，末端尖削，略扁；壳坚硬，头紧镶在前胸上，前胸背板后侧角突出呈锐刺状，前胸与中胸间有能活动的关节，当捉住其腹部时，能作叩头状活动。

金针虫 2~3 年 1 代，因种而异。秋末幼虫钻到草坪茎秆的地下部分，取食草根和蛀入地下肉质茎，使根部逐步受损，形成斑块，造成枯萎斑，以致草坪草死亡。一般金针虫很少大量发生到对草坪产生严重危害的程度。在每年 4 月份和 9、10 月份危害严重，表现为春秋危害重，夏季轻。

【防治措施】一是养管防治。沟金针虫发生较多的草坪应适时灌溉，保持草坪的湿润状态可减轻其危害，而细胸金针虫发生较多的草坪则宜维持适宜的干燥以减轻发生；避免施用未腐熟的草粪等诱来成虫繁殖。二是药物防治。发现金针虫危害，可撒施 5% 辛硫磷颗粒剂，用量为 30~40kg/hm²；或用 50% 辛硫磷乳油 1000 倍液喷浇根际附近的土壤。还可利用金针虫成虫对杂草有趋性，可在草坪周边堆草诱杀。利用拔下的杂草（酸模、夏至草等）堆成宽 40~50cm、高 10~16cm 的草堆，在草堆内撒入触杀类药剂，可以毒杀成虫。也可以用糖醋液诱杀成虫。

（3）地老虎

地老虎偶尔危害草坪，我国危害草坪的地老虎主要种类是小地老虎与黄地老虎。

【形态特征及生活习性】地老虎属鳞翅目夜蛾科切根夜蛾亚科。幼虫身体呈暗褐色、灰色或近黑色，长 3.8~5cm，身上或有斑点或有条纹。幼虫一般有 6 龄，1~2 龄幼虫一般栖息于土表或寄主叶背和心叶中，昼夜活动，3 龄以后白天入土约 2cm 处潜伏，夜出活动。成虫灰色，昼伏夜出，通常白天躲藏在土壤中，夜晚出来飞行采食，有很强的趋光性与趋化性。

小地老虎属世界性害虫，在我国各地广泛分布，1 年发生多代，从东北的 2 或 3 代到华南的 6 或 7 代不等。黄地老虎多与小地老虎混合发生，1 年发生多代，东北地区 2 或 3 代，华北地区 3 或 4 代。地老虎喜温暖潮湿的环境，一般以春秋两季危害较重。

地老虎以幼虫危害草坪草。低龄幼虫将叶片咬成缺刻、孔洞，高龄幼虫则在近地表处把茎部咬断，使整株枯死。大发生时，草坪呈现"斑秃"，造成严重危害。可对狗牙根、翦股颖和黑麦草草坪的幼苗能造成巨大危害。重要天敌有中华广肩步甲和螟蛉绒茧蜂等。

【防治措施】一是及时清除草坪附近杂草，减少虫源。二是诱杀成虫。毒饵诱杀，在春季成虫羽化盛期，用糖醋液诱杀成虫：糖醋液配制比为糖 6 份、醋 3 份、白酒 1 份、水 10 份加适量敌敌畏，盛于盆中，于近黄昏时放于草坪中；灯光诱杀：用黑光灯诱杀成虫。三是用幼嫩、多汁、耐干的新鲜杂草（酸模、灰菜、苜蓿等）70 份与 25% 西维因可湿性粉剂 1 份配制成毒饵，于傍晚撒于草坪中，诱杀 3 龄以上幼虫。四是幼虫危害期，喷洒 2.5% 功夫乳油 3000~5000 倍液、30% 佐罗纳乳油 2000~3000 倍液、25% 爱卡士乳油 800~1200 倍液、

75%辛硫磷乳油 1000 倍液；也可用 50%辛硫磷乳油 1000 倍液喷浇草坪；或撒施 5%辛硫磷颗粒剂，用量为 30kg/hm²。

(4) 蝼蛄

蝼蛄是危害草坪草常见的地下害虫，在我国危害草坪的主要种类有东方蝼蛄、华北蝼蛄、台湾蝼蛄等。

【形态特征及生活习性】蝼蛄属直翅目蝼蛄科。成虫身体比较粗壮肥大，身体长圆筒形，长约 3.8cm，浅褐色，通常上半部身体颜色深，下半部颜色浅，略带绿色；眼睛大，突出，珠状；触角短，前足粗壮，开掘足，端部开阔有齿，适于掘土和切断植物根系；前翅短，后翅长。东方蝼蛄与华北蝼蛄的主要区别是后足胫节背面内侧刺的数目，东方蝼蛄为 3 根或 4 根；华北蝼蛄是无或 1 根。

蝼蛄具有群集性、趋光性、趋化性(香、甜)、趋粪性、喜湿性(蝼蛄跑湿跑干)和产卵地点的选择性，喜在干燥向阳、松软的土壤里产卵。为昼伏夜出型昆虫，以晚 9～11 时活动旺盛。喜欢在温暖潮湿的壤土或砂壤土中生活，盐碱地虫口密度大；壤土地次之；黏土地最小；水浇地虫口密度大于旱地。土壤温度对其活动影响很大，在早春地温升高，蝼蛄活动接近地表，地温下降又潜回土壤深处。在春、秋季节，旬平均气温和 20cm 地温在 16～20℃时，是蝼蛄危害高峰期。夏季气温在 23℃以上时，蝼蛄潜入深层土中，一旦气温降低，再次上升至耕层活动。一年中有春季与秋季两个危害高峰时期。蝼蛄的成虫、若虫均咬食草籽、草根和嫩茎，根茎部受害后呈乱麻状，使植株发育不良或干枯死亡。另外，蝼蛄在近地面来往穿行，造成纵横隧道，使幼苗与土壤分离，因失水而大片枯死。

【防治措施】一是药剂拌种。用 50%辛硫磷乳油或 25%对硫磷微囊缓释剂或 20%和 40%甲基异柳磷 0.5kg，加水 0.5kg 与 15kg 饵料混匀，播种时随种子撒施。二是毒饵诱杀。用 80%敌敌畏乳油或 50%辛硫磷乳油 0.5kg 拌入 50 kg 煮至半熟或炒香的饵料(麦麸、米糠等)作毒饵，傍晚均匀撒于草坪上。但要注意防止畜、禽误食。三是毒土法与灌药毒杀。虫口密度较大的草坪，撒施 5%辛硫磷颗粒剂，用量为 30kg/hm²，为保证撒施均匀，可掺适量细砂土。用 50%辛硫磷乳油 1000 倍液、48%毒死蜱乳油 1500 倍液灌根。三是灯光诱杀。利用蝼蛄成虫的夜间趋光性采用黑光灯诱杀。特别在闷热天气、雨前的夜晚更有效。可在晚上 7：00～10：00 点灯诱杀。

4.8.3.5　其他有害动物

(1) 软体动物

危害草坪的软体动物主要有蜗牛和蛞蝓。该类小动物虽不直接以草坪草为食，但由于其生活方式特殊，常常对草坪造成间接的危害，影响草坪景观。

【形态特征及生活习性】蜗牛并不是生物学上一个分类的名称。一般指大蜗牛科的所有种类动物，广义的也包括腹足纲其他科的一些动物，包括蛞蝓等。它具有螺旋形贝壳，成虫的外螺壳呈扁球形，有多个螺层组成，壳质较硬，黄褐色或红褐色。头部发达，具 2 对触角，眼在后 1 对触角的顶端，口位于头部腹面。卵球形。幼虫与成虫相似，体形较小。

蛞蝓不具贝壳，体长形柔软，暗灰色，有的为灰红色或黄白色。头部具 2 对触角，眼在后 1 对触角顶端，口在前方，口腔内有 1 对胶质的齿舌。卵椭圆形。幼体淡褐色，体形与成体相似。

蜗牛和蛞蝓喜阴暗潮湿的环境。可取食草坪草叶片、嫩茎和芽，初孵时啃食叶肉或咬成小孔，稍大后造成缺刻或大的孔洞，严重时可将叶片吃光或咬断茎秆，造成缺苗；其爬行过的地方会留下黏液痕迹，污染草坪。此外，它们排出的粪便也可污染草坪。

【防治措施】人工捕捉：发生量较小时，可人工捡拾，集中杀灭。药剂防治：用稀释成70～100倍的氨水，于夜间喷洒；撒石灰粉，用量为75～112.5kg/hm²；撒施8%灭蜗灵颗粒剂或用蜗牛敌(10%多聚乙醛)颗粒剂，15kg/hm²；用蜗牛敌＋豆饼＋怡糖((1：10：3)制成的毒饵撒于草坪，杀蛞蝓。

（2）蚂蚁

危害草坪常见的蚂蚁种类有小黑蚁、草地蚁、窃蚁、窃叶蚁以及红外来火蚁等。

【形态特征及生活习性】蚂蚁属昆虫纲膜翅目，蚁科。大部分蚂蚁为社会性昆虫，在土地中筑巢，有些形成蚁丘或蚁山，覆盖草坪，影响草坪的景观，还可使草坪窒息。如果蚂蚁巢穴在草坪草根系土壤附近，可造成草坪严重受损。蚂蚁也取食毁坏草坪草种子，影响草坪建植。有些种类的蚂蚁叮咬人和动物，妨碍草坪养护人员的正常工作。

【防治措施】草坪一般情况不需进行蚂蚁防治，但当蚂蚁活动严重影响草坪景观和使用功效时，可用药物进行防治。常用于防治蚂蚁的化学药剂有土虫清，施用方法以10g/m²进行撒施。蚂蚁大发生时，可用50%辛硫磷乳油1000倍液、48%毒死蜱乳油1500倍液、5%顺式氯氰菊酯1000倍液浇灌蚁洞。

（3）蚯蚓

蚯蚓是环节动物门寡毛纲类动物的通称。昆虫害虫属于节肢动物门，而蚯蚓属于非节肢动物。

【形态特征及生活习性】蚯蚓属环形动物。身体圆筒形，细长，体长可达几厘米，由许多环节组成。蚯蚓喜欢生活于潮湿、低温、有机质多的草坪土壤中，取食土壤中的有机物、草坪枯叶、根等，将粪便排泄在地面上，有疏松与肥沃土壤的作用。但是，如果蚯蚓数量较大时会损坏草根，甚至导致草坪退化。并且，众多蚯蚓可在草坪形成许多凹凸不平的土堆，可破坏草坪景观，降低草坪功效。

【防治措施】蚯蚓防治措施与蚂蚁的相同，当草坪蚯蚓栖居量达到一定程度造成危害时，需及时进行防治。目前防治蚯蚓较为有效的杀虫剂是虫线净，施用方法以12g/m²进行撒施。还可用14%的毒死蜱颗粒剂22.5kg/hm²或用40%毒死蜱乳油浇灌，用量2L/hm²，兑水200L。

（4）鼠类

危害草坪的鼠类有地鼠、家鼠、鼹鼠等，为啮齿动物。

【形态特征及生活习性】鼠类是小型哺乳动物，它们常在草坪中挖出大量洞穴，在地下打隧道、筑巢穴或寻找食物等，对草坪造成严重危害。

【防治措施】一是毒饵法。在1m²草坪上用50%毒死蜱可湿性粉剂4.5g加水2L，并与18g的糠或干饲料充分拌匀撒施。二是可用专门的诱捕器捕捉等。

本章小结

本章阐述了草坪各种养护管理措施的原理、作用及具体方法。主要介绍了的草坪修剪的作用和原则以及草坪修剪高度、修剪频率、修剪方式、修剪的注意事项等具体操作技术；总结了草坪施肥的作用和草坪草所需的营养元素与功能、缺素症及肥料类型与特点，阐述了草坪施肥计划的制订与施肥量、施肥方法与施肥时间、施肥的原则及技术要点等草坪施肥具体操作技术；总结了草坪灌溉与排水的意义及作用、草坪的水分需求特性等草坪水分排灌基本理论，阐述了草坪灌溉水的选择、灌溉方案的确定、灌溉方法、喷灌的主要质量指标、节水管理等草坪用水与节水技术，介绍了草坪排灌系统设计原则和技术；阐述了草坪草坪退化原因与复壮更新方法，总结了草坪通气、滚压、表施细土、交播等复壮更新养护管理措施及操作技术；还介绍了切边、湿润剂、着色剂和标线剂施用、封育与保护体的设置、枯草层与梳草等草坪其他养护管理措施与技术；阐述了草坪杂草概念、类型与生物学特性等草坪杂草防除基本理论，介绍了草坪杂草各种防除方法，并重点阐述了草坪杂草的化学防除方法；阐述了草坪病害防治理论与方法，并介绍了常见草坪病害及其防治方法；阐述了草坪害虫及其他有害昆虫的防治理论与方法，并介绍了常见害虫及其他有害昆虫的防治方法。

思考题

1. 草坪修剪的作用与原则有哪些？
2. 试述草坪修剪的方法与技术及注意事项。
3. 草坪施肥的作用与特点有哪些？
4. 试述草坪施肥的方法与技术及注意事项。
5. 试述草坪灌溉与排水的意义及作用。
6. 试述草坪灌溉与排水的方法与技术及注意事项。
7. 试述草坪退化的原因及草坪复壮更新方法。
8. 总结各种草坪通气方法措施的技术要点与注意事项有哪些？
9. 草坪滚压的作用与技术要点有哪几点？
10. 试述草坪表施细土的作用与技术要点。
11. 试述草坪交播与反交播的概念与作用及技术要点。
12. 草坪切边的作用与技术要点有哪些？
13. 试述草坪湿润剂、着色剂和标线剂施用的作用与技术要点？
14. 草坪封育与保护体设置作用与技术要点是什么？
15. 枯草层对草坪的作用及其影响因素有哪些？
16. 草坪梳草的作用与技术要点是什么？
17. 草坪有害生物的类型及防治方法？
18. 草坪杂草的概念及对草坪的危害？
19. 除草剂的类型与草坪除草剂的使用方法？
20. 试论述草坪杂草的防治策略？
21. 那些技术措施能减少一年生禾本科草坪杂草？
22. 如何进行草坪杂草的综合防除？
23. 草坪害虫可分为哪些类型？
24. 如何进行草坪害虫的综合防治？
25. 草坪病害的类型与特点？
26. 草坪侵染性病害病原物的类型及致病特点？
27. 影响草坪病害发生危害程度的因素及原因？
28. 草坪最主要的病害有哪几种？它们如何鉴定？
29. 草坪病害的综合防治措施？
30. 草坪有害生物的综合治理措施？制定本地区最常见的一种有害生物(病害或虫害)的防治计划？

本章参考文献

胡林，边秀举，阳新玲．2001．草坪科学与管理[M]．北京：中国农业大学出版社．

孙吉雄．2009．草坪学[M]．3版．北京：中国农业出版社．

张自和，柴琦．2009．草坪学通论[M]．北京：科学出版社．

洪绂曾．2011．中国草业史[M]．北京：中国农业出版社．

王春梅．2002．时尚花草树木丛书——草坪建植与养护[M]．延边：延边大学出版社．

沈国辉，何云芳，杨烈．2002．草坪杂草防除技术[M]．上海：上海科技文献出版社．

赵美琦．1999．草坪全景——草坪病害[M]．北京：中国林业出版社．

张国安，周兴苗，谭永钦．2005．草坪害虫防治[M]．武汉：武汉大学出版社．

商鸿生，王凤葵．2002．草坪病虫害识别与防治[M]．北京：金盾出版社．

余德乙．2005．草坪病虫害诊断与防治原色图谱[M]．北京：金盾出版社．

徐秉良．2006．草坪技术手册-草坪保护[M]．北京：化学工业出版社．

刘艳，王明荃．2010．4个混播草坪的综合性状比较研究[J]．沈阳农业大学学报，41(6)：662-666．

武良，边秀举，徐秋明，等．2009．包膜控释尿素对高羊茅草坪建植期生长的影响[J]．26(4)：139-143．

邓裕．2008．保水剂在草坪建植中节水效果的研究——以高羊茅为例[D]．长沙：中南林业科技大学．

李艳琴，谢帆，徐敏云，等．2007．北方常用草坪草的光合速率、蒸腾速率和水分利用效率研究[J]．河北农业大学学报，30(2)：42-46．

孙亚．2006．北京城市草坪草需水量研究[D]．北京：中国农业大学．

米楠．2012．草坪建植及养护管理技术要点[J]．现代园艺(23)：96-97．

张温薇，杨富裕，周禾，等．2003．草坪芜枝层综合防除措施研究进展[J]．中国草地，25(2)：54-58．

黄彩明，曹平，蒋荣华．2008．草坪延长绿色期的研究[J]．安徽农业科学，36(24)：10428-10430．

王炜宗，建德峰．2012．草坪养护管理过程中常用肥料种类及施肥方法[J]．吉林蔬菜(12)62-63．

何胜，陈少华．2008．常见园林草坪建植及养护管理技术探讨[J]．热带林业，36(1)：36-38．

王子尚．2010．城镇公园草坪建植与养护管理[J]．中国园艺文摘，26(3)：86-87，

孙祎龙，吕凤华．2004．东北寒冷地区冷地型草坪建植及养护管理[J]．草原与草坪(1)：62-64，

杨知建，向佐湘，张志飞，等．2006．湖南省常绿草坪建植技术研究[J]．作物研究，20(3)：246-248，252．

万新卫，吴海艳，张巨明，等．2008．华南地区足球场草坪建植与管理技术[J]．广东园林，30(6)：66-69．

游明鸿，毛凯，刘金平，等．2003．钾肥对草坪草抗性的影响[J]．草业科学，20(2)：62-65．

赵希伟，刘影．2012．简述草坪草的修剪方法[J]．现代园艺(8)：52．

胡勇．2007．冷季型草坪草在湖南省的适应性研究[D]．长沙：湖南农业大学．

刘颖．2011．冷季型草坪的播种建植与维护技术[J]．河北林业科技(6)：89-91．

王红霞．2011．冷季型草坪建植及管理技术要点[J]．农业科技与信息(20)：26-27．

李建新，邓小梅，李志全，等．2013．冷季型草坪建植与养护技术[J]．南方园艺，24(1)：42-43，45．

赵益林．2012．绿地草坪分功能管理办法浅析[J]．中国电子商务(13)：122-123．

何玉贤，陆兆蕾．2012．南方地区草坪的建植与养护[J]．安徽林业科技(1)：78-80．

贾艳玲，谢寅峰，杨剑，等．2010．暖季型草坪冬季保绿研究进展[J]．西南林学院学报，30(3)：87-91．

高婷，陈磊．2011．浅谈草坪修剪[J]．吉林蔬菜(6)：109 - 110.

金秀宏．2009．浅谈沈阳市草坪建植与养护[J]．现代园艺(5)：56 - 57.

常绍建，张林瑞．2010．浅谈豫北地区草坪建植与管理[J]．山西建筑，36(26)：339 - 341.

都耀庭，张东杰．2008．青海玉树高寒地区草坪建植与管理(简报)[J]．草地学报，16(5)：536 - 538.

郑凯，杨新根．2010．山西省草坪建植和养护管理[J]．山西农业科学，38(11)：98 - 100.

熊敏．2008．上海城市公园草坪景观研究[D]．上海交通大学．

张庆峰，陆峰．2010．上海地区庭院草坪建植及管理技术要点[J]．上海农业科技(4)：4.

施伟星．2012．小区草坪建植和养护[J]．城市建设理论研究(电子版)(12)：1 - 5.

李世鹏，张云胜．2012．盐碱地草坪建植与管理技术刍议[J]．现代园艺(16)：43，45.

马进，孟瑾．2004．养护新技术在我国草坪上的应用[J]．四川草原(2)：59 - 60.

汪希尧．2012．运动场草坪建植及管理技术[J]．农技服务，29(8)：937.

王淑娥，杨泽秀．2010．栽培基质、修剪和践踏对海滨雀稗草生长特性的影响[J]．安徽农业科学，38(29)：16460 - 16463.

Craig W. Edminster. 1999. 中国在休眠草坪上用冷季型草坪草进行的交播[J]．国外畜牧——草原与牧草(3)：12 - 16.

李建平．2003．足球场草坪建植与管理技术研究[J]．山西大学学报(自然科学版)26(4)：373 - 376.

边秀举，胡林，张福锁，等．2002．不同施肥时期对草坪草生长及草坪质量的影响[J]．草原与草坪(1)：22 - 26.

金青娥．2009．正确使用草坪除草剂[J]．现代园艺(8)：55 - 56.

张亚娟．2006．几种常见的杀菌剂防治草坪病害的药效试验[J]．河北林业科技(1)：10.

陈莉，檀根甲，丁克坚，等．2006．合肥市草坪主要病害种类调查及病原鉴定[J]．草业科学(5)：100 - 103.

王运兵，徐小娃，马新岭，等．2006．河南草坪主要病虫草害群落研究(英文)[J]．中国草地学报(4)：49 - 52.

齐晓，周禾，韩建国，等．2006．草坪病虫草害生物防治技术研究进展[J]．草原与草坪(6)：3 - 8.

周新伟，张青，杨代凤，等．2008．苏州地区草坪主要病虫害及其防治技术[J]．江苏农业科学，36(6)：122 - 124.

韩烈保，牟新待．2000．兰州地区草坪病害及防治[J]．北京林业大学学报，22(2)：1 - 5.

袁秀英，韩艳洁，宁瑞些，等．2000．呼和浩特市草坪草的主要病害[J]．中国草地(6)：71 - 72，75.

丁世民，傅海澎，张洪海，等．2005．草坪病害的发生与可持续控制策略[J]．草原与草坪，25(3)：17 - 20.

马国胜，潘文明．2004．草坪常见病害及其综合防治技术[J]．中国园林(8)：72 - 74.

郑训超．2004．合肥地区夏季草坪主要病害的发生与防治[J]．安徽农业科学(5)：957 - 959.

张兆松．2011．本特草果岭腐霉病的发生与控制[J]．世界高尔夫，65(8)：97 - 98.

王建梅，胡慧芳．2012．大连市草坪主要病害发生特点与可持续治理措施[J]．北方园艺，27(17)：78 - 80.

翁启勇，王青松，何玉仙，等．1997．福建草坪草病害初报[J]．草业学报，6(2)：71 - 74.

白史且．1998．成都地区草坪主要病害及防治[J]．四川草原(1)：45 - 48.

张婕．2007．长春市冷季型草坪主要病害调查及禾草离蠕孢叶枯病的初步研究[D]．吉林农业大学．

杨烈，沈国辉，张新全．2004．草坪杂草综合防治研究进展[A]．中国草学会草坪专业委员会．中国草学会草坪专业委员会第六届全国会员代表大会及第九次学术研讨会论文汇编[C]．中国草学会草坪专业委员会：5.

沈国辉，杨烈，钱振官．2002．草坪杂草周年防除技术[A]．中国草原学会．现代草业科学进展——中国国际草业发展大会暨中国草原学会第六届代表大会论文集[C]. 中国草原学会. 1.

沈国辉，杨烈，钱振官. 2002. 马蹄金草坪苗后阔叶杂草防除技术研究[J]. 上海农业学报，18(2)：62-65.

杨烈，沈国辉. 2002. 草坪有害生物综合治理[J]. 世界农药(1)：37-39.

沈国辉，杨烈. 2000. 我国草坪杂草与化学防除的现状及存在问题[J]. 林业科技通讯(11)：30-33.

沈国辉，杨烈. 2000. 我国草坪杂草与化学防除的现状及存在问题(综述)[J]. 上海农业学报，16(S1)：49-53.

沈国辉，杨烈，钱振官，等. 2001. 秀百宫——暖季型草坪广谱性除草剂[J]. 草原与草坪，21(3)：49-51.

杨烈，沈国辉，钱振官，等. 2001. SL-160 对马尼拉草坪杂草的防除效果[J]. 草原与草坪，21(4)：30-32.

钱振官，沈国辉，张繁琴，等. 2003. 上海地区高羊茅草坪褐斑病的发生及防治研究[J]. 草原与草坪，23(3)：39-41.

杨烈，吴彦奇，任健. 2004. 草坪杂草防治[J]. 四川草原(2)：57-58.

Turgeon A J. 2004. Turfgrass management [M]. Pearson Education, Inc. , New Jersey, USA.

Robert D. Emmons. 2000. Turfgrass science and management [M]. 3rd Edition. Delmar Publishers, Thomson publishing, Inc, USA.

第 5 章

草皮生产

草皮是草地上可以剥离并可移植到他处，生长成草坪的前期产品，草皮生产的最终目的是销售与利用。目前，草皮生产已成为现代草坪业的重要组成部分。与普通草坪建植相似，草皮生产主要包括种植场地准备、草皮的种植和草皮养护管理与收获等环节，但草皮生产的种植与养护管理等诸多方面具有其独特之处。随着科学研究的进一步发展，一系列草皮生产新技术已广泛应用于草皮生产实践，为草皮生产与利用的可持续发展奠定了坚实基础。

5.1 草皮生产概述

5.1.1 草皮概念与分类

5.1.1.1 草皮概念

草皮是指人工建植和管理形成或取自天然草地、耐适宜修剪和践踏、具有特定使用功能和改善生态环境作用的草本植被。它与草坪同样均由草坪草的叶、茎、根和附带的土壤与基质构成；它是草坪的前期产品，可作为建坪材料，可在最短的时间内为用户建造出舒适、柔软、清洁、美丽的草坪；它最大的特点是具有可移植性，不具有艺术构造。人们有时将草皮与草坪两者概念等同使用，但是，人们通常把处于自然或原材料状态时的草坪称为草皮（sod），一旦被固定于某一场所并具有一定的设计结构时它就不再称为草皮，而称作草坪（turf）。

5.1.1.2 草皮的分类

草皮可按不同方式分成不同的类型。

（1）按草皮来源区分

①天然草皮 指取自天然草地的草皮。天然草皮一般是将该类草地植被进行适当修剪或整理，然后平铲为一定形状与大小的草皮利用；它通常铺植于道路边坡，保持水土，管理比较粗放。例如，英国17世纪从天然草地和放牧场起挖的草皮；美国20世纪初在奶牛放牧场上生产的草皮条；中国上海曾经移植太湖附近的草皮，以及近年来我国青藏铁路与公路边坡绿化时采用的草毡层，都属于天然草皮。

②人工草皮 多指采用草坪草种子直播或营养体繁殖方法人工建成的草皮。该类草皮需要比较精细的管理，其生产成本也比天然草皮的高，但其草皮致密、均一性好、整齐美观，质量较高，可满足各类客户需求。现在国内外生产的草皮多为人工草皮。

此外，还有一类由非生命的塑料化纤产品聚丙烯、聚乙烯等制作的拟草皮，也称人造草皮或合成草皮。其表面平整均一，坚固耐磨，不需施肥、修剪等作业，主要用于使用强度大、生长条件极为不利的一些运动场、停车场或商业区。

（2）按草皮草坪草类型区分

①冷季型草皮　由冷季型草坪草种子直播生产的草皮。常见的草地早熟禾草皮、多年生黑麦草草皮和高羊茅草皮等，都属于冷季型草皮。其主要特征是耐寒性较强，在部分地区冬季也呈绿色，夏季耐热性较差，春、秋两季生长旺盛。该类草皮的某些草种适应性强，非常适合于我国华北、中南及西南等地生产与利用。

②暖季型草皮　由暖季型草坪草种子直播或由幼枝、匍匐茎等营养体繁殖生产的草皮。常见的有钝叶草草皮、结缕草草皮、马尼拉草皮、细叶结缕草皮、狗牙根草皮、地毯草草皮、海滨雀稗草皮和马蹄金草皮等。该类草皮的主要特征是抗旱与耐热性较强，在我国大部分地区冬季呈休眠状态，春季开始返青，夏秋生长旺盛。进入晚秋，遭遇霜冻，草坪草茎叶开始枯萎褪绿。目前我国的暖季型草皮，大多适宜于黄河流域以南的华中、华东、华南、西南等地生产与利用。

（3）按草皮草坪草组成区分

①单一草皮　由一种草坪草组成的草皮。例如，狗牙根草皮、草地早熟禾草皮、马蹄金草皮等。我国北方一般选用冷季型草坪草生产草皮，对暖季型草坪草的应用较少；而南方除用暖季型草坪草生产草皮外，也能用一些抗逆性较强的冷季型草坪草（如高羊茅、草地早熟禾等）生产草皮。单一草皮叶色一致、草皮致密、整齐美观，需要较精细的养护管理。

②混合草皮　由一个草坪草种的几个品种组合而成的草皮。可将某个草坪草种的几个品种混合种植生产草皮，从而获得良好的抗病性、分蘖与扩展性。比较常见的有高羊茅混合草皮、草地早熟禾混合草皮以及匍匐翦股颖草皮等。如生产中将抗不同病害的草地早熟禾品种混合种植以生产高抗病性的草皮；而含 PennA1 和 PennA4 两个匍匐翦股颖品种的混合草皮也已用于果岭铺植。

③混播草皮　由多种禾本科多年生草坪草混合种植，或由禾本科多年生草坪草中混合种植其他草坪草而形成的草皮。可按草皮的性质、使用目的、草种抗逆性和人们的要求，合理组配草坪草种或品种以提高草皮的实用效果。混播草皮因各组配草坪草种色泽有一定差异，可能会造成草坪绿地的杂色外观，一定程度上影响草坪质量，但是混播草皮的适应性和抗性比单一草皮或混合草皮的增强，非常适用于管理比较粗放的草坪绿地。目前，我国各地的混播草皮生产中，高羊茅＋草地早熟禾＋多年生黑麦草的混播草种组配较为成功，应用效果良好。

④缀花草皮　以禾本科草坪草为主，加入少量生长低矮而不影响主栽草坪草生长的草本花卉的草皮。缀花草皮可以营造出自然、美丽的景观效果，其管理粗放、建植成本低廉，适合于大面积空旷地带、道路两旁、高尔夫球场球道以及水土保持工程建设地段的绿化。但是，建植后的 4～6 周内一般需较精细的养护管理，尤其应加强草坪的灌溉和杂草防除。

（4）按草皮使用目的区分

①休闲草皮　用作铺建游憩性草坪的草皮。游憩性草坪绿地没有固定的形状，面积可大可小，管理粗放，通常允许人们入内游憩活动。因此要求铺植的草皮要耐粗放管理，耐践踏，抗逆性强，美观整洁。生产休闲草皮时，多选用株丛低矮、草姿优美、质地细腻、分蘖多、恢复能力强的草坪草种。利用休闲草皮，可在公园、动物园、植物园、学校、医院、机

关等场地建成生机盎然的绿茵草坪，供人们游览、休息与文化娱乐活动。

②运动场草皮　指高尔夫球场、足球场、网球场、垒球场、儿童游戏场等体育活动场所利用的草皮。运动场草皮需适应体育活动的自身特点，该类草皮生产一般选用耐践踏性特别强、弹性好并能耐频繁修剪的草坪草种，如杂交狗牙根、结缕草、草地早熟禾和高羊茅等。运动场草皮可以是单一草皮，也可以是混合草皮或混播草皮（冷季型草坪草种混播常见），但混合草皮或混播草皮极少用于均一性要求很高的高尔夫球场果岭及发球台草坪。

③观赏草皮　专门用于建造装饰性绿地或观赏草坪的草皮。顾名思义，观赏草坪是仅供观赏用的一种封闭式草坪，一般不允许游人入内游憩或践踏，如作为景前装饰或陪衬景观铺设在广场雕像、喷泉周围和纪念物前等处的草坪。观赏草皮生产所选草坪草种要求低矮、纤细、绿期长，以细叶草类为最佳；其管理也较精细，需严格控制杂草滋生。

④水土保持草皮　指铺植于坡地、水岸或堤坝、铁路与公路边坡等地，用于固土护坡、防治水土流失的草皮。所选草坪草种要求适应性强，根系发达，草层紧密，抗旱，耐寒，抗病虫害能力强。实际应用中常选本地草坪草种或与本地草种类似、适应当地气候的引进草坪草种生产草皮，且最好用多个草坪草种混播建植。我国南方地区可选用的草坪草种有狗牙根、假俭草、地毯草、白茅（*Imperata cylindrica*）与地果（*Ficus tikoua*）等。

（5）按草皮栽培基质区分

①普通草皮　以一般土壤为栽培基质的草皮。目前大部分生产和利用的草皮都是普通草皮。普通草皮的生产成本较低，但因其草皮收获会带走一层表土，对草皮生产的土壤肥力有一定负面影响，最终可能导致土壤生产能力降低，亟待解决。

②无土草皮　又称轻质草皮，是指采用沙子、泥炭、半分解的纤维素、蛭石、炉渣等轻质材料取代土壤作为栽培基质而生产的草皮。无土草皮具有可工厂化生产，质量轻、便于运输、根系保存完好、移植恢复生长快等特点，可有效保护草皮生产的土壤耕作层或节省耕地，是我国发展优质草皮的一个方向。

（6）按草皮培植年限区分

①当年草皮　草皮的生产与出圃在同一年进行。一般当年春季播种，经过 3~4 个月的生长后，于夏季出圃。我国北方通常一年只能生产一茬草皮；南方则可一年能生产二茬或二茬以上的草皮；如利用草皮生产新技术，我国南北方均可在一年内生产多茬草皮，草皮生产周期大大缩短。

②越年草皮　当年播种，第二年出圃的草皮。我国北方越年草皮生产可于夏末播种，翌年春天出圃，由于床土表层被草坪草充斥，减少了杂草侵入程度，可降低杂草防除费用。并且，越年草皮可在早春草坪销售的空档期出圃，满足春季建坪的需要。如当年草皮与越年草皮生产相结合，可提高土地利用效率。不过，草皮生产年限受水热条件、管理水平与市场因素影响，若条件适宜，草皮生产采用当年出圃、一年出圃多茬较为理想。

5.1.2　草皮生产与利用的历史及发展趋势

5.1.2.1　国外草皮生产与利用的历史

国外草皮生产与利用的历史悠久。据记载 17 世纪的英国已经开始从天然草地和放牧场挖取草皮用于草坪建植，但草皮真正成为一种商业性产品还是近代由美国发展而来。20 世纪 20 年代，美国东海岸农场主将野生禾本科草形成的天然草皮进行切割出售，作为草坪绿地的建植材料。此后，美国草皮的生产逐步扩展到中西部以及北部地区，草皮农场数量大大增加。到1950年，由于建筑业的繁荣，草坪修剪机械、抗病草坪草品种、除草剂等应用于草皮生产，美国和欧洲一些国家的草皮农场得到了明显的发展。20世纪60年代，草皮生产被誉为美国发展最快的农业工程，佛罗里达州和密歇根州的草皮生产分别处于暖季型和冷季型草坪地区的领先地位。1967年，以美国草皮生产协会成立为契机，开始出现草皮生产销售、技术推广、人才培训为一体的联合体，草皮生产由天然转向人工栽培，草种由单播趋于混播。20世纪70年代，起草皮机用于草皮生产极大提高了工作效率，利用这种新型机械，2~3个人可以完成以往20~30人才能完成的工作。当时，塑料网也开始应用于草皮生产，它可以加固草皮根部结构，使草皮的成熟期缩短约25%；植物营养、杂草及病虫害防治技术的发展也大幅度提高了草皮的均一性、生根能力和综合质量。20世纪80年代初，美国50个州中的42个州均进行草皮生产，其年销售额达到3.6亿美元。20世纪90年代以后，美国、英国、法国、日本、德国、意大利、新西兰、澳大利亚等国的草皮业均有了重大发展。如美国东北部较小的新泽西州就有20个草皮农场，草皮生产面积5000hm²；澳大利亚的悉尼市草皮生产面积约2700hm²。2007年，仅美国佛罗里达州草皮生产面积已达42 000hm²，社会经济效益显著。至今，国外草皮业发展呈现良好发展态势。

5.1.2.2 国内草皮生产与利用的历史

我国的草皮生产开始于20世纪80年代，在借鉴国外草皮生产经验的基础上，我国的草皮生产从无到有，从沿海到内地，发展极为迅速，几乎以几何级数增长。据不完全统计，20世纪90年代，我国的草皮生产面积已超过10 000hm²，其中引进全套国外设备生产的也达到400hm²以上。不少从事草坪业的企业建有具备计算机管理系统、集灌溉和温控一体化的大型现代化草皮生产基地，其生产设备、技术和种子均由国外引进，生产的草皮质量达到国际标准。进入21世纪，我国草皮生产规模进一步壮大，仅北京周边就新增了数万亩的草皮生产基地。我国北京、上海、江苏、四川等部分地区，草皮生产已成为一些城乡结合带的重要产业。草皮作为草坪建植的重要材料，可在最短的时间内成坪，具有良好的景观效应与生态功能，已在城市广场、小区绿地、屋顶绿化、道路护坡等得到广泛应用，成为现代草坪业的重要组成部分。

5.1.2.3 国内外草皮生产与利用的发展趋势

国内外草皮业发展历程表明，草皮的生产与利用在一定程度上受到社会经济因素的影响。如美国20世纪80年代初，经济大滑坡致使草皮生产受到强烈冲击。并且，表现出其草皮增长速率与房地产业增长相一致的现象。而近年来中国经济迅速发展，城市化进程进一步加快，基础设施建设、大型体育运动赛事以及博览会举办也促进了我国草皮生产的迅速发展。但其间，也出现了盲目扩大草皮生产造成的市场无序竞争，草皮产品降价等问题。

同时，草皮生产也会受到公众对草皮生产的环境影响的认识及生产技术限制的挑战。例如，草坪草耗水性及逆境适应性、化肥农药施用与环境污染，以及草皮生产中对土壤剥离造成的地力下降等问题。尽管这些问题中相当部分还存在一定的争议，但是草皮生产企业与科研工作者已经开始了诸如抗旱草坪草新品种的筛选与培育、污水与节水灌溉、缓效控释肥与高效低毒农药研发以及土壤基质生物替代等新技术的研发利用，并已取得较大进展，为今后草皮业高效可持续发展奠定了良好基础。

国内外长期的草皮业实践还表明，要成功生产草皮，草皮企业在草皮生产前需要先行对草皮市场进行调查，在生产区建立市场组成与销售系统。在此基础上，合理组建草皮的生产、销售与管理队伍，并科学运用先进的草皮生产技术与工艺进行草皮生产。其中，土壤改良、草种选择与组配、施肥、灌溉等日常养护措施，以及收贮环节等对成功的草皮生产都极其重要。

5.2　草皮种植

草皮种植与草坪建植一样，也是在新的起点上建立一个新的植被，因此草皮种植在其场地准备、草坪草种选择、种植方法以及苗期管理等环节与草坪建植有许多相似性，本节主要叙述草皮种植过程的独特之处。

5.2.1　场地选择与准备

5.2.1.1　场地选择

草皮生产场地选择比草坪建植场地选择的自由度较大，它应立足于生产高质量草皮并出售，综合考虑生产成本与销售价格等因素确定。草皮生产场地一般宜选择平坦、开阔，光照充足，交通方便的地块；土壤以壤土为佳，最好具备灌溉条件。反之，若地块遮阴，可能导致一些耐阴性较差草坪草长势减弱，降低草皮质量；交通不便、缺乏灌溉均会增加草皮生产与运输成本。此外，合理的土地租金也是一些草皮公司选择场地的重要参考因素。

5.2.1.2　场地准备

场地准备是草皮生产中重要的基础性工作，也是种植高质量草皮的重要环节，它与草坪建植的坪场准备程序与要求基本类似，主要包括场地清理、耕翻、平整、土壤改良以及排灌设施的布设等工作。只是有时为了生产高质量草皮，提高草皮生产效率，缩短草皮生产周期，其场地准备各项工作要求更加精细。

①场地清理　无论是原有耕地还是荒地用作草皮生产场地，石块、瓦砾和杂草的存在对草皮生产均不利。要求场地 35cm 以内的表层土壤中不应当有大的石块；10cm 表层土壤中的小岩石或石块也会影响草皮日后管理（如打孔等）和收获，通常在草皮种植前要将大部分石块清除。

场地中的某些杂草，可用人工或土壤耕翻机具在翻挖土壤的同时手工拣除。而对于一些禾本科、莎草科及阔叶性的空心莲子草等多年生恶性杂草，手工物理清除一般难以根除，可结合采用内吸型的灭生性除草剂或熏蒸剂，用化学方法清除。

②场地耕翻与平整　对于草皮生产即将进行的场地，耕翻结束后即可平整。对于场地中高低起伏较大的地方，需按照设计标高进行挖方与填方，使整个地块达到一致高度。填土松软的地方，考虑到土壤的沉降，填土高度要高出设计的高度，若用细质地的土壤填充时大约要高出 15%；用粗质土时可低些。在填土量大的地方，每填 30cm 就要填压，以加速沉实。这样粗平整后的场地还需要进行细平整以达到平滑土表的目的。为了防止土壤板结，细平整应推迟到种植之前进行。

③土壤改良与施肥　草皮生产对土壤的要求一般要高于普通草坪建植，生产草皮的最适土壤类型为壤土，最适 pH 是中性或弱酸性，为 6.0~7.0。土壤改良一般是改善土壤质地与调节土壤酸碱度。酸性土壤的 pH 调节多采用石灰石粉；而碱性土壤多施用硫黄粉。在降水

量较大和较集中的地区为了保持土壤良好的排水性能，常通过掺沙，将土壤改良为砂壤土；对很松散的砂土，可掺入适当黏土或泥炭。土壤改良时应注意，沙性过大不利于草皮成卷。

草皮种植地施入基肥，不仅可以提供草皮生长所需的养分元素，也能改善土壤的理化性质与生物学特性。土壤改良与施肥时，通常将肥料与土壤改良剂在进行土壤翻耕时加入，以确保土壤的各个层次均有充足的养分，并达到地面平整，土表疏松的目的。此外，细整平时，一般还要施入一些氮肥，以促进幼苗的生长，此时的氮肥一般不宜施得过深，以免氮肥淋失。

④排灌系统的布设　草皮生产与草坪建植一样，必须事先做好排灌系统的设计与安装工作。排灌系统的布设可结合场地道路建设进行，以便于灌水和排水及田间作业。安装排溉系统一般是在场地粗平整之后进行。排水系统的布设主要利用场地的坡度进行，场地四周再挖边沟，从而将水排出场地外。对于降水量大的地区还可用开沟作畦的办法进行田间排水，一般畦宽5m，沟宽与沟深为20cm左右。喷灌系统有移动式喷灌系统、固定式喷灌系统和半固定喷灌系统，可用自动喷灌，也可用人工浇灌的方法。对一些规模较小的草皮生产基地可采用简单的塑料水管人工灌溉，其特点是投资成本低，操作较麻烦，费时、费力。而真正适用于草皮生产的灌溉系统是移动式喷灌系统，有条件的草皮生产基地还可使用大型自走式龙门喷灌设备，其喷灌均匀、效率高；固定式喷灌系统也可以用于草皮生产，但设计时需考虑便于草皮收获。喷灌系统的设计与安装可参见本书4.3.10节。

5.2.2　草坪草种的选择与组合

5.2.2.1　草坪草种选择

草皮生产的草坪草种是草皮生产的物质基础，草皮生产的草坪草种选择的基本原则与草坪建植的大体一致，但是，与草坪建植的草坪草种选择存在如下2点差异：一是草皮生产的草坪草种选择不仅与草坪建植一样要考虑草皮生产（草坪建植）地的气候土壤等生态环境特点，还应考虑草皮销售地的生态环境特点；二是草皮生产的草坪草种选择不仅要考虑草皮种植与草坪建植及养护的成本，还应考虑草皮生产的经济效益。一般草皮生产的草坪草种选择应依据如下因素确定。

（1）草皮使用目的

草皮使用目的是草坪草种选择的出发点。观赏性草皮一般选择质地细腻、色泽明快、绿期长的草坪草；若生产运动场草皮，则需要考虑低矮、密度大、耐践踏性和再生力强的草坪草种。

（2）草皮的管理强度

运动场草皮一般需要较高的养护管理强度；而水土保持草皮管理强度较低。不同草坪草种组成的草皮需要的管理强度也不同，如杂交狗牙根、匍匐翦股颖种植的草皮往往需要较高的管理强度。草坪草种或草皮需要的养护管理水平与现实的养护管理水平及成本预算协调，是提供一定质量草皮、实现草皮使用目的的经济基础。

（3）草皮的市场需求

客户需要和市场需求是草皮生产企业的终极目的，因此草坪草种选择时应考虑那些大众化品种、知名的草坪（草皮）草种以及有市场潜力的草坪（草皮）草种，这些草坪草种生产与建植的草皮往往容易被人们接受。

（4）草坪草种的特性

草坪草种的特性是实现草皮使用目的的生物学前提，草皮生产的候选草坪草种的特性应满足草皮生产质量要求或使用目的要求。一般而言，用于草皮生产的草坪草种应该是具有扩展性的根茎型或匍匐茎型的草坪草，其根茎或匍匐茎越发达，形成草皮的强度就越强。如匍匐翦股颖有致密的匍匐茎，耐低修剪，适于高尔夫球场；草地早熟禾具短根状茎，能紧密盘结在一起，适合于庭院和其他的普通绿地草坪；狗牙根具有较强的根茎和匍匐茎，应用也很广泛；结缕草、假俭草和地毯草等也都是可供用于生产草皮的草坪草种。此外，分蘖能力强、苗期生长速度快、绿色期长、抗病虫害能力强也是草皮生产时草坪草种选择参考的重要特性。

（5）环境适应性

草坪草的环境适应性是实现草皮使用目的生态学前提。草坪草种环境适应性主要包括气候适应性和土壤适宜性，前者主要指抗热、抗寒、抗旱、耐淹、耐阴等性能；后者主要指耐瘠薄、耐盐碱、抗酸性等性能。其中，气候条件是影响草坪草适应性最重要的生态要素。冷季型草坪草的高羊茅抗热、抗寒能力均较强，分布范围也较广，其环境适应性也较强；暖季型草坪草的狗牙根除适于我国南方地区种植外，在我国北方地区也有较广泛分布，结缕草在我国热带、亚热带以及温带都有分布。这些草坪草种的环境适应性往往较强。利用抗逆性强、环境适应性广的草坪草种生产的草皮持久性好、品质高，也可销售到更宽广的地区。

（6）种子质量

优质的草坪草种子（苗）是草皮生产成败的关键所在。一般要求所选草坪草种子（苗）不含杂草种子和机械杂物，纯净度应在 98% 以上，种子饱满和种苗健壮、生活力强，发芽率和成苗率高且均一性强。

总之，草皮生产的草坪草种选择受以上诸多因素相互影响和密切相关，科学的草坪草种选择应将各影响因素作为相互关联的统一体看待。草坪草种选择的关键是满足不同的草坪使用目的和草皮市场需求，在此前提下再综合考虑草皮生长的环境和其他特性进行综合确定。

5.2.2.2　草坪草种组合

草皮生产可选择一个草坪草种的多个品种或多个草坪草种进行混合种植，弥补单一品种或草种成坪速度慢、适应能力差、寿命短或质量差的不足。如某些草地早熟禾品种的褐斑病抗性较好，但抗锈病能力差，秋季易发生锈病，可以选择另外的锈病抗性强的品种混合种植，以提高草皮的抗病性。混播一般适用于匍匐茎或根茎不发达的草坪草种，如多年生黑麦草和高羊茅的生活型为丛生型，通常不适用于草皮生产，但与草地早熟禾组合混播后，则适宜于草皮生产。其次，在不了解某一草坪草种或品种生态特性的情况下，采用混播可以利用草种间优势互补，提高草皮种植的成功率。草皮生产的草种组合、混播原则与依据可参照本书第 3 章。

5.2.3　草皮的种植

草皮的种植与草坪的建植一样，有种子繁殖和营养繁殖 2 种方法。具体选用何种方法要根据时间的安排、生产成本、生长特性而定。有些草坪草如匍匐翦股颖使用上述两种方法均可获得优良草皮，而一些草坪草因不易获得种子只能进行营养繁殖。

5.2.3.1　种子繁殖

除草地早熟禾和匍匐翦股颖的几个品种外，大部分冷季型草坪草以及暖季型草坪草中的普通狗牙根、假俭草、地毯草与结缕草等均可用种子繁殖而生产草皮。

草皮播种以撒播为主，播种要求主要是将种子均匀撒播于坪床，并让种子掺和到 1 ～ 1.5cm 的土层中，覆土过厚种子难以破土出苗；覆土过浅或不覆土也可能导致种子不能扎根萌发或被雨水冲洗流失。

5.2.3.2　营养繁殖

营养繁殖主要适用于那些不能生产种子或种子产量低或种子发芽率低，而又具有强的匍匐茎和根茎生活习性的暖季型草坪草。营养繁殖的最大的特点是生产草皮迅速。然而要使草皮旺盛生长，仍需要有充足的养分、水分供给和良好的土壤环境。此外，若是大面积的草皮生产，营养繁殖也显得比较费工费时。草皮种植的营养繁殖的各种种植方法与草坪建植的相似，可参照进行。

5.3　草皮的养护管理、收获与送货

5.3.1　草皮的养护管理

新种植的草皮，不管是种子繁殖还是营养繁殖，都需要加强管理，首先是确保种子发芽与匍匐茎枝条的生根萌发，进而促进其健康生长与发育。而新种草皮的养护管理与新建草坪的养护管理相似，可参照进行。此外，成坪后的草皮后期养护管理与草皮成坪速度及草皮质量都密切相关，与一般的草坪养护管理内容相同，主要包括灌溉、修剪、施肥、杂草与病虫害防除等。

5.3.1.1　灌溉

灌溉是草皮生产中极其重要的养护管理措施，但潮湿地区可能不需要灌溉。一般地，草皮的灌水量与灌水频率同草坪草生长阶段、土壤质地与气候状况都有关系。对于刚种植的草皮，适度的灌溉有利于种子的发芽和营养繁殖体的生根生长，坪床土壤缺水往往导致草皮种植的失败或生长不良。种子尚未出苗时，最好以雾状喷灌为佳，每天清晨或傍晚浇一次水，灌水尽量让 2.5 ～ 5cm 的土壤浸润。此时灌水量的依据是以坪床的计划湿润层土壤实际田间持水量下降至饱和田间持水量的 60% 为准，土壤计划湿润层的深度约 5 ～ 10cm。

随着草坪草的生长发育，需按草皮生长状况适当减少灌水频率，增大每次灌水量，草皮坪床的计划湿润层深度为 20 ～ 40cm。

5.3.1.2　修剪

修剪可能是草皮灌溉后的最重要的养护管理措施，日常的修剪有利于促进分蘖与地下部分生长，促进草皮快速形成和高质量草皮的形成。

新种的草皮一般当草叶高度达到 5 cm 时，就可以开始修剪，修剪应遵循"1/3"原则，每 1 ～ 2 周修剪一次，直到完全覆盖为止。在后期管理中，草皮修剪高度往往比普通草坪高一些，修剪时间与频率通常是按照草坪草的生长状况和天气情况而定。若修剪高度低，则修剪频率会增高。但修剪频率过多，会使草皮根系表浅化，降低草皮抗性。若修剪频率过少，也可能会导致草皮修剪时的"削顶"，因此掌握适当的修剪频率十分必要。常见的草皮，如

狗牙根草皮、结缕草草皮、匍匐翦股颖草皮可每 2~3d 修剪一次；草地早熟禾草皮、黑麦草草皮可 3~4d 修剪一次，而假俭草草皮、钝叶草草皮、巴哈雀稗草皮可 7~10d 修剪一次。

5.3.1.3　施肥

施肥是草皮养护中核心内容之一。草皮的施肥应根据草坪草生长时期、期望的草皮质量要求、气候条件、草坪草种(品种)、土壤质地等因素制订相应的施肥方案。

新种植的草皮，对于坪床改良并施入基肥的土壤，苗期可能不需要施肥。但若出现幼苗浅绿等明显缺肥症状，应及时施肥。草皮第一次修剪后需要施入氮∶钾 = 2∶1 的复合肥(施氮量约 4.5~5.0g/m²)，以增加草坪草的抗性，促进其扎根。第二次修剪后应继续进行施肥。以后可每 4~6 周施一次肥，直到草皮完全覆盖。

草皮完全覆盖后的施肥，很大程度上取决于经济因素。若市场需求旺盛，草皮生产企业可采取大量施肥以缩短草皮出圃时间；若草皮销售缓慢，可减少施肥以节约肥料，以及因修剪与灌溉带来的养护成本。

5.3.1.4　杂草与病虫害防治

草皮生产过程中，杂草与病虫害的发生会使草坪草生长发育受阻甚至死亡，造成草皮质量下降、草坪功能受损或推迟草皮出圃。因此，有必要加强管理，综合防治，尽量避免或减少杂草与病虫害入侵与发生造成的损失。

5.3.2　草皮的收获

草皮的收获是指将成坪的草皮用专门的机械或人工铲起、卷成草皮或草皮打包的过程。草皮收获的目的主要是出售并铺植草皮建植草坪。草皮的收获前后都应安排相应的准备工作，以获得高质量的草皮，提高市场的竞争力。

5.3.2.1　收获前的准备

草皮收获前除进行必要的人员、用具与机具准备工作外，还应做好如下工作。

(1)确定草皮收获时期

当种植的草皮盖度达到 90% 以上，且草皮强度足够大而不易撕裂时，即可进行草皮的收获。但是，草皮的合适收获时期具有一定时限，一般在草坪停止生长前的一个月应停止对草皮的收获，否则会影响铺植草皮的成活率和建坪的效果；草皮的收获时期应从早春收割设备能进入田间使用开始，到入冬前土壤冻结为止的时间内进行。

(2)草皮收获前的养护管理

草皮收获前一个月左右需要加强草皮养护管理，以调整草皮叶色到最佳状态，使草皮高度均一，密度好，没有杂草和病虫害。

①修剪　草皮的修剪最好只选用滚刀式剪草机，修剪时间一般按客户要求和天气状况等安排，修剪采用少量多次的原则进行，以免形成秃斑。修剪的高度与频率因草坪草的种类不同而各异。以草地早熟禾为主的草皮每 3 天修剪一次，修剪高度应为 1.5~2.5cm；以黑麦草为主的草皮每 4 天修剪一次，修剪高度应为 2.8~3.6cm；以结缕草为主的草皮每 5 天修剪一次，修剪高度应为 2.2~2.8cm；以狗牙根为主的草皮每 2 天修剪一次，修剪高度应为 0.6~1cm；以翦股颖为主的草皮每 2 天修剪一次，修剪高度应为 1.2~1.8cm。对于一些需要低修剪的草皮(如杂交狗牙根和匍匐翦股颖)在收获前可适当提高修剪高度，以减少草皮秃斑的形成。草皮收获前几周的修剪草屑需移出场外。

②肥水管理与杂草及病虫防治　在已成坪的草皮上施肥可以改善草皮的颜色,但在收获前1周内不要施肥。因为此时施用氮肥可能造成草皮灼伤,降低草皮质量;施用其他肥料也可能因操作不当或天气变化,造成对草皮的损伤。因此,只要草皮颜色令人满意,一般不需施肥。如果草皮的颜色确实需要改善,也可在草皮收获前1~2周施入11~22g/m² 硫酸亚铁以改善叶色。但为了防止灼伤草皮,特别是高温生长季,施用硫酸亚铁后应立即灌溉。

为了便于起草皮,收获前需根据天气情况适量灌水。收获时草皮土壤过湿,草皮无法切割整齐,而且会增加草皮重量而增加运输费用,也会给铺植工作带来麻烦;过干,则会增加起草皮的阻力和起草皮的投入,也会降低草皮的质量。过硬的草皮土壤,甚至无法起草皮。

管理好的草皮在收获前不应有杂草和病虫危害,如一旦出现杂草危害,则只能采用人工防除;对病虫危害则应以预防措施为主,防除药剂一般也只选用广谱低毒的杀菌剂和杀虫剂。从而防止杂草与病虫防治措施不当影响草皮质量。

5.3.2.2　起草皮

起草皮就是用起草皮机或人工将草皮铲起,并用切割成一定面积的草皮块,然后卷成草皮卷或草皮打包的过程。

起草皮的机械种类很多,从简单的手扶式到大型的机械均有。它的切割部由一个在地下的往复式刀片组成。垂直刀片是通过车轮或滚轴在草皮的表面上滚动将草皮按均一的长度切断。最简单的起草皮机仅仅是将草皮切下来,有些则能将草皮卷起来,否则就需要人工将草皮卷起来或折叠起来。较为复杂的起草皮机可以将草皮切下来,并将切下的草皮传送到机械滚卷或折叠器上,然后将草皮卷送到草皮架上。草皮生产规模较小的往往用小型的手扶式起草皮机,一般每小时可起草皮120~160m²;大的草皮生产企业可以使用牵引式或自走式的起草皮机,每小时可起草皮500~700m²。一般的草皮架可放40~50m²的草皮,一辆拖车可装900m²左右的草皮。近年生产出的辊子可存放长30m、宽1m的大型草皮卷,这样的草皮卷稳定性强、切口少,也可减少后期铺植时的灌溉,其不足之处较笨重。通常,长50~150cm、宽30~150cm的草皮块便于运输和铺植。

起草皮时,为防止不同草皮之间的交叉污染,不同草皮收获时应按先后顺序收获。如高羊茅草皮一般不会污染狗牙根草皮,可先收获高羊茅草皮,再收获狗牙根草皮;当前一天的草皮收获完成后,随即可对第二天要收获的草皮进行修剪和清理,然后灌水,以便于第二天的草皮收获;若即将收获的草皮没有及时修剪,可在收获时用一台小型的滚刀剪草机在起草皮机的前面进行最后的修剪;对一些粗糙的草皮(如狗牙根草皮),可用辊子滚压平整。

起草皮的时间要根据草皮生产企业和铺植场地的距离而定,原则上要避免高温时间段进行操作。最好傍晚起草皮,夜间运输,清晨到达后立即铺植,可防止高温对草皮造成的损伤,有利于草皮的成活。起草皮的厚度取决于草坪草种、坪床的平整度、土壤类型、草皮密度、地下茎的数量及根系的发育状况,强度差和稀疏的草皮应起得厚一些。通常像草地早熟禾、狗牙根和结缕草的草皮厚1.3~2.1cm,紫羊茅为1.8~2.5cm,翦股颖为0.8cm,假俭草为2.1~3.3cm。如果起得太厚,对草皮的生根不利;起得太薄,草皮保持水分的能力会显著下降,草皮在铺植之前很难保持新鲜。起草皮后,可以把草皮上的土壤洗掉以减轻质量,促进扎根,减少因草皮土壤与移植地土壤质地差异较大而引起的土壤层次形成的差异。总之,起草皮时应考虑尽量减少取走土壤的量,以利于保护土壤与长期的草皮生产。

起草皮时,若考虑利用场地中的匍匐茎再生产草皮,可留下5cm宽的草皮带(ribbon),

如钝叶草、野牛草和巴哈雀稗草皮等。因为狗牙根草皮可用根茎再繁殖草皮，一般也不留草皮带。实际上，大多数草皮收获时都不留草皮带，而留下草皮带，可能会有 10% 以上的草皮不能收获，造成浪费。

炎热夏天收获的草皮在草皮架上放置时间超过 36h，很快会丧失活力而死亡。因此，草皮需按订单进行收获。收获的草皮应在低温、潮湿的条件下暂时保存，运输时应用帆布盖住顶部，以减少水分的蒸发，亦要防止内部温度的上升而造成草皮的霉烂和伤害，一般应在起后 48 h 内完成铺植。

5.3.2.3　收获后的工作

当天收获完草皮后，应对机具进行清理检查、上油等工作，以免以后的草皮收获因机械故障影响草皮质量。对于铺网的草皮，尤其是起草皮时被人工踩入土中或埋得较深的塑料网，收获后应清理残留在场地的塑料网。若为繁殖而在地里留存有草皮带，可用旋耕机将其浅耕并掺入土中，然后滚压平整土壤表面。起草皮后立即浇水可使一些残留的根茎，继续形成草皮。此外，被刮破的草皮应及时从场地清除出去。对那些因潮湿而凹陷的地方，草皮可能未被起草皮机具切割到，需重新切割，将这些草皮从场地清除出去，否则对下一茬草皮生产的土壤准备工作十分不利。

5.3.3　草皮的送货

草皮送货是指将收获的草皮运送到铺植地点，该项工作可由需方完成，也可由供方承担。为了更好地服务，许多草皮公司对一些草皮用户进行送货服务。

草皮公司送货时，务必及时准确地把草皮运送到目的地，并确保质量和数量。一般情况下送货员最好是草皮公司的专门人员，他们能很好地代表公司为客户服务。送货设备的整洁和送货司机的友好和善都有助于公司争取到更多的客户。统一的制服能给客户一种井井有条的印象，同时也使送货员感到自己就是公司的一员。

国内草皮的送货是一个非常简单的过程；而在国外一些产业化的草皮企业中，送货却是草皮经营的正规程序之一。典型的送货过程一般为：公司的送货人员开着空卡车到办公室领取装货单，装货单上注明了他将要发送的草皮架的数量及送货地点。然后，司机将卡车开到草皮生产地，工作人员用叉车将草皮架装上卡车。草皮装好后，用水管将草皮浇一遍水以避免草皮温度升高，并保持草皮的水分，防止边缘的草皮干枯。再用防水布将草皮盖上并绑紧，防水布不仅可以保持草皮的水分，还有助于防止草皮在运输过程中从草皮架上滑落下来。然后到办公室，领取送货单，送货单上注明了客户的名字、卸货地点、订单号、订购草皮架的数量、草皮的类型以及付款方式（公开账户或交货付款）（如果采用交货付款方式付款，送货人员必须在卸下草皮之前将钱收齐）。拿到送货单后再对车辆进行彻底检查，以免出现意外情况影响送货。检查完毕后送货卡车就可以上路送货。

客户往往是需要草皮时才从草皮公司订购，他们希望草皮能够按时送到。通常他们在草皮送货的当天需要雇一些工人进行铺植，调度员必须熟知送货的地区、预定的卸货时间和不同客户之间的距离和路线。因此，订单受理人员、调度员和送货司机的协同工作显得非常重要。

由于草皮一般都很沉重，生长在矿质土壤上的草皮每平方米约 25kg，其质量也取决于草皮切割的厚度和水分状况。装有 50m² 草皮的草皮架约 1250kg，这相当于一台载重能力为 1000kg 的卡车所能承受的荷载。因此，送货卡车必须坚固、结实，且搬运草皮时要小心，不能把草皮撕裂或过分拉长，以保证送出的草皮质量。

草皮送货到草坪铺植场地后，应按草皮供货合同要求督促客户或草皮生产企业自身及时按要求进行铺植场地的准备和铺植工作。铺草皮的坪床要求和铺植方法与草坪建植章节介绍方法相同，需认真准备，以免给后期的草坪养护管理带来不必要的麻烦。

5.4　草皮生产中的其他问题及其防止

草皮生产除需要按草坪建植与草坪养护管理要求进行相关操作外，还应及时采取相应措施，应对其可能遇到的一些特有问题。

5.4.1　草皮发热及其防止

5.4.1.1　草皮发热的原因及危害

草皮产生热量的主要原因是草坪草的呼吸作用及微生物活动。收获后的草皮堆放时，草皮内部温度升高，严重时足以引起草皮的死亡，特别是草皮中间呈带状的死亡。

5.4.1.2　防止草皮发热的措施

减少草皮发热的措施如下：

（1）及时铺植

为了防止草皮发热，草皮收获后应及时运往铺植场地，及时铺植。夏季草皮发热现象极为普遍，而温度高时 24h 以内就可能使草坪草受到损伤；冷凉的条件下草皮则可存放 2～3d。实践证明，草皮在下午或傍晚收获，夜间运输，早晨铺植效果比较好。若起下的草皮不能马上铺植，也可将其放在大的密闭冷藏室内，抽出热气，以保存较长的时间，但该设施投资较大，利用率低，不必专门建设。如必需的话，一般可临时租用其他企业的商用冷库等设施。

（2）适当修剪

防止草皮发热的另一种常用措施是在草皮收获前降低修剪高度。草坪发热主要来自活的草坪草叶片的呼吸，起草皮时修剪高度越高，热量产生的越快。草皮生产的前期修剪高度可适当高一点，以使根系发达，而收获前则应逐渐降低修剪高度。修剪下的草屑易发生分解，分解过程中微生物的活动会产生热量，因此，在起草皮之前要将修剪时留在草皮上的草屑清理干净，防止微生物的分解而引起发热。

（3）适量施用氮肥

若氮肥施入过量，则会刺激草坪草的生长、促进呼吸率，从而增加草皮发热量。草皮生产中以施中量氮肥为宜。在草皮收获前 2～3 周，通常应避免施用可溶性氮肥。

（4）保持适当的湿度，防止草皮病害

草皮收获时，水分过多有利于微生物的活动而增加热量；如果草皮过干，很容易造成草皮脱水。因此，草皮生产的灌水措施操作非常难以掌握，最理想的状况是草皮不干不湿。若草皮收获时遇到下雨，所起的草皮应尽快运到铺植场地铺植。

草皮病害也是引起草皮发热的原因之一，带病的草皮更易发热，如草皮发生病害，应尽快铺植并进行防治。

5.4.2 草皮脱水及其防止与草皮冲洗

5.4.2.1 草皮脱水及其防止

高温干旱气候条件下，草皮容易脱水而死亡，因而限制了草皮的远距离运输，有时为了长距离运输草皮，可适当向草皮洒水保鲜。但是，弄湿草皮或收获草皮过湿又会引起草皮的发热，所以防止草皮脱水最好的方法是用帆布将草皮覆盖运输，防止风吹而脱水。较热而干燥的天气，可在下午收获草皮，夜间或早晨运输，从而减少草皮水分的蒸发脱水。

5.4.2.2 草皮冲洗

某些情况下，草皮收获后需要把草皮所带土壤洗净。其原因：一是草皮生长土壤与铺植草皮场地土壤不同时，需要把草皮所带土壤洗净，防止草皮铺植后造成草坪土壤表层与其下层土壤质地及性质不同，影响草坪质量。高尔夫球场果岭和其他运动场草坪土壤通常经过特殊设计和改良，需要铺植无土的草皮。二是洗净土壤的草皮质量轻，可减少运输和铺植的费用，单纯采用草坪草根茎繁殖方法建植草坪既可清洁施工，还易获得均一性较好的高质量草坪。但同时也可能增加冲洗设备购置和冲洗费用，如两者相抵还划算，也可实施草皮冲洗。如近年匍匐翦股颖草皮生产中，设计出了专门用于冲洗草皮的自动化机械，可在短时间内冲洗大量草皮，而其他种类的草皮生产还较为少见应用草皮冲洗方法。

5.5 草皮生产新技术

5.5.1 无土草皮生产

草皮卷和草坪草种子是经农业生产而非工业加工而成的两种草坪建植的种植材料。草皮卷产业是应快速铺设草坪的需要而产生和发展，它首先是满足运动场草坪快速建植的需要，后来也满足了因住宅数量急剧增长而引起的对草坪的广泛需求。尽管世界各国种子直播草坪在草坪建植中的主导地位日趋明显，但草皮生产并未衰退，仍然是草坪建植的重要手段，并且采用了更先进的科学技术和设备，使草皮质量更高，草皮卷规格也越来越大。

草皮生产的快速发展带来了诸多好处，然而也有它的不利之处，因经济利益的刺激，我国的许多农户都将原有的沃土良田盲目地用来发展草皮生产，而带土草皮卷，每茬需铲去表土 3～5cm。这已引发了许多专家学者对草皮生产方式的激烈争论。不少人认为有土草坪卷消耗大量生态资源，提出有土草坪卷破坏生态（表土剥离、洼地形成以及盐碱化发生）和过度耗水两大"罪状"。持不同意见者认为这种说法缺乏科学实验根据。虽然争论仍在继续，尚无定论，但为了在市场上站稳脚，一些规模较大的草皮生产企业已采取了撒浮土增强土壤通透性以促进草皮多发根等技术措施来提高草坪卷的质量，而且还有意识地减少草皮土层厚度，并逐步向无土草皮发展。无土草皮的兴起顺应了市场的需求，是当今草皮生产业中先进的生产模式。同时，政府也加大了对无土草皮保护耕地和生态环境的宣传，鼓励科研单位对无土草皮进行研究、培育，以降低成本，加快推广速度，并建议加强推广无土草皮实施应用的政策指导，加大无土草皮用于绿化的规模。

近年来兴起的城市屋顶绿化、垂直绿化以及室内绿化等也对草皮生产的无土化起到了积极的推动作用。西方发达国家在 20 世纪 60 年代后，相继实施了各类规模的屋顶花园工程，如 1959 年美国加州奥克兰市，在 6 层车库建了 1.2hm² 的屋顶花园；1997 年加拿大温哥华，在 18 层办公楼上建造了盆景式的空中花园；1990 年德国汉诺威市，用屋顶绿化法复活了 50% 的绿地。国内北京、广州、重庆、成都、长沙、兰州、武汉、上海等城市也相继发展了屋顶绿化及墙面垂直绿化。

无土草皮的发展过程中，科研人员对基质与营养液进行了大量研究，取得了巨大的进展，如将菇床废料、污泥堆肥、作物秸秆等制作无土草皮基质。国外科学家采用可生物降解的有机物洋麻作为基质进行了暖季型无土草皮生产可行性研究；中国科学院武汉植物研究所则利用无纺织物作基质培育无土草皮，性能均优于土培草皮。梁应林等将贵州地区丰富的天然草皮烧成的灰或堆制成的腐殖土作无土栽培基质生产地毯式草坪。此外，科研人员还对无土草皮基质调控技术进行了大量研究，如对无土草皮的基质控温处理、以植物生长延缓剂多效唑营养液种植草皮等。其中，"微电子自控供液垂直无土栽培法"在无土草皮根部安装众多毛细管、湿度感应器等一整套微电子自控系统，让浇灌、施肥、杀虫等都自动完成。这些新的领域还有待于进一步研究与开发。

5.5.1.1　无土草皮的优点

采用传统方法种植的草皮成坪后出售时，必须连同根系的泥土一起被铲起，不仅沉重、运输不便、草皮絮结不牢固、韧性不佳，而且其土壤中携带大量的病菌和杂草种子，不适宜用于屋顶及室内外墙面草坪。而无土草皮生产具有如下许多优点：

①无土草坪生产可有效节约并保护土地资源。

②减小了草皮生产的季节限制，可实现立体化、节约化栽培和工厂化周年生产，提高了草皮培育效率。

③无土草皮基质轻、便于运输，并能改良建植草坪土壤，便于铺设，省工省时、无碎片、无缓苗、无杂草，且因无土草皮的无纺布和草根形成草根毯，可有效阻止草坪建植土壤的杂草丛生，可降低后期管理成本。

④无土草皮是屋顶花园草坪最理想的高新技术种植材料，可有效减轻屋顶草坪对屋顶的压力；无土草皮连接紧密并具草网，抗风雨冲刷能力强，可用于河边、公路护坡草坪建植；也可用于室内绿化草坪建植或用作室内装饰草坪挂毯等。另外，无土草皮萌发成苗和生长快、成坪快，生产的草坪卷铺植成活率高，草坪密实，长势齐整，均一性好，坪形美观，形成的草坪质量好。

5.5.1.2　无土草皮的类型及其基质

（1）无土草皮的类型

无土草皮按其使用基质的不同分为有机基质无土草皮和无机基质无土草皮 2 个类型。

①有机基质无土草皮　使用的种植基质为泥炭、锯末、奢糠以及天然有机肥等，这类基质可为草坪草的生长提供所需的营养物质，基质的作用与土壤完全相同。如近年通过有关部门技术鉴定的湖南省无土基质草毯和屋顶绿化节能新技术中的无土基质草皮就是采用牛粪、木屑、秸秆、菇渣等农业残余物，通过特殊发酵工艺而生产出的高科技无土基质草皮。与传统草皮相比较，其生长周期短，一年可生产 4~5 次，如冷暖季草坪草种混合种植生产的草皮可四季常青，而且质量仅为土质草皮的 1/4，适合屋顶草坪建植。

②无机基质无土草皮　使用的种植基质为蛭石、珍珠岩、岩棉甚至化学纤维等，该类基

质不能为草坪草的正常生长提供必需的营养物质，只起到固定草坪草根系和支撑草坪草植株，以及增加草皮强度的作用，草坪草生长所需的营养物质需另由营养液提供。如由北京恒源创世环保技术开发有限公司研制开发的被中国发明协会、国家知识产权局列为绿色环保型无土草坪技术专利的无土草坪技术产品，就是采用保水、保肥、透气的材料，经高温挤压形成复合网状栽培床，播植草坪草种，然后培植的纯无土草皮。该草皮基质是一种质地轻、高倍吸水的缓释高分子材料。另外，由中国科学院武汉植物研究所用无纺织物作基质培育的地毯式草皮，供给草坪营养液，也属于该类型草皮，试验结果表明该无土草皮各性能均优于土培草皮，可直接用于水泥地面、屋顶、阳台建植草坪，不但节约土地，而且管理方便，经济效益显著。

（2）无土草皮的基质

无土草皮种植的基质多选用固体基质栽培，很少采用液体基质栽培。固体基质可分为有机基质与无机基质两类。

①有机基质　泥炭是一类特殊的有机基质，它虽不宜单独作为无土栽培基质使用，但因其能增加细质地基质的渗透性，使基质更疏松、透气性更好、容重降低，可提高根系的穿透能力，增加土壤的缓冲能力和微生物活性及养分释放，还可提高铁和氮等元素的可利用性等，在诸多基质中脱颖而出，成为无土草皮栽培的首选基质，也是无土草皮生产最常用的栽培基质之一。据德国科学家用沙＋泥炭、沙＋腐殖质和沙＋泥炭＋腐殖质等 3 种基质进行草坪草栽培试验结果，发现泥炭能明显促进运动场草坪根系发育，腐殖质虽对其也具有益作用，但不能取代泥炭的作用。

锯末也是一种良好的无土草皮栽培有机基质。风化或堆沤的锯末其性质可发生有益变化，既增加了腐殖质含量，又可改善基质土壤团聚性、保水能力和透气孔隙度等。不过，新鲜锯末应将其加氮堆沤消除氮、磷缺乏的隐患。

树皮作为无土草皮栽培的有机基质与锯末一样，具有较好的保水性，透气性强，阳离子交换量较高。美国科学家研制的人造土壤就是以腐烂的树皮或泥炭作为重要成分制作，该类基质土壤具有良好的排水性和保水保肥能力，特别适于高尔夫球场果岭草坪土壤。

炭化稻壳亦称砻糠，是很多稻米产区普遍使用的无土草皮栽培基质。它为多孔构造物质，质量轻，通气良好，有适度的持水量，并且在较高烧制温度（500℃）下获得的炭化稻壳的阳离子交换量较高，最大水容量也较高。炭化稻壳通常呈碱性反应，使用前必须经过脱盐处理。

②无机基质　无机基质主要包括沙、石砾、蛭石、珍珠岩、岩棉、陶粒等。现代无土草皮栽培的无机基质通常不单独作为栽培基质使用，一般都是与有机基质配合使用。沙用于无土草皮的栽培时通常与其他基质配合使用；蛭石的吸水能力强，阳离子交换量很高，但蛭石易破碎而结构破坏，一般使用 1～2 次就需要更换；珍珠岩作为无土草皮栽培基质最突出的特点是质地较轻，比较适合垂直绿化和屋顶草坪等不宜过分承重的特殊需求的无土草皮基质，但由于其相对密度较小，当浇水过多时，它会浮在水面上，因此锚定植株的效果差，不宜单独作为无土草皮栽培基质使用。

无机基质通常阳离子交换量较低，蓄肥能力相对较差，但是由于无机基质来源广泛，能长期使用，因此也在无土草皮生产中广泛应用。

5.5.1.3　无土草皮生产程序

不同类型的无土草皮基质类型及组成不同，其生产程序也存在很大差异。并且，无土草皮生产中还要用砖块、地膜等不同物质用作隔离材料（图5-1）。下面仅介绍中国南方地区以地膜为隔离材料的有机基质无土草皮生产的一般程序。

（1）整地与种植材料选择

为便于铺设培养基、种植以及后期田间管理，草皮生产垄宽一般为6m，整地时要求地面平整、土粒细实、无坷垃、无缝隙，便于铺膜及膜与地面紧密接触。选种主要根据栽培地的土壤、气候等条件和实际用途而定。原则上若是观赏草坪草草皮，应考虑草色翠绿、外形美观、长势齐整、易于修整；若是休闲草坪草草皮，则应注重选用耐践踏、匍匐生长性状好、根茎繁殖能力强、能形成厚实草毯的草坪草种及品种。无论选用哪种草坪草，总体要求

图5-1　以地膜为隔离材料的中国南方无土草皮生产

应选用发芽率和成苗率高、抗病虫能力强、耐旱和耐瘠性好的草坪草种；对偏酸或偏碱土壤需相应选用具一定耐酸性或耐碱性的草坪草种；冬季气温较低地区的草皮要考虑选用耐低温性能强的草坪草种。根据南方地区的土壤和气候条件，实际应用常选用高羊茅作为主要的观赏草皮用草坪草种；天堂草杂交狗牙根作为主要的休闲、运动场草皮用草坪草种。

（2）培养基准备与种植材料处理

无土草皮生产培养基应选择密度小，有一定保水保肥能力的基质，既便于运输，又能减少生产过程浇水施肥的次数，降低生产成本。上垄铺设之前，应先对其进行充分发酵，然后掺入适量的氮、磷、钾及微肥，为促进生根和增强抗性，可加入适量的生根剂和杀菌剂。

如用砻糠即稻壳做培养基，事先按氮∶磷∶钾比例为30.5∶7.5∶7.5配制复混肥；在砻糠中掺入适量有机肥后，进行充分发酵；播种前1周掺入复混肥，每100kg培养基掺入8kg复混肥，拌匀；再喷适量的生根剂和杀菌剂，以利种子的生根和消除有害病菌的不利影响。播种前的种子应进行灭菌处理，通常可用杀菌剂配成一定浓度的溶液拌种形成种衣进行杀菌。

（3）培养基铺设与种植

无土草皮生长快，周期短，一年可生产3～4茬。应根据市场形势及时避开高温对草皮的不利影响，选择适宜的时间安排草皮生产。铺膜时要平整，紧密接触地面，能防止根系下扎，促进根系在培养基内交错生长。膜上铺处理好的培养基，厚度约2～3cm，浇透水后均匀播植，播种量可控制为25～30g/m^2。种植时一定要注意均匀撒播，以保证所形成的草毯均匀密实，外形美观。早春低温季节可通过覆膜促进发芽，也可洒草木灰提升温度，促进发芽。温度过高时，应用遮阳网适当降温。

（4）田间管理

培养基的保水保肥能力较土壤弱，其水肥管理应把握少量多次的原则。可采用喷灌系统视坪面情况定期喷水，若坪面有发白现象，即需浇水，以含水量达到80%为宜，不可大水漫灌，防止出现因灌水难以下渗而造成淹苗，影响生长。若无喷灌系统，可用保水剂对培养基和种子进行处理，按保水剂∶培养基为1∶1的比例进行混合或按保水剂∶水为1∶（2～5）的

比例兑入水中，待吸水呈凝胶状后，将种子浸入，取出晾晒，种子能相互搓散后即可播种。

施肥原则为有机肥和化肥配合施用。以有机肥为基肥，播种前撒施于培养基上；化肥则作为追肥，种子出苗长至二叶一心时开始追肥，但需控制用量，成坪前约10d施1次，每次施用量 18 ~ 22.5g/m²，成坪后则视长势而定。复混肥的配比，前期以氮、磷为主，后期以氮、钾为主。

（5）起坪及铺坪

无土草皮出苗后50d左右即可起坪，起坪前5d应追施适量"送嫁肥"和少量生根剂。为便于装车运输，可将草皮裁成1m×1m的草毯，卷成草卷起坪。该起坪方式不伤根，质量轻，利于铺坪及扎根成活。起坪时间要视生产地和栽培地的距离而定，原则上要避免在高温时间段进行操作，实际生产中常傍晚起坪，夜间运输，清晨达到栽培地后立即进行铺坪。铺坪时要求事先将栽培地整平，将草毯平铺其上，要保证根部与地面紧密接触，最好能将其压实，随即浇一次透水，促进生根，后根据天气适当浇水，一般7d左右可成活。

5.5.2　植草砖生产

植草砖又称植草地砖、草坪砖或嵌草砖。是指用于专门铺设在城市人行道路及停车场、具有植草孔能够绿化路面及地面工程的砖和空心砌块。

5.5.2.1　植草砖的功能与类型

早在1961年，水泥植草砖被用于德国的停车场。植草砖多中心带孔，孔间可灌土植草，既能保持草坪草在土壤中生长，又可保护泥土不被雨水冲走，具有良好生态效果与视觉感官。因此，植草砖广泛应用于公园、住宅小区、停车场、各种休闲场所以及护坡固土（图5-2）。

植草砖一般多为预制混凝土砖，也有由黏土或粉煤灰或煤矸石制成的烧结植草砖。近年来德国、日本用强化树脂塑料生产了塑料草坪砖与植草砖搁栅。另外，国内王明启还报道了

图5-2　植草砖用于街边的停车场（四川成都）

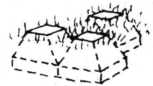

图5-3　植草砖类型（左为孔穴式，右为城堡形）

利用草炭、锯末、菇渣、珍珠岩、沙等基质、肥料与草籽制作的无土草坪砖。但是，目前应用最广的主要是混凝土植草砖。混凝土植草砖从设计类型可分为孔穴式植草砖（网状型）与城堡形植草砖2种类型（图5-3）。网状型植草砖有平面的表层和延续图案；城堡型植草砖有突出的小方块，四周具凹形空间，草皮可打破孔穴式砖体的限制而相互连接衍生。总之，混凝土植草砖类型多样，形状大小各异，其长度一般为 200 ~ 600mm，厚度 60 ~ 120mm，表面

可以是有面层(料)的或无面层(料)的,本色的或彩色的。植草孔形可为方孔、圆孔或其他形状。

植草砖生产主要利用成型机、搅拌机、托板等设备,以沙、石子、水泥、外加剂、彩色集料、颜料(用于生产彩色制品)等材料,经振动、加压和其他成型工艺制成。其成品空心率一般30% ~45%,其抗压强度一般为5 ~30MPa,吸水率小于12%。

5.5.2.2　植草砖的铺设

植草砖的铺设一般包括如下步骤:挖土方→更换种植土→素土夯实→细沙找平→植草砖铺设→填种植土→种草→浇水,植草砖施工剖面图如图5-4所示。

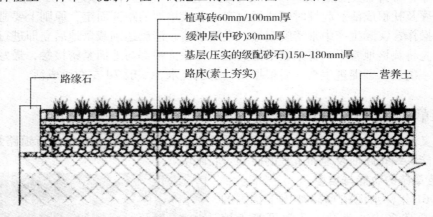

图5-4　植草砖铺设施工剖面图

（1）开挖路基

根据设计要求开挖路床,清理土方,达到设计标高;检查纵坡、横坡及边线是否符合设计要求;休整路基,找平,碾压密实,压实系数为95%以上,并注意地下埋设的管线。

（2）基层铺设

铺设150 ~180mm 厚的级配砂石(最大粒径不得超过60mm,最小不超过0.5mm),整平并碾压密实,密实度达95%以上。

（3）缓冲层铺设

缓冲层用中砂,30 mm 厚,中砂也要求具有一定的级配(即粒径0.3 ~5mm 的级配沙),整平并碾压密实,未经夯实前应用塑料布防止雨水侵蚀。

（4）面层铺设

面层为路面植草砖,铺设时应根据设计图案铺设路面砖,注意轻轻平放,每个植草砖的间距为2 ~4mm,用橡胶锤捶打稳定,但不得损伤砖的边角。

（5）植草

向草坪砖的植草孔内及间隔中填加无杂草的壤土或砂壤土,至距草坪砖表面1cm 左右,然后向草坪砖表面均匀撒播草坪草种子,并轻轻清扫表面,使种子都落入砖孔内后,撒入沙或砂壤土至与草坪砖表面平齐。也可在填土后,将草茎种植于植草孔。种植草坪草种类的选择很重要,关系其寿命。草地早熟禾、多年生黑麦草、高羊茅等冷季型及狗牙根、结缕草等暖季型草坪草是目前植草砖常用草种。

植草初期,每天浇水1 ~2 次,保持土壤湿润。草坪直到完全设置好前不能接受践踏,铺设完植草后需要3 ~4 周的时间才能使用。

5.5.2.3　植草砖草坪养护管理

植草砖草坪浇水要少量多次，避免地表或坪面积水，单位面积草坪的正常浇水量应分 2~3 次浇完。草坪成坪后可减少浇水次数，如草坪出现干旱症状应浇水。由于草坪砖嵌草孔容积有限，土壤少，养分少，因此，要薄肥勤施，否则，容易引起草坪草生长过旺。

人行道植草砖草坪应适时修剪，留茬高度为 4~5cm，若草坪草生长较高，人为践踏容易使草坪草倒伏，给人以凌乱的感觉。此外，对于植草砖草坪使用中龟裂的植草砖，应及时更换。

5.5.3　人造草皮与网筋泥草皮生产

5.5.3.1　人造草皮生产

人造草皮又称作合成草皮或人工草皮，它是采用草簇编织结构，由高性能聚乙烯、聚丙烯树脂纤维、抗紫外线抗老化"胺"物质隔层，以及根据不同运动场功能需要选配多种添加剂构成纤维编织的多功能运动场地铺设材料。由人造草皮建造的拟草坪称为人造草坪或人工草坪，而由草坪草种子（苗）建植而成的草坪则称为天然草坪或自然草坪。

（1）人造草皮的发展

人造草坪起初只用于制作城市儿童娱乐活动的场地。美国福特基金会在 20 世纪 60 年代首先用合成纤维材料铺建了学校的活动场地，尔后，建造和开发了一系列适合娱乐活动的场地。这种能承受重压和强践踏、易于保养、能常年使用的人造草坪开始在城市得以推广。1964 年，一种叫"化学草"的人造草皮诞生，并在美国普罗维登斯市的一所小学成功地建造了第一块人造草坪。其后人造草皮在欧美国家得到广泛研发与推广。1994 年世界棒球协会开始使用人造草皮承接重大赛事。1996 年美国休斯敦 Astrodome 体育场首次铺设了聚酰胺（polyamide，PA）人造草皮，此后数年间，北美有超过 2000 个人造草皮项目实施，欧洲大陆也有近 3000 块人造草皮投入使用。

我国于 20 世纪 80 年代末引进人造草坪，直到 90 年代中后期才得到大面积的推广。它和塑胶跑道一起成为学校运动场地建造的标准模式，替代了大量原本种植天然草坪的运动场地。尽管由于运动安全、场地特性及公众认知等原因，人造草坪的应用范围在一定程度上受到了限制，但随着科技的发展，人造草坪的生产制作技术不断得到了创新和提高。现今采用开网单纤维长丝制成的第六代人造草坪的吸震比率、球反弹滚动、转向数值等运动场地指标与天然草坪更加接近了，甚至其某些特性还更具优势。如新一代人造草坪纤维的表面涂层和聚合原料改良已经可以有效降低皮肤划伤和脚部扭挫伤等运动伤害的发生。截止 2003 年我国人造草坪应用面积达 300hm^2。

（2）人造草皮的优点

人造草皮（草坪）最初是针对天然草皮（草坪）受气候条件、管护条件等因素影响较大的不足发明设计的。因此，与天然草坪相比，人造草坪具有天然草坪所不可替代的优点，但也有其不足之处（表 5-1）。人造草皮（草坪）具有如下优点：

①人造草坪使用受天气影响小，使用率高　人造草坪适合于各种室外、室内活动、训练、比赛场地，特别适用于使用频率较高的校园草坪场地。可以全天候使用，受雨、雪天气影响小，具有很好的渗水性，大雨后 20 min 可排净，具有广温性，能在高寒、高温等极端气候地区使用。

②人造草坪建造快捷简单，成功率高　人造草坪均为人造草皮成品施工，工期固定且较

短；品质较易掌握，验收简单，不需太多专业知识，容易成功建造。

③使用效果好，方便选择 人造草坪采用仿生学原理，其使用与天然草坪的差异小，颜色逼真，具有平整、耐磨、质软的特性，具有良好的弹性跟缓冲力，脚感舒适；人造草坪品种齐全，草高可根据实际用途选择。

④再建成本低，表面层可回收再利用 人造草皮材料对地基要求不高，人造草坪基础不与面层黏结，因此可以在水泥地面、沥青地面、甚至是硬沙地上直接铺设，不怕开裂，无起泡脱层之忧；人造草坪常绿，能够起到降低噪音、减震、减压的作用，符合环保要求；而且当人造草坪面层使用年限届满时仅需更换面层即可，表面层可回收再利用，再建投资成本低。

⑤人造草坪维护简单，养护费用低 人造草坪透气透水，不需种植、修剪和肥水管理，保养简单，用清水冲洗即可去除污垢，不褪色、不变形；画线采用直接编制，不需现场频繁画线；它经济实用，施工周期短，使用寿命长，几乎无后续费用，投资较少，尤其符合城市节水要求；维护简单，养护费用较低。

（3）人造草皮的缺点

人造草皮（草坪）与天然草皮（草坪）相比较，具有如下缺点：

①初次建坪投资较大 人造草坪的初次建坪投资比天然草坪的大。

②使用寿命有限 人造草坪随着塑料老化易破坏，一般使用寿命8~12年，保质期约5年。

③人造草皮的某些坪用运动功能不如天然草皮，不符合高等级运动场草坪要求 人造草坪热容量小，辐射强，正午阳光暴晒下，人造草坪表面温度可达60℃，而空气温度只有33℃，天然草坪的叶面温度只有31℃，所以夏季炎热时不宜在人造草坪进行比赛；人造草坪的摩擦力比天然草坪的大，容易产生静电，因而影响球在人造草坪的滚动性和反弹力；人造草坪的缓冲性不及天然草坪，因此容易引起运动员严重损伤；人造草坪在夏季热容量较大，温度较高，易造成人员灼伤；人造草坪易燃，不能与火源或高温物体接触，其安全性比天然草坪的低。

表5-1 人造草皮（草坪）与天然草皮（草坪）的比较

因 素	天然草皮（草坪）	人造草皮（草坪）
建造成本	成本较低	成本较高
养护费用	养护难度大，费用高	养护容易，费用低
使用年限	可再生，使用年限受养护管理水平的影响较大，养护管理精细，使用年限长；否则使用年限短	不能再生，使用年限10~15年
使用限制	限量使用	仅受计划安排的限制
天气条件	不利气候条件下限制使用	除极少数气候条件外，均可使用
更新	更新次数多，但一次性建植费用低	更新次数少，但一次性建造费用高
表面坚固性	表面坚固性十分易变	表面非常坚固且不变
表面硬度	质地柔软	质地坚硬
用途	主要用于户外体育运动，受不利气候条件限制	既可以开展户外运动项目，也可室内使用
安全性	可能产生较少的轻伤，严重损伤偶尔发生	可产生较大的灼伤和擦伤，严重损伤时有发生

　　总之，天然草坪的一些不足之处可由人造草坪弥补，但是，人造草坪最终还不可能取代天然草坪对生态环境的影响。一个人造草坪足球场地至少需 11t 的塑料和 80t 的橡胶。而草坪草能吸收固定 CO_2，释放 O_2，每公顷的草坪能固定 6.5～8.5t 的 CO_2，这对改善人类生存环境具有重要作用。随着草坪科学的发展，将天然草坪良好的运动特性与人造草坪的耐久性相结合是当前草坪发展的一个新亮点。复合式运动草坪是一个复合的强化系统，它是在以沙为填充物的人造草坪中种植天然草而成的复合式草坪系统，它可结合人造草坪与天然草坪的优点。

　　（4）人造草皮的分类

　　人造草皮按采用的材料、叶形和结构不同，可分为如下类型。

　　①绒面草皮　通常由宽度 3.6～4.5m 的草坪编织板构成，草坪编织板具有由尼龙丝带编织成的高强度涤纶叶面，宽度 3.6～4.5mm，通过黏结缝合技术与闭孔人造橡胶泡沫制作的缓冲层及沥青底层连接成整体。

　　②圆环形卷曲状尼龙丝草皮　为 13 mm 厚的圆环形卷曲状尼龙丝毯，用氨基甲酸乙酯黏结于约 16 mm 厚的聚氨基泡沫塑料底垫上，整个草皮表面十分平整光滑。

　　③叶状草皮　由聚丙烯缔结的草皮层，叶状纤维像草叶。

　　④透水草皮　在可渗透的无胶黏沥青面上黏合尼龙丝编织毯制成。

　　⑤充沙草皮　由长 25mm 的 10000 但尼尔的聚丙烯丝编织而成，其人工叶长，在叶间的空隙填充硅砂使其保持直立状态。

　　（5）人造草皮的材料结构

　　不同类型人造草皮的材料结构及其生产流程有较大差异。如美国早期的"奥斯特罗草皮"，它是采用狭带状的尼龙 66 纤维作为绒毛（即草皮的人工草叶），然后把这些绒毛用编织的方式植入以高强涤纶帘子线织造的坚韧衬垫织物上形成的绒毯织物。英国生产的"斯凯帕运动草皮"具有致密的毡状表层，其表层为聚丙烯纤维密集层，通过针刺植于厚重型织布基层，并经过热熔固结而成。近年世界一些先进人造草皮纱、人造草皮纤维以及制作工艺用于制织人造草皮。如比利时 VandeWiele 公司开发的 SRX82 织机非常适合织造高绒地毯，可双面织造，织造的幅宽达 4.2m，起绒高度为 50mm。所用原料为专用的聚丙烯和聚酰胺纱线，白色的标记线也可以直接织入草皮中。

　　虽然人造草皮的材料结构多种多样，其建造方式也因时间与地点不同存在差异。但是，人造草皮的材料基本结构均可分为 3 部分：最下层为基础层；中间层为缓冲层；上层为草皮层。

　　①基础层　基础层是人造草皮结构中的最底层，通常由密实的土壤层、卵石层和混凝土层或沥青层构成。基础层一般可分为透水和不透水 2 种类型。透水基础层一般可由透水沥青层与排水盲管或盲沟构成，基础层是否设计透水层根据需要而定。人造草坪的基础层要求并不严格，一般要求坚实、表面光滑平整、透水或具有一定的坡度以利于排水即可。人造草坪基础层的建造对于其质量十分重要，任何凹凸不平都会直接影响人造草坪铺设后的运动质量。因此，人造草坪铺设前，一定要检查地基，以确保其水平、平滑。

　　②缓冲层　缓冲层是用胶将具有弹性的橡胶或多孔塑料黏在基础层上起承上启下的作用，它对运动压力具良好缓冲功能。人造草皮缓冲层具有以下使用优点：可提供更安全、更

舒适的运动表面质量；可经久耐用，延长草坪使用寿命，更换草坪时可以回收继续利用。

缓冲层为缓冲震荡冲击而设计，它通常是由聚乙烯化合物构成的闭孔泡沫塑料。各种人造草皮缓冲层的厚度和组成差异较大，因此，人造草坪场地规划设计时必须要选择其缓冲层的厚度和组成等。

③草皮层　草皮层是由化学纤维编织或压缩而成的草毯，与缓冲层紧密连接为一体构成草坪面。编织草皮多数编织成束或与天然草坪一样的表面。人造草皮制作过程中，在未成草皮载体平面上，纤维被分割成一组组针状纤维束，穿透草皮载体面被均匀固定，然后用小刀将针状纤维束切割整齐，使之具有像天然草坪一样的整齐表面。每根纤维通过编织机被编织到载体的一面，并给载体提供一个具有高强度和强韧性的纤维表面。人造草皮编织加工过程较为复杂，成本较高，但耐用性能良好。

人造草皮的编织底面是一层由聚酯或聚乙烯纤维制成的纤维毯。它主要起固定作用，是人造草皮的基本组成结构之一。该聚合物底面使人造草皮具有一定的机械强度和规格尺寸，使其不易变形，还可延长其使用寿命。典型的人造草坪至少可使用 5~7 年，多数可使用 8~10 年甚至更长时间。

常见的草皮层主要有非填充型和填充型 2 种类型。非填充型草皮层纤维较薄，编织密度大，成品呈毯状，草皮层高度一般小于 12mm；而填充型草皮层叶状纤维较厚，根据不同的使用目的，其高度为 12~55mm 不等，草束间需用石英砂、橡胶颗粒或二者的混合物填充，这种类型由于具有良好的缓冲性能，目前在运动场中使用较多。

（6）人造草坪的管理

人造草坪以经久耐用为设计原则，它与天然草坪相比较，养护管理相对简单，但也需要经常养护管理，其养护管理基本要求如下：

①保持场地干净，定期清除草坪中杂物　为了保持人造草坪场地清洁，场地四周应设置足够垃圾箱，防止垃圾破坏人造草皮整洁及功效；及时清除草坪上吸附的尘土、纸屑、塑料碎片等杂物。为了防止将泥土颗粒带进草坪，必须预先设计一条固定的进出场地的道路。当泥土一旦被带入场地时，应尽可能及时清除，以防止其缓慢向下积累于草皮的纤维物之间。

虽然可用电动吸尘器吸去草坪表面的尘粒和小的垃圾，但为了更好地彻底清除垃圾，还必须不定期利用大量清水冲洗草坪。为了更彻底将积累在纤维毡之间的尘埃和其他杂质清除，还可以用高压吹风管，以其强大气流将夹在纤维毡中的小垃圾和积累其基部的尘粒吹出，然后再用吸尘器或清水清除，其效果会更佳。如人造草坪的下垫材料不渗水，还可采用两面同时清洗的方法：给两面同时通入水流，由于纤维毡是透水的，当下面的水充满时就会沿着毡孔上行到草皮上面然后排除。清洗时一定要使用净化水，不要用污水清洗，防止用污水清洗带入更难清除的杂质。此外，未净化的水中常会带有不溶于水的矿质，若用此类水清洗，水分蒸发后就会在合成纤维或纤维表面形成一层明显的夹膜，从而破坏人造草坪景观和降低坪用价值。

为了清除人造草坪表面的杂物，也可使用真空清洗器或组合型真空冲刷机，可以很好地清除藏在草皮中的杂质及尘粒。应注意其机刷毛应为 50~60mm 长，最大直径 0.75mm 的短而硬的人工合成纤维，使用时不能深入接触草坪面，刚好和草皮接近效果最好，这样机刷便可将杂物搅起，使机器较容易将杂质吸入吸尘器中，并可防止对草坪造成损害。尤其更不能采用钢毛刷或混有钢的纤维刷，以避免钢毛可能刺入草坪底面毡中和对其，对人造草皮造成损伤。此外，如果使用钢刷，一旦钢毛脱落留于草坪纤维，就可能对使用者造成意外划伤。

人造草坪中的垃圾和碎石，一般需多次刷洗才能清除。通常一年将进行 1~2 次刷洗，过多高强度的刷洗，伴随机械的重压，会对草皮表面或下垫面造成损伤。

②及时清洗遗留草坪的污渍 人造草坪上的泥土，一般可用清水冲洗即可彻底清除。对于油渍、沥青、口香糖、金属氧化物渍、血渍等难以用清水清除的异物，应采用相应的清除方法及时清除。否则，待这些异物变干或凝固后就更难清除。一般凡是用于清除家用地毯或毛毯污点的洗涤液都可用于清洗人造草坪，切不可使用石油、乙醇等有机溶剂进行清洗。常见人造草坪污渍处理方法见表 5-2。

表 5-2 常见人造草坪污渍处理方法（引自韩烈保，2011）

污渍类别	清洁剂	清洁方法
油渍	高氯酸乙烯液	用布蘸上高氯酸乙烯液洗刷染有油渍的地方。
油墨	稀释液与中性清洁剂	用稀释液洗刷污渍后，把 30~40g 中性清洁剂混合于 1L 暖水，然后清洗油墨位置。
口香糖	高氯酸乙烯液	用布蘸上高氯酸乙烯液洗刷染有口香糖的地方。
墨水	中性清洁剂	把 30~40g 中性清洁剂混合于 1 L 暖水，然后清洗污渍位置。
泥渍	中性清洁剂	把 30~40g 中性清洁剂混合于 1 L 暖水，然后清洗污渍位置。
烟灰	清水	用清水洗擦。
金属氧化物渍	3% 乙二酸溶液	先用 3% 乙二酸溶液洗擦，然后再用清水洗。
巧克力	轻油精及中性清洁剂	用轻油精洗刷污渍后，把 30~40g 中性清洁剂混合于 1L 暖水，然后清洗巧克力位置。
血渍	盐溶液	先用 2% 盐水洗擦染有血渍部分，然后用温清水清洗。

③及时检查和维修 人造草坪与天然草坪相同，也需要进行定期检查和维修。一年应进行 1~2 次全面性检查，检查内容主要包括是否有裂缝、脱胶、破损或下垫面凹凸不平等，一旦发现，应及时进行修补和维修。如果人造草坪使用频率过高或其使用年限超过 5 年，则检查次数应相应增加。人造草坪发现小的损坏应及时修补。

④保持人造草坪湿润 炎热天气人造草坪温度将迅速上升，为了降低草坪表面温度，可适时适量喷水，以保持人造草坪湿润。不仅能减少人造草坪磨损，还可降低严重事故发生的可能性。但应注意喷水一定要均匀、适量，既要使草皮保持足够湿度，又不能使草坪形成积水。

⑤严禁烟火，防止使用不当对草坪的破坏 人造草坪严禁烟火，严禁在草坪上点放烟火。这是因为尽管大多数人工合成纤维表面是难以燃烧的物质，一般很难点燃，但点放烟火很容易引起草坪的严重损伤。

人造草坪没有设计车辆通行的负荷强度，不能忍受长期的重度踏压，应防止机动车辆及重物进入人造草皮运动场地，人造草坪应禁止长时间放置重物，以免因长时间压迫而导致草坪面发生变形；尽量减少清扫次数，特别应避免高温时清扫；控制人造草皮场地使用频率，防止经常性的集训、举行露天晚会或进行杂技表演等；遇雪天、雨天或其他恶劣天气应尽量限制使用。如必须使用，则最好将表面浮雪扫净后或等雨水排净后再使用；如果遇到重要比赛正在进行，应在比赛后马上进行清理和检查。

（7）人造草皮质量标准与评价

我国人造草皮行业已初具规模，行业产业链也已形成，人造草皮生产已步入产业发展成长期。但与国际人造草坪市场的良性可循环发展和规范化运作相比，国内人造草皮行业发展水平还有待提高。为了确保人造草坪行业健康发展以及运动员安全，国际上对人造草坪制定了严格的质量检测方法，既包括实验室检测又包括球场检测。其中，实验室检测主要包括质地检测、耐用性检测、抗气候因子检测、表面质量检测（包括减震性、垂直形变、滑动摩擦性能、扭动摩擦性能）；球场检测主要包括场地结构检测和表面质量检测。各人造草坪生产商家生产产品只有达到了室内检测标准，方可获得大批量生产的许可。我国也制定了相应的人造草坪质量检验标准（表5-3）。

表5-3　国家体育用品质量监督检测中心人造草坪质量检验标准（引自韩烈保，2011）

测试项目		技术要求
外观		表面较平坦，无明显凹凸不平，人工草坪密度均匀，色泽均匀。
耐硫酸试验		在浓度为80%的硫酸中浸泡72h，草皮颜色无变化，底层无异状。
耐汽油试验		草皮在90号汽油中浸泡4h，颜色无变化，底层无老化现象。
抗拉强度（MPa）	纵向	≥18
	横向	≥12
拉断伸长率（%）	纵向	≥15
	横向	≥8
撕裂强度（kN/m）	纵向	≥30
	横向	≥25
阻燃性（级）		在样品上按25~82kg/m² 填充石英砂后进行试验，燃烧斑直径≤5cm，为一级阻燃。
紫外线照射		在温度50℃±5℃，降雨周期18min/102min，湿度90%~95%，照射168h后草皮颜色基本无变化。
抗拉强度（MPa）	老化试验后纵向	≥16
	老化试验后横向	≥8
拉断伸长率（%）	老化试验后纵向	≥10
	老化试验后横向	≥5
撕裂强度（kN/m）	老化试验后纵向	≥25
	老化试验后横向	≥20

5.5.3.2　网筋泥草皮生产

网筋泥草皮是指在人工草皮基质中加入合成纤维网状物土工网，使两者结合成一体形成草皮种植基质，然后在其上种植草坪草种子或草茎形成的具天然草皮性质的人造草皮。网筋泥草皮中的合成纤维土工网用于加固天然草皮，使其草坪坪床稳定，阻止运动场草坪草在比赛中被连根拔起。严格意义上讲，网筋泥草皮并不是人工草皮。天然草皮栽培基质中添加设置合成纤维土工网后，其草皮强度和韧性增大，具有防冲刷和防破碎、保水保肥、即时绿化及保持时间长，安全耐用，施工管理方便等优点，适用性极强，特别适用于边坡绿化草坪、矿山修复与河道植被治理草坪建植。

（1）网筋泥草皮的土工网类型

土工网是以聚丙烯或聚乙烯为原料，应用热塑挤出法生产的具有较大孔径和较大刚度的平面结构材料，可因网孔尺寸、形状、厚度和制造方法的不同形成性能上的很大差异。目前，网筋泥草皮的土工网类型有两种基本形式。一是薄型土工网，国外多用非织造土工网（密度约 $150g/m^2$）；另一种是采用三维植被网（EM3），应用最为广泛，其抗拉强度 ≥ $1.8KN/m$，密度 $260 \sim 350g/m^2$，材料底层为基础层，采用双向抗拉技术，强度高，可以防止植被变形，能有效防止水土流失，表层为一个起泡的网包层，质地疏松、柔软，留有90%的空间可填充土壤，可网住泥土，增加土壤厚度，植草后可使三维植被网与草皮及所附着的泥土形成一牢固的嵌锁体（图5-6，图5-7）。

（2）网筋泥草皮生产

网筋泥草皮生产时，可将特制的长效营养土栽培基质填充于三维植被网筋上，然后将基质压制成板状，再在栽培基质上种植草坪草，形成网筋泥草皮。例如，广东深圳市金晖生态环境有限公司研制的网筋泥草皮新型技术即用该生产程序。此外，也可在草皮生产基地进行常规网筋泥草皮生产，其基本生产流程如下。

①坪床准备　清除坪床杂草与石块，进行翻耕并平整土地。

②铺网　铺植薄型土工网或三维植被网，用竹钉或 U 形钉固定。

③覆土　用泥土均匀覆盖土工网，覆盖三维植被网时，需将网包完全覆盖，直至不出现空包，确保三维网上泥土厚度不小于 12mm，然后将肥料、植物生长调节剂等按一定比例混合，施撒于表层。肥料为氮:磷:钾 = 15:15:15 或氮:磷:钾 = 10:8:7 的复合肥及含氮有机肥，施肥量约 $30 \sim 50g/m^2$。

④种植　覆土完毕后，进行种植，所选草坪草种要求根系发达、入土深厚、适应性强、生长迅速，成坪块。可混播或单播，草籽播量为 $25 \sim 30g/m^2$。

⑤覆盖　种植后，用 $14g/m^2$ 无纺布覆盖，保持适宜的土壤湿度与温度，减少降雨对种子的冲刷，促使种苗生长。

⑥养护管理　定期进行养护至草坪成坪。待草坪长至 5cm 时，可揭开无纺布。

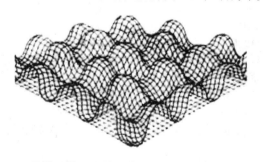 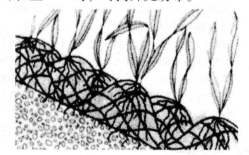

图5-5　植被三维网结构示意图（引自白史且，2005）　　图5-6　网筋泥草皮护坡示意图（引自张松，2007）

本章小结

草皮是指人工建植、管理形成或取自天然草地，耐适宜修剪和践踏，具有特定使用功能和改善生态环境作用的草本植被，是草坪的前期产品，常以商业性产品的形式存在。其最大的特点是它的可移植性，作为建坪材料，可广泛应用于城市公园绿地、水土保持、运动场等场地，在最短的时间内建造出舒适、清洁、美丽的草坪。

20世纪80年代以来，世界各国草皮生产迅猛发展，已成为现代草坪业的重要组成部分。草皮生产过程与普通草坪建植相似，主要包括种植场地准备、草皮的种植过程和草皮养护管理及收获等3个环节。由于草皮生产的目的是销售与利用，草皮生产的出发点是缩短生产周期、形成高品质草皮，因此与普通草坪建植相比较，草皮种植的诸多方面也有其独特之处，如场地选择、排灌设施设计、草种选择、播种、草皮加网以及后期的各项养护管理措施，包括草皮出圃前的灌溉、施肥、修剪等都是极为细致和关键的工作。草皮送货过程中的散热、脱水问题以及铺植的具体环节也关系到草皮能否成功利用，应引起高度重视。

近年来，随着人们环境保护意识的增强和对草皮产品要求的提高以及多样化要求，无土草皮、人造草皮、草坪砖等呈现较快发展。尽管无土草皮生产的基质与营养液研究还不甚完善，但毋庸质疑的是无土草皮生产将为有效节约和保护土地资源作出巨大贡献。人造草皮、草坪砖等可在一些极端利用强度的环境条件下灵活应用，具有良好的视觉感官或生态效果。

思考题

1. 简述草皮生产需要具备的条件。
2. 简述草皮生产的草坪草种选择、种植与养护管理的主要技术。
3. 比较草皮生产与普通草坪建植及养护管理的异同。
4. 简述草皮收获与送货的关键技术和注意事项。
5. 简述无土草皮的特点。
6. 简述无土草皮生产的程序。
7. 比较人造草皮与天然草皮的异同。

本章参考文献

张德罡. 2006. 草皮生产技术[M]. 北京：化学工业出版社.

刘自学. 2001. 草皮卷生产技术[M]. 北京：中国林业出版社.

孙吉雄. 2004. 草坪学[M]. 2版. 北京：中国农业出版社.

鲜小林. 2005. 草坪建植手册[M]. 成都：四川科学技术出版社.

朱晓策. 2007. 最新草坪技术与管理百科全书(三)[M]. 北京：中国科技文化出版社.

孙吉雄. 2009. 草坪学[M]. 3版. 北京：中国农业出版社.

曹致中. 2005. 草产品学[M]. 北京：中国农业出版社.

罗伯特·爱蒙斯. 1992. 草坪科学与管理[M]. 冯钟粒，张守先译. 北京：中国林业出版社.

李秀兰. 1992. 美国的草皮生产[J]. 国外畜牧学：草原与牧草 (4)：6-10.

严东海，干友民，吴彦奇，等. 2000. 中国草地(4)：59-63.

杨广乐，胡连秋，张玉玲. 2005. 冷季型草皮产业化生产新技术[J]. 北方园艺(3)：40-41.

张婷婷，袁学军，陈静波，等. 2008. 草皮生产及储运过程中的热点问题及研究进展[J]. 草业科学，25(4)：105-108.

王明启. 2001. 花卉无土栽培技术[M]. 沈阳：辽宁科学技术出版社.

张建波，吴佳海，蒙宇，等. 2009. 唐成斌无土草坪基质的研究进展[J]. 贵州农业科学，37 (6)：193-195.

崔建宇，慕康国，胡林，等. 2003. 北京地区草皮卷生产对土壤质量影响的研究[J]. 草业科学，20(6)：68-72.

向清华，邓蓉，张定红. 2001. 无土栽培草皮中营养液配制原理[J]. 种子(1)：48-49.

龚束芳．2008．草坪栽培与养护管理［M］．中国农业出版社．

龚束芳．2004．庭院草坪巧栽培［M］．黑龙江科学技术出版社．

陆朱佳．2009．浅谈缀花草坪的品种选择及施工方案．［J］上海农业科技（4）：124－125．

裘平．2009．缀花草坪喷播技术［J］．现代园艺（2）：12．

张魏译．2005．VandeWiele：制织人造草皮的织机［J］．国际纺织导报（11）：26．

R. Luijkx．2010．合成草坪纱用 Lumicene 茂金属聚乙烯［J］．国际纺织导报（11）：11－12，16．

芦长椿．2011．人造草坪的技术发展及应用．纺织导报（6）：63～70．

张松．2007．土工织物加筋草皮在水利工程的应用［J］．浙江水利水电专科学校学报（1）：35－37．

Cumberch R J E．1986．纺织品在人造运动草皮中的应用［J］．产业用纺织品（5）：42－44，46．

陈析．2001．新台高速公路加筋草皮护坡技术研究［J］．公路交通科技，18（2）：97－100．

钟春欣，张玮，王树仁．2007．三维植被网加筋草皮坡面土壤侵蚀试验研究［J］．河海大学学报（自然科学版），35（3）：258～261．

陈志明．2011．草坪砖停车场施工工法［J］．林业实用技术（1）：45－47．

徐雷，许顺生．2006．住宅装饰新材料［M］．北京：中国林业出版社．

马涛编著．2000．居住环境景观设计［M］．沈阳：辽宁科学技术出版社．

《园林绿化施工管理》编委会编．2008．园林绿化施工管理［M］．杭州：浙江科学技术出版社．

丰田幸夫．1999．风景建筑小品设计图集［M］．黎雪梅译．北京：中国建筑工业出版社．

中国风景园林学会园林工程分会，中国建筑业协会古建筑施工分会．2008．园林绿化工程施工技术［M］．北京：中国建筑工业出版社．

区伟耕．2002．园林景观设计资料集：园路、踏步、铺地［M］．昆明：云南科技出版社．

刘华章．2006．建筑制品厂工艺设计与生产［M］．北京：中国建筑工业出版社．

刘东霞，李卫欣．2010．园林草坪建植与养护［M］．北京：化学工业出版社．

白永莉，乔丽婷．2009．草坪建植与养护技术［M］．北京：化学工业出版社．

白史且，胥晓刚．2005．高速公路绿化工程技术［M］．北京：中国农业出版社．

Cockerham, Stephen T. 1988. Turfgrass Sod Production［M］. Cooperative Extension Service. Publication 21451. Division of Agriculture and Natural Resources. University of California, Oakland.

Rick Parker. 2010. Plant & Soil Science：Fundamentals and Applications［M］. Delmar, 5 Maxwell Drive, Clifton Park, NY 12065－2919, USA. Printed in the United States of America.

James B. Beard. 1985. Turfgrass：Science and Culture（Sixth Printing）［M］. Printed in the United States of America.

Turgeon A J. 1996. Turfgrass Management［M］. Prentice－Hall, Inc. Simon & Schuster/A Viacom Company, Upper Saddle River, New Jersey 07458.

Turgeon A. J., Frank Berns, and Ben Warren. 1978. Amechanized washing system for generating soil－less sod［J］. Agronomy journal, 70：349－350.

Darrah C. H. I11, and Powell, Jr. A. J. 1977. Post－harvest heating and survival of sod as influenced by pre－harvest management［J］. Agronomy journal, 69：283－287.

Cockerham, Stephen T. 1988. Turfgrass Sod Production. Cooperative Extension Service. Publication 21451. Division of Agriculture and Natural Resources. University of California, Oakland.

Plant & Soil Science：Fundamentals and Applications. Rick Parker. © Delmar, Cengage Learning.（Delmar, 5 Maxwell Drive, Clifton Park, NY 12065－2919, USA）. 2010.

Turfgrass：Science and Culture（Sixth Printing）. James B. Beard. © 1969, by the American society of Agronomy, Inc. 677 South Segoe Road, Madison, Waisconsin, USA 53711. 1985

第 **6** 章

草坪机械

随着草坪业的发展，其作业与管理逐渐由过去的人工操作转向半机械化、机械化以及自动化作业。草坪建植与管理流程中，从草皮生产培育到起掘运输、从坪床准备到建植成坪、从草坪养护到草坪复壮更新、从草坪保护到其他养护管理措施等均可实现机械化作业，各式草坪建植和管理及草皮生产的机械设备越来越得到广泛应用，并且，也越来越变得更加先进实用。

草坪机械起源于农业和园林机械，但又有着其独特的性能。它们中的大部分都在原型机械基础上，根据草坪作业对象的特殊性进行了某些改进，如优化外形、降低功率、细化结构、减少噪音等。草坪机械具有质量轻、功率小、品种多等特点，其许多性能均已超出农业和园林机械的技术范畴，属于特殊的农林机械类型。

6.1 草坪机械分类及选择

草坪机械按照功能和用途，可分为建植机械与养护管理机械两类。

6.1.1 草坪建植与养护管理机械的分类及作用

6.1.1.1 草坪建植机械类型与作用

草坪建植过程需要花费巨大的人力，随着草坪建植过程机械化的推广普及，草坪建植对机械的依赖程度越来越大。草坪建植机械是指与草坪建植作业相关的机械总和。它包括坪床准备时所用的耕作平整机械；种植所需的播种、草皮铺设、覆土、碾压等机械；收获草皮和草茎等营养体的机械。草坪建植过程包括前期坪床准备的整理和后期种植工作，据此，草坪建植机械可分为耕作整地机械和种植机械 2 类。

草坪建植的整地机械主要用于草坪建植的坪床准备过程。草坪土壤是草坪草生长的基础，坪床土壤理化性状和肥力的好坏直接影响着后期草坪的生长以及坪用性状的发挥，因此，草坪种植前，除要选择好适宜的草坪草种和合理的建植时间，还要准备好草坪建植场地，其主要目的是清除草坪建植过程存在的各种障碍因素，避免将来草坪后期养护管理可能发生的问题。例如，草坪建植坪床准备整地施工过程中，经常出现将挖掘出的肥力低、通透性差的底层生土覆盖于表层肥沃熟土之上的现象。在这样的坪床土壤进行草坪建植，很难保证草坪草良好生长，也难以获得优良的坪用性状。另外，坪床土壤中埋藏的碎砖瓦块和大型机械施工产生的板结土壤也不适于草坪草生长，并会给以后的草坪管理带来一系列麻烦。因此，草坪建植坪床准备的坪床清理、翻耕与场地造型、土壤改良、土壤改良和排灌系统施工等各项作业操作，如果能够合理使用相应的草坪建植的整地机械，不仅可以大大提高工作效率，减轻人工劳动强度，降低人工费用成本，而且，还可以提高草坪建植坪床准备的质量，有利于草坪建植的种植和以后的草坪养护管理作用，提高草坪建植和养护管理的效益。

草坪建植的种植机械主要用于草坪建植的种植作业过程。草坪建植完成坪床准备后，需要进行种植。草坪建植的播种、草皮铺植等种植作业是重复性很高的工作，种植作业往往借助各类草坪种植机械进行，这样可以节省人力和物力，提高草坪建植的工作效率，还可能提高草坪建植的质量。

6.1.1.2　草坪养护管理机械的类型与作用

草坪养护管理机械是指除草坪建植作业所需机械以外的草坪机械总称。它包括草坪修剪机械、施肥机械、排灌机械、打孔等复壮更新机械、梳草机与切边机等其他养护管理机械和喷药机等植物保护机械等多种类型。

草坪养护管理机械主要用于草坪养护管理的各项作业过程。草坪建成以后如果要保持其日臻完美、青翠茂盛、持久不衰，必须进行经常性的草坪养护管理。草坪常规养护管理措施主要有灌水、施肥、剪草等工作，此外，还有病虫害防治、杂草防除、碾压、打孔通气等各项养护管理作业。这些养护管理措施中，有的可以采用人工或借助于其他领域的机械设备完成，而有的养护管理措施必须使用专门的草坪养护管理机械，否则就会导致工作效率低，作业质量差，且不利于草坪草的正常生长，降低或丧失草坪的功效。如高尔夫球场果岭草坪有专门的果岭修剪机。

6.1.2　草坪建植与养护管理机械的选择

草坪建植与养护管理机械种类繁多，所以购置与使用前需对其进行适当选择。针对草坪建植与养护管理的具体用途，选择适当草坪机械类型、配置、大小和型号是每个草坪主管人员的职责。因为草坪主管人员监督草坪机械使用人员，因而还要承担草坪机械的正确调整、保养维护以及日常修理等最终责任。草坪建植与养护管理机械的选择中，主要考虑因素有如下 3 点：

（1）草坪机械的可用性

草坪机械选择的第一个因素是该机械能否充分完成某一特定草坪建植与养护管理功能。一定要避免勉强使用某一机械，作业时处于超负荷运行状态，或是该机械只能发挥其部分的功能等。机械设备能否完成其特定的使用功能，不仅取决于机械设备本身特性，还与作业的环境条件密切相关，所以判断机械设备可用性的最关键步骤是进行实地测试。

（2）草坪机械的维修与保养

如果草坪机械无法获得必要的零部件或专业的维修服务，那么它将无法长期正常完成其作业，甚至可能长时期地处于闲置状态。所以，对于草坪机械供应商的选择，我们应考虑他们是否具有该机械的重要零部件，能否迅速及时供货，以及是否具有足够的专业维修人员。在某些情况下，买一台价格较高的草坪机械可能比一台相应价格较低的更合适，因为价格高的机械往往能更方便地获得零部件和维修服务。

（3）草坪机械的质量与成本

草坪机械的质量和成本是一对矛盾，高质量的设备一般需要较高的成本，所以选择草坪机械时要对两者做出权衡，力争以最少的成本达成购置性价比较高的草坪机械。草坪机械的质量选择主要应该考虑如下几点：其构造的坚固性；尽可能简单的构造且易于维护和修理；充分的安全性能以及各动力单位的相互协调等。

　　草坪机械的成本是其功能、质量及可维修性之外的另一重要选择依据。在其成本分析中，最初的购买价不是最终的草坪机械使用成本。草坪机械成本分析应该包括预计的使用期限、维护和修理费用等。因此，从长远分析，购买能够在负荷范围内完成多种功能的草坪机械是物有所值。此外，还应对购买或者租用大型草坪机械的两者成本进行比较分析，从而选择是自身购买还是租用他人草坪机械的最佳实施方案。

6.2　常见草坪建植机械

6.2.1　草坪耕作整地机械

　　草坪坪床的耕作和整地是草坪建植的重要环节。通过耕作翻动坪床耕作层土壤，使深层土壤熟化，可增大土壤孔隙度，改善土壤通透性，为恢复和创造土壤的团粒结构、改善土壤理化性质打下良好的基础。

　　草坪耕作整地机械按照作业顺序可以分为耕作机械和整地机械。耕作机械是指能翻起土堡并改变原来土壤结构的机械，如犁、旋耕机等。而整地机械是指在耕作过的土地上对土壤或地面形状进行进一步修整的机械，如耙、镇压器等。

　　整地机械一般由动力设备（拖拉机）和作业设备两部分组成。按两者的挂接方式可分为牵引式、悬挂式和半悬挂式 3 类。牵引式是指作业机械的作业或运输状态都是由牵引机构与拖拉机等动力输出机构连接进行工作，而作业机具的质量都是由该机具本身的行走装置承担。悬挂式是作业机具直接挂在拖拉机等动力输出机具的悬挂钩上，作业或运输状态由动力输出机具的液压系统控制。与牵引式机械相比，悬挂式机械具有结构简单、质量轻、机动性好、操作方便等优点。介于牵引式和悬挂式两者之间的通常称为半悬挂式，是指作业机具与动力输出机具的悬挂机构连接，作业、运输状态由动力输出机具悬挂机构的升降进行控制。但其整个机具的质量，无论是在运输还是工作状态，均由动力输出机具和其自身的行走装置共同承担。

　　根据作业类型可将整地机械分为造型机械、管路施工机械和坪床施工机械 3 大类。造型机械是指草坪建植地的粗造型施工机械，一般采用推土机、平地机、挖掘机等通用的工程或农业机械进行，近年来也逐渐出现一些专业的机械设备。管路施工机械是指解决草坪灌溉及排水预埋管路的机械。主要是用小型多功能挖掘机、组合开沟机和专用埋管机械等设备。选用坪床施工机械时，如果是小面积的草坪建植和翻新，主要用土壤筛、宽耙和中耕机等设备完成；大面积草坪建植的坪床施工，通常使用的机械有旋耕机、碾压器、刮铲、碎土机等。下面简要介绍常见的坪床耕作整地机械。

6.2.1.1　动力设备——拖拉机

　　拖拉机作为草坪机械的主要动力之一，可以拖带各种作业机具进行犁、耕、耙、播等草坪建植作业，也可以驱动施肥机、喷灌设备和水泵等进行草坪养护管理各项作业。

　　草坪和园艺用拖拉机，与一般农用拖拉机的结构和性能具有一定差异，国外已成为一个独立的分支，发展很快，在草坪建植与养护管理及园林绿化中发挥着重要作用。草坪和园艺用拖拉机主要用于绿化草坪和庭院草坪等建植与管理，如坪床翻耕和整地、播种、草坪修剪、施肥、喷药灌水及打孔、滚压等作业。草坪和园艺用拖拉机按用途分为轮式拖拉机、履带式拖拉机和手扶拖拉机 3 大类型，目前从这些类型的某种基本型拖拉机中也派生出不同的变型拖拉机。

拖拉机动力设备与机具工作设备具有不同的布置方式，可分为牵引式、悬挂式和半悬挂式 3 类。通常轮式拖拉机和履带拖拉机前、后部均可悬挂机具；蜂腰式拖拉机及草坪和园艺用拖拉机在轴间可悬挂中耕机或割草机。

（1）轮式拖拉机

轮式拖拉机是指具有 4 个及以上轮子的拖拉机（图 6-1）。包括两轮驱动拖拉机（简称 4×2 轮式）和 4 个及以上轮子驱动的多轮驱动拖拉机（绝大多数为 4 轮驱动，简称 4×4 轮式）。4×2 轮式拖拉机是草坪建植与管理中使用最多的一种机型。

4×2 轮式拖拉机的突出优点是：作业质量好、适应性强，综合利用程度高，操纵轻便，劳动条件好。这种拖拉机特别适用于平原和浅丘地区作业。它的弱点是附着性能相对较差，在坡地、土质黏重和潮湿地、沙土地区使用时会受到一定限制。

4×4 轮式拖拉机除具有 4×2 轮式拖拉机的优点外，还有较好的牵引附着性能和越野性能。这种拖拉机在坡地、土质黏重和潮湿地，以及沙土地上作业比 4×2 轮式具有较好的适应性。4×4 轮式拖拉机按结构不同又可分为独

图 6-1　轮式草坪拖拉机

立型和变型 2 种。前者是 4×4 轮式拖拉机的专门设计基本型，前后轮一样大；后者是从 4×2 轮式拖拉机基础上变化而来，一般是前轮小后轮大。独立型比变型有更好的牵引附着性能和使用性能，但结构较复杂、生产成本较高。变型拖拉机所用的零部件与 4×2 轮式拖拉机的零部件通用程度高，这样既便于组织生产，成本也较低。

图 6-2　履带拖拉机（东方红 -1002 系列）

（2）履带拖拉机

履带拖拉机（图 6-2）也称"链轨拖拉机"，其优点为：对土壤的单位面积压力小和对土壤的附着性能好（不易打滑），在土壤潮湿及松软地带有较好的通过性能，越野性能强，稳定性好，牵引效率也高。尤其是在潮湿、黏着的土地上，履带拖拉机具有良好的使用性能。小型履带拖拉机对山地和坡地等具有较好的适应性，在山坡地草坪建植时具有非常好的使用性能。但履带拖拉机不适于运输作业，结构较复杂，耗材较多，制造成本较高。

（3）手扶拖拉机

手扶拖拉机外形小巧、机动灵活，特别适用于小块草坪、庭院和坡地草坪等施工，又因操纵简便、维修容易、综合利用性好、价格低而适于一般家户使用。它的缺点是：仅适于轻

负荷作业，生产效率低，操作劳动强度较大。手扶拖拉机可分为驱动型，牵引型和兼用型 3 种。手扶拖拉机早期以日本、法国和意大利等主要公司的产品为代表（图 6-3），但目前国产手扶拖拉机也具有非常好的性能，价格也合理，应用广泛。

图 6-3 手扶拖拉机

6.2.1.2 推土机

推土机是一种铲土、运土的工程机械，适宜于短距离土方铲运作业。推土机主要是在拖拉机上加装推土装置和液压升降装置构成，由推土铲、横梁、液压油缸、油泵、油箱和分配器等组成。

有些推土机的液压升降系统可以使推土铲发生垂直升降、倾斜升降、水平平移和倾斜平移，从而能够将地面推成一定的坡度和形状，也能将铲运的土方堆成一定的形状。具备这些功能的推土机在运动场草坪建植工程中被称为造型机。而一般场地平整工程中使用的推土机只有垂直升降的液压系统，主要用于地面平整。推土机按行走方式可分为履带式和轮胎式两种。

（1）履带式推土机

履带式推土机（图 6-4）的附着牵引力大，接地比压小，爬坡能力强，但行驶速度低。

图 6-4 履带式推土机

（2）轮胎式推土机

轮胎式推土机（图 6-5）的行驶速度高，机动灵活，作业循环时间短，运输转移方便，但牵引力小，适用于需经常变换工地和野外施工作业。

6.2.1.3 犁

犁的种类和型式很多，按主要工作部件的结构和工作原理不同，可分为铧式犁和圆盘犁 2 类。目前国内外草坪领域主要以铧式犁应用最广泛。

（1）铧式犁

铧式犁是草坪生产中应用最广泛的深耕机械，它的主要工作部件是由犁铧、犁壁等组成的犁体。它具有良好的翻垡覆盖性能，耕后植被不露头，为其他机具所不及。常用的铧式犁型号很多，不同的犁体曲面具有不同的翻土、松土、碎土和覆盖杂草残茬等功用。按其与拖拉机的挂接形式不同，可分为牵引犁、悬挂犁和半悬挂犁。图 6-6 是普通铧式犁的结构图。

①牵引犁 是犁的最早发展类型，也是草坪坪床翻耕整地中应用较多的类型。它和拖拉机间是以单点挂接，拖拉机的挂接装置对犁只起牵引作用，这种挂接方式对拖拉机和犁之间的配合要求较少。牵引犁由牵引架、犁架、犁体、机械或液压升降机构、调节机构、行走轮、安全装置等部件组成。耕地时，借助机械或液压机构来控制地轮相对犁体的高度，从而达到控制耕深及水平的目的。

②悬挂犁　通过悬挂架与拖拉机的三点悬挂机构联接，靠拖拉机的液压提升机构升降。悬挂犁结构紧凑、机动性强，是生产中应用最广的类型。手扶拖拉机犁也都采用悬挂式，结构紧凑，质量轻，靠手动升降机构控制犁的升降。

③半悬挂犁　在悬挂犁基础上发展起来的新犁型。这种犁的前部像悬挂犁，通过悬挂架与拖拉机液压悬挂系统相连，但悬挂架与犁架之间不是固定在一起而是杆

图 6-5　轮胎式推土机

件铰接。因此，液压提升机构提起时，只是犁的前端被提起。犁的后端像牵引犁一样设有限深轮及尾轮机构，通过液压油缸来改变尾轮相对于犁架的高度。前后液压机构配合，就能改变犁的工作深度及实现工作位置与运输位置的转换。机组转弯时，尾轮在操向杆控制下自动操向。半悬挂犁的优点也是介于牵引犁与悬挂犁之间。它比牵引犁结构简单、质量轻、机动灵活、易操向；比悬挂犁能配置更多犁体，稳定性和操向性好。

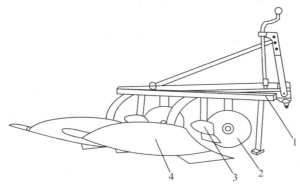

图 6-6　普通铧式犁

（2）圆盘犁

圆盘犁是以球面圆盘作为工作部件的耕作机械。一般由圆盘、刮土板、犁架、悬挂架及尾轮等组成（图 6-7）。圆盘犁工作时，由于刀盘盘面与前进方向和垂直面都成一定的角度，在牵引动力和土壤反作用力的作用下，刀盘绕自身的轴回转，土壤被切割和移动，沿盘面升起，并在刮土板的辅助作用下翻转。

圆盘犁体的安装角可调节，圆盘面与前进方向的偏角为 $35° \sim 45°$，与垂直面的倾角为 $15° \sim 25°$（图 6-8）。当圆盘被调节到较为垂直的位置，即倾角较小时，圆盘犁较容易入土。倾角越大，则切入土壤越难。需要加大耕深时，也应减小倾角。而倾角大，耕深稳定较好，工作质量提高。圆盘犁工作时，是依靠其质量强制入土，其入土性能比铧式犁的差，因此其质量一般要求较大，通常配用重型机架，有时还要加配重，使其获得较好的入土性能。

6.2.1.4　平地机

平地机（图 6-9）是一种地面精细平整的机械，也是草坪建植经常使用的机械。其主要工作部件是铲刀，主要用于地面高差较小的平地作

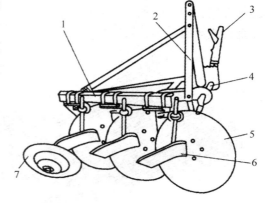

图 6-7　圆盘犁的构造

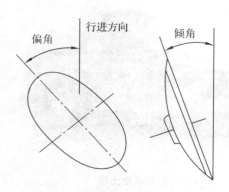

图 6-8　圆盘犁的偏角和倾角

图 6-9　平地机

业。与推土机相比，平地机一般不适合微地形起伏、坡度变化多的地面整理作业；如果大型广场草坪或运动场草坪的坪床面要求较高的平整度，则可以采用。

6.2.1.5　旋耕机

旋耕机是一种由动力驱动的土壤耕作机械，主要用于破碎、疏松和混合土壤。旋耕机工作时，旋转刀齿切碎土壤并将切下的土壤向后抛，使其与盖板相撞达到碎土目的。旋耕机的适用范围较广，适于各种土壤使用。

旋耕机的特点是切土、碎土能力强，一次作业能达到几次犁耙的效果并能满足播种的要求；旋耕后地表平整、松软，能满足精耕细作要求；能简化作业程序，提高土地利用率和工作效率，能节省劳力；旋耕前施入肥料或土壤改良剂，通过旋耕作业，可以使其均匀混入原土壤中，对肥料等和土壤的混合能力强。但旋耕机消耗功率较高；与犁耕相比较，对残茬和杂草的覆盖能力差，且耕深较浅，不利消除杂草。

旋耕机种类很多，有的可与手扶拖拉机配套；有的可悬挂于轮式或履带式拖拉机上。按刀轴位置不同，旋耕机可分为卧式（图 6-10）和立式（图 6-11）2 种主要类型；根据作业要求不同，旋耕机可分为轻型、基本型和加强型等 3 种型式。同一型式旋耕机的配套动力和幅宽也有不同，但其主要部件均通用，提高了工作部件的互换性。

卧式旋耕机是工作部件绕与机器前进方向垂直的水平旋转轴旋转而切削土壤，它主要由旋耕刀轴、传动装置、挡泥板、机架以及悬挂架等部件组成。立式旋耕机是工作部件绕与地面垂直或倾斜的轴旋转而切削土壤。目前国内外使用的大都为卧式旋耕机。

图 6-10　卧式旋耕机

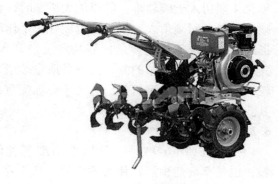

图 6-11　立式旋耕机

6.2.1.6 耙

耙主要由耙架、耙组、牵引或悬挂装置、角度调节装置、加重箱和运输轮等组成。按结构类型，耙可分为对置式和偏置式；按挂接方式，耙可分为牵引式、悬挂式和半悬挂式3种；按照工作部件的运动方式，耙可分为往复式动力耙、水平旋转动力耙和垂直旋转动力耙等。发达国家的动力耙不仅功能不断提高，品种不断增加，结构日趋完善，而且向系列化、大型化方向发展。近年我国的动力耙产品也得较大发展，特别是水平旋转动力（转齿）耙，在北方地区大范围推广使用，效果较好。

（1）往复式动力耙

往复式动力耙（图6-12）的主要工作部件是两排钉齿，由拖拉机动力输出轴驱动作横向往复运动，两排钉齿运动的方向相反。作业时碎土能力强，不打乱土层，一次作业就可达到良好效果，对不同土壤条件的适应能力较强。在机具后部可联接碎土辊（滚耙），对表土进行平整和压实。

往复式动力耙由减振装置、机架、飞轮、偏心摆叉、中央摆臂、钉齿（梁）、限深轮和碎土辊（滚耙）等组成。钉齿（梁）的驱动机构采用偏心摆叉式，直接由拖拉机的动力输出轴驱动，没有变速装置，通过改变拖拉机的前进速度可以调整碎土效果。

（2）水平旋转动力耙

水平旋转动力耙（图6-13）的主要工作部件是一排立轴转子，每个转子装有两个直立耙刀。工作时转子由动力输出轴通过传动系统驱动，一边旋转，一边前进，撞击土块，使耕层土壤松碎。耙的转子呈"门"字型，两相邻转子的"门"字形平面相互垂直，故任何转子的作业区均交错重叠，没有漏耙区。水平旋转动力耙在国外广泛使用，用于耕后整地，作业最大深度可达25~29 cm。

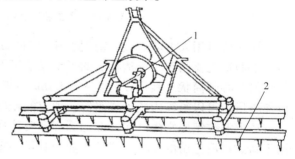

图6-12 往复式动力耙

（3）垂直旋转动力耙

垂直旋转动力耙的整体结构类似旋耕机，主要区别在于其工作部件有"方形齿""板齿"等多种类型。工作部件安装在齿座上，齿座固定在与前进方向垂直、与地面平行的轴上，齿座在轴上呈螺旋线等形式排列。作业时，拖拉机的动力通过万向传动轴传递至变速箱，经传动系统使工作部件边垂直于地面旋转边前进，对土壤进行破碎。此种驱动耙适用于坚硬土壤进行碎土、整地作业，工作深度可达26cm。

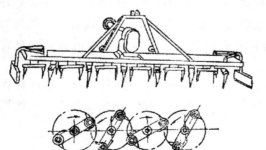

图6-13 水平旋转动力耙

6.2.1.7 碾压机

坪床土壤经过翻耕等作业后，地表面不一定平整而达不到草坪建植的种植要求，这时还需要进行一定程度的碾压，从而使坪床表层土壤紧实、平整。同时，播种后进行一定的镇压，能使种子进入土壤，促进种子萌发；刚铺好的草坪进行一定程度的镇压，可以修正草坪表面的凹凸不平，并使坪床硬度适当，可以增加分蘖和促进匍匐枝生长，抑制匍匐枝的浮起，使节间变短，草坪变密，并促进根系的生长发育，同时还可以抑制杂草的入侵；冬天草坪镇压可以防止冻裂，减轻干燥危害，提高草坪的耐寒性。另外，由于运动场草坪的特殊性，其比赛前后都需要进行适度镇压，以促进草坪草最快地恢复。镇压要在土壤微润时进行。

图6-14　人工碾压器(左)及机械碾压器(右)

镇压机可用人力或机械(拖拉机)带动(图6-14)。碾压器有平面辊和环形波纹辊2种类型，平面辊主要用于草坪播种后的平整及镇压养护。大多数平面镇压辊为钢板焊接成的两头封闭的空心圆筒状，其直径为0.4～1.0m不等，镇压宽度以不使草坪出现压痕为原则，为增加质量，可以给筒内装沙或水等。加重的碾压器主要用来镇压运动场草坪和某些草地。

环形波纹镇压辊由许多铸造的圆环套安装在一根轴上而组成，辊的表面呈波纹状。主要用于新翻耕后土壤的压碎和平整作业。其目的是保持土壤中的水分。经镇压后波纹状的地表面有利于在轻型耙耙过后覆盖播种的种子。

6.2.1.8　开沟机

开沟机主要用于挖掘坪床的排灌渠道，国际上以发动机功率73.5kW为界线，将开沟机分为小型开沟机和大型开沟机两大类；按行走方式分为轮胎式和履带式；按开沟机构驱动方式又分为机械驱动式和液压驱动式。在此主要介绍旋转圆盘开沟机和连续开沟机。

旋转圆盘开沟机(图6-15)是近年出现的一种较新型的开沟机具，它是一种用旋转刀盘铣削土壤进行开沟的机具。工作时，拖拉机后悬挂或牵引开沟机前进，由动力输出轴带动开沟机的刀盘旋转，安装在刀盘上的刀齿铣，切土壤形成沟渠。同时沟中的土壤被刀齿抛到沟外5～15cm范围之内，且是均匀地撒在地表，旋转开沟机又分单圆盘式开沟机和双圆盘式开沟机。

近年国内草坪与园林中出现了一种新型的连续开沟机(图6-16)，该类开沟机能连续作业，施工效率高，地表破坏小，特别适合铺设管路，即使在岩石等坚硬地质条件下，开沟器也能开挖出形状规则的沟槽。

图 6-15　旋转圆盘开沟机

图 6-16　连续开沟机

6.2.1.9　其他草坪耕作整地机械

草坪建植过程中，还要进行各类管道(主要是喷灌系统管道)铺设以及其他定线、挖掘道基坑和管槽、浇筑水泵基座，安装水泵和管道，以及松土等辅助作业措施，这些作业涉及的机械有：松土机、铲土机、埋管机等。

6.2.2　草坪种植机械

草坪种植方法主要有播种法、草皮块铺植法、草茎播植法、喷播法、植生带法及移动式草坪法等方式，因种植方法的不同对草坪种植机械的要求也就不同。对于大面积草坪，需要使用播种与铺植机械；而对于小面积草坪，则可以采用人工或小型机具进行播种与铺植。下面介绍常见的草坪播种机。

6.2.2.1　撒播机

草坪草及部分草坪地被植物，种子一般比较细小，过去多用人工撒播，不仅工作效率低，而且撒播不均匀，更不利于大面积草坪建植。现多用撒播机实施草坪建植播种作业。

撒播机是指靠星式转盘的离心力将种子向外抛撒而实现播种的机械，它是草坪播种应用最为广泛的机械。抛撒量通过料斗底下的落料口的开度大小调节，抛撒距离取决于星式转盘的转速。当前我国草坪建植的播种法种植中普及推广的主要是手摇式播种机和手推式播种机两种。

(1)手摇式播种机

手摇式播种机由储种袋、基座手摇传动装置、旋转飞轮、下种口等部件组成(图 6-17)。一个人即可以操作，播种者只要将背带套在肩上，摇动摇把，打开下种口，储种袋下的旋转飞轮便会把种子旋播出去。下种口的大小可调，即可根据种子的大小、播种量的多少调节下种速度。该播种机体积小、质量轻、结构简单、灵活耐用，不受地形、环境的影响，不仅适合于大面积建坪，更适合于复杂场地条件下播种。

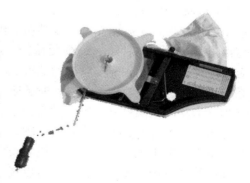

图 6-17　手摇式播种机

（2）手推式播种机

手推式播种机是一种由地轮驱动的离心式草坪播种机，它由种子箱（桶）、机架、传动装置、叶轮等部分组成，一人即可操作，播种者双手推动播种机，当播种机在坪床上行走时，高速转动的撒种盘将种子箱（桶）输出的种子借助于离心力而均匀地撒播于坪床上（图6-18）。种子箱（桶）下的下种口大小可调。此播种机体积小、质量轻、结构简单、灵活耐用，不受环境和气候影响，适于各种场地建坪使用。

图 6-18　手推式播种机

6.2.2.2　点播机

指靠种子颗粒的自重下落施播的机械，又称跌落式播种机。点播机一般是推行式定幅度的作业，通过料斗底部落料间隙大小的调整和拨料辊的配合完成一定幅宽的落种入土的作业。草坪建植的点播机主要适用于小面积补播。通常用落料间隙的大小调节播种量，拨料辊调节落料的均匀度和落料方位。

6.2.2.3　喷播机

传统的草坪建植主要依靠人工铺植草皮或直接播种种植，这些草坪种植方法费工费力，还受到地形、风力等许多条件的限制，为此出现了草坪喷播技术。常见喷播机主要有气流喷播机、液压喷播机和客土喷播机3种。其中液压喷播机和客土喷播机是各类坡面草坪喷植施工的专用设备，目前广泛用于平地、高速公路和铁路边坡以及江堤、高尔夫球场、运动场以及城市大面积的草坪建植等领域，也是矿山植被恢复，退耕还林、治沙还草等植被恢复工程施工的首选机械。

（1）气流喷播机

气流喷播机由机架、输送器、风机和喷撒器组成，适用于无性繁殖的草坪建坪。新鲜的碎草茎通过输送器进入气流喷播机，依靠风机产生的强大气流来输送，而后再经过喷撒器均匀地撒播出去。气流喷播机更多的是用于播种后有机物的覆盖作业，也适用于无性繁殖的草坪草种的草茎种植。近年来随着新型喷播技术以及其他建坪技术的发展，气流喷播机在具体生产实践中应用并不很广泛。

（2）液压喷播机

液压喷播机主要由车架、搅拌箱、机动泵和喷枪组成（图6-19）。喷播机是以水为载体，将经过处理的植物种子、纤维覆盖物、黏合剂、保水剂及植物所需要的营养物质，经过混合、搅拌，再喷洒到需要种植的地方。喷射距离可以通过调整浆泵的流量和压力实现。液压系统设有旁路，当喷射操作者暂时关闭球阀中止喷射时，浆泵或许仍在工作，由于出口压力增加，旁路限压阀打开，混合浆通过旁路回流到搅拌箱。当喷射操作者打开球阀恢复喷射时，出口压力降低，关闭旁路限压阀，混合浆再次从喷嘴喷出。这样可保证系统不超压，混合浆不在管路中沉淀、结垢。喷枪有长嘴、短嘴、鸭嘴等多种形式，可以根据不同作业对象和地貌特征选用。不同工程规模可以选用不同容量等级的喷播机。喷播使播种、混种、覆盖一次完成，可以克服不利条件影响，提高了草坪建植的速度和质量。

图 6-19　液压喷播机

图 6-20　客土喷播机

（3）客土喷播机

客土喷播机适用于岩石、硬质土、沙质土、贫瘠地、酸性土壤、干旱地带、海岸堤坝等植物生长困难的地方草坪喷播。客土喷播机是一次性将种子、肥料、土壤改良剂、种子黏合剂、保湿剂、纤维覆盖材料、秸秆、黄壤土或红壤土或砂壤土或黏土、部分强风化石夹土等改良土壤有机混合，大比例、高浓度、特重浓度的浆体材料均匀喷射（图 6-20）。由于混合浆液中含有保水材料和各种养分，保证了植物生长所需的水分和其他营养物质来源，故而草坪植物能够健康迅速生长，且不需要重复补充水分。适合于大面积建坪作业，尤其适于较为干旱缺少浇灌设施的地区。

6.2.2.4　起草皮机

起草皮机可把培育好的草皮切成一定厚度和宽度的草皮块或草皮卷，然后再运送到种植地进行铺放，并压实、喷灌，一次性建坪。铺植草皮是快速草坪建植的最简单方法，尤其是在城市街道两侧、广场等处建植草坪，大都采用这种方法。我国南方地区的草坪建植大都采用该方式建坪。

常见的起草皮机主要有两种：一种是手扶自走式起草皮机；另一种是拖拉机悬挂式起草皮机（图 6-21、图 6-22）。根据配套动力的不同和铺植的需要，分别有不同的型号。

手扶自走式起草皮机一般配备 4~6kW 的发动机，30~45cm 的铲刀。该机使用灵活，机动性好，适用于小面积或零散地块草皮基地。门形的铲刀通过振荡式铲割将草皮与地面分离，侧面的割刀再定宽割离草皮。铲刀的切入角度可以通过调整后轮高度加以改变，草皮的厚度也同时得到调节。加宽的直齿轮形轮子有很好的握地力，能提供足够的行走驱动力。切割出的草皮需靠人工整理。还应注意我国目前的草坪基地土质较差，使用时应酌情选配割幅窄一些的铲刀。否则，过大的运行阻力易造成铲刀变形或其他部件的损坏。

拖拉机悬挂式起草皮机是由牵引拖拉机、铲割机构、输送机构、分垛打卷机构等部分组成（图 6-22）。拖拉机提供行走、铲割等全部工作动力。铲割机构与手扶随行式起草皮机相似，没有驱动轮，但增加了高度定位轮、侧向定位轮和分段垂直铲刀。输送机构起铲移与打卷的过渡连接作用。分垛打卷机根据草皮的宽度和长度要求有小卷、大卷和块垛等多种整理形式。小卷和草皮块需人工辅助整理分垛在托板上，然后由叉车或转运机转走；大卷成卷后

图 6-21　手扶自走式起草皮机

图 6-22　拖拉机悬挂式起草皮机

可以向后或转向 90°将草皮卷落车。草皮移植机主要是侧面的割刀起分割作用，铲刀仅起辅助成卷，使草皮卷紧密的作用。因此，这种移植机移取的草皮一般都有较宽、较长的尺寸，成大卷。起草皮时应尽可能少带土，不仅会保护土壤，且草皮质量轻，草皮运输及铺植都容易，薄的草皮扎根也快一些。具根茎的草皮厚度为 1.25～2cm。

6.3　常见草坪养护管理机械

草坪一旦建成以后，就需要进行长期的养护管理。常规的养护措施主要有剪草、灌溉、施肥、病虫害防治、杂草防除、通气、更新等作业。这些养护措施有些可以用人工或借用其他领域的机械完成；而有些则必需使用专门草坪机械完成，否则工作效率低，作业质量差，无法实现草坪的坪用质量。为此，把常见草坪养护管理机械介绍如下。

6.3.1　草坪修剪机械

草坪修剪机械，也称剪草机或割草机，是草坪管理中使用量最大的一类机械。草坪一般需经常定期修剪，以保持其整齐、美观，同时通过修剪还可以减少草坪的耗水量、消除部分草坪杂草，减轻草坪病害的危害。

6.3.1.1　草坪修剪机械的发展历史

草坪修剪机问世之前，草坪修剪的主要工具是镰刀。运动场草坪的兴起和发展促使人们发明相关的修剪机械，以保持球场草坪的平整和美观。

1805 年，英国人普拉克内特发明了第一台收割谷物并能切割杂草的机器。这台机器装有与地面平行的圆形刀片，人推动轮子转动产生的动力通过齿轮传递到刀轴，是旋刀式修剪机的雏形。

1830 年，英国纺织工程师比尔·巴丁取得了滚筒剪草机的专利。这台剪草机靠一个由人推动的滚筒带动另一个装有数把刀片的圆筒，圆筒上的刀片与一片固定的刀片相剪把草切断。

1832 年，兰塞姆斯农机公司用特殊结构的轮子取代了滚筒，并开始批量生产草坪剪草机。

1902 年，英国人伦敦恩斯制造了内燃机作动力的滚筒式剪草机，首批畅销的机动式剪草机投放市场。

1926 年，电动剪草机设计取得专利。

1963 年，气垫式剪草机问世。

草坪机械中，剪草机发展最快，由国外引进和国内企业生产的剪草机品种越来越多。

6.3.1.2　草坪修剪机械的分类

（1）按操作部分的结构分类

草坪修剪机械按操作部分的结构分为推行式剪草机、手扶随行式（自走式）剪草机、坐乘式剪草机和剪草拖拉机，可根据草坪面积和场地条件等选用。推行式剪草机的扶手可以折叠，便于收藏和运输，适用于小面积庭院草坪，应用最为广泛。手扶随行式是在推行式剪草机的基础上增加了行走驱动机构，并增加了刀离合制动系统，提高了作业的安全性。坐乘式剪草机进一步解决了载人的问题。

（2）按刀头与剪草车体的相对位置分类

草坪修剪机械按刀头与剪草车体的相对位置分为前置式剪草机、中置式剪草机、后置式剪草机和侧置式剪草机。旋刀和滚刀可以在剪草车体的任何方位设置；剪刀式和甩刀式工作头一般只有前置式和侧置式。另外，液压驱动适用于各个方位设置的各种刀头；轴链、轴带和轴齿轮等组合传动仅适用于前置式或后置式；而皮带传动则仅用于中置方式。

（3）按工作头形式分类

草坪修剪机械按工作头形式可分为旋刀式剪草机、滚刀式剪草机、剪刀式剪草机和甩刀式（链栅式）剪草机。滚刀式和旋刀式剪草机经常多头组合，在行进方向上错位使用，即各刀头剪幅搭接，以避免出现漏剪现象。通常旋刀剪草机有单刀和双刀、三刀组成的刀盘。前置式和后置式剪草机一般可设多刀成组或多组刀盘。旋刀头有几何错位和相位错位两种组合方式，相位错位只在齿轮、链轮等联动传动时使用。滚刀剪草机刀头只有单个或单数几何错位组合方式。错位成组使用，可形成三联、五联、七联、九联剪草机。

6.3.1.3　常见草坪修剪机械

草坪剪草机主要用于草坪的定期修剪，通常按工作装置、割草方式的不同分为滚刀式

（滚筒式）、旋刀式、往复刀齿式、甩刀（连枷）式和甩绳式等类型。

（1）滚刀式剪草机

该剪草机主要适用于地面平坦，质量要求较高的草坪。滚刀式剪草机的刀片由底刀和动刀两部分组成，底刀也称定刀，动刀也称滚刀，是将多个刀片按照螺旋线性状固定在转动的刀架上。定刀固定在滚刀的下方，工作时滚刀相对于底刀旋转产生渐进的作用而将叶片剪断，剪下的草屑被甩进集草斗。滚刀式剪草机主要有手推式（图6-23）、坐乘式（图6-24）、牵引式（图6-25）等。

图6-23　手推滚刀式剪草机

图6-24　坐乘滚刀式剪草机

滚刀式剪草机的使用主要调整如下：一是剪草高度的调整。滚刀式剪草机的剪草高度是前滚轮和后滚筒的底切面与底刀之间的高度差，通过改变前滚轮相对于滚刀的高度来调节；二是滚刀与底刀间隙的调整。可以固定底刀，调整滚刀相对于底刀的位置；或者固定滚刀，摆动底刀来调整两者的间隙。调整刀片时注意平衡用刀，判断底刀与滚刀间隙是否合适的方法是转动刀片切割报纸，在1 cm宽的切口上如果有两三根拉出纤维间隙最合适；纤维少或无则间隙偏小；反之则间隙大。

图6-25　牵引滚刀式剪草机

使用滚刀式剪草机还应注意：由于滚刀与底刀之间是金属的结合，如果剪草机在空转时，滚刀与底刀摩擦生热会引起金属膨胀，从而使刀片出现严重磨损。因此，在转换剪草地点的途中行走时，要把滚刀传动切断；若发现底刀和滚刀出现缺口或刀刃变钝时，应及时磨刀。

（2）旋刀式剪草机

该类剪草机的刀片在工作时，刀片的转动轴垂直于地面作旋转运动，因此，称之旋刀式剪草机。旋刀式剪草机剪草时以高速旋转的刀刃将草茎水平割断，为无支撑切割，类似于镰刀的切割作用。该种剪草机作业时对草坪质量的要求不高，普通人工栽植的草坪都可以使用该类型剪草机，但其剪草的质量比滚刀式剪草机的稍差。

旋刀式剪草机的刀片固定在刀盘内，刀片与刀盘的联结有固结式和铰结式两种形式。固结式是将刀片固定在刀盘上。这种联结方式结构简单，制造容易，但在剪草时要求草坪表面无刚性杂物，否则刀片碰到刚性杂物（如石块）时一方面会损坏刀片，另外还有可能将石块沿离心力方向抛出，造成安全隐患。铰结式是将刀片与刀盘采用铰接联结，即刀片可以在较大外力作用下绕铰接点转动，从而可以避开障碍物。

旋刀式剪草机的刀片一般成风扇的叶片状，工作时转动的刀片与固定的刀盘构成一个混流式风机，在轴向（垂直方向）形成向上的气流；在径向（水平方向）形成离心力方向的气流。轴向气流将草茎吸起直立以便刀片切割；径向气流将切断的草茎送入吸草袋，或直接从侧面吹向地面。

旋刀式剪草机主要有手推式（图 6-26）、气垫式（图 6-27）和坐乘式（图 6-28）3 种。

图 6-26　手推旋刀式剪草机

图 6-27　手推气垫旋刀式剪草机

图 6-28　坐乘旋刀式剪草机

（3）（往复移动）刀齿式剪草机

刀齿式剪草机主要用于杂草和细灌木丛的剪草作业，多用于公路两侧、河堤草坪等作业。其剪草原理与理发推剪相似，主要剪草部件为一长条形切割器，其长度 60 ~ 120 cm，工作时，切割器沿地面推进而将草割倒。

刀齿式剪草机是由动刀杆和定刀杆组成，各有许多三角形齿式刀片，动力由刀杆中心的

图6-29　手握式刀齿剪草机　　　　图6-30　自行式刀齿剪草机

两个凸轮驱动作往返运动，凸轮由发动机驱动。这种剪草机多为手握式（图6-29）和自行式（图6-30）2种。

（4）甩刀（连枷）式剪草机

甩刀剪草机的旋转平面与地面垂直，割草刀片绞接或用铁链连接在旋转轴（图6-31）或旋转刀盘上（图6-32）。旋转轴或刀盘由发动机驱动高速旋转（3000~4000 r/min）。工作时由于离心力的作用使刀片绷直，端部以冲击力切割草茎。由于刀片与刀轴或刀盘为铰接，当碰到坚硬冲击不断的物体时可以避让而不致损坏机器。因此可适用于杂草和细灌木丛生的草坪剪草作业，由于其刀片剪草作业时在离心力的作用下与农民打麦用的连枷很相似，因此也称为连枷式剪草机。

图6-31　甩刀式剪草机的旋转轴　　　　图6-32　甩刀式剪草机的工作装置

根据剪草对象不同，刀式剪草机可分为重型、中型、轻型等3种类型，常见的有手扶步进甩刀式剪草机（图6-33）、液压伸缩臂甩刀式剪草机（图6-34）、坐乘甩刀式剪草机（图6-35）等。

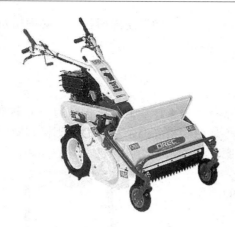

图 6-33　手扶步进甩刀式剪草机

图 6-34　液压伸缩臂甩刀式剪草机

图 6-35　坐乘甩刀式剪草机

（5）甩绳式剪草机

甩绳式剪草机是割灌机附加功能的实现，即将割灌机工作头上的圆锯或刀片以尼龙绳或钢丝绳代替，剪草时高速旋转的绳子与草坪植株接触的瞬间将其粉碎而达到剪草的目的（图 6-36）。

这种剪草机主要用于面积不太大，其他类型剪草机由于其本身结构尺寸的限制而难以到达，地形或工作环境较复杂或修剪精度要求不高的草坪。常用工作头有尼龙盒、活络刀头和二齿、三齿、四齿钢刀片。对于人工草坪，普遍使用较安全的尼龙盒或尼龙活络刀头。

由于这种剪草机的工作头没有防护装置，因此在剪草作业时一定要注意安全保护。操作时应做到以下几点：①穿工作靴以防绳子或其他杂物伤及腿脚。②戴防护眼镜以防

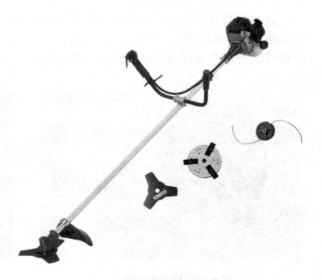

图 6-36　甩绳式剪草机及其各种工作头

草屑或其他污物进入操作者眼睛。③在更换或加长甩绳时或排除缠绕障碍物时，必须切断和停止动力。

6.3.2 草坪施肥机械

草坪施肥是保证草坪质量的重要养护措施，用于草坪施肥作业的施肥机械的一个重要指标是施肥均匀，使每株草坪草都能得到所需的、相等量的肥料。通常可借助施肥机和撒播机实现较精确的施肥。目前常用的施肥机有手推式施肥机和机械驱动施肥机。

6.3.2.1 手推式施肥机

手推式施肥机主要用于小面积或小片草坪地的施肥作业，主要有下落式和旋转式施肥机 2 种（图 6-37）。

使用下落式施肥机时，料斗中的化肥颗粒可以通过基部一列小孔下落到草坪上，孔的大小可根据施用量的大小调节。对于颗粒大小不匀的肥料应用此机具较为理想，并能很好地控制用量。但由于该机具的施肥宽度受限，因而工作效率较低。

旋转式施肥机的操作是随着人员行走，肥料下落到料斗下面的小盘上，通过离心力将肥料撒到半圆范围内。如控制好来回重复的范围时，该方式可以得到满意的效果，尤其对于大面积草坪，其工作效率较高。但当施用颗粒不匀的肥料时，较重和较轻的颗粒被甩出的距离远近不一致，将会影响其施肥效果。

图 6-37 手推式施肥机

6.3.2.2 机械驱动式施肥机

目前已有各种各样拖拉机驱动的草坪施肥机，主要有转盘式施肥机（图 6-38）、摆动喷管式施肥机（图 6-39）、液体肥料喷撒机（图 6-40）等类型，具体选用哪种施肥机，可根据管理草坪的数量以及对草坪的坪用质量要求确定。

图 6-38 转盘式施肥机

图 6-39 摆动喷管式施肥机

图 6-40　液体肥料喷撒机

6.3.3　草坪覆沙机

草坪覆沙机（图 6-41），也称撒土机。覆沙机通常是将沙或细土通过特制的筛孔和拨轮进行强制性撒播，主要用于草坪建植的种植后覆沙或覆土，以覆盖种子或营养体，以确保它们与土壤接触，不至于直接暴露在空气中。此外，草坪打孔和切根时也需要覆沙，以促进草坪草生长；运动场草坪在每次使用后地面会出现凹凸不平的现象，也需要定期覆沙并进行碾压，以调整草坪的平整度。同时，覆沙还可以促进枯草层的分解，有助于改良坪床表层土壤结构。

6.3.4　草坪打孔机械

草坪打孔主要是改善土壤的通透性，使水、肥及其他养分很容易进入土壤，促进草坪草对地表营养的吸收，使草根能向土壤深层生长，增强草坪草的抗旱性，也能加强草坪表面排水能力。高尔夫球场、足球场等运动场草坪必须经常进行打孔作业；经常遭受践踏的公共绿地和园林草坪也很有必要实施打孔作业。草坪打孔机械可分为注水打孔机、垂直打孔机和旋转式打孔机等类型，分别简要介绍如下。

图 6-41　草坪覆沙机

6.3.4.1　注水打孔机

注水打孔机是将高压水柱射入草坪根系层。该打孔机不破坏坪床地面结构，不会使地面泥土飞溅，对草坪表面不产生有害的影响。由于这些特性，它适于比赛比较繁忙、商务运行时间比较紧张的高尔夫球场应用，其工作效率高，可节约时间。

注水打孔深度可达 10～20 cm，可有效减小草坪表面的紧实度，改善土壤对水分的渗透性。由于注水打孔不直接将金属管插入土层，没有其他类型打孔机常常出现的断针、损耗等现象。

6.3.4.2　垂直打孔机

草坪垂直打孔机（图6-42）在进行打孔作业时刀具垂直上下运动，使打出的通气孔垂直于地面而没有挑土的现象，从而提高打洞作业质量。该草坪打孔机作业时由发动机驱动行走轮前进，同时通过一曲柄连杆机构使打洞刀具作垂直上下运动。为了补偿刀具在刺入土壤后不随机器的前进而前进，在安装刀具处有一补偿装置。在刀具插入地面后，补偿装置推动刀具向机器前进的相反方向移动，其移动速度正好

图 6-42　草坪垂直打孔机

是机器前进的速度，使刀具在打洞过程中保持与地面相对静止。当刀具拔出地面后，补偿装置使刀具快速回位准备第二次打洞作业。这种草坪打孔机主要用于草坪打孔质量要求很高的打洞通气作业。该种草坪打孔机结构复杂，能耗和造价都较高。

草坪垂直打孔机有手扶式、牵引式和驾驶式3种。垂直打孔机可以根据需要和土壤状况互换不同形式的打孔刀具。实心打孔棒仅用于土壤比较疏松和土壤湿度较大的草坪，实心打孔棒靠挤压土壤形成孔；空心打孔管的前端有环形刃口，以便于入土，管的侧面开有长方形孔，打孔时空心管进入土中，同时泥土也进入管内，当空心管从土壤中拔出再次进入土层时，新进入空心管内的泥土将前一次进入的泥土从空心管的侧面挤出，并散落到草坪表面。空心打孔管与实心棒打孔相比较，前者不挤压孔周围的土壤。

6.3.4.3　旋转式打孔机

草坪旋转式打孔机（图6-43）具有开放铲式空心尖齿，其优点是工作速度快，对草坪表面的破坏小，但是打孔深度却比垂直运动式打孔机浅。

图 6-43　草坪旋转式打孔机（左）及打孔装置（右）

6.3.5　草坪梳草机

草坪梳草的作用是清理草坪内的枯草垫层，其目的是促进草坪的通风透气，减少杂草蔓延，改善透水条件。

梳草的手工工具有平齿耙和扇状齿耙。为了携带方便有些草耙的耙齿可以收拢。草耙的

质量决定因子除了齿形和疏密度外主要是耙齿的刚性和柔韧性。

草坪梳草机(图 6-44)的工作原理与普通草耙相同,有自行式和拖挂式等多种形式。主要工作部件是带有弹性钢齿的耙,在一定质量的重力下在草坪上行走,就可以将枯草清除。自行式和拖挂式梳草机适合于面积较大的草坪,对于庭院等面积较小的草坪,最简单的梳草工具就是钉齿耙,每年对草坪清理 1~2 次即可,一般梳草作业多在早春进行。

梳草刀总成

图 6-44　草坪梳草机

6.3.6　草坪切根机

草坪切根的作用是疏松表土,清除草皮中的枯草,减少杂草蔓延,改善表土的通气透水,促进营养繁殖。

草坪切根机通常是在一根水平轴上安装有许多间距相等的圆盘,在圆盘上的径向用螺栓垂直地安装一系列三角形刀片,刀片在主轴上为螺旋形排列,构成垂直切割机的工作装置,并通过安装在水平轴上的一对重型轴承与机架相连。作业时,在拖拉机牵引力的作用下,主要工作部件绕主轴转动,刀片切入草坪将草坪草植株的侧根间断式的切断,以达到阻止草坪草根系过密而影响草坪生长。同时,空气又可以从刀片的切痕进入草坪草根部,起到通气的作用。

6.3.7　草坪滚压机

草坪滚压机(图 6-45)又称为镇压机。滚压机的工作性质与打孔机正好相反。其目的是通过碾压坪床或镇压草坪以提高场地的硬度和平整度,控制草坪草的生长,促进草坪草的分蘖和扩展。草坪滚压的另一个重要作用就是在草坪表面形成随心所欲的花纹,增加草坪的美观,增强草坪的视觉效果,这对于足球场草坪、高尔夫球场草坪和其他运动场草坪,以及大型广场草坪都是十分重要的。因此,尽管滚压机比较简单,但却对草坪的养护与美观效应来说是一种不可缺少的机具。

有些草坪滚压机具有先进的转向机构,可以很灵巧省力地进行转弯操作,若同时采用 2 个滚压轮,可使其在转弯时两轮以不同速度旋转,避免对草坪形成破坏。

草坪滚压机按驱动力可分为平推式、自走式或牵引式。大多数滚压机有配重装置,以调节滚压机的质量。配重装置常是在碾压滚上方设置一个平台,附加质量以混凝土块、沙袋、铸铁等形式增加。此外,许多草坪滚压机的碾压滚为中空

图 6-45　草坪牵引式滚压机

的筒状，使用时根据需要将水或沙注入筒内。一般重型滚压机用于建坪时的场地平整或平整板球场的门边；而轻型滚压机则适用于一般运动场草坪的整理。

6.3.8　草坪切边机

任何一块草坪都会有边界，例如，草坪与道路、草坪与建筑物等的边界。在草坪与其他地面结合部的草坪草植株常因植物的边缘效应等原因生长得十分茂盛，往往延伸到草坪的边界以外，如果草坪边界与周围环境相交的部位非常零乱，就会影响草坪的美观效果。这时需要用切边机沿边线切断匍匐、蔓伸到草坪边界以外的根、茎、枝、叶等，以保持草坪边缘的线性整齐、流畅和美观。

草坪切边机又称草坪修边机，它具一组垂直刀片，这些刀片装在马达轴或者由三角皮带驱动的轴上，刀片突出于草坪边缘，且高速旋转，锐利的刀口像旋转式剪草机一样将草坪垂直切开。切边时注意刀片不能与石头相撞，否则机器会突然跳起，易发生事故。

草坪切边机有多种运动形式，如震动切刀、圆盘刀、旋转切刀等。它有家用的电动手持式、小型手推式以及大型拖拉机挂接式等多种类型。

草坪电动手持式切边机由电动机驱动修边，一般用于离电源较近的草坪修边作业，也可用蓄电池作为这种切边机的电源。

草坪小型手推式切边机（图6-46）在其前侧面有一切割刀片垂直于地面，安装在一根由发动机驱动的轴上。发动机和修边刀片都安装在机架上，机架由三个行走轮支承并与操纵手柄连接。操纵手柄上装有发动机油门的控制装置和切割刀片是否旋转的离合器控制装置。作业时手推手柄将修边机沿草坪边缘推进，由悬垂于草坪边缘的刀片高速旋转接触草坪植株而切割，达到修边的目的。草坪修边的切割深度通过升降前后行走轮而实现。

拖拉机挂接式切边机的草坪修边切割刀片为一圆盘，作业时圆盘压在草坪边缘随拖拉机滚动前进将草坪植被切断而达到修边的目的。与拖拉机挂接的草坪切边机可以置于拖拉机的中部、前部（图6-47）和后部。

图6-46　草坪小型手推式切边机

图6-47　配置于拖拉机前部的草坪切边机

（引自俞国胜，1999）

6.3.9　草坪清洁机

草坪的修剪、梳草、打孔等作业之后都需要进行坪床的清洁工作，而且清洁草坪是保持草坪美观的一项经常性工作。根据草坪需要清洁的对象和不同时期的草坪生长状态，具有不同的草坪清洁机械。一般为草坪刷扫、吸风或吹风等类型，大型的草坪清洁机械将刷扫、吸附为一体，先刷扫，后吸附。

草坪吸风式清洁机主要是利用吸风机功能将草坪表面上散落的树叶、剪草后的草屑等吸起并输入到清扫箱中。用硬尼龙针制成的草坪刷在清洁草坪杂物的同时梳刷草坪，使散落进草坪根部的草屑也被吸入清扫箱中。常见的草坪清洁机有拖拉机牵引式、驾驶式和手推式（图 6-48）等多种类型。

图 6-48　草坪清洁机

6.3.10　草坪喷药机

草坪生长期间会遇到各种各样的病虫害，为了防止和减少病虫害的发生及损失，必须要对病虫害进行防治。目前最常用的草坪防治方法是化学防治。草坪喷药机的主要功能就是通过机械手段将化学药剂喷洒到感染病虫害草坪的有效部位，达到防治病虫目的。

草坪喷药机的种类与基本结构与农用喷药机没有太大差别，同样分为背负式、推行式、拖带式和自行式 4 种类型，但草坪喷药机整机的制作和作业方式比一般农用喷药机要精细得多。另外，草坪喷药机的轮胎也应是草坪专用型。

6.3.10.1　喷雾机（器）

喷雾机（器）是将药液雾化成雾滴喷洒在草坪上进行病虫害防治的器械。根据单位面积上喷施的液体量分类，可以把喷雾机（器）分为高容量喷雾器、低容量喷雾器和超低量喷雾器等 3 种类型。根据药液雾化和喷送的方式分类，可以把喷雾机（器）分为液力式和风送式两种类型。生产中通常还习惯把手动的喷雾机具称为喷雾器（图 6-49）；机动的称为喷雾机（图 6-50）。其中手动喷雾器具有结构简单，轻便等优点，但劳动强度大，喷洒效率低，仅仅适合小面积草坪养护。对大面积草坪养护作业，需要机动喷雾机完成，其效果最好。

6.3.10.2　喷粉机（器）

喷粉机（器）是利用风机产生的高速气流直接把药粉喷施到草坪草枝叶上的器械。其喷粉工作过程简单，消耗动力小，同时粉剂较轻，在空气中悬浮时间长，对茎叶丛内部的渗透性好，且分布全面，但受气候条件影响大，附着性能差，只有在雨后或有露水时喷施比较合适。

喷粉机（图 6-51）工作时，风机产生的高速气流，大部分流经喷管，一部分经进风门进入吹粉管，进入吹粉管的气流，速度高且有一定风压，从吹粉管周围的小孔进入药粉箱后，将药粉吹松，并送往排粉门，输粉管内由于高

图 6-49　喷雾器

图 6-50　喷雾机

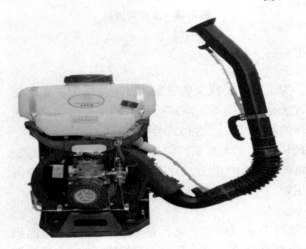

图 6-51　喷粉机

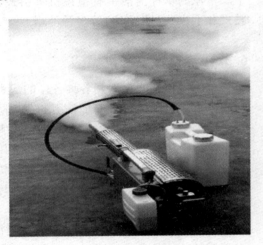

图 6-52　烟雾机

速气流从其出口经过形成低压，药粉就经输送管吸出，通过弯头到喷管，这时流经喷管的高速气流就将药粉从喷口喷出，形成均匀的粉雾。

6. 3. 10. 3　烟雾机

烟雾机(图 6-52)的烟雾形成方式有热烟雾和常温烟雾 2 种。

热烟雾机是利用燃烧产生的高温气体使油溶剂受热，迅速热裂挥发呈烟雾状，随同燃烧后的废气喷出，遇空气冷凝成细小雾滴，然后被自然风力或烟雾机产生的气流输送向目标物。

常温烟雾机是指在常温下利用压缩空气使药液雾化成 5～10μm 雾滴的设备。由于在常温下使药液雾化，农药有效成分不会被分解，且水剂、乳剂、油剂和可湿性粉剂等均可使用。

6. 3. 11　补播机

草坪由于经常的践踏和其他一些原因，使建成草坪的某些部位发生无草皮和草皮过稀的现象，这就要求进行补种或再次播种。用于草坪再次播种的机械很多，撒播式播种机和点播式播种机都可被用于进行再次播种作业。

有一种专用于草坪补播作业的草坪补播机(图6-53)。它由一些独立浮动安装的圆盘、种子箱和一个可以增加质量、注水的圆辊组成。每一个圆盘以铰接的方式安装在机架上,当作业遇到障碍物时,圆盘可以从障碍物上滚过,圆盘的主要作用是开沟。种子从种子箱的下部通过导管而撒播到圆盘开的沟槽内。其后部的圆辊将草种和土壤压实,以利于草坪草种子发芽。当需要补播种的草坪土壤比较坚硬时,圆辊还可以向草坪地面浇水,使其软化后再行补播种。

图6-53　草坪补播机

6.3.12　草坪划条机

草坪划条机是一种深而垂直的切割作业机械,由安装在重型圆筒上的圆盘或"V"形刀片完成草坪划条作业(图6-54)。其作业过程中,圆盘或刀片刺入草皮7~10cm,划出条状的裂痕,以改良土壤的通气透水性。划破或穿透草坪的深度由滚筒质量决定。潮湿的草坪土壤上,划条的效果比打孔的要好。如高尔夫球场的球道区或者其他践踏严重的草坪,可进行划条作业。划条因可以切断草坪草的匍匐茎和根茎,因此有助于草坪草根系和枝条的生长。

图6-54　草坪划条机的"V"形刀片(左)及草坪划条效果(右)

6.3.13　草坪穿刺机械

草坪穿刺是用刀片或实心锥对草坪表面进行的一种中耕。可选择人工鞋式穿刺机或手动式穿刺机(图6-55)或动力穿刺机(图6-56)进行刺穿。刺穿的深度可通过选择实心锥长度进行调节。一般浅刺穿深度小于10cm,深刺穿最深可达25cm。穿刺不移出土壤,对草坪的破坏较小,因此在盛夏或其他胁迫期间,用这种方法改善坪床结构的效果会更好。如高尔夫球场的果岭区草坪,用这一方法改善坪床结构的效果要优于打孔等措施,故这种方法可以经常

图 6-55 草坪鞋式穿刺机(左)和手动式穿刺机(右)

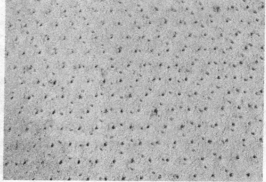

图 6-56 草坪动力穿刺机(左)及效果(右)

进行,甚至可以一周一次,以缓解高强度践踏带来的土壤板结。

6.3.14 射水式中耕机

草坪射水式中耕机(图 6-57)作业的射水式中耕法是 1990 年由 Toro 公司提出的一种革命式的新概念。它指通过 10ms 的高达 5000psi 的高压水脉冲,把水流以近 1000km/h 的速度射入草坪土壤中。此法可促进草坪茎枝生长,降低土壤容重,增加土壤饱和含水量等,且不会引起土壤表层的扰动,对草坪无明显伤害,生长季可随时进行。

图 6-57 草坪射水式中耕机

图 6-58　草坪拖耙网(左)及使用方式(右)

6.3.15　拖耙

　　草坪拖耙(图 6-58)是用一个重的金属
网或其他相似的装置拖过草坪表面的作业机械。它主要是在表施细土、取芯土和中耕等作业
后用来去掉黏在草坪草叶片上的土壤,使其均匀地分散在草坪上形成平整的表面。拖耙的拖
平作业还可与草坪补播相结合,以便于种子与土粒的紧密结合,有助于提高种子的发芽率和
成苗率。拖平也可把垂直修剪后留在草坪表层的枯枝、杂草枝条带起来或带走,利于修剪。
拖耙还可以使表施细土重新分布,去高就低,填平低洼处。

　　在草坪养护中,草坪打孔后的芯土留在草坪表面,常通过拖耙来粉碎土条,使之重新进
入草坪土壤中。由于打孔时的土壤通常湿度较高,因此对于黏性土壤,不能在打孔后立即进
行拖耙,应稍晾干后进行,否则不仅不能耙碎心土,反而易形成黏条状,并涂污草坪。但土
壤也不能太干,太干则形成硬块,也不易耙碎。

6.3.16　草坪刷

　　草坪刷(图 6-59)用于刷清草皮以助透
气,撒开蚯蚓的排泄物以及梳理平整草坪表
面。草坪刷的工作部件是一个圆辊型毛刷,
毛刷一般由鲜鱼骨、鬃、尼龙和塑料制成,
毛刷通过圆盘夹持,密集地穿套在毛刷轴上
形成毛刷辊,圆盘中心孔为方孔,穿套在方
轴上,与方轴刚性连接,以保证圆盘随轴转
动,带动毛刷旋转。

　　草坪刷的工作原理与结构形式与梳草机
类似,主要区别是将梳草机的刀辊换成了毛
刷辊。一般由拖拉机三点悬挂,或由小型手
扶拖拉机前置悬挂,通过改变限深轮的高度,可调节毛刷对草坪的刷理强度。

图 6-59　草坪刷

6.4　草坪机械的操作与保养

　　草坪机械设备的操作与保养中，首先应解决的是操作者的专业知识与技巧。一个操作者被确认有能力操作草坪机械进行作业前，业主必须尽可能对操作者进行草坪建植和养护等基本知识和专业机械的培训，使他们熟悉作业程序和规范，熟悉机械性能。诚然，培训需要费用和时间，但这些远远小于因操作失误所造成的草坪和机械的损失。草坪受到损伤会影响观赏和使用效果，严重时需修补甚至重建；草坪机械受到损伤会降低机械的使用寿命，增加维修费用，延误工作时间，甚至影响草坪的使用或造成机械本身的报废。主管人员应承担起教育、指导和监督的责任，不能仅靠简短的介绍就放手实施操作，应制订出草坪建植和养护及草坪机械等作业规范，督促操作者严格遵守执行。

　　草坪机械是有特定使用范围的专业机械产品，既有某些通用机械产品的共性，也有草坪领域专业机械产品特有的个性。了解共性是操作的基本要求，熟悉个性是使用的必要条件。

6.4.1　草坪机械的操作

　　为了达成草坪机械的安全高效使用，必须按如下步骤做好工作。

6.4.1.1　熟悉掌握草坪机械的基本特性

　　草坪机械产品有它的使用条件，购买时应向供货商全面了解每种草坪机械的使用条件、功能可靠性等情况。使用前，操作人员和管理人员都应仔细阅读说明书，不明白的地方可向供货商咨询或请教相关专业人员，然后再做装配、调试等准备工作。

6.4.1.2　草坪机械的验装

　　（1）开箱验货

　　合理拆开包装，查验机械是否有出厂缺陷或运输损伤；清点箱内货品是否与装箱单相符。若发现任何问题应立即与供货商联系解决。

　　（2）阅读说明书

　　批量销售的草坪机械应有中文说明书；试销和专项合同机械应请专业翻译人员译出摘要。阅读说明书1～2遍，弄懂机械工作原理、各零部件与主机的关系。

　　（3）合理装配

　　按说明书的要求顺序组装整机，检查是否有缺漏或未装的零部件或有与说明书要求不相符之处。

　　（4）静态调试

　　手动调试草坪机械各部件，检查传动是否可靠，运动是否灵活、协调。达到要求后，按规范充电，加注机油、燃油，做好启动准备。

6.4.1.3　草坪机械的使用磨合期

　　机械产品都需要有适当的使用磨合期。与汽车相同，磨合期间的发动机应限速运行，以避免造成不良损坏。二冲程发动机在磨合期间应加大混合燃油中的机油比重；四冲程发动机磨合期后应更换机油。

　　由于机械部件大多是由焊接和紧固件连接，长途运输、多次装卸、跌落碰撞都有可能造成机械的隐性损伤。机械运行初期要注意观察，听到异常声音或看到异常现象应立即停机检查。国产草坪机械大多没有使用封胶和自锁紧固件，这就尤其要注意机件的松动问题。磨合期后，应全面检查整机各部件是否有松动、错位等问题，如果发现有这些问题，应调整正常后方可进入正常工作状态。

6.4.1.4　草坪机械的操作要点

（1）轮子的驱动

草坪过湿会使轮子打滑。前驱随行式剪草机操作时对把手的压力不能过大，否则会使前轮打滑，影响行进，加速磨损。草坪拖拉机的轮胎压力对驱动能力影响很大，轮胎压力过大会造成旋压和撕拽草坪，在行驶中突然加速也会造成轮胎对草坪的旋压，应尽量保持一个恒定的速度运行，即便是爬坡时也应如此。

（2）汽油机转速的控制

草坪机械的汽油机转速过高容易损坏机械；转速过低将影响其正常有效的作业。应定期用速度表按使用手册规定的参数进行检查。

（3）行走速度的调整

草坪机械过快的行走速度会降低其工作质量，也容易损坏机械，还容易造成安全事故。如果发现机器负荷过重，则应降低行驶速度或减少工作量。

（4）障碍物的清理

随时注意草坪机械行进方向上有无障碍物，一旦发现，必须立即停车清理，然后再进行修剪等草坪机械作业。

（5）机械噪音的识别

草坪机械在工作状态下的声音能很好地反映机械的状况。操作者必须熟悉机械正常工作状态下的噪音特点，时刻注意机械工作时声音的变化，及时调整工作状态或检查故障隐患。

6.4.1.5　剪草机使用注意事项

剪草机是草坪养护中最为频繁使用、也最为重要的养护机械，在此特别对其使用应注意事项予以说明：

（1）要坚持使用锋利、平整、尾翼完好的刀片

剪草机钝的刀片很容易把草坪草撕裂，以至修剪后的草坪看上去很蓬乱，草叶断口粗糙，数天后草叶会变白，而后变黄，而且也容易感染病害。因此修剪前应用手旋转刀片，检查刀片切削点是否在同一高度，不平整的刀片修剪不出平整的草坪。完好的尾翼能保证刀盘蜗壳内形成足以使草叶直立的上升气流，使切割完成得干净、快捷、有效，同时有足够的气流把草屑送走。

（2）要根据环境条件合理使用不同类型的剪草机

养护粗放的草坪和对滚刀剪草机工作有限制的地形可使用旋刀或其他类型的剪草机；草坪地块零散、树木或障碍物较多时使用刀盘尺寸小、整机质量轻的剪草机；地面平整度差的草坪要用轮径较大的剪草机。

（3）要根据天气状况和坪床湿度确定最佳割草期

草坪修剪尽量选择无雨天晴的天气进行，尽量避免雨后草未干或露水较大等草坪湿度高的情况下剪草。草湿易造成机械打滑，积堵剪草机。

（4）根据草坪草的高度和剪草机的工作能力确定合理的修剪量和留茬高度

草坪修剪周期要尽可能短，一次修剪量尽可能小，使剪草机在较低负荷完全参数值情况

下工作。超长的草应分次逐渐降低高度修剪。

（5）根据剪草机的种类和性能等合理使用

旋刀式剪草机要把剪草机刀盘的高度调整到平行地面的同一高度进行剪草，才能达到最佳效果；剪草机的行驶速度应限制在剪草机刀盘能有效地剪草和排草，并能保持良好的修剪质量范围内。

6.4.2 草坪机械的储放与安全措施

6.4.2.1 草坪机械的储放

草坪机械的良好日常保养不仅可以延长其使用寿命，并且可以提高其作业品质。

草坪机械的仓储设施是各类草坪场地运行的中心，工作人员每次都在这里开始和结束其工作。草坪机械保存于仓库，其维护和修理也常常在仓库完成。草坪机械的储存地点应该尽可能地接近草坪场地，这样可以缩短机械到草坪区的距离，减低能耗成本，节省工作人员时间。机械的储放要注意保持干燥，以延长使用时间。此外，可以考虑建立机械保存、使用以及维修保养的档案，每一台机械都应该编号和建立档案，以记录这台机械的购买时间、价格、各项使用和保养的项目，故障和维修情况，使用时间等信息，并且定期填写和检查。

6.4.2.2 安全措施

为了更好的规范草坪机械的使用，使用时要做好安全登记。存放仓库要做好防火、防水、防化学腐蚀等措施。通过更好和更安全的防护措施，保护工作人员的安全，进而提高劳动效率。

安全注意事项应贴在工作区内显眼的地方，定期召开员工的安全工作会议，指定安全员工代表，协调相关问题。让每一个员工熟悉自身使用机械的安全操作和控制技术，防患于未然。同时，还要让员工掌握一些自我保护和急救措施。

6.4.3 草坪机械的简单养护

6.4.3.1 草坪机械的定期检查和操作规范

草坪机械在操作使用过程中应按说明书要求做好定期检查工作，严格遵守正确的操作规范，这样可以避免大多数故障的发生。如定期检查机油、润滑油是否足量，是否符合使用规范；观察运动件和传动件的工作可靠性，紧固件的牢固性；倾听机器运行声音是否正常等。如发现这些问题可以通过调整、润滑等方法解决或控制，不至于产生大修或解体机器等大手术。

草坪机械整机都有相应的操作规范，要根据机械特点和使用环境条件从严掌握。另外，应注意按照各类草坪草的生长规律科学地进行作业。如喷灌应掌握喷灌周期和喷灌强度；修剪要注意修剪量，尤其是未成坪的草坪，不要超过草长的1/3等。

6.4.3.2 草坪机械的保养规范

草坪机械都有明确的使用保养规范，使用草坪机械应循规蹈矩。进口机械对油品质量要求较高，尤其是欧、美机械，设计针对性强，适应面窄。加注燃油、润滑油的标号、数量、混合比（二冲程汽油机）都将影响机械性能的发挥，应严格按照说明书规定储备、使用专用油品。

草坪机械的保养分动力部分和工作机部分。工作机部分主要是在每日工作完成后清洁整理，保证运动件传动件运转正常，紧固件牢固安全；定期检查、更换、加注润滑油；对缺损机件及时修补、更换。

本章小结

草坪建植与养护机械设备种类繁多，本章简介了各种草坪建植与养护管理机械的分类方法及选择草坪机械应考虑的各种因素。同时，本章还介绍了常见草坪建植和草坪养护管理机械的类型和性能特点，并阐述了草坪机械设备的操作与保养的注意事项。通过本章的学习，可了解常见草坪机械的基本类型及选择方法；掌握常见草坪机械设备的功能及使用方法。同时还可掌握常见草坪机械保养与维修的基本原理及方法。

思考题

1. 常见的草坪建植机械有哪些？
2. 常见的草坪养护管理机械有哪些？
3. 草坪剪草机有哪些类型？
4. 操作剪草机之前应掌握哪些安全操作规程？
5. 阐述一下草坪机械的操作与保养要点。
6. 草坪机械的选择需要考虑哪些因素？

本章参考文献

俞国胜，李敏，孙吉雄. 1999. 草坪机械[M]. 北京：中国林业出版社.

陈传强. 2001. 草坪机械使用与维修手册[M]. 北京：中国农业出版社.

韩烈保，孙吉雄，刘自学. 1991. 草坪建植与管理[M]. 北京：中国农业大学出版社.

胡叔良，赖明洲. 1999. 高尔夫球场及运动场草坪设计建植与管理[M]. 北京：中国林业出版社.

张景纯，马宗仁. 1996. 高尔夫草坪管理与护养[M]. 兰州：兰州大学出版社.

韩烈保，等. 1994. 草坪管理学[M]. 北京：北京农业大学出版社.

王中群，等. 1999. 植保机械的使用与维修[M]. 北京：机械工业出版社.

第 *7* 章

专用草坪

运动场草坪、公众草坪、水土保持草坪等专用草坪是人类休闲娱乐的场所与城乡绿化及生态环境保护设施的重要组成部分，它与人类的生产生活戚戚相关，对人类赖以生存的地球环境质量与生活水平具有极其重要的影响，已成为构建健康、舒适、优美环境的重要手段，在生态文明建设中起着越来越重要的作用。

7.1 运动场草坪

运动场草坪(sports turf)是指特定环境条件下人工培育而成且具有承受人类体育运动功能的草本植物群落。它具有特有的建造场地设施与运行及经营管理条件，也包括人工培育于特定环境中良好生长并能为人类提供一个优良运动表面的致密草坪。

7.1.1 运动场草坪的类型

运动场草坪依据运动属性及运动类型可分为如下类型。

（1）球类运动场草坪

高尔夫球、足球、橄榄球、网球、棒球、保龄球（滚木球）、马球、板羽球、藤球等球类运动均可在草坪上开展和比赛。这些专门的运动场草坪均属于球类运动场草坪。

（2）竞技类运动场草坪

标枪、链球、射击、射箭、滑翔跳伞等竞技体育运动均可在草坪上进行，专门用于这些竞技类运动的草坪归类于竞技类运动场草坪。该类体育运动中除了滑翔跳伞有人体作用草坪外，其余均是运动器材冲击草坪，因此，对草坪的要求不高，主要是发挥草坪的生态功能，降低地面反射辐射，防止尘土飞扬，净化空气，提供优美的竞技运动环境。标枪和链球虽然对草坪损伤严重，但仅正式比赛才在草坪上进行，使用时间短，用后稍加管理即可恢复。

（3）赛马场及斗牛场草坪

赛马场面积是足球场的 10 ~ 15 倍，跑道长 1700 m，赛马运动的特点是人和动物共同协作完成比赛。斗牛运动是西班牙和葡萄牙的文化遗产，已有几百年历史，在墨西哥等一些拉美国家也盛行。赛马也是我国黔东南苗族、侗族等少数民族和其他地区一些少数民族如回族及印度一些地区的传统体育运动项目。为了赛马、斗牛和运动员的安全和增强群众欣赏赛马的兴趣，所有场地均需用草坪绿化美化，确保视野内无障碍。

（4）游憩类运动场草坪

以游憩为活动载体的草坪均可称为游憩类运动场草坪。广义的游憩类运动场草坪也包括上述各种类型运动场草坪，但是，狭义的游憩类运动场草坪仅指游憩场草坪和滑草场草坪等类型。

游憩场草坪的特点是专供人们休闲娱乐使用，建植和养护管理要求不高，主要是发挥其生态功能和美化功能。为人们提供一个休息、散步、玩耍、游戏、读书、文娱及体育活动的场地，使人们心旷神怡、精神焕发、疲劳消除。

滑草是利用滑草器、滑草杖等专用器材在专门种植的带有坡度的草坪上顺坡下滑的一项体育健身运动。在欧美以及亚洲的日本等地流行，并且每 2 年举办一次国际性专业比赛。滑草于 20 世纪 90 年代初被引入我国，现在全国范围流行。

7.1.2 运动场草坪的功能

（1）运动功能

运动场草坪的基本功能就是运动功能，其运动功能也是主要的使用与经济功能，主要包括运动载体功能和运动保护功能。运动场草坪柔软干净、舒适优美，具有良好的缓冲性能，既可以提高运动质量，又可减少和防止运动员受伤，有利于提高运动员参与积极性和发挥最佳竞技状态，取得优异体育比赛成绩，也可增强观众体育运动的参与热情，从而提高体育运动水平和人们健康质量及体育运动的经济效益。

（2）生态功能

运动场草坪可保护地表免受风蚀和水蚀，净化空气，减少噪声，抑制尘土飞扬，调节气候。同时，因绿色对人的视觉是最舒适的颜色之一，减缓视力疲劳，提高观赏兴趣。虽然运动场草坪所占面积比例不高，但它分布于人员集中、活动频繁地段，其生态功能作用远比一般绿地显著。

（3）景观美化及社会功能

运动场草坪面积大，形成的草坪景观不仅具有自然景观功能，高尔夫等运动场草坪还往往与乔木、灌木形成立体的园林景观。同时，运动场草坪还具有美化生活环境，提供读书场所和吟诗作曲对象等文化功能，还可带动场地周边旅游业、体育休闲业、房产业及其他服务行业的发展。

7.1.3 运动场草坪的基本要求

（1）对坪床的要求

运动场草坪除具备观赏功能外，更注重其使用功能。由于运动场草坪具有高强度、高频率使用的特点，需要具有良好的缓冲性能，以减少运动员因跌倒造成的伤害，所以运动场草坪对坪床具有特殊要求。运动场草坪坪床既要符合运动场使用要求，又要为草坪草的生长发育创造良好的土壤条件。虽然不同运动场草坪的坪床结构和坪床准备的精细程度不尽相同，但一般都要求坪床平整、通气透水性强、保水保肥能力好、表面强度符合运动要求、稳定性好等。

（2）对草坪草种的要求

由于运动场草坪要承受人、器械或动物的高强度、频繁地践踏，而且一般要求比赛之后能很快恢复，所以要求运动场草坪草种具有以下特性：生活力强、生长速度快、根系发达、耐践踏、耐修剪、恢复力强、扩展性好。运动场草坪草种选择时首先要考虑的因素是生态环境条件，即遵循适地适种原则。

（3）对草坪种植的要求

运动场草坪种植要根据当地生态环境条件，结合不同运动场草坪的具体要求，选择适宜的种植方式和种植时期，确保播种量适宜、播种均匀，使草坪密度适宜、盖度均匀、颜色一致、均一性好、富有弹性等。

（4）对草坪管理的要求

运动场草坪作为一类特殊草坪，剧烈运动常会给运动场草坪带来严重的践踏、拔起和磨损等，从而使草坪受到损伤和破坏，一般要求更经常、更精细的养护、管理和修补。运动场草坪修剪次数比一般绿地草坪频繁，其修剪除要遵循1/3原则外，修剪高度还要符合运动场草坪使用要求（表7-1），从而确保草坪密度均匀、颜色正常、无杂草及病虫危害较轻。大面积运动场草坪，最好能实行集约化管理。只有合理的精细管理才能使运动场草坪时刻处于良好生长状态，有利发挥最佳运动场功效。

表 7-1 运动场草坪的适宜修剪高度

运动场草坪种类	修剪高度（mm）	运动场草坪种类	修剪高度（mm）
高尔夫高草区草坪	25.0 ~ 80.0	保龄球场草坪	2.0 ~ 6.0 或 4.0 ~ 15.0
高尔夫球道草坪	15.0 ~ 30.0	曲棍球场草坪	20.0 ~ 40.0
高尔夫果岭草坪	3.0 ~ 6.0	棒球外场草坪	25.0 ~ 40.0
高尔夫发球台草坪	10.0 ~ 15.0 或 15.0 ~ 25.0	橄榄球场草坪	15.0 ~ 25.0 或 40.0 ~ 50.0
足球场草坪	20.0 ~ 40.0	赛马场草坪	50.0 ~ 70.0 或 30.0 ~ 40.0
网球场草坪	5.0 ~ 10.0 或 20.0 ~ 40.0	滑草场草坪	15.0 ~ 25.0

7.1.4 运动场草坪的坪床结构类型

运动场草坪坪床结构按建造过程可划分为天然型、半天然型和人工型 3 大类。

（1）天然型

天然型坪床结构是指坪床为没有经过任何工程措施改造的天然土壤。最理想的天然型坪床结构是表土肥沃、基层透水性能良好的土壤，土壤结构为沙或砾石之上有一层 250mm 左右的砂壤土，这样可以大大节约场地建造成本。但该种天然型坪床很少。在天然型坪床的施工过程中，最重要的是一定要注意保持原有土壤结构，要选用适当的施工机械在土壤干燥情况下作业。否则，原有的土壤结构将遭到破坏，场地将来很可能会出现严重问题。

（2）半天然型

该类场地土壤或基层排水或多或少存在一些问题，需要采用一些工程措施改良，方能达到草坪生长和场地使用质量要求。根据改良措施不同，可将半天然型坪场结构分以下 3 类。

①盲管排水型 该类型坪场的表层土壤结构尚可，但考虑到运动场草坪场地的使用频率和强度都很高，场地仅靠自然排水很难使积水及时排走，影响场地使用和草坪生长。可通过在坪床中设置盲管排水系统以改善场地的排水性能，但应注意排水系统的设计、材料的选择以及管道的安装；同时，要求种植土壤透水性好，水能迅速下渗到排水层中（图7-1）。并

且，随着场地的使用，盲管排水型坪床种植层土壤会逐渐变得紧实，致使排水不畅，此时可通过每年逐步覆沙来改善坪床的透水性。由于沙的粒径大小对种植层的排水与保水性能影响很大，一般选择粒径 0.125~0.50mm 的中细沙为佳。

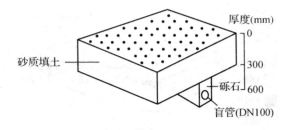

图 7-1　盲管排水型坪床结构图（引自张巨明，2006）

②盲沟 + 盲管排水型　当在坪床中掺沙并不能有效改善坪床的透水性时，就要考虑采用工程措施：在坪床上层设置盲沟，盲沟内全填沙或下层填砾石上层填沙，盲沟从表面贯通至砾石层，砾石层下设盲管排水（图 7-2）。盲沟通常有以下 3 种类型：

a. 沙 + 砾石盲沟：盲沟宽 50mm，深 200~250mm，与砾石层连接，盲沟上层铺设沙，下层铺设砾石（粒径 5~8mm）。

b. 沙盲沟：盲沟宽 15~20mm，深 200~250mm，至下层砾石层，盲沟中回填沙。

c. 浅沙盲沟：盲沟较浅，宽度 10~15mm，深 75~100mm，填沙。

这种上层小盲沟的作用是将上层种植土和下层原有的盲沟相连，以便形成一个上下贯通、水分移动顺畅的排水系统。而且，盲沟的间距极其关键，如果间距过宽，盲沟的排水作用就十分有限，通常上层盲沟的设计间距是 0.6~1m，而下层排水盲管的设计间距为 8~10m。这种坪床结构盲沟的施工难度较大，需要专门的开沟机械方可保证施工质量。

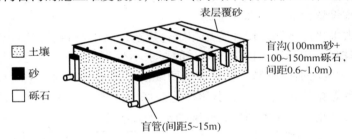

图 7-2　盲沟 + 盲管排水型坪床结构图（引自张巨明，2006）

③表层覆沙型　该结构类型是在盲沟 + 盲管排水型坪床结构上面再平铺一层 100mm 的沙（图 7-3）。该系统在建造高质量的新场地和改造老场地时使用。在改造场地时，需要特别注意保持场地的平整度。通常的做法是在铺设沙层时将草皮移走，待沙层施工完成后再将草皮重新铺设。该类型的场地投资大，但从长远看，由于场地质量高而且稳定，投资反而划算。

（3）人工型

该类型的场地坪床完全按照人工设计建造，所有的建造材料均来自于场外。高水平的运动场草坪坪床结构大多数为人工型。这种场地质量最高，即使暴雨过后马上进行比赛也无妨。最常见的人工型坪场结构是利用水势原理设计，称作持水型结构，也称为美国高协（USGA）果岭结构（图 7-4）。

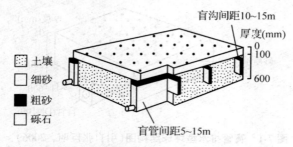

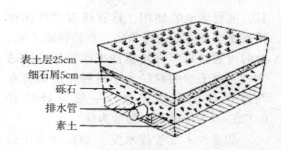

图7-3　表层覆沙型坪床结构图(引自张巨明，2006)　　**图7-4　人工型坪床结构图**(引自韩烈保，2011)

7.1.5　运动场草坪建植与管理特点

7.1.5.1　足球场草坪

足球是世界第一大体育运动，由于它的普及性和商业性，足球场草坪的建植和养护水平越来越高。足球场草坪首先要满足足球运动对场地的技术要求，如草坪的刚性、弹性、摩擦力等；其次是草坪草的生态适应性，包括对环境和使用强度的耐受能力；最后还要满足观众审美情趣，如草坪的质感和色泽。

根据国际足联规定，世界杯足球赛决赛阶段使用的足球场必须是 105m×68m。边线和端线外各有 2m 宽的草坪带，故标准足球场草坪为 109m×72m。通常草坪外还有 10～15m 的缓冲地带，多用来设置商业广告和休息棚。

通常体育场大多将足球场与田径赛场相结合建造，足球场布置在田径场跑道中间(图7-5)，称为田径足球场。田径跑道的最内圈一般要求不少于 400m，因此，足球场只能在周长400m 的长椭圆形区域内加以布局。在足球场两端的半圆形区域内，通常设置跳远沙坑、铅球投掷区和跳高台等竞技运动区。中小学校运动场因受场地面积限制，足球场常取 45m×90m 甚至更小，所以此类足球场都是非标准的足球练习场。

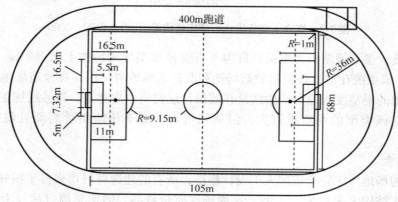

图7-5　田径足球场的场地结构(引自张自和，2009)

(1)足球场草坪建植

①坪床准备　足球场草坪坪床准备比较精细，人工型坪床准备的主要内容有：

a. 排水系统安装：足球场草坪排水形式可分两种。一是地表径流排水，利用足球场草

坪表面的坡度自然排水。在床面平坦的前提下，形成中间高、四周低的龟背式排水坡度
（0.3%～0.5%）。二是地下渗透排水。设有地下管道式（盲管）排水系统，盲排沟规格按设
计要求进行挖设，管道深度 60cm，间隔距离 5m，并设置 0.3%的坡降。清理好盲排管沟
后，先在沟底垫上一层干净的碎石，再按坡降铺设有孔的 PVC 波纹管，在确保坡降满足设
计要求后回填干净碎石（要求粒径 10～30mm），并夯实。

　　b. 给水系统安装：足球场草坪有多种给水方式，常用方式主要为喷灌。喷灌系统可分
为地埋式自动升降喷灌系统和固定式地上喷灌系统 2 种。喷灌系统安装程序为：定位放线→
开沟→管道连接→阀门安装→喷头和千秋架安装→控制系统安装。管道安装完成后要进行系
统的调试和打压试验，试验压力为工作压力的 1.5 倍。喷头可采用地埋式喷头，不喷灌时收
缩于地面以下，喷头顶端有橡胶盖子，能够保证运动员安全。如果每个喷头的喷洒半径可达
到 20m，喷洒角度 30°～360°，一个足球场需设置喷头 35 个，才能够充分浇灌场地草坪，确
保场地无漏喷。

　　c. 砾石层铺设：在对地基的等高线造型及排水管的安装认可后，就可以在整个凹地中
仔细铺设一层 10～15cm 厚、粒径 10～30mm 的砾石。由四周向中心铺摊至设计要求标高，
厚度均匀，铺设后压实，保证稳定性和透水性。在排水管砾石上面，铺盖一层塑料纱网或尼
龙网，防止根层的河沙渗漏到砾石的间隙，造成排水管堵塞，降低透气排水性能。

　　d. 粗沙层铺设：在砾石层上铺设厚度 5cm、粒径 1～2mm 的粗沙（或粒径 5～10mm 的细
石屑）。要求干净无杂质，铺设过程与砾石排水层相似，要保证厚度均匀，铺设后压实。

　　e. 种植层铺设：足球场草坪的种植层厚度一般为 25～30cm，种植层通常以沙为主。足
球运动场草坪的质量，主要取决于所用沙的粒径及均一性。研究表明，草坪草根系土壤排水
率和孔隙度的平衡主要受沙的粒径影响，而其容重、总孔隙度取决于沙的均一性。沙粒粒径
大小对排水速率及孔隙度影响最大，要保证土壤的饱和导水率大于 100mm/h，沙的粒径范
围应不小于 0.1mm。但是，如果粒径过大，又会对土壤孔隙度及表面稳定性产生负面影响。
因此，沙的粒径及其比例对种植层土壤特性具有重要影响。种植层配置要根据当地土壤质地
和气候条件决定土沙比例。例如，南方年降水量多为 600mm 以上，且土壤多为黏土，因此
种植层中掺沙量不得低于 50%。沙子中的粗沙比例应在 10%～15%；中细沙的比例应在
70%～80%，其余为极细沙。粒径要求 0.25～1.0mm，以 0.25～0.50mm 为主体。若使用客
土为壤土，本身含沙量已达 55%～65%，只需用 15%～20%粗沙进行改良即可。配置好的
种植层营养土需要测定总孔隙度、非毛管孔隙度、渗水速率、土壤有机质和氮、磷、钾速效
养分含量。总孔隙度应达到 35%～55%，非毛管孔隙度 15%～25%，渗水速率为 0.1mm/s，
有机质含量 2%～4%。干土中速效氮，20～40mg/kg，速效磷（P_2O_5）3～5mg/kg，速效钾
（K_2O）20～40mg/kg。pH 应尽量接近 5.0～6.5。若使用客土为砂壤土，其物理特性已满足
草坪草的生长需要，可不必再掺沙，只要施足有机肥即可，一次应施足 2～4kg/m² 腐熟有机
肥基肥。

　　施工过程中应严格控制标高，以确保种植层的平整度。标高以塑胶跑道的面层为 ±0.00
的基准，以此作为足球场的标高基准。

　　种植层铺设需要分 2 层进行，约 15cm 厚为一层，并分层碾压，以防止地面的不均匀沉
降。铺设厚度要均匀，用 2 t 压路机压实后的厚度保持在 30 cm ±1cm。铺料后的坪床面与
原地基造型相一致。铺设完成后，利用灌溉系统给场内灌水，使土壤沉降、密实，平整，场

地达到 0.3%～0.5% 的坡度要求。

f. 表面细造形：种植层铺设完毕后，要进行表面细造形，对表面的标高进行局部微调，使之符合球场设计要求，并浇水沉降或碾压使其坚固，保证日后表面永不产生沉降。细造形后的坪床表面应平整、光滑。

g. 床土消毒处理：坪床利用的原有土壤或人工配制营养土，都需进行消毒处理，目的在于消除土壤中的杂草种子和防除病虫害。播前常用除草剂有：扑草净、拉索、氟乐灵、乙草胺、克无踪、2,4-D 丁酯乳油、百草敌、农达、使它隆等。如果采用种子直播建坪，必须待药害消失后才可播种。要针对当地常见草坪病害施用长效杀菌剂，如用 50% 的福美双可湿性粉剂（$5g/m^2$）加 70% 五氯硝基苯可湿性粉剂（$5g/m^2$），也可用百菌清、甲基异硫磷等，可防除叶斑病、立枯病、霜霉病等，为今后草坪养护管理奠定良好基础。

②草坪草种选择　足球场草坪草要求具备生长旺盛，覆盖力强，根系发达，有弹性，耐践踏，耐修剪，绿期长，持续性能好等特点。狗牙根类、结缕草类、假俭草、地毯草等比较适合我国南方地区；北方地区则以草地早熟禾、紫羊茅、高羊茅、多年生黑麦草等混播建坪。北方冬季寒冷地区的多年生黑麦草混播比例以 5%～10% 为宜，可缩短成坪时间，增加覆盖度。

③草坪种植　播种前夕浅施氮肥于 2～3cm 土层中，同时轻耙使其与土壤混合，小块坪床常用钉齿耙完成，较大面积则用叶形耙、拖板等完成。此后即可播种。注意播前平整时间不能与播种时间间隔太长。否则，遇雨易使土表板结变硬，不利于种子萌发出苗。同时，土壤养分因淋溶和流失而损失增多。

足球场草坪种植方法有种子繁殖法和营养体繁殖法。营养体繁殖法可采用穴植法、条植法、撒植法和铺植法等。其中，用种子播种建植足球场草坪是最理想的种植方式，便于控制草坪草种组成、均一性和密度。其缺点是成坪时间较长，幼苗期管理技术要求较高。足球场草坪常用草坪草的播种量如表 7-2 所示。根据理论密度计算每平方厘米发芽种子 2 或 3 粒便可保证全苗。播种后一定要进行覆土镇压，用圆形或钉齿滚筒镇压效果较理想，必要时还要用草帘子或稻草进行覆盖，以保持适宜的温湿度，促进种子快速萌发成苗。

（2）足球场草坪的管理

①灌溉　新坪要保持土壤湿润以保证种子和幼苗供水充足。最好保持土壤湿润直到幼苗达 2～5cm 高，然后逐渐减少浇水次数，但应注意避免草坪受到干旱胁迫。采用营养枝或草皮建植草坪时，起初的 5～7d 开始长出新根时应保持土壤湿润。随着营养枝和草皮新根系逐渐形成，可减少用水量，使草坪土壤经受有规律的干湿变化，刺激根系向下生长。暖季型草坪草一旦长出新根，适当的干旱、高温会刺激其匍匐茎的蔓延

表 7-2　足球场草坪常用草坪草的播种量

草坪草种	单播量（g/m^2）
草地早熟禾	15～20
多年生黑麦草	30～40
高羊茅	40～50
狗牙根	10～15
结缕草	25～30

生长，加快成坪速度。足球场草坪要避免频繁地灌溉。成坪生长旺季每周可浇 1～2 次透水（渗水深度 15～20cm）；一般生长季每 2～3 周浇一次透水。高温季节，白天最热时可短暂喷水（5～10min/次）以降低地温，使草坪草不被灼伤。

②施肥　施肥依土壤供肥力和草坪需肥量而定。当草坪草颜色变淡时，是需施肥的直观

标志。足球运动场草坪的施肥应本着低氮、中磷、高钾的原则，实施平衡施肥，缺什么补什么，缺多少补多少，肥料种类以尿素和复合肥为佳。

③修剪 在草坪草对修剪的耐受范围内，低修剪是增加草坪密度和维持旺盛生长的有效方法。苗期当草坪草长到 6~8cm 时应进行修剪。新草坪首次修剪前后应进行轻度滚压，促进草坪草分蘖与匍匐茎生长。剪草机刀片要锋利，修剪应避免在同一地点多次同向修剪。成坪留茬高度因草种而异，一般茬高 4~6cm，每次剪去部分不得超过草高的 1/3。干旱和炎热季节、草坪生长初期和末期应适当提高剪草高度，可比平时留茬高 1/2。

④松土通气 足球场草坪践踏较严重，有时坪床土壤也会变紧实和板结，土壤通气不良，加上草皮及芜枝层产生，影响草坪质量。每年春天应对足球场草坪进行适当的打孔或划破草皮作业，改善坪床土壤通透性，促进草坪草生长发育。

7.1.5.2 曲棍球场草坪

曲棍球全称为草地曲棍球，也称硬地曲棍球。它发展历史悠久，是最古老的体育运动之一，也是奥运会历史上最为悠久的项目。曲棍球场长 91.4m，宽 55m，中间一条中线把场地分成相等的两部分。在场地两端中央各设置一个高 2.14m，宽 3.66m 的球门（图 7-6）。

（1）曲棍球场草坪建植

①坪床准备 曲棍球场坪床一般要求厚度为 30cm，以确保草坪草的正常生长和根系发育。一般分为 3 层，即 5cm 营养土层、15cm 改良土层和 10cm 壤质土层。营养土的成分为：耕作土 50% + 细沙 20% + 有机肥 28% + 速效肥 2%。总孔隙度 55%，pH6.5~7.5，有效养分氮、磷、钾的比例为 2：1：4。速效氮 20~40mg/kg，速效磷（P_2O_5）5~6mg/kg，速效钾（K_2O）40~80mg/kg。改良土的配制要根据场地土壤的质地、结构和肥力等因素决定掺入沙和基肥的比例。

②草坪草种选择 草坪草种选择时除了考虑对当地气候和土壤的适应性外，还应注重草坪草种要具备很好的匍匐生长特性、生长点低、再生能力强、耐低而频繁的修剪、耐磨性和耐践踏性好等特点。中国南方热带、亚热带地区选用普通狗牙根、杂交狗牙根、细叶结缕草、结缕草、假俭草、海滨雀稗、钝叶草、地毯草等；温带湿润、半湿润地区选用匍匐翦股颖、草地早熟禾、多年生黑麦草或结缕草；温带和寒带半干旱地区选用匍匐翦股颖、草地早熟禾、细弱翦股颖、紫羊茅，也可多种草种混播。

③草坪种植 其草坪种植方法与足球场草坪类似。

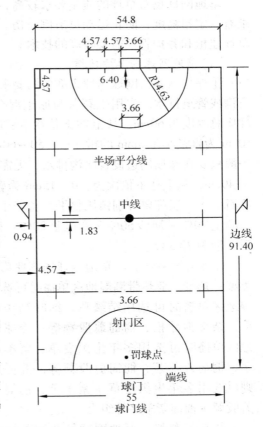

图 7-6 标准曲棍球场地平面图（单位：m）
（引自韩烈保，2011）

（2）曲棍球场草坪的管理

①修剪　生长季节可每周修剪 1~2 次，修剪高度应根据草坪草种而定。新建草坪当草坪草生长高度达到 10cm 左右时进行第一次修剪，修剪高度 6~7cm，以后逐渐降到 2~4cm，高质量的球场可降到 1~2cm。

②施肥与灌溉　草坪草生长旺季需要每月追施一次氮、磷、钾复合肥，一般每年施肥量为 100~250g/m²。秋季应在草坪草停止生长前 1 个月左右施当年最后一次肥。不同的草坪草种需肥量也不相同，具体的施肥量最好根据土壤测试结果确定。曲棍球比赛时要求场地干燥，因此，在球赛开始前 24 h 内应停止灌溉。其他灌溉时间视草坪草生长情况而定。

③覆沙滚压　草地曲棍球场需要有很高的平整度，球在其表面应滚动自如，但由于球的冲击和人的践踏，常使表面不平，所以要用覆沙和滚压使表面平坦。

7.1.5.3　草地网球场草坪

草地网球场呈长方形，分单打和双打 2 种。单打场地长 23.77m，宽 8.23m；双打场地长和单打场地一样，宽 10.97m。一般用于正式比赛的网球场是由 1~10 个 10.97m×23.77m 的单个场地组合而成的运动场。

草地网球场对草坪的质量要求较高，草坪既要求反弹力好、平整光滑、质地优良，又要求有一定粗糙度，防止运动员滑倒受伤。而且网球场使用频率高，践踏损伤重，因此网球场草坪建植和养护管理需要较高的技术。

（1）草地网球场草坪建植

①坪床准备　网球场坪床准备的要求类似于足球场或更精细。其排水方法可用过滤层、盲沟或管道排水。先用生石灰与原土混合，平整压实，厚度为 15cm，然后再埋设排水管。坪床总厚度为 60cm，从上往下依次为：0~30cm 为营养土层；30~40cm 为细沙层；40~50cm 为直径小于 3mm 的粗沙层；50~60cm 为直径小于 14mm 的砾石层（图 7-7）。干旱地区一般只要在球场周边设置暗沟排水，无需在坪床底下埋设管道或设置盲沟。坪床厚度不能小于 40cm，从上往下依次为：0~15cm 为营养土；15~30cm 为细沙层；30~40cm 为粗沙或砾石。每一层都要分别镇压整平。营养土配制可用塘泥 40% + 细沙 40% + 有机肥料 20%；田园土 30% + 河沙 50% + 有机肥 20%；砂壤土 + 有机肥 1.0~1.5kg/m² 或自然土壤：有机质：沙为 2:3:5。

②草坪草种选择　草地网球场草坪草种因气候条件不同其搭配也不同，一般有以下几种类型：热带、亚热带潮湿地区单播时可选用细叶结缕草、杂交狗牙根、海滨雀稗等；温暖潮湿地区单播时可选用结缕草、细叶结缕草、杂交狗牙根、匍匐翦股颖等；冷凉地区单播时可选用多年生黑麦草、紫羊茅、匍匐紫羊茅、匍匐翦股颖等，混播则可选用多年生黑麦草 + 紫羊茅、匍匐翦股颖 + 匍匐紫羊茅等组合。

③草坪种植　草地网球场草坪种植一般使用播种法和草茎撒播法或草皮块铺植法。

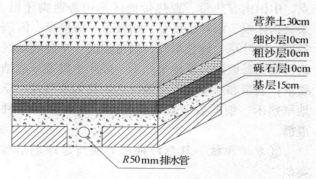

营养土30cm
细沙层10cm
粗沙层10cm
砾石层10cm
基层15cm

R50mm排水管

图 7-7　网球场草坪管道排水坪床结构

（2）草地网球场草坪的管理

网球场草坪修剪后留茬高度一般要

求为 2.0～4.0cm，每次修剪都要遵循 1/3 原则。比赛时修剪高度为 0.8～1.0cm，比赛期间必须每 2d 修剪一次，修剪后要进行滚压。滚压的目的是保持草坪表面均匀一致和防止土壤变形影响球的弹性，提高土壤坚固性。每次修剪后或比赛后经过修补复壮的草坪都要进行滚压。

7.1.5.4　棒球与垒球场草坪

垒球运动由棒球运动转化而来，除了场地大小、球的重量和棒的长短稍有差别外，它们的比赛规则基本相似。由于二者的草坪场地主要起绿化美化作用，对运动本身和球的冲击基本无影响，因此垒球场（图 7-8）和棒球场草坪的建植和管理要求基本同一般绿地草坪。由于棒球场和垒球场场地面积较大，如果草坪管理跟不上，极易滋生杂草和病虫害，所以许多棒球场和垒球场都建造人工草坪。

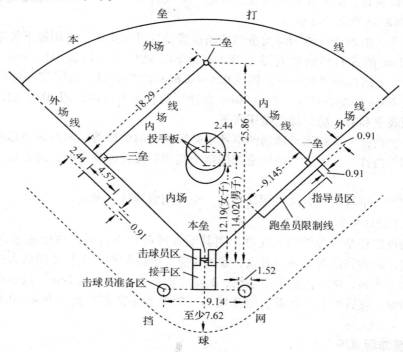

图 7-8　垒球场的场地规格（引自韩烈保，2011）

（单位：m）

（1）棒球与垒球场草坪建植

①坪床准备　其坪床准备与一般运动场的坪床准备一样，投球区、接手区和击球区的坪床地基主要是黏性土壤，地下有至少 15cm 厚的大沙粒或砾石的排水层。在排水层中可以安装排水管，选择适当的位置安装喷灌系统。排灌系统安装后，进行坪床整地，当土壤混合、沉降、细平整后，准备草坪草种植。大多数棒球场、垒球场都建造成龟背形，有 1%～2% 的坡度。

②草坪草种选择　草地棒球场、垒球场要求草坪草必须具有较强的耐践踏和耐低修剪的

特性。我国北方地区常选用草地早熟禾、多年生黑麦草、紫羊茅等；南方地区多选用狗牙根、巴哈雀稗等，而补播多以多年生黑麦草为主。

③草坪种植　草坪种植方法同其他运动场草坪。

（2）棒球与垒球场草坪的管理

棒球场、垒球场草坪侧重点不是其欣赏价值，而是高质量的打球表面，所以对其草坪养护管理要求很高。要求修剪高度要低，一般为2～4cm，修剪次数要频繁，具体的修剪次数取决于草坪草的生长速度。其他养护措施与足球场相似。

7.1.5.5　草地保龄球场草坪

草地保龄球也叫草地滚木球。草地保龄球运动必须在平整草坪上进行。国际标准的草地保龄球场是37m×37m（最小标准）～40m×40m（最大标准）。保龄球场草坪要求绝对水平，表面平整、滚动摩擦力小，以适于木制保龄球的滚动。因为没有球和人体的急剧冲击，草坪草在使用中受伤较轻，故其保养管理难度较低，常规管理养护下易于保持优质草坪。

（1）草地保龄球场草坪建植

①坪床准备　根据建坪地的降雨量和球场位置设计排水系统。采用地下管道排水时，首先用粒径2～3cm的砾石填满放有排水管的排水沟，然后在整场铺厚度6cm、粒径1.5～2.0cm的砾石，上面再铺厚度4cm、粒径0.5～0.8cm的细石屑，每层均要分撒、压实、整平。球场面是20cm厚的细沙层，在这20cm细沙层的表面5cm内，用20∶1的比例混入经过消毒处理的泥炭土和有机肥，最后镇压找平。

②草坪草种选择　草地保龄球场的草坪草必须具有耐低修剪、耐高频率修剪、耐磨损和叶片质地纤细等特性。我国南方地区常选用杂交狗牙根或普通狗牙根，北方地区常选用匍匐翦股颖。

③草坪种植　草坪种植方法可用播种法，也可用营养体繁殖法。

（2）草地保龄球场草坪的管理

无论是播种法还是营养体繁殖建坪，当其萌发成苗和返青后，高度超过3cm后就应进行第一次修剪，留茬高度为2cm。薄施、勤施含氮、钾的肥料，生长2周后再进行修剪，此次留茬高度为1.5cm。然后再施肥、滚压，2周后再修剪，留茬高1cm。最后再次修剪，把留茬降至0.5cm，以后渐次降到需要的高度。一般翦股颖留茬高度为0.4～0.6cm，狗牙根为0.2cm。

7.1.5.6　橄榄球场草坪

橄榄球形状似橄榄果，故名橄榄球。橄榄球赛有美国式、英国式、加拿大式、澳大利亚式和美国盖尔式5种。各种橄榄球场的场地大小与形状、参赛人数与比赛规则各不相同。美式橄榄球分2类：一类是橄榄球协会，草坪面积为9936m²，参赛人数30名，比赛时间80min；另一类是橄榄球联合会，草坪面积为8296m²，参赛人数26名，比赛时间80min。

（1）橄榄球场草坪建植

①坪床准备　橄榄球运动对场地的要求与足球运动相似，但要求球场的表面硬度比足球场大。坪床结构一般分4层。根系混合层：厚度一般为25～30cm，由人工配制的营养土构成，总孔隙度45%～55%，非毛管孔隙度10%～20%，有机质含量2%～5%；粗沙层（直径0.2～0.5mm）：厚度18～20cm；碎石屑层（直径5～10mm）：厚度10～12cm；砾石层（直径50～100mm）：厚度15～20cm，要求碾压紧实平整。

②草坪草种选择 由于橄榄球运动比足球运动对草坪的践踏更严重，因此要求草坪草生长旺盛、坚实、耐践踏、再生性能好和冬季保持绿色能力强。我国北方地区常选用草地早熟禾、紫羊茅、高羊茅、邱氏羊茅和硬羊茅等。南方地区常选用杂交狗牙根、狗牙根、结缕草、地毯草、假俭草和钝叶草等。

③草坪种植 其草坪种植方法与足球场相同。

（2）橄榄球场草坪的管理

在保证球场草坪能耐践踏和具有一定弹性的情况下，橄榄球场的修剪应尽量低些，不同草坪草修剪的高度也不同。草地早熟禾一般要求最高高度不能超过4cm，比赛时高度为2～2.5cm；高羊茅一般要求最高高度不得超过6cm，比赛时高度为4～5cm；普通狗牙根和杂交狗牙根比赛时高度为1.5～2.0cm；结缕草比赛时高度为2.0～2.5cm。在非比赛期间修剪可稍高些，在球赛前几周逐渐降低修剪高度直至达到比赛要求高度。

7.1.5.7 赛马场草坪

赛马场通常为长方形，两端为半圆形或带有直线的椭圆形，具体规格如图7-9所示。赛马场跑道一周长度为1400～2400m，最小不低于800m；宽度42～50m，最小不低于15m。

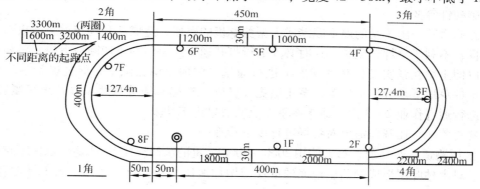

图7-9 赛马场场地平面图（引自王铁权，1993）

注：跑道一周距离为1700m；宽度为30m；跑道直线为450m；半圆距离为400m；曲线半径为127.4m；曲线距离为400m；1F，2F，3F，…，8F为裁判员站的安全岛。

高质量赛马场草坪的建植和养护取决于正确的草坪草种与品种、合理的建植、有效的排水设施、肥沃的土壤和方便可行的养护计划，以及对养护管理中存在的问题和缺陷所采取的有效补救措施。

（1）赛马场草坪建植

①坪床准备 为了使赛马在跑道上飞快奔跑，建造质量好的坪床基础十分重要。坪床通常分4层，从上至下依次为8～10cm草坪层，20cm表土层，30cm砂壤土的底土层和30cm砾石层，这样有利于水分渗透。高质量的跑道不仅要提高马的奔跑速度，还要保证马与骑手的安全。因此，赛马场跑道土壤中砂土的比例要相对高些，黏土的比例要低些。这不仅有利于土壤的排水与通气，缓和土壤硬度，而且可以提高马与骑手的安全系数。

为了提高坪床基础的抗压性、抗践踏性、耐磨性，通常采用加固坪床土壤技术措施。具体方法如下：一是在坪基表层或近表层土壤内放置整块合成纤维或地毯；二是把网眼10mm×10mm、网片大小约5cm×10cm的网织物碎片撒在根系层内；三是把3～4cm长的聚丙烯纤维撒在根系层内(0~20cm)。其中第三项措施效果比较好,可以减少赛马时马蹄踢出的小草块。在坪床整地后,直接随机铺于床面下2cm左右,再在上面播种或铺草皮。

②草坪草种选择　用于赛马场草坪的草种必须具有密度大、草层厚、耐频繁践踏、弹性好、损伤后能很快恢复等特性。我国北方地区一般选用草地早熟禾、紫羊茅、高羊茅、多年生黑麦草等混播。例如,多年生黑麦草(50%)+草地早熟禾(25%)+紫羊茅(25%);苇状羊茅(80%)+多年生黑麦草(10%)+草地早熟禾(10%)等。我国南方地区多选用杂交狗牙根(T419,T57)、结缕草和半细叶结缕草等。但由于马蹄对草坪草的损伤较大,要求草坪草必须恢复快,因结缕草建植速度慢、受损后恢复慢,其应用受到了限制。

③草坪种植　可采用播种法或营养体繁殖法建坪。

(2)赛马场草坪的管理

①修剪与施肥　草坪草的高度超过15cm时应进行修剪。修剪留茬高度:冷季型草坪草为5~7cm,暖季型草坪草为3~4cm。赛马场跑道通常每年施2次肥,一般选在春秋两季。为了使草坪草叶色浓绿,提高观赏价值,在比赛的前几天可追施硫酸铵等氮肥,用量为15~20kg/hm^2。若草坪草地下部分生长不良,可追施过磷酸钙等磷肥。为了提高草坪的抗逆性,可追施硝酸钾等钾肥。

②打孔通气　由于马的严重践踏或大型剪草机的碾压,造成赛马场跑道土壤板结,土壤通气不良,不利于草坪草生长,这时必须进行打孔通气。每年春季切断地下根状茎和穿刺土壤,可以使土壤在紧实度较高的状态下进行通气,增加土壤孔隙率,促进根状茎和根系生长,使草坪草地下部分更加繁茂,草土层更加稳固。根据气候等自然条件及土壤紧实程度,每年可进行通气作业2~3次,通常春季作业的效果优于秋季。

③赛前管理　比赛前需要对赛场进行以下管理:

a. 滚压跑道:赛马前,每天使用2000~3000kg重的滚筒滚压1~2遍,以保证跑道的平坦稳固。对由枯叶层形成的凸出地面的草块应增加滚压次数,重点滚压。若草坪湿度太大,则不宜滚压。

b. 清扫跑道:在赛马比赛前要用清洁机对跑道进行完全、彻底地清理,扫出其中的石子、石块、砖头、铁钉等杂物、硬物,并运出跑道外,以免在赛马时这些硬物刺伤或碰伤马蹄,造成不必要的伤害,甚至影响比赛的公平性和安全性。

c. 耙草皮:赛马前,可以用草皮耙轻轻地耙起草皮,使草皮的朝向与马的奔足向相反,这样可以增加草坪草的高度,并最大限度地减轻马匹快速奔跑对草坪草的冲击和伤害。

④赛后管理　赛马对草坪的破坏极为严重,一场赛马过后,原本整齐一致的草坪草就会变得东倒西歪,给人以不好的视觉感受。此时需要精心养护,最大限度地恢复草坪的生长活力。赛马后的养护作业主要包括轻耙草皮、滚压(降低草的高度)、修补变得松动的草皮、移去破坏严重且不能再利用的草皮。有时需要重新铺植草皮或补播,虽铺草皮耗资大,但定植恢复草坪迅速。

a. 补植草皮:将破坏严重的草皮铲掉;翻土、施肥(施入过磷酸钙以促进草坪草根系的生长);滚压坪床,使其紧实;耙平土壤后铺装健康草皮,草皮应高出坪面3~5cm;在草皮块间隙中填入堆肥、砂土和种子等,以免草皮干裂并保持水分;进行滚压,使草皮与坪床土壤紧密接触;铺后2~3周内保证水分供应,保证草皮湿润。

b. 补播草坪:首先铲掉已被破坏的草皮,翻松表土,均匀地撒播种子,轻轻耙平,使种子与表土混合均匀，并轻微滚压，使种子与土壤接触良好。如果有可能或必要可加盖覆盖物，并保证水分供应，使地表保持湿润直至草坪草萌发。

7.1.5.8 滑草场草坪

滑草1960年由德国人约瑟夫·凯瑟始创。这项运动最初用来补充滑雪训练，后来为了在不同季节中可以享受到滑雪的乐趣，滑草运动逐渐兴起，并作为一项新兴的独立运动为世人所接受。

滑草场会根据个人的熟练程度，划分不同难度的坡度区域。滑草运动的难易程度直接由滑草场地的坡度大小决定，而宽度是影响滑草运动容量的因素。根据坡度的不同，场地分为高级区、中级区、练习区(初级场地)和4休闲区。练习区：初学者一般适于在坡度较小的滑草场地滑草，练习区坡度一般为5°~10°，同时要求场地长度不要太长，一般为40~60m。初学者在学习训练过程中，经常会中途跌倒或与其他人相撞。场地小而且坡度小，有利于初学者克服紧张恐惧心理，尽快掌握运动技巧，同时也避免意外伤害。中级区：坡长及坡度位于练习区和高级区之间。适于初级学者向高级或职业过渡时选用。高级区：在通常情况下，高级区滑草场地与滑草运动比赛场地相似，场地全长200~400m，最大坡度为26°，平均坡度为16°。滑行时，沿途可以设置障碍。正式比赛场地沿途设有15个旗门，运动规则与滑雪运动大致一样。如果熟练地掌握了滑草技术，时速也可达到50km以上。休闲区：休闲区滑草场场地坡度一般较小，长度为120~300m，宽度为30~80m。

滑草场地要满足运动本身对造型起伏的要求：场地起伏自然，以原有造型为基础，尽量减少不必要的土方工程；造型设计要有利于草坪建植和养护机械的操作；造型起伏要利于地表排水，确保降水后产生的地表水迅速排走。

(1)滑草场草坪排水系统设计

滑草场草坪排水系统主要包括地表排水和地下排水2种，其中以地表排水为主。

①地表排水　常见地表排水形式有以下4种。

a. 造型地表排水：通过造型工程使场地地表光滑、顺畅，造型后的地表排水坡度一般不应小于10%，该项工作在场地粗造型时进行。

b. 草沟引导排水：将场地中一些低洼地、汇水区等通过修建草沟连接起来，将雨水排走。修建的草沟坡度要适当，应与周边的地形结合。

c. 分水沟排水：在山坡的坡角或山腰建造排水沟，将山上的雨水拦截，改变方向，以缩短地表径流线路，减小冲刷，并防止形成大的径流冲击山坡底部区域。建造水沟时，也要与山坡周围造型相互结合进行，使分水沟与周边造型融为一体。分水沟排水是滑草场草坪最主要的排水方式，特别适用于坡度大、距离长的场地。

d. 渗透排水：通过改善土壤物理组成结构，降低土壤的黏重性，增加土壤的排水性，将局部因降水或喷灌等引起的过多的表层土壤水排除。

②地下排水　滑草场草坪地下排水形式主要包括拦截式排水和渗水井(沟)排水2种。

a. 拦截式排水：主要用于较长坡面的渗水拦截。在坡面较长的区域，为了防止坡面过多的土壤水分向下渗流而形成冲击力较大的径流，并导致坡脚长时间积水，需要在一定区域设置拦截式排水(图7-10)，使降水或喷灌过量引起的地表径流通过拦截式地下排水排走。

b. 渗水井(沟)排水：适用于坡度较缓或降水量不大的地区。由于地表径流较缓或径流量不大，没有必要建造地下管道排水系统，可以直接在山坡上相隔一定距离深挖些充沙的沟

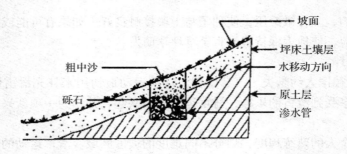

图 7-10　拦截式地下排水剖面图（引自梁树友，1999）

井，以排除表面积水。具体建造方法如下：在山坡的低平处或相隔一定距离挖掘深沟，深度可根据当地降水量和现场的土壤剖面结构确定。在底部铺设一定厚度的砾石层，上面为20～30cm的沙层。地表积水可通过上层的沙层和下层的砾石层快速渗入底部，通过底层土壤的水分移动排走。

（2）滑草场草坪建植

①坪床准备　滑草场通常建在自然山坡地或人造坡地上，坪床准备工作任务较重。其主要工作如下。

a. 坪床清理：坪床清理包括清除石块、树木残根、塑料垃圾等杂物以及非目的植物等。对于杂草较多的山坡，可使用灭杀性除草剂进行彻底防除。如条件许可，最好使用熏蒸法对坪床土壤进行消毒处理。

b. 坪床整地：滑草场坪床表面要光滑平整、起伏自然流畅，同时坪床土壤颗粒大小均匀。坡面起伏自然流畅是评价滑草场草坪坪床准备的主要指标，它既会影响以后草坪的养护管理，同时还会影响滑草运动员的技术发挥。

c. 施入基肥：在种植前场地要施入一定量的有机肥或复合肥作为底肥，施入量根据土壤的具体情况而定，施入深度一般为5cm内，和表层土壤混匀。

坪床准备完成后，需要在种植前留有充分的时间使坪床土壤沉降，以免种植后发生不均匀沉降现象，碾压与喷灌有助于坪床土壤快速沉降。

②草坪草种选择　滑草场草坪草种应具有以下特性：能形成高密度草坪，密实的草坪才可能形成均一、光滑的表面，为滑草运动提供一个良好界面；能适应1.5～2.5cm的修剪，留茬太高不利于滑草器的滑行；具有较强的防风固沙能力和水土保持能力，滑草场草坪具有一定的坡度，起伏较大，土壤容易被风蚀或因降雨而引起土壤流失；耐磨损、耐践踏性强；耐粗放管理，对水肥需求不高，滑草场草坪由于面积较大，如果选用管护要求高的草种，势必会带来较高费用。

常用于滑草场草坪的冷季型草坪草有草地早熟禾、匍匐翦股颖、细弱翦股颖、紫羊茅、多年生黑麦草等。其中匍匐翦股颖的生长特性很适于滑草场草坪，但其要求的管护水平较高，一般仅用于质量要求非常高的滑草场。草地早熟禾是冷季型草坪草中最为常用的草种，具有良好的耐磨损性、抗寒性、耐低修剪性和快速恢复能力，并能通过根状茎形成致密的草皮，适合滑草场的要求，在中等管护条件下即可形成高质量草坪。其他草种如紫羊茅、细羊茅、多年生黑麦草等一般只用于混播，很少用于单播。

常用于滑草场草坪的暖季型草坪草有狗牙根、结缕草、海滨雀稗等。狗牙根是暖季型草坪草中最适于滑草场的草种。结缕草与狗牙根相比，前者更耐粗放管理，对水肥要求低，耐践踏性强，适用范围也比狗牙根广，在我国华北、华中、华南及华东地区均可使用，并且形成的草坪致密均一。

③草坪种植　滑草场草坪可采用播种法和营养繁殖方法种植建坪。对于坡度较大的场地，机械播种不易操作时，可采用液压喷播法或植生带种植法。

（2）滑草场草坪的管理

①灌溉　种植后应立即进行灌水，每次灌水都应保证根系层土壤完全湿润，并遵循少量多次的原则。保持这种灌溉方式2～3周，直到幼苗出齐再按成坪的灌溉方式进行。为了不影响滑草运动，每次灌溉都必须在傍晚进行。

②修剪　滑草场草坪的适宜修剪高度为1.5～2.5cm，留茬过高会增大滑行阻力，影响滑草的滑行速度及安全性。但具体修剪高度还应由所选草坪草种及管护水平确定，如果过度追求低修剪，超过了草坪草所能忍受的最低限度或是正值外界环境胁迫严重时期，会损伤草坪及其恢复能力，导致草坪退化，影响草坪的光滑度及均一性。

③施肥　滑草场草坪一般在春季和秋季各施1次复合肥，施肥量为 $7 \sim 10 \mathrm{g/m^2}$。生长季节施肥以氮肥为主，每隔2～3周可施1次氮肥，如果草坪使用强度较大，可适当增加施肥量及施肥频率，以促进草坪的快速恢复。

7.1.6　运动场草坪的质量评价

运动场草坪质量是草坪生长和使用期内功能的综合表现，它体现了草坪的建植技术与管理水平，也体现了草坪的优劣程度。运动场草坪质量由草坪的内在特性与外部特征构成。

运动场草坪质量的评价应根据设计要求和使用目的，选择运动场草坪质量评价的其中几个进行评价，并且依用途不同，评价的侧重点也有差异，各个指标应占的权重也不尽相同。运动场草坪质量评价常用指标有草坪均一性、草坪密度、草坪光滑度、草坪强度、草坪弹性与回弹性、草坪刚性、草坪恢复能力等。具体指标测定方法参见本书第8章。运动场和足球场草坪质量标准分别参见表7-3和表7-4。

表7-3　运动场草坪质量标准（引自李龙保，2011）

评价指标	合格标准	最佳标准
平整度 X_1/（cm）	$-3 \leqslant X_1 \leqslant -2$ 或 $2 \leqslant X_1 \leqslant 3$	$-2 < X_1 < 2$
牵引力 X_2/（N·M）	$25 \leqslant X_2 \leqslant 35$ 或 $50 \leqslant X_2 \leqslant 60$	$35 < X_2 < 50$
滚动摩擦 X_3/（m）	$2 \leqslant X_3 \leqslant 4$ 或 $12 \leqslant X_3 \leqslant 14$	$4 < X_3 < 12$
回弹性 X_4/（%）	$15 \leqslant X_4 \leqslant 20$ 或 $50 \leqslant X_4 \leqslant 55$	$20 < X_4 < 50$
硬度 X_5/（g）	$35 \leqslant X_5 \leqslant 45$ 或 $90 \leqslant X_5 \leqslant 120$	$45 < X_5 < 90$
密度 X_6/（枝/cm^2）	$1 < X_6 < 4$	$X_6 \geqslant 4$
盖度 X_7/（%）	$98 < X_7 < 100$	$X_7 \geqslant 100$
高度 X_8/（cm）	$2.5 < X_8 < 4$	$X_8 \leqslant 2.5$
质地 X_9/（mm）	$1.5 \leqslant X_9 \leqslant 2$ 或 $4 \leqslant X_9 \leqslant 6$	$2 < X_9 < 4$

注：牵引力参照英国标准，其余指标参考国标 NY/T 634—2002。

表 7-4　足球场草坪运动质量主要评价标准及测定方法(引自韩烈保，2011)

评价指标	国际推荐标准	测定方法
回弹性	20%～50%	将一标准比赛用球放在一定高度(3m)，使其自由下落，观测球的反弹高度，以反弹高度占下落高度的百分数来表示
滚动距离	3～12m	将一标准比赛用球置于一个高1m、斜边与水坪面成45°的三角形测架上，使球沿滑槽下滑，测定足球从接触草坪到停止滚动后的距离
滚动速率	0.25～0.75m/s	红外线测定仪
表面硬度	20～80g	克勒格硬度测定仪(Clegg hardness test)
扭动摩擦力	30～51 N·M	扭矩测量法
滑动摩擦系数	1.2～1.85	用装有足球鞋钉的圆盘测定
表面平整度	<8mm	平整度测定器

7.2　高尔夫球场草坪

高尔夫是一种在室外草坪上使用不同球杆，并按一定规则将球击入指定洞的一种体育娱乐活动。它于14世纪起源于苏格兰，牧羊童击石指示羊群行进的方向，由此演变成后来的高尔夫运动。高尔夫是英文"golf"一词的译音。从15世纪起，高尔夫运动开始在英国流行，当今已是风靡全世界的高雅球类运动。中国高尔夫近30多年的发展迅速，球场数量增加很快，产业规模初步形成，是一个充满机遇的朝阳产业，同时蕴藏着巨大的发展潜力。

高尔夫通常一场球打18个洞，杆数即击球次数少者为胜。洞是高尔夫球场的基本组成单位，每个洞基本由发球区、球道、高草区、果岭组成(图7-11)。一个标准18洞高尔夫球场占地面积一般为60～100hm²。尽管各球场面积不同，风格各异，但按照其内部区域和功能可以划分为会馆区、球道区、草坪管理区3个主要区域。各功能区的管理具有相对的独立性，并在功能上相辅相承。

高尔夫球场草坪是满足高尔夫运动的草坪运动场。它是根据高尔夫运动的技术需求，结合风景园林形成优美的景观，利于运动员进行高质量的比赛，满足观众审美需求和电视转播要求的草坪运动场。它是所有球类运动场草坪中规模最大、管理最精细、艺术品位最高的草坪，其草坪的规划设计、草坪植物选育和养护管理技术代表着草坪科学的前沿。

7.2.1　高尔夫球场草坪的类型

高尔夫球场草坪根据使用功能和建造及养护管理精细程度，分为以下类型：

(1)发球台草坪

发球台(Tee)为每一洞球手挥击第一杆的开球区域。该区域一般高于球道，呈台状，常用的形状是近似圆形、椭圆形或长方形、正方形、8字形、L形等。一个洞的发球台至少有4个，一般3～5个，最多可达7～8个，依次为黑T、蓝T、白T、红T(图7-11)。黑T为职业选手用，距离果岭最远；蓝T为男业余球手用；白T为初学的男球手或水平较高的女球手用；红T为女选手用，离果岭最近。发球台台面平坦，前后有1%的倾斜，4个发球台标

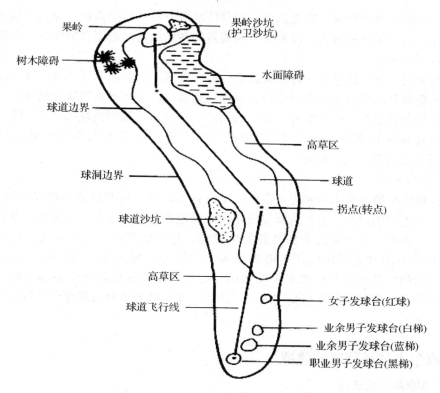

图 7-11　球洞组成图（引自韩烈保，2004）

高从黑 T 到红 T 依次降低。发球台面积最低标准为：①对于 4 杆洞和 5 杆洞，需 9.3m²；②对于 3 杆短洞，需 18.6m²。实际应用时，常达到最低标准的 2 倍。因此，常见的发球台总面积约 30～150m²。蓝 T 和白 T 使用人数多，草坪受践踏和破坏严重，其设计面积大于黑 T 和红 T。每个洞的发球台大小、形状多变，增加了高尔夫球场设计的趣味性。发球台除设有不同颜色的发球标志外，还设有显示发球台距果岭距离的码数牌、球道平面示意图、垃圾箱、沙槽、坐凳等附属设施。

（2）球道草坪

球道草坪是高尔夫球场中面积最大的部分，首尾分别与发球台草坪和果岭草坪相连。通常球道的宽度不等，一般为 33～109m（狭窄的球道宽为 27.432～36.576m，加 22.86m 障碍区；中等球道宽为 36.576m，加 32.004m 障碍区；理想的球道宽是 36.576m，加 45.72m 障碍区），长 137～492m。球道的形状一般为狭长形，也有左拐、右拐或扭曲形。

（3）果岭草坪

果岭是位于球洞周围的一片管理精细的草坪，是推杆击球入洞的地方，形状一般为圆形或近圆形，面积大多为 465～697m²。果岭上有 1 个球洞，洞内有 1 个供球落入的杯。洞的直径 10.8cm，深 10.16cm，杯低于果岭表面 2.45cm。果岭的外围有果岭环与球道相接，球洞距果岭环内沿 4.6 m 以上。果岭是高尔夫球场中最重要的区域，它代表草坪养护的最高水平，它的好坏直接关系高尔夫草坪质量。

（4）高草区草坪

高草区是高尔夫球场每个洞果岭、球道、发球台之外的所有草坪区域。该区域常设有水池、沙坑、草坑、障碍树等，它包括剪草的草坪地带、不修剪的高草、灌丛、树林等。高草区面积较大，草坪管理较粗放。设置高草区的目的是增加运动难度和趣味性，有效地防止水土流失和减少养护费用。

一些球场的高草区仅保持一种修剪高度，而一些球场则将高草区细分两级：①初级高草区：球道两侧剪草高度高于球道的草坪，也称近高草区。②次级高草区：初级高草区外边有密林、灌丛分布的留草最高的草坪，也称远高草区。高草区修剪高度为 2.5 ~ 12.7cm。在靠近球道的近高草区留茬高度为 2.5 ~ 7.6cm。离球道较远的远高草区留茬高度为 7.6 ~ 12.7cm，再远处甚至可以不修剪。

(5)备草区草坪

备草区草坪一般分为果岭草坪备草区、发球台草坪备草区和球道草坪备草区 3 种类型。备草区草坪的主要用途：一是作为修复使用区草坪损伤的草皮来源；二是作为使用区草坪施用新的农药、化肥、养护措施和新品种的试验地。各类备草区面积没有统一规定，但一个 18 洞的球场果岭草坪备草区面积一般需要 465 ~ 930m²；球道草坪备草区一般需要 1500 ~ 2500m²，太大的备草区面积会增加管理费用。备草区距离球场草坪管理部要近一些，以便于管理。备草区土壤和草种要与使用区草坪相同。如果球道草种与发球台草种相同，两者可共用同一备草区。

7.2.2 高尔夫球场草坪的建植

7.2.2.1 果岭草坪的建植

(1)坪床准备

果岭建造是高尔夫球场建造中最昂贵和最费时的部分。果岭草坪的使用质量、观赏质量与果岭构造和基质直接相关，如果果岭构造和基质选择不当，不但会造成果岭的透水性差、表层易积水，还会造成草坪根系难以下扎，草坪生长受到严重威胁。即使球场采用先进的草坪养护设备也难以奏效，只有重建果岭才能从根本上解决其致命的弊端，但此举常常以更大的资金消耗为代价。因此，合理的果岭建造是理想草坪质量的基础。目前，世界上通用的果岭建造方法为美国高尔夫球协会(USGA)果岭标准建造法。USGA 果岭构造的地基依次是砾石层、过渡层(也称粗沙层)、根际混合层(图 7-12)。砾石层的厚度为 10cm，粗沙层为 5 ~ 10cm，根际混合层为 30cm，整个果岭的深度为 45 ~ 50cm。坪床准备的具体步骤如下：

①地基的粗造形和细造形 果岭地基的粗造形一般是造形师按设计图和现场定桩，指挥和操作造形机械，挖除多余或填埋所需的土方，以达到设计要求的高度。果岭地基最终定型后的高度低于果岭最后造形面 30 ~ 45cm，内凹下去的地基是为了放置 30 ~ 45cm 的排水材料和根层沙质混合物。

完成机械化的粗造形后，果岭地基大致反映了果岭地面的形状变化。此时，配以人工对整个粗造形的地基进行修补、夯实、整洁等细致的工作，使之平顺、光滑。有些球场为了使地基更加稳固，地基表层新土常混合石灰或水泥。

②排水系统安装 果岭的排水对果岭后期养护管理极为重要，地基排水是果岭排水的基础。排水系统的排水管布设多采用鱼脊式，支管的间距为 4 ~ 6m，在主管两侧交替排列，与主管呈 45°。沟的宽、深依排水管管径确定，比排水管管径各长 10 ~ 15cm，如管径是 110mm，沟深、宽各 21 ~ 26cm，周围留有足够的空间放砾石，将排水管包围在中间。从主

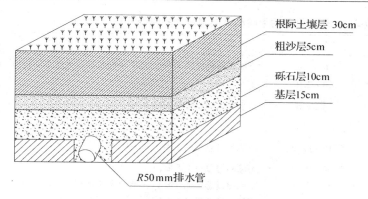

根际土壤层 30cm

粗沙层5cm

砾石层10cm

基层15cm

R50mm排水管

图 7-12　USDA 推荐的果岭坪床构造示意

管道进水口到出水口，坡度至少为 1%。排水沟开好后，拍实沟的三面，使泥和砾石有较好的分隔。排水沟底铺入厚 5 ~ 10cm、直径 5 ~ 15mm 经水冲洗过的砾石，然后放入主排水管（直径 200mm）和支排水管（直径 110mm）。排水管放在沟的中间，主管和支管的进水口用管道封口盖密封，主管和支管的连接处用三通连接。在排水管的周围填放砾石，砾石面比地基面略高，成龟背形。在排水管砾石上面，铺盖一层塑料纱网或尼龙网，防止根层的河沙渗漏到砾石的间隙，造成排水管堵塞，影响透气和排水。

③砾石层和粗砂层铺设　排水系统安装完工后，开始铺设砾石层和粗砂层。

a. 砾石层铺设：在排水层的基础上，铺上一层厚度为 10 ~ 15cm，经水冲洗过的粒径 4 ~ 10mm 的砾石，将整个果岭地基铺满。要求形状与最后造型相一致，允许的误差范围为 ±2.5cm。在铺设砾石层前，用事先准备的竹桩或木桩划上砾石层、粗砂层的厚度线，以确保材料在地基内铺放均匀，并符合厚度要求。

b. 粗砂层铺设：在砾石层之上铺设一层厚度为 5 ~ 10cm、粒径 1 ~ 5mm 的粗砂层。它能防止根际层的砂子渗流到砾石层，阻塞排水管。砂的流失会造成果岭表面变形，破坏原来的造型。粗砂层使水从根际区渗到砾石中有一个缓解过程，起到稳定果岭结构的效果，并对根际区的砂有阻挡作用。

④根际土壤层铺设　果岭草坪根际层必须用专门准备的混合土建造。按照 USGA 推荐标准要求，根际层一般都由沙和有机物质混合而成。沙子的通透性好、渗透力强，不易造成过于紧实，但其持水、保肥能力差，因此一般都需要加入有机物质进行改良。最常用的有机物质是草炭，有机质含量最好为 80% 以上，纤维含量以 50% ~ 80% 为宜。USGA 标准的果岭对沙子的粒径有特殊的要求，将沙粒分为五级（表 7-5），分别为很粗的沙（1.0 ~ 2.0mm）、粗沙（0.5 ~ 1.0mm）、中沙 0.25 ~ 0.5mm、细沙（0.15 ~ 0.25mm）和很细的沙（0.05 ~ 0.15mm）。USGA 标准认为果岭根际层应以粗沙和中沙为主，即粒径大小为 0.25 ~ 1.0mm 的颗粒最少要达到总量的 60% 以上；很粗的沙与小砾石（2.0 ~ 3.4mm）的量之和不能超过总量的 10%，且小砾石量不超过 3%；细沙量不超过 20%；很细的沙、粉粒和黏粒分别不能超过总量的 10%，并且三者总和不能超过 10%（表 7-5）。这样的粒径分布能够保证整个根际层颗粒分布的均匀性较高。

表 7-5　USDA 推荐的果岭根际层混合物的粒径分布要求（引自崔建宇等，2002）

沙粒名称	粒径大小（mm）	推荐量（以重量计）
小砾石	2.0 ~ 3.4	不能超过总量的 10%。其中小砾石的最大量不能超过 3%，最好没有
很粗的沙	1.0 ~ 2.0	
粗沙	0.5 ~ 1.0	至少要达到总量的 60% 以上
中沙	0.25 ~ 0.5	
细沙	0.15 ~ 0.25	不能超过总量的 20%
很细的沙	0.05 ~ 0.15	不能超过总量的 5%
粉粒	0.002 ~ 0.05	不能超过总量的 5%　三者之和不能超过总量的 10%
黏粒	<0.002	不能超过总量的 5%

表 7-6 表明，USGA 果岭根际层的物理特性除了粒径分布以外，整个根际层的总孔隙度、通气孔隙度、毛管孔隙度分别要达到 35% ~ 55%、20% ~ 30% 和 15% ~ 25%。饱和导水率（渗透率）一般要达到每小时 15 ~ 30cm，雨季比较集中地区最好能达到每小时 30 ~ 60cm，以保证多余水分能迅速排入排水管，果岭表面不出现积水。此外，容重以 1.2 ~ 1.6g/cm³ 为宜，1.4g/cm³ 最理想；持水力最好为 12% ~ 16%；有机质含量 1% ~ 5% 即可，以 2 ~ 4% 为最佳；酸碱性以中性、微酸性最佳，pH 最好为 5.5 ~ 7.0。这样的根层不易紧实，有相对较高的水分渗透率，避免表层积水，减少表层径流而增加有效降水；另外，沙质根层有较好的透气性，利于形成较深的根系。

根际土壤层土壤在场外搅拌混合后分 2 层铺平，每层铺后压实。根层沙质混合物铺放完成后，造型师先用带推土板的小型履带推土机，按果岭的地形变化、标高整型出一个与设计图案接近的果岭表层。然后用耙沙机（前带小推板后带齿耙的一种机械）反复耙平果岭，直至达到理想的光滑曲线面。

表 7-6　USDA 推荐的果岭根际层的物理特性指标（引自崔建宇等，2002）

物理特性	推荐范围
总孔隙度	35% ~ 55%
通气孔隙度	20% ~ 30%
毛管孔隙度	15% ~ 25%
饱和导水率（渗透率）	正常范围：15 ~ 30cm/h 高速范围：30 ~ 60cm/h
容重	1.2 ~ 1.6g/cm³（理想值为 1.4g/cm³）
持水力	12% ~ 16%
有机质含量	1% ~ 5%（理想值范围 2% ~ 4%）
pH	5.5 ~ 7.0

⑤喷灌系统安装　果岭喷灌系统主要由喷头、电磁控制阀、快速补水插座和喷灌管等组成。喷灌管多采用 PVC 或 PE 管。喷灌支管一般填埋在 20cm 以下，管子四周用沙覆盖，感应线穿在 PVC 小管内加以保护。喷头尽可能以等边三角形或正方形分布；每只喷头喷水的最远点达到相邻的喷头出水口，即相邻的喷头喷水能相互 100% 重叠，并提供最大的整体覆

盖；每个果岭4~6个喷头，有些大果岭不止6个；每个果岭设1~2个电磁阀门，每个电磁阀门控制1~4个喷头；喷头最大射程一般控制为20m，选择出水量小、雾化效果好的喷头，使果岭表层能有效地吸收喷灌水。使用出水量大、水流快的喷头，会导致大部分水从果岭表面流失，仅果岭表面湿润，深根层并没有得到充分的灌溉，上湿下干，容易培养出浅根草坪，达不到自动喷灌的预期效果。喷灌量小的喷灌系统除能有效灌溉外，还利于地下病虫害防治、除露水、去霜冻等。

⑥施基肥 根际层施基肥对大多数新建造的果岭是必要的草坪建植步骤。肥料的施用量和比例应根据土壤测试结果确定。一般纯氮施用量为3~5g/m²，以氮、磷、钾比例为1∶1∶1的复合肥形式施入，而磷和钾的用量可视土样化验结果而定。施用的氮肥中应有50%~75%为缓释肥，钾肥也最好使用缓释类型。肥料通常在种植前施入到根际层7.5~10cm的土壤中，一般先用施肥机械撒施于根际层表面，然后用速度较慢的旋耕机将肥料均匀地搅拌到理想深度。

⑦坪床消毒处理 坪床消毒处理是对果岭坪床进行化学药剂处理，杀灭土壤中的杂草种子、病原菌、虫卵和其他有机体的过程。熏蒸法是对土壤消毒的有效方法，常用的熏蒸剂有溴甲烷、甲基溴化物等。溴甲烷熏蒸用量为45~55g/m²。熏蒸后2~5d可进行种植。果岭坪床是否需要消毒处理根据具体情况而定，一般以下情况需要进行：线虫易感地区、杂草严重地区和根系层中混入了未经消毒的土壤。

（2）草坪草种选择

草坪草种选择正确与否是果岭草坪高质持久的重要基础。草坪草的生态适应性是草坪草种选择的基本依据，适于果岭的草坪草种应具有以下特性：具有低矮、匍匐生长习性和直立的叶；能耐3mm的低修剪；茎密度高；叶片窄，质地精细；均一；抗性强；耐践踏；恢复力强；无草丛。

我国长江以南地区多选择杂交狗牙根的天堂草系列品种作果岭草坪草用种。北方寒冷地区、海拔较高的温暖地区、潮湿和过渡气候带用作果岭的首选草坪草种为匍匐翦股颖，还有紫羊茅等。匍匐紫羊茅在一些北欧国家应用较广。热带和亚热带冬季常用多年生黑麦草、紫羊茅、粗茎早熟禾等作为果岭的交播草种。

（3）草坪种植

果岭草坪的种植一般有3种方法：播种法、草茎撒播法和草皮块铺植法。草皮块铺植法建坪速度快，一般用于果岭草坪修补或重建，可尽量减少对打球的影响。匍匐翦股颖果岭通常用播种法建坪，杂交狗牙根果岭通常用营养繁殖法建坪。

①播种法 播种深度为6mm左右。播种后立即轻度镇压，使种子与土壤紧密接触。由于匍匐翦股颖种子非常细小，可把种子与颗粒较粗、大小均一且质量较轻的玉米屑或细沙等混合后撒播。适当的催芽处理可加快成坪速度，满足球场建造工期需要。另外，播种时果岭坪床土壤应保持干燥，尽量减少播种者走过果岭时留下的脚印。

对于播种法建坪的果岭，覆盖是实现快速均一建坪的最好保护措施之一。尤其在土壤水分蒸发较大的砂质土壤播种，覆盖显得更为重要。国内目前常用无纺布做覆盖材料，无纺布透气、透水、透光，且可多次使用；也可用稻草或草帘子等作覆盖材料。

②草茎播植法 种植方式有撒播法和切压法等。

a. 撒播法：将草根茎充分地撕散开，撒在果岭表面，密度以少露出沙为宜。用铺沙机覆沙，覆沙厚度以不露根茎为宜。因种植后浇水，覆盖的沙子层自然下沉渗入根茎间，会露出部分根茎，减少根茎水分蒸发，利其恢复生长。

b. 切压法：将草根茎撒在果岭上，驾驶切压机将其切压入沙层。切压机由拖拉机加一个圆盘切刀和滚筒组成，圆盘切刀将草根茎切压入果岭，滚筒随即压实。操作方便，效率高。

另外也可用喷播机播种草茎，该法可避免对果岭光滑表面的破坏，同时种植速度较快，比较适用于新建18洞球场的快速建植。

③草皮块铺植法　如果要求新建果岭在短时间内投入使用，可采用草皮块铺植法。切出的草皮厚度要均一，有序铺放于果岭上。铺植后进行镇压、铺沙等措施，一周后即可达到使用标准。

7.2.2.2 发球台草坪的建植

发球台作为高尔夫球场的重要草坪区域，其质量优劣直接影响球场的声誉和运营状况。

(1)坪床准备

坪床结构的优劣对草坪草能否正常健壮生长起着至关重要的作用。因为发球台草坪质量要求较高，且践踏较为集中，所以应在草坪建植之前根据球场的具体情况选择适宜的坪床结构，并做好坪床建造工作，为草坪草生长创造良好的土壤条件。

发球台面积小，通常会受到严重践踏，导致土壤紧实，草坪草生长不良，特别是在没有对坪床土壤根际层进行合理改良的情况下。理想的发球台根际层土壤应具有不易紧实、良好排水性、适当持水性和适宜弹性的特点，以利于球座插入，无石子等杂物，否则不利于日后草坪养护。发球台根际层深度一般为20~45cm，其坪床结构一般有以下3种：

①人工型　该种坪床结构最上层30cm为沙质根际混合层，下层为5~10cm粗沙构成的中间层，中间层下面为10cm的砾石层。最下面为原土壤层，原土壤层中设有排水管道。该结构投资大，建造程序复杂，对建造材料要求高。建成后排水性能优良，最适宜草坪草生长，适于建造利用强度大的发球台。

②半天然型　该种坪床结构最上面20cm为沙质根际混合层，下层是原土壤层，在原土壤层中设有排水管道。该结构投资较少，建造相对简单，具有一定的排水性，适于建造利用强度低到中等的发球台。

③天然型　该种坪床结构是在原土壤上铺设20cm肥沃的表层土壤，要求表土是排水性好、不易紧实的沙质壤土，一般由当地优质表层土壤堆积而成，造形高于四周。该结构投资最少，建造最简单，排水性能相对较差，适于建造面积较大、利用强度低或中等的发球台。

以上3种坪床结构各有特点，具体选择哪一种，需要综合考虑发球台的利用强度、面积大小、投资费用以及球场所处的气候条件等因素确定。

发球台坪床建造的细造形完成后，可通过浇水、碾压等方法使根际层土壤充分沉降，形成一个比较稳定的坪床面。

(2)草坪草种选择

发球台草坪草种首先要求能抵御当地不良气候、土壤、病虫害等，同时作为高尔夫具有特殊利用目的的发球台，其草坪草种还应具有快速恢复能力、适应较低的修剪高度、能形成质地致密平坦的草坪面、耐践踏、抗击打等特性。

发球台冷季型草坪草应用最广泛的是匍匐翦股颖和草地早熟禾。此外，多年生黑麦草和紫羊茅等也常作为混播组合成分应用于发球台草坪。其中，多年生黑麦草主要作为混播先锋草种应用，而紫羊茅在我国西北、东北及云贵高原部分地区应用较广泛，其耐阴性强、质地细致、生长低矮，要求的管理水平低，是上述地区较为理想的发球台草坪草种之一。

发球台草坪常用的冷季型草坪草混播组合有：100% 草地早熟禾（3~4 个品种），播种量为 12~15g/m^2；90% 草地早熟禾（3~4 个品种）+10% 多年生黑麦草（1~2 个品种），播种量为 15~20g/m^2；70% 草地早熟禾（3~4 个品种）+30% 紫羊茅（2~3 个品种），播种量为 12~15g/m^2；100% 匍匐翦股颖（1~2 个品种），播种量为 5~8g/m^2；100% 紫羊茅（（3~4 个品种），播种量为 12~15g/m^2。

发球台应用最广泛的暖季型草坪草种是狗牙根和杂交狗牙根，如 Tifway、Midron 等品种，播种量为 10~15g/m^2。结缕草是我国北方和草坪过渡带发球台常用草坪草种，可用于发球台草坪的品种有 Meyer、Emerald、Midwest、青岛结缕草、兰引 3 号等，播种量为 20~25g/m^2。但由于结缕草质地粗糙，色泽不理想，根茎和茎生长速度慢，对草皮痕的恢复能力差，同时绿色期较短，成坪速度慢，因而其应用在一定程度上受到限制。

（3）草坪种植

发球台草坪的种植可采用播种法或营养繁殖法。

7.2.2.3　球道草坪的建植

球道是球手打球的重要部位，对草坪质量的要求较高，但其面积广大，是高尔夫球场建造过程中较难处理的部分。球道建造的主要步骤有：测量放线与标桩、场地清理、表土堆积、场地粗造形、排水系统与灌溉系统安装、坪床土壤改良、场地细平整等。

依理论和设计要求，球道和高草区应分开、分步建造。但在实际操作中，球道和高草区的建造是一起完成的，绝大部分球场的球道和高草区采用了同一草坪草种，大大减少了建造程度和养护管理费用。一般是从剪草开始，按设计图剪出球道的边界，将球道与高草区分隔。

（1）坪床准备

①场地清理　根据清场图和已经测量定位球道中心线，首先将球道中心线周围 12 m 内的树木和大块石头等清除，然后由设计师根据现场需要，加宽清理区域。对于已确定清理的树木，不仅要将树木砍伐、搬运，还要将树桩和树根挖除，以免影响草坪建植和后期草坪管理。应及时填土夯实清除大树根和树桩而留下的深坑，以免日后发生沉陷。大多数土壤每填 30 cm 的土通常要下陷 5 cm 左右。

②场地粗造形　球场中有的球道比较平坦、起伏较小，而有的球道起伏较大。在表土堆积工作完成后，要根据球道设计图对球道进行挖土填土工程，而后在形成一定起伏造形基础上进行场地粗造形，即对球道和高草区等区域进一步进行小范围的土方挖、填、搬运和加工修理造形局部，使球道和高草区的起伏造形更符合设计图的要求，进一步体现设计师的设计理念和球场的设计风格。

由于球道和高草区面积占球场总面积的 40%~60%，因此场地粗造形的主体是球道和高草区。而两者的造形应是一个整体，需要紧密相连，一气呵成，不能人为地加以分割。对球道和高草区实施粗造形时，要使造形起伏自然、顺畅、优美，既符合打球战略要求和高尔夫球场对造形的基本要求，以及设计师的设计理念和球场风格，还要利于草坪建植和机械操作，同时要利于地表排水，保证降雨后产生的地表水能迅速排走，不发生积水现象。

③地下排水管道的安装 球道排水系统通常是由一个或多个主排水管道和按一定间隔排布的支排水管道组成。主管直径一般为 150~200mm，支管为 100mm 左右，管材多为有孔 PVC 波纹管。如果球道较平坦，地下排水系统可以是一组单独的通过低洼区域的排水管道，也可以是以鱼脊式或炉算式排列而成的排水管。一般排水管道铺设深度为 50~100cm，管间距离为 10~20m。土壤渗水性差的区域排水管道埋设要浅，支管间距也应小，以利于排水。在建造过程中，要注意防止重型机械碾压而造成的管道破损。挖好管沟后，可先在沟底填一些砾石，然后沿管沟中心线安放排水管，注意排水管至少要有 1% 的坡降，使水能够自然流动。在管道周围填充粗沙及透水性较好的砂壤土，直至与周围土面相平。排水管的出口最好设在球道周围的次级高草区中。如果球道起伏较大，可通过适宜的地表造形以防止球道积水，而仅在低洼地安装地下排水管道，或采用渗水井、渗水沟等进行排水。

④灌溉系统的安装 球道灌溉系统的设计与安装应能保证水分喷洒均匀，没有盲区。不同地形条件和土壤类型对水分要求不同，它们也与土壤的排水性能息息相关。因此，处于不同土壤类型、不同标高处的喷头应由不同的泵站或阀门控制，进行分区灌溉，球道中每个泵站或阀门控制的喷头数目最多不能超过 3 个。球道所采用的喷头射程一般较果岭、发球台远，也常使用地埋、自动升降式旋转喷头。球道喷头布置方式有单排式、双排式和三排式。单排式布置是喷头以一个单行布置在球道中心线上，适于较窄的球道；双排式是球道中布置 2 排喷头，喷头的间距依据喷头性能及风速的影响而定，其最基本的布置方式是正三角形和正方形；三排式是在球道中布置 3 行喷头，喷头的布置方式一般采用正三角形，喷头的间距与其射程相等，即达到 100% 的覆盖面积，适于球道较宽的地方如落球区等。一些管理水平要求较高的球场，为达到精确、均匀喷灌的目的，所有球道中都使用三排式布置喷头。

⑤场地细造形 球场的细造形工程是在场地粗造形的基础上进行的，是关系到球场日后运营难易及草坪质量的作业，对球场景观的优美、和谐也具有重要作用。因此，不仅要根据球道造形局部详图进行作业，还需要设计师进行现场指导，确定各球道及高草区局部区域的微地形起伏，并对所有造形区域精雕细琢，使整个球场的造形变化流畅、自然，不会产生局部积水区域，同时有利于剪草机及其他管理机械运行。

⑥坪床土壤改良 坪床土壤改良一般与细造形作业结合实施。细造形进行到一定程度后，需要将原来堆积的表土重新铺回到球道中，并细致地修整造形。由于球道面积广大，出于对建造时间及经费的考虑，一般不会像建造果岭及发球台那样对球道坪床进行精细处理，而仅对球道坪床土壤进行必要的改良。因为草坪一旦种植后，很难再对其赖以生存的坪床基础实施任何改良措施。球道坪床土壤改良可采用全部改良和部分改良 2 种方式。

a. 全部改良：全部改良是重新建造坪床的过程，一般在场址土壤条件极差的情况下实施。具体操作方法是在原土壤上重新铺设一层 15~20cm 厚的良质根际层土壤。重新铺设的土壤最好为砂壤土，含沙量 70% 左右，且以中粗沙为主。土壤铺设后，根据需要施入一定量的有机肥、复合肥及土壤改良剂等，以改善土壤的物理性质。同时根据土壤测试结果，调整土壤的 pH。最后利用混耙机械将土壤与施入的肥料和土壤改良剂等充分混拌均匀，混拌深度应控制在表层 20cm 以内。

b. 部分改良：部分改良是利用球场中原有的土壤，加入部分改良材料进行坪床建造的过程，适用于原场址土壤质地和土壤结构较好的情况。具体操作方法是将球场施工时堆积备用的表层土壤重新铺设到球道上，铺设厚度至少要达到 10cm，最好能达到 15cm。根据表层土壤状况和球道草坪草的要求加入适宜的改良材料，如适量的中粗沙、泥炭、有机肥或复合肥等。同时根据土壤测试结果和草坪草要求，调整 pH，为草坪草的生长创造良好的土壤条件。

进行坪床土壤改良后或铺设表土的球道时，其造形要符合设计图纸要求，并在设计师现场指导下进行局部的标高与造形调整，使之符合球道细造形形状，最后将坪床光滑处理、压实。坪床准备工作完成后，要留出充分时间，使坪床土壤进行沉降，通常碾压和喷灌有助于坪床土壤的快速沉降。

（2）草坪草种的选择

球道草坪是高尔夫球场草坪的主体，面积广大，管理水平要求高于高草区，低于果岭和发球台。

选择球道草坪草种及品种时，首先要考虑草种的适应性和抗性，所选草种必须能够适应种植地的气候和土壤条件，具有抵抗当地主要病、虫害及其他逆境条件的抗性。其次要考虑日后的管理费用和草坪的养护水平，因为草坪建成后，需要投入大量的资金进行养护管理，而不同的草种所要求的养护管理水平差别较大，由于球道在球场中占地面积较大，如要维持较高养护管理水平则需要投入大量资金。最后还要考虑草坪草的使用特性，由于球道功能的特殊性，球道草坪草种及品种应具有下列特性：茎叶密度高，能够形成致密的草坪。耐低修剪，能够适应球道 1.5~2.5cm 的草坪修剪高度。垂直生长速度慢，形成的枯草层少。损伤后恢复迅速。对践踏和土壤紧实的抗性强。草坪外观质量好。

不同地区和球场的球道所选择的草坪草种不尽相同。我国北方及其他冷凉地区球道常使用草地早熟禾、匍匐翦股颖、紫羊茅、硬羊茅、邱氏羊茅和多年生黑麦草等。一般冷季型草坪草中除匍匐翦股颖外，其他草坪草建植球道时多采用 2 个或 3 个草种混播，以提高草坪整体抗逆性。有时为使草坪表面均一整齐，而使用单一冷季型草坪草种建植时，也通常选择 2~3 个品种进行混合播种。暖季型草坪草可选用杂交狗牙根、普通狗牙根、结缕草和海滨雀稗等，通常采用单一草种或品种建植球道，一般很少用种间或品种间混合种植，因为暖季型草坪草匍匐茎生长旺盛，种间的共容性较差。

（3）草坪种植

球道草坪种植可用播种法与营养繁殖法。

如果高草区与球道草种不同并且播种球道与高草区相接触，应使用下落式播种机，避免破坏球道轮廓线，防止种子飞进高草区而成为杂草。因球道面积较大，播种时，可划分成多个小区进行，且最好能在相互垂直的方向上播 2 遍，以保证播种均匀。

球道最常用的营养繁殖法是草茎撒播法与草茎栽植法。草茎撒播法与果岭相似，只是草茎播量比果岭少 20%~30%。进行草茎栽植时，可使用枝条插植机进行。先用枝条插植机在坪床上开沟，然后将草茎插入 2.5~5 cm 深的沟中，将沟周围的土壤抚平、压实。枝条间距一般为 7~10 cm，行距为 25~45 cm。株行距越小，成坪越快。采用营养繁殖法建坪，草茎播植后要及时灌溉，防止草茎脱水而导致建坪失败。

7.2.2.4　高草区草坪的建植

高草区的建造与球道建造相似，其建造步骤为：测量放线→场地清理→场地平整→地下排水系统的设置→灌溉系统的设置→细造形等。

（1）坪床准备

高草区因面积大，细造形工作很繁重。首先应制定高草区细造形方案，按照设计师意图或在设计师现场指导下修建草坑、草丘、草沟等微地形，并进行必要的挖方和填方作业，将表面处理平整，清除大块石头等杂物。然后将堆积的表土再重新铺回，以确保高草区草坪维持最低生长所需要的养分。高草区的最终造形要符合设计要求，坡度平缓，起伏顺畅、自然，具有良好的地表排水性能。其余作业参见球道草坪。

（2）草坪草种选择

高草区草坪管理相对粗放，要求选择的草坪草种除了能适应当地气候和土壤条件、具有抵抗当地病虫害的抗性外，还应具备以下特点：一是耐粗放管理，对水、肥要求不高，尤其要耐旱。适于4～10 cm的修剪高度，生长低矮，修剪频率低。二是出苗快、成坪快、保持水土能力强。高草区一般具有较大的起伏造形，易造成水土流失，因此不仅要求草坪能快速定植，还要求草种具有较深和较丰富的根系，起到有效保持水土的作用。

我国北方寒冷地区可选用草地早熟禾、多年生黑麦草、高羊茅、草地羊茅等冷季型草坪草。其中，高羊茅、多年生黑麦草、草地羊茅都有耐粗放管理、成坪速度快等特点，不需要高养护水平就可维持草坪的良好生长。有些当地的野生草种也可以作为高草区的草坪草种，如冰草、苔草等，这些草种非常适应当地气候和土壤条件，极耐粗放管理，经过适当的养护管理即可成为适宜的高草区草坪。由于高草区草坪不要求具有均一性，因此大多数情况下采用2个以上冷季型草坪草种混播。例如，草地早熟禾+高羊茅；草地早熟禾+高羊茅+多年生黑麦草；高羊茅+多年生黑麦草；高羊茅+细叶羊茅类等。

我国南方温暖地区可选用普通狗牙根、假俭草、地毯草、巴哈雀稗、钝叶草、结缕草、沟叶结缕草和野牛草等暖季型草坪草。其中尤以种子繁殖的普通狗牙根最普遍，它具有耐炎热、耐干旱、管理粗放等优点，较适于高草区草坪。另外，野牛草、结缕草、巴哈雀稗等都较适于高草区草坪。暖季型草坪草一般不采用混播。野牛草、结缕草也常用于北方球场的高草区草坪。

（3）草坪种植

高草区草坪的种植方法可采用播种法、草茎播植法和液压喷播法等。

7.2.3　高尔夫球场草坪的管理

高尔夫球场草坪与其他草坪相比，其管理具有以下特点：①养护管理精细，科技含量高。高尔夫球场草坪管理体现了草坪养护管理的最高水平，其精细度比普通园林草坪管理高很多。尤其是"果岭草坪管理"，具有较高的难度和精度，需要管理者具备丰富的养护管理知识，严格进行科学管理，才有可能做好高尔夫球场的养护管理工作。②自动化管理程度高。高尔夫球场草坪管理普遍使用自动化管理设备（如计算机管理设备），自动化管理程度高。如草坪喷灌系统采用自动化控制设备，可自动测定土壤含水量、控制喷灌时间等。另外，草坪管理人员将球场每一区域的施肥、剪草、喷灌、覆沙、打孔、喷药等工作数据和员工每天的工作、机械每天工作时间等数据输入电脑管理系统，这样草坪管理人员可以随时调出球场每个区域、每台机械和每位员工的工作生产情况，根据这些数据制订以后的工作计划。③机械化程度高。每一个球场机械配备程度相对较高。一般配备有剪草机、覆沙机、打孔机、喷药机、划破机械、运输机械等，有些球场还配备有果岭打孔柱收集机械、挖掘机械、铲土机械、沙坑补沙机械等以满足各项工作需要。④使用草坪专用产品多。高尔夫球场草坪一般使用草坪专用产品较园林草坪多，如草坪专用缓释型固体肥料和较为安全的液体肥料。这些肥料包括果岭和球道用的不同氮磷钾比例和添加铁、镁等元素的复合肥，添加微量元素的液体肥、各种生物有机肥、植物生长调节剂、土壤改良肥和土壤改良剂产品（土壤水分润湿剂、石灰、石膏柱）等。除此之外，还有毒性低、残留期短而又非常有效的杀菌剂，针对不同类型虫害的杀虫剂和针对不同杂草的除草剂以及杀藻剂、杀鼠剂等。

高尔夫球场草坪的主要常规管理措施如下：

（1）灌水

果岭草坪因频繁修剪，草坪草容易形成浅根，吸水能力受到限制，同时沙质坪床本身的保水性能差，所以果岭草坪易受干旱胁迫，必须要经常灌水才能保证草坪草生长旺盛、具有较高的外观质量和较强的恢复力。天气炎热或干燥的生长季节，果岭必须天天灌水。灌水时间宜在晚上或果岭未使用时的清晨进行，一般不需要大水灌溉，水能渗透表层 15～20cm 土壤即可。炎热干旱的夏季，为了降温，在每天中午可喷水几分钟。

（2）修剪

发球台草坪通常每星期应剪草 2 次，留茬高度以 1～1.3cm 为宜。果岭草坪初期修剪留茬高度应控制在 0.8～1.2cm，以后逐步降低至理想高度。修剪高度为 3～7.6mm，以4.8～6.4mm 最适宜。在草坪能忍受的范围内，修剪高度越低越好。修剪果岭草坪时应注意：剪草必须使用专用的滚动式果岭剪草机；剪草前要清洁剪草区，剪草后要及时清除草屑；剪草前清除叶片露水，雨后不修剪；确保刀刃锋利；剪草要确保直线进行，调头时剪草机要离开果岭，果岭外缘以转圈形式剪草；要采用 4 个不同方向变换修剪，使后一次修剪垂直于前一次，以此减少单向分蘖芽的产生。

球道草坪幼苗生长到 5cm 左右时要进行第一次修剪，此时修剪高度一般为 2.5～4.0cm。该修剪高度要保持 7～10 周，以后再逐渐降低修剪高度，直至达到球道草坪要求的标准修剪高度（1.5～2.5cm）。修剪球道与高草区草坪时，要注意修剪的界限。

高草区草坪幼苗生长到 6～10cm 时，可进行第一次修剪，使草坪保持 4～8cm 的修剪高度。成坪修剪频率依据 1/3 的修剪原则确定。每次修剪时要与上次修剪的方向不同，以提高草坪的平整性和均匀性。剪下的草屑必须全部收拾到指定地点，不能留在草坪内，否则草屑可使下面的草坪透气性变差，产生病虫。

（3）施肥

幼坪生长到 4～5cm 时，可进行第一次施肥，第一次施氮量为 2～3g/m²。以种子建坪的幼坪可每 3 周或更长时间施入一次氮肥。以营养繁殖法建坪的幼坪，每隔 2～3 周施入一次氮肥，施氮量为 3～5g/m²，以促使其尽快成坪。施肥后要立即浇水，防止肥料灼伤幼苗。幼坪阶段一般不缺乏磷肥和钾肥。成坪通常在春季和秋季各施一次含有 N、P、K 的复合肥料。第一次春季施肥，按 10～20g/m² 均匀施用复合肥。第二次秋季施肥，按 15～25g/m² 均匀施用复合肥。浇足水，使肥料充分溶解。其余的生长季节，需定期补充氮肥，以维持草坪草的基芽密度、恢复潜力、基芽生长速度和正常的颜色。P 肥的需求量较小，施磷量应根据土壤分析的结果确定。由于果岭草坪的坪床沙质较重，K 肥容易渗漏，对维持草坪的耐热性、耐寒性、抗旱性、耐践踏和根的生长不利。因此，应根据土壤分析确定 K 肥施用计划。一般 K 肥需求量为 N 肥的 50%～80%，有时多施 K 肥效果更理想。高温、干旱和践踏时间长的地段，每20~30d施一次 K 肥。干肥料采用垂直交叉撒施方式较好；水溶性肥料通常在叶片干的时候施用，施后立即灌水以免灼烧叶片。为防止草坪被肥料灼烧，应注意：刚剪草后不施肥；施肥当天不剪草；施肥前对果岭进行打孔；施肥前让土壤适当干燥，施肥后浇透水。

（4）杂草防治

新建果岭草坪和发球台草坪，杂草量不会很大，可人工拔除。新建球道草坪和高草区草坪有时杂草较多，但仍以人工拔除为主。防治阔叶杂草的除草剂至少要在种子萌发后4周才能使用，而防治杂草种子的萌前除草剂至少要在第一次修前后才能使用。尽量不要在幼坪期使用除草剂。采用除草剂时应谨慎选择。根据杂草类型有针对性地选用除草剂。使用前，最好先试验，掌握除草剂种类、使用浓度和使用时间等。

（5）病虫害防治

病虫害可以对果岭草坪造成严重危害，影响果岭的击球质量和外观。一旦有病虫害迹象应立即喷洒药剂进行防治。高温高湿夏季易发生草坪病害，常见病害有褐斑病、币斑病、立枯病等。当气候条件有利于病害发生时，每1~2周需用杀菌剂处理一次，必要时每周可进行2次杀菌剂处理。由于长期使用某种杀菌剂会使病原对其产生一定抗性，同时还会造成污染，所以要经常更换杀菌剂种类。

常见的地下害虫有蛴螬、蝼蛄等，用辛硫磷、敌百虫、敌杀死等进行防治；常见的地上害虫有黏虫、草地螟等，用克蚜螟、地康灵等进行防治。

（6）覆沙

覆沙是将沙子或沙肥混合物覆盖于草坪表面的一种作业，目的是为了防治枯草层，保持草坪平滑度和草坪美观。草坪建植、管理和使用过程中的人为和自然因素使草坪表面粗糙。覆沙既能使草坪平坦光滑，又能增加枯草的腐烂率。果岭覆沙频率很高，在打孔、梳草、划破草皮、切割等作业后都要辅助覆沙。发球台草坪也需要定期覆沙来快速修复草皮痕，使发球台草坪面光滑。球道草坪一般不进行表层覆沙，但当枯草层积累较多时，需要通过局部表层覆沙来控制枯草层积累，使草坪光滑。初期覆沙的厚度以覆盖根茎、露出叶片为宜。后期随着果岭光滑度加大，覆沙厚度减小，一般为2~3mm，覆沙频率增加。如果草长到可修剪的高度，覆沙前修剪有助于沙子的沉落和拖沙时沙的均匀再分配。覆沙由覆沙机完成，随后用铁拖网、棱形塑料网或人造地毯将表面拖平。

（7）松土通气

果岭和发球台草坪践踏较重，土壤容易紧实，通透性降低，打孔是高尔夫球场草坪常用的通气方式。在草坪生长茂盛、生长条件良好的情况下进行打孔，每年进行2~3次。生长季内需定期划破表土，有利于清除枯草层，改善土壤通透性，促进根系生长。通气作业之后应立即进行表面施肥和灌水，能有效防止草坪草的脱水并提高根部对肥料的利用率。夏季至秋季进行表层垂直切割，可使空气和水分进入土壤，减轻土壤紧实度，阻止枯草层形成。

（8）滚压

滚压是为了获得一个平整的草坪坪面，使叶丛紧密，生长平整，增加场地硬度，提高草坪的使用价值。滚压主要在果岭草坪进行，一般生长季1~2周进行一次。滚压的次数视草坪土壤松实度和光滑度而定，过度的滚压会使土壤更加紧密，不利于空气和水分流通。滚压草坪时应注意：土壤过黏、水分过多时不可滚压；草坪较弱时不可滚压。

（9）更换洞杯

定期或不定期的移动洞杯的位置称为更换洞杯。更换洞杯的位置，是为了转移果岭上的人流中心，使果岭表面经受均匀的打球强度，保护原洞杯周边的草坪经受长时间击打、踩踏、摩擦，导致土壤紧实，使草坪破坏。更换洞杯还能增加赛事的刺激性和竞争性。

更换洞杯的次数依以下因素确定：打球强度、胶钉鞋印痕和球疤；草坪的相对耐磨损性；草坪受损的恢复率；土壤的紧实度；改变打球线路的必要性。洞杯更换的次数应视球洞周围草坪受践踏磨损的程度决定。新的洞穴应位于离护环至少 4.6 m 的平坦、密草处，距旧洞足够远，以利于草坪恢复。

（10）修补球疤

当球落到草坪上时，会向下冲击草坪，形成一个小的凹坑，叫做球疤或球痕（Ball mark）。在雨季、地面潮湿、土壤松软时，容易形成球疤。果岭上的球疤不仅会影响果岭的推球效果，也会影响果岭的美观，因此要及时对果岭球疤进行修复。修复球疤时可首先用锉刀或其他工具从侧面插入球疤下的土壤中，翻转刀面，用刀背轻轻抬起草皮及土壤，使之尽量与周围的草皮保持水平，最后轻轻踏实。

（11）冬季交播

用狗牙根、结缕草等暖季型草坪草建植的高尔夫球场草坪在进入晚秋或初冬就枯黄，使草坪景观褪色，降低观赏价值。为了保持冬季绿色，可采用冬季交播方法。交播材料选用一年生黑麦草、多年生黑麦草、紫羊茅、粗茎早熟禾等。最佳交播时间为 10 cm 处土壤温度为 22~26℃ 时，这时交播能够尽量保证均一的坪面过渡，对球滚动产生的负面影响小。

7. 2. 4 高尔夫球场草坪的质量评价

高尔夫球场草坪质量的优劣会给球手造成巨大影响，它会在很大程度上影响球手打球杆数。因此，高尔夫球场草坪应不仅具有优美的外观质量，创造出良好的球场景观效果，还要符合高尔夫球场击球所要求的运动标准（表 7-7）。

高尔夫球场坪床土壤物理化学性质、植物群落特征和草坪的使用功能等。高尔夫球场草坪评价中最重要的是果岭草坪的使用功能。果岭草坪的使用功能受坪床结构、草坪草种选择和管理水平的影响较大，其使用功能的主要评价指标有果岭草坪球速、草坪表面平滑性、草坪硬度、草坪弹性等。

表 7-7　高尔夫球场草坪质量标准

评价项目	果岭草坪	发球台草坪	球道草坪
果岭球速	229~274 cm	—	—
表面平滑性	8 mm	8 mm	—
表面硬度	9.5~12.0 kg/m^2	>5.5	—
杂草含量	<1%	<2%	<3%
草坪质量指数	80%	80%	80%
草坪盖度	99%	97%	95%
有机质含量	2~4%	2~4%	1~5%
芜枝层厚度	<2 cm	<2 cm	—

7.3 公众草坪

公众草坪包括各种绿地草坪，是指普遍存在于城乡各种公共绿地之中，与人类生产生活密切相关，作为城乡绿化、美化、环境保护不可缺少部分的草坪。它包括公共绿地草坪、居住区绿化草坪、交通绿地草坪、附属绿地草坪、生产防护绿地草坪和风景区绿地草坪等。公众草坪种类繁多，大多数公众草坪可归属于游憩草坪和观赏草坪类型，也有的公众草坪归属于庭院草坪、机场草坪、水土保持草坪、环保草坪、停车场草坪和屋顶草坪等类型。

园林草坪则专指在园林绿化工程中所用的草坪，在园林景观中主要起主景、配景或背景等景观功能。

7.3.1 公众草坪的类型

（1）游憩草坪

游憩草坪又称游憩场草坪，它与人们日常生活密切相关。其中，许多公众草坪均属于游憩草坪，它们是城乡绿地的重要组成部分。

游憩草坪除了面积大小不等、形状各异外，还可在草坪配置孤立树，点缀石景或栽植树群；亦可在其周围配置花带、林丛。大面积游憩草坪所形成的空间能够分散人流，该类草坪一般多铺装在大型绿地之中，在公园内应用最多，其次在植物园、动物园、名胜古迹园、游乐园、风景疗养度假区内均以毯状翠绿、安全、舒适、性能优良的高弹性草坪建成生机勃勃的绿茵芳草地，供游人游览、休息、文化娱乐；也可在机关、学校、医院等工作生活区建立憩场草坪，既可起到绿化环境的作用，又可为人们提供休闲娱乐的场所。

（2）观赏草坪

观赏草坪是一类形态美丽、色彩丰富的草本观赏植物的统称。观赏草坪类植物是个相当庞大的族群，它的观赏性通常表现于形态、颜色、质地等方面，欧美园艺界称之为"Ornamental grass"。观赏草坪通常为封闭草坪，一般不允许游人入内，其养护管理水平较高，主要用作人们观赏。

观赏草坪草最初专指特定的科属植物，即一些具有观赏价值的禾本科植物。如今，除园林景观中具有观赏价值的禾本科植物外，一些具观赏特性的莎草科、灯心草科、香蒲科以及天南星科菖蒲属植物都可归属于观赏草坪草。

观赏草坪草具有以下特点：具须根，茎干姿态优美，单株分蘖密集，呈丛状；叶多呈线形或线状披针形，具平行脉，叶片的颜色除了绿色外，还有醒目的翠蓝色、白色、金色甚至红色，有些种类绿色间有黄色或乳白色、红色等条纹；花小，花序形态各异，有聚伞花序、圆锥花序、头状花序等，花序下常密生柔毛，形似羽毛，有绿、金黄、红棕、银白等多种颜色，五彩斑斓。

（3）花坛草坪

混栽在花坛中的草坪，作为花坛的填充或镶边材料，起装饰和陪衬的作用，烘托花坛的图案和色彩，增强花坛的主体感觉，一般应用细叶低矮的草坪草。其要求精细管理，严格控制杂草生长，并要经常进行修剪和切边处理，以保持花坛图案和花纹线条平整清晰。

（4）放牧草坪与森林草坪

放牧草坪是指以供放牧为主，结合园林游憩的草地。它普遍为混合草地，以营养丰富的牧草为主，一般多在森林公园、风景区或郊区园林中应用。应选用生长健壮的优良牧草，利用地形排水，具自然风趣。

森林草坪是指在森林公园和风景区中任其自然生长的草地，一般不加修剪，允许游人活动。

（5）机场草坪与林下草坪

机场草坪是城市大面积绿化的重点工程，大部分机场除跑道外，全部采用草坪覆盖机场的空旷地。有的小型机场全部由草坪构成。

林下草坪是指树林与草坪相结合的草地，即在疏林郁闭度小的密林及树群乔木下的草地，又称疏林草坪。这类草坪多利用地形排水，不加修剪，管理粗放，造价低廉。一般选用耐阴、低矮的草坪草。

（6）海滨草坪与屋顶草坪

海滨草坪是指在海岸线（海堤）上或海岸线的临近地区建植的草坪，具有防止风蚀、海水侵蚀（特别是不能生长树木的海边）的作用，常选用滨草、沙生狗牙根、沙生紫羊茅等耐盐、抗瘠薄的草坪草。

屋顶草坪是指在平面屋顶、建筑平台或斜面屋顶建植的草坪。屋顶草坪可以增加住宅区的绿化面积，使房屋具有冬暖夏凉的特点，节能减排；大面积屋顶草坪，对城乡生态环境改良和气候条件改善均会起到重大作用。屋顶草坪也是昆虫和鸟类生存的空间、繁衍的场所和食物的来源。屋顶草坪应选择抗逆性强的草坪地被植物建植，如佛甲草等。

7.3.2　公众草坪的规划设计

公众草坪的规划设计，就是在服从城乡建设、服务草坪建植目的的总体规划前提下，合理有效地布置草坪位置，并与人们生产生活的环境紧密融合，以满足人们游憩、娱乐、运动及环境美化的要求。

7.3.2.1　公众草坪的规划设计原则

公众草坪的规划设计与合理布局是城乡规划的重要内容，也是城乡生态环境建设的重要组成部分。编制合理创新并且切实可行的公众草坪的规划设计应遵循以下原则。

（1）综合考虑，合理安排

公众草坪的规划设计应结合城乡园林绿地系统规划综合考虑，合理安排。目前我国耕地有限，城镇建设用地紧张，因此必须合理选择草坪用地，达到改善城镇气候、净化空气、减灾防灾和美化环境的作用；同时要注意少占良田，尽量利用荒地、山坡等建植草坪。

公众草坪的规划设计要充分利用各种草坪与园林植物的特点，除运动场草坪外，各类公共草坪草不能过多取代乔木、灌木和花卉植物。要合理配置各种草坪与园林植物，形成乔、灌、草的立体景观和生态功效。

（2）因地制宜，从实际出发

公众草坪的规划设计要结合当地的生态环境条件，选择适应本地区的草坪草种。我国地域辽阔，各地气候、土壤等自然条件差异大，不同地区的适宜草坪草种不同。

要从实际出发，切忌生搬硬套，客观情况要具体分析、具体对待，例如，城市的热岛效应对草坪草生长具有明显的影响。一般市区的气温要比郊区高 2～3℃。夏季因建筑物和沥青路面的强烈辐射热，加上高层建筑对地面空气流动的阻碍作用，使得市区气温的变化远比裸地快；冬季由于各种热源大量释放热量，城市气温也比郊区高。并且，一般山坡或建筑的阳面温度要高，所以阳面的草坪草蒸发量大，保水能力较阴面低。这样有利于城市公众草坪中抗寒性较弱的草坪草顺利越冬，尤其在我国北方城市更为突出。因此，我国北方地区要充分利用地形、建筑等所形成的小气候，选择适宜的草坪草种。

（3）不同草坪，要求有别

公众草坪种类众多，其功能也千差万别，公众草坪的规划设计应结合各类草坪的功能，以实用性为主，并充分发挥草坪的环境效益和社会效益。

公众草坪的游憩草坪是市民休憩、游乐、文化教育的场所，因此要求视野广阔、花草树木配置合理，有益于人们的身心健康。

公众草坪的观赏草坪常用于城镇中心广场等供游人观赏的绿地，有时可作为城镇标志性建筑或城镇徽标所在地的背景、配景，甚至主景。因此，草坪要求绿期长，养护管理水平高，无草坪杂草，草坪致密，匀一性好，充分体现当地城镇生态文明建设的水平。

7.3.2.2　公众草坪的规划设计方法

公众草坪的规划设计方法应遵循以下步骤。

（1）搜集基础资料

资料搜集、整理和分析，既是公众草坪系统规划的前提，也是其具体设计的基础。搜集资料的过程，实质是对草坪建植地人文、土壤、环境、气候、水质、植物、绿化现状等基本情况调查分析的过程。只有全面地了解绿化现状，才能制定科学合理的规划设计。

①搜集资料的内容包括：

人口资料：尤其是公园、小区、广场等公众草坪规划设计，必须对草坪建植地（包括行政区和功能区）的常住人口数量进行了解。

土地基本情况：包括土地利用情况（房屋、道路、地下设施等）、土壤理化性质、非建筑用地的面积及分布情况。如果是公众草坪的城市绿地草坪规划设计，还需参考城市土地利用现状图及其长期规划图。

绿化资料：包括草坪绿地系统现状图和发展规划图，特别是深入调查草坪种植现状、使用草坪植物的种类和品种、建植时间、管理水平、青绿期和病虫害等情况。

气候条件：包括多年平均气温、地温、降水量、湿度、风向、风速，大于0℃、5℃和10℃的积温和日数，以及水温和水质。

植物名录：当地树木、花卉、草坪草、地被植物和引入种名称及分布。

②搜集资料的方法包括：

现场调查：对现有绿地面积、分布进行核对，了解建设历史、使用现状、存在问题，必要时采取样品和样本进行分析鉴定。不能确认的植物要采集标本请有关专家进行鉴定。对现状图已发生的变化，可当场进行勾绘并注记在册。

访问调查：调查可以召集专业人员座谈方式进行。会前应准备好调查提纲，确定需要了解的问题。

（2）编制规划方案和规划图

编制公众草坪的规划方案和规划图应在分析现状的基础上，发现问题，提出解决办法。

草坪建植虽然不是永久性建设，但它占用土地，花费人力物力，应在城市绿化美化中发挥相应的作用。公众草坪的规划方案包括公用绿地草坪、运动场草坪、环保草坪的分布地点、面积、草坪管理方法、建植时间等内容，并在规划图中加以反映。规划方案经专家审查后，以文件和图纸形式交相关部门执行。

（3）编制规划文件

编制公众草坪的规划文件包括：

编制图件：主要包括草坪建植地现状图、草坪建植后发展规划图和草坪建植分期实施图。成图比例为 1：1000 或 1：2500。图纸可以用蓝晒图，也可以用计算机成图的复印图。若图幅较大，也可以分幅加工，使用时再拼图。

图纸内容应标明：现状与规划的各类草坪绿地名称、面积和分布情况。图上应附有主要技术经济指标。

编制文字说明文件：包括草坪建植地城镇社会、工业交通、自然环境等基本情况；草坪绿地现状（绿地面积、人均面积、绿地种类构成、利用状况、功能质量、分布状况等）；城镇草坪绿地系统规划原则，布局形式，规划后各种经济技术指标等；不同草坪的建设标准，建造费用概算，投资来源及分配，使用效益及寿命，维护成本和重建周期等。

7.3.3　公众草坪的建植与管理

公众草坪的类型不同，其功能也不相同，除草坪规划设计不同外，其草坪建植与管理特点也有所不同。

7.3.3.1　公园草坪

公园是人们休闲游玩或进行文娱活动的场所，城镇一般都建有不同风格和大小的公园。中国公园可分为：综合公园（全市性公园、区域性公园）、社区公园（居住区公园、小区游园）、专门公园（包括儿童公园、动物园、植物园、历史名园、风景名胜公园、游乐公园、其他专业公园）、带状公园（沿江、沿河、沿湖、沿海公园）和街旁绿地公园。公园草坪是公园造景和休闲娱乐场地的重要组成部分，而公园绿地草坪则是公众草坪的主要组成部分。

公园草坪类型形式多样，功能各异。有供人们休息的游憩草坪，为人们提供休闲、运动等户外活动场所；有供游人们观赏的观赏草坪，与园林树木、灌木和花卉等构成优美的景观，具有公园景观作用。除此之外，公园草坪还具有调节湿度、减碳增氧等生态功能。同时，公园草坪不与乔、灌树木争地。它对公园里建筑、风景起到了"净化"和"简化"、统一视觉的作用。

公园草坪的建植及管理应与其功能分区相适应，选用不同的草坪草种，并采用相应的草坪管理措施。

①入口区　公园入口区绿化一般以花坛、灌木造型、草坪为主，地形应当平坦开阔。该区草坪主要起美观作用，一般是公园的主要景点之一，也是公园草坪养护管理的重点区域，要求选用合适的草坪草种，采用精细的草坪养护管理。

a. 草坪草种选择：入口区草坪具有要求质地细致、色泽浓绿、绿期长、抗逆性强等特点，可选用草地早熟禾、多年生黑麦草、高羊茅、翦股颖、结缕草、狗牙根等。

b. 草坪种植方法：从维护公园景观和环保角度出发，要求入口处草坪建植能在最短时间内见效。因此多采用草皮块铺植法或播种法、草茎播植法后加以覆盖，以促其快速成坪。

c. 肥水管理：入口区草坪的肥水管理要求较高。草坪灌溉常采用地埋式喷灌系统，以保证灌溉及时、均匀。草坪施肥应根据土壤肥力状况与肥料养分释放特点，速效肥与缓效肥配合，氮、磷、钾等肥料合理搭配，严格保证施肥均匀，从而保持草坪草生长均匀，不出现忽黄忽绿现象。

d. 修剪与其他管理：入口区草坪主要用作观赏草坪，其修剪高度较低，修剪频率较高。此外，应设置封育和保护体，避免草坪践踏；采用交播等措施，保持草坪常绿；及时去除枯草层和进行草坪切边作业，保持草坪线条整齐，增加草坪美感；及时防治病虫害和杂草危害，适时进行草坪修补。

②体育运动区 公园体育运动区草坪主要有足球场、网球场、滑草场、保龄球场、高尔夫球场等草坪类型，其草坪建植与养护管理可参见本章"7.1 运动场草坪"相关内容。

③儿童活动区 公园儿童活动区草坪要充分考虑儿童的特点，该区域活动场所草坪应选择高羊茅、结缕草等耐践踏草坪草种，也可选用沙地和软塑胶地或人造草皮。要注意加强该区域草坪养护管理，特别要及时进行草坪修补。

④游览休息区 公园游览休息区草坪为供游人游览、散步和轻微活动的景区，要求环境安静、风景优美、曲径观景，其草坪建植与养护管理要点如下：

a. 草坪草种选择：公园游览休息区草坪大多为游憩草坪利用型草坪，利用频率高，遭受频繁践踏，该区域往往乔、灌、草搭配，其高大乔木树种对草坪影响较大。因此，该区域的草坪草种一般应具有耐践踏性强、耐阴性强、质地细致、绿期长、易养护等特点。有时，还可选用一些耐阴性较强的草坪地被植物，如三叶草、麦冬等。

b. 养护管理：公园游览休息区草坪面积较大，管理比较粗放，除选择耐粗放管理的草坪草种外，还应及时做好草坪清洁工作，在炎热干旱夏节应及时做好草坪灌溉作业。公园游览休息区草坪的林下草坪区，一般为游人活动较多区域，除应选择耐阴性强的草坪草种外，因该区域受践踏较重、土壤板结、障碍物多、不便修剪，还应及时进行打孔通气、草坪修补与更新作业。

如上所述，公园除可分区设置不同类型的草坪并采用相应的草坪建植与养护管理外，其公园分界区要与喧哗的城市环境隔离，可在公园分界区周围特别是靠近城市主干道及冬季主风向的一面布置不透式的防护林带，起到生物隔栏作用，既可有效隔离又环保。

7.3.3.2 校园草坪

学校是有计划有组织进行系统教育的机构。一般校园除运动场绝大部分是草坪运动场外，校园草坪也占了校园绿化面积很大的比重。高比重的校园草坪，不仅能美化校园环境，还能给师生提供一个清洁卫生的学习生活场所。绿色草坪也能显著地减弱尘沙，显著减少学生的眼病。草坪运动场也能明显减少校园体育运动的伤害。因此，日本早在 20 世纪 60 年代就提出校园学生人均草坪 9~15 m^2 的指标。校园草坪一般由以下功能区组成：

（1）主景区

校园主景区主要是学校教学、实验与办公区，该区绿化以乔木、灌木、花卉、草坪草混合配置，是学校主要景点之一，也是校园草坪的重点养护管理区域，主要用作观赏草坪，起到美化校园的作用。该区域草坪的建植与养护管理可参照前述公园草坪入口区草坪的建植与养护管理。

（2）体育运动区

校园草坪类体育运动场主要有足球场、网球场、滑草场、保龄球场、高尔夫球场等，其草坪建植与养护管理可参见本章"7.1 运动场草坪"相关内容。

（3）生活区

学校学生和教工的生活区域，要求环境安静和风景优美。校园生活区草坪的建植与养护管理要点如下：

①草坪草种选择　校园生活区草坪的草种可选用适合当地的当家草坪草种及三叶草、马蹄金、麦冬等地被植物。

②加强日常养护管理　校园生活区草坪除进行常规养护管理外，主要应加强草坪清洁管理；高温干旱季节及时进行灌溉。

③开放草坪应采取特殊管理　按照草坪的生育期（生长期、休眠期）确定草坪使用日期和使用强度。根据天气状况（雨、雪、霜冻等）限制草坪的使用；草坪使用过度时，应覆薄土，以保护草坪的生长点；因磨损致伤较严重的草坪，应及时追肥和覆薄土；作为游憩草坪与通道部分的草坪，应定期修补和更换。

7.3.3.3　庭院草坪

人类居住地的绿化，统称庭院绿化。庭院草坪是指居民区、学校、企业、机关及其科研、文化、医疗等事业单位建筑物的周围或楼群之间的小面积草坪。它可给人们创造一个安静、舒适、整洁而有益于身心健康的生活质量和工作环境，提高人们的居住生活和工作环境质量。

（1）庭院草坪的规划设计

庭院草坪的规划设计受建筑布局的制约，应配合住宅建筑类型、楼盘高低、楼房间距及其他辅助设施统筹兼顾，依据庭院大小、形式、风格和格局合理安排，通常以建立乔、灌、草综合立体草坪为好。其设计方法与步骤如下：

①小型庭院草坪　小型庭院草坪的规模、设计和草坪草种选择均由庭院的大小、形状和用途来确定。要在道路、仓库、车库等生活设施布局合理、各得其所的前提下，正确划分草坪区。除必要的空地外，一定要做到"黄土不露天"，使空间的绿色覆盖度达 80% 以上。总的要求是：草、花、树相结合，达到全面绿化和美化。可在草坪种植个人喜好的花卉，形成缀花草坪，使庭园成为草圃和花园。

②集体居住区（居住小区）草坪　若干个庭院或居民楼组合起来就构成集体居民区点。由于人员层次比较复杂，对该类庭院草坪的想法要求各异，因此要根据具体条件求同存异，照顾大多数人利益。

集体居民区草坪要合理安排通道（人行道、车行道）和运动场地。在宽阔地还应依据建筑群的特点，建造一定的花坛、喷池、水石和假山等庭园小景，使之与草坪映衬。

集体居民区草坪如果遭受频繁践踏，常会引起草坪破坏和退化，因此适宜选择耐粗放管理和耐践踏的草坪草种。必要时可设置围栏保护体，进行封育，阻控人群进入草坪。可选用野牛草、草地早熟禾、匍匐翦股颖、羊胡子草、异穗苔等耐践踏、耐阴的草坪草；草坪四周可用马蔺、射干、沿阶草等镶边；草坪中间可植月季、美人蕉、大丽花、牡丹、芍药等宿根性花卉。

（2）庭院草坪的建植

①草坪草种选择 许多草坪草种均可用于庭院草坪建植，可依据当地环境条件选用。在楼群或树下遮荫较重的区域，应选择耐阴性较强的草坪草种或品种。例如，冷季型草坪草可选用紫羊茅与草地早熟禾混播；暖季型草坪草可选用钝叶草、地毯草。由于开放型庭院草坪易遭受践踏和破坏，应选择耐践踏性和再生能力强的草坪草种。例如，冷季型草坪草可选用高羊茅、草地早熟禾、多年生黑麦草等；暖季型草坪草可选用结缕草、狗牙根等。

②坪床土壤应充分沉降 庭院草坪的住宅小区地下电缆、进排水管较多，常造成草坪局部塌陷。因此，草坪建植的坪床准备中，应留足时间或采用灌水、镇压等措施使坪床土壤充分沉实，以保证草坪平坦，方便管理。此外，还应注意坪床表面略低于周围路面，以防止雨后路面积水。

③草坪建植方法 庭院草坪建植方法很多，可根据草坪草种选择草坪建植的种植方法。大多数冷季型草坪草采用播种法建坪最经济；某些暖季型草坪草如野牛草、假俭草的种子难以获得，且采用播种法建坪成坪慢，可选用营养繁殖的种植方法。如经济条件许可，可采用草皮块铺植法，成坪快，草坪质量好。

（3）庭院草坪的管理

庭院草坪的养护管理应根据业主对草坪质量的要求与资金投入预算情况，分别采用高、中、低强度的养护管理方案。一般庭院草坪多采用中等强度的草坪养护管理方案。庭院草坪一般面积较小，可委托专门物业管理公司或草坪养护公司养护，可节省培训技术人员和购置草坪机械及化肥农药的开支，既可节省资金，又可保证草坪养护质量。

庭院草坪的养护管理除遵循一般养护原则外，还应注意以下事项：

①施肥与病虫防治 庭院草坪的施肥应以化肥或无味的有机肥为主，避免施用有异味的有机肥，影响草坪上空的空气质量和人们的情趣。庭院草坪除应及时进行病虫防治外，还应注意尽量在庭院人群较少时喷药，减少农药气味对人们的干扰；喷药时注意提醒人们关闭门窗，喷药后对草坪进行一定时期封育，防止人畜遭受农药毒害。

②修剪 修剪作业最好不在休息时间进行，防止剪草机作业的噪声干扰人们休息。此外，庭院草坪中常有人们丢弃或狂风刮入的废品物料，在草坪修剪前应彻底清理，避免损坏剪草机。

7.3.3.4 机场草坪

机场草坪是指应用于各类军用、民航机场、通用航空机场或备用机场及需紧急着陆机场中具有特殊使用特点的大面积草坪。

飞机场进行草坪绿化，可以降低噪声，减轻空气尘埃污染，延长飞机使用寿命，有利于飞行安全；机场草坪绿色的表面、广阔的视野可减轻飞行员的视觉疲劳，从而减少事故的发生概率；低矮的草坪可减少鸟类栖息的可能性，从而避免飞机与鸟类相撞的事故。此外，机场是一个国家或城市的"门户"与形象，机场草坪的质量可充分反映所在城市的物质、精神与生态文明程度。

机场草坪不同于一般绿地草坪，由于飞机具有速度快、冲击力强、质量大、安全保险性要求高的特点，因此要求机场草坪表面平坦，富有弹性，基层坚实；要求机场草坪的景观设计宽阔、平坦，不能加入任何乔木和灌木，以保证视野广阔，减少鸟类栖息，保证飞行安全。另外，由于机场面积大，机场草坪应适合粗放管理，以减少机场草坪的养护投入。

（2）建植与养护管理要点如下：

①草坪草种选择　机场草坪适宜选用匍匐型和生长低矮的草坪草种，并且有修剪次数少、密生和能形成良好表面覆盖、抗逆性强、耐贫瘠和适应性强、耐干旱和根系发达、耐践踏和具有快速再生能力等特点。常用草种有草地早熟禾、匍匐翦股颖、羊茅、多年生黑麦草、狗牙根、野牛草、苔草、百脉根、三叶草等。一般以几个种或品种混合种植建坪为佳，并避免选择易抽穗结籽的品种，以减少鸟类采食和栖息。

②坪床准备　机场草坪坪床要求土壤基础坚实、平坦，坪床土壤结构良好。对直接以草坪作跑道的机场，要求其草坪既能承受较大负重、不使地面变形和草坪断裂塌陷，又能保持草坪草正常生长。因此通常选用含腐殖质高的砂壤土作为机场草坪坪床的理想土壤。

③养护管理　机场草坪养护管理强度依其使用强度与目的确定。大部分机场草坪的养护管理较粗放，修剪高度为 5～8 mm，一般每年修剪 3～5 次，并注意清除草坪修剪后的草屑。机场边缘草坪留茬高度可提高或不修剪，也可用生长调节剂抑制机场草坪生长高度。

机场草坪肥水管理依土壤与草坪草生长状况而定，一般不需要经常灌水与施肥。机场草坪应用强度大，如造成草坪稀疏或斑秃，则应及时修补和更新，并注意覆沙。寒冷地区霜冻后还需要镇压，以保持草坪表面平整，有利翌春草坪根系正常生长。

7.3.3.5　其他公众草坪

（1）街旁草坪

城乡街道两旁的风景林和行道树下，往往有 30%～50% 的地面可种植草坪。这样不仅可增加绿地面积，而且能提高绿化质量，实现主体的深层绿化。

行道树下建植草坪，是一种林草间种的绿化方式，因此，要充分考虑树木和草坪草间的生态关系，遵循以树为主、以草为辅的原则。做到合理搭配，达到以树促草和以草衬树的目的。

建植行道树草坪要充分了解行道树的类别和习性、占地面积、覆盖度、通风透光性等条件。此外，还要根据土壤质地、酸碱度和肥力选择草坪草种。树株密、树冠大、郁闭度高的行道树种应选择耐阴性强的草地早熟禾、林地早熟禾、羊胡子草等。而在树株稀疏、树冠小、郁闭度低的行道树下，大部分草坪草均适用。总之，道路草坪以选用耐阴性强、生命力旺盛的草坪草种为宜。

（2）陵园草坪

陵园草坪的坪用质量及草坪草种类与其他草坪一样，应通过预算养护草坪面积和水平确定。由于陵园纪念活动通常在清明节期间进行，因此陵园草坪此时应尽可能处于最佳状态。陵园草坪地形比较复杂，墓碑彼此靠得很近，其修剪较难。修剪时宜采用后置式剪草机或尼龙绳索式剪草机。陵园草坪也可使用生长调节剂抑制草坪草的生长速度，以减少草坪养护费用。

7.4　水土保持草坪

水土保持草坪是指建植在戈壁与沙漠荒地及山地、公路与铁路两侧、河湖江海与水库堤岸边的平地或坡地上种植的主要以水土保持为目的的保护性草坪。

7.4.1 水土保持草坪的功能与特点

水土保持草坪除具有一般草坪的功能外，其主要功能是防治水土流失。它可作为治理土壤严重侵蚀地区的先锋植被，对改善生态环境条件具有至关重要的作用。它可以辅助加固道路和江河堤坝边坡，修复开采矿山破坏的植被，控制坡面侵蚀，增加坡面稳定性；它还可以保持生态脆弱地区生态平衡，美化环境；可避免单纯"坡改梯"、钢筋水泥和石块加固等水土保持工程技术的防护成本高、寿命短、水土保持和视觉景观效果差等缺陷；还可大大改善交通道路沿线的生态环境和景观质量，对解除司机及乘客的疲劳，减少交通事故具有重要作用。另外，水土保持草坪景观可观赏面积大，有利于形成地区及城市特色，展示地区及城市形象，经济和生态综合效益显著。

水土保持草坪作为主要的水土保持植被，具有致密的地表覆盖和在表土中有絮结的草根层等特点，因此具有良好的防止土壤侵蚀的作用。草坪上形成的径流几乎是清流而不含任何泥土，土壤的侵蚀度依草坪密度的增加而锐减。据研究，不同土地的表层20cm厚的土层被雨水冲刷净需要一定的时间，草坪为3.2万年，而裸地仅为18年。同时草坪能明显地减少地表的日温差，因而有效减轻土壤因"冻胀"而引起的土壤崩落现象。

水土保持草坪的生态效应为第一位，其景观效果为第二位。因此，水土保持草坪一般是封育草坪，不对游人开放，其养护管理较粗放。与其他草坪相比，水土保持草坪的外观质量要求相对较低，主要要求其具有发达致密的根系、耐干旱、耐贫瘠和抗虫性强，与杂草竞争力强，能耐受低水平的草坪养护管理。此外，水土保持草坪面积较大，还要求草种的价格相对便宜。

水土保持草坪立体条件较差，与其他草坪相比，草坪建植施工难度大，成坪后的养护管理较困难。水土保持草坪建植地一般为干旱荒漠或地形起伏大的山地、边坡和陡坡，土壤侵蚀强度大，土层薄，降水和蓄水少，保水能力差，有机质含量低，速效养分贫乏，土壤结构差，不适于草坪草生长。另外，有些水土保持草坪建植地的地势陡，易形成滑坡；边坡地小气候不仅具有阴坡与阳坡的差异，而且气温通常比周边地及边坡中间道路高，可加快边坡土壤和草坪植物的水分蒸散，不利于幼苗生长。因此，水土保持草坪的建植及养护均需掌握较高技术水平。

7.4.2 水土保持草坪的类型

水土保持草坪可根据其草坪建植地的坡度和功能分类。

（1）根据坡度分类

大多水土保持草坪建植地地形起伏不平，不同坡度的水土保持草坪建植类型与养护难易程度均不相同。

①陡坡草坪 坡地大于45°的水土保持草坪。该类草坪的土壤条件差，可采用草坪建植生物治理与工程治理相结合的方法治理其水土流失。可采用草坪植物与镶嵌石块相结合的方法，石块或水泥砌成网格，在网格内种植草坪植物，也可以通过挂网（平面网、三维网）、加锚（固定网的专用钉）、填土，然后采用液压喷播法进行草坪种植。

②小坡草坪 坡度小于45°的水土保持草坪。在该类草坪土质好的坡面可用草坪草、灌

木混植，灌木和草本植物种植相结合，充分覆盖地面，综合治理水土流失。

③平坡草坪　坡地小于15°的水土保持草坪。该类草坪可完全采用草坪植物建坪。

（2）根据功能分类

①道路护坡草坪　包括公路、铁路绿色通道建设中的路堑和路堤等水土保持草坪。

②工程护坡草坪　包括水利与水电及江、河、湖、海治理工程、水源保护工程、山地石漠化治理及水土保持工程的水土保持草坪。

③矿地修复草坪　包括煤矿、铁矿、镍矿等矿山、矿区的植被恢复水土保持草坪。

④城市绿地草坪　包括房地产开发与小区建设、垃圾填埋等所产生的大量裸露地表的水土保持草坪。

⑤自然坡面保护草坪　包括由于地形起伏而产生的坡面，或者由于植被退化而出现的裸地等生态环境保护的水土保持草坪。

⑥沙漠与荒漠绿化草坪　包括各种沙漠、戈壁、荒漠地的绿化水土保持草坪。

7.4.3　水土保持草坪的规划设计与建植

水土保持草坪首先应依据草坪建植目的和以期达到的效果进行规划设计，选择适宜的草坪植物，然后通过坪床准备创造适宜的生长条件，采用合理的草坪种植方法，从而达成水土保持草坪建植目标。

7.4.3.1　水土保持草坪的规划设计

由于水土保持草坪建植地自然环境条件的多样性、草坪植物选择与目标群落的多样性和施工工艺的多样性，水土保持草坪设计必须对现场地质、气候、水源、周边生态环境和现有水土保持草坪施工工艺及养护管理水平有足够的了解后才可进行其规划设计。并且，要求水土保持草坪的规划设计者要具备相应的专业知识和水土保持草坪建植及管理经验。特别是高陡岩石边坡和潮涨潮落的水岸边坡，决非一般的草坪园林景观设计师能胜任。有时需要草坪、土壤、建筑等不同专业背景的人员共同参与才能完成。水土保持草坪的规划设计方法可参照本章"7.3.2 公众草坪的规划设计"方法进行。

7.4.3.2　草坪植物选择

（1）水土保持草坪植物种类及特点

水土保持草坪可用植物种类较多，主要有草坪草、灌木、藤本植物和乔木等。而乔木会提高坡面负载，增加土体下滑力和正滑力。在有风的情况下，树木把风力转变为地面推力，可造成坡面的不稳定和坡面的破坏，因此，水土保持草坪在坡面较大及土壤厚度较浅的建植地一般不宜种植乔木。

①草坪草　目前，国内外水土保持草坪植物大多数情况均采用草坪草草本植物。草本植物的优点为：种植方法简便，费用低廉；早期生长快，对防止初期土壤侵蚀的效果较好；作为生态系统恢复的起点，有利于初期表土层的形成。但是，草本植物与灌木相比具有以下缺点：草本植物根系较浅，抗拉强度较小，固坡护坡效果较差。持续雨季的高陡边坡草坪可能会出现草皮层和基层剥落现象；群落易发生衰退，且衰退后二次植被困难；开发利用的痕迹长期难于改变，与自然景观不协调，因而改善周围环境的功能差；坡地草坪生态系统的恢复进程难于持续进行，易成为藤木植物滋生的温床；需要采取持续的管理措施，养护和管理作业工作量大。因此，单纯的草本植物用于各类护坡水土保持草坪并不理想。

②灌木　灌木作为护坡水土保持草坪植物的主要缺点是成本较高；早期生长慢，植被覆盖度低，对早期的土壤侵蚀防止效果不佳。其缺点可以通过与草本植物混播的方式解决。

③藤本植物　藤本植物主要应用于坚硬岩石边坡或土石混合边坡的护坡水土保持草坪的垂直绿化。藤本植物进行垂直绿化的好处是投资少，用地少，美化效果好，缺点是由于边坡一般较长，藤本植物完全覆盖坡面的时间长。藤本植物主要采用扦插的方式进行繁殖。

（2）水土保持草坪植物的选择

①植物种选择的依据　草坪草、灌木和藤本植物均能用于水土保持草坪，具体选择哪种植物需注意其生态适应性和物种特性。其中，其生态适应性是指植物种在其生存范围内，对任一生态因子的需求上限与下限，即耐性限度。某一物种的生长、分布实际取决于各种因子的复合作用，当环境条件满足物种的耐性限度时，该物种就能很好地生长发育。其中，温度、降水和土壤条件是影响植物生长分布的主要因子。因此，应综合考虑年平均气温、大于0℃的年积温、最低气温、降水量、降水变率、土壤类型等生态因子，根据生态因子与物种耐性限度相匹配的原则，选择适宜的植物种。

由于水土保持草坪建植地的生态环境特殊需求，可供选择的植物种应具有特定的生物性状。一是作为固土、护坡植物，应具有发达的根系，扩展性能好；二是种子（苗）容易获得，萌发出苗与成活率高，建植成本和管理费用较低；三是观赏或美学价值较高，可起到绿化和美化道路的作用。

②草坪草种的选择　水土保持草坪的草坪草种要求萌发成苗快、茎叶繁茂、根系发达、覆盖地面能力强。一般选择主根粗大、侧根多、生长迅速，与杂草的竞争能力强，种子（苗）产量高，成熟快、具有种子落地自繁性能和多年生习性，与土壤固结能力强，耐寒、耐热和抗旱等抗逆性强的草坪草种。其中禾本科草坪草一般生长较快，根量大，护坡效果好，但需肥较多；而豆科草坪草苗期生长较慢，但由于可以固氮，故较耐瘠薄，耐粗放管理。其花色鲜艳，开花期景观效果较好。我国各地区主要可用护坡水土保持草坪草种见表7-8。

表7-8　我国各地主要可用的护坡水土保持草坪草种

地区	冷季型草坪草种	暖季型草坪草种
华北	野牛草、紫羊茅、羊茅、苇状羊茅、林地草熟禾、草地草熟禾、加拿大草熟禾、草熟禾、小糠草、匍匐翦股颖、白颖苔草、异穗苔草、小冠花、白三叶	结缕草
东北	野牛草、紫羊茅、林地草熟禾、草地草熟禾、加拿大草熟禾、匍匐翦股颖、白颖苔草、异穗苔草、小冠花、白三叶	结缕草
西北	野牛草、紫羊茅、羊茅、苇状羊茅、林地草熟禾、草地草熟禾、加拿大草熟禾、草熟禾、小糠草、匍匐翦股颖、白颖苔草、异穗苔草、小冠花、白三叶	结缕草、狗牙根
西南	羊茅、苇状羊茅、紫羊茅、草地草熟禾、加拿大草熟禾、草熟禾、小康草、多年生黑麦草、小冠花、白三叶	狗牙根、假俭草、结缕草、沟叶结缕草、百喜草
华东	紫羊茅、草地草熟禾、草熟禾、小糠草、匍匐翦股颖	狗牙根、假俭草、结缕草、细叶结缕草、中华结缕草、马尼拉草、百喜草

（续）

地区	冷季型草坪草种	暖季型草坪草种
华中	羊茅、紫羊茅、草地草熟禾、草熟禾、小糠草、匍匐翦股颖、小冠花	狗牙根、假俭草、结缕草、细叶结缕草、马尼拉结缕草、百喜草
华南		狗牙根、地毯草、假俭草、结缕草、细叶结缕草、马尼拉结缕草、中华结缕草、百喜草

③灌木植物的选择　水土保持草坪的灌木要选择抗逆性好，茎叶繁茂，根系发达，同时根蘖性强、串根繁殖，覆盖地面能力强的种类。我国各地区主要可用的护坡水土保持草坪灌木植物见表 7-9。

表 7-9　我国各地区主要可供选用的护坡水土保持草坪灌木植物

地区	灌木植物
东北区	胡枝子、沙棘、兴安刺玫、黄刺玫、刺五加、毛榛、榛子、锦鸡儿、小叶锦鸡儿、柠条、紫穗槐、杨柴
三北区	杨柴、锦鸡儿、柠条、花棒、踏朗、梭梭、白梭梭、蒙古沙拐枣、毛条、沙柳、紫穗槐
黄河区	绣线菊、虎榛子、黄蔷薇、柄扁桃、沙棘、胡枝子、胡颓子、多花木兰、白刺花、山楂、柠条、荆条、黄栌、六道木、金露梅
北方区	黄荆、胡枝子、酸枣、柽柳、杞柳、绣线菊、照山白、胡枝子、荆条、金露梅、杜鹃、高山柳、紫穗槐
长江区	三棵针、狼牙齿、小蘖、绢毛蔷薇、报春、爬柳、密枝杜鹃、山胡椒、山苍子、紫穗槐、马桑、乌药
南方区	爬柳、密枝杜鹃、紫穗槐、胡枝子、夹竹桃、字字栎、茅栗、化香、白檀、海棠、野山楂、冬青、红果钓樟、水马桑、蔷薇、紫穗槐、黄荆、车桑子
热带区	蛇藤、米碎叶、龙须藤、小果南竹、紫穗槐、梍木、杜鹃

④藤本植物的选择　目前，我国水土保持草坪的垂直绿化主要应用于市镇城市绿地草坪，护坡水土保持草坪采用垂直绿化的还较少。藤本植物宜栽植在靠山一侧裸露岩石下一般不易坍方或滑坡的地段，或者坡度较缓的土石边坡。可用于道路护坡水土保持草坪垂直绿化的藤本植物主要包括爬山虎、五叶地锦、蛇葡萄、三裂叶蛇葡萄、藤叶蛇葡萄、东北蛇葡萄、地锦、葛藤、扶芳藤、常春藤和中华常春藤等。

7.4.3.3　坪床准备

（1）坪床清理

根据草坪草生长特点，草坪草根系多集中分布于 10~30 cm 的土层中，因此草坪种植前应对坪床进行整理，彻底清除土壤中的杂质，特别应注意清除石砾和深根性杂草草根。

（2）土壤改良

由于水土保持草坪坪床的土壤理化性状大多数较差，尤其是道路、建筑、堤坝等工程施工后土壤及沙漠荒漠土壤多为底层母质、砂土及石漠化基质，有机质含量低，质地差，易板结或保水性差。其坪床环境特殊，成因各异，对不好的土质要进行改良，使其有利于植物生长；对没有土的岩面，要添加覆盖自然壤土或喷植人工配制的基质或客土，确保 50 cm 深的均质土层。如土壤过于黏重可掺入沙、细煤渣和锯末等；如土壤过沙则可掺入黏土。为提高土壤肥力，可结合整地施入有机肥 40 t/hm²，并深翻，耙平。

（3）固定坪床基质及土壤

为使自然土壤或客土较好地附着坡面，可采用物理、化学和生物等方法。物理方法如在坡面钉挂铺设金属网、塑料网、三维立体网、土工格式、塑料槽架、木工挡板等，起固着基质的作用；在基质中掺入草纤维、木纤维起加筋作用。化学方法如在喷射基质中加入高分子黏合剂，起固定土壤胶粒的作用；同时加入高分子保水剂起保水作用。生物方法如在坡面基质（含种子）喷播结束后尽快促使种子萌发成苗，借助根系的锚固作用，起到固定基质并防止其剥落的作用。即使如此，有的护坡水土保持草坪可能还不够稳定，需采用工程防护与生物防护相结合的办法，如在混凝土框架结构内或混凝土围成的鱼鳞坑内再种植草坪草。

7.4.3.3 种植方法

水土保持草坪由于面积大，坪床准备粗放，经费投入少，种植时间最好选在适宜草坪草生长而降雨又充分的季节进行，以保证较高的成活率；同时，水土保持草坪播种密度需在兼顾群体发育的同时强调培育壮苗个体，因而其播种量应随之降低，水土保持草坪播种量为一般草坪的30%~50%，但是，随着坡度的增加，其播种量应相应增加。水土保持草坪可采用以下种植方式：

（1）灌木与草坪草的混植技术

①灌木与草坪草混植优点与混植组合　水土保持草坪采用灌木和草坪草混植进行固土护坡，既可充分发挥两者的优势，又避免两者的弊端，达到快速持久护坡的效果，同时还具有良好的景观效果。灌木生长初期比草本植物生长缓慢，覆盖地表能力差，但其持久护坡能力好。草本植物初期覆盖地表速度快，能很好地拦蓄斜面地表径流，减少侵蚀作用。灌木与草坪草相结合，能持久保护道路和堤坝等斜坡。

水土保持灌木和草坪草混植组合的种类很多，如紫穗槐与野牛草。野牛草生长迅速，覆盖地面紧密，杂草不易侵入，且能降低蒸腾强度，改善周围小气候，对紫穗槐生长非常有利；紫穗槐地下部分的根瘤可利用空气中的游离氮，增加土壤中氮素含量，有利于野牛草的生长蔓延。野牛草有75%的根系分布在20 cm土层内，而紫穗槐的根系发达，遇干旱时可深入土层吸水；紫穗槐和野牛草能耐盐碱，对保护铁路、公路、水库等盐碱地上的边坡非常有利。

此外，小叶锦鸡儿、胡枝子等灌木都可以与野牛草及其他禾本科草坪草混合栽植。

②种植方法　灌木的种植可以采用扦插方式，也可采用播种方式。水土保持灌木和草坪草混植组合可采用灌木和草坪草相间栽植方法。如紫穗槐与野牛草混植时，可采用1行紫穗槐4行野牛草，行距20 cm，形成横向水平沟栽植。并注意压实土壤，使固土植物根系与土壤紧密结合，才能确保新栽植植物成活。

水土保持灌木和草坪草混植组合也可采用草坪草和灌木混合播种法建坪，但注意防止草坪草比灌木生长快，生长过于茂盛，否则，可造成混合播种建坪失败。主要原因是由于草坪草生长比较快时可引起以下后果：灌木幼苗被草坪草覆盖，由于光线不足而死亡；有些灌木的幼苗期对于枯萎病的抗性极差，在过分潮湿状态下会因枯萎病菌为害而枯死，或由于土壤含氮过多造成枯萎病菌为害致死；草坪草和灌木根系同处相同土层时，由于彼此竞争造成灌木枯死。为此，应降低草坪草播种量、限制草坪草植株密度，同时，选用含氮量少的肥料，从而限制草坪草群体的过快生长。通常情况下草坪草植株密度应控制为200~500 株/m²。

（2）工程措施与种植相结合的种植方法

风沙区应先设沙障，固定流沙，再播种草坪草种子。在坡度大于45°的土壤条件较差的地段，应首先采用工程固土，以种植草坪草植物为主，边缘用石块或水泥砌成网格，网格砌成菱形或方形，每边宽50 cm，每块菱形面积9 m²左右，在菱形中栽植草本植物。在坡顶和坡脚应栽植1~2行固坡能力强的灌木，灌木既能防风固沙，又能封闭坡面，防止行人穿行践踏。

将石块、卵石、砾石先铺设在斜坡上，然后在间隙中种植草本植物或者直播草种。用石块、砾石固坡和排水，首先在斜坡上进行土方调整，使之成梯田型。外边缘用石块垒成石坝，石坝与斜坡间低层用砾石铺装，厚度一般为15~20 cm。砾石与斜坡面交接处铺设排水管，在砾石面上铺土，厚度为15~25 cm，播种草籽或栽植草本植物。

还可采用水泥、钢筋、空心砖等建材料筑成谷坊来代替石谷坊。例如用柳树枝编成篱笆，把树桩固定在斜坡上，将直径5~10 cm、长度1.5~2 cm的树桩按20~30 cm间距埋在土里，露出地面50~80 cm。每座谷坊可播3~5排，间距为40~50 cm。坝的前端或其他位置可培土，土层厚度20~30cm，凡是有土层的地方，可以播种草籽或采用营养繁殖方法，栽植草本植物。

坡度小于45°的土质好的坡面可采用草灌混栽。一般是在底部栽植3~5行灌木，沿等高线每隔5~10 cm栽1~3行灌木，灌丛之间种植草本植物。

坡地小于15°的坡面可种植草本植物。首先用草将土壤固定，改善土壤质地和结构，然后逐渐泛生，再适当栽植灌木、乔木，使其达成一个稳定的生态系统，最终达到水土保持的目的。

总之，水土保持草坪的种植方法除播种法、草茎播植法、草皮块铺植法、植生带铺植法、喷植法等常用种植方法外，近年许多研究者依据水土保持草坪建植的特点，以这些常用方法为基础，也派生出一些新的种植方法，如香根草篱法、陡壁垂直绿化法、挖沟植草法、浆砌片石古架植草法、客土吹附法、厚层基材法、蜂巢式网格植草护坡法和石笼护坡法等。因此，水土保持草坪建植可根据实际情况选择这些新的种植方法，以提高草坪建植效率、草坪质量及技术水平。

③覆盖　覆盖是水土保持草坪不可忽视的环节。对于水分蒸发快、保水能力有限的水土保持草坪建植地，应用稻草（或无纺布）作覆盖物，对萌发出苗前的水土保持草坪进行覆盖，可起到遮阴、降温、减少水分蒸发及土壤侵蚀的作用。覆盖度以70%左右为宜。

7.4.4　水土保持草坪的管理

水土保持草坪的养护管理强度因资金投入和地段而有所不同，如城市绿地或接近城区的水土保持草坪养护管理有时甚至可达优质庭院草坪的管理水平。

7.4.4.1　肥水管理

水土保持草坪植物群落形成过程中，施肥是保证植物正常生长和群落发展的重要措施。但是，水土保持草坪面积大。管理相对粗放，除了保证草坪建植时施足基肥外，其后很少追肥。如条件许可在道路路肩或中央隔离带等平缓处可适时追肥；坡地追肥要严格遵循少量多次的原则，且最好和灌水结合，以免造成烧苗或雨水冲刷浪费的现象。施肥时间一般依据温度和湿度条件确定，日间施肥通常在早晚进行，季节施肥通常在早春、晚秋进行。

　　水土保持草坪苗期的适时浇水很重要。苗期不能高强度喷灌，避免造成幼苗根部和幼苗的机械拉伤，同时避免地面和坡面造成积水坑，淹没植株。因此，水土保持草坪的护坡植物苗期最好采用滴灌，其他地方可采用漫灌或渗灌方式浇水。苗期浇水应少量多次，还应注意夏天温度较高，中午不能浇水，最好在清晨或傍晚浇水，以免烧苗；多雨季节应减少浇水量和浇水次数，避免水淹或诱发病害；随着幼苗逐渐长大，浇水次数应逐渐减少，但浇水量要逐渐增加。水土保持草坪植物群落定植期的浇水管理与一般草坪基本相同，但因其面积大，一般只有在特别干旱季节或地区才适时浇水，其他情况一般不浇水。

7.4.4.2　修剪与修复

　　水土保持草坪大多管理粗放，不进行修剪作业。在能够修剪的平坦区域，草坪高度可控制在 8~15 cm；坡度较大区域可用往复移动刀齿式剪草机修剪；坡度太陡或草坪草高度较高区域则可不剪。为保证修剪人员和机械的安全，应禁止在大于 15° 的坡度上剪草。在坡度低于 15° 坡度剪草，使用坐乘式剪草机时，要顺斜坡上下剪草，而不要横穿坡地；使用手持式剪草机时，要沿斜坡横线来回剪草，而不要顺斜坡上下剪草。水土保持草坪修剪的草屑、枯草、落叶和其他凋落物要及时清除，以保证植物群落的更新和演替。

　　水土保持草坪中央隔离带的景观植物、路肩绿化植物等要定期间苗，以保证其景观效果和美学价值；对于幼苗成活率较低、覆盖率较低、越冬不良的植物群落要及时修复和补播。进行修复和补播时，要尽量保持原来的植物群落结构和景观效果；同时，应结合划破地皮、打孔、施肥、浇水等措施，促进补播植物的生长和更替。

7.4.4.3　植物保护

　　水土保持草坪常见病害有锈病、叶斑病、叶疫病等，可在发病初期施用百菌清、多菌灵、代森锌等杀菌剂进行防治；常见的虫害有灰翅夜蛾(*Spodopteram auritia*)、黑边黄脊飞虱(*Toya propingua*)、棉蚜(*Eriosoma sp.*)、吹棉蚧(*Iceryapurchasi*)、螨类等，可用三唑磷水剂、多来宝悬浮剂、扑虱灵、三氯三螨醇等杀虫剂进行防治。此外，还常受蜗牛、老鼠等动物的危害，可通过施撒杀虫剂、捕捉、毒饵诱杀等方法加以防除。

　　水土保持草坪苗期杂草清除是维护植物群落稳定性的根本保障措施。苗期的杂草清除工作应尽量人工拔除，以避免影响植物的定植与生长；对于危害面积较大或人工难以拔除的杂草，应施用专性除草剂防除。除草剂一般应在植株幼苗较健壮以后使用，而且要严格控制使用剂量。

　　对道路等护坡水土保持草坪的植物群落定植后出现的杂草一般不必进行专门防除，但对于扩展速度快、影响栽植苗木生长发育的恶性杂草必须及时清除。

本章小结

　　本章主要介绍了运动场草坪、公众草坪和水土保持草坪等专用草坪的概念及类型，并且结合不同类型专用草坪的特点，详细论述了各类专用草坪规划设计、草坪建植和养护管理技术及措施。学习该章节过程中一定要注意各类专用草坪的地域性特点，尤其应掌握各类专用草坪的规划设计、草坪草种或品种选择、草坪坪床准备、草坪种植方法与草坪养护管理的特点，进一步加深对一般草坪建植与草坪养护管理技术的理解，灵活掌握不同地域、不同类型草坪的建植和养护管理措施。

思考题

1. 运动场草坪坪床土壤与普通园林土壤有何区别?
2. 运动场草坪主要坪床结构类型有哪些区别? 各自的适用性如何?
3. 坪床结构对运动场草坪的质量有何影响?
4. 运动场草坪的坪床准备包括哪些内容?
5. 比较不同类型运动场草坪的建植方法与应用特点的异同。
6. 比较不同类型运动场草坪的养护管理方法的异同。
7. 运动场草坪质量评价包括哪些评价指标?
8. 运动场草坪质量的各个评价指标与运动场草坪的质量两者之间存在什么关系?
9. 高尔夫球场草坪有哪些类型?
10. 比较不同类型高尔夫草坪的建植方法异同。
11. 比较不同类型高尔夫草坪的养护管理方法异同。
12. 比较不同类型公众草坪的建植方法异同。
13. 比较不同类型公众草坪的养护管理方法异同。
14. 水土保持草坪建植过程中如何选择植物种及其品种?
15. 列举本地区专用草坪种类, 各有何特点。
16. 比较各类专用草坪概念的相互关系? 比较公众草坪与园林草坪概念的相互关系。
17. 阐述草坪在园林布局中有何作用。

本章参考文献

孙吉雄. 2008. 草坪学[M]. 3 版. 北京: 中国农业出版社.

韩烈保. 2011. 运动场草坪[M]. 北京: 中国农业出版社.

孙彦, 周禾, 杨青川. 2001. 草坪实用技术手册[M]. 北京: 化学工业出版社.

韩烈保. 2004. 高尔夫球场草坪[M]. 北京: 中国农业出版社.

梁树友. 1999. 高尔夫球场建造与草坪管理[M]. 北京: 中国农业大学出版社.

张自和, 柴崎. 2009. 草坪学通论[M]. 北京: 科学出版社.

崔建宇, 边秀举. 2002. 打造精品果岭—谈国际高尔夫球场的土壤、草坪测试[J]. 高尔夫(5): 132 – 135.

李龙保, 林世通, 黎瑞君, 等. 2011. 广州亚运会足球场草坪质量的综合评价[J]. 草业科学, 28(7): 1246 – 1252.

张巨明, 王新力. 2006. 运动场草坪坪床设计与建造[M]. 中国体育科技, 42(2): 140 – 143.

孙晓刚. 2002. 草坪建植与养护[M]. 北京: 中国农业出版社.

孙吉雄. 2002. 草坪绿地规划设计与建植管理[M]. 北京: 科学技术出版社.

孙吉雄. 2010. 草坪工程学[M]. 北京: 中国农业出版社.

李尚志, 赖桂芳, 李发友, 等. 2002. 实用草坪与造景. 广州: 广东科技出版社.

吴玉锋. 2002. 水土保持草坪建植及管理技术[J]. 水土保持科技情报(5): 18 – 19.

James B. Beard. 2002. Turf Management for Golf Courses[M]. 2nd ed. Chelsea, Michigan, USA. Ann Arbor Press.

第 8 章

草坪质量评价

草坪具有重要的景观功能、运动功能和生态功能等功效。而草坪多功能充分发挥与草坪质量具有密切的关系。草坪的质是草坪区别于其他事物的一种内部规律性，由草坪内部的特殊矛盾确定。草坪的量是草坪存在的规模和发展的程度，是一种可以用数量表示的规定性。草坪的质以一定的量为自身存在的条件；草坪的量又受到质的制约。草坪质量是草坪内部特性与外部表现的统一体，是草坪优劣程度的综合体现。因此，认识草坪质量的内涵与构成是草坪质量评价的基础。

8.1　概述

草坪质量（turf quality or turf performance）是指草坪在其生长和使用期内功能的综合表现。它体现了草坪建植技术与管理水平的高低，是对草坪优劣程度的一种评价。

草坪质量是一个衡量草坪动态变化状态的相对概念。它因草坪草种类、草坪类型、生长季节、草坪的使用目的而变化，而且也根据评价者或使用者的不同，而有所差异。例如，采用相同草坪草杂交狗牙根品种 Tifgreen，既可建植高尔夫球道草坪，也可建植高尔夫果岭草坪，但因其养护管理水平的不同，两者的草坪质量可能相差很大；即便是相同草坪草品种和养护管理水平的果岭草坪，其不同季节的草坪质量也有所不同。因此，草坪及草坪质量的影响因素复杂多变，它们分别是不断变化的"灰色"生态系统与抽象概念。

草坪质量评价（turf quality assessment）是指采用一定的方法对草坪质量相对优劣程度进行综合量化的一个过程。草坪类型与用途不同，其质量要求也不同；草坪质量评价指标及其权重也各异；草坪质量的评价结果依草坪利用的目的、季节和评价所使用的方法及评价的重点不同而不同。即便是对同一种类型的草坪进行质量评价，其目前的评价指标和方法也未完全统一。因此，仅仅简单笼统地对草坪进行质量评价没有任何实际意义。只有在草坪用途明确、评价指标一致、取值方法相同、评价方法统一的基础上，草坪质量评价结果才能对草坪建植与管理具有指导与鉴定作用。同时，由于相同类型草坪的质量构成因素基本一致，因此相同类型的草坪质量评价可采用统一评价方法，才能够更客观地反映相同类型草坪的质量优劣程度。例如，观赏草坪均要求具有叶色喜人、质地纤细、均一整齐、绿色期长等特点，评价该类草坪质量的评价指标多为景观指标，主要有密度、色泽、质地、均一性、盖度、绿期等；运动场草坪要求具有耐践踏、耐频繁修剪并满足不同运动项目的特点，该类草坪质量的评价指标多为使用质量的性能指标；水土保持草坪要求具有发达的根系或匍匐茎、根状茎密集，同时要生长迅速、覆盖能力强、适应性广，该类草坪质量的评价指标主要有成坪速度、草坪强度、地下生物量等。

8.1.1　草坪质量评价和监测的作用

　　草坪质量的评价和监测就是借助专门工具和方法对构成草坪质量的各主要因子进行定期定点检测，然后运用国内外通用质量评价指标体系和标准对所鉴定的草坪质量进行综合评价和质量分级，并对其时空变化趋势进行有效预测和调控。草坪质量评价和监测定期进行具有以下作用：

　　首先，可客观评判草坪的现有质量状况，及时发现草坪已经存在的问题和预测以后的草坪质量变化状况。可指导草坪管理者通过有针对性地实施养护措施进一步改善现有草坪质量。同时，还可发现现有草坪将要出现的问题，从而预测该草坪质量状况的演变趋势，为草坪季节性宏观管理提供具有前瞻性的科学依据。

　　其次，草坪质量评价和监测是草坪养护管理的基础性工作，它可为运动场草坪等各类草坪建植及养护管理的新技术和新产品的评价，各类草坪重大赛事和活动的场地准备程序及要求，各类草坪场地的质量分级及标准制订等提供重要的参考依据。

　　再者，草坪质量的评价和监测可及时了解草坪生长和使用性能状况，为人们合理利用草坪提供数量化评判依据与标准的支持。否则，有可能造成草坪养护管理不及时、使用不合理，从而导致草坪质量下降，不仅大大降低草坪观赏价值、生态效益以及使用价值，甚至导致草坪发生演变退化，完全丧失草坪观赏及使用功效。

8.1.2　草坪质量评价和监测的简史与展望

　　草坪质量的评价最早正式始于 1935 年使用果岭测速仪对高尔夫果岭草坪球速的监测。草坪质量评价经历了从单因子测定到多因子综合测定，从目测分级法到量化分级法的过程。伴随着草坪质量评价的发展，监测仪器的研发也获得极大的发展。但是至今为止，草坪质量评价还没有形成一个成熟统一的评价体系。

8.1.2.1　单因子评价

　　草坪质量评价最初仅仅是独立的单因子评价测定，仅对草坪质量的某类指标体系进行评价，如仅测定草坪的颜色、均一性、高度、密度、盖度等外观质量。而且，对草坪外观质量的测定一般采用直接目测法，根据观测者主观印象对草坪外观质量指标给予评价。如对草坪的高度、密度、盖度等植被性状，常采用植被测定的方法。密度采用单位面积的枝条数表示，盖度采用针测法测定。

　　随着社会经济的发展，人们对草坪质量评价的要求越来越高，一些草坪质量指标评价需借助专业仪器和技术才能进行；科学技术的进步也使这些专业仪器设备不断被研发使用。如草坪颜色的传统评价采用直接目测评分，为了避免该方法的人为主观性误差，人们已研发利用了草坪色彩测量仪。该仪器可根据草坪反射光的强度和成分，能较好地反映草坪整体颜色状况。它与人眼接受的光相同，受主观因素影响较小，测定结果较准确。

　　果岭是高尔夫球场的核心，其草坪质量好坏直接影响球场的品质。果岭草坪质量一般用果岭速度衡量。果岭速度用专用果岭测速仪测定，它与许多因素有关，是果岭草坪建植与养护管理技术的综合体现。果岭测速仪于 1935 年由美国人爱德华·斯蒂姆（Edward S. Stimpson)发明，1976 年经美国高尔夫协会(USGA)高级技术主管福兰克·托马斯(Frank Thomas)重新设计，将木制测速仪改为铝制，并将滚动的槽道改为 V 形槽以增加稳定性，还将测量滚动距离改为英尺。1978 年 USGA 将果岭测速仪正式命名为斯蒂姆果岭测速仪(Stimpmeter)，向高尔夫球场推荐使用。随着斯蒂姆果岭测速仪的广泛应用，它的缺陷也开始暴露，如球滚落的速度不一、球从 V 形槽滚到果岭时会弹跳、测试斜坡时误差较为明显等。针对这些问题，前美国航空航天局(NASA)雇员戴夫·佩尔兹(Dave Pelz)发明了佩尔兹果岭测速仪(Pelzmeter)，减弱了这些因素影响，使精确度明显提高，误差仅为 2.5 cm 左右。但佩尔兹果岭测速仪较笨重，价格较高，不如斯蒂姆果岭测速仪方便快捷，尚未得到 USGA 的正式认可。

草坪硬度对运动场草坪非常重要。如果高尔夫果岭太软，当球被击上果岭时，球在果岭草坪基本不会跳动和滚动太多，同时还会增加果岭的球疤数量；果岭太硬，又会使上果岭的球停不住。足球运动场的草坪硬度关系到运动员安全和足球的弹跳高度及滚动速度，从而影响比赛质量。果岭硬度用 Clegg 硬度仪测量，该仪器由澳大利亚人 Baden Clegg 博士于 1976 年研发，它不仅能有效测定运动场草坪根系表层土壤物理特性和管理措施对草坪使用功能的影响，还能有效模拟运动员踢踏运动对草坪质量的影响。2010 年广州亚运会的运动场草坪硬度即采用该仪器监测。

模拟运动员对草坪践踏的践踏仪于 1975 年在英国试制成功，它可用于评价运动员对足球场和高尔夫球场草坪的践踏影响，也可用于评价草坪草的耐践踏能力。

8.1.2.2 多因子综合评价

草坪质量评价中，我们常常发现草坪可能某些质量指标表现较好，而其他指标的表现欠佳，这样不能说明该草坪质量到底如何。因此，草坪质量评价不能单凭几个分散的质量指标评价，而要选择能反映草坪本质的指标进行综合评价，比把草坪的外观质量和坪用质量结合才能对草坪质量做出全面评价。这种草坪多因子综合评价方法以美国的国家草坪草评定计划(NTEP)评价体系最具代表性。

总之，草坪质量评价首先应该明确草坪用途，根据草坪的利用目的采用不同的评价指标，并考虑各指标在不同用途草坪评价中的重要性不同，指标的分级也不同。陈志一(1983)建议采用"统一评估、项目加权、分类比较"的方法，解决不同利用目的草坪质量评价。"统一评估"即不论何种利用目的草坪都按相同的质量项目、相同方法和相同标准统一评估；"项目加权"即依据草坪不同利用目的，对各质量指标按重要程度予以相应的权重，然后加权后衡量；"分类比较"就是依据不同利用目的对草坪分类比较，评定优劣。

8.1.2.3 草坪质量评价和监测标准

美国、英国、德国、法国、日本等发达国家非常重视草坪质量标准的研究和制定，已制定了高尔夫球场、足球场等运动场草坪的质量标准，涵盖了坪床土壤、建植养护技术、草坪表面质量监测等领域，并且研发了相应的检测仪器设备，对草坪质量的评价和监测基本实现了标准化和规范化。

中国草坪质量评价标准直到 2000 年才开始颁布实施，截至 2013 年，我国园林绿化草坪质量评价标准只有《城市绿地草坪建植与管理技术规程 第 1 部分：城市绿地草坪建植技术规程》(GB/T 19535.1—2004)、《城市绿地草坪建植与管理技术规程 第 2 部分：城市绿地草坪管理技术规程》(GB/T 19535.2—2004)、《主要花卉产品等级第 7 部分：草坪、草皮生产技术规程》(GB/T 18247.7—2000)、《城市园林绿化评价标准》(GB/T 50563—2010)等 4 项国家标准和《草坪质量分级》(NY/T 634—2002)1 项农业部行业标准公布实施。运动场草坪质量评价标准仅有《天然材料体育场地使用要求及检验方法　第 1 部分：足球场地天然草面层》1 项行业标准。此外，上海、天津、广东等省市还颁布实施了《草坪建植和草坪养护管理的技术规程》的地方标准(DB 标准)。总之，尽管我国草坪质量评价标准事业已经发展 10 多年，但目前的国家相关标准的数量、质量及执行均与我国迅猛发展的草坪市场很不相符。

8.1.2.4　草坪质量评价和监测的展望

随着科学技术的不断发展和人们对草坪质量不断提出的新要求，草坪质量评价将会呈现出以下发展趋势：

(1)运用现代系统分析方法客观、综合、定量化评价和动态监测草坪质量是目前草坪科学发展的新动向

以往几十年间，很多学者从不同角度提出了多因子综合评价草坪质量的方法和技术。但是这些方法和技术的不足之处是主观性太强，并且缺乏将各系统因子耦合的适当方法，尤其是普遍缺乏动态监测能力，因而难以客观真实地反映草坪质量的优劣。

草坪与其他农业生态系统一样，实际上是一个由很多因子所构成的非常复杂的复合生态系统。这些因子根据性质主要划分为四大类群：气候土壤因素群、植物群落因素群、草坪使用功能特点因素群和人类管理技术因素群。各因素群或每一单个因子都不同程度影响和制约着草坪质量。同时，各因子或因素群之间又往往相互关联、相互影响。另外，草坪生态系统又是一个不断变化的动态系统。草坪质量不仅随草坪年龄、管理水平和使用强度的变化而变化，而且草坪质量是一个抽象概念，在实践中难以直接定量测定。

对草坪这样非常复杂的动态生态系统的性能及其时间变化过程要进行综合、定量和客观评价及动态监测，运用传统评价方法或数学模型技术往往难以奏效。而需要运用系统分析方法，即构建一个适当的系统分析模型，将草坪生态系统所有主要因子根据其影响力耦合在一起，产生一个综合指数，运用该综合指数就可以对其进行综合、定量和客观地评价及动态监测。如刘存琦(2004)应用综合速率模型将影响高尔夫球场果岭草坪质量的多个因子耦合在一起，产生一个综合指标，实现了对草坪质量的综合评价和动态监测。

(2)利用现代数码技术成为草坪质量监测手段的新趋势

例如，美国已将数码照相技术应用于草坪颜色、盖度的数量化客观评价。2011 年英国开发了一种行走式草坪均一性扫描机，首次于英国高尔夫公开赛使用，实现了对果岭平整度和均一性的数字扫描即时监测，根据扫描分析结果，有针对性地制定果岭养护措施，从而使果岭击球质量在比赛期间保持了稳定的高水平，将果岭质量对球手技术水平发挥的影响减少到最低程度。

(3)完善草坪质量评价方法，制定统一的草坪质量评价体系是草坪业规范发展的必然要求

国内外现有的草坪质量评价方法各异，评价指标也不相同，评价体系较为混乱，造成草坪质量评价结果差异很大，甚至对同一块质量相同的草坪使用不同评价方法和体系评价结果也有差异。因此，今后应加强草坪质量评价规范和标准建设，首先应统一各评价因子的测定和评价方法，针对运动场草坪、高尔夫球场草坪、绿地草坪等不同类型草坪的特点制定各类专门草坪质量评价体系，在此基础上，制定统一、适于不同类型草坪质量的综合评价体系，

将不同类型草坪质量纳入一个体系进行评价，从宏观上实现对草坪质量的综合评价。

8.2 草坪质量评价与监测的指标体系

草坪质量其评价与监测指标体系分述如下。

8.2.1 草坪外观质量

草坪外观质量是草坪在人们视觉中的好恶反映。

草坪外观质量评价与监测的各种指标及其测定方法如下。

8.2.1.1 草坪颜色

草坪颜色是指草坪草反射日光后对人眼的色彩感觉。它是对草坪反射光的量度，通常用草坪草的绿度表示。草坪颜色能够反映草坪草生长状况和草坪管理水平。例如，营养不平衡、水分管理不当、病虫害或其他逆境胁迫可使草坪颜色失绿。同时，草坪草的颜色评价也与个人喜好有关。如美国人喜欢草坪深绿色；日本人喜欢草坪淡绿色；英国人则喜欢草坪黄绿色；而我国大多数人比较喜欢草坪深绿色。草坪颜色的测定主要有目测法和实测法2种。

目测法是指以观测者对草坪的目测结果对草坪颜色给予等级划分的评价方法，包括直接目测法和比色卡法。

①直接目测法 观测者根据主观印象和个人喜好给草坪颜色评价打分。如采用9分制，9分表示墨绿，6分表示浅绿，1分表示枯黄。

②比色卡法 事先将由黄色到绿色的色泽范围内，以10%为梯度逐渐增加至深绿色，并以此制成比色卡，由观测者把被观察草坪的颜色与比色卡对照，从而确定草坪颜色等级。

采用目测法测定草坪颜色时，可在样地随机选取一定面积样方，以减少视觉影响；测定时间最好选在阴天或早晨进行，避免太阳光太强造成色感误差。

通常采用叶绿素含量测定法和草坪反射光测定法等实测法评价草坪颜色。

①叶绿素含量测定法 草坪草体内叶绿素含量的多少与其外部颜色的深浅呈正相关。因此，可随机选取样方草坪草的叶片，通过采用SPAD叶绿素含量测量仪测量活体叶片测定的叶绿素相对含量SPAD值作为草坪颜色评价的标准。用叶绿素含量表示草坪颜色的方法有2种：单位面积土地上叶绿素的含量即叶绿素指数(CI)和单位鲜重的叶绿素含量。叶绿素含量依表示方法不同，其含义和数值也不同，用叶绿素指数表示的叶绿素含量一般是指地上茎、叶的叶绿素总含量，是草坪颜色的整体表现；单位鲜重的叶绿素含量是叶片叶绿素含量与叶鲜重的比值，它主要侧重于对草坪的个体颜色的反映，但为了研究方便，一般情况下多用单位叶片鲜重的叶绿素含量来反映草坪颜色。并且，由于草坪中含有大量绿色、棕黄色和褐色的草叶，草茎与草屑并不是单一和均匀的绿色。因此，草坪颜色一般很难定量测定。叶绿素含量测定法的草坪颜色实测法可有效反映草坪营养状况对草坪颜色的影响，但还不能全面和准确反映草坪修剪、灌溉或遮阴对草坪颜色的影响。

②草坪反射光测定法 草坪反射光测定法采用采用光谱辐射仪，在室外自然光照条件下，测定被测草坪群落的反射光谱结果为草坪反射光的强度和成分，它与人眼接受的光相同，能较好地反映草坪整体颜色状况。一般选择草坪叶片叶绿素含量的敏感光谱波段400～700 nm。测定草坪颜色的光谱仪有多波段光谱辐射仪和反射仪2种仪器。目前国内外多采用

手持(便携)式光谱仪，置于草坪地面以上 1 ~ 2 m 处测量草坪的反射量。为了减少误差，要在光线弱的条件下进行测定，一般选阴天或早晨(太阳高度角为 23° ~ 31°)进行测量，并在较短时间内完成。

8.2.1.2　草坪均一性

草坪均一性是指草坪外观均匀一致的程度，又称草坪均一度或均匀性。它是对草坪草颜色、高度、密度、组成成分、长势、质地等项目整齐度的总体评价。高质量草坪应是高度均一，不具裸露地、杂草、病虫害斑块，生育型一致的草坪。

草坪均一性的测定应在修剪一定时间后进行，测定方法有以下 4 种。

①样方法　样方法就是计数草坪样方内不同类群的数量，然后计算各自的比例以及在整个草坪中的变异状况。样方法的样方面积多为直径 10 cm 的样圆，重复次数依草坪面积而定，一般重复次数应为 30 以上，以便计算不同样方间的变异程度。该法常用于草种性状差异较大的混播草坪均一性测定。

②目测法　目测法测定草坪均一性，一般采用 9 分制评分法。9 分表示完全均匀一致，6 分表示均匀一致，1 分表示差异很大。

③均匀度法　是用草坪密度变异系数(CVD)、颜色变异系数(CVC)和质地变异系数(CVT)计算草坪均匀度，公式为

$$均匀度(U) = 1 - (CVD + CVC + CVT)/3$$

④标准差法　将 10 根有刻度的针间隔 20cm 置于架子上制成简易装置，其中针可以自由上下移动，在测定中将该装置放在草坪上，读取各针的上下移动值，重复 3 次，计算标准差，用标准差的平均值表示均一性。

草坪均一性受以下 2 个因素影响：一是草坪群体特征。如草坪地上枝条的颜色、形态、长势等均一、整齐，则草坪均一性优良；二是草坪表面平坦性。如草坪草着生表面的均匀性好，则草坪均一性优良。草坪均一性的这 2 个影响因素在不同用途草坪质量评价中的侧重点各不相同，观赏草坪的质量评价大多侧重于草坪群体特征评价，注重草坪草叶片外部形态、颜色和草种的分布状况等草坪外貌反映特征；而运动场草坪则侧重于草坪表面平坦性评价。国外运动场平坦性采用平整架法测定(其测定方法是将 10 根有刻度的针间隔 20 cm 置于架子上，制成简易装置，其中针可以自由地上下移动，在测定中将该装置放在运动场草坪上，读取各针的上下移动值，重复 3 次，计算标准差，用标准差的平均值表示平坦性)。此外，草坪均一性还受草坪草种类、修剪高度、草坪质地、密度等因素影响。

8.2.1.3　草坪密度

草坪密度是指单位面积上草坪植物个体或枝条的数量。优质草坪很需要高密度的植株，它可以增强草坪对杂草侵入的竞争力，同时它与草坪强度、耐践踏性、弹性等使用特性密切相关。

草坪密度随草种遗传特性、自然环境条件、草坪种植方式、一年中的时期和养护措施而有很大不同。结缕草中，沟叶结缕草密度较高，细叶结缕草的较低。甚至同一草种不同品种的密度也有差异，同一品种的播种量不同，其密度也表现不同。增加播种量，可以使密度增加。但是，草坪的最后密度取决于养护管理水平和环境条件。即使是大播种量，也会因种间或种内竞争而稳定于某一密度范围。而充足的土壤水分、较低的修剪高度和施用氮肥通常会刺激草坪草分蘖，增加草坪密度，如修剪低矮、管理适当的翦股颖和狗牙根草坪密度非常

大。草坪密度也是草坪草对各种条件适应能力的反映尺度。不耐遮阴的草坪草种在树下不能形成高密度草坪，稀疏的草坪很难成为优质运动场草坪；如草坪草种的抗病性弱或适应性差，则不可能形成高密度草坪；而具有强壮匍匐茎、地下茎的草坪草则可形成较高草坪密度。

草坪生长发育过程中个体间存在种间和种内竞争，因此草坪密度会随草坪建植后的时间而变化，随着竞争的缓和，草坪密度逐步稳定，草坪密度测定应在草坪建植后密度稳定时进行。草坪密度的测量方法包括目测法和实测法。

①目测法 以目测估计单位面积内草坪草植株的数量，并人为划分一些密度等级，以此对被测草坪密度进行分级或打分。草坪密度的目测法多采用 9 分制，其中 9 分表示极密，6 分表示密，1 分表示极稀疏。

②实测法 是记数一定面积样方内草坪植物的个体数。通常样方面积为 50 ~ 100 cm^2。同时为了保证其准确性和代表性，要多次重复。由于草坪种植密集，进行草坪密度实测的工作量非常大，试验的重复次数可根据实际情况而定。在样方选定后，将地上植株齐地面剪下，记录地上植株或茎数、叶数。密度实测值的表示方法有单位面积株数、茎数和叶数。一般草坪密度多用单位面积枝条数来表示。

9 分制目测法与实测法具有一定对应关系：9 分极密相当于枝条密度≥3.5 枝/cm^2；6 分密相当于枝条密度 2.5 枝/cm^2 ~ 3.5 枝/cm^2；1 分极稀疏相当于枝条密度≤0.5 枝/cm^2。

8.2.1.4 草坪盖度

草坪盖度是草坪草覆盖地面的程度，用一定面积上草坪草植株的垂直投影面积与草坪所占土地面积的比例表示。草坪盖度与密度密切相关，但密度不能完全反映个体分布状况，而盖度可以表示植物所占有的空间范围。盖度越大，草坪质量越好。草坪杂草生长的地方、病斑、虫害造成的斑块等视同裸地，不能列入草坪盖度之中。草坪盖度可采用目测法或针刺法测定。

①目测法 利用预先制成 100 cm×100 cm 的样框，内用线绳平均分为 100 个 10 cm×10 cm 的单元小格，将样框放置被测草坪样地上，目测计数草坪草植株在每单元中所占有的比例。将各单元的观测值统计后，用百分数表示草坪的盖度值。或直接目测估计样框中草坪覆盖面积所占的比例。重复次数 5 ~ 10 次。草坪盖度分级评价可采用 9 分制，也可采用 5 分制，盖度为 100% ~97.5% 记 5 分，97.5% ~95% 记 4 分，95% ~90% 记 3 分，90% ~85% 记 2 分，85% ~75% 记 1 分，盖度不足 75% 的草坪需要更新或复壮。

②针刺法 将上述具有 100 个小方格的样框置于被测草坪上，用细长针垂直针刺每一格，然后统计某草坪植物种及全部植物种与针接触的次数及针刺总数，两者的比值即为某草坪植物种的盖度和植被的总盖度，以百分数表示，一般重复 5 ~ 10 次。

如果草坪面积很大，可用一条 100 m 长的测绳，穿过草坪不同区域，再用钢卷尺测量有空地(无草生长)的长度，取其平均值，即

$$C(\%) = 1 - \left[\frac{\sum_{i=1}^{n} Li}{100}\right] \times 100$$

式中 C——草坪盖度；

Li——空地长度。

与目测法相同，盖度值分级评价可采用 5 分制，盖度为 100% ~ 97.5% 记 5 分，97.5% ~ 95% 记 4 分，95% ~ 90% 记 3 分，90% ~ 85% 记 2 分，80% ~ 75% 记 1 分，不足 75% 的草坪需要更新或复壮。

8.2.1.5　草坪高度

草坪高度是指草坪自然状态下，草坪草顶端及修剪后的草层平面至坪床地表的垂直距离。一般采用采用直尺或卷尺人工测量，样本数应大于 30。国外采用特制的草坪高度测定仪测定，可避免坪床表面局部不平整带来的误差，更为精确。

草坪的修剪高度影响草坪的高度及其外观质量。不同类型的草坪所要求的高度不同，如高尔夫果岭低至 2.5 mm，足球场 2 ~ 4 cm，绿地草坪 5 ~ 8 cm；不同草坪草种所能耐受的最低修剪高度不同，如翦股颖所能耐受的最低修剪高度要远低于高羊茅与草地早熟禾，而这一特性在很大程度上决定了草坪草的使用范围。

8.2.1.6　草坪质地

草坪质地是指草坪叶片的细腻程度，主要是对草坪草叶片宽窄与触感的量度，是人们对草坪草叶片喜爱程度的指标，取决于叶片宽度、触感、光滑度及硬度。国内草坪质地的测定方法较统一，多用草坪草叶片最宽处的宽度表示，叶宽的测定要选择叶龄与着生部位相同的叶片测量，重复次数要大于 30 次。

人们通常认为草坪叶片越窄，其质地越好。但孙吉雄（1995）在草坪质地分级中提出最佳叶宽的概念，认为超出最佳叶宽范围的草坪草，无论叶片较宽还是较窄，其质地得分都降低。在其质地分级中最好的叶宽为 0.4 cm，评价为很好；然后依次是 0.3 ~ 0.5cm 为好；0.3cm 或 0.5cm 为中等；0.2 ~ 0.3 cm 或 0.5cm ~ 0.6cm 为差。

草坪草通常宽叶的触感硬，窄叶的质地较软。如草地早熟禾、匍匐翦股颖、紫羊茅、细叶结缕草等是细质地的草坪草；而高羊茅、地毯草等则为质地粗糙的草种类型（表 8-1）。但是，野牛草叶片细，但由于叶片上被有大量的毛，触感不好；钝叶草叶片宽，但触感很柔和。因此，草坪草质地的评价应综合考虑叶片宽度和触感。

表 8-1　草坪草的叶片宽度分级

叶宽（mm）	等级	草坪草种
< 2	极细叶型	细叶羊茅、绒毛翦股颖、非洲狗牙根等
2 ~ 3	细叶型	狗牙根、草地早熟禾、细弱翦股颖、匍匐翦股颖、细叶结缕草等
3 ~ 5	中等叶型	半细叶结缕草、意大利黑麦草、小糠草等
5 ~ 7	宽叶型	草地羊茅、结缕草等
> 7	极宽叶型	高羊茅、狼尾草、雀稗等

草坪草的叶宽主要由其遗传特性决定，但是，养护管理措施如修剪、施肥、表层覆沙等都会影响草坪草的质地。例如，当匍匐翦股颖和一年生早熟禾的修剪高度从 3.8 cm 下降至 0.8 cm 时，叶片宽度会降低 50%，叶片质地也会随着植株密度和环境胁迫而发生变化。而相同草坪草品种的密度和质地具有一定相关性，密度增加，质地则变细。质地也影响草坪草种间混合播种时的兼容性。草坪混播和混合配方时，要使用叶片质地相近的草种和品种，粗质地草种不宜同细质地的草种混合播种，因为两者相结合外观表现不一致，会破坏草坪的均一性。

8. 2. 1. 7 草坪外观质量评价与监测的特点

草坪外观质量评价与监测的指标及其测定方法存在以下特点。

（1）评价与监测指标具动态变化性

上述草坪外观质量评价与监测的任何一个指标都会随着草坪草种及品种、养护管理措施而变化。任何单个草坪外观草坪质量指标都不能反映草坪的整体质量。例如，草坪仅有高的分蘖枝密度并不能说明其草坪的整体质量好。同理，草坪某个外观质量指标的相对重要性随着草坪建植和使用目的而变化。由于草坪外观质量指标的特殊性，因此草坪质量的评价除对草坪外观质量进行评价外，还应该根据草坪用途对影响草坪使用功能的各因子进行综合、动态的评价。

（2）评价与监测的目测法结果具主观性

草坪外观质量评价多采用目测法，或称视觉评估法。目测法评定草坪质量时，将其划分为不同的等级，评分方法有5分制、10分制和9分制等。其中9分制较常用，以9代表可能的最高得分，以1作为最差的得分，或者反之。草坪质量评价的目测法直观，体现了草坪的主要功能，有很强的实用性。其不足之处是该评价方法主观性很大，因测定者的经验与素质等差异，可能造成相同草坪不同测定者的评分差异较大。目测法的可靠性与评价者的经验及技术水平有关，评价的正确与否很大程度上取决于观测者的经验。目测法在一个测试区中的误差相对较小，但是在比较不同地区、不同年份、不同评价者之间的评价结果时误差较大。

由于草坪外观质量评价的目测法具有一定的主观性，所以草坪外观质量评价最好通过多个评价者相对独立地进行打分评价或将构成草坪外观质量的因素逐一分解并加以定量分析，最终的评分为几个评价者结果的平均值，才有可能消除或降低人为主观因素影响。因此，尽管目测法存在一定缺陷和不足，因至今为止还没有简单可行的草坪外观质量评价方法可以替代目测法，所以，目测法现在仍然是最实际、快速评价草坪外观质量的主要方法。

8. 2. 1. 8 草坪外观质量评价的 NTEP 方法

（1）NTEP 方法简介

NTEP 为美国国家草坪草评定计划（The National Turfgrass Evaluation Program）的简称，它是由美国农业部（USDA）农业研究局和国家草坪基金会（NTF）共同合作，于1980年在全美国范围开始实施的草坪草品种测试项目。它涵盖美国40个州和加拿大6个省，由大学和研究机构承担。其目的是评价草坪草品种在不同环境条件、养护管理措施和应用情况下的表现。参试草坪草品种需经过3~5年的评比才能得到在不同区域和养护管理条件下的草坪质量评价结果，不同地区用户则可根据草坪草的品种比较结果选择草种和品种。

（2）NTEP 方法的评分标准

NTEP 方法是一种草坪外观质量评价法，其评价体系的主要指标包括：草坪综合质量、色泽（遗传色泽、春季、冬季和秋季色泽）、叶片质地、密度（春季、夏季和秋季）、春季返青状况、幼苗活力的测定、生长季节的活体覆盖度、抗旱性（主要包括抗萎蔫、抗休眠和干旱过后的恢复能力）、抗霜冻能力、抗病虫害能力、其他指标（如耐磨性、草皮强度、抗抽穗能力、抗杂草能力等）。NTEP 采用9分制评价草坪质量。9分代表某一质量性状最高评价值；而1分表示其最差水平，为完全死亡或半休眠的草坪。1~2分为休眠或半休眠草坪；2~4分为质量很差；4~5分为质量较差；5~6分为质量尚可；6~7分为良好；7~8分为优质草坪；8分以上质量极佳。以上为 NTEP 评分法的一般原则，实际评分时可以进一步参照 NTEP 评分标准(表8-2)。

通常 NTEP 评价指标仅采用草坪密度、质地、颜色和均一性 4 项指标(见表8-2)。将各指标评分综合成总分时,通常按以下标准给不同指标项目分配权重:颜色 2 分,密度 3 分,质地 2 分,均一性 2 分。

NTEP 评价体系采用最小显著性差异分析方法(LSD)对各种指标平均值之间的差异性进行统计分析。品种间以及品种内的差异通过 LSD 值反映出来,也就是将 2 个品种某项指标的平均值相减,其差值 > LSD 值时表明 2 个品种间存在显著差异,反之则为差异不显著。用户在利用 NTEP 评价结果选择草坪草品种时,一般是参考自己所在地区或相似区域试验点的评价结果选择适宜的品种。

表 8-2 NTEP 草坪外观质量评分标准

指　标	分　等　范　围	评　分
密　度	<50%	1~3
	50%~80%	4~5
	80%~100%	5~6
	盖度100%,较稀疏到很稠密	6~9
颜　色	休眠或枯黄	1
	较多的枯叶,少量绿色	1~3
	较多的绿色,少量枯叶	3~5
	浅绿到较深的绿色	5~7
	深绿到墨绿	7~9
质　地	叶宽 5~10mm	1~4
	叶宽 3~5mm	4~6
	叶宽 1~3mm	6~8
	叶宽 <1mm	8~9
均一性	十分均匀	9
	50%斑秃	1

8.2.2　草坪生态质量

草坪生态质量是指草坪植物间以及草坪植物与环境之间相互作用所表现的特性。它可反映草坪对环境和利用方式的适应能力。草坪生态评价指标中,有些指标只能用定性方法描述,如分枝类型、抗逆性等;有些指标可通过定量方法评价,如绿期、生物量等。由于草坪生态质量评价指标的评价方法不一致,难以将这些指标纳入同一个评价体系,对草坪生态质量做出综合评价。因此,目前对草坪生态质量的评价多为单因子评价。草坪生态质量评价的一般指标如下。

8.2.2.1　草坪植物组成

草坪植物组成是指构成草坪的植物种或品种以及它们的比例。草坪植物组成评价的主要依据是草坪使用目的,在此前提下,可根据草坪其他质量特征来评价组成成分是否合理。实际应用中可先确定草坪是由单一种组成还是混播草坪，如果是混播草坪则要测出主要建坪草种及其频度和盖度，然后与设计要求对比，依据目的、功能要求进行对照，做分级评估，达到设计要求的给 5 分，每下降 5% 扣 1 分。

草坪植物组成与草坪使用目的相关。观赏草坪要求种类单一，均一性好；游憩草坪或水土保持草坪的适应性强弱至关重要，因此要求草坪有多个组成成分，以增加草坪的适应性，降低管理成本。但草坪混播也不是种类越多越好，因为种间竞争激烈，混播组合草种以 3 ~ 4 种为宜。一般情况下种内品种间混播草坪的均一性好，虽然其生态适应性不及种间混播，但却好于单一品种的草坪。

草坪的群落结构是不断发生变化的。评价草坪组成成分应当在草坪生长达到相对稳定状态时，通过测定群落组成结构、与当初设计的草种组成及比例进行比较，对草坪组成成分是否合理做出判断。如两者差异不大，说明草坪组成成分合理；反之则不合理。根据差异的程度进行草坪组成评价打分。

8.2.2.2　草坪草分枝类型

草坪草分枝类型是草坪草生育型，是指草坪草的枝条生长特性和分枝方式。该特性与草坪草的扩展能力及再生能力密切相关。草坪生态质量评定中，草坪草分枝类型并非独立评价指标，而是影响草坪综合质量和适应能力的重要因素，一般对其不进行直接评价，而是隐含于其他草坪质量指标之中。草坪草的分枝类型如下。

（1）丛生型

丛生型草坪草主要是通过分蘖进行分枝，不断形成新的个体。用这种草坪草建坪时，在播种量充足条件下，能形成均匀一致的草坪；但在播种量偏低时则形成分散独立的株丛，导致坪面不均一，影响草坪的外观质量和使用质量，如多年生黑麦草、苇状羊茅等。丛生型草坪草密度较大时形成的坪面波状起伏较少，草坪均一性好，对球的旋转方向影响较小，对运动场草坪的使用质量有利。

（2）根茎型

根茎型草坪草是通过地下根状茎进行扩展。该种草坪草定植后的扩展能力很强，并且地上枝条与地面趋于垂直，可形成均一、致密的草坪，如草地早熟禾、紫羊茅和结缕草等。

（3）匍匐茎型

匍匐茎型草坪草是通过地上水平枝条进行扩展。该类草坪草的扩展能力与土壤质地密切相关，在沙质土壤上易形成新个体。匍匐茎是该类草坪草的主要再生器官，因此匍匐茎型草坪草耐低修剪能力强，如匍匐翦股颖、野牛草和狗牙根等。草坪中出现斑秃时，可通过匍匐茎的扩展而得到修复。

草坪草分枝类型除丛生型、根茎型和匍匐茎型 3 种基本类型外，还可将丛生型细分为密丛型和疏丛型，还有根茎型与疏丛型的中间类型——根茎疏丛型。

8.2.2.3　草坪草抗逆性

草坪草抗逆性是指草坪草对寒冷、干旱、高温、水涝、盐渍及病虫害等不良环境条件的抵抗能力，以及对践踏、修剪等的耐受能力。草坪草的抗逆性除由草坪草的内在遗传因素决定之外，还受草坪管理水平以及混播草坪的草种配比的影响。草坪草的抗逆性是一个综合特性，它的评价指标主要有形态、生理和生化指标。不同用途草坪对抗逆性要求的侧重点不同，如运动场草坪要求耐践踏、耐修剪能力强，耐高强度管理；水土保持草坪重点要求耐瘠薄、耐干旱能力强；观赏草坪则要求抗病虫害、绿期长。抗逆性评价是根据草坪草抵抗不良环境条件的实际表现，以及对使用、养护强度的耐受程度，进行综合评价打分。

8.2.2.4　草坪绿期

草坪绿期是指草坪群落中 50% 的植物返青之日至呈现枯黄之日的持续日数，草坪绿期长者为佳。较高的养护管理水平可延长草坪的绿期，但草坪的绿期受地理、气候和草种的影响较大。评价草坪绿期之前要获得草种在某地区绿期的资料，然后对被测草坪的绿期进行观测打分。达到标准值的计为满分，绿期短的根据缩短天数扣分，如每缩短 5 天扣 1 分，如此确定测草坪绿期的得分。

8.2.2.5　草坪植物生物量

草坪植物生物量是指草坪植物群落在单位时间内的生物积累量，它由地上部生物量和地下部生物量两部分构成。草坪植物生物量与草坪的再生能力、恢复能力、定植速度等因素密切相关。

草坪地上部生物量是草坪生长速度和再生能力的数量指标，一般以单位面积草坪单位时间内的修剪量表示。地上生物量可用样方刈割法测定，也可用剪下的草屑量估测。草坪地下生物量是指草坪植物地下部分单位面积一定深度内活根的干重，它是维持草坪草地上部分生育的重要物质和能量基础，对草坪的景观质量和使用质量起关键作用，也是草坪质量能否持久保持的保证。草坪地下生物量测定通常采用土钻法，土钻的直径一般为 7cm 或 10cm，取样深度为 30cm，可分 3 层取样。取样后用水冲洗清除杂质，烘干称重。

草坪植物生物量的评价首先应确定草坪的类型，以及该草坪在当地适宜管理条件下的生物量大小及季节变化，然后与取样实测结果进行对比，根据两者的差异程度给出评价结果。

8.2.3　草坪使用质量

草坪使用质量主要表现为用作运动场草坪使用时所表现的特性。如高尔夫球场对草坪的密度和均一性要求很高，叶宜细而柔软，且平滑度也很好。足球、橄榄球等运动场草坪，有鞋底尖钉的践踏，赛马场跑道草坪，有马蹄的践踏，因此，该类草坪的耐践踏性很重要。使用质量良好的草坪可以为运动项目提供理想场地，使运动员的竞技水平得到充分发挥，同时大幅度缓解运动员与场地间的剧烈冲击，从而对运动员的运动安全起到保护作用。草坪使用质量的评价内容，一是表现为对运动项目的适应性，二是运动员对草坪性能的感觉和要求。其评价指标包括草坪的弹性与回弹性、草坪滚动摩擦性能、草坪滑动摩擦性能、草坪强度、硬度、刚性等。

8.2.3.1　草坪弹性与回弹性

草坪弹性是指草坪受外力作用消失后恢复原来状态的能力；草坪回弹性是指草坪在外力作用时保持其表面特征的能力。两者既有联系又有区别。草坪弹性实质是草坪植被的特征，由草坪草的质地和茎叶的密度决定；而草坪回弹性不但与草坪植被生长状况有关，还与坪床的物理性质有关。草坪弹性与回弹性对运动场草坪极为重要，它影响比赛质量和运动员安全。草坪弹性和回弹性与草坪草种、修剪高度、根量等多种因素有关，同时还受气候、土壤等因素影响。

草坪弹性在实际中不易测定，一般测定的是回弹性，用反弹系数表示。

$$反弹系数（\%）＝反弹高度/下落高度×100$$

测定方法是将被测草坪场地所使用的标准赛球放在一定高度，使其自由下落，目测或用摄像机记录当球接触草坪后的第一次反弹高度，以反弹高度占下落高度的百分数表示。不同运动类型草坪场地应选用相应的测定用球，下落高度一般为 3 m。弹性过大或过小都不利于运动员水平的发挥。不同运动项目对草坪弹性的要求有所不同，其标准也各不相同，如足球为 20% ~ 50%，而网球要求为 53% ~ 58%。

8.2.3.2 球滚动距离

球滚动距离是衡量草坪滚动摩擦性能的一项指标。滚动摩擦性能是指草坪和与接触的物体在接触面上发生阻碍相对运动的力。球类运动场草坪的草坪滚动摩擦性能主要用于评价球在草坪表面上滚动的性能，该性能与草坪草种类、草坪密度和质地关系密切。球滚动距离的测定方法采用球在一定高度沿一定角度的测槽下滑，以从接触草坪起到滚动停止时的滚动距离表示。通常采用的高度为 1 m，角度多采用 45°或 26.6°。运动场草坪球滚动距离测定通常用标准足球(图 8-1)，高尔夫球场果岭草坪通常使用较为简单的测速仪测定球滚动距离。由于草坪多具有一定坡度，同时测定时会受风向影响，因此其测定要正反两个方向各测一次。

草坪球滚动距离的计算公式为：

$$DR = 2S{\uparrow} \cdot S{\downarrow} / (S{\uparrow} + S{\downarrow})$$

式中 DR——球滚动距离；

$S{\uparrow}$——迎坡滚动距离；

$S{\downarrow}$——顺坡滚动距离。

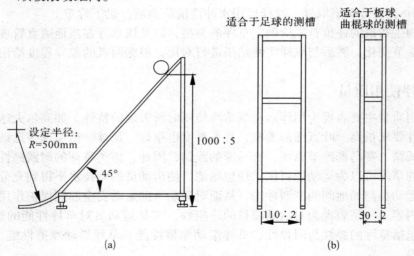

图 8-1 草坪球滚动距离测定装置(引自孙吉雄，2008)

(a)测定架长度(mm) (b)测定架宽度(mm)

8.2.3.3 草坪摩擦力

草坪摩擦力也称草坪滑动摩擦性能。滑动摩擦是指互相接触的物体在相对滑动时受到的阻碍作用。草坪滑动摩擦性能则主要反映运动员脚底与草坪表面之间的摩擦状况。滑动摩擦的测定方法有牵引力法和滑动距离法，牵引力法较常用。

牵引力法是采用一个质量为 46 kg ± 2 kg、直径为 150 mm ± 2 mm 的圆盘，其底部装有运动鞋鞋钉，圆盘通过转动杆经固定衬套与扭力计连接，测量用力转动时的扭矩力峰值，单位为牛顿·米(N·m)。通过扭力来衡量草坪滑动摩擦性能，扭力越大，表明草坪摩擦力越大。但并非草坪摩擦力越大越好，足球场草坪摩擦力最佳范围为 35 ~ 50 N·m，合格范围 25 ~ 60 N·m。

滑动距离法采用标准测车在草坪表面滑动的距离来反映草坪表面滑动摩擦性能。标准滑车的重量为 45 kg ± 2 kg，长 85 mm，宽 60 mm，底部测脚装有运动鞋鞋钉。鞋钉的材料、形状和数量应以草坪所适用运动项目中运动员所用的鞋钉为准（图 8-2）。测定时将滑车置于一个长 150 mm、高 870 mm、斜边角度为 30°的三角支架上使滑车下滑（滑车接触被测草坪表面地的速度应为 2.0 m/s ±0.02 m/s），直至滑车停止滑动，测量滑车在被测草坪表面的滑行距离，以此数值来表示草坪滑动摩擦性能。

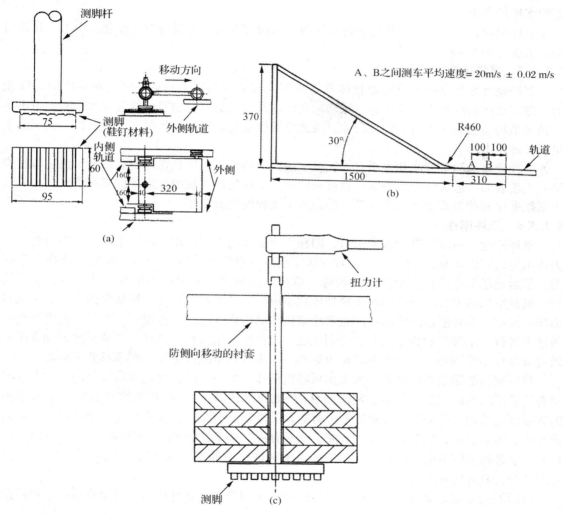

图 8-2　草坪摩擦力的滑动距离法测定装置（引自孙吉雄，2008）

（a）标准滑车（mm）　（b）滑车测定架　（c）摩擦力测定装置

球滚动距离（草坪滚动摩擦性能）与草坪摩擦力（草坪滑动摩擦性能）又可合称为草坪光滑度。草坪光滑度是草坪的表面特征，可目测确定，但较准确的方法是用上述方法分别测定球滚动距离和草坪摩擦力。

8.2.3.4　草坪强度

草坪强度是指草坪耐受外来冲击、拉张和践踏等的能力，它包含了草坪耐践踏性的综合指标。草坪强度不仅取决于草坪草的分枝类型，还受草坪建植与养护管理水平的影响。如果草坪草为根茎型，修剪、镇压得当，水肥适度，草坪生长良好，根系发达，则草坪强度大，表现出再生速度快、耐践踏能力强、使用寿命延长。

草坪强度可采用草坪强度计测定。该装置将切割下来的草皮一端固定并连接到测力计上，另一端连接到负重体上，测定时不断增加负重体质量直至草皮撕裂，此时负重体的质量即为草坪强度。待测草皮最好用起草皮机切割，标准规格为长 30 cm、宽 30 cm、厚度 3 cm，要求均一，原状，有代表性。草皮与测力计、负重体通过夹条连接，负重体常采用水桶，通过加水增加负重。

草坪强度也可凭经验目测打分进行评价，一般分 5 级，分别为强、较强、中等、较弱与弱，依次记为 5~1 分。

8.2.3.5　草坪硬度

草坪硬度是指草坪抵抗其他物体刻划或压入其表面的能力。草坪硬度对草坪的持球能力、球落地后的反弹力、旋转力、滚动距离，以及运动员的运动安全都有很大影响。由于草坪是由植物与表层土壤构成的复合体，因此草坪硬度受草坪生长状况、土壤结构、土壤含水量等多种因素影响。

草坪硬度的测量方法和表示方式较多。最简单的测量方法是在球赛后用直尺测定球员脚踏入土壤表面所造成的凹陷深度；也可利用测定土壤物理性状的仪器评价草坪硬度，如针式土壤硬度仪和冲击式土壤硬度仪等。冲击式土壤硬度仪最常用。

8.2.3.6　草坪刚性

草坪刚性是指草坪草的抗冲击力，即在一定强度的力的作用下草坪草的茎叶不折断、除去作用力后可以恢复向上生长的能力。草坪刚性与草坪的耐践踏能力、弹性、回弹性等有关，是运动场草坪质量评价的重要指标。草坪草的刚性主要取决于草坪草茎、枝、叶的结构、机械组织的发育状况，同时受植物体化学成分、含水量、温度、植株个体大小和密度等影响。因此，草坪刚性测定时应注意草坪草植株的生育状况，在密度、含水量、温度等相同条件下进行。结缕草和狗牙根草坪的刚性强，可以形成耐践踏的草坪；草地早熟禾和多年生黑麦草草坪刚性则差一些；而匍匐翦股颖和一年生早熟禾刚性更差；粗茎早熟禾最差。

草坪刚性的测定方法很多。如采用压路机碾压一次草坪后，通过观察倾倒的草坪草恢复垂直生长所需的时间进行度量；利用简易的"前脚掌转碾法"，观察被脚掌转碾的草坪碾损的程度评定等级并评分。前脚掌转碾法测定方法如下：测试者穿磨平了底的运动鞋，右脚向前半步，踮起脚跟，使重心落于前脚掌，然后使劲，将右脚掌向左旋转90°，再反方向旋转180°。于是脚掌转碾的草坪呈现 1、2、3 三个区域碾损的程度为 1 区 >2 区 >3 区，如按 5 分制评分，其评定标准见表 8-3。

刚性的对立面是柔软性，因此，草坪刚性亦可用草坪柔软性描述。只要具备一定耐践踏

表 8-3　前脚掌转碾后草坪损坏区域评定

结　果	刚　性	评　分
若所有区域几无损坏	极强	5
若 1 区部分损坏	强	4
若 1 区损，2 区几无损坏	中	3
若 1、2 区均损坏，3 区几无损坏	差	2
若 1、2、3 区均损坏，至少 1 区的草烂黏	极差	1

能力,柔软则是某些草坪所希望的特征。因此,应依据草坪用途和使用强度确定合适的草坪刚性。

8.2.3.7 草坪草恢复能力

草坪草恢复能力是指草坪在使用过程中受病原物、昆虫、踏压等伤害后恢复原来状态的能力,可用草坪再生速度或恢复率表示。它对于运动场草坪尤为重要。因为运动场草坪经常遭受剧烈的践踏和损坏,若自行恢复能力弱,一定会影响利用次数,提高养护费用。自行恢复能力的基础是草坪草种的遗传特性,同时受草坪建植、管理、土壤及季节影响。

草坪草恢复能力的测定方法有挖块法和抽条法,即在草坪中挖去 10 cm × 10 cm 的草皮或抽出宽 10 cm、长 30 ~ 100 cm 的草条,然后填入壤土,任其周围的草自行生长恢复,按照恢复快慢打分,或用一定时间内的恢复率表示草坪恢复能力。如按 9 分制评分,恢复期 1 ~ 2 周为短,记为 >8 分;恢复期 3 ~ 4 周为中等,记为 7 ~ 8 分;恢复期 >4 周者为长,记为 <7 分。

8.2.4 草坪基况质量

草坪基况主要指草坪草所着生的土壤满足其生长的条件。由于草坪是一种人工植被,其基况受人为因素影响较大,如建植时的坪床结构、厚度、材料、施工工艺、施工质量等;当草坪定植后,对草坪的使用、养护机械的作业、养护管理措施等都会影响草坪基况质量。草坪基况质量评价指标如下。

8.2.4.1 土壤养分

土壤养分指草坪坪床土壤中能直接或经转化后被草坪草根系吸收利用的矿质营养成分,用单位重量土壤中所含各种营养元素所占百分数表示。土壤矿质营养成分含量、存在状态和有效性等决定了草坪草生长快慢与健壮的程度。土壤养分主要以单位重量土壤中某种矿质营养所占的百分含量表示。草坪草生长影响较大的矿质营养元素包括氮、磷、钾、钙、镁、硫、铁、锌、硼、钼、锰、铜和氯。此外,土壤有机质影响土壤养分的肥力和结构,也是土壤养分评价的重要指标。土壤养分可通过化学分析法测定,根据养分丰缺状况做出评价。

8.2.4.2 土壤质地与土壤酸碱度

土壤质地是指草坪坪床土壤中不同粒径大小的矿物质颗粒的组合状况,用不同粒径所含比例表示,用土壤机械分析法确定。土壤质地与土壤通气、保肥、保水状况有密切联系。土壤质地可分为砂土、黏土和壤土 3 类。

砂土的保水和保肥能力很差,养分含量少,土温变化较大,但通气透水良好,适用于高强度管理草坪,如高尔夫球场果岭、高质量运动场草坪。黏土的保水与保肥能力较强,养分含量较丰富,土温变化小,但通气透水性差,干时硬结,湿时泥泞,不利于草坪草生长和草坪养护管理。壤土是介于砂土与黏土之间土壤质地类型,兼有砂土和黏土的优点,通气透水、保水保肥能力都较好,适于各种草坪草生长,是建植各类草坪的理想土壤质地类型。

属于同一类土壤质地的不同土壤其土壤理化性质差异很大。因此,建植高质量运动场草坪时,坪床建造不仅仅只是粗放地选择质土壤就可以了,而是要各种粒径沙的构成比例达到设计标准,通常参考美国高尔夫协会(USGA)推荐标准制定。

土壤酸碱度是指土壤溶液的反应,它反映土壤溶液中 H^+ 浓度和 OH^- 浓度比例。不同草坪草对土壤酸碱度的适应能力不同;土壤酸碱度对土壤肥力及植物生长影响很大。因此,草坪建植一般以中性土壤为宜。

8.2.4.3 土壤水分与土壤渗透排水能力

土壤水分指以固、液、气三态存在于土壤颗粒间空隙中的水分。土壤水分状况受土壤质地、降水、灌水的影响，而其中的有效水含量取决于土壤质地。

草坪土壤渗透排水能力是指草坪坪床排水透气性能，它可用坪床土壤渗透排水速率表示，用无底量筒法测定。将无底量筒插入草坪间铲出的裸地中，把一定量水倒入无底量筒，记录水渗透完毕所需时间。依公式计算出渗透排水速度，排水速度 = 单位时间单位面积的渗水量 V[V 的单位为 $mL/(cm^2 \cdot min)$]，以此评价草坪土壤排水能力。

草坪土壤渗透排水能力主要取决于土壤质地。砂土排水速度最快，其次是壤土，黏土的排水速度最慢。土壤排水能力对于开放草坪尤其是运动场草坪非常重要，要求其具有良好排水能力。

8.2.5 不同类型草坪质量评价与监测体系

草坪质量评价和监测(turf performance assessment and monitoring)是借助专门草坪质量评价工具对构成草坪质量的主要因子进行定点定期地测试，然后运用国际通用的质量标准对所测的草坪质量进行综合评价和分级，并对其时空变化趋势进行有效预测和调控。

草坪质量评价和监测的实际过程，不是对草坪质量各项指标一一进行分散的评价，而是根据草坪类型选择一些对其质量有较大影响的指标，通过一定方法将这些指标有机统一相结合，构成一个评价体系，对草坪质量做出综合评价。

8.2.5.1 草坪质量综合评价步骤

(1)确定评价指标及其权重

草坪用途不同，其质量评价所采用的评价指标也不相同，而且各指标在不同用途草坪中的重要性也不相同。运动场草坪的耐践踏性、草坪强度等使用指标较为重要，而对颜色、质地等外观质量指标要求较低；而观赏草坪的颜色、质地等外观质量指标较重要；而水土保持草坪的成坪速度、抗逆性等生态质量指标更重要。草坪质量实际评价时，首先应根据草坪用途确定相应评价指标，并依据各评价指标的重要性确定权重系数。评价指标及权重可通过研究资料并进行统计分析获得；也可通过综合专家组的评定意见确定。

(2)确定各评价指标的测定方法

草坪质量评价指标的测定方法对草坪质量评价的真实性和准确性具有重要影响。指标的测定方法必须统一、标准，具有科学性和可操作性，同时测定程序要规范，符合国际、国内或行业标准。对一些没有标准规范的测定指标可采用大家公认的仪器或装置进行测定。

(3)确定草坪质量综合评价标准

草坪质量综合评价方法不同，其评价标准也不同。在加权评分法中要确定评价指标的分级和加权平均数的分级；在模糊综合评价法中只需确定各指标的分级。确定草坪质量综合评价标准受主观因素影响较大，要尽量包括从差到优的所有可能情况。草坪质量评价指标的分级一般为3级制(优良、中等、较差)或5级制(优秀、良好、中等、较差、很差)2种。

(4)获得草坪质量评价指标值，进行数据统计分析，得出草坪质量综合评价结果

按照已确定的测定标准、规范和方法测定草坪质量各评价指标，获得评价指标值。根据综合评价统计分析结果，以3级制(优良、中等、较差)或5级制(优秀、良好、中等、较差、很差)表示草坪质量综合评价结果。

8.2.5.2　草坪质量综合评价数理统计方法

（1）加权评分法

加权评分法需要确定 2 个标准：一是草坪质量指标的分级；二是加权平均数的分级。

采用加权评分法进行草坪质量综合评价时，首先要将被测草坪的评价指标的实测值与草坪质量指标的分级进行对比，得到草坪各指标的得分。再将各指标得分与指标权重相乘，累加后除以指标数量，即得到加权平均数。最后根据加权平均数的分级标准确定被测草坪的等级。

（2）模糊综合评价法

模糊综合评价法就是利用模糊数学的方法对草坪质量指标的数值进行数理分析。草坪质量是一个模糊概念，它具有不确定性，草坪质量的评价指标也具有不确定性，因此可借助模糊数学方法进行草坪质量评价。草坪质量模糊综合评价的步骤如下：

①确定质量评价量化评级集 U　可设 U 为：$U = (u_1, u_2, u_3, u_4, u_5) = $（优秀、良好、中等、较差、很差）。

②确定草坪质量评价指标及其评语集　草坪质量评价指标要根据草坪用途确定。指标的评语集是根据实际情况人为划定的质量分级，在划定评语集时基数要与评级集的分级数相同。

③根据指标的评语集　确定草坪质量评价指标的线性隶属函数　确定的线性隶属函数是以评语集中的线性代数的函数方式体现，函数的上下限与评语集的上下限相同。

④根据指标的线性　隶属函数将草坪质量评价指标的实测值或打分进行模糊化，获得各指标的隶属度 $r_{nj}(0 \leqslant r_{nj} \leqslant 1)$，并且构建指标评分的隶属度矩阵 R。

$$R = \begin{cases} r_{11} & r_{12} & \cdots & r_{1j} \\ r_{21} & r_{22} & \cdots & r_{2j} \\ \cdots & \cdots & \cdots & \cdots \\ r_{n1} & r_{n2} & \cdots & r_{nj} \end{cases}$$

式中　n——指标的个数；

　　　j——指标的分级数。

⑤按照指标的权重形成权重集合　W 权重集合中各元素，即各指标的权重之和为 1。

⑥将权重集合 W 与隶属度矩阵 R 相乘，获得评价结果的集合 A：

$$A = W \times R = (d_1, d_2, \cdots d_j)$$

式中　d——被测草坪隶属评语集中各级的隶属度；

　　　1，2，$\cdots$，j——分级。

从集合 A 即可得出被测草坪隶属评语集中各级的隶属度，隶属度最大的一级即为该草坪的等级。如果需要，可将集合 A 与量化评级集 U 相乘获得草坪质量综合评价的总分数 K。

$$K = D_{i \times j} \cdot U^T = \sum_{i=1}^{n} d_i u_i$$

通过总分数可对被评草坪质量进行排序。

8.3　草坪质量评价和监测的方法与步骤

草坪质量评价是对草坪整体性状的评定，可反映草坪质量是否满足人们对它的期望与要求。近 30 年来许多学者从不同角度提出了草坪质量评价体系。评价体系有 9 分制和 5 分制；评价方法有目测法和测定法；综合评定时有将各指标评定值通过简单的相加、平均，也有通过应用复杂的数学方法将各指标评定值进行处理的综合评价方法，如加权法、模糊矩阵法、综合速率法等。但是，目前草坪质量综合评价还没有形成科学、客观、统一、成熟的评价体系，而且确定评价指标的权重时都是人为分配，主观性很强。近年层次分析法和隶属函数数学方法开始应用于草坪质量综合评价，该方法减小了分配指标权重的主观性，使草坪质量的综合评价结果具有客观性与说服力，在 2010 年第 16 届广州亚运会足球场草坪质量评价中得到成功应用。现以此为例，对草坪质量评价和监测的模糊综合评价方法与步骤阐述如下。

8.3.1　草坪质量评价和监测指标的选择

草坪质量评价的第一步是确定和筛选影响草坪质量的主要指标，这也是运用系统分析方法综合评价和动态监测草坪质量的第一步。对于一个复杂的草坪生态系统，很多指标都会独立或相互交织影响草坪质量。如果仅仅选择几个主要指标，就不能全面反映该草坪质量的真实情况，其评价代表性不强，评价结果准确性下降。然而，如果选择的指标太多，将会大大增加草坪质量评价工作的人力、物力和时间等投入，其实践应用也缺乏实际可操作性，有时反而会降低评价结果精度。因此，草坪质量综合评价体系构建的基本要求就是在两者之间寻求一个最佳点，建立一个既不过于复杂又不过于简单的评价体系。

根据足球运动对草坪质量的要求特点，选择了草坪密度、盖度、质地、高度、回弹性、平整度、球滚动距离、摩擦力、硬度 9 个指标，构建草坪质量综合评价体系，对广州亚运会 16 块足球场草坪质量进行综合评价。每块场地测定样点 5 个，分别是南北小禁区各 1 个、南北大禁区各 1 个、中场圆弧区 1 个。各指标的检测方法如下：

密度采用实测法：对每个待测草坪取面积为 10 cm × 10 cm 的样方，人工计数样方内的草坪草枝条数。每样点测定 3 次，取平均值。

盖度采用针刺法：将由 100 个小格组成的 10 cm × 10 cm 样方放在被测草坪上，针刺每个节点，然后统计接触到草坪草的节点数量，用百分数表示草坪的盖度。每样点测定 3 次，取平均值。

质地采用实测法：对每个待测草坪随机取样 30 株，测定叶龄与叶着生部位相同的叶片最宽处，取平均值。

高度采用实测法：对每个待测草坪随机取样 30 株，测量高度，取平均值。

回弹性采用自制回弹仪：让气压为 0.7 bar 的标准足球从 3 m 高度处自由下落，观测其弹起高度。每样点测定 3 次，取平均值。反弹系数 = 反弹高度/下落高度 × 100%。

平整度测定：将 10 根带有刻度的等长细钢钎，间隔 20 cm 等距离置于 2 m 长的平整架上，其中钢钎可以自由地上下移动。测定时，将该装置放在足球场上，读取各钢钎顶端至平整架表面的高度，减去钢钎上端长度，得到高差。每样点测定 3 次，取平均值。

硬度用草坪硬度计测定：测锤为圆柱形，质量为 2.25 kg，直径 50 mm，在 300 mm 的导管中下落，记录草坪硬度计所示数值，单位为重力加速度 G。每样点测定 3 次，取平均值。

球滚动距离测定：将标准比赛用球从 45° 斜面的测槽，高 1 m 处自由滑下，测定球从接触草坪起到滚动停止时的直线距离。正反两个方向以及垂直方向各测一次。每样点测定 3 次取平均值。

摩擦力测定：将圆盘底部带足球鞋钉、上面负重 46 kg 的扭矩仪用力水平旋转，测定扭矩峰值，单位为 N·m。每样点测定 3 次，取平均值。

16 块足球场草坪的检测结果如下（表 8-4）：

表 8-4　第 16 届广州亚运会足球场草坪质量检测结果（引自张巨明等，2010）

测试球场	平整度 X_1(cm)	摩擦力 X_2(N·m)	球滚动距离 X_3(m)	回弹性 X_4(%)	硬度 X_5(G)	密度 X_6(枝/cm²)	盖度 X_7(%)	高度 X_8(cm)
英东	0.31	54.11	4.64	30.98	88.10	1.39	94.40	3.27
黄埔	-0.70	40.67	4.10	23.04	84.78	1.34	95.00	4.45
人民	-0.19	54.17	4.94	35.26	96.86	1.19	88.89	2.90
花都	0.39	51.83	3.91	30.48	91.47	1.02	83.89	3.44
工体	-0.07	48.00	4.39	22.52	73.58	1.60	100.00	4.50
燕岗	-0.85	55.56	4.02	25.78	109.5	1.63	100.00	5.40
番体	-1.05	48.56	4.75	21.63	58.67	1.66	98.89	3.70
仲元	-2.15	48.67	3.44	19.56	65.67	1.49	98.90	4.80
执信	-2.15	43.11	3.72	17.48	42.44	1.26	97.78	5.34
石楼	-2.33	51.78	3.59	24.41	65.14	1.54	95.56	5.82
市桥	-2.24	59.78	3.29	23.41	75.67	1.38	97.78	6.80
番禺	-1.86	56.22	3.56	21.59	66.86	1.44	91.10	6.31
禺山	-0.20	63.00	4.34	33.81	87.00	1.23	98.33	3.90
东涌	-0.90	63.00	4.99	31.74	66.00	1.46	95.00	3.50
化龙	-0.93	56.56	4.63	24.30	77.47	1.54	98.89	3.33
南村	-0.80	69.00	4.43	32.96	79.00	1.54	99.11	2.80

8.3.2　确定各指标的阈值范围

确定影响草坪生态系统性能的主要指标后，模糊数学综合评判法要求对每一个指标的效应进行量化和分级，即要确定各指标的阈值范围，这是进行模糊数学综合评价的基本要求。根据第 16 届广州亚运会对足球场草坪质量的要求，参照英国运动场草坪有关标准和我国《草坪质量分级标准》，确定了 9 项草坪质量检测指标的主要指标阈值范围，作为每项指标的质量评价依据（表 8-5）。

表 8-5　第 16 届广州亚运会足球场草坪质量评价指标集及其阈值范围（引自张巨明等，2010）

评语集	平整度 X_1(cm)	摩擦力 X_2(N·m)	球滚动距离 X_3(m)	回弹性 X_4(%)	硬度 X_5(G)	密度 X_6(枝/cm²)	盖度 X_7(%)	高度 X_8(cm)	质地 X_9(mm)
					指标集 X				
不合格	$X_1 < -3$ 或 $X_1 > 3$	$X_2 < 25$ 或 $X_2 > 60$	$X_3 < 2$ 或 $X_3 > 14$	$X_4 < 15$ 或 $X_4 > 55$	$X_5 < 35$ 或 $X_5 > 120$	$X_6 \leqslant 1$	$X_7 \leqslant 98$	$X_8 \geqslant 4$	$X_9 < 1.5$ 或 $X_9 > 6$
合格	$-3 \leqslant X_1 \leqslant -2$ 或 $2 \leqslant X_1 \leqslant 3$	$25 \leqslant X_2 \leqslant 35$ 或 $50 \leqslant X_2 \leqslant 60$	$2 \leqslant X_3 \leqslant 4$ 或 $12 \leqslant X_3 \leqslant 14$	$15 \leqslant X_4 \leqslant 20$ 或 $50 \leqslant X_4 \leqslant 55$	$35 \leqslant X_5 \leqslant 45$ 或 $90 \leqslant X_5 \leqslant 120$	$1 < X_6 < 4$	$98 < X_7 < 100$	$2.5 \leqslant X_8 < 4$	$1.5 \leqslant X_9 \leqslant 2$ 或 $4 \leqslant X_9 \leqslant 6$
最佳	$-2 < X_1 < 2$	$35 < X_2 < 50$	$4 < X_3 < 12$	$20 < X_4 < 50$	$45 < X_5 < 90$	$X_6 \geqslant 4$	$X_7 \geqslant 100$	$X_8 \leqslant 2.5$	$2 < X_9 < 4$

8.3.3　评价与监测指标的标准化

　　草坪生态系统是一个十分复杂和动态的"灰色"生态系统，草坪质量评价既有定性指标，又有定量指标，并且各指标之间的度量衡单位大多不一致。同时，各指标之间或相同指标在不同测定时期的效应表现也往往不一致。这是草坪质量评价的普遍难题。运用传统评价方法很难解决这一难题。

　　为了能够对草坪质量给予客观、综合和数量化评价，模糊数学综合评判法要求将所有评价指标值耦合起来形成一个单一的标准化数量化指数，即将每一个模型指标根据其阈值范围标准化为"0"至"1"的某个值（包括 0 和 1），为该模型指标的隶属度。其中不合格的指标值均可标准化为 0，最佳的指标值均可标准化为 1，合格指标是在评语集内呈线性上升或下降，故可做出评定草坪质量指标的线性隶属函数 Ui。例如，运动场草坪的回弹性标准化之后的值是随着回弹性从 15% 到 20% 的增大呈从 0 到 1 线性增大；随着回弹性从 50% 到 55% 的增大呈从 1 到 0 线性减小；回弹性小于 15% 或大于 55% 时，标准化之后的值都为 0；回弹性处于 20% 到 50% 时，标准化之后的值都为 1。各指标的隶属度函数如下：

$$U_{1j}(X) = \begin{cases} 0 & x < -2 \text{ 或 } x > 3 \\ x+3 & -3 \leqslant x \leqslant -2 \\ 1 & -2 < x < 2 \\ 3-x & 2 \leqslant x \leqslant 3 \end{cases} \qquad U_{2j}(X) = \begin{cases} 0 & x < 25 \text{ 或 } x > 60 \\ \dfrac{x}{10} - \dfrac{5}{2} & 25 \leqslant x \leqslant 35 \\ 1 & 35 < x < 50 \\ 6 - \dfrac{x}{10} & 50 \leqslant x \leqslant 60 \end{cases}$$

$$U_{3j}(X) = \begin{cases} 0 & x < 2 \text{ 或 } x > 14 \\ \dfrac{x}{2} - 1 & 2 \leqslant x \leqslant 4 \\ 1 & 4 < x < 12 \\ 7 - \dfrac{x}{2} & 12 \leqslant x \leqslant 14 \end{cases} \qquad U_{4j}(X) = \begin{cases} 0 & x < 15 \text{ 或 } x > 55 \\ \dfrac{x}{5} - 3 & 2 \leqslant x \leqslant 20 \\ 1 & 20 < x < 50 \\ 11 - \dfrac{x}{5} & 50 \leqslant x \leqslant 55 \end{cases}$$

$$U_{5j}(X) = \begin{cases} 0 & x < 35 \text{ 或 } x > 120 \\ \dfrac{x}{15} - \dfrac{7}{3} & 35 \leqslant x \leqslant 45 \\ 1 & 45 < x < 90 \\ 4 - \dfrac{x}{30} & 90 \leqslant x \leqslant 120 \end{cases} \qquad U_{6j}(X) = \begin{cases} 0 & x \leqslant 1.0 \\ \dfrac{x}{3} - \dfrac{1}{3} & 1.0 < x < 4.0 \\ 1 & x \geqslant 4.0 \end{cases}$$

$$U_{7j}(X) = \begin{cases} 0 & x \leqslant 98 \\ \dfrac{x}{2} - 49 & 98 < x < 100 \\ 1 & x \geqslant 100 \end{cases} \qquad U_{8j}(X) = \begin{cases} 1 & x \leqslant 2.5 \\ \dfrac{3}{8} - \dfrac{2x}{3} & 2.5 < x < 4 \\ 0 & x \geqslant 4 \end{cases}$$

$$U_{9j}(X) = \begin{cases} 0 & x < 1.5 \text{ 或 } x > 6 \\ 2x - 3 & 1.5 \leqslant x \leqslant 2 \\ 1 & 2 < x < 4 \\ 3 - \dfrac{x}{3} & 4 \leqslant x \leqslant 6 \end{cases}$$

在隶属度函数中，$U_{4j}(X)$ 为标准化后草坪回弹性的隶属度，而 x 为草坪回弹性的原测定值。例如，当某个运动场草坪的回弹性为 18% 时，则可以运用以上模型得到标准化后的回弹性隶属度 0.6。与草坪回弹性处理相同，将影响草坪质量的其他指标的原测定值进行标准化，得到各指标的隶属度，构成评定草坪质量各指标的线性隶属函数 U_{ij}，即为第 j 个球场的第 i 个指标的隶属函数，将各指标模糊化计算后得到模糊关系矩阵 $R = (U_{ij})m \times n$（m 表示球场的个数，n 表示测试的指标数）。矩阵 R 由每个球场的每个指标标准化之后得到的隶属度组成。

8.3.4　确定评价与监测指标的权重

确定各个系统指标的权重是运用模糊数学综合评判法评价和动态监测草坪质量过程中最重要的一步。由于每个系统指标对草坪质量的贡献不同，所以这些系统指标应根据各自的权重进行累加，而不是简单采用平均数累加。这些权重值可以利用层次分析法（analytic hierarchy process，AHP）计算并且检验。

8.3.4.1　构建权重矩阵

利用层次分析法原理，根据 Saaty 的 1-9 尺度法确定各指标对综合评价目标的权重值。该方法采用两两指标相互对比方法，即采用相对尺度，以判断各指标对草坪质量的相对影响，使评价有统一参照。设 X_1，X_2，X_3，$\cdots$，X_9 为平整度、摩擦力、球滚动距离、回弹性、硬度、密度、盖度、高度、质地等对草坪质量的影响，每次取两个因素 X_i 和 X_j，用 a_{ij} 表示 X_i 和 X_j 对草坪质量的影响之比。若认为两项指标（X_i，X_j）同等重要，则其权重取 1；若一项比另一项稍重要则取 3；若重要则取 5；若很重要则取 7；若绝对重要则取 9；若介于两者之间则分别取 2，4，6，8。将全部比较结果用比较矩阵表示为：

$$A = (a_{ij})_{m \times n} (a_{ij} > 0, a_{ij} = 1, a_{ij} = 1/a_{ji})$$

8.3.4.2　检验权重值

通常在层次分析法建模过程中，特别是当需要考虑的实际影响因素较多时，很难保证所建立矩阵 A 为一致矩阵。所以为确定权重向量的可接受性，引入一致性指标 $CI = (\lambda_{max} - n)/(n-1)$（$n$ 为评价指标个数）。但对于具体的矩阵，很难说其一致性指标 CI 是很大还是很小，Saaty 针对 CI 指标大小的不严格性提出了随机一致性指标 RI，并以一致性比率 CI/RI 衡量矩阵的一致性。RI 数值列入表 8-6。

表 8-6　随机一致性指标 RI 的数值

n	1	2	3	4	5	6	7	8	9	10	11
RI	0	0	0.58	0.90	1.12	1.24	1.32	1.41	1.45	1.49	1.51

当一致性比率 $CI/RI \geqslant 0.1$ 时，则认为矩阵 A 不具备满意的一致性，而且需要通过修正各指标对草坪质量的影响之比修正权重矩阵，以便使一致性比率通过检验；当一致性比率 $CI/RI < 0.1$ 时，则可以认为矩阵 A 具有满意的一致性，表明用最大特征根 λ_{max} 所对应的特征向量 $W_A = (W_1, W_2, W_3, \cdots, W_9)$ 作权重向量是可以接受的。其中：$\sum_{i=1}^{n} W_i = 1$

即所有选定的对草坪质量有影响的指标权重之和为 1。

　　根据以上构建权重矩阵的原则，给足球场场草坪质量的 9 个评价指标（平整度、摩擦力、球滚动距离、回弹性、硬度、密度、盖度、高度、质地）构建权重比值矩阵 A。利用 MatlabR2009a 矩阵计算软件计算求得矩阵 A 的最大特征值 $\lambda_{max} = 9.041\ 7$。对矩阵 A 进行一致性检验。$CI/RI = (\lambda_{max} - n)/(n-1)/RI = 0.036 < 0.1$，表明矩阵 A 具有满意的一致性。故矩阵 A 的最大特征值 $\lambda_{max} = 9.041\ 7$，所对应的特征向量 $W_A = (0.257\ 7\quad 0.147\ 7\quad 0.147\ 7\quad 0.147\ 7\quad 0.078\ 8\quad 0.078\ 8\quad 0.076\ 5\quad 0.045\ 9\quad 0.027\ 9)$，作为足球场场草坪质量的 9 个指标的权重是可以接受的。

$$A = \begin{pmatrix} 1 & 2 & 2 & 2 & 3 & 3 & 4 & 5 & 7 \\ \frac{1}{2} & 1 & 1 & 1 & 2 & 2 & 2 & 3 & 5 \\ \frac{1}{2} & 1 & 1 & 1 & 2 & 2 & 2 & 3 & 5 \\ \frac{1}{2} & 1 & 1 & 1 & 2 & 2 & 2 & 3 & 5 \\ \frac{1}{3} & \frac{1}{2} & \frac{1}{2} & \frac{1}{2} & 1 & 1 & 1 & 2 & 3 \\ \frac{1}{3} & \frac{1}{2} & \frac{1}{2} & \frac{1}{2} & 1 & 1 & 1 & 2 & 3 \\ \frac{1}{4} & \frac{1}{2} & \frac{1}{2} & \frac{1}{2} & 1 & 1 & 1 & 2 & 3 \\ \frac{1}{5} & \frac{1}{3} & \frac{1}{3} & \frac{1}{3} & \frac{1}{2} & \frac{1}{2} & \frac{1}{2} & 1 & 2 \\ \frac{1}{7} & \frac{1}{5} & \frac{1}{5} & \frac{1}{5} & \frac{1}{3} & \frac{1}{3} & \frac{1}{3} & \frac{1}{2} & 1 \end{pmatrix}$$

8.3.5　评价与监测指标的耦合和草坪质量的综合评判

　　运用模糊数学综合评价和动态监测草坪质量的最后一步是根据各系统指标的权重值将所有指标标准化以后的评价指标隶属度耦合，对草坪质量作出综合评价。草坪质量的综合评价可用公式表示：

$$B = R \cdot W_A^{\ T}$$

式中　$W_A^{\ T}$——各指标的权重向量的转置，可视为一行的模糊矩阵；

　　$B = (b_j)^T$，$((b_j)^T$ 是 b_j 的转置，$j = 1,\ 2,\ 3,\ \cdots,\ 16$，是模糊综合评价集，$b_j(j = 1,\ 2,\ 3,\ \cdots,\ 16)$ 是模糊综合评价各指标。评价集是评判者对评价对象可能作出的各种总的评价结果所组成的集合。为进一步使评价集定量化，在综合评价过程中，按照运动场草坪质量 5 级分级办法，建立评价集 $V = \{Ⅰ级、Ⅱ级、Ⅲ级、Ⅳ级、Ⅴ级\}$ 及综合质量评价分级标准（表8-7）。草坪质量综合评价值 b_j 越大，表明该运动场的草坪质量越好，越小则草坪质量越差。

表 8-7　足球场草坪质量分级标准

等级	运动场草坪质量评价的综合得分 b_j	质量优劣
Ⅰ级	$b_j \leqslant 0.2$	很差
Ⅱ级	$0.2 < b_j \leqslant 0.4$	较差
Ⅲ级	$0.4 < b_j \leqslant 0.6$	中等
Ⅳ级	$0.6 < b_j \leqslant 0.8$	良好
Ⅴ级	$b_j > 0.8$	优秀

最后计算结果也就是被测草坪质量的综合得分 $b_j (0 \leqslant b_j \leqslant 1)$，其质量水平可参照表 8-7 质量标准做出评判。

根据以上综合评判程序，将表 8-4 中的足球场草坪质量指标数据与其对应的隶属函数 $U_{ij}(x)$ 进行模糊化，得到矩阵 R。足球场草坪的综合评价集 $B = R \cdot W_A{}^T$，即为 $B^T =$ {0.771 9　0.807 7　0.758 3　0.779 6　0.891 1　0.760 1　0.859 4　0.750 7　0.634 0　0.672 5　0.553 9　0.688 4　0.675 7　0.679 6　0.772 5　0.747 4}。根据表 8-7 的分级方法，可将被测 16 块足球场草坪进行质量分级（表 8-8）。

$$R = \begin{pmatrix}
1 & 0.589 & 1 & 1 & 1 & 0.13 & 0 & 0.486\,7 & 1 \\
1 & 1 & 1 & 1 & 1 & 0.113\,3 & 0 & 0 & 1 \\
1 & 0.583 & 1 & 1 & 0.771\,3 & 0.063\,3 & 0 & 0.733\,3 & 0.975 \\
1 & 0.817 & 0.955 & 1 & 0.951 & 0.006\,7 & 0 & 0.373\,3 & 1 \\
1 & 1 & 1 & 1 & 1 & 0.2 & 1 & 0 & 1 \\
1 & 0.444 & 1 & 1 & 0.35 & 0.21 & 1 & 0 & 1 \\
0.85 & 1 & 1 & 1 & 1 & 0.22 & 0.445 & 0.2 & 1 \\
0.85 & 1 & 0.72 & 0.912 & 1 & 0.163\,3 & 0.45 & 0 & 0.875 \\
0.67 & 1 & 0.86 & 0.496 & 0.496 & 0.086\,7 & 0 & 0 & 1 \\
0.76 & 0.822 & 0.795 & 1 & 1 & 0.18 & 0 & 0 & 1 \\
1 & 0.022 & 0.645 & 1 & 1 & 0.126\,7 & 0 & 0 & 1 \\
1 & 0.378 & 0.78 & 1 & 1 & 0.146\,7 & 0 & 0 & 1 \\
1 & 0 & 1 & 1 & 1 & 0.076\,7 & 0.165 & 0.066\,7 & 1 \\
1 & 0 & 1 & 1 & 1 & 0.153\,3 & 0 & 0.333\,3 & 0.935 \\
1 & 0.344 & 1 & 1 & 1 & 0.18 & 0.445 & 0.446\,7 & 1 \\
1 & 0 & 1 & 1 & 1 & 0.18 & 0.555 & 0.8 & 1
\end{pmatrix}$$

表 8-8　第 16 届广州亚运会足球场草坪质量分级结果（引自张巨明等，2010）

足球场名称	综合模糊评价值	等级	质量优劣
英东	0.771 9	Ⅳ级	良好
黄埔	0.807 7	Ⅴ级	优秀
人民	0.758 3	Ⅳ级	良好
花都	0.779 6	Ⅳ级	良好
工体	0.891 1	Ⅴ级	优秀

（续）

足球场名称	综合模糊评价值	等级	质量优劣
燕岗	0.760 1	Ⅳ级	良好
番体	0.859 4	Ⅴ级	优秀
仲元	0.750 7	Ⅳ级	良好
执信	0.634 0	Ⅳ级	良好
石楼	0.672 5	Ⅳ级	良好
市桥	0.553 9	Ⅲ级	中等
番中	0.688 4	Ⅳ级	良好
禺山	0.675 7	Ⅳ级	良好
东涌	0.679 6	Ⅳ级	良好
化龙	0.772 5	Ⅳ级	良好
南村	0.747 4	Ⅳ级	良好

从表 8-8 综合评价结果可以看出，测试的 16 块足球场草坪质量总体达到良好，质量等级都在中等以上，其中 3 块为优秀等级；12 块为良好等级；1 块为中等等级。综合评价值排序：工体(0.891 1) > 番体(0.859 4) > 黄埔(0.807 7) > 花都(0.779 6) > 化龙(0.772 5) > 英东(0.771 9) > 燕岗(0.760 1) > 人民(0.758 3) > 仲元(0.750 7) > 南村(0.747 4) > 番中(0.688 4) > 东涌(0.679 6) > 禺山(0.675 7) > 石楼(0.672 5) > 执信(0.634 0) > 市桥(0.553 9)。该综合评价结果与草坪质量的实际调查情况相符。所有被测场地中工体足球场的评价值最高，达到 0.891 1，该球场除高度指标不合格和密度指标只达到合格之外，其他 7 项指标均是最佳值。而综合评价值最低的市桥足球场为中等级别，该场地的指标中最佳值虽然有 4 个，但是有 2 个不合格指标，而且还有 2 个指标值在合格范围的下限水平。由此可见，草坪综合质量不是由某些或单个指标决定，而是取决于所有指标的综合表现，只有所有指标均表现优良的草坪质量才能达到优良水平，而且草坪质量受权重大的指标影响较权重小的指标大。

上述草坪质量综合评价体系运用层次分析法和模糊数学综合评判方法，其综合评价值在指标评价集内与指标值呈线性相关，评价结果的代表性好，并且在草坪质量评价过程中，将各评价指标具有的不同单位的指标特征值转化为反映指标优劣的隶属度，实现了评价由定性向定量的转化。

由于草坪质量评价体系中各指标在不同类型草坪的重要性并不相同，因此科学合理确定评价指标的权重值是进行草坪质量综合评价的关键。上述评价体系运用层次分析法，通过构造权重比值矩阵，计算该矩阵最大特征值所对应的特征向量，通过一致性检验后，获得了较客观而科学的评价指标权重值，克服了前人凭经验主观确定权重值的不足。

总之，上述草坪质量综合评价体系的数学模型灵敏度高、数学处理运算过程简单，评价指标权重值的确定较为科学，评价结果能客观反映草坪质量状况，比单纯根据人为确定权重值和质量分级的模糊综合评价法更加科学，是一种较为先进的草坪质量数量化综合评价方法。

8.4　草坪建植与养护工程质量评价

　　草坪建植与养护是草坪产业的两项基本应用工程，其工程质量评价也是草坪质量评价的重要内容。

8.4.1　草坪工程质量评价概述

　　草坪工程质量是指草坪建植和养护工程竣工后，草坪满足业主需要，符合国家法律、法规、技术规范标准、设计文件及合同规定的各项功能的综合表现，是草坪使用功能的系统体现。草坪工程质量反映了草坪工程建设的技术与管理水平。草坪工程质量由草坪的内在特性和外部特征构成，最终体现其使用功能。因此，草坪工程质量亦因草坪类型和草坪用途不同，其质量要求与评价指标有所差别。

　　草坪工程质量评价一般是指在草坪建植或养护完成以后和交付使用前由草坪使用单位或业主组织专家对草坪建植或养护质量做出评价，以检验草坪建植或养护施工单位的施工质量是否达到业主或合同规定要求，并确定工程质量等级的过程。

8.4.2　草坪工程质量评价内容

　　草坪工程质量评价基本内容与一般草坪质量评价内容相同。但是，草坪工程质量评价除评定草坪质量外，更注重找出影响草坪质量的关键因素，为提高草坪质量和草坪竣工验收提供依据。草坪工程质量应对草坪坪床质量、草坪质量和草坪使用质量等 3 者进行综合评价（图 8-3）。

8.4.2.1　坪床基础

　　坪床是草坪赖以生存的基本保证，其质量的好坏直接影响草坪前期生长情况、草坪管理和草坪寿命。坪床是草坪建植的基础工程。坪床基础质量可用坪床结构、质地、养分、平整度等指标衡量。其中，坪床结构和质地对草坪建植和以后的管理有较大影响。壤土是普通草坪建植的理想基质，它既有良好的保水保肥能力，又有良好的通透性。一些对草坪质量要求较高的草坪如高尔夫果岭和运动场草坪，为了防止积水影响比赛，采用 USGA 推荐的沙质坪床结构，坪床渗透性迅速，排水性良好。但是这种土壤保水保肥性差，需要加大灌水和施肥频率。因此，草坪工程质量评价中，土壤质地的评价也要以草坪用途和工程要求而异，不能采用单一质量标准衡量坪床的质地。

　　坪床养分要合理搭配，养分比例因草坪用途、要求和管理强度而异。养分过多会增加管理强度，尤其是过多的氮肥会增加草坪修剪次数；适量的磷钾肥可促进草坪草根系的生长发育，增强草坪抗旱性；但是缺氮则会影响草坪颜色。

　　坪床平整度可反映建坪过程中施工的精细度，对高尔夫和运动场草坪非常重要。坪床要求没有积水区域，无大粒径石块等坚硬物质。坪床表面要求达到坡度合理、平滑一致，要避免无法排水的死角。

　　此外，运动场等高质量草坪需要配套自动喷灌系统，这也是草坪质量保证的重要坪床基础工程。喷灌系统要求覆盖全面，喷洒均匀，能及时满足草坪草的水分需求。

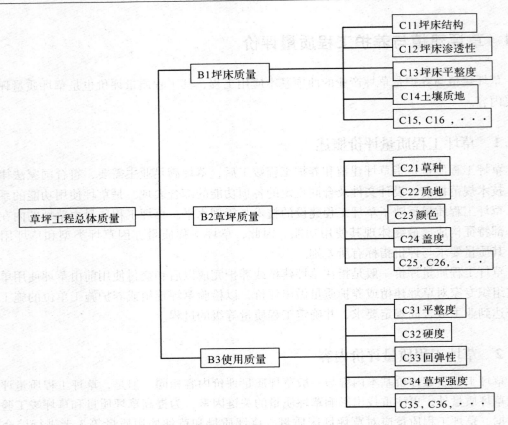

图 8-3 草坪工程质量评定指标体系(引自孙吉雄，2011)

8.4.2.2 草坪质量

草坪质量主要是指草坪外观质量，体现草坪建植和养护工程的综合水平。它包括草种选配、草坪质地、颜色、高度、密度、盖度、均一性、绿期及抗逆性等评价指标。这些指标可从本质上反映草坪外观质量，因而可决定草坪建植和养护工程是否达到要求。草种选择要因地制宜，以适应性强、符合使用目要求的草坪草种为主。草种的配合使用要考虑各草坪草种的颜色和质地，不能相差太大，否则无法获得均匀美观的草坪。同时，应注意草坪良好的外观质量应通过科学合理的养护措施才能达到。

8.4.2.3 使用质量

草坪使用质量主要指草坪作为运动场地使用时所表现的特性，包括草坪的硬度、回弹性、球滚动距离、摩擦力、强度、刚性、恢复力等。草坪使用质量与坪床基础及草坪质量密切相关，其质量水平取决于两者功能的综合表现。坪床结构可通过影响坪床的渗透性影响草坪表面的积水状况，直接影响比赛质量；坪床结构和土壤质地对草坪的硬度、回弹性有显著影响；草坪的高度、密度、盖度、均一性和平整度对草坪的硬度、回弹性、球滚动距离和摩擦力等都会产生影响。通过常规草坪养护管理措施，如修剪、浇水、施肥、病虫害防治、杂草防除和覆土、滚压等，以及改善坪床质量的一些措施如划破、打孔、覆沙等，可以大幅度改善草坪性能，从而提高草坪使用质量。

8.4.3　草坪工程质量评价体系

　　草坪工程质量进行实际评价时，可将草坪工程划分为草坪建植工程和草坪养护工程。建植工程一般为新建草坪工程，工程内容较为全面综合；而养护工程主要通过一系列的养护措施，改善草坪生长状况，工程内容较为单一。由于两类工程的内容和评价指标不同，质量评价的指标体系及权重也有所不同。通常草坪建植工程评价较全面，除对草坪外观质量和使用质量进行评价外，还要对坪床基础做出评价；而草坪养护工程则主要对草坪外观质量和使用质量做出评价。同时，草坪工程质量评价要重点依据草坪用途，结合工程类型和质量要求确定评价指标和权重。

　　张巨明在多年草坪工程实践基础上，总结提出了针对不同类型草坪的草坪建植和养护工程质量评价体系及权重（表 8-9、表 8-10）。

表 8-9　草坪建植工程质量评价指标体系及其权重

	评价指标	观赏草坪		运动场草坪		生态草坪	
		指标选择	权重	指标选择	权重	指标选择	权重
坪床质量	坪床结构			△	0.05		
	坪床渗透性			△	0.04		
	喷灌覆盖度			△	0.03		
	坪床平整度	△	0.04	△	0.05		
	土壤酸碱度	△	0.04	△	0.02	△	0.04
	土壤质地	△	0.04	△	0.03	△	0.04
	土壤养分	△	0.05	△	0.02	△	0.04
	指标数与权重	4	0.17	7	0.24	3	0.12
草坪质量	草种适合度	●	0.06	●	0.04	●	0.10
	质地	●	0.08	●	0.03		
	颜色	●	0.08	●	0.03		
	高度	●	0.06	●	0.04		
	草坪密度	●	0.05	●	0.04	●	0.08
	草坪盖度	●	0.06	●	0.04	●	0.10
	草坪均一性	●	0.06	●	0.04		
	绿期	●	0.08	●	0.05		
	抗逆性	●	0.05	●	0.03	●	0.15
	抗杂草	●	0.05	●	0.01	●	0.05
	抗病	●	0.05	●	0.02	●	0.08
	抗虫	●	0.05	●	0.02	●	0.08
	指标数与权重	12	0.73	12	0.39	7	0.64

（续）

评价指标		观赏草坪		运动场草坪		生态草坪	
		指标选择	权重	指标选择	权重	指标选择	权重
使用质量	表面平整度	☆	0.05	☆	0.06		
	硬度			☆	0.05		
	回弹性			☆	0.04		
	球滚动距离			☆	0.04		
	摩擦力			☆	0.04		
	草坪强度	☆	0.05	☆	0.05	☆	0.15
	草坪刚性			☆	0.03		
	恢复力			☆	0.06	☆	0.09
	指标数与权重	2	0.10	8	0.37	2	0.24
总指标数与总权重		18	1.00	27	1.00	12	1.00

表 8-10　草坪养护工程质量评价指标体系及其权重

评价指标		观赏草坪		运动草坪		生态草坪	
		指标选择	权重	指标选择	权重	指标选择	权重
坪床质量	坪床渗透性	△	0.05	△	0.05		
	坪床平整度	△	0.05	△	0.06		
	土壤养分	△	0.06	△	0.03	△	0.06
	指标数与权重	3	0.16	3	0.14	1	0.06
草坪质量	颜色	●	0.1	●	0.04		
	高度	●	0.06	●	0.05		
	草坪密度	●	0.06	●	0.05	●	0.09
	草坪盖度	●	0.06	●	0.05	●	0.15
	草坪均一性	●	0.08	●	0.05		
	绿期	●	0.1	●	0.06		
	抗逆性	●	0.06	●	0.04	●	0.18
	抗杂草	●	0.06	●	0.02	●	0.06
	抗病	●	0.06	●	0.03	●	0.09
	抗虫	●	0.06	●	0.03	●	0.09
	指标数与权重	10	0.70	10	0.42	6	0.66

（续）

| 评价指标 | | 观赏草坪 | | 运动草坪 | | 生态草坪 | |
		指标选择	权重	指标选择	权重	指标选择	权重
使用质量	表面平整度	☆	0.08	☆	0.07		
	硬度			☆	0.06		
	回弹性			☆	0.05		
	球滚动距离			☆	0.05		
	摩擦力			☆	0.05		
	草坪强度	☆	0.06	☆	0.06	☆	0.18
	草坪刚性			☆	0.04		
	恢复力			☆	0.06	☆	0.10
	指标数与权重	2	0.14	8	0.44	2	0.28
总指标数与总权重		15	1.00	21	1.00	9	1.00

　　草坪工程质量实际评价时，可根据草坪工程类型、工程规模、工程内容、质量标准要求和检测设备条件，参照表 8-9 和表 8-10，从中选择一些可测定的评价指标，根据各指标的相对重要性重新调整各指标的权重，制定切实可行、有针对性的草坪工程质量评价体系。

8.4.4　草坪工程竣工验收质量等级标准

　　草坪工程验收一般分阶段验收和竣工验收。阶段验收是按照甲乙双方合同规定的质量标准对乙方阶段性完成的分项工程进行评价，确定是否达到质量标准。竣工验收是对工程总体质量的最终评价，以决定工程是否通过验收及其质量等级。

8.4.4.1　草坪分项工程质量等级标准

　　草坪分项工程质量正常等级分合格与优良 2 级，达不到合格标准的项目应通过返工，修整等措施使之最终达到合格。草坪分项工程质量分级标准见表 8-11。

表 8-11　草坪分项工程质量等级标准（引自孙吉雄，2011）

等级	标　　准
合格	1. 保证项目必须符合相应质量检验评定标准的规定 2. 基本项目的抽检样本的数量及代表性应符合质量检验评定标准的合格规定 3. 允许偏差项目抽检点数中 70% 以上的实测值应在相应质量检验评定标准的允许偏差范围内
优良	1. 保证项目必须符合相应质量检评标准的规定 2. 基本项目每项抽检样本的数量和代表性应符合相应质量检验评定标准的合格规定，其中 50% 以上的抽检样本符合优良规定，该项目可为优良 3. 允许偏差项目抽检的样本数中，有 90% 以上的实测值在相应质量检验评定标准的允许偏差范围内

注1. 保证项目是指草坪工程安全或主要使用功能的检测项目，该项目是必须达到要求的项目。
　　2. 基本项目是保证草坪工程安全或使用功能的基本要求项目，是评定分项工程等级的条件之一。
　　3. 允许偏差项目是草坪工程检验中规定有允许偏差范围的项目。允许偏差是依据对结构性能或使用功能、观感质量、坪用质量等的影响程度，结合操作水平给出一定的允许偏差范围。

8.4.4.2 草坪工程总体质量等级标准

草坪工程总体质量是工程质量的综合体现，它直接反映工程的结构安全和使用功能水平，它是草坪分项工程质量的综合。草坪工程总体质量等级标准见表 8-12。

表 8-12 草坪工程总体质量等级标准（引自孙吉雄，2011）

等 级	标 准
合格	1. 所含分项工程质量全部合格 2. 质量保证资料基本齐全 3. 质量指标评定达标率均达 70% 以上
优良	1. 所含分项工程质量全部合格，其中 50% 以上达优良 2. 质量保证资料齐全 3. 质量指标评定达标率 85% 以上

8.4.5 草坪工程质量的综合评定方法

草坪工程质量是多个评定指标的综合反映，需要通过综合评定以数量化的形式确定草坪工程质量。草坪工程质量的综合评定方法较多且不统一。有的套用建筑工程或园林工程质量验收标准，但缺乏能够反映草坪独特性的质量指标，评价结果难以反映草坪工程质量的真实状况。近年来，不少草坪专家根据自己的研究和实践提出了一些草坪质量综合评定方法，有的是根据各质量指标评价结果的简单相加，有的采用加权法，有的采用模糊数学综合评定法。即使草坪工程质量评价方法相同，其评价指标也不同，因而目前草坪工程质量的评价体系较混乱，使评价结果差异很大，结果草坪工程验收过程中常常造成甲乙双方的矛盾，不利于草坪业的健康发展。

至今为止，我国还没有十分完善和适应地域条件的草坪质量标准，也没有统一的草坪工程质量评价方法和程序，在现有国内草坪工程综合评价方法中，以苏德荣等人采用模糊综合评定法较为全面。该方法从草坪建植、坪床基础和草坪养护 3 个方面共选择 12 个指标构成草坪质量综合评价指标体系，对草坪工程质量进行综合评价，各指标权重均利用层次分析法经专家评议获得。草坪工程质量模糊综合评价的步骤与草坪质量的模糊综合评价方法相同。通过综合评价可获得草坪工程的等级或得分，可为草坪工程招标、竣工验收等提供合理、准确的评价指标，为草坪工程合同双方明确责任与义务提供了数量化的标准，有助于实现草坪工程建设和管理的规范化。今后，还要总结完善我国现有草坪工程质量评价方法，并借鉴国外的规范标准，分门别类逐步建立符合我国国情的草坪的综合质量评价指标体系和评价方法。

本章小结

草坪质量是指草坪在其生长和使用期内功能的综合表现。草坪质量评价是指采用一定的方法对草坪质量相对优劣程度进行综合量化的一个过程。通过本章的学习，要求掌握草坪质量和草坪质量评价的概念以及草坪质量评价指标、评价体系和评价过程；了解国内外草坪质量评价的发展过程、存在的问题及发展趋势；熟练掌握草坪质量评价指标的测定方法和权重法、模糊综合评定等草坪质量评定方法；熟悉草坪工程质量的评价体系、评价过程及方法；
了解草坪质量评价对草坪建植和养护工作的重要作用。

思考题

 1. 试述草坪质量评价的概念和重要作用。

 2. 简述草坪质量评价体系。

 3. 简述草坪质量综合评价的过程和方法。

 4. 比较草坪质量评价和草坪工程质量评价的异同有哪些？

 5. 草坪质量评价中如何确定评价指标的权重？

 6. 试论述草坪质量评价的发展趋势。

本章参考文献

孙吉雄 . 2008. 草坪学［M］. 3 版 . 北京：中国农业出版社 .

孙吉雄 . 2011. 草坪工程学［M］. 2 版 . 北京：中国农业出版社 .

张自和，柴琦 . 2009. 草坪学通论［M］. 北京：科学出版社 .

韩烈保 . 2011. 运动场草坪［M］. 2 版 . 北京：中国农业出版社 .

任继周，张自和 . 2000. 草地与人类文明［J］. 草原与草坪（1）：5 - 9.

中华人民共和国农业部 . 2003. NY/T 634—2002 草坪质量分级［S］. 北京：中国标准出版社 .

李龙保，林世通，黎瑞君，等 . 2011. 广州亚运会足球场草坪质量的综合评价［J］. 草业科学，28（7）：
1245 - 1252.

张巨明，张小虎，刘照辉 . 1996. 暖季型草坪草的引种与评价［J］. 草业科学，13（6）：35 - 38.

第 9 章

草坪经营管理

草坪经营管理(turf operating and management)是指在草坪企业内,为使生产、营业、劳动力、财务等各种业务能按经营目的顺利地执行、有效地调整而所进行的系列管理、运营活动。草坪企业运营都会包括经营和管理这 2 个主要环节,经营是指草坪企业进行市场活动的行为;而管理是草坪企业理顺工作流程、发现问题的行为。

9.1 草坪企业

草坪企业是以草坪、草坪相关产品与草坪建植及养护工程项目为主要经营对象的企业。

9.1.1 草坪企业类型

草坪企业因所处国家地域不同、经营草坪及相关产品类型不同、经营目标与属性各异,类型很多。常用分类方法如下。

9.1.1.1 根据企业所有制属性分类

中国草坪企业可根据企业所有者的所有制性质即属性分为不同类型,即以工商行政管理部门对企业登记注册的类型为依据,可将草坪企业分为内资企业、港、澳、台商投资企业和外商投资企业等类型。

草坪内资企业根据草坪企业的财产归属分为公司和非公司企业两大类。非公司企业即未依《公司法》设立的公司,通常有 2 种分类方式:其一是按出资方式和责任形式分为合伙企业、独资企业和股份合作企业;其二是按所有制形式,非公司企业划分为国有企业(全民所有制企业)、集体企业、私营企业、联营企业和个体工商户。私营企业是指企业资产属于个人所有,雇工 8 人以上的盈利性经济组织。私营企业设立的法律依据是《中华人民共和国私营企业暂行条例》,分为 3 种类型:私营独资企业、私营合伙企业和私营有限责任公司,其中前 2 类企业不具有企业法人资格。私营有限责任公司经依法登记注册取得企业法人资格。我国有经营能力的城镇待业人员、农村村民以及国家政策允许的其他人员,可以申请从事个体工商业经营,依法经核准登记后为个体工商户。个体工商户可以个人经营,也可以家庭经营。个人经营的商户,以个人全部财产承担民事责任;家庭经营的商户,以家庭全部财产承担民事责任。

草坪港、澳、台商投资企业和外商投资企业统称外商投资企业。外商投资企业是指外国或港、澳、台商投资者根据中国的法律规定,与我国企业共同投资设立或外国投资者或港、澳、台商单独在中国境内设立的合资经营企业、合作经营企业、外商独资企业的总称。港、澳、台商投资企业分为港、澳、台资合资经营企业；港、澳、台资合作经营企业；港、澳、台商独资经营企业和港、澳、台商投资股份有限公司。外商投资企业分为中外合资经营企业、中外合作经营企业、外资企业和外商投资股份有限公司等类型。中外合资经营企业是依据《中华人民共和国中外合资经营企业法》设立的股权式企业。中外合作经营企业是依据《中华人民共和国中外合资经营企业法》设立的契约式合营企业。外资企业是依据《中华人民共和国外资企业法》设立的、全部资本由外国投资者投资的企业。

9.1.1.2　根据企业内部资本组合方式和外部经济责任形式分类

根据《中华人民共和国公司法》规定，中国现有草坪企业根据企业内部资本组合方式和外部经济责任形式分为股份有限公司和有限责任公司 2 种类型。

（1）股份有限公司

股份公司是指公司资本为股份所组成的公司，股东以其认购的股份为限对公司承担责任的企业法人。由于所有股份公司均须是负担有限责任的有限公司（但并非所有有限公司都是股份公司），所以一般合称"股份有限公司"。我国设立股份有限公司，可以采取发起设立或者募集设立的方式。发起设立是指由发起人认购公司应发行的全部股份而设立公司；募集设立是指由发起人认购公司应发行股份的一部分，其余股份向社会公开募集或者向特定对象募集而设立公司。设立股份有限公司，应当有 2 人以上 200 人以下为发起人，其中须有半数以上的发起人在中国境内有住所。股份有限公司注册资本的最低限额为人民币 500 万元；法律、行政法规对股份有限公司注册资本的最低限额有较高规定的，从其规定。

股份有限公司以全部注册资本分为等额股份，并可通过发行股票筹集资本，股东以其所持股份为限对公司承担责任，公司以其全部资产对公司的债务承担责任的公司或企业法人。股份有限公司股东大会是公司的权力机构；董事会是公司业务执行机构和经营决策机构；董事会聘任经理，经理在董事会领导下，负责日常经营管理工作。另外还有监事会负责监督公司的经营活动。

股份有限公司又称股份公司，在英美称为公开公司或公众公司，在日本称为株式会社，是指注册资本由等额股份构成，股东通过发行股票筹集资本的经济组织。我国《公司法》规定："股份有限公司是指其全部资本分为等额股份，股东以其所持股份为限对公司承担责任，公司以其全部资产对公司的债务承担责任的企业法人。"我国股份有限公司运作形式如下：

①股份一旦投资于企业，不能中途抽回，但上市股份公司可以在证券交易市场上自由转让；

②公司设有股东会、董事会、（总）经理、监事会，公司的法定代表人（法人）为董事长；

③公司应有 2 人以上 200 人以下为发起人，股东人数只有下限规定。

（2）有限责任公司

有限责任公司是指根据《中华人民共和国公司法》规定登记注册，由 50 个以下的股东共同出资，每个股东以其所认缴的出资额对公司承担有限责任，公司以其全部资产对其债务承担责任的经济组织。只有一个自然人股东或者一个法人股东的有限责任公司称为一人有限责任公司。一人有限责任公司的注册资本最低限额为人民币 10 万元。股东应当一次足额缴纳公司章程规定的出资额。一个自然人只能投资设立一个一人有限责任公司。该一人有限责任公司不能投资设立新的一人有限责任公司。

有限责任公司又称有限公司，在英美称为封闭公司或私人公司，在日本称为有限会社。它是指根据法律规定的条件成立，由股东共同出资，并以其认缴的出资额对公司的经营承担有限责任，公司是以它的全部资产对其债务承担责任的企业法人。我国有限责任公司的运作形式如下：

①股份一旦投资于企业，中途不能抽回，也不能上市自由转让，必须经股东会或董事会的决议通过才能转让，股东会不同意的，应当由其他股东购买出资以实现其转让；

②公司设立股东会、董事会、经理、监事会，公司的法定代表人是董事长；

③股东有最高人数限制，为50人以下。

（3）有限责任公司与股份有限公司的异同

有限责任公司与股份有限公司作为公司的2种主要形式，公司制的基本共性在于它们都是以许多股东共同投资入股形成公司法人制度为基本特征的，两者共同点如下：

①实行了资本三原则　一是"资本确定原则"。在公司设立时，必须在公司章程中确定公司固定的资本总额，并全部认足，即使增加资本额，也必须全部加以认购。二是"资本维持原则"。公司在其存续期间，必须维持与其资本额相当的财产，以防止资本的实质性减少，确保债权人的利益，同时，也防止股东对盈利分配的过高要求，确保公司正常的业务运行。三是"资本不变原则"。公司的资本一经确定，非按严格的法定程序，不得随意改变，否则，就会使股东和债权人利益受到损害。作为股东拥有转让股权的权利和自由，但不得抽回股本，公司实行增资或减资，必须严格按法定条件和程序进行。

②实行了"两个所有权分离"原则　即公司的法人财产权和股东投资的财产权是分离的。第一，依据我国《公司法》的规定："在公司登记注册后，股东不得抽回投资，不再直接控制和支配这部分财产"；第二，"两权分离"不是两者的互相否定。因为股东的财产一旦投入公司，即构成公司的法人财产，并且股东该财产的所有权即转化成为公司中的股权。但是，股东不会因此丧失自己投资的财产权，其仍依法享有所有者的资产受益权、收益权、分权和重大事项决策表决权以及管理者的选择权，同时可以依法自由转让股权，在公司终止时，依法享有行使分配剩余财产的终极所有权。

③实行了"有限责任"原则　有限责任公司以其出资额为限对公司承担有限责任，公司以其全部资产对公司的债务承担有限责任。股份有限公司则股东以其所持股份为限对公司承担有限责任，公司以其全部资产对公司的债务承担有限责任。

④公司都具有法人地位　依照法律或企业章程的规定，代表企业法人行使职权称之为法定代表。企业法人是指取得法人资格，自主经营，自负盈亏的经济实体，法人是具有民事权和主体的社会组织。

有限责任公司与股份有限公司具有以下特征：

①股东的数量不同　中国和世界多数国家的公司法规定，有限责任公司的股东最少2人，最多50人（亦有规定30人的）。因为股东人数少，不一定非设立股东会不可。而股份有限公司的股东则没有数量的限制，有的大公司达几十万人，甚至上百万人。与有限责任公司不同，必须设立股东大会，股东大会是公司的最高权力机构。

②注册的资本不同　有限责任公司要求的最低资本额较少，公司依据生产经营性质与范围不同，其注册资本数额标准也不尽相同。中国《公司法》规定，注册资金不得少于下列最低限额：以生产经营为主的公司人民币50万元；以商业批发为主的公司人民币50万元；以

商业零售为主的公司人民币 30 万元；科技开发、咨询服务性公司人民币 10 万元；特定行业的有限责任公司注册资金最低额高于上述规定者，由国务院另行规定。

而股份有限公司注册资本的最低额，中国《公司法》规定为 1000 万元，对允许由其他法律或行政法规定某些股份有限公司的注册资本限额可以高于 1000 万元，如批准上市公司的股本总额不少于人民币 5000 万元。

③股本的划分方式不同　有限责任公司的股份不必划为等额股份，其资本按股东各自所认缴的出资额划分。股份有限公司的股票必须是等额的，其股本的划分，数额较小，每一股金额相等。

④成立条件和发起人筹集资金的方式不同　有限责任公司的成立条件比较宽松，股份有限公司的成立条件比较严格；有限责任公司只能由发起人集资，不能向社会公开募集资金，其股票不可以公开发行，更不可能上市交易，而股份有限公司可以通过发起或募集设立向社会筹集资金，其股票可以公开发行并上市交易。

⑤股权转让的条件限制不同　有限责任公司的股东可以依法自由转让其全部或部分股本；股东依法向公司以外人员转让股本时，必须有过半数股东同意方可实行；在转让股本的同等条件下，公司其他股东享有优先权。股份有限公司的股东所拥有股票可以交易和转让，但不能退股。

⑥公司组织机构的权限不同　有限责任公司股东人数少，组织机构比较简单，可只设立董事会而不设股东会或监事会，因此，董事会往往由股东个人兼任，机动性权限较大。股份有限公司设立程序和组织复杂，股东人数较多而相对分散，因此，股东会使用的权限受到一定限制，董事会的权限较集中。

⑦股权的证明形式不同　有限责任公司的股权证明是公司签发的出资证明书；股份有限公司的股权证明是公司签发的股票。

⑧财务状况公开程度不同　有限责任公司的财务状况，只需按公司章程规定的期限交各股东即可，财务会计报表可以不经过注册会计师的审计，无须公告和备查，财务状况相对保密；股份有限公司，由于其设立程度复杂，会计报表必须要经过注册会计师的审计，还要存档以便股东查阅，其中以募集设立方式成立的股份有限公司，还必须要公告其财务会计报告，较难操作和保密。

9.1.1.3　草坪企业其他分类

草坪企业按照企业形式可分为跨国公司、企业集团、家族企业、中小企业、微型企业、一人公司等类型。这种草坪企业分类大致体现了草坪企业经营规模与业绩大小，如一般草坪跨国公司与企业集团等具有较大的经营规模和雄厚的资金、资产等实力，并且一般具有良好经营业绩。但是这种分类方法也并不完全与草坪经营规模与业绩相关，有的草坪中小企业或私人公司同样有较大的草坪经营规模和业绩。

草坪企业按照企业结构可分为控股公司、总公司、分公司、子公司、全资子公司、国外分公司、国外子公司等类型。分公司是总公司下属的直接从事业务经营活动的分支机构或附属机构，分公司不具有企业法人资格，不具有独立的法律地位，不独立承担民事责任，其人事、业务、财产受隶属公司直接控制，在隶属总公司的经营范围内从事经营活动；母公司是指拥有另一公司一定比例以上的股份或通过协议方式能够对另一公司实行实际控制的公司；子公司是指一定比例以上的股份被另一公司所拥有或通过协议方式受到另一公司实际控制的公司，子公司具有法人资格，可以独立承担民事责任；通过持有其他公司一定比例以上的股份而对其实行控制的公司，又称控股公司，子公司也可以通过控制其他公司一定比例以上的股份而成为控股公司，被控股的公司成为孙公司。母公司通过控制众多的子公司、孙公司而成为庞大的公司集团。母公司只要通过较少的资本就可以利用子公司的资本购买别的公司，组建起金字塔型的公司集团模式。

　　草坪企业按照主要经营业务可分为草坪工程企业、草坪养护企业、草坪运动场经营企业、草坪种苗经营企业、草坪肥料与农药经营企业、草坪机具经营企业等类型。草坪工程企业主要以承建草坪工程项目为主；草坪养护企业则以草坪养护为主要经营项目；其余类推。

　　草坪企业还可按是否经营草坪不同性质业务或相关业务分为单一草坪企业与综合企业。综合企业指经营多种不同性质业务的企业集团，旗下通常有多个从事不同业务、各自独立运作的子公司，如各种类型的园林绿化公司、物业公司、高尔夫公司、种子公司、肥料农药公司或机械公司。在这些综合企业，草坪业务只是其中的一项业务，一般在公司内部成立单独的草坪部门从事草坪业务。

　　草坪园林企业按一定的企业资质标准要求还可分为一级企业、二级企业和三级企业。一级企业除要求注册资金达一定标准外，还要求企业经营经历、经营业绩、企业经营能力、专业技术人员数量、企业专门设备与场所、固定资产与流动资金、已建设项目或取得科技成果获得省部级或国家奖励数等均能达到一定标准，因此，一级草坪园林绿化企业可以承揽各种规模及类型的园林绿化工程。而相应的二级与三级园林绿化企业的企业资质标准要求较低，相应地对其承揽园林绿化工程类型与规模则有一定的限制。

9.1.2　草坪企业特点

　　草坪及相关产品是一类特殊商品，因此，草坪企业除具有企业的一般属性外，还具有其特有的属性。

9.1.2.1　草坪企业的大部分经营对象，都是草坪有生命的活体

　　草坪除具有使用经济功能外，还具有多种生态、景观和社会功能。草坪作为草坪企业的主要经营对象，除需注重草坪的多种功能综合运用外，还应特别注重草坪作为有生命的活体商品特性。与一般商品经营不同，草坪及相关产品除具有一般商品的通性外，其经营与环境条件具有密不可分的关系。土地是草坪生产的重要生产资料，草坪建植及运用必须具有与草坪生长发育相适应的土壤环境生态条件，否则不能成活、生长。此外，还因为不同地区或相同地区一年四季气候等生态因素的变化，草坪及相关产品的经营也具有明显的季节性特点，有销售旺季与淡季之分；也因不同地区的主要适宜草坪草种或品种不同，草坪经营具有明显的地域性；草坪生产中的部分劳动资料和劳动对象可以相互转化，草坪产品可作为生产资料重新投入生产。

9.1.2.2　草坪经营具有长期性

　　草坪经营"三分种七分管"，草坪建植是一个短暂的过程，而草坪养护管理则是一个长期的过程。只有长期的草坪精心养护管理，才能确保草坪成活、生长良好和提高使用年限，否则，不仅难以达成草坪的功能和效果，还将增加草坪经营的成本和影响今后草坪企业的业绩。因此，草坪建植完成后草坪企业必须提供长期的草坪养护管理计划和必要的资金投入。一般草坪建植工程交付验收均要求经过一定时间的养护管理才能通过验收交付。同时，如果

能争取草坪建植交付验收后的养护管理，则既可扩展草坪企业的经营链，还可保证经营收入的长期稳定来源。

9.1.2.3　草坪经营量少，分布广泛，大多具有附属性

除了大型生态绿化工程、高尔夫球场等草坪建植与养护工程外，一般草坪建植与养护项目规模均较小，分布范围广，不便管理。并且，单一的草坪工程较少，园林绿化大多是乔、灌、草搭配，形成立体生态景观，同时，草坪绿化项目大都作为建筑工程配套的附属工程。草坪企业一方面需要努力向综合企业发展，另一方面还要充分与建筑企业、物业管理企业、体育运动企业和生态建设企业建立形成巩固的企业经营联系和合作关系，从而达到小经营、大业绩。

9.1.2.4　草坪经营价格易波动

草坪建植与养护项目的草坪及其相关产品，因其产品生产的季节性和产品的科技先进性水平不同，其市场价格浮动比较大，难以准确把握。草坪建植与养护作业劳动定额目前无国家统一规定，同时因为草坪建植与养护作业的难易程度受多种因素影响，难以进行劳动定额。并且，草坪除了使用经济功能外，还具有生态、景观和社会功能，而生态、景观与社会功能难以定价，从而表现为草坪经营价格时常变化。草坪企业对草坪经营的定价，除需要考虑企业竞争的要求外，还应考虑外部环境条件的影响。

9.1.3　草坪企业的组织结构

草坪企业的组织结构是草坪企业内部各个有机构成要素的联系方式或形式，以求有效、合理地把组织成员组织起来，为实现共同目标而协同努力。草坪企业组织结构是其资源和权力分配的载体，它在人的能动行为下，通过信息传递承载着企业的业务流动，推动或者阻碍企业使命的进程。由于组织结构在草坪企业中的基础地位和关键作用，草坪企业所有战略意义上的变革大多必须首先从其组织结构改革开始。因此，草坪企业组织结构必须适应企业的经营与管理目标及要求，并且在相对稳定基础上，还需不断自我调整完善。目前，不同的草坪企业组织结构有以下类型或形式。

9.1.3.1　直线制组织结构

直线制企业组织结构是一种最早也是最简单的企业组织结构形式。即草坪企业各分公司或部门从上到下实行垂直领导，下属部门只接受一个上级的指令，各级主管负责人对所属单位的一切问题负责。企业内部不另设职能机构，但可设职能人员协助主管人工作，一切管理职能基本上都由企业主管自己执行。

直线制企业组织结构的优点：结构比较简单，责任分明，命令统一。缺点是它要求企业负责人通晓多种知识和技能，亲自处理各种业务。这在业务比较复杂、企业规模比较大的情况下，把所有管理职能都集中到最高主管一人身上，显然是难以胜任的。因此，直线制企业组织结构只适用于规模较小，生产技术比较简单的企业，对生产技术和经营管理比较复杂的企业并不适用。

9.1.3.2　职能制组织结构

草坪企业职能制组织结构又称 U 型组织结构，是指一种按职能划分部门的纵向一体化的职能结构。该企业组织结构是企业内部总公司或各分公司除主管负责人经理外，还相应地设立一些职能机构。如在经理下面设立职能机构和人员，协助经理从事职能管理工作。这种

结构要求企业主管把相应的管理职责和权力交给相关的职能机构，各职能机构就有权在自己业务范围内向企业分公司发号施令。因此，企业分公司负责人经理除了接受总公司主管人总经理指挥外，还必须接受企业总公司各职能机构的领导。

该企业组织结构具有以下优点：一是企业内部按职能划分成若干部门，各部门独立性很小，均由企业高层领导直接进行管理，便于企业实行集中控制和统一指挥。如草坪企业分为生产、销售、研发等部门，各部门负责人直接听命于企业总经理；二是职能制组织结构保持了直线制的集中统一指挥的优点，并吸收了职能制发挥专业管理职能作用的长处；三是该企业组织结构适用于草坪及相关产品市场稳定、产品品种少、需求价格弹性较大的环境。但是，该企业组织结构也具有以下不足：一是草坪企业高层领导们由于陷入了日常生产经营活动，缺乏精力考虑企业长远的战略规划；二是如果企业规模较大与经营范围较广及经营产品种类较多时，为了区分不同地域和不同产品的经营，需分别设置不同的职能部门，可能造成行政机构越来越庞大，企业内部各部门协调越来越难，造成信息和管理成本上升。因此，一般只有经营规模不大的草坪企业才采用这种职能制组织结构。

9.1.3.3 直线—职能制组织结构

直线—职能制组织结构也称生产区域制或直线参谋制。它是在直线制和职能制的基础上，取长补短，吸取该两种形式的优点而建立起来的。目前，我们绝大多数草坪企业都采用这种组织结构形式。这种组织结构形式是把企业管理机构和人员分为两类：一类是直线领导机构和人员，按命令统一原则对各级组织行使指挥权；另一类是职能机构和人员，按专业化原则，从事组织的各项职能管理工作。直线领导机构和人员在自己的职责范围内有一定的决定权和对所属下级的指挥权，并对自己部门的工作负全部责任。而职能机构和人员，则是直线指挥人员的参谋，不能对直接部门发号施令，只能进行业务指导。

直线—职能制组织结构的优点是：既保证了企业管理体系的集中统一，又可以在各级企业主管负责人经理的领导下，充分发挥各专业管理机构的作用。其缺点是：企业职能部门之间的协作和配合性较差，职能部门的许多工作要直接向上层领导报告请示才能处理，这一方面加重了上层领导的工作负担；另一方面也造成办事效率低。为了克服这些缺点，可以设立各种综合委员会，或建立各种会议制度，以协调各方面的工作，起到沟通作用，帮助高层领导出谋划策。

9.1.3.4 事业部制组织结构

事业部制组织结构又称 M 型组织结构，指草坪企业根据业务按产品、服务、客户、地区等设立半自主性的经营事业部，公司的战略决策和经营决策由不同的部门和人员负责的企业组织结构。该企业组织结构类型可使草坪企业高层领导从繁重的日常经营业务中解脱出来，集中精力致力于企业战略规划和长期经营决策，并监督、协调各事业部的活动和评价各部门的绩效，比 U 型组织结构具有企业治理优势，特别适用于经营规模较大的现代企业经营发展的要求。M 型企业组织结构是一种多单位的企业体制，但各个单位不是独立的法人实体，仍然是企业的内部经营机构，如分公司。

9.1.3.5 矩阵制结构

矩阵制结构指既有按职能划分的垂直领导系统，又有按产品(项目)划分的横向领导关系的草坪企业组织结构。矩阵制企业组织结构是为了改进直线职能制横向联系差、缺乏弹性的缺点而形成的一种企业组织结构形式。它把按职能划分的部门与按项目划分的小组结合起来组成矩阵，使小组成员接受小组和职能部门的双重领导。它的特点表现为企业可围绕某项专门任务成立跨职能部门的专门机构；该种组织结构形式是固定的，人员却是变动的，任务完成后就可以离开。

与职能制企业组织结构相比较，矩阵制结构机动、灵活，可随项目的开发与结束进行组织或解散；由于该种企业组织结构形式是根据项目组织的，任务清楚，目的明确，各方面有专长的人都是有备而来，克服了职能制结构中各部门互相脱节的现象；企业可采用矩阵组织结构形式用于一些重大攻关项目或用来完成涉及面广的、临时性的、复杂的重大工程项目或管理改革任务；该种企业组织结构形式特别适用于以开发与试验为主的草坪企业单位，如草坪调查与规划企业等。

总之，草坪企业组织结构形式多种多样，除上述主要形式外，还有模拟分权制、多维制等形式。

9.2　草坪企业的经营

草坪企业经营是指企业经营者为了获得最大的物质利益而运用经济权力用最少的物质消耗创造出尽可能多的能够满足人们各种需要的产品的经济活动。

9.2.1　市场调查

9.2.1.1　市场调查的类型与意义

草坪市场调查（turf marketing research），又称市场研究或营销研究或市场调研，是指运用科学方法，有目的地、系统地收集、整理和分析与草坪市场有关的信息和资料，从而把握目标市场的现状及发展趋势，提出建议，为草坪企业制订市场预测和营销决策提供客观和正确的参考依据。

（1）草坪市场调查的类型

①按调查时间分类　草坪市场调查可按调查时间分为一次性调查、定期性调查、经常性调查和临时性调查等类型。一次性调查指只进行一次的市场调查；定期性调查指按一定时间间隔定期进行的市场调查；经常性调查指围绕企业经营商品主要特性如价格需要时时刻刻进行的市场调查；临时性调查则指围绕企业经营与管理特定事项进行的市场调查。

②按调查目的分类　草坪市场调查可按调查目的分为探测性调查、描述性调查、因果性调查、预测性调查等类型。

探测性调查指草坪企业对出现的市场营销问题性质不明时，为找出问题的症结，明确进一步调查的内容和重点，需要进行非正式的初步市场调查，收集一些有关的资料进行分析，以便尽早、尽快地发现问题和提出问题，进而确定调查重点的调查。

描述性调查指当草坪企业对市场营销问题已经有了初步了解，为统计和分析一些问题的特征而进一步调查问题的详细情况，为解决问题提供依据的调查。草坪市场描述性调查大致包括市场潜力调查、市场占有率调查、消费者行为调查、分销渠道调查、销售策略调查和品种调查等。描述性调查一般并不细究问题的起因，而是着重于现象的描述，多采用询问法和观察法收集草坪市场信息资料，了解和掌握草坪市场的诸多因素关系。

因果性调查指为了弄清草坪市场变量之间的因果关系，需要收集有关草坪市场变量的数据资料，运用统计分析和逻辑推理等方法判明何者是自变量(原因)，何者是因变量(结果)，以及它们变动的规律而进行的调查。如：为弄清"降低草坪价格或增加广告支出能否增加草坪销售量? 作用程度有多大?"而进行的草坪市场调查。

预测性调查指草坪企业为草坪市场未来需求问题进行的市场调查。

(2)草坪市场调查的目的

草坪市场调查的目的主要有以下：

为草坪企业进行市场营销决策提供依据；有助于草坪企业发现草坪市场营销机会，开拓潜在市场；及时监测和评价草坪企业市场营销活动的实施效果，促进草坪企业适应性地调整市场营销方案；有助于草坪企业分析和预测草坪市场未来的发展趋势，把握草坪市场营销活动的规律。

9.2.1.2 市场调查的内容

草坪市场调查是既是企业经营管理过程的起点，又是草坪企业经营管理过程的终点，贯穿草坪企业经营管理的整个过程。草坪企业的市场调查主要内容如下。

(1)市场环境调查

草坪企业的市场环境调查包括政治法律环境、地理环境、经济环境、竞争环境、科学技术环境、人口资源环境和社会文化环境等因素的调查。具体的调查内容可以是市场的购买力水平，经济结构，产品经销国家的方针、政策和法律法规，风俗习惯，科学发展动态，气候等各种影响市场营销的因素。

(2)市场需求调查

市场需求调查主要包括消费者需求量调查、消费者收入调查、消费结构调查、消费者行为调查，包括消费者为什么购买、购买什么、购买数量、购买频率、购买时间、购买方式、购买习惯、购买偏好和购买后的评价等。

草坪市场需求是企业营销人员最关心的信息，因为需求是营销决策的核心。

市场需求调查可通过对消费者消费心理、消费行为的特征进行分析，研究社会、经济、文化等因素对购买决策的影响，明确这些因素的影响作用到底发生在品种环节、草坪质量环节、销售环节还是其他领域，了解草坪市场总体需求的变化以及某类草坪品种的市场需求，了解消费者的品牌偏好及对本企业草坪品种的满意度，了解潜在顾客的需求情况，影响需求的各因素变化的情况，以便更精确地评估本企业草坪品种的潜在消费量和销售量。

(3)市场竞争调查

草坪市场竞争状况的调查主要包括市场上主要竞争者的识别和背景材料、草坪市场上各竞争者的品种、草坪生产量、质量、服务、成本、价格、利润、销量、市场占有率、生产效率、销售区域、销售网络、付款方式、主要客户、促销情况、广告费用、新品种研发、竞争策略及其优势和劣势，以及草坪市场的竞争结构和竞争强度等。其中价格对草坪市场的竞争起着关键性的作用。

草坪企业如何在同行中保持核心竞争力，有效并及时洞察竞争对手的动态信息非常重要。通过对竞争企业的调查和分析，了解同类企业竞争对手的产品、价格等情况，同类竞争企业采取了什么竞争手段和策略，做到知己知彼，有助于草坪企业制定竞争策略，在草坪市场竞争中争取主动。

（4）市场供给调查

草坪市场供给调查主要包括草坪及相关产品生产能力调查、产品实体调查等，具体为某一草坪产品市场可以提供的产品数量、质量、功能、型号、品牌生产供应企业的情况等，包括该草坪相关品种的调查。

市场供给调查有助于确定本草坪企业的发展水平和发展规模，及时调整草坪及相关产品结构，提高竞争力；有助于在生产成本最小和利润最大化的原则下，合理研发创新草坪及相关产品。

（5）市场营销因素调查

市场营销因素调查主要包括产品、价格、渠道和促销的调查。产品的调查主要为了解市场上新产品的开发情况、设计情况、消费者使用情况、消费者评价、产品生命周期阶段、产品的组合情况等。产品的价格调查主要包括消费者对价格的接受情况、对价格策略的反应等。渠道调查主要包括营销渠道的结构、中间商的情况、消费者对中间商的满意情况等。促销活动调查主要包括各种促销活动的效果，如广告实施的效果、人员推销的效果、营业推广的效果和对外宣传的市场反应等。

9.2.1.3　市场调查方法

草坪市场调查的具体方法主要有文案调查法和实地调查法。

（1）文案调查法

草坪市场文案调查法指从各种文书档案中检索出有用的草坪市场信息资料，以收集第二手资料为主，再加以分析、判断、确定草坪市场营销策略的一种调查方法。草坪市场文案调查法比实地调查法可以大量节省调查费用和缩短调查时间。但是，草坪市场文案调查法主要采用第二手资料，而第二手资料常常表现为系统性较差、可靠程度不稳定、可比性和通用性不易把握等缺点。

草坪市场文案调查法的资料来源和收集渠道主要包括：草坪企业内部资料：如草坪同类竞争企业的订货记录、销售记录、运输记录、财务报表、售货员报表、顾客意见记录及预算报告等；公共图书文献资料；互联网与联机检索文献资料。

（2）实地调查法

草坪市场实地调查法指草坪市场信息资料直接来源于草坪市场，从而取得第一手资料的调查方法。草坪市场实地调查法所采用的信息资料为直接资料，其所取得的直接资料中"直接"的涵义分 2 种情况：一是调查人员真正到达现场进行调查；二是调查人员虽没有亲自到达现场，但以其他方式得到的信息直接来源于现场。草坪市场实地调查法主要有访问法、问卷邮寄调查法、电话访问法、面谈访问法、座谈访问法、观察法（分人工观察和非人工观察，是由调查人员直接到草坪及相关产品展销会、订货会、零售店等现场，具体可通过录音、录像或直接观察方式，收集原始资料）、实验法（指在控制的条件下对所研究的现象的一个或多个因素进行操纵，以测定这种因素之间的关系，它是草坪市场因果关系调查中经常使用的一种行之有效的调查方法）。

观察法由于调查人员不直接向调查对象提问和正面接触，被调查人员并不意识到自己正接受调查，因而其言行不受外界因素的影响，能真实反映客观现实。

实验法的优点主要是方法科学，在草坪市场进行客观的现场实验，可有控制地分析种子市场变量的因果关系，从而获得调查对象静态和动态的原始资料，不受调查人员主观偏见的影响。在整理分析过程中，还可运用一些数量统计方法进行处理，使取得的草坪市场信息资料更为可靠与精确。实验法的缺点是大规模的现场实验往往很难控制草坪市场的其他变量，干扰因素多，影响实验结果的有效性，另外获取调查资料的时间较长，成本较高。

9.2.1.4 市场调查的步骤

草坪市场调查的步骤，一般按以下程序进行。

（1）确定问题与假设

由于草坪市场调查的主要目的是收集与分析资料以帮助草坪企业更好地作出决策，以减少决策的失误，因此调查的第一步就要求决策人员和调查人员认真地确定和商定研究的目标。例如，某草坪企业发现其销售量已连续下降达 6 个月之久，管理者想知道真正原因究竟是什么？是大环境的经济衰退，广告等促销支出减少，消费者偏爱转变，还是代理商推销不力？市场调查者应先分析有关资料，然后找出研究问题并进一步作出假设、提出研究目标。假如调查人员认为上述问题是消费者偏爱转变的话，再进一步分析、提出若干假设。例如，消费者认为本草坪企业草坪品种落伍、同类竞争企业的草坪产品品牌的广告设计较佳等。

（2）确定所需资料

确定草坪市场调查问题和假设后，下一步就应决定要收集哪些资料，这自然应与调查的目标有关。例如，消费者对本草坪企业草坪与相关产品及其品牌的态度如何？消费者对本草坪企业草坪品牌产品的价格的看法如何？本草坪企业草坪品牌的电视广告与竞争品牌的广告，在消费者心目中的评价如何？不同社会阶层对本草坪企业草坪品牌与竞争品牌的态度有无差别？

（3）确定收集资料的方式

草坪市场调查的第三步是要制定一个收集所需信息的最有效的方式。该步骤需要确定市场调查的数据来源、调查方法、调查工具、抽样计划及接触方法等。

（4）抽样设计

草坪市场调查在激烈的市场竞争中，为了既能获得良好的市场调查效果，又能降低市场调查成本，在市场调查阶段就必须决定抽样对象和做好抽样设计。抽样设计包括：一是确定采用概率抽样还是非概率抽样。这需要视该市场调查所要求的准确程度而定。概率抽样的估计准确性较高，且可估计抽样误差，其统计效率以概率抽样为好；但从经济效率考虑，非概率抽样设计简单，可节省时间与费用。二是确定市场调查的样本数目。一般市场调查样本数目越大，市场调查结果越准确；市场调查成本也越大。因此，要依据市场调查内容的重要性、企业的发展阶段与企业的经营状况等因素确定市场调查的样本数。

（5）资料与数据收集

草坪市场调查数据收集必需通过草坪市场调查员完成，因此，草坪市场调查员的素质将影响市场调查结果的正确性。草坪市场调查员应选择草业科学专业与相关专业的员工较理想，因为他们有草坪相关的专业知识，能够进行草坪专业市场调查。草坪市场调查员最为理想的是已经从事一定年份的草坪企业从业经历，具有一定的草坪经营管理经验，并有一定的市场学、心理学或社会学的知识和经验。否则，还应对草坪市场调查员进行专门的草坪市场调查技术与理论的培训，从而可降低市场调查误差。

（6）资料与数据分析

草坪市场调查资料收集完成后，首先应进行调查数据与资料的整理，去伪存真。应检查所有调查问卷答案，应考虑剔除不完整的答案，或者再询问该应答者，以求填补资料空缺。

市场调查资料与数据的整理完成后，应进行资料与数据的分析工作。资料分析可将分析结果编成统计表或统计图，方便企业经营管理人员了解分析结果，并可从统计资料中看出与第一步确定问题假设之间的关系。同时还应将结果以各类资料的百分比与平均数形式表示，使企业经营管理人员对分析结果形成清晰对比。而各种资料的百分率与平均数之间的差异是否真正有统计学意义，应使用适当的统计检验方法来鉴定。市场调查资料与数据还可运用相关分析、回归分析等一些统计方法分析。

（7）调查报告的编写

草坪市场调查的最后一步需要编写1份书面报告。市场调查报告就是根据市场调查、收集、记录、整理和分析市场对商品的需求状况以及与此有关的资料的文书。书面调查报告可分专门性报告和通俗性报告2种类型。专门性报告的读者是对整个调查设计、分析方法、研究结果以及各类统计表感兴趣者，他们对市场调查的技术已有所了解。而通俗性报告的读者主要兴趣在于听取市场调查专家的建议，例如一些企业的最高决策者。

市场调查报告必须具有针对性、真实性、典型性和时效性。针对性是市场调查报告为企业决策者的重要依据之一，必须有的放矢。真实性是市场调查报告必须从实际出发，通过对真实材料的客观分析，才能得出正确的结论。典型性是市场调查报告应对调查得来的材料进行科学分析，找出反映市场变化的内在规律；调查报告的结论要准确可靠。时效性是市场调查报告要及时、迅速、准确地反映、回答现实企业经营管理中出现的新情况、新问题，突出"快""新"二字。

市场调查报告内容包括调查进程概况，调查目的与要求，调查对象及一般情况，调查内容与调查方法，调查时间，调查结果与分析，结论及建议，附录等。附录的内容一般是调查有关的统计图表、有关材料出处、参考文献等。

（8）调查结果的应用

进行市场调查的目的是为了应用市场调查结果，以便不断总结经验，加速企业发展。因此，应对市场调查所得结论在企业经营管理实践中加以验证。如果市场调查方法恰当，结论正确，建议合理，则企业经营管理实践中可收到预期效果，可继续采用该市场调查方法；企业经营管理实践中若没有收到预期效果，则今后除需要改善经营管理方法外，还需要改进市场调查方法。

9.2.2　经营预测与决策

根据草坪市场调查结果可进行草坪企业的经营预测和决策工作。

9.2.2.1　经营预测

预测是对客观事物未来发展的预料、估计、分析和推测。预测是预计未来事件的一门艺术和科学。

草坪经营预测是在草坪市场调查的基础上，运用逻辑、数学和统计等科学的方法分析，对未来一定时期内草坪市场需求和影响市场需求变化的诸因素进行分析研究，对草坪市场未来的发展趋势作出判断和推测。

草坪经营预测有利于草坪企业实施正确的市场营销战略。它是草坪企业编制计划、实行科学的经营管理的依据；草坪经营预测有利于草坪企业进行市场定位。它是草坪企业决策的前提和基础，是择优决策的依据；草坪企业为了选择投入、产出和销售最佳方案，搞好经营工作，获得最佳经济效益，就必须搞好经营预测工作。

（1）经营预测的类型

经营预测按经营预测的范围分类，可分为经营预测和管理预测2种类型。经营预测是草坪企业经营战略方面的预测，如草坪的经营方向、销售时间和利润率确定等方面的经营预测。管理预测是在草坪生产经营过程中各方面的经营界限预测，如草坪及相关产品的留存量、质量与成本的最优方案选择等方面的经营预测。

经营预测按经营预测的时间分类，可分为短期预测、中期预测和长期预测3种类型。短期预测指时间为1~2年的经营预测，中期预测指时间为3~5年的经营预测，长期预测指时间为5年以上的经营预测。

（2）经营预测的内容

草坪经营预测主要包括以下内容。

①销售预测　销售预测是指对未来特定时间内，草坪企业全部草坪及相关产品或特定产品的销售数量与销售金额的估计。

草坪企业的销售预测主要包括草坪市场预测、种或品种预测等主要内容。草坪市场预测包括对草坪企业各种草坪及相关产品的需求量、销售量、市场占有率与竞争能力等方面的预测。种或品种预测包括对草坪企业各种草坪及相关产品的资源、新品种的培育、引进、开发，新品种的生命周期，新品种的产量、生产与销售成本等方面的预测。

②利润预测　利润预测即企业的主要经营成果预测，它是草坪企业对未来某一时期可实现的利润的预计和测算。目标利润就是指企业计划期内要求达到的利润水平。

企业的利润包括营业利润、投资净收益和营业外收支净额3个部分，所以利润的预测也包括营业利润的预测、投资净收益的预测和营业外收支净额的预测。在利润总额中，通常营业利润占的比重最大，是利润预测的重点，其余2部分可以用较为简便的方法进行预测。

③成本预测　成本预测指运用一定的科学方法，对未来成本水平及其变化趋势作出科学的估计。

草坪企业的成本预测包括草坪生产基地的开发利用、劳动力的合理安排、生产资料及其他原材料的保证程度、草坪及相关产品的生产环境的变更等的预测。

草坪企业的成本预测不仅要考虑企业各种内部与外部因素，还应注意草坪养护的成本随着时间的推移大致呈现U字形变化。U字形的第一阶段为草坪建植的第1~2年，由于需要开支草坪建植费用，养护管理设施不完善，养护技术水平需要熟练，此时期的养护成本会很高；第二阶段是草坪建植后的3~4年，草坪坪床状况良好，草坪生长旺盛，草坪养护技术熟练，草坪养护机具损耗少，此时期的养护成本会降低；第三阶段是草坪建植4年后至下一次改造期间。此时期草坪植株变弱，极易被有害生物侵扰。如要保持原有草坪状态，需要购买更好的养护生产资料与材料，还需花费更多的养护人力成本，因此，此时期的养护成本又会增加。

④资金预测　资金预测是指在销售预测、利润预测和成本预测的基础上，根据本草坪企业未来发展目标并考虑影响资金的各项因素，运用专门方法推测出本草坪企业在未来一定时期内所需要的资金数额、来源渠道、运用方向及其效果的过程，又称资金需要量预测。具体包括流动资金需要量和固定资产项目投资需要量、资金追加需要量等内容。

（4）经营预测的基本原则

草坪企业进行企业预测必须遵循以下基本原则：

①延续性原则　指草坪企业经营活动中，过去和现在的某种发展规律将会延续下去，并假设决定过去和现在发展的条件，同样适用于未来。

②相关性原则　指草坪企业经营活动中一些经济变量之间存在着相互依存、相互制约的关系。

③相似性原则　指草坪企业经营活动中不同的(一般是无关的)经济变量所遵循的发展规律有时会出现相似的情况。

④统计规律性原则　指草坪企业经营活动中对于某个经济变量所作出的 1 次观测结果，往往是随机的；但多次观测的结果，却会出现具有某种统计规律性的情况。

（5）经营预测的方法

草坪经营预测的方法可分为定性预测法和定量预测法两大类。

①定性预测法　定性预测法又称直观判断预测法、非数量预测法。它主要依靠预测人员的智慧、广博的科技基础知识、所掌握草坪市场信息、丰富的实践经验以及主观的判断和综合分析能力，在不用或少量应用计算的情况下，就能推断事物的性质和发展趋势的预测方法。

定性预测法存在数量的不准确性，通常是在企业缺乏完备、准确的历史资料的情况下，首先邀请熟悉该行业经济业务和市场情况的专家，根据他们过去所积累的经验进行分析判断，提出预测的初步意见；然后再通过召开调查会或座谈会的方式，对上述初步意见进行修正补充，并作为提出预测结论的依据。草坪市场定性预测的方法如下。

a. 类推法：类推法主要包括对比类推法和相关类推法。

b. 经验判断法：经验判断法指依靠与预测对象相关的各类人员的知识和经验，对预测对象的未来发展变化趋势进行判断，得出有关结论的经营预测法。

c. 专家意见法：专家意见法指依靠有关专家的学识、经验和分析判断能力，对过去发生的事件和历史数据进行综合分析，对未来的发展变化趋势做出判断预测的经营预测法。

d. 市场试验法：市场试验法指在草坪及相关产品的新品种投放市场或老品种开辟新市场、启用新分销渠道时，选择较小范围的市场推出产品，观察消费者反应，预测销售量。

②定量预测法　定量预测法又称数量分析法。它主要是应用运筹学、概率论和微积分等现代数学方法和各种现代化计算工具对与预测对象有关的经济信息进行科学的加工处理，并建立预测分析的数学模型，充分揭示各变量之间的规律性联系，最终还要对计算结果作出结论。定量预测法需要进行复杂的数学分析和计算，按其做法不同，又可分为以下 2 种类型：

a. 趋势预测法：趋势预测法又称时间序列预测法或外推预测法。它是指根据预测对象过去的、按时间顺序排列的一系列数据，应用一定的数学方法进行加工、计算，借以预测其未来发展趋势的预测法。

b. 因果预测法：因果预测法是指根据预测对象与其他指标之间相互依存、相互制约的规律性联系，来建立相应的因果数学模型所进行的预测法。

定性预测法与定量预测法在实际应用中并非相互排斥，而是相互补充、相辅相成。定量预测法虽然较精确，但许多非计量因素无法考虑，这就需要通过定性预测法将一些非计量因素考虑进去；定性预测法则要受主观因素的影响。因此，在实际工作中常常将 2 种方法结合应用，相互取长补短，以提高实用性。

（7）经营预测的步骤

经营预测一般按以下步骤进行。

①确定预测目标 指确定对什么进行预测，并达到什么目的。

②收集、整理和分析资料 确定预测目标后，即着手搜集有关经济、技术和市场的计划资料及实际资料。

③选择预测方法 不同的预测对象和内容，应采用不同的预测方法。如果资料齐全、可以建立数学模型的预测对象，可在定量预测方法中选择合适的方法。

④实施预测过程 实施预测过程指根据预测模型及掌握的未来信息，进行定性、定量的预测分析和判断，揭示事物的变化趋势，提出本企业需要的符合实际的预测结果，为企业经营提供信息和依据。

⑤检查验证 经过一段时间的实际操作，对上一阶段的预测结果需要进行验证和分析评价。

⑥修正预测结果 该步骤需对原用的定量预测，常常由于过去某些因素的数据不充分或无法定量而影响预测的精度，因此，需要用定性预测考虑这些因素，并修正定量预测的结果。

⑦报告预测结论 将修正补充过的预测结论向企业相关决策领导报告，必要时还应形成书面报告。

9.2.2.2 经营决策

决策是判断、选择和决定。草坪经营决策是指草坪企业等经济组织对未来行动确定目标，并从多个行动方案中选择一个合理方案的分析判断过程。

（1）经营决策的类型

草坪企业经营决策的类型如下。

①按决策问题的重要程度或决策对象的性质、范围可分为战略决策和策略决策 战略决策又称宏观决策或高层决策，它是指关系企业全局性、长远性、决定性的大政方针的决策，它是对企业发展方向、总体目标及远景等方面做出的重要决策；策略决策又称微观决策。它是指企业实现战略决策过程中所采取的必要手段，如人力、物力、资源、资金的调动和合理组合等，是战略或宏观决策的具体化和保证措施。策略决策又可分为管理决策（中层决策）和业务决策（基层决策）。管理决策是指企业为实现战略决策对企业的各种经营资源做出合理安排的策略性决策；业务决策是日常生产和业务活动中旨在提高工作效率和质量所进行的决策。

②按决策问题发生的规模和处理方法或重复程度可分为常规决策和非常规决策 常规决策又称程序化决策。它是指大量的、反复出现的事物的决策，如企业订货等；非常规决策又称非程序化决策，是指偶然出现事物的决策，如新产品开发等。

③按决策问题所处的条件可分为肯定决策和风险决策 肯定决策是指完全掌握未来有关的资料和情况，并且资料准确可靠，做出的决策也能肯定；风险决策是指不能完全肯定未来的有关情况，对其发生的可能性虽然有初步的估计，也掌握了一些初步的数据，但做出的决策没有十分的把握，具有一定的风险。

④按决策问题的定量化程度可分为数量决策和非数量决策 数量决策是指采取数学方法

进行定量分析从而选择最优方案；非数量决策是指对于难以采取数学方法解决的事物，主要依靠企业决策者的分析和判断能力进行的决策。

经营决策还可按经营决策时间的长短把经营决策分为长期决策（3 年以上）、中期决策（1～3 年）和短期决策（1 年内）；按决策的目标可分为单目标决策和多目标决策等。

（2）经营决策的内容

草坪经营决策包括以下主要内容。

①生产决策　草坪企业的生产决策指选择与确定草坪市场方针、生产结构、生产规模、生产计划等。如草坪草种类和品种、组合的选择、草坪生产基地的选择和实施、草坪建植和养护及草皮生产技术规程、草坪生产组织、草坪生产原材料采购和储备、草坪建植与养护机械的更新及保养等。

②营销决策　指对营销计划、营销渠道、营销方式、运输形式、包装商标、宣传广告种类和方法、销售范围、销售量和销售地点、销售价格、服务内容和方式等方面的选择。

③种或品种的决策　指对草坪及相关产品种或品种的选择。草坪草种或品种的决择除需考虑草坪市场需求外，还应充分考虑草坪及相关产品的商品特性，如草坪是具有生命的活体，具有一定的草坪草种或品种的区域适应性和生产、建植及养护利用的季节性，还应考虑草坪利用时间具有一定的期限性和草皮生产量因土地面积、技术水平等因素限制，具有一定的有限性。

④财务决策　主要指筹资决策和投资决策。筹资决策要确定资金来源和筹措办法，贷款时间和数量，研究各种非货币投资的折价办法；投资决策要确定资金使用的投向和投资项目的选择，收入分配、固定资产及流动资金构成等，应选择投资少、见效快、收益大的投资方案。

⑤人事和组织决策　指对企业内设机构设置、职能的确定、责权的划分，管理人员和生产人员的选择、考核、培训、任免、奖惩等的决策。

⑥经营目标决策　指对企业在一定时期内预期达到的目标的确定。如草坪种子企业在一个草坪草种子销售周期（通常为一年生产和一年销售，合计为两年时间）内草坪草种子生产、购销增长目标；提高经济效益目标；草坪草种子种类或品种结构调整目标等。

（3）经营决策的程序

经营决策的程序或步骤如下。

①确定决策目标　决策目标指企业在一定的环境条件下，在一定时期内经过努力所希望达到的预期结果。确定决策目标是经营决策的第一个程序，是决策的前提和归宿，是拟订和选择可行方案的依据。确定决策目标必须做到决策目标必须有依据；目标必须具体、明确；目标必须具有客观约束和主观约束条件。

②拟定各种可行方案　经营决策的可行方案是指能够保证实现经营目标，并具有实施条件的方案。可根据决策问题的复杂程度和影响因素的多少确定拟定可供选择方案的数量。首先，拟定的若干种可行方案均要有较高的质量，各个方案之间应有原则区别；其次，拟订可行方案时，要注意集思广益，精心设计，勇于创新。

③评价和选择方案　该步骤要求从若干拟定方案中选出最佳方案。

④决策方案的实施和反馈　选定决策方案后，就要按照决策方案实施，进入决策方案执行阶段。由于企业经营内外环境条件处于不断变化之中，在决策方案实施过程中，常常会出

现一些新的情况和问题。因此，要在决策方案执行过程中，及时检查，不断进行信息反馈，随时发现和解决问题；同时，还应及时对经营决策过程的实施情况进行总结，以便今后的经营能够在过去的基础上，扬长避短，不断发展壮大。

(4)经营决策的方法

①定性决策法　又称主观决策法。它是指在经营决策过程中充分发挥人们的主观能动性，直接利用人们的知识、经验和能力，运用社会学、心理学、组织行为学、政治经济学等有关专业知识、能力和经验，探索所决策事物的规律性，从而做出科学、合理的决策。常用的定性决策法主要有经验判断法和专家论证法2种。

定性决策法的优点：可充分利用集体的经验和智慧，进行逻辑推理和创造性思维；灵活简便、省时省力。定性决策法的缺点：主观成分强，易受决策者个人对决策问题的感知方式、处理信息的能力和个人的价值观的影响。

②定量决策法　又称计量决策法。它是指将决策的变量与变量以及变量与目标之间的关系，用数学关系式表示，建立数学模型，然后根据条件，通过计算求出决策方案的决策方法。它是运用统计学、运筹学、计算机等科学技术，把决策的变量与目标，用数学关系表示出来，求方案的损益值，选择出满意的方案。定量决策法主要适用于复杂性的决策；决策结果的正确与否取决于数学模型是否正确；需要采用复杂的数学计算，比较麻烦。定量决策法主要可分为确定型决策法、非确定型决策法和风险型决策法3种类型。

9.2.3　经营计划

计划指对未来目标和行动方案作详细而系统的阐明。草坪企业的经营计划是指根据经营决策所确定的经营目标，对企业经营活动的各方面和各个环节及其相互关系做出的具体安排。草坪企业的经营计划是在认识客观规律基础上制定的各项经营活动的行动指南，是经营决策结果的具体落实，是进行各项经营活动的依据。

9.2.3.1　经营计划的类型

草坪经营计划一般可分为综合性计划和专题计划2种类型。不同层次经营计划的特性和相互关系如表9-1所示。

(1)综合性计划

草坪企业的综合性计划又称战略经营计划，通常指草坪企业的整体经营计划，即企业目标、战略、结构运行的计划。综合性计划的内容比较全面，据其计划期限的长短又可分为长期计划、年度计划和阶段计划3种类型。

(2)专题计划

草坪企业的专题计划包括营销、技术、生产、人事、财务等专项业务计划和基层作业计划。指企业为了完成某种特定、重大而复杂的任务所拟定的特定计划。如草坪企业拟定的某种新草坪草种或品种种子或草皮的生产、草坪建植及养护计划。专题计划的特点：以某一专业为中心，计划对象集中，计划内容具体细致；以某一具体任务或问题为中心，而不是以时间为中心，不受年限时间的限制，可长可短，可以跨年度或跨多个年度执行。

表 9-1　草坪企业不同层次经营计划的特性和相互关系

特　性	综合计划	专题计划	
		业务计划	作业计划
1. 作用性质	战略性、统率性	业务性、承上启下	作业性、执行性
2. 详略程度、概略	较具体、详细	具体、详细	
3. 时间范围(单位)	长期、中期、年(年为单位)	一年(季、月为单位)	月、旬、周（日、班为单位)
4. 计划范围	企业全局、综合性	专业领域、分支性	执行单位、具体性
5. 计划要素	市场、产品、经营能力、资源、目标	任务、业务能力、资源限额、资金定额、标准	工件、工序、人、设备、定额、任务单
6. 信息	外部的、内部的、概括的、预测性的	外部的、内部的、较精确、较可靠	内部的、高度精确、可靠
7. 复杂程度	变化多、风险大、灵活性强	变化易了解、较稳定、关系明确	变化易调整、内容具体容易掌握
8. 平衡关系	全局综合平衡	上下左右协调	单位内部综合平衡

9.2.3.2　经营计划的编制

（1）编制经营计划的步骤

草坪企业经营计划编制时应遵循目的性、科学性和平衡性指导思想；同时还要坚持以销定购、以购定产和适当留有余地的原则。编制经营计划的步骤：调查→确定计划目标→提出不同方案→评价和比较后，选出最佳方案→经综合平衡后，确定正式计划草案。

（2）编制经营计划的方法

①综合平衡法　指通过在数量上协调 2 个或 2 上以上的经济因素，使这些因素之间具有合理比例关系的计划编制方法。草坪企业在经营活动中，需要做到产需平衡、购销平衡、草坪草种和品种间的平衡、价值平衡等。因此，编制经营计划时，需要编制由需要、来源、余缺及平衡措施等 4 部分组成的平衡表，反复核算平衡。

②滚动计划法　指按照预定量、滚动期和间隔期，由前向后连续滚动的一种动态计划。滚动计划法先按照"近细远粗"的原则制定一定期限的计划，然后再根据计划的实施情况和环境条件的变化，调整和修订未来的计划，并逐步向前移动。该方法主要用于编制长期计划，也可用来编制短期计划。它是一种将近期计划与长期计划相结合的编制方法。近期计划可定得细致、具体；长期计划则可定得粗略、概括。

③启用备用计划法　启用备用计划法的条件是：编制和确定计划方案时，已留有备用计划；情况发生变化的范围在备用计划提出的要求范围内；变动因素已使原计划不能继续执行。

9.2.3.3　经营计划的执行

（1）经营计划的执行步骤

编制经营计划的目的是为了把美好的计划蓝图变为现实，这样一个过程就是经营计划的执行。经营计划的执行过程分为以下步骤：

①经营计划指标的分解和落实　经营计划的执行过程中，首先需要把经营计划指标分解

为若干具体指标，并将这些具体指标落实到企业下属各部门和各位员工个人，这样才能使编制的企业经营计划成为企业每个部门和员工行动的指南和考核评价的依据。

②经营计划的控制与修正 要保证计划的实施，必须在计划执行过程中加强控制，即加强管理，也就是按预定的目标、标准来控制和检查计划的执行情况，统计综合的执行情况和经营计划目标的比较，如果执行顺利，则可继续按经营计划实施下去；如果发生偏差，应及时分析发生偏差的原因，采取措施，并根据变化了的情况对经营计划作必要的补充和修订，使经营计划在经营管理过程中起主导作用。控制包括事前控制和事后控制。

（2）经营计划执行的保证措施

经营计划在执行过程中，为了保证其顺利实施，还需要采取如下保障措施：

目标管理、合同管理、行政调节、经济调节、法律调节等。

在经营计划的执行过程中，各项保证措施应当配合使用，才能收到良好效果。同时，草坪企业管理者还应以人为本，实施人文关怀，建立先进草坪企业文化和企业精神，使全体员工心往一处想，劲往一处使，从而更大地发挥全体员工的潜力和创造力，确保经营计划的完成。

9.2.4 草坪销售

草坪销售指推介草坪及相关产品商品提供的利益，以满足客户特定需求的过程。

9.2.4.1 定价

定价是草坪销售策略最重要的组成部分之一和重要因素，是主要研究草坪及相关产品商品和服务的价格制定和变更的策略，以求得最佳的营销效果和收益。

（1）定价的基本依据

草坪及相关产品的价格构成具有生产成本、流通费用、税金和企业利润4个要素，其中生产成本、流通费用和税金3项要素在一定时期可以准确测算，而企业利润作为企业的纯收入，则受各种因素影响。影响定价决策的主要因素如下。

①企业目标 要了解和制定草坪及相关产品价格，首先必须明确草坪企业目标，如果企业目标明确，则确定其价格是一件相对容易的工作。如果定价与企业目标相背离，则可能需要花费很大精力进行定价工作，而结果并不是企业所需要的。企业目标多种多样，有的企业目标是增加市场份额，有的企业目标则是改善企业收入或获取最大化利润，还有其他企业目标如占领新的市场等。

不同的企业目标需采取不同的定价技巧与策略。如果企业为了占领新的市场，往往在进入新的市场初期采用低价进入新市场的定价技巧与策略，采用低利润价甚至低于成本价进入新型市场，而当占领市场或取得较高市场占有率时，则提高商品价格，以求获得超额利润并弥补进入新市场初期的损失。

②成本 成本是企业能够为产品设定的底价。企业在制定产品的价格时，如果不能覆盖生产、流通和管理等方面的成本，就有可能亏本销售，不仅不能给企业投资人带来相应回报，还可能影响企业员工收益和工作。

企业商品成本分为固定成本和可变成本。固定成本是指为维持企业提供产品和服务的经营能力而必须开支的成本。如不管草坪企业是否营业，都必须支付的企业建筑维修费、企业营业地与生产基地的租金、机械设备维护保养费用、水电费以及管理人员的工资等。而可变成本是指直接随草坪及相关产品生产量水平发生变化的成本，如草坪从播种或草皮铺植前开始至草皮生产、草坪建植和养护过程中人力和农药、化费等物质的投入；草坪及相关产品流通过程中的运杂费、包装费、广告费、保管费、加工费等流通费用。草坪企业的税金指企业发生的除企业所得税和允许抵扣的增值税以外的企业缴纳的各项税金及附加。即企业按规定缴纳的消费税、营业税、城乡维护建设税、关税、资源税、土地增值税、房产税、车船税、土地使用税、印花税、教育费附加等产品销售税金及附加。其中有些企业税金为企业固定成本，如车船税等；有些企业税金为企业可变成本，如营业税、印花税等。

③顾客与竞争对手　在明确企业营销目标后，企业定价必须了解客户的要求，因为是他们决定产品定价正确与否。即必须根据顾客类型和顾客的需求，不断变更产品类型、性能及合适的价格，同时在保持原有目标客户的基础上，扩大新的目标客户。如对企业长期及重要的客户实行产品优惠定价。

竞争对手是影响企业定价决策的另一个重要因素。企业定价决策必须了解谁是本企业的竞争对手，还要了解竞争对手的战略和优势，竞争对手的成本、价格以及可能对本企业定价作出的反应。在制定本企业产品价格前，应该对市场上竞争对手的产品价格、质量和性能有一个全面的了解，并以此为基础对自身的产品进行定位，才能使产品价格更有针对性和竞争力。

④其他因素　草坪企业定价过程中，还必须考虑经济和政府等外部因素。一是销售国家或地区的经济条件，如经济周期、通货膨胀和利率等对企业的定价策略有重大的影响。如果经济处于衰退阶段，消费者的购买力减弱，企业继续维持高价可能会使销售量下降。二是政府政策与法律等政治条件也是影响定价决策的重要因素，营销人员需要了解影响价格的法律，这对企业产品出口影响尤其明显，很多出口企业常因为对当地政治环境不了解，受到反倾销调查。三是草坪及相关产品的定价还受供求关系影响，其供求状况直接影响价格的高低。四是草坪及相关产品定价还存在购销差价、批零差价、地区差价、质量差价等差价定价因素影响。

（2）定价方法

草坪企业定价主要采用以下 3 种定价方法。

①成本导向定价法　是指以产品单位成本为基本依据，再加上预期利润来确定价格的定价方法。该定价方法忽视价格竞争和顾客需求，是企业最普遍的定价方法。主要有：

a. 完全成本定价法（有成本加成定价法和目标利润定价法）；

b. 变动成本定价法（是指每增加或减少单位产品所引起的总成本变化量）；

c. 盈亏平衡点定价法（运用损益平衡原理实行的一种保本定价法）。

②需求导向定价法　是指根据市场需求状况和消费者对产品的感觉差异来确定价格的定价方法。主要有：

a. 需求心理定价法（根据消费者的需求心理而制定价格的一种定价法）；

b. 需求差别定价法（指根据销售的对象、时间、地点的不同而产生的需求差异，对相同的产品采用不同价格的定价方法）；

c. 反向定价法（指企业根据产品的市场需求状况和消费者能够接受的最终销售价格，通过价格预测和试销、评估，先确定消费者可以接受零售价格，然后倒推批发价格和出厂价格的定价方法）。

③竞争导向定价法　是指针对竞争对手同类产品的价格，结合企业自身的发展需求，进行产品定价的一种方法。主要有：

a. 随行就市定价法（将本企业某产品价格保持在市场平均价格水平上，利用这样的价格来获得平均报酬）；

b. 产品差别定价法（指企业通过不同营销方式，使同种同质的产品在消费者心目中树立起不同的产品形象，进而根据自身特点，选取低于或高于竞争者的价格作为本企业产品价格）；

c. 密封投标定价法（国内外许多草坪建植与养护工程项目的买卖和承包、以及出售小型企业等，往往采用发包人招标、承包人投标的方式来选择承包者，确定最终承包价格）。

（3）定价技巧与策略

①薄利多销和厚利少销　用量多与供应量偏高的草坪及相关产品的定价应低一些；市场缺口大与高档次草坪及相关产品应采取高价厚利策略，平衡供求，争取利润。

②优质优价　指根据草坪及相关产品的质量差别进行差异定价。草坪及相关产品的质量级别越高，耗费的成本一般越多，因此必然优质优价。

③优惠价　对草坪及相关产品购量多、长期合作客户、现金交易或不需保管长时间的客户可采用优惠价。

④新品种定价　对草坪及相关产品的新品种定价根据顾客的求新心理，一般有 2 种方法：

a. "撇取"定价：即新产品初上市，定以高价格，在短期内获得厚利，尽快收回投资。就像从牛奶中撇取所含奶油一样，取其精华，也称为"撇脂定价"。

b. "渗透"定价：将投入市场的新产品价格定价尽可能低一些，以获得最高销售量和最大市场占有率为目标，以使新产品迅速为使用者接受，以迅速扩大市场，在销量与市场占有率上取得竞争优势。

⑤折扣和折让定价　为鼓励顾客及早付清货款，大量购买或淡季购买草坪及相关产品，企业酌情调整其基本价格，这种价格调整称为折扣和折让定价。包括：①现金折扣：对预付定金或提前付款者进行现金折扣；②数量折扣：依草坪及相关产品购量和金额，单价相应下降，购量越大折扣也越大。

⑥价格调整策略　草坪及相关产品供大于求或市场竞争激烈时，为争夺市场、扩大销量、减少积压，常采用降价刺激购买策略。

⑦定价技巧　定价有多种技巧：

a. 非整数法：指把商品零售价格定成带有零头结尾的非整数的做法，称为"非整数价格"。这是一种极能激发消费者购买欲望的价格。这种策略的出发点是认为消费者在心理上总是存在零头价格比整数价格低的感觉。也就是如果草皮计划定价 6 元/m²，你可以定 5.9 元/m²，价格低了 0.1 元，但却会使顾客一个良好的反应。

b. 弧形数字法：国内外市场调查发现，带有弧形线条的数字，如 5、8、0、3、6 等似乎不带有刺激感，易为顾客接受；而不带有弧形线条的数字，如 1、7、4 等就不太受欢迎。结合我国国情，很多人喜欢"8"字，并认为它会给自己带来发财的好运；"4"字因与"死"同音，被人忌讳；"7"字，人们一般感觉不舒心；"6"字、"9"字，因我国老百姓有"六六大顺、九九长远"的说法，所以比较受欢迎。

定价技巧还有应时调整法、顾客定价法、特高定价法、价格分割法、高标低走法、明码一口价法等，可随时根据顾客心理与市场情况灵活运用。

9.2.4.2 促销

促销是指营销者向消费者传递有关本企业及产品的各种信息，说服或吸引消费者购买其产品，以达到扩大销售量的目的。

（1）企业促销作用

①缩短产品入市进程 使用促销手段，可对消费者或经销商提供短程激励，在一段时间内调动人们的购买热情，培养顾客促销的兴趣和使用爱好，使顾客尽快了解产品。

②激励消费者初次购买，达到使用目的 促销要求消费者或企业员工亲自参与，行动导向目标就是立即实施销售行为。消费者一般对新产品具有抗拒心理。由于使用新产品的初次消费成本是使用老产品的一倍(对新产品一旦不满意，还要花同样的价钱去购买老产品，这等于花了两份的价钱才得到了一个满意的产品，所以许多消费者在心理上认为买新产品代价高)，消费者就不愿冒风险对新产品进行尝试。但是，促销可以让消费者降低这种风险意识，降低初次消费成本，而去接受新产品。

③激励使用者再次购买，建立消费习惯 当消费者试用了产品以后，如果是基本满意的，可能会产生重复使用的意愿。但这种消费意愿在初期一定是不强烈的，不可靠的。促销却可以帮助他实现这种意愿。如果有一个持续的促销计划，可以使消费群基本固定下来。

④提高销售业绩 促销可把本企业生产、产品等信息传递给消费者和用户，以促进其了解、信赖并购买本企业产品，达到扩大销售的目的。促销是一种竞争，它可以改变一些消费者的使用习惯及品牌忠诚。因受利益驱动，经销商促销和消费者都可能大量进货与购买。因此，在促销阶段，常常会增加消费，提高销售量。

⑤侵略与反侵略竞争 无论是企业发动市场侵略，还是市场的先入者发动反侵略，促销都是有效的应对手段。市场的侵略者可以运用促销强化市场渗透，加速市场占有。市场的反侵略者也可以运用促销针锋相对，来达到阻击竞争者的目的。

⑥带动相关产品市场 促销的第一目标是完成促销产品的销售。而在草坪产品的促销过程中，还可以带动草坪相关产品的销售。

⑦节庆酬谢 促销可以使产品在节庆期间或企业庆典日期间锦上添花。每当例行节日到来的时候，或是企业有重大喜庆节日的时候，开展促销活动可以表达企业对广大消费者的酬谢。

（2）促销方式

①人员推销 指草坪企业派出经过专门训练的推销人员携带草坪及相关产品，直接向用户推销。人员促销的特点：

a. 面对面沟通：营销人员是以一种直接、生动、与客户相互影响的方式进行营销活动。营销员在与客户的直接沟通中，通过观察，可以探究消费者的动机和兴趣，从而调整沟通方式。

b. 人际关系培养：营销人员与客户在交易关系的基础上，建立与发展其他各种人际沟通关系，人际关系的培养使营销员可以得到购买者更多的理解。

c. 直接的行为反应：人员推销可以产生直接反应，即使客户听后觉得有义务做出某种反应。与人员推销的显著特性相关联的，是人员推销手段的高成本。人员营销是一种昂贵的促销工具。

②广告推销　指草坪企业以支付费用方式通过报纸、杂志、广播、电视、邮政广告、广告牌、网络广告等媒体把草坪及相关产品商品和服务信息广泛告知顾客的促销方式。广告推销的特点：

a. 公开展示性：广告是一种高度公开的信息沟通方式，使目标受众联想到标准化的产品，许多人接受相同的信息，所以购买者知道他们购买这一产品的动机是众所周知的。

b. 普及性：广告突出广而告之特点，具普及化、大众化，销售者可以反复向目标受众传达这一信息，购买者可以接受和比较同类信息。

c. 艺术的表现力：广告可以借用各种形式与技巧，提供将本企业及其产品戏剧化表现的机会，增加吸引力与说服力。

d. 非人格化：广告是非人格化的沟通方式，广告的非人格化表现在沟通效果上，广告不能使目标受众直接完成行为反应。这种沟通是单向的，受众无义务去注意和作反应。

广告一方面适用于建立本企业或产品的长期形象，另一方面，它能促进快速销售。从其成本费用看，广告就传达给处于地域广阔而又分散的广大消费者而言，每个显露点的成本相对较低，因此，是一种较为有效、并被广泛使用的沟通促销方式。

③公共关系推销　公共关系推销指企业为获得公众信赖、加强顾客印象而进行的一系列旨在树立企业及产品形象的促销活动。如草坪企业可通过新闻宣传，听取和处理用户意见，赞助和支持各种社会公益活动和事业，组织现场会、开放日，积极参加新闻发布会、展销会、订货会、博览会等社会活动来实现本草坪企业与草坪产品的宣传和推销。公共关系推销的特点：

a. 高度可信性：新闻故事和特写与广告相比，其可信性要高得多。

b. 消除防卫：购买者对营销人员和广告或许会产生回避心理，而公关宣传是以一种隐蔽、含蓄、不直接触及商业利益的方式进行信息沟通，从而可以消除购买者的回避心理。

c. 新闻价值：公共关系推销具有新闻价值，可以引起社会的良好反应，甚至产生社会轰动效果，从而有利于提高本企业的知名度，促进消费者发生有利于本企业的购买行为。

企业运用公共关系推销手段也要一定开支费用，但这与广告或其他促销工具相比较要低得多。公共关系推销的独特性质决定了其在企业促销活动中的作用，如果将一个恰当的公共关系推销活动同其他促销方式协调起来，可以取得更大的促销效果。

④销售促进　又称营业推广，它是指企业运用各种短期诱因鼓励消费者和中间商购买、经销本企业产品和服务的促销活动。它包括样品陈列、展销、样品赠送和优待购买等活动。销售促进的特点：

a. 迅速的吸引作用：销售促进可以迅速地引起消费者注意，促进消费者购买。

b. 强烈的刺激作用：通过采用让利、诱导和赠送的办法带给消费者某些利益。

c. 明显的邀请性：销售促进以一系列更具有短期诱导性的手段，显示出邀请顾客前来交易的倾向。

在企业促销活动中，运用销售促进方式可以产生更为强烈、迅速的反应，快速扭转销售下降的趋势。然而，它的影响常常是短期的，销售促进不利于形成产品的长期品牌偏好。

9.2.5　草坪经营效益评价

草坪经营效益是指草坪企业在生产经营过程中所获得的收益。草坪企业经营效益评价指运用数理统计和运筹学方法，采用特定的指标体系，对照统一的评价标准，按照一定的程序，通过定量定性对比分析，对草坪企业一定经营期间的经营效益，做出客观、公正和准确的综合评判。

草坪企业经营效益评价是草坪企业的核心问题；进行草坪企业经营效益评价有助于促进草坪企业改善经营管理，增强草坪企业的形象意识，提高竞争实力；可剖析草坪企业经营状况，正确引导经营行为；可做好草坪企业经营管理人员的业绩考核，建立激励与约束机制，形成草坪企业科学的选人用人机制；可改革草坪企业经营管理监管方式，有助于建立现代草坪企业制度，提高草坪企业经营效率。

9.2.5.1　草坪经营效益评价的内容

草坪企业经营效益评价主要包括以下内容。

（1）草坪及相关产品销售量的分析

草坪及相关产品销售量是草坪企业营销活动的直接成果，它是衡量草坪企业经营水平和向社会提供草坪及相关产品商品数量的主要依据。评价草坪及相关产品销售量以实物量为主，也可同时对销售草坪及相关产品的类别、质量进行评价。

（2）草坪建植与养护工程项目的收益分析

草坪建植及养护工程项目的收益是部分草坪企业经营收入的主要来源。对草坪建植及养护工程项目的收益分析主要是进行工程项目的草坪及相关产品原材料的支出费用分析，工程项目人工费用支出分析，工程项目物流、监理、税金、水电及工程管理等支出费用分析；工程项目利润或收益分析。

（3）草坪经营费用的分析

草坪经营费用分析包括对草坪及相关产品经营活动过程中的相关经营管理活动的支出费用进行剖析，如市场调查费用、经营地与生产基地的租金等费用、办公费用等。

（4）草坪经营收益（利润）分析

草坪企业经营效益评价的主要目的是剖析草坪及相关产品或工程项目的利润率及组成和来源，分析降低各项草坪与相关产品生产和工程建设项目成本的途径，分析提高各项草坪与相关产品生产和工程建设项目收益的方法。

9.2.5.2　草坪经营效益评价指标

草坪企业效益是多层面的，除草坪企业经济（经营）效益外；还有草坪企业社会效益，它包括草坪企业经济责任、法律责任、道德责任和其他责任等 4 个指标，草坪企业社会效益好也可促进草坪企业经营效益增长。草坪企业经济效益评价指标一般可分为 2 种类型。

（1）财务指标

草坪企业经济效益评价的财务指标包括草坪企业赢利能力、偿债能力、资产管理能力、成长能力、股本扩张能力和主营业务状况 6 个评价指标。其中股本扩张能力和主营业务状况 2 个评价指标主要针对上市草坪企业采用。

①赢利能力　也称资金或资本增值能力，是指草坪企业获取利润的能力，通常表现为一定时期内草坪企业收益数额的多少及水平的高低。盈利能力指标主要包括营业利润率、成本

费用利润率、盈余现金保障倍数、总资产报酬率、净资产收益率和资本收益率6项。上市草坪企业则经常采用每股收益、每股股利、市盈率、每股净资产等指标评价其获利能力。

②偿债能力 是指草坪企业用其资产偿还长期债务与短期债务的能力，即草坪企业有无支付现金的能力和偿还债务能力，包括偿还短期债务和长期债务的能力。它是草坪企业能否健康生存和发展的关键。

③资产管理能力 又称营运能力，指草坪企业营运资产的效率和效益。效率通常指资产的周转速度，效益则指资产的利用效果。主要指标有资产管理比率(包括营业周期、存货周转率、应收账款周转率、流动资产周转率和总资产周转率)。

④成长能力 是指草坪企业未来发展趋势与发展速度，包括企业规模、利润和所有者权益的增加。企业成长能力分析的主要指标有主营业务增长率、主营利润增长率和净利润增长率，还有股本比重、固定资产比重、利润保留率和再投资率等。

⑤股本扩张能力和主营业务状况 股本扩张是指通过发行股票的方式来筹集资本额的增加。股本扩张能力是指上市草坪企业中，业绩优良，盘子不大，股本较少，资本公积金积蓄丰厚，具有较大的股本扩张的潜力。主营业务状况一般用主营业务利润(基本业务利润)衡量，主营业务利润指主营业务收入减去主营业务成本和主营业务税金及附加得来的收益。

(2)非财务指标

草坪企业经营效益评价的非财务指标采用草坪企业创新能力、研发费用率、新产品销售率、新产品开发率、市场占有率、顾客满意度和合同交货率等评价指标。

9.2.5.3 经营效益评价方法与提高经营效益的途径

(1)草坪企业经营效益评价方法

草坪企业经营效益评价方法有静态分析法与动态分析法2种类型。

①静态分析法 又称对比分析法，指运用两个有联系的经济指标来比较、分析草坪企业的经济。用来对比分析的经济指标称为相对指标。常用的静态分析法有：

a. 计划完成程度的对比分析：即用计划指标为基数，用实际完成数同计划指标进行比较，来衡量计划完成的程度。

b. 结构对比分析：指用各分项指标数与指标合计数进行比较，分析各个分项指标在指标总体中占的比重。结构对比分析应注意各分项指标数之和应为相应指标总和。

c. 同类对比分析：指将本企业某一项或数项经营指标与类似草坪企业同时期内的相应指标进行对比，从中发现与其他草坪企业或竞争对手的差距。

d. 强度对比分析：指通过两个性质不同但又具有密切联系的指标进行对比，用以确定草坪企业经营活动的发生强度、密度，其计算结果往往用复合单位表示，如劳动效率(元/人·年)、人均固定资产(元/人)等。

②动态分析法 动态分析法指对草坪企业某一经营活动在时间上的发展与变化进行分析，往往借助于一些分析指标和经济数学模型认识草坪企业经营活动发展变化的过程和规律。其主要分析指标有：

a. 发展水平：指动态数列中的每个指标值，它是一定时期或时点上实际达到的水平，数列的第1个数值为最初(低)水平，最后1个数值为最末(高)水平。

b. 增长量：指分析报告期水平与基期水平之差。

c. 发展速度：分析报告期水平与基期水平的比率，可用%表示，也可用倍数表示。

　　d. 增长速度：指增长量与基期水平之比，以说明分析经营效益指标增长的相对程度。

　　平均发展速度和平均增长速度：指分析草坪企业经营效益指标在某个阶段内具有代表性的变动程度。这是因为同一阶段各个时期的速度往往有较大的差异，为寻找一个代表值反映这一阶段的速度趋势，则需要采用平均发展速度和平均增长速度。

　　(2) 提高草坪经营效益的途径

　　影响草坪企业经营效益的因素很多，归纳为：一类是草坪企业外部环境，如生产力布局和发达水平、交通运输条件、产业结构、用户购买力水平、市场行情、税收金融法律环境等。另一类是草坪企业内部因素，如产品结构、销售网络构架、职工劳动态度和业务水平、资金周转速度、设备利用率、费用水平等。提高草坪企业经营效益，既需要通过政府及有关部门支持，更需要草坪企业自身努力。草坪企业经营管理者则应重点立足于本企业，通过改善经营管理来提高经营效益。

　　①把握市场脉搏，努力组织适销对路产品生产；

　　②有力构架销售网络，采取有效的促销手段，扩大草坪及相关产品销售；

　　③千方百计地降低经营流通与管理费用；

　　④开发人力资源，激发职工的积极性和创造性。

9.3　草坪企业的管理

　　草坪企业管理是指草坪企业为了实现本企业预期的目标，以人为中心进行的协调活动。

9.3.1　草坪企业管理的作用

9.3.1.1　草坪企业管理的含义及与企业经营的关系

　　(1) 草坪企业管理的含义

　　草坪企业管理是草坪企业管理者为有效地达到草坪企业目标，对草坪企业资源和活动有意识、有组织、不断地进行的协调活动。草坪企业管理概念如下：

　　①草坪企业管理是一种有意识、有组织的群体活动，不是盲目无计划的、本能的活动。

　　②草坪企业管理是一个动态的协调过程，主要协调人与事、人与物以及人与人之间的活动和利益关系。

　　③草坪企业管理是围绕着企业共同目标进行的协调活动，若草坪企业目的不明确，企业管理便无法进行。

　　④草坪企业管理的目的在于有效地达到草坪企业目标，提高草坪企业经营的效益。

　　⑤草坪企业管理的对象是草坪企业资源和企业活动。

　　(2) 草坪企业管理与经营的关系

　　草坪企业运营包括经营和管理 2 个主要环节，经营是指草坪企业进行市场活动的行为；而管理是指草坪企业理顺工作流程、发现问题的行为。草坪企业的经营与管理两者密不可分、互相渗透。经营是龙头，管理是基础，管理必须为经营服务。草坪企业要做大做强，首先必须关注经营，研究市场和客户，并为目标客户提供有针对性的产品和服务；然后草坪企业管理必须随之跟进，只有草坪企业管理跟上经营步伐，草坪企业经营才可能继续前进。经营前进后，又会对管理水平提出更高的要求。所以，草坪企业发展的规律就是：经营—管理—经营—管理交替前进，就像人的左脚与右脚。如果撇开管理光抓经营是行不通的，管理扯后腿，经营就前进不了。相反的，撇开经营、光抓管理，就会原地踏步甚至倒退。

9.3.1.2　草坪企业管理的性质与作用

（1）草坪企业管理的性质

草坪企业管理具有二重性，它既有与草坪企业作用力和社会化大生产相联系的自然属性；又有与生产关系和社会制度相联系的社会属性。草坪企业管理的自然属性体现为草坪企业管理是通过其生产力、协作劳动，使社会生产联系为统一整体所必需的活动，是草坪企业经营生产活动中必须进行的活动。同时，草坪企业管理的社会属性表现为其管理水平取决于社会生产力发展水平。同时，草坪企业管理又是一种"监督劳动"，取决于社会生产关系。

（2）草坪企业管理的作用

草坪企业管理作用主要有以下 2 点：

①草坪企业管理使其组织发挥正常功能　草坪企业管理是各部门组织正常发挥作用的前提，任何一个草坪企业有组织的集体活动，不论其性质如何，都只有在管理者对它加以管理的条件下才能按照所要求的方向进行。草坪企业各部门和员工都有各自的利益和目标，如果相互不能求同去异，达成一致，或者不能化解各部门与员工的矛盾，协调彼此的关系，达成步伐一致，则整个草坪企业组织将不能正常运转，也就不能发挥各部门组织的正常功能，妨碍草坪企业经营，降低草坪企业经营管理水平。因此，有效的草坪企业管理可将草坪企业各部门和员工个人利益、目标与草坪企业利益相互结合、相互适应，做到草坪企业各部门与员工心往一处想，劲往一处使。

②草坪企业管理可以实现或提高经营效率和效益　任何草坪企业均具有经营目标，草坪企业只有通过有效的管理，才能有效地实现经营目标。有的亏损草坪企业仅仅由于换了一个精明强干、善于管理的经理，很快扭亏为盈；有些草坪企业尽管拥有较为先进的设备和技术，却没有发挥其应有的作用；而有些草坪企业尽管物质技术条件较差，却能够凭借科学的管理，充分发挥潜力，反而能更胜一筹，从而在激烈的社会竞争中取得优势。

通过有效地企业管理，会使草坪企业组织系统的整体功能大于组织因素各功能的简单相加，起到放大组织系统的整体功能的作用。草坪企业管理可使各部门和员工行为协调起来，达到以最低成本达成最快发展速度，最终获得草坪企业最大利益。

9.3.2　草坪企业管理的内容

9.3.2.1　草坪企业管理的内容

草坪企业管理是草坪管理者（草坪企业经理或草坪部总监）对整个草坪企业或整个草坪场地的工作计划的制订和实施、人事和财产资源的控制等系统协调过程。

草坪企业管理的内容包括如下。

（1）计划管理

计划管理指企业通过预测、规划、预算、决策等手段，把企业的经济活动有效地围绕总目标的要求组织起来。计划管理体现了目标管理。

（2）生产管理与物资管理

生产管理指通过生产组织、生产计划、生产控制等手段，对生产系统的设置和运行进行管理。

物资管理指对企业所需的各种生产资料进行有计划地组织采购、供应、保管、节约使用和综合利用等。

（3）质量管理与成本管理

质量管理指对企业的生产成果进行监督、考查和检验。

成本管理指围绕企业所有费用的发生和产品成本的形成进行成本预测、成本计划、成本控制、成本核算、成本分析、成本考核等。

（4）财务管理与人力资源管理

财务管理指对企业的财务活动包括固定资金、流动资金、专用基金、盈利等的形成、分配和使用进行管理。

人力资源管理指对企业经济活动中各环节和各方面的劳动和人事进行全面计划、统一组织、系统控制和灵活调节。

9.3.2.2　人力资源管理

草坪企业人力资源管理又称劳动人事管理，是草坪企业管理的核心。因此，本书只重点论述草坪企业管理的人力资源管理内容。

（1）人力资源管理的概念

人力资源是指在一定范围内的人口总体所具有的劳动能力的总和，或者指能够推动整个经济和社会发展的具有智力劳动和体力劳动能力的人们的总和。

草坪企业人力资源管理指在经济学与人本思想指导下，通过招聘、甄选、培训、报酬等管理形式对草坪企业内外相关人力资源进行有效运用，满足草坪企业当前及未来发展的需要，保证草坪企业目标实现与成员发展的最大化。

草坪企业人力资源管理就是预测草坪企业人力资源需求并做出人力需求计划、招聘选择人员并进行有效组织、考核绩效支付报酬并进行有效激励、结合草垃企业与员工需要进行有效开发以实现最优草坪企业绩效的过程。

草坪企业人力资源管理的目标就是通过运用现代化的科学方法，对与一定物力相结合的人力进行合理的培训、组织和调配，使人力、物力经常保持最佳比例，同时对人的思想、心理和行为进行恰当的诱导、控制和协调，充分发挥人的主观能动性，使人尽其才，事得其人，人事相宜，以实现草坪企业目标。

（2）草坪企业人力资源管理的内容

草坪企业人力资源源管理一般分为 6 个模块：人员招聘与培训管理、岗位设计与培训、薪酬管理、绩效管理、劳动关系管理以及人力资源规划。草坪企业人力资源管理分为以下 2 个主要内容。

①员工聘用　草坪管理者（企业经理或草坪部总监）应负责制订草皮或草坪草种子及相关产品生产、草坪建植和养护计划。但是，大多数草坪及相关产品生产与养护管理等实际工作，通常是由管理者领导下的员工完成。因此，草坪工程或项目完成的质量极大程度上取决于员工的工作质量。因此，草坪企业员工聘用工作是草坪企业管理的非常重要的工作，一般应按以下步骤进行。

a. 获取：指根据草坪企业或草坪项目的目标确定所需员工条件，通过规划招聘、考试、测评、选拔、获取草坪企业所需员工。获取职能包括工作分析、人力资源规划、招聘、选拔与使用等活动。

b. 整合：指通过草坪企业文化、信息沟通、人际关系和谐、矛盾冲突的化解等有效整合，使草坪企业内部各部门、员工的目标、行为、态度趋向企业的要求和理念，使之高度合作与协调，发挥集体优势，提高草坪企业的生产力和效益。

c. 保持：指通过薪酬、考核、晋升等一系列草坪企业管理活动，保持员工的积极性、主动性、创造性，维护劳动者的合法权益，保证员工在工作场所的安全、健康、舒适的工作环境，以提高员工满意感，使之安心满意地工作。保持职能包括：一是保持员工的工作积极性，如公平的报酬、有效的沟通与参与、融洽的劳资关系等；二是保持健康安全的工作环境。

d. 评价：指对员工工作成果、劳动态度、技能水平等方面做出全面考核、鉴定和评价，为做出相应的奖惩、升降、去留等决策提供依据。评价职能包括工作评价、绩效考核、满意度调查等。其中绩效考核是核心，它是奖惩、晋升等人力资源管理及决策的依据。

e. 发展：指通过员工培训、工作丰富化、职业生涯规划与开发，促进员工知识、技巧和其他素质提高，使劳动能力得到增强和发挥，最大限度地实现其个人价值和对企业的贡献，达到员工个人和草坪企业共同发展的目的。员工培训可根据个人、工作、草坪企业的需要制定培训计划，选择培训的方式和方法，并对培训效果进行评估；职业发展管理指帮助员工制定个人发展计划，使个人的发展与企业的发展相协调，满足个人成长的需要。

②人员管理　草坪企业管理的一项重要工作就是人员管理工作，管理者应树立以人为本的现代人事管理理念，通过有效的人员管理制度建立管理者与员工的良好关系，从而达到草坪企业经营效益与水平的最大化。

制度是当今世界里人们共同的行为准则。草坪企业各项人员管理制度制定必须符合以下4项基本原则：

(1)草坪企业人员管理制度制定必须满足草坪企业实情

制定制度一定要符合草坪企业的实际情况，在合法前提下，符合草坪企业投资与管理者的意愿；制度的设计目的明确，适用范围明确；大多数员工能接受和通过，并乐意遵守和执行。

(2)草坪企业人员管理制度制定必须符合国家和地方法律法规标准

草坪企业经理和草坪部总监制定、修改和完善人员管理制度时，一定要确保制定的制度合法，即要符合国家法律法规的要求，制定的制度在法律层面没有漏洞；不侵犯员工的权益；也保护草坪企业的权益。因此，在起草企业人员管理制度时，最好请草坪企业常年法律顾问或律师进行审阅，接受他们的合理意见，以确保草坪企业人员管理制度合法，不受内部员工或外部客户的投诉，保护草坪企业劳资双方的权益。

(3)草坪企业人员管理制度制定必须注重系统性和配套性

草坪企业人员管理制度设计不能头痛医头、脚痛医脚，管理出了问题才去找制度，没有制度和条文就赶紧起草，制度应用起来不对，或过时、落后、有漏洞了，应马上修改；不要等到影响到草坪企业或员工的利益了，才想起要改进。

草坪企业人员管理制度一般围绕草坪企业战略和目标进行设计，主要包括：基本人事制度、员工招聘管理制度、员工培训管理制度、员工绩效管理制度、员工薪酬福利管理制度、员工关系管理制度(劳动合同管理、离辞职管理、竞业禁止协议)、职涯规划制度等。草坪企业人员管理制度制定要保证各制度系统、完整、配套，既要有目标、有范畴、有流程、有章程、有责任、有奖惩、有审核，又要有修改说明、实施起止日期等。

（4）草坪企业人员管理制度制定必须保持合理性、前瞻性

由于草坪企业人员管理制度执行对象是人，为提高制度执行的有效性，在制定制度时必须考虑人性化、合理化等特征。人性的特点是客观规律，是人的一种需求的满足，是一种人格的尊严，因此只宜尊重，不宜违背。好的草坪企业人员管理制度设计时还要考虑前瞻性，要保持制度的先进性，使制度能跟得上草坪企业改革和发展速度。所以，企业人员管理制度的合理性和前瞻性要求是和谐的统一，既具有促使草坪本企业经营计划如期实现的功能，又极具人性化。

本章小结

草坪经营管理是指在草坪企业按经营目的顺利地执行、有效地调整而所进行的系列管理和运营活动。通过本章的学习，要求了解各种草坪企业的类型与特点；掌握草坪企业市场调查、经营预测和决策、经营计划制订、草坪销售、经营效益评价等各项企业经营方法。同时，还需了解草坪企业管理的作用及与经营的关系，掌握草坪企业管理的基本内容。并且，能够学以致用，举一反三，从而有利于创业与就业能力的提高。

思考题

1. 草坪企业的类型有哪些？
2. 股份有限公司与有限责任公司的异同点有哪些？
3. 简述草坪企业市场调查的作用、内容和方法。
4. 简述草坪企业经营预测的类型、内容与步骤。
5. 简述草坪企业经营决策的类型、内容与步骤。
6. 简述草坪企业经营计划的类型、制订步骤与方法。
7. 简述草坪及相关产品定价的影响因素、技巧与策略。
8. 简述草坪及相关产品促销的方法及其特点。
9. 简述草坪企业经营效益评价的内容、指标及方法。
10. 草坪企业管理的内容有哪些？

本章参考文献

甘碧群 . 2005. 市场营销学［M］. 3 版 . 武汉：武汉大学出版社 .

李农勤 . 2006. 市场营销学［M］. 北京：清华大学出版社 .

吴泗宗 . 2005. 市场营销学［M］. 2 版 . 北京：清华大学出版社 .

吴长顺 . 2005. 营销学教程［M］. 北京：清华大学出版社 .

郝建平，时侠清 . 2004. 种子生产与经营管理［M］. 北京：中国农业出版社 .

韩建国，毛培胜 . 2011. 牧草种子学［M］. 2 版 . 北京：中国农业大学出版社 .

周志魁 . 2005. 农作物种子经营知识问答［M］. 北京：中国农业出版社 .

詹存钰，白和盛 . 2002. 广告宣传在种子经营中的应用［J］. 中国种业（2）：25 - 26.

蒙秀锋，饶静，叶敬忠 . 2005. 农户选择农作物新品种的决策因素研究 . 农业技术经济（1）：20 - 26.

俞龙飞 . 2011. 浅谈园林工程的特点及管理［J］. 现代营销（6）：42.

蔡香梅 . 2009. 农业上市公司资本结构特征研究［J］. 财会通讯：综合（中）（11）：34 - 35.

张自和，柴琦 . 2009. 草坪学通论［M］. 北京：科学出版社 .

附录 1

常见草坪草名录

附表 1-1　常见冷季型草坪草一览表

常用中文名	英文名	拉丁名
草地早熟禾	Kentucky bluegrass	*Poa pratensis* L.
加拿大早熟禾	Canada bluegrass	*Poa compressa* L.
林地早熟禾	Largeleaf bluegrass	*Poa nemoralis* L.
球茎早熟禾	Bulbous bluegrass	*Poa bulbosa* L.
普通早熟禾	Rough bluegrass	*Poa trivialis* L.
一年生早熟禾	Annual bluegrass	*Poa annua* L.
多年生黑麦草	Perennial ryegrass	*Lolium perenne* L.
一年生黑麦草	Annual ryegrass	*Lolium mutiflorum* L.
高羊茅	Tall fescue	*Festuca arundinaacea* L.
紫羊茅	Red fescue	*Festuca rubra* L.
羊茅	Sheep fescue	*Festuca ovina* L.
硬羊茅	Hard fescue	*Festuca ovina* var. *durivscula* L.
草地羊茅	Meadow fescue	*Festuca elatior* L.
细羊茅	Fine fescue	*Festuca rubra* var. *commutata* Gaud.
匍匐紫羊茅	Creepingred fescue	*Festuca rubra* var. *commutata* Gaud.
邱氏羊茅	Chewing fescue	*Festuca rubra* ssp. *rubra*
匍匐翦股颖	Creeping bentgrass	*Agrostis stolonifera* L.
细弱翦股颖	Colonial bentgrass	*Agrostis tenuis* L.
绒毛翦股颖	Velvet bentgrass	*Agrostis canina* L.
美国海滨草	American coast grass	*Ammophila breriligulate* Fernald.
欧洲海滨草	Europe coast grass	*Ammophila arenaria*（L.）Link.
猫尾草（梯牧草）	Timothy	*Phleum pratense* L.
蓝茎冰草	Smith elytrigia	*Agropyron smithii* Rydb.
扁穗冰草	Manyflowered wheatgrass	*Agropyron cristantum*（L.）Gatertn
蓝马唐	Blue crabgrass	*Digitaria clidactyla* L.
长花马唐	Wire crabgrass	*Digitaria longiflora*（Retz.）Pers.
无芒雀麦	Smooth brome	*Bromus inermis* Leyss.
卵穗苔草	Eggspike sedge	*Carex duriuscula* C. A. Mey.
异穗苔草	Heterostachys sedge	*Carex heterostachya* Bge.
白颖苔草	Rigescent sedge	*Carex rigescens*（Franch.）V. Krecz
白三叶	White clover	*Trifolium repens* L.
红三叶	Red clover	*Trifolium praterse* L.
杂三叶	Alsike clover	*Trifolium incarnatum* L.
绛三叶	Crimson clover	*Trifolium inearnatum* L.
小冠花	Crown vetch	*Coronilla varia* L.
鸭茅	Orchardgrass	*Dactylis glomerata* L.
紫花苜蓿	Alfalfa	*Medicago sativa* L.
百脉根	Birdsfoot	*Lotus corniculatus* L.

附表 1-2 常见暖季型草坪草一览表

常用中文名	英文名	拉丁名
结缕草	Japanese lawngrass	*Zoysia japonica* Steud.
中华结缕草	Chinese lawngrass	*Zoysia sinica* Hance.
大穗结缕草	Largespike lawngrass	*Zoysia macrostachya* Franch.
细叶结缕草	Mascarene grass	*Zoysia tenuifolia* Willd.
沟叶结缕草	Manilagrass	*Zoysia matrella* （L.）Merr.
（普通）狗牙根	Bermudagrass	*Cynodon dactylon* （L.）Pers.
非洲狗牙根	African bermudegrass	*Cynodon transvaalensis*
杂交狗牙根	Hybrid bermudagrass	*Cynodon dactylon*（L.）Pers. × *Cynodon transvaalensis*
野牛草	Buffalograss	*Buchloe dactyloides* （Nutt.）Engelm.
小画眉草	Small lovegrass	*Eragrostis minor* Host.
画眉草	India lovegrass	*Eragrostis pilosa* （L.）Beauv.
弯叶画眉草	Weeping lovegrass	*Eragrostis curvula*（Schrad.）Nees.
地毯草	Carpetgrass	*Axonopus compressus* （Sw.）Beauv.
铺地狼尾草	West Africa pennisetum	*Pennisetum clandestinum* Hochst. ex Chiov.
钝叶草	St. Augustgrass	*Stenotaphrum secumdatum* （Walt.）Kuntze.
竹节草	Aciculate chrysopogon	*Chrysopogon aciculatus* Trin.
格马兰草	Glue grama	*Bouteloua gracilts* （H. B. K.）Lag. ex Steud.
马蹄金	Creeping dichorda	*Dichondra repens* Forst.
巴哈雀稗	Bahiagrass	*Paspalum notatum* Flugge.
海滨雀稗	Seashore paspalum	*Paspalum vaginatum* Sw.
毛花雀稗	Dallis grass	*Paspalum dilatatum* Poir.
两耳草	Knotgrass	*Paspalum coryugatum* Berg.
洋狗尾草	Crested dogtailgrass	*Cynosurus cristatus* L.
假俭草	Common centipedegrass	*Eremochloa ophiuroides* （Munro.）Hack.
沿阶草	Dwarf lilyturf tuber	*Ophiopogon japonics* （L. f.）Ker-Gawl.
平托落花生	Wild peanut	*Arachis pintoi* cv. Reyan

附录2

草坪草识别特征表

草坪草名称	识别特征
草地早熟禾	芽中幼叶折叠；叶舌膜质，很钝呈截形，长 0.2～1.0 mm；无叶耳；叶环中等宽度，分离，光滑；叶片"V"形或扁平，宽 2～4mm，两侧平行，边缘较粗糙，叶尖船型，主叶脉的两侧有两条浅色平行线；圆锥花序开展
一年生早熟禾	芽中幼叶折叠；叶舌膜质，光滑，长 0.8～3.0 mm；无叶耳；叶环宽，分离；叶片"V"形或扁平，宽 2～5mm，两侧平行或朝夜间逐渐变细，边缘较光滑，叶尖船型，主叶脉的两侧有许多浅色平行线；圆锥花序开展
粗茎早熟禾	芽中幼叶折叠；叶舌膜质，全缘或纤毛状，长 2.0～6.0 mm；无叶耳；叶环宽，分离，叶片为 V 形或扁平，宽 2～4mm，叶片的两面都很光滑，主叶脉的两侧有两条浅色平行线；叶尖呈明显的船形。圆锥花序开展
高羊茅	芽中幼叶卷曲；普通型叶舌膜质，截形，长 0.4～1.2 毫米；普通型叶耳圆形，短而钝，有短柔毛；改良型无叶舌叶耳；叶环宽，分离；叶片条形，宽 5～10.0 mm，叶尖较尖，边缘具鳞片，叶脉突出，缺少主脉；圆锥花序
紫羊茅	芽中幼叶折叠；叶舌膜质，长 0.5 mm，无叶耳；叶环宽，分离；叶片宽 1.5～3.0mm，对折或内卷；圆锥花序紧缩
多年生黑麦草	芽中幼叶折叠；叶舌膜质，小而钝，长 0.5～1.0 mm；叶耳短或无；叶环宽，分离；叶片扁平，宽 3～6mm，叶尖较尖，正面叶脉明显，背面光滑；穗状花序
一年生黑麦草	芽中幼叶卷旋；叶舌膜质，小而钝，长 0.5～2.0 mm；叶耳爪状；叶环宽，连续；叶片扁平，宽 3～7mm，叶尖较尖，正面叶脉明显，背面光滑；穗状花序
匍匐翦股颖	芽中幼叶卷旋；叶舌膜质，长 5～6.0 mm，先端缺刻状齿裂；无叶耳；叶环宽，分离；叶片扁平，宽 3～7mm，叶尖较尖，边缘粗糙，正面叶脉明显。圆锥花序紧缩
小糠草	芽中幼叶卷旋；叶舌膜质，长 1.5～5.0 mm，锐尖到钝形；无叶耳；叶环宽，分离；叶片扁平，宽 3～5mm，叶尖较尖，边缘粗糙，叶面粗糙，叶脉明显；圆锥花序
日本结缕草	芽中幼叶卷旋；叶舌纤毛状，长 1.5～5.0 mm；无叶耳；叶环宽，连续，具长绒毛；叶片扁平或稍内卷，宽 2～4mm，叶尖较尖，正面疏生柔毛，背面近无毛；总状花序，小穗两侧压扁
沟叶结缕草	芽中幼叶卷旋；叶舌短而不明显，顶端碎裂成短纤毛状；无叶耳；叶环宽，连续；叶片内卷具纵沟，宽 1～2mm，叶尖较尖，无毛；总状花序，小穗卵状披针形
细叶结缕草	芽中幼叶卷旋；叶舌膜质，长约 0.3mm，顶端碎裂成短纤毛状；无叶耳；叶环宽，连续；叶片内卷呈针状，宽约 0.5mm，叶尖较尖；总状花序
狗牙根	芽中幼叶折叠；叶舌纤毛状，长约 0.2mm；无叶耳；叶环连续；叶片扁平，宽约 1～3mm，叶尖较尖，通常两面无毛；鞘口具毛；总状花序
地毯草	芽中幼叶折叠；叶舌长约 0.5mm，纤毛状；无叶耳；叶环窄，连续，具短绒毛；叶片扁平，宽约 6～12mm，顶端较钝，两面无毛或上面被柔毛，叶表有三条明显的叶脉，叶缘呈波浪状；鞘口具毛；总状花序 2～5 枚，最长两枚成对而生，呈指状排列在主轴上
钝叶草	芽中幼叶折叠；叶舌极短，纤毛状；无叶耳；叶环窄，连续，具短绒毛；叶片扁平，宽约 4～10mm，叶尖较钝，基部截平或近圆形，两面无毛；叶片与叶鞘相交处有明显溢痕且叶片与叶梢呈 90°扭转；鞘口具毛；花序主轴扁平呈叶状，具翼，穗状花序嵌于主轴的凹穴内
假俭草	芽中幼叶折叠；叶舌膜质，边缘纤毛状，总长 0.5mm；无叶耳；叶环宽，连续，边缘具短绒毛；叶片扁平，宽 3～5mm，叶尖较钝，基部边缘具绒毛；总状花序

附录3

主要草坪草种子形态特征

（引自师尚礼，2005）

草种	种子形态特征
多年生黑麦草	矩圆形；长 2.8～3.4 mm，宽 1.1～1.3 mm；棕褐色至深棕色；颖短于小穗，第一颖除在顶生小穗外均退化，通常长于第一花，具5脉，边缘狭膜质；外稃宽披针形，长 5～7 mm，宽 1.2～1.4 mm，淡黄色或黄色，无芒或上部小穗具短芒；内稃与外稃等长，脊上具短纤毛，内外稃与颖果紧贴，不易分离；脐不明显，腹面凹陷；胚卵形，长约占颖果的 1/5～1/4，色同于颖果
一年生黑麦草	倒卵形或矩圆形；长 2.5～3.4 mm，宽 1～1.2 mm；褐色至棕色；颖质地较硬，具狭膜质边缘；第一颖退化，第二颖长 5～8 mm，具5～7脉；外稃宽披针形，长 4～6 mm，宽 1.3～1.8 mm，淡黄色或黄色，顶部膜质透明，具5脉，中脉延伸成细弱芒，芒长 5 mm，内外稃等长，边缘内折，内外稃与颖果易分离；脐不明显，腹面凹陷；胚卵形至圆形，长约占颖果的 1/5～1/4，色同于颖果
紫羊茅	矩圆形；长 2.5～3.2 mm，宽 1 mm；深棕色；颖狭披针形，先端尖，第1颖具1脉，第2颖3脉；外稃披针形，长 4.5～5.5 mm，宽 1～1.2 mm，淡黄褐色或尖端带紫色，具不明显的5脉，先端具 1～2 mm 细弱芒，内外稃等长；脐不明显，腹面具宽沟；胚近圆形，长约占颖果的 1/6～1/5，色浅于颖果
高羊茅	矩圆形；长 3.4～4.2 mm，宽 1.2～1.5 mm；深灰色或棕褐色；颖披针形，无毛，先端尖，边缘膜质，第一颖1脉，第二颖具3脉；外稃矩圆状披针形，长 6.5～8 mm，先端渐尖，具短芒，芒长 2 mm，少数无芒；内稃具点状粗糙，纸质，具2脉；脐不明显；腹面具沟；胚卵形或广卵形，长约占颖果的 1/4，色稍浅于颖果
羊茅	椭圆状或矩圆形；长 1～1.5 mm，宽 0.5 mm；深紫色；颖披针形，先端尖，第一颖具1脉，第二颖具3脉；外稃宽披针形，长 2.6～3 mm，黄褐色或稍带紫色，先端无芒或仅具短尖头，上部 1/3 粗糙；内外稃等长；脐不明显；腹面具宽沟；胚近圆形，长约占颖果的 1/4，色浅于颖果
草地早熟禾	纺锤形，具三棱；长 1.1～1.5 mm，宽 1.6 mm；红棕色，无光泽；颖卵状圆形或卵圆状披针形，先端尖，光滑或脊上粗糙，第一颖1脉，第二颖具3脉；外稃卵圆状披针形，长 2.3～3 mm，宽 0.6～0.8 mm，草黄色或带紫色，尖端膜质；内稃稍短于外稃或内外稃等长；脐不明显；腹面具沟，呈小舟形；胚椭圆形或近圆形，长约占颖果的 1/5，色浅于颖果
结缕草	近矩圆形，两边扁；长 1～1.2 mm；深黄褐色，稍透明，顶端具宿存花柱；第一颖退化，第二颖为草质；无芒或仅具 1 mm 尖端，两侧边缘在基部合生，全部包囊膜质的外稃，具1脉（成脊），内稃通常退化；脐明显，色深于颖果；胚在一侧的角上，中间突起，长约占颖果的 1/2～3/5
细弱翦股颖	长椭圆形；长 1～1.3 mm；宽 0.4～0.6 mm；黄褐色；颖片先端尖，脊上部微粗糙；外稃膜质，透明，长 1.5 mm，中脉稍突出成齿，无芒；内稃长为外稃 2/3，具2脉，透明，顶部凹隐，稃体与颖果易分离；脐椭圆形，稍突出；胚长椭圆形，长占颖果的 1/4
狗牙根	矩圆形；长 0.9～1.1 mm；淡棕色或褐色；颖具一中脉，形成背脊，两侧膜质，长 1.2～2 mm，等长或第二颖稍长；外稃草质，与小穗等长，具3脉，中脉成脊，脊上具短毛，背脊拱起为二截体，侧面为近半圆形，内稃约与外稃等长，具2脊；脐圆形，紫黑色；胚矩圆形，凸起，长占颖果的 1/3～1/2

（续）

草种	种子形态特征
虎尾草	纺锤形或狭椭圆形；长 2 mm，宽 0.5～0.7 mm；淡棕色，具光泽，透明；颖不等长，膜质，具 1 脉；第一外稃长 3～4 mm，具 3 脉，两边脉具长柔毛，毛长者与稃体等长，芒自顶端以下伸出，长 9～15 mm；内稃稍短于外稃，不孕外稃顶端平截，长约 2 mm，芒长 3.5～11 mm；脐圆形，紫色或黑紫色；胚椭圆形，长约占颖果的 2/3～3/4，色浅于颖果
狼尾草	矩圆形，扁平；长 2～2.6 mm，宽 1.4～1.6 mm；灰褐色；第一颖微小，卵形，脉不明显；第二颖具 3～5 脉，长为小穗的 1/2～1/3；外稃草质，具 7～11 脉，与小穗等长，孕花外稃硬纸质，不具皱纹，背面不隆起，与小穗等长；内稃薄脐明显，上部紫褐色；胚卵形，凹陷，长约占颖果的 1/2，色浅于颖果
杂三叶	椭圆状心脏形或心脏形，略扁；长 1～1.5 mm，宽 0.95～1.25 mm，厚 0.5～0.75 mm；多为暗绿色，少数暗褐色，皆具黑色花斑点，也有的种子几乎呈灰黑色；近光滑，具微颗粒；无光泽或微具光泽；胚根与子叶等长或稍短，尖与子叶分开，两者之间具 1 条与种皮同色的小沟；种脐位于种子基部，圆形，直径 0.88 mm，成白色小环，其中心有小黑点；种瘤位于种脐的下边，距种脐 0.14 mm；胚乳很薄
白三叶	多为心脏形，少为近三角形，两侧扁；长 1～1.5 mm，宽 0.8～1.3 mm，厚 0.4～0.9 mm；黄色、黄褐色；近光滑，具微颗粒；有光泽；胚根粗，突起，与子叶等长或近等长，两者明显地分开，之间成一明显小沟；也有胚根短于子叶的，约为子叶长的 2/3；种脐在种子基部，圆形，直径 0.12 mm，呈小白圈，圈心呈褐色小点；具褐色晕环；种瘤在种子基部，浅褐色，距种脐 0.12 mm；脐条明显；胚乳很薄
红三叶	倒三角形、倒卵形或宽椭圆形，两侧扁；长 1.5～2.5 mm，宽 1～2 mm，厚 0.7～1.3 mm；多为上部紫色或绿紫色，下部黄色或绿黄色，少数为纯一色者，即呈黄色、暗紫色或黄褐色，光滑，有光泽；胚根尖突出，呈鼻状，尖与子叶明显地分开，构成 30°～45° 角，长为子叶长的 1/2；种脐在种子长的 1/2 以下，圆形，直径 0.23 mm，成白色小环，环心褐色；晕轮浅褐色；种瘤在种子基部，偏向具种脐的一边，呈小突起，浅褐色，距种脐 0.5～0.7 mm；胚乳很薄

附录 4

常见除草剂的防效与施用方法及常见草坪对芽前除草剂的耐性

附表 4-1　芽前除草剂对常见杂草的防效

除草剂	马唐	牛筋草	早熟禾	繁缕	宝盖草	荠菜	假吐金菊	婆婆纳	茜草	匍匐大戟
阿特拉津	F	P	E	E	E	E	E	E		G
氟草胺	G	F	G	G	G	P	P	P	P	P
氟草胺 + 氨磺乐灵	E	G	G	G	G	P			G	F
氟草胺 + 氟乐灵	G	F	G	G	G				—	F
地散磷	G	F	F	P	P	P	P		P	—
地散磷 + 恶草灵	E	G	G						G	
氟氯草定	E	G	G	G	G	G	F	G	P	G
氯苯嘧啶	P	P	G	P	P	P	P	P	P	P
异噁草胺	P	P	E	E	E	E	E	G	F	G
异丙甲草胺	F	P	G	F						P
氨磺乐灵	E	G	E	G	G	P	F	P	G	F
恶草灵	G	E	G	P	P	P	G	P	P	P
二甲戊乐灵	E	G	G	G	G	G	F	F	G	P
氨基丙氟灵	E	G	G	G	G	G	G	G	P	G
拿草特	P	P	G	E	F		P	E		P
玉嘧磺隆	P	P	P	P	P	P	P	P	P	P
西马津	F	P	E	E	E	E	E	E	F	F

注：E：优异；G：好；F：一般；P：差；空白：目前无试验数据结果。

附表 4-2　芽后除草剂对常见阔叶杂草的防治效果

除草剂	丰花草	猫耳菊	繁缕	野卷耳	白三叶	蒲公英	马蹄金	野葱	宝盖草	活血丹	蔄蓄	胡枝子	茜草	欧芹	天胡荽	车前	婆婆纳	匍匐大戟	假吐金菊	蛇莓	戟叶堇菜	酢浆草
2, 4-D	F	F	P	P	P	E	G	G	P	P	P	P	P	P	F	G	P	P	F	F	P	P
MCPP	P	F	F	F	E	E	F	F	F	F	P		P	G	F		P	F	F		F	P
2, 4-D + MCPP	F	F	G	G	F	E	G	G	G	E	F	G		E	G	E	F	F	G		G	P
2, 4-D + 2, 4-DP	F	F	E	E	F	E	G	G	E	F	G		E	G	E	F	F	G		G		P
2, 4-D + 绿草定	F	F	E	E	G	E	G	E		E	P	E		E	G	E	G	F	E		G	G
2, 4-D + MCPP + 麦草畏	F	F	E	E	E	E	G	E	E	E	G			E	G	E	E	G	F		G	P
绿草定 + 二氯吡啶酸	G		E	E	E	G	E	E		E	E	E	E		E	G	G	G	G	G	G	G
阿特拉津	P		E	E	G	P	G						G	F	E	E	P	G	G	E		
苯达松	P							P						G				E				P
氯磺隆	F																G		G			
二氯吡啶酸	F		E	F								E										
麦草畏	F	G		E				G	E	G	G			E		P		G				
草甘膦	F								F													
灭草喹			G	G	G			E	G													

（续）

除草剂	丰花草	猫耳菊	繁缕	野卷耳	白三叶	蒲公英	马蹄金	野葱	宝盖草	活血丹	蒿蓄	胡枝子	茜草	欧芹	天胡荽	车前	婆婆纳	匍匐大戟	假吐金菊	蛇莓	戟叶堇菜	酢浆草
赛克津			E	E					E				F	F	E		E	G	E			
甲磺隆	F	G	E	E	E	E	G	E	E		E	E	P		G	E	E	E	E		E	G
二氯喹啉酸			E	E	E											G						
西马津	F	P	E	E	G		F		E				F	F	E	G			F		G	
磺酰磺隆			G			G			G													
三氟啶磺隆	G		G	G	G		G										P		P		P	P

注：2,4-D：2，4－二氯苯氧基乙酸；MCPP：二甲四氯丙酸；2,4-DP：2，4－二氯苯氧基丙酸；E：优异；G：好；F：一般；P：差；空白：目前无试验数据结果。下同。

附表 4-3　芽后除草剂对常见禾本科杂草的防除效果

除草剂	马唐	牛筋草	一年生早熟禾	蒺藜草	毛花雀稗	黑麦草	巴哈雀稗	苇状羊茅	狗牙根
阿特拉津	P	P	E	F	P	G		F	
氯磺隆								G	
烯草酮	E	G	G			G			G
禾草灵	P	E	P	P	P	G	P	P	P
乙氧呋草黄	P	P	G	P	P	P	P	P	P
恶唑禾草灵，骠马	G	G	P	G	P	P	G	P	P
稳杀得，氟草灵	G	G	F	G	P	F	P	P	G
甲酰胺磺隆		G	G		G	G		P	
草甘膦*	E	E	E	E	G	E	E	E	G
赛克津	F	G	E		F	G	P	P	P
甲磺隆	P	P	P	P	P	P	P	P	P
MSMA	G	F	P	G	F	P	F	P	P
拿草特	P	P	G	P	P	G	P	P	P
二氯喹啉酸	F	P	P	P	P	P	P	P	P
草甘膦＋克无踪**									G
玉嘧磺隆	P	P	G			G			P
赛可津＋MSMA	E	E		G					
稀禾定	G	G	F	G	P	P	G	P	G
西马津	F	P	G	F	P	G	P	P	P
磺酰磺隆	P	P	G			G		G	
三氟啶磺隆	P	P	G		F	E	F	G	

注：MSMA：甲基胂酸钠。＊表示仅用于彻底休眠的狗牙根，或用于播前施用。＊＊克无踪播前施用 30 天后才能播种。

附表 4-4　草坪除草剂的施用方法、对草坪草的影响及主要防除目标杂草

除草剂	施用方法		草坪草对除草剂的耐性										主要防除目标杂草
	处理部位	使用时间	草地早熟禾	匍匐剪股颖	细叶羊茅	苇状羊茅	多年生黑麦草	狗牙根	结缕草	钝叶草	假俭草	百喜草	
磺草灵	F	PO	N	N	N	N	N	I	N	I	N	N	一年生禾草
阿特拉津	F, S	PR, PO	N	N	N	N	N	I	I	S	S	N	阔叶杂草，一年生禾草
氟草胺	S	PR	S	I	I	S	S	S	S	S	S	S	一年生禾草
地散膦	S	PR	S	S	S	S	S	S	S	S	S	S	一年生禾草
苯达松	F	PO	S	S	S	S	S	S	S	S	S	S	
溴苯氰	F	PO	S	S	S	S	S	S	S	S	S	S	阔叶杂草
氯磺隆	E	PO	S	I	S	S	S	N	N	N	N	S	阔叶杂草
2, 4-D	F	PO	S	N	S	S	S	S	S	N	I	S	阔叶杂草
DCPA	S	PR	S	I	S	I	S	S	S	S	I	S	一年生禾草，婆婆纳
麦草畏	F	PO	S	I	I	S	S	S	S	I	S	S	阔叶杂草
禾草灵	F	PO	N	N	N	N	N	N	N	N	N	N	牛筋草
氟氯草定	F, S	PR	PO	S	S	I	S	S	S	S	S	S	一年生禾草，阔叶杂草
乙呋草黄	F	PO	I	N	N	N	S	N	N	N	N	N	一年生早熟禾
精恶唑禾草灵	F	PO	S	N	S	S	S	N	I	N	N	N	一年生禾草
草甘膦	F	PO	—	—	—	—	—	—	—	—	—	—	灭生性，特别用于多年生禾草
普杀特	F, S	PO, PR	N	N	N	N	N	S	S	S	S	N	一年生禾草，阔叶杂草
异噁草胺	S	PR	S	I	S	S	S	S	S	S	S	S	阔叶杂草
MCPP	F	PO	S	S	S	S	S	S	S	I	I	S	阔叶杂草
草克净，赛克嗪	F, S	PO, PR	N	N	N	N	N	S	I	I	I	I	阔叶杂草，一年生禾草
甲磺隆	F	PO	I	N	—	I	N	S	I	I	I	N	一年生禾草，阔叶杂草
萘氧丙草胺，草萘胺	S	PR	N	N	N	N	N	S	S	S	S	S	一年生禾草
有机砷	F	PO	I	I	N	I	N	I	I	S	N	N	一年生禾草
恶草灵，农思它	S	PR	I	N	I	S	O	S	S	—	—	—	一年生禾草
二甲戊乐灵	S	PR	S	S	S	S	S	S	S	—	—	—	一年生禾草
拿草特	S	PR, PO	N	N	N	N	N	N	—	—	—	—	一年生早熟禾
稀禾定，拿扑净	F	PO	N	N	N	N	N	N	N	N	S	N	一年生禾草，多年生禾草
环草隆	S	PR	S	I	S	S	S	N	S	S	S	S	一年生禾草
西马津	S	PR, PO	N	N	N	N	N	N	I	S	N	N	阔叶杂草，一年生杂草
绿草定	F	PO	S	N	I	S	S	N	N	N	N	I	阔叶杂草

注：DCPA：敌草索或四氯代对苯二甲酸二甲酯；除草剂施用方法中，F 为茎叶处理；S 为示土壤处理；PR 为芽前处理；PO 为芽后处理。草坪对除草剂的耐药性中，S：安全；I：中等安全，可能存在短时伤害；N：不推荐，会造成草坪严重伤害或死亡；O：未知。有机砷包括 DSMA（甲基胂酸二钠）、MSMA（甲基胂酸钠）等。

附表 4-5　草坪对芽前除草剂的耐性

除草剂	狗牙根	假俭草	钝叶草	苇状羊茅	结缕草
阿特拉津	S	S	S	NR	I－S
氟草胺	S	S	S	S	S
氟草胺＋氨磺乐灵	S	S	S	S	S
氟草胺＋氟乐灵	S	S	S	S	S
地散磷	S	S	S	S	S
氟氯草定	S	S	S	S	S
异噁草胺	S	S	S	S	S
异丙甲草胺	S	S	S	S	S
氨磺乐灵	S	S	S	S	S
恶草灵	S	NR	S	S	S
二甲戊乐灵	S	S	S	S	S
氨基丙氟灵	S	S	S	S	S
拿草特	S	S	S	S	S
玉嘧磺隆	S	NR	NR	NR	NR
西马津	I	S	S	NR	S

注：S：安全；I：中等安全，可能造成微小伤害，在草坪胁迫时不要施用；NR：没有登记用于此种草坪草种。

附录5

草坪学英汉常用词汇对照表

A

acarina	螨类
aciculiform	针形
acid	酸的，酸性的
acid soil	酸性土壤
acidity	酸度，酸性
acre	英亩
acreage	英亩数，（以英亩计算的）土地面积
acridoidea	直翅目蝗科
acropetal transport	向顶运输
adaptation	适应
adapted soil	改良土壤
adventitious roots	不定根
aerating green	果岭（土壤）通气
aerating	打孔
aerator	打孔机
aerify	（草坪）通气
agropyron mosaic virus	冰草花叶病毒病
air filter	空气滤清器
air pollution	大气污染
alkali	碱，碱性，碱质
anthracnose	炭疽病
angiospermae	被子植物亚门
alkali soil	碱土
annual	一年生
aphid	蚜虫
aphididae	同翅目蚜科
apice	叶尖
applicater	施肥机
apoplastic movement	非胞质运动
apron	落球区
ascochyta leaf blight	壳二孢叶斑病
auricle	叶耳
available soil moisture	土壤有效水分
awn	芒
axillary bud	腋芽

B

bacterial wilt disease	细菌性萎蔫病
bacteriosis	细菌病害
ball mark	球击痕
barley stripe mosaic virus	大麦条纹花叶病毒
barley yellow dwarf virus	大麦黄矮病毒病
barnyard manure	厩肥
baseball	棒球
basipetal transport	向基运输
bent-grass nematode	翦股颖粒线虫
bermudagrass	狗牙根
biennial	两年生，越年生
bipolarisleaf blight	离蠕孢叶枯病
blackclypei	黑痣病
breeder seed	育种种子
British Open	英国公开赛
brome mosaic virus	雀麦花叶病毒病
brown patch	褐斑病
brown strip	褐条斑病
bud	芽（花芽）
bunch type	丛生型
bunker	沙坑

C

calcium	钙
capillarity	毛细管作用
caryopsis	颖果
cercospora leaf spot	尾孢叶斑病
certified seed	许可种子
chloropidae	双翅目秆蝇科
cicadellidae	同翅目叶蝉科
cladosporium eyespot	眼斑病
clearing operation	清理
climite	气候
clipping	草屑
cocksfoot motte virus	鸭茅斑驳病毒病
cocksfoot streak virus	鸭茅条斑病毒病
collar	叶环
color	颜色
cool-season turfgrass	冷季型草坪草
comber	梳草机
combing	梳草

compaction 土壤板结，土壤紧实
controller 控制器
contact herbicide 触杀形除草剂
copper spot 铜斑病
coring 打孔，芯土耕作，除芯土
crown 根颈
cultivation 中耕
cup 杯
cutworms 地老虎
cuvularia leaf blight 弯孢霉叶枯病
cylinder mower 滚刀式剪草机

D

delphacidae 同翅目飞虱科
delphiacis 飞虱
density 密度
determinate rhizome 有限根状茎
dethatched 垂直修剪
dethahching （去）枯草层
devolopment 发育
dwarf bunt of wheat 小麦矮腥黑穗病
dig 土壤翻耕
disk rake 圆盘耙
divot 草皮痕
dollar spot 币斑病
dormant 休眠
downy mildew 霜霉病
drainage 排水，排水系统
drechslera leaf blight 德氏霉叶枯病
drill 条播机，播种机，条播
dropping zones 抛球区
drought hardiness 耐旱性
drought tolerance 耐旱性
dry spot （草坪）干斑
duty of water 喷灌定额

E

earthing 覆土
earthworms 蚯蚓
ecological adaptation 生态适应性
edging 切边
edger 切边机
elateridae 叩甲科
elasticity 弹性
electrical conductivity 电导率

electric-driver mower 电动剪草机
embryo 胚
emergence herbicide 芽后除草剂
endophytic fungi 内生真菌
endosperm 胚乳
entyloma blister smut 疱黑粉病
eragrostoideae 画眉草亚科
evaporation 蒸发
evapotranspiration(ET) 蒸散作用
exotic grass 外来草种
extravaginal branching 鞘外分枝

F

fairway 球道
fairway bunker 球道沙坑
fairy ring 蘑菇圈病
fall seeding 秋播
fast release N fertilizer 速效氮肥
fertilization 施肥
fertilizer drill 施肥机
fertilizer spreader 施肥机
festuca necrosis virus 羊茅坏死病毒
fibrous root system 须根系
fiddle 手摇播种机
field capacity 田间持水量
filter 过滤器
fine grade 细整
flagstick 旗杆
flail mower 旋刀式剪草机
floret 小花
flowering culm 花茎
football 美式橄榄球
foundation seed 基础种子
fumigate 熏蒸
fumigation 熏蒸法
fusarium blight 镰刀菌枯萎病
Functional 功能性
frequency of cutting 修剪频率

G

gemmation 发芽
germinal bud 胚芽
glumes 颖片
glumiflorae 颖花亚纲
glyphosate 草甘膦

golf course	高尔夫球场	irrigation	灌溉
golf green cup changer	高尔夫果岭球穴更换器	irrigation and drainage	灌溉与排水
grade	整地	irrigation frequency	灌溉频率
Grand Slam	大满贯	irrigation program	灌溉方案
grass box	集草袋	irrigating quota	灌溉定额
grass bunker	草坑	irrigation system	灌溉系统
grass bunt	禾草腥黑穗病	**J**	
grasshopers	蝗虫	jet	喷嘴，喷口，喷射
gray leaf spot	灰斑病	jointing	拔节，抽茎
green	绿色	**K**	
green bunker	果岭沙坑	karnal bunt of wheat	小麦印度腥黑穗病
ground under repair	修理地	**L**	
growth	生长	lamina	叶片
growth habit	生长型	larva	幼虫
growth rate	生长速率	latent period	潜伏期
growth regulator	生长调节剂	lateral	侧生的
grub	蛴螬	lawn	草坪
gryllota lpidae	直翅目蝼蛄科	leaf	叶
H		leaf axil	叶轴
hand – driver mower	手推式剪草机	leaf blade	叶片
handfork	园艺小铲	leafhoppers	叶蝉
harrow	耙地	leaf rust	叶锈病
hazards	障碍区	leaf sheath	叶鞘
height of cutting	修剪高度	leaf texture	叶质地
herb	草本植物	legumes	豆科植物
herbicide	除莠剂	lemma	外稃
hole	洞	leucaniaaeparata	黏虫
hole cutter	打孔器，土壤取样器	light	光
horizontal trimming	水平修剪	light compensation point	光补偿点
hose	水管	Light duration	日照长度
hover mowing	气垫式剪草机	light intensity	光照强度
humus	腐殖质	light saturation point	光饱和点
hydro-seeding	喷播法	ligule	叶舌
I		lime	石灰
indeterminate rhizome	无限根状茎	linn	秆蝇
infection disease	侵染性病害	living host	寄主
infiltration rate	渗透率	loam	壤土
inflorescence	花序	locust	蝗虫
integrated pest management(IPM)	有害生物综合治理	loosen	疏松(土壤等)
		M	
International Turfgrass Research Society	国际草坪研究会	maintenance	养护
		malathion	马拉硫磷
Intravaginal branching	鞘内分枝	management intensity	养护管理强度

matting	拖拉网垫
mechanical aerator	动力打孔机
mechanical purity	种子纯净度
mecoprop	Z-[（4-氯-邻用苯基）氧] 丙酸,甲4氯丙酸
membranous	膜质
mesocotyl	中胚轴
methyl bromide	溴甲烷
micro element fertilizer	微肥
micro-nutrients	微量元素
midvein	中脉
mini-sprinkler	微喷
miridae	半翅目盲蝽科
modification	修补
moisture pool	水分库
mole	鼹鼠
molecrickt	蝼蛄
monocotyledoneae	单子叶植物纲
mower	剪草机
mowing	草坪修剪
mulching	覆盖
N	
native grass	乡土草种
The National Turfgrass Evaluation Program （NTEP）	美国国家草坪评比项目
National Turfgrass Federation（NTF）	国家草坪基金会
nematosis	线虫病害
nigrospora blight	黑孢枯萎病
nitrogen fertilizer	氮肥
noctuidae	鳞翅目夜蛾科
nodal roots	节根
node	节
No-infection disease	非传染性病害
Non-selective herbicide	灭生性除草剂
Nonstructural carbohydrate	非结构性碳水化合物
nozzle	喷嘴
nursery green	草圃果岭
O	
one-piece-ball	单层球
ophiobolus patch	禾草全蚀病
orchardgrass leaf blight	喙孢霉叶枯病

ornamental	观赏性
ornamental lawn	观赏性草坪
oscillating arm	（摆动式喷头上的）摆臂
oscillating sprinkler head	摆动式喷头
overhead irrigation	喷灌
over seeding	草坪草覆播
oxygen	氧气
P	
palea	内稃
panicoideae	黍亚科
particle size distribution	沙粒大小分配
peat	泥炭
percolation	渗漏
period of cutting	修剪周期
Petrol-driven mower	汽油剪草机
pH	酸碱度
Photoperiodism	光周期
Photosynthesis	光合作用
phosphates fertilizer	磷肥
piching wedge	劈起杆
pink snow molds	雪霉叶枯病
plantae	植物界
plant growth regulation	植物生长调节剂
plug	草块
plugging	塞植法
poaceae	禾本科
poales	禾本目
poeae	早熟禾族
pooideae	早熟禾亚科
potash fertilizer	钾肥
potential evapotranspiration	蒸散量
powdery mildew	白粉病
practice green	练习果岭
practice hole green	习洞果岭
precipitation	降水
preda	根际宝
Pre-emergence herbicide	芽前除草剂
pricking	穿刺
primary nutrients	大量元素
primary roots	初生根
porosity	孔隙度
pulse-jet sprinkler	脉冲式喷头

pump	泵	seed	种子	
putter	推杆	seedling	幼苗	
putting green	推杆果岭	seeding	播种	
pyralidae	鳞翅目螟蛾科	seeding rate	播种量	
pythium blight	腐霉枯萎病	seed quality	种子质量	
Q		selective herbicide	选择性除草剂	
quality	质量，品质	seminal root	种子根	
quarantine disease	检疫性病害	septoria leaf spots	壳针孢叶斑病	
quick lime	生石灰	smoothness	平滑度	
quota	定额	shade tolerance	耐阴性	
R		shoot	草坪草滋生芽	
rachilla	小花轴	sieve	筛	
rake	短齿铁耙	sign	病征	
reconditioning	更新	site clearing	场地清理	
recuperative capacity	再生力，再生性	site preparing	场地准备	
recreational	娱乐性	site survey	场地调查	
red thread	红丝病	slaked lime	熟石灰	
registered seed	注册种子	slicing	划条	
renovation	更新	slime molds	粘霉病	
reproductive stage	生殖生长	slow release N fertilizer	缓效氮肥	
resilience	回弹力	smoothness	平滑程度	
rhizome	根状茎	smut	黑粉病	
rhizome-bunch type	根茎—丛生型	soccer	足球运动	
rhizome type	根茎型	sod	草皮	
rigidity	刚性	sodding	铺草皮，铺植	
roller	滚压机，镇压器	sodwebworms	草地螟	
rolling	滚压，镇压	soil mix density	土壤容重	
root	根	soil modification	土壤改良	
rotary Mower	旋刀式剪草机	soil moisture	土壤水分	
rotary Sprinkler	旋转式喷头	solar radiation	太阳辐射	
rotary tillage	旋耕	solid-tine	实心椎体	
rough	高草区（高尔夫球场）	southern blight	白绢病	
rough grade	粗整	sowing	播种	
rugby	英式橄榄球	spermatphyta	种子植物门	
rust	锈病	spiking	穿刺、深度打孔	
ryegrass mosaic virus	黑麦草花叶病毒病	spiketooth harrow	钉齿耙	
S		sports turf	运动场草坪	
sand	沙	sprig	草茎、嫩枝	
sand wedge	沙杆	sprigging	扦插，插枝条法	
scarabaeoidea	鞘翅目金龟甲总科	spring dead spot	春季坏死斑病	
scarifying	划条	spring-time Rake	钢丝耙	
secondary nutrients	中量元素	sprinkler	喷头	
secondary root	次生根	stem	茎	

static Sprinkler	固定式喷头		TPF（Turfgrass Producers International）	国际草坪生产者协会
stolon	匍匐茎		turfgrass variety selection	草种选择
stolon type	匍匐茎型		turf maintenance	草坪养护
stripe smut	条黑粉病		turf management	草坪管理
summer patch	夏季斑枯病		turf marker	染色剂
sustainable crop protection（SCP）	持续植保		turf quality	草坪质量
			turf quality evaluation	草坪质量评定
sustainable pest management（SPM）	有害生物持续治理		turf repairing	草坪修补
			turf visual estimates	草坪外观质量评价
sward	草皮		two-piece-ball	双层球
symplastic movement	共质运动		**U**	
symptom	症状		uniformity	均一性
syringing	叶面喷水		United Stated Golf Association（USGA）	美国高尔夫协会
systemic herbicide	传导型除草剂			
T			US Masters	美国名人赛
take-all patch	全蚀斑块病		US Open	美国公开赛
tee	球座		US PGA Championship	美国职业高尔夫球协会锦标赛
tee ground	发球台			
temperature	温度		US Open	美国公开赛
temperature effect	温周期现象		utility turf	设施草坪
tensiometer	张力计		**V**	
texture	质地		valve	阀门
thatch	枯草层		vegetative planting	营养体繁殖
three fundamental points of temperature	温度的三基点		vegetative stage	营养生长
			vertical mower	垂直修剪机
tifdwarf	矮生天堂草		vertical mowing	垂直修剪
tifgreen	天堂草		vertical trimming	垂直切边
tillering	分蘖		vernalization	春化作用
top dressing	表施土壤		viability	种子活力，种子发芽力
topsoil	表土层		virus	病毒病害
tractor mower	剪草车		visual estimates	草坪外观质量评价
traffic	践踏		**W**	
transpiration	蒸腾		walk-behind mower	行走式剪草机
transpiration ratio	蒸腾系数		warm-season turfgrass	暖季型草坪草
travelling sprinkler	移动式喷头		water distribution line	分水管道
trimming	修边		water hazard	水障碍
trimmer	修边剪		water-injection cultivation	射水式中耕法
turf	草坪		water retention capacity	持水力
turf colorant	草坪着色剂		water sources	水源
turf doctor	换草器		weather	天气
turfgrass disease	草坪病害		weedkiller	除草剂
turf establishment	草坪建植		wetting agents	湿润剂

wheat soil-borne mosaic virus	小麦土传花叶病毒病		wind	风
wheat spindle streak mosaic virus	小麦梭条斑花叶病毒病		wire worm	金针虫
wheat streak mosaic virus	小麦线条花叶病毒病		**Y**	
wilting moisture	凋萎系数		yard	码(距离单位)